Estadística con
MINITAB

Aplicaciones para el control y la mejora de la calidad

Pere Grima Cintas
Lluís Marco Almagro
Xavier Tort–Martorell Llabrés

Universitat Politècnica de Catalunya

Estadística con
MINITAB

Aplicaciones para el control
y la mejora de la calidad

arceta
grupo editorial

Estadística con MINITAB. Aplicaciones para el control y la mejora de la calidad

Pere Grima Cintas
Lluís Marco Almagro
Xavier Tort-Martorell Llabrés

ISBN: 978-84-9281-239-4
IBERGARCETA PUBLICACIONES, S.L., Madrid 2011

Edición: 1.ª
Impresión: 1.ª
N.º de páginas: 440
Formato: 17 × 24 cm

Materia CDU: Ciencia estadística. Teoría de la estadística. 311

COPYRIGHT © 2011 IBERGARCETA PUBLICACIONES, S.L.
info@garceta.es

Estadística con MINITAB®. Aplicaciones para el control y la mejora de la calidad
Pere Grima Cintas
Lluís Marco Almagro
Xavier Tort-Martorell Llabrés

1.ª edición, 1.ª impresión
OI: 0134/2025
ISBN: 978-84-9281-239-4
Deposito Legal: M-47396-2010

Impresión:
Producciones Digitales Pulmen, S. L. L.

IMPRESO EN ESPAÑA - PRINTED IN SPAIN

Índice

Presentación

Este libro está dirigido a estudiantes y profesionales que deseen usar MINITAB como herramienta para la realización de análisis estadísticos. Basado en una edición anterior, mejorada y adaptada a MINITAB 16, su contenido está orientado a las aplicaciones que giran en torno al control y la mejora de la calidad, pero pensamos que puede ser igualmente útil a personas que trabajen en otros ámbitos y necesiten analizar datos, especialmente en entornos industriales.

MINITAB incorpora una ayuda que permite encontrar rápidamente el tema que interesa, casi siempre explicado de forma clara, concreta y con ejemplos. Nuestra aportación es la selección de materiales, la estructura y el orden en que se presentan, así como los ejemplos y casos prácticos que se incluyen.

El libro está dividido en 6 bloques formados por temas que tienen cierta afinidad y 5 anexos. Cada bloque consta de varios capítulos que explican cómo utilizar MINITAB y se cierra con uno destinado exclusivamente a la resolución de casos prácticos. Naturalmente, no se comentan todas las opciones ni todas las técnicas que se pueden aplicar (seguramente eso exigiría un texto de varios volúmenes) sino solo aquellas que consideramos de uso más habitual o que sirven para dar una visión general de temas más complejos. Una vez familiarizado con el programa el lector estará preparado para explorar por su cuenta aquellas otras técnicas o posibilidades que más le interesen.

La información está presentada de forma muy visual, de manera que no haga falta leer largos párrafos para entender cómo se hacen las cosas. Hemos intentado que los capítulos que tratan sobre cómo utilizar MINITAB sean cortos y concretos. Su contenido queda reflejado en el título, y se va directamente al grano. Todos los procedimientos se explican con ejemplos, y una buena forma de aprender es intentar reproducirlos. Las ideas que permiten facilitar las tareas, o las llamadas de atención para evitar que se cometan determinados errores están destacadas e identificadas con iconos. En los capítulos de casos prácticos el protagonismo lo tienen los problemas planteados, de forma que MINITAB es sólo el instrumento que ayuda a resolverlos

Este material es el resultado de la experiencia explicando estadística con MINITAB en la Escuela Técnica Superior de Ingeniería Industrial de Barcelona y en cursos de especialización y de postgrado como los que impartimos sobre los programas de mejora Seis Sigma. También nos han sido de gran utilidad los trabajos que realizamos en el marco de convenios de colaboración con empresas, en los que se basan muchos de los casos y ejemplos que se presentan.

Deseamos dejar constancia de agradecimiento a nuestros compañeros Josep Ginebra, Jan Graffelman, Alexandre Riba, Lourdes Rodero, Ignasi Solé y Moisés Valls, profesores de la E.T.S. de Ingeniería Industrial de Barcelona, sin duda nuestra mejor fuente de información. También a José María Cifuentes, de la empresa Addlink, distribuidora de MINITAB en España, que nos han ayudado siempre que lo hemos necesitado y a Sandrine Santiago, consultora de la empresa CALETEC, por sus siempre brillantes aportaciones. Finalmente, un agradecimiento muy especial para nuestro amigo Guillermo de León, profesor de la Universidad Veracruzana (México), que ha realizado numerosas sugerencias que han servido para mejorar la claridad de muchos temas.

Todos los archivos de datos que se analizan, así como las macros que se incluyen en el anexo 4 están disponibles en el espacio de este libro en la página web de la editorial: www.garceta.es. También a través de esa página web nos podrán enviar sus comentarios y sugerencias, por los que le quedaremos muy agradecidos.

Barcelona, septiembre de 2010

Bloque I

Introducción. Técnicas gráficas

Una buena forma de enfrentarse por primera vez a un software estadístico es darle un vistazo general: ver qué aspecto tiene, qué posibilidades, cómo se introducen los datos, una primera idea sobre cómo se manejan y unos primeros análisis. Esto es lo que hacemos, para empezar con MINITAB, en el capítulo 1.

El resto de capítulos de este bloque se dedica a las técnicas gráficas. Puede pensarse que este es un tema fácil, pero cuando nos encontramos ante unos datos (casi siempre en un formato y con una estructura que no es la que conviene) de los que interesa obtener cierta información, no siempre es fácil atinar con el gráfico (o gráficos) más adecuados para cada caso. Hace falta práctica y paciencia, y una primera práctica es lo que pretenden aportar los ejemplos que aquí se presentan.

Para analizar la variabilidad de un conjunto de datos podemos utilizar:

- Histogramas: El gráfico por excelencia para visualizar la dispersión. Muy útiles para comparar con las especificaciones, o comparar entre sí datos de distinto origen (máquina, turno, operario...).

- Diagramas de puntos: Similares a los histogramas y especialmente recomendados cuando se tienen pocos datos. También son muy útiles para comparar diversas situaciones colocando los diagramas uno encima de otro.

- Diagramas de tallo y hojas: Pueden ser útiles cuando interesa mantener a la vista los valores concretos de los datos.

- Diagramas de caja (también conocidos por su nombre en inglés: *boxplots*). Muestran las medidas de posición (cuartiles y mediana) destacando los valores anómalos. También son muy útiles para comparar diversas situaciones.

Para dividir los datos en categorías y mostrar la frecuencia que se tiene en cada una de ellas, disponemos de:

- Diagramas de barras: Mientras que el histograma tiene en el eje horizontal una variable continua (peso, humedad, densidad...), en los diagramas de barras tenemos una variable cualitativa (sexo, zona geográfica) o discreta (número de hijos por familia). También las barras se pueden estratificar.

- Gráfica circular (o diagrama de sectores, o de pastel). Muy habitual en entornos comerciales para mostrar la amplitud de las distintas partes de un conjunto. No son muy apreciados en los ambientes técnicos.

- Diagrama de Pareto: Probablemente uno de los gráficos más útiles y más usados en la gestión de la calidad. Son un caso particular de los diagramas de barras y sirven para mostrar las partes en que se divide un problema, esperando encontrar el llamado principio de Pareto: pocas fundamentales y muchas triviales. Como los recursos disponibles no acostumbran a ser suficientes para atacar todas las causas a la vez, conviene empezar por las más importantes.

  Un caso especial son los diagramas causa-efecto. No se trata de una representación gráfica de datos, pero también los hemos incluido junto a los diagramas de Pareto porque son dos herramientas muy típicas para la mejora de la calidad. Naturalmente, MINITAB no ayuda a identificar las posibles causas (que es lo importante) pero sí facilita el situarlas de forma cómoda en el diagrama.

Para estudiar la posible relación entre variables, las gráficas pueden ser:

- Gráfica de dispersión (también llamada diagrama bivariante o diagrama de correlación): MINITAB presenta muchas ayudas para analizar e interpretar este tipo de gráficos, como añadir una pequeña dispersión (opcional) para evitar que los puntos aparezcan superpuestos, o el destacar puntos e identificar su origen.

- Gráfica de serie de tiempo: Se pueden ver como un caso particular de diagrama de dispersión cuando en el eje horizontal se representa el orden en que se ha tomado los datos. Es muy útil para analizar la evolución de una variable a lo largo del tiempo.

- Gráficos con tres dimensiones. Este bloque termina con un capítulo sobre este tipo de gráficos, para los que MINITAB presenta también muchas posibilidades. Son útiles en algunos casos, como cuando se trabaja con métodos de superficie de respuesta (capítulo 28), pero como herramienta descriptiva suele haber mejores alternativas.

Una gran parte de los problemas con que habitualmente nos encontramos se pueden diagnosticar utilizando los gráficos que veremos en este primer bloque. Eso sí, hace falta que los datos sean de calidad, pero ese ya es otro tema.

1

Primer vistazo

Pantalla inicial

Menú principal

Haciendo clic sobre cualquier opción aparecen los submenús.

Botones de acción

Dejando el cursor encima aparece un rótulo indicando lo que hace.

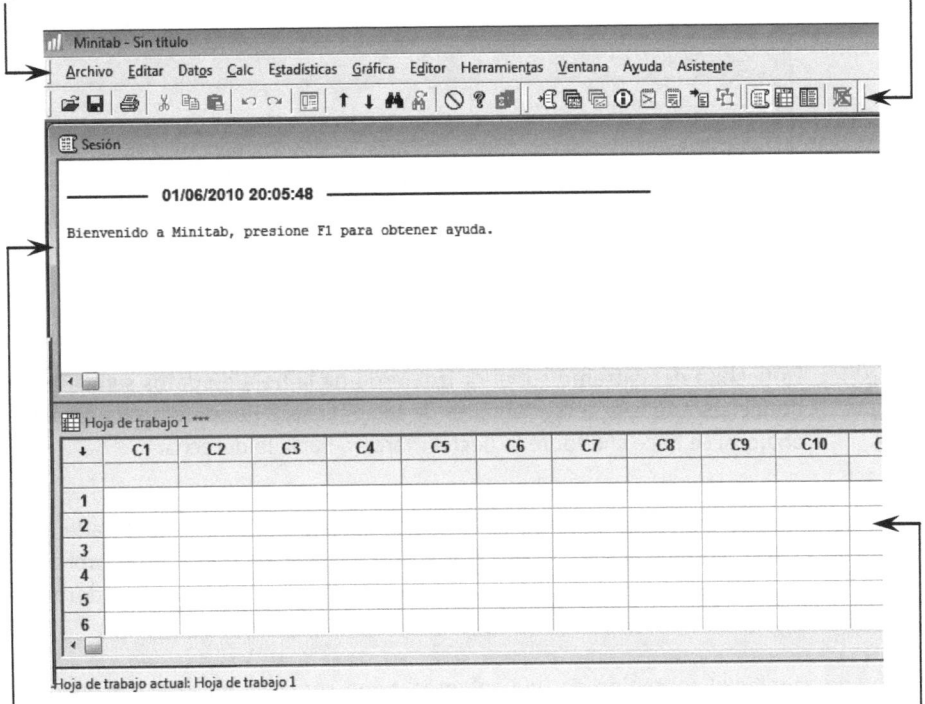

Ventana de Sesión

Es la parte donde aparecen los resultados de los análisis realizados. También sirve para escribir instrucciones como forma alternativa al uso de los menús.

Hoja de trabajo

Tiene el aspecto de una hoja de cálculo, con filas y columnas. Las columnas se denominan C1, C2,... tal como está escrito, pero también se les puede dar un nombre, escribiéndolo debajo de C1, C2,...

Normalmente los datos están situados en columnas: Cada columna es una variable, y dentro de la columna cada fila corresponde a una observación. También se pueden asignar valores a constantes (K1, K2, ...) o a matrices (M1, M2, ...). Ni constantes ni matrices aparecen en la hoja de datos.

El contenido de los submenús depende de cuál es la ventana activa (Sesión, hoja de datos, gráficos,...). Se activa una u otra haciendo clic sobre la misma.

Entrar datos

Los datos pueden entrarse directamente a través del teclado o recuperarlos de un archivo grabado previamente

Ejemplo 1.1: Introduzca los datos que se indican a continuación. Se refieren a las ventas, en miles de euros, en 4 zonas.

	C1-T	C2	C3	C4	C5	C6	C7	C8
	Zona	Enero	Febrero	Marzo	Abril	Mayo		
1	Norte	24	32	45	56	76		
2	Sur	62	34	23	6	23		
3	Este	3	35	45	67	67		
4	Oeste	34	78	23	44	58		
5								
6								

Hoja de trabajo 1 ***

La flechita del extremo superior izquierdo de la hoja de datos señala hacia donde se mueve el cursor al pulsar la tecla [Enter]. Por defecto marca hacia abajo, si se hace clic sobre la flecha marcará hacia la derecha.

Por defecto, las columnas se denominan C1, C2, ... pero existe una fila dedicada a los nombres de las columnas y vale la pena acostumbrarse a utilizarla. El nombre por defecto de la columna C1 aparece como C1-T, esto significa que contiene datos de texto.

Se puede generar el contenido de una columna como suma de otras 2, por ejemplo, C3=C1+C2 y dejarlas vinculadas de forma que al cambiar C1 o C2 cambie C3 (véase "Operaciones con datos", más adelante), pero sólo se pueden vincular columnas completas, no celdas individuales.

Guardar datos: Hoja de trabajo y Proyectos

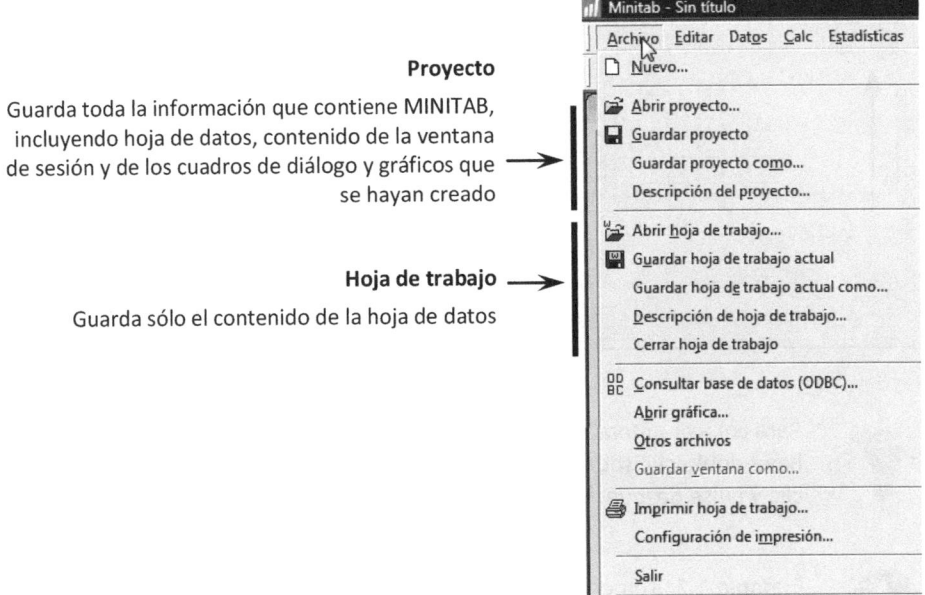

Proyecto

Guarda toda la información que contiene MINITAB, incluyendo hoja de datos, contenido de la ventana de sesión y de los cuadros de diálogo y gráficos que se hayan creado

Hoja de trabajo ⟶

Guarda sólo el contenido de la hoja de datos

A las hojas de trabajo MINITAB les asigna la extensión .MTW y a los proyectos .MPJ

 Un archivo sólo se puede recuperar de la forma como ha sido grabado. Si se ha grabado como **Hoja de trabajo** se recupera como **Hoja de trabajo**. Igual para los **Proyectos**. Las hojas de Excel se abren con la opción **Hoja de trabajo.**

 MINITAB se entiende muy bien con Excel. Puede importar una hoja de datos de Excel usando la opción **Abrir hoja de trabajo.**

Operaciones con datos. Introducción

Cuando se empieza, la forma más fácil de hacer operaciones es a través de **Calc > Calculadora**. La siguiente figura indica cómo colocar en la primera columna libre, a la que designará el nombre que se indica (Total), la suma de las columnas C2 a C6.

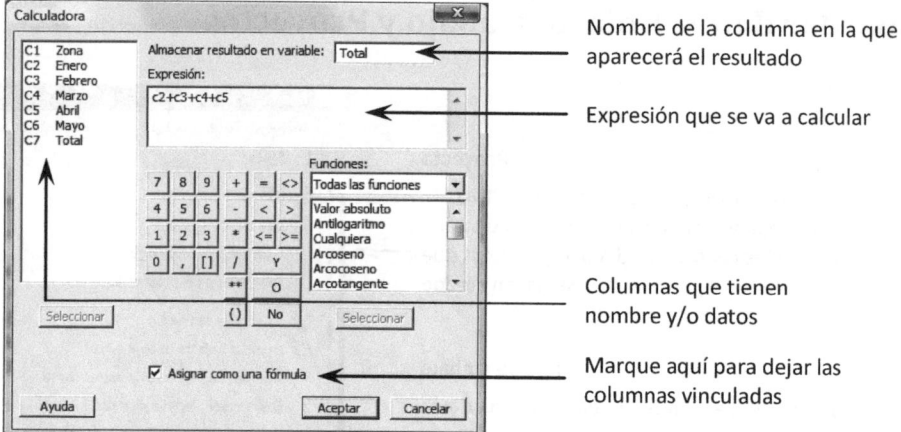

Nombre de la columna en la que aparecerá el resultado

Expresión que se va a calcular

Columnas que tienen nombre y/o datos

Marque aquí para dejar las columnas vinculadas

Para colocar automáticamente las columnas en la zona donde está el cursor haga doble clic sobre su nombre (recuadro de la izquierda) o bien un solo clic y pulse después el botón **Seleccionar**.

Ejemplo 1.2: Tomemos los datos del Ejemplo 1.1. Se debe repartir entre el equipo comercial de cada zona el 10% del importe de sus ventas realizadas los 4 primeros meses de año. Coloque en la columna C8 el importe a repartir en cada zona.

Utilizamos **Calc > Calculadora** colocando:
Almacenar resultado en variable: C8
Expresión: 0,1*(C2+C3+C4+C5)

Otra forma de realizar algunas operaciones es a través de **Calc > Estadísticas de columnas** o **Calc > Estadísticas de filas**.

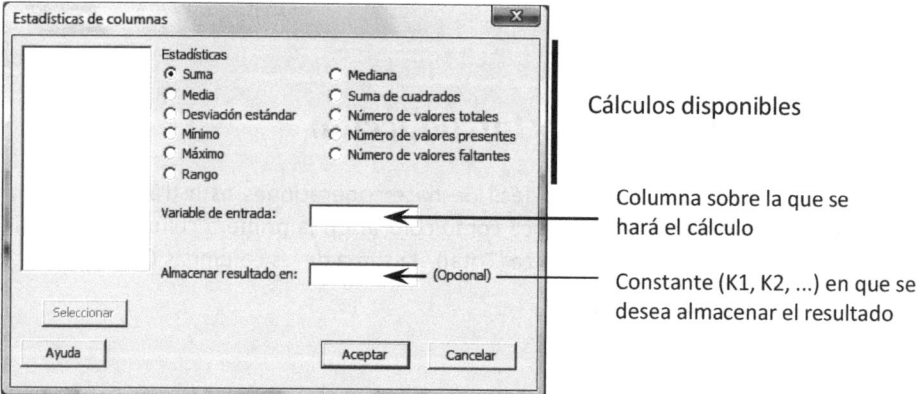

Cálculos disponibles

Columna sobre la que se hará el cálculo

Constante (K1, K2, ...) en que se desea almacenar el resultado

Ejemplo 1.3: Volvemos a utilizar los datos del Ejemplo 1.1. Determine, usando la **Calculadora** y también la opción **Estadísticas de filas**, el consumo medio mensual en cada zona.

Usando la **Calculadora (Calc > Calculadora)**:

Almacenar resultado en variable: C7 (por ejemplo)
Expresión: (C2+C3+C4+C5+C6)/5

Usando **Estadísticas de filas (Calc>Estadísticas de filas)**:

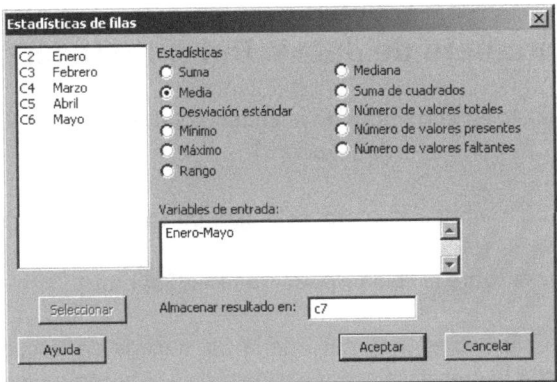

 Si entramos C2 C6, nos estamos refiriendo a esas 2 columnas.
Si entramos C2-C6 nos referimos también a las están entre ellas, es decir, en este caso: C2, C3, C4, C5 y C6.

 Clicando y arrastrando en la zona de variables disponibles (recuadro de la izquierda en las ventanas de diálogo), puede seleccionarse un conjunto de variables en una misma acción (para el apartado **Variables de entrada**).

Otra posibilidad es escribir directamente en la ventana de Sesión las instrucciones que se desean ejecutar. Si la opción no está activada, con la ventana de Sesión como ventana activa, vamos a: **Editor > Habilitar comandos**. Aparecerá el símbolo **MTB>** al principio de la línea.

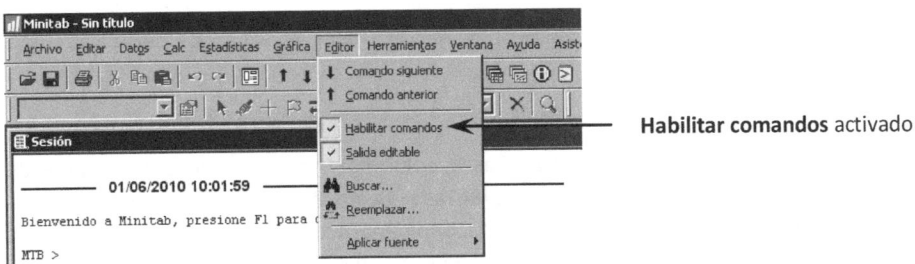

Habilitar comandos activado

Para calcular el promedio de las columnas C2 a C6 y colocarlo en C7, escribimos lo que figura a continuación de **MTB>**

```
MTB > let c7=(c2+c3+c4+c5+c6)/5
```

Con **Habilitar comandos** activado, cuando se efectúan operaciones a través de los menús, van apareciendo en la ventana de Sesión las instrucciones que se ejecutan. Esas instrucciones se pueden escribir directamente para ser ejecutadas sin usar los menús.

Introducción al manejo de datos: Borrar e insertar

Borrar columna	Haga clic en el nombre de la columna (el nombre por defecto: C1, C2, ...) y pulse la tecla [Suprimir].
Borrar fila	Haga clic sobre el número de la fila y pulse la tecla [Suprimir].
Borrar celda	Situarse sobre la celda y pulsar la tecla [Suprimir].
Insertar fila	Haga clic sobre el número de la fila encima de la cual se quiere insertar la nueva y a continuación clic en el botón de **Insertar fila**.

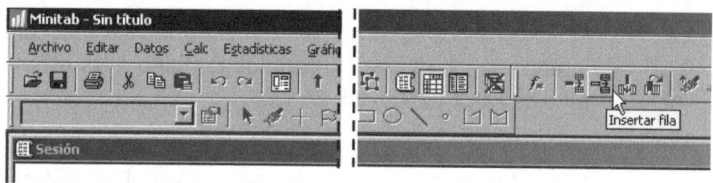

Insertar columna	Haga clic sobre el nombre (C1, C2,...) de la columna a la izquierda de la cual se quiere insertar la nueva. A continuación haga clic en el botón **Insertar columna**.

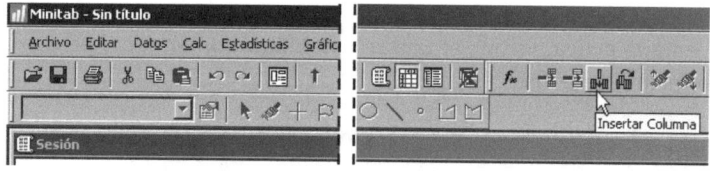

Si los iconos de insertar filas y columnas no aparecen en su barra de herramientas vaya a **Herramientas > Barra de herramientas** y marque la opción **Hoja de trabajo.** Si los iconos aparecen pero no están activados es porque no ha seleccionado donde se debe insertar la fila o columna.

En el Apéndice 2 encontrará más información sobre el manejo de datos.

Primeros análisis estadísticos

 El archivo DETERGENTE.MTW contiene el peso, en gramos, de 500 paquetes de detergente de peso nominal 4 Kg., indicando también en cual de las 2 líneas disponibles se han llenado.

Un estudio de la distribución del peso en función de la línea puede hacerse de la siguiente forma:

Estadísticas > Estadística básica > Mostrar estadísticas descriptivas

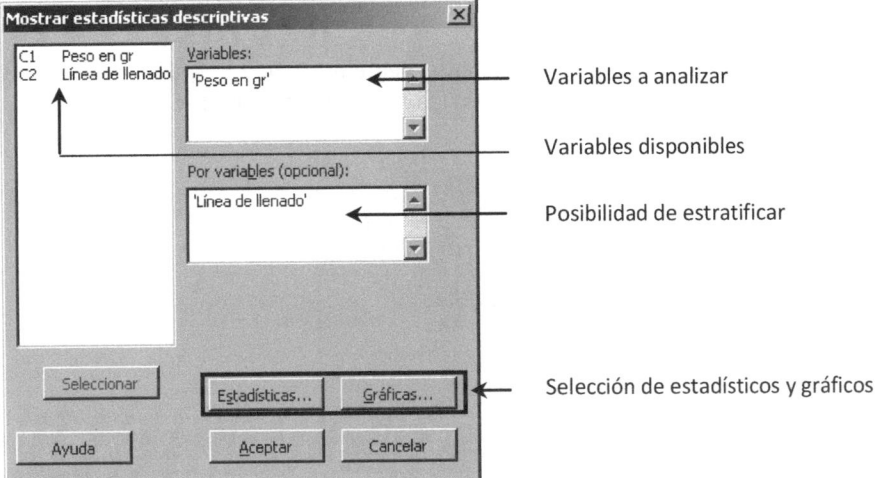

 Recuerde: Haciendo doble clic sobre el nombre de la variable (recuadro de la izquierda) esta se coloca automáticamente en el lugar donde esté el cursor. También se puede hacer un solo clic y a continuación haga clic en **Seleccionar**.

Dejando todas las opciones por defecto, en la pantalla de Sesión se obtiene:

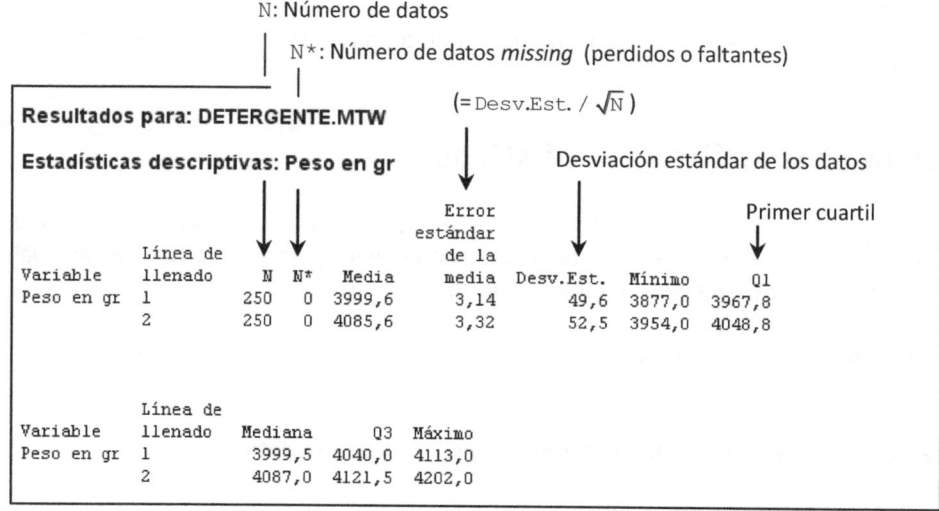

N: Número de datos

N*: Número de datos *missing* (perdidos o faltantes)

(= Desv.Est. / $\sqrt{N}$)

Resultados para: DETERGENTE.MTW

Estadísticas descriptivas: Peso en gr

Desviación estándar de los datos

Error estándar de la media

Primer cuartil

Variable	Línea de llenado	N	N*	Media	Error estándar de la media	Desv.Est.	Mínimo	Q1
Peso en gr	1	250	0	3999,6	3,14	49,6	3877,0	3967,8
	2	250	0	4085,6	3,32	52,5	3954,0	4048,8

Variable	Línea de llenado	Mediana	Q3	Máximo
Peso en gr	1	3999,5	4040,0	4113,0
	2	4087,0	4121,5	4202,0

El botón **Estadísticas** conduce a la siguiente ventana, donde se pueden elegir los estadísticos a calcular. Por defecto aparecen los que aquí están marcados.

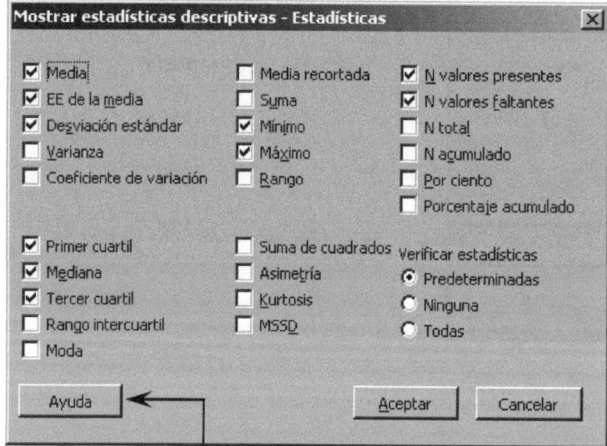

Clicando sobre **Ayuda** se obtiene información sobre el significado de cada uno de estos estadísticos. Por ejemplo: **Media recortada** es la media aritmética de los datos, eliminando el 5% mayores y el 5% menores. Es una medida de tendencia central menos sensible a valores extremos que la media convencional.

El botón **Gráficas** permite elegir alguno de los siguientes gráficos (por defecto no se realiza ninguno):

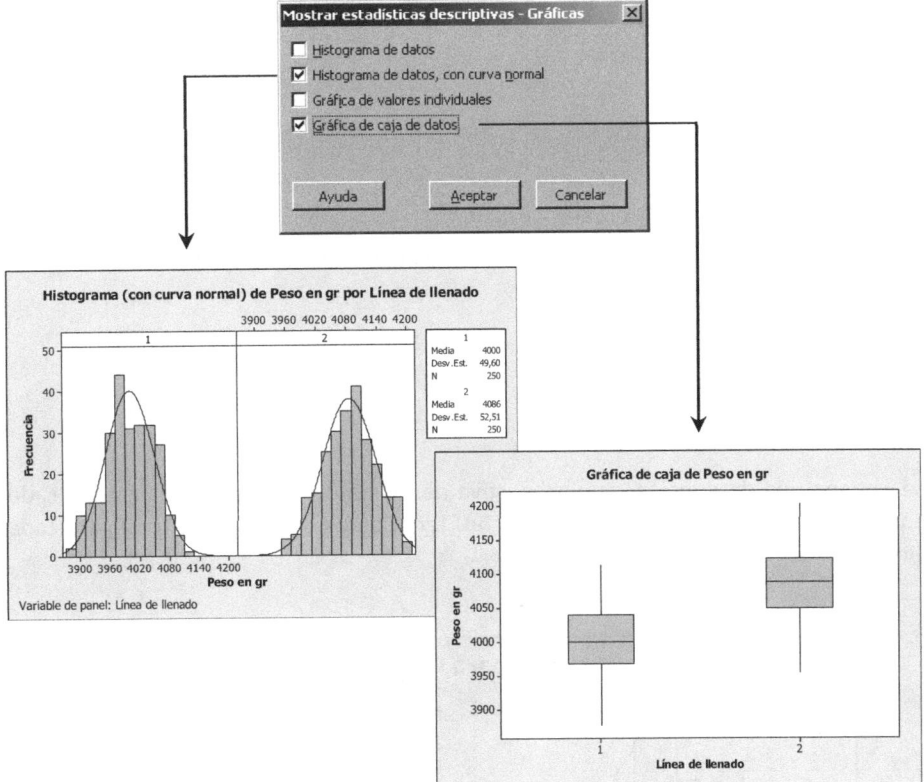

Realizando:

Estadísticas > Estadística básica > Almacenar estadísticas descriptivas

Se almacenan los valores de los estadísticos en las primeras columnas libres. Con los datos de nuestro archivo y estratificando por línea (tal como hemos hecho antes), si se eligen como estadísticos la media y la desviación estándar, se tiene:

	C1	C2	C3	C4	C5	C6
	Peso en gr	Línea de llenado	PorVar1	Media1	Desv.Est1	
1	3996	2	1	3999,63	49,5986	
2	3935	1	2	4085,64	52,5069	
3	4093	2				
4	3993	1				

Nuevas columnas creadas con los valores de los estadísticos pedidos (una columna por estadístico)

Otra posibilidad es:

Estadísticas > Estadística básica > Resumen gráfico

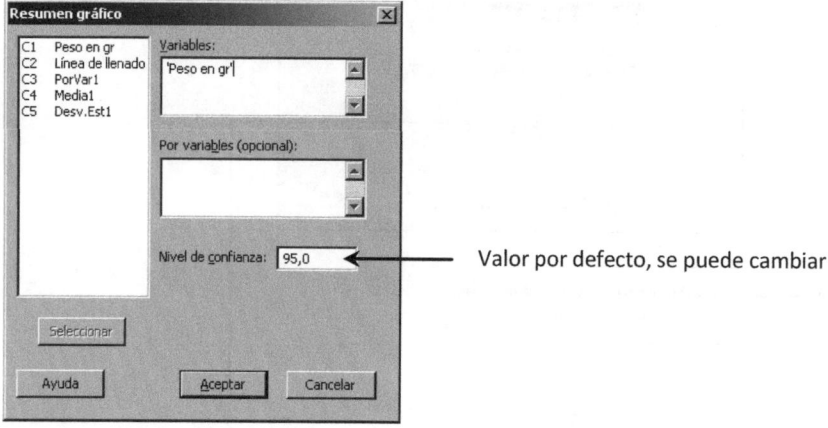

Valor por defecto, se puede cambiar

Se obtiene una descripción muy exhaustiva de los datos. Si hubiéramos estratificado por línea (en este caso no lo hemos hecho) tendríamos dos ventanas, una para cada línea.

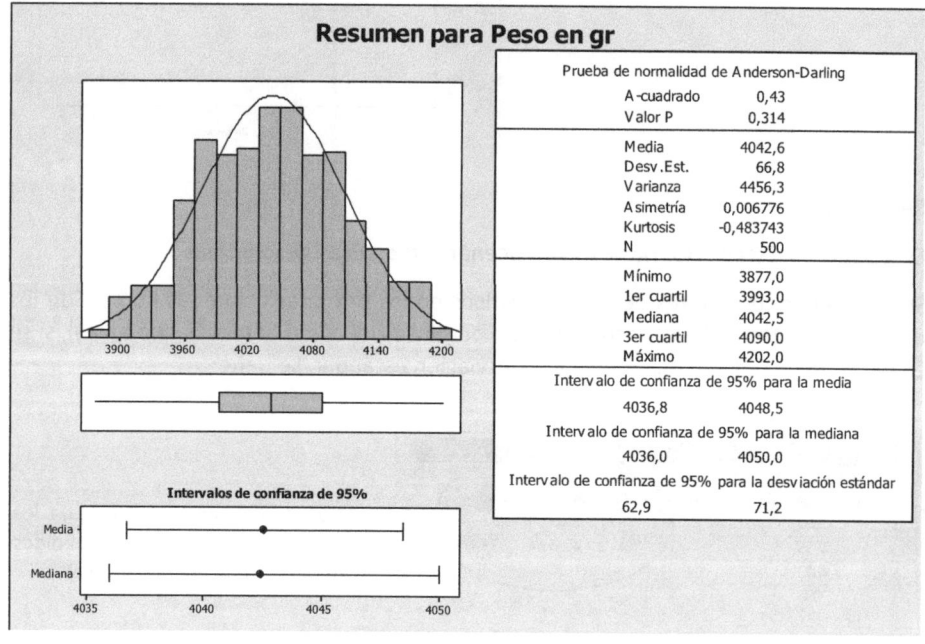

Ayudas

Ayuda, menú principal

Se accede a través del menú principal o clicando sobre el icono ⬛de la barra de herramientas. También pulsando F1.

Búsqueda por palabras clave.
Empezamos a escribir histograma. Al escribir las tres primeras letras ya identifica lo que buscamos.

Guía en hipertexto. MUY COMPLETA

Haciendo doble clic sobre la opción marcada, aparece información sobre cómo construir histogramas desde el menú principal. Siempre es interesante consultar el hipertexto del encabezamiento.

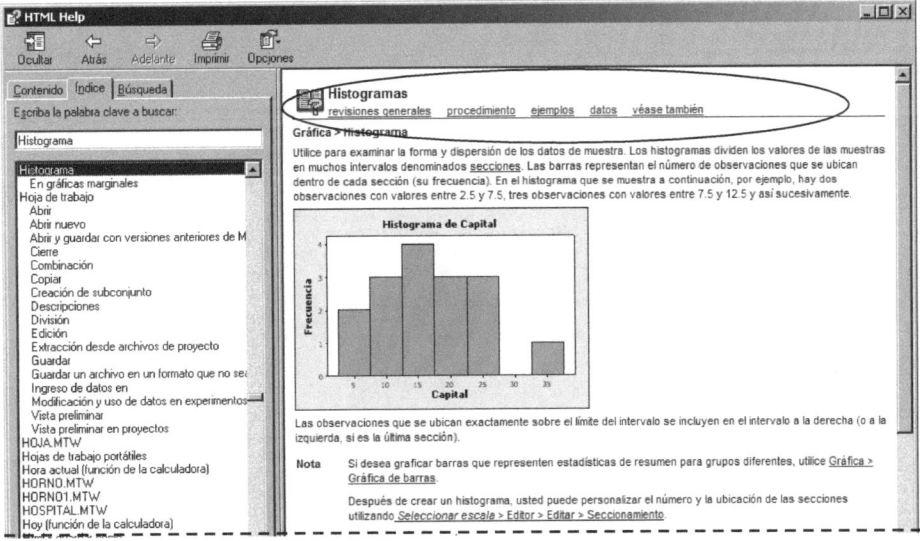

Ayuda contextual

Si se tienen dudas sobre el tema en que se está trabajando, siempre hay un botón **Help** que conduce directamente a información específica sobre ese tema. Por ejemplo, para la **Calculadora**:

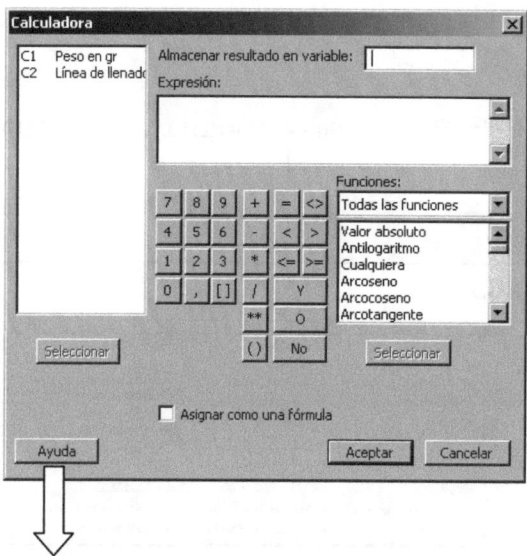

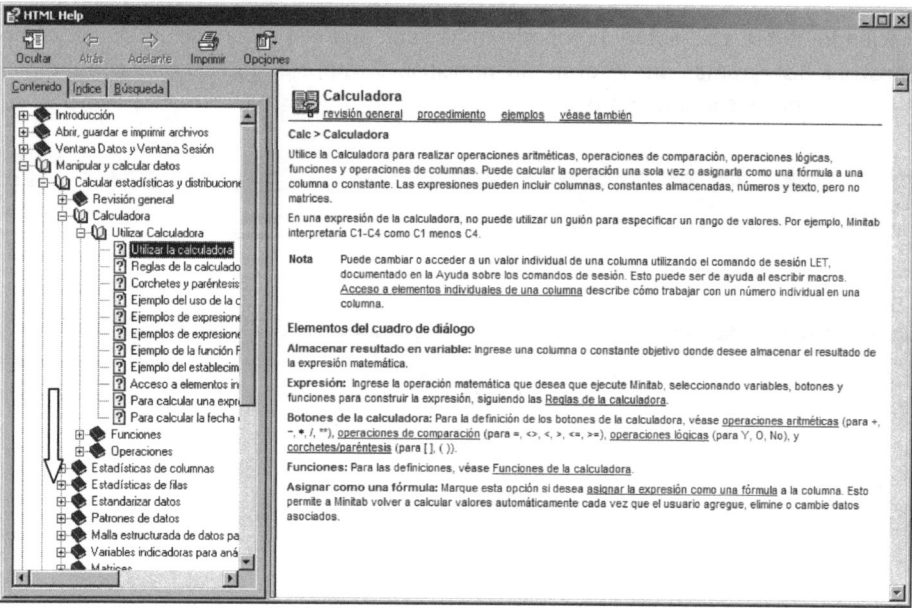

StatGuide

Haciendo clic con el botón derecho sobre el resultado del análisis realizado (ya sea en la ventana de Sesión o en las ventanas gráficas) y clic sobre **StatGuide** del menú que aparece se abre una guía que ayuda a interpretar esos resultados. También se accede a esta guía haciendo clic en el botón **StatGuide** de la barra de herramientas 📵 , o pulsando [Mayúsculas] +[F1].

 La ayuda de MINITAB es muy completa y está muy bien organizada. Es muy fácil encontrar lo que se necesita.

Configuración a su gusto

Casi todo, desde la estética (tipos de letra, colores, etc) hasta aspectos relacionados con la configuración, se puede cambiar y adaptar a su gusto. La forma de hacerlo es a través de:

Herramientas > Opciones

Por ejemplo, para que la opción **Habilitar comandos** esté activada por defecto, accedemos a través de **Ventana de sesión > Enviar comandos** y activamos la opción deseada.

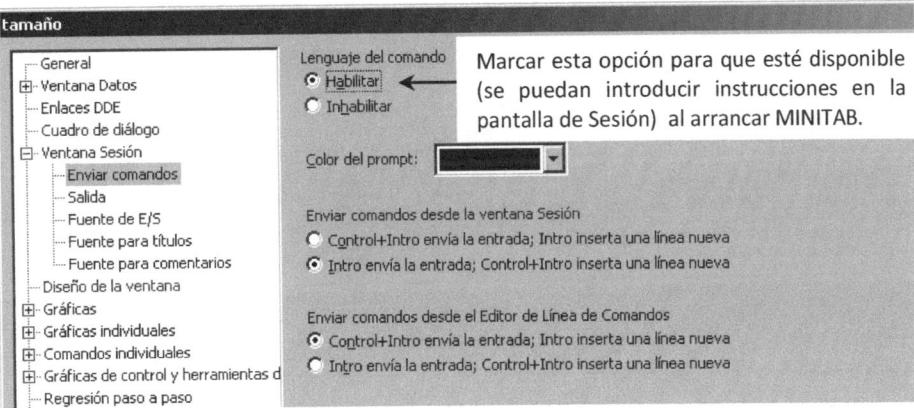

 Para restaurar los valores de configuración por defecto, ejecute el archivo rmd.exe (RestoreMinitabDefaults) que se encuentra en el directorio donde tiene instalado MINITAB.

Una vez se haya familiarizado con el entorno de trabajo de MINITAB, le puede interesar consultar el Anexo 3 con información más detallada de cómo personalizar MINITAB.

Asistente

En la versión 16 MINITAB incorpora también un asistente (menú principal, a la derecha de la ayuda) que guía en la aplicación de algunas técnicas y que puede ser de utilidad como referencia inicial.

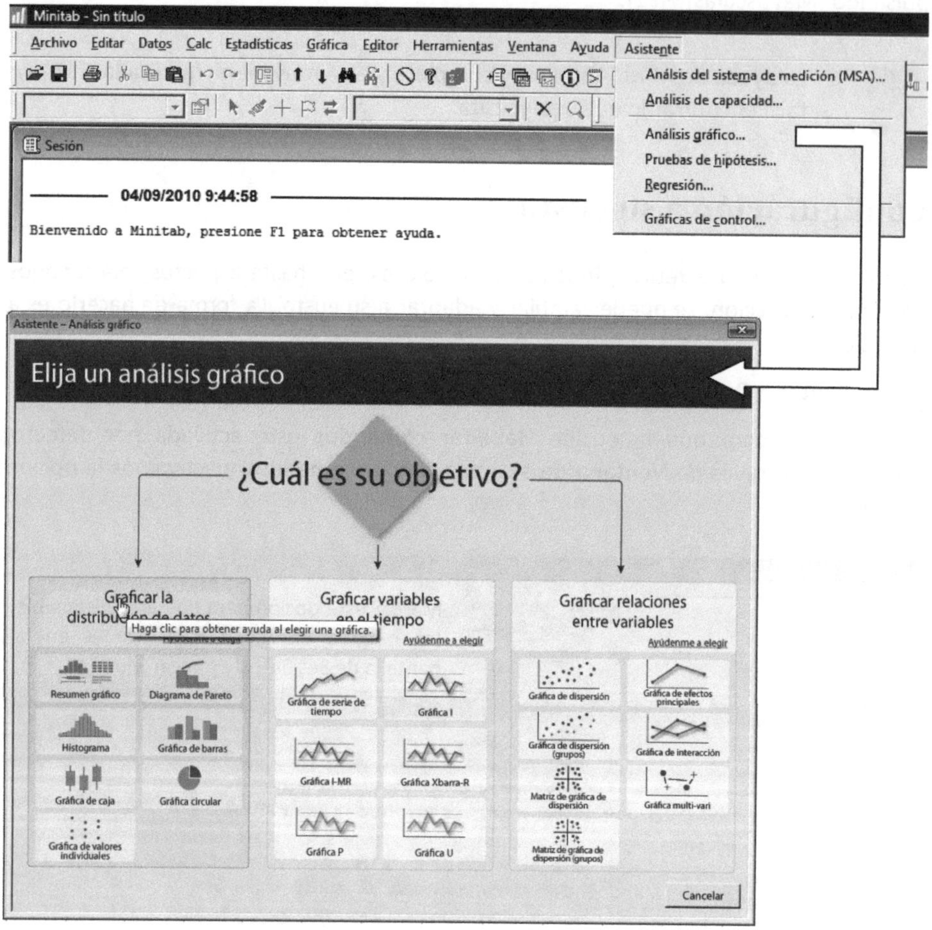

En este caso, y de forma similar para las otras técnicas, haciendo clic sobre el tipo de gráfico que se desea realizar, surgen una serie de ventanas interactivas que guían sobre el camino a seguir.

¿Alguna dificultad?

El Anexo 1 incluye las respuestas a una serie de preguntas que suelen surgir al principio. Este es el momento de darle un vistazo.

2

Gráficos para una variable

Archivo 'Pulso'

PULSO.MTW viene incluido en MINITAB y lo usaremos para ir mostrando los tipos de gráficos que se pueden realizar. Su contenido se recogió en una clase con 92 alumnos. Cada estudiante anotó su altura, peso, sexo, si fuma o no, nivel de actividad física y pulso en reposo. Después todos tiraron una moneda al aire y aquellos a los que les salió cara corrieron durante 1 minuto. A continuación todos se volvieron a tomar la pulsación: Su contenido es:

Columna	Nombre	Contenido
C1	Pulso1	Pulso inicial de los 92 estudiantes
C2	Pulso2	Pulso final
C3	Corrió	1=corrió; 2=no corrió
C4	Fuma	1=fuma; 2=no fuma
C5	Sexo	1=hombre; 2=mujer
C6	Alto	Altura de los estudiantes (en pulgadas)
C7	Peso	Peso de los estudiantes (en libras)
C8	Actividad	Nivel de actividad física habitual: 1=baja; 2=media; 3=alta

Para cargar la hoja de datos vaya a **Archivo > Abrir hoja de trabajo** y haga clic en el botón **Buscar en carpeta Datos de muestra de Minitab**.

Puede obtenerse información sobre los archivos que incorpora MINITAB a través de la **Ayuda**. Para obtener la información del archivo 'Pulso' puede hacerse: **Ayuda > Ayuda** y escribir **Pulso** en el índice.

Histogramas

Gráfica > Histograma

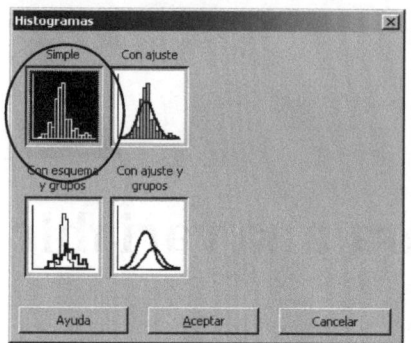

Existen distintas opciones tal como puede verse en el menú visual

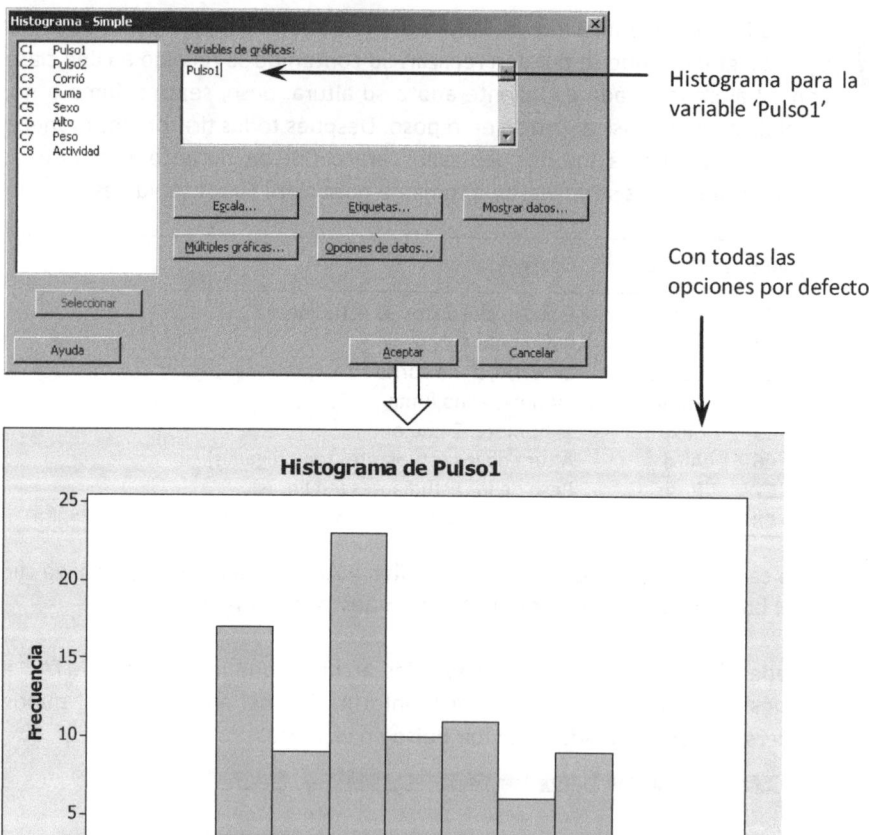

Histograma para la variable 'Pulso1'

Con todas las opciones por defecto

Cambios en el aspecto del histograma

Cambio en la escala del eje horizontal

Hacemos doble clic sobre cualquier valor de esta escala. Aparece la siguiente ventana de diálogo en la que se han cambiado los valores que aparecen por defecto:

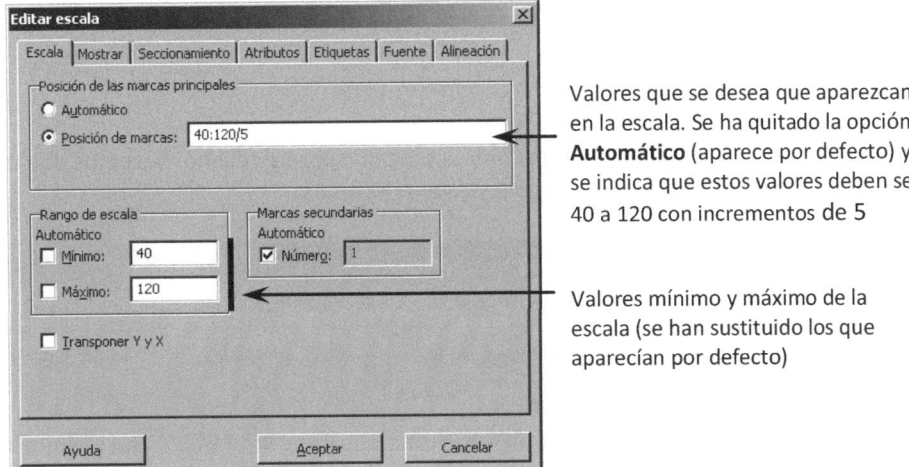

Valores que se desea que aparezcan en la escala. Se ha quitado la opción **Automático** (aparece por defecto) y se indica que estos valores deben ser 40 a 120 con incrementos de 5

Valores mínimo y máximo de la escala (se han sustituido los que aparecían por defecto)

Cambios en el eje vertical

En este eje el único cambio respecto a lo que aparece por defecto será introducir 4 marcas entre los valores de la escala (ayuda a identificar los valores sobre la escala sin que aparezcan los números que les corresponden).

Haciendo doble clic sobre cualquier valor de la escala vertical aparece el mismo cuadro de diálogo que hemos visto antes:

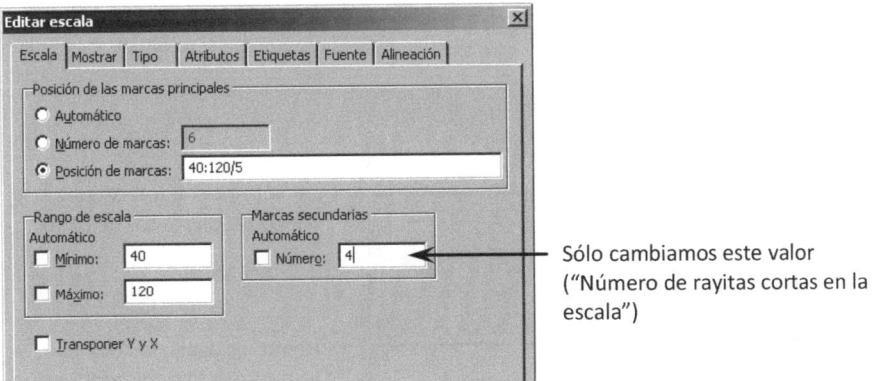

Sólo cambiamos este valor ("Número de rayitas cortas en la escala")

También hay que ir a la pestaña **Mostrar** para indicar que muestre las rayitas pequeñas.

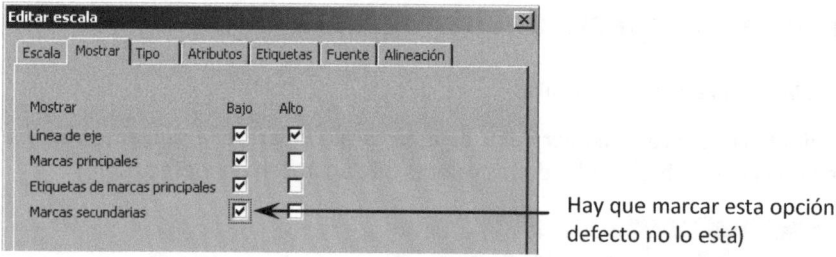

Hay que marcar esta opción (por defecto no lo está)

Aspecto de las barras

Si, por ejemplo, no queremos que las barras tengan color de relleno, hacemos doble clic sobre cualquiera de ellas y aparece la siguiente ventana:

Marcamos esta opción

Sin relleno (es la opción que está encima de la que aparece por defecto)

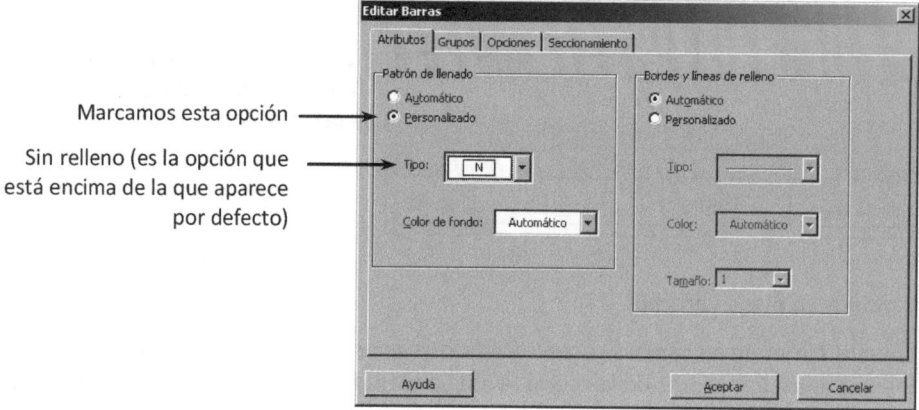

Intervalos sobre los que se sitúan las barras

Hacemos doble clic sobre cualquier valor de la escala horizontal y vamos a la pestaña marcada con **Seccionamiento.**

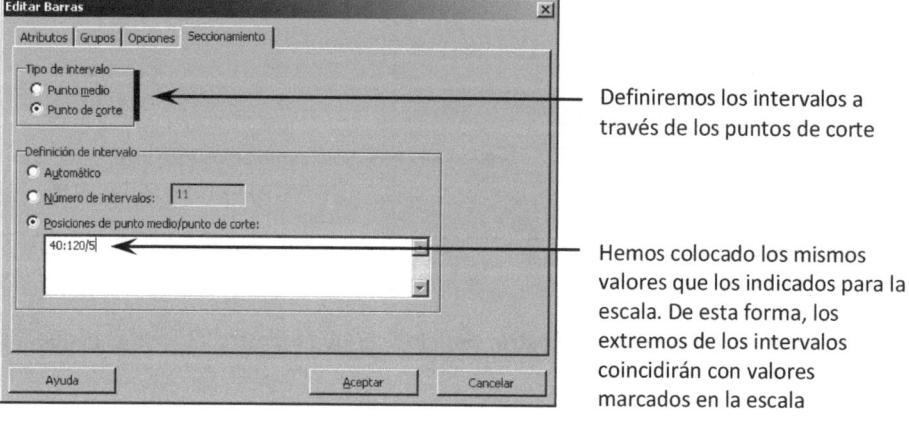

Definiremos los intervalos a través de los puntos de corte

Hemos colocado los mismos valores que los indicados para la escala. De esta forma, los extremos de los intervalos coincidirán con valores marcados en la escala

Aspecto de la ventana del gráfico

Vamos a eliminar el marco gris que aparece en torno al histograma. Hacemos doble clic sobre esta zona (fuera del marco del histograma):

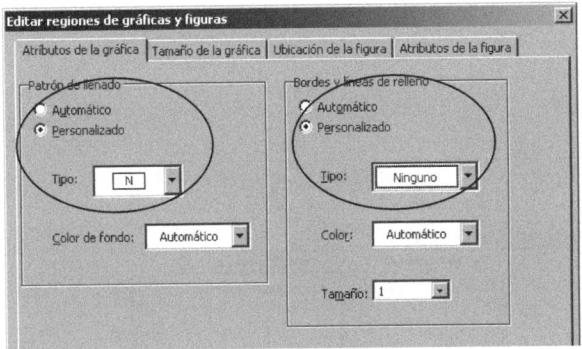

Hemos quitado el color de fondo (**Patrón de llenado**) y la línea exterior (**Bordes y líneas de relleno**)

Cambio en las proporciones del gráfico:

A veces conviene que las proporciones del gráfico sean otras. Para ello, en el mismo cuadro de diálogo anterior vamos a la pestaña **Tamaño de la gráfica.**

Hemos cambiado los valores por defecto. Ahora el gráfico tendrá un aspecto más

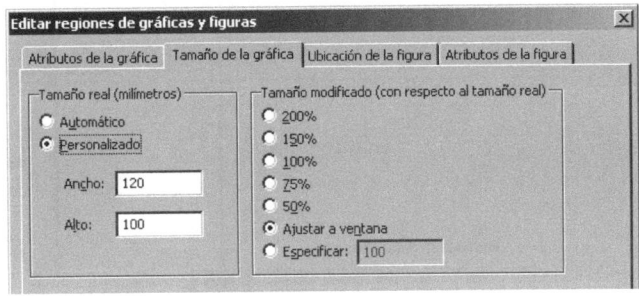

Con los cambios introducidos, el histograma tiene el siguiente aspecto:

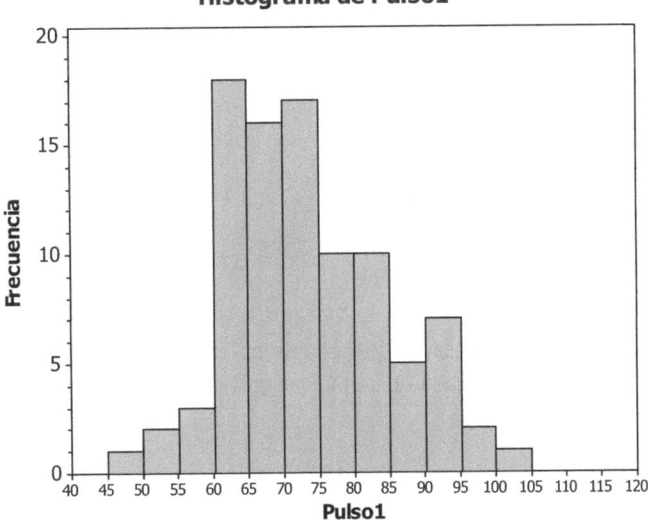

La edición y modificación de los gráficos es fácil e intuitiva haciendo doble clic sobre el elemento a cambiar.

Una vez personalizado un gráfico es muy fácil crear otro de características similares a través de:

Editor > Realizar Gráfica Similar

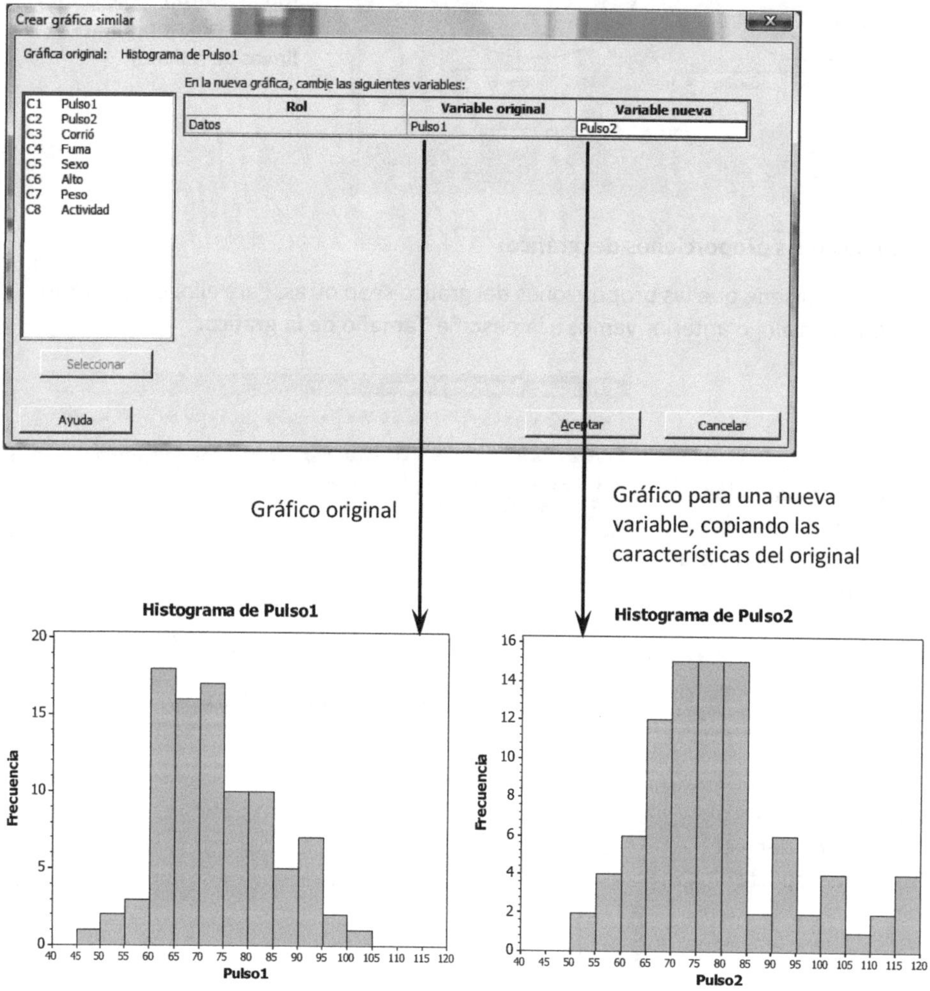

Crear gráfica similar

Gráfica original: Histograma de Pulso1

En la nueva gráfica, cambie las siguientes variables:

C1 Pulso1	Rol	Variable original	Variable nueva
C2 Pulso2	Datos	Pulso1	Pulso2
C3 Corrió			
C4 Fuma			
C5 Sexo			
C6 Alto			
C7 Peso			
C8 Actividad			

Seleccionar

Ayuda   Aceptar   Cancelar

Gráfico original

Gráfico para una nueva variable, copiando las características del original

Histograma de Pulso1

Histograma de Pulso2

Frecuencia (eje Y: 0, 5, 10, 15, 20)

Pulso1 (eje X: 40 45 50 55 60 65 70 75 80 85 90 95 100 105 110 115 120)

Frecuencia (eje Y: 0, 2, 4, 6, 8, 10, 12, 14, 16)

Pulso2 (eje X: 40 45 50 55 60 65 70 75 80 85 90 95 100 105 110 115 120)

 Es necesario que el gráfico original esté como ventana activa para que aparezca la opción **Crear gráfica similar.**

Histogramas para varios grupos de datos

A través de **Calculadora**, creamos la columna 'Incremento' que es igual a la diferencia entre el pulso final y el inicial:

Calc > Calculadora

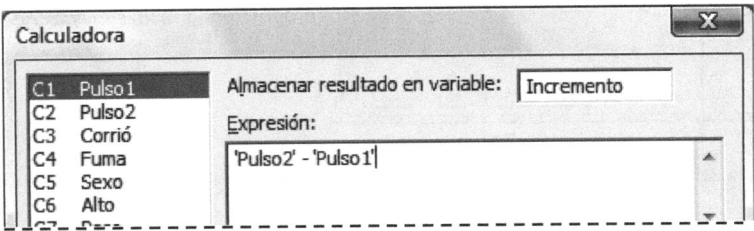

Para comparar los incrementos de pulsación según se haya corrido o no a través de sus histogramas, puede hacerse:

Gráfica > Histograma: Con esquema y grupos

Colocando 'Incremento' como variable a representar y 'Corrió' como variable categórica para formar los grupos, se obtiene (en la pantalla aparece un color distinto para cada histograma):

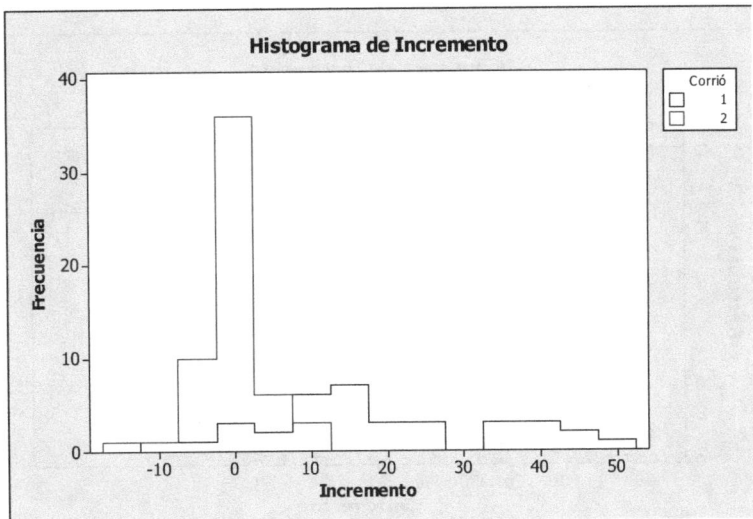

Otra opción, que proporciona un resultado más claro, es:

Gráfica > Histograma: Simple

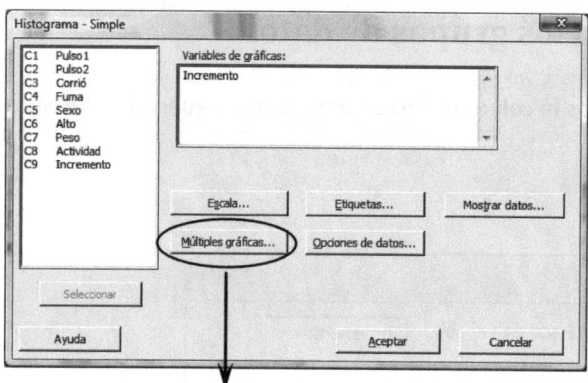

A través de **Múltiples gráficas** se accede a diversas opciones que proporcionan salidas muy claras

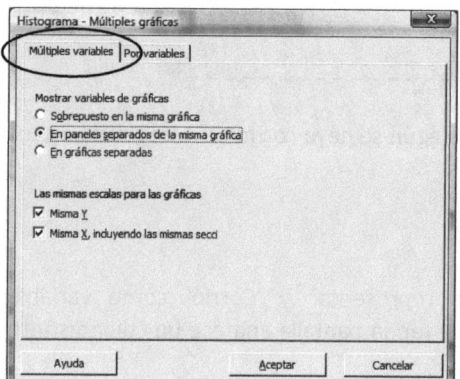

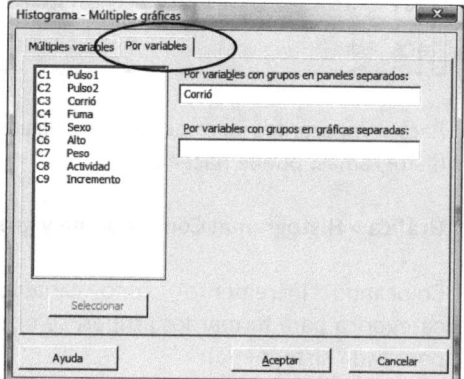

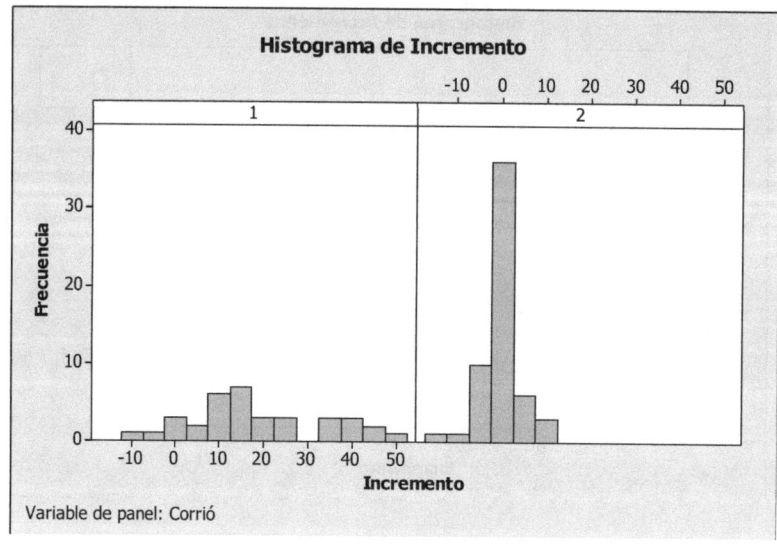

 Para ver todos los gráficos que ha creado y tiene disponibles vea la opción **Ventana** del menú principal. Al final aparecen las hojas de datos y los gráficos que se han ido creando y no se han borrado.

Diagramas de puntos

Gráfica > Gráfica de puntos

Vamos a utilizar las opciones disponibles para comparar el incremento en las pulsaciones según se haya corrido o no, y lo mismo pero identificando de forma distinta hombres y mujeres.

Variables de gráficas: Incremento
Variables categóricas…: Corrió

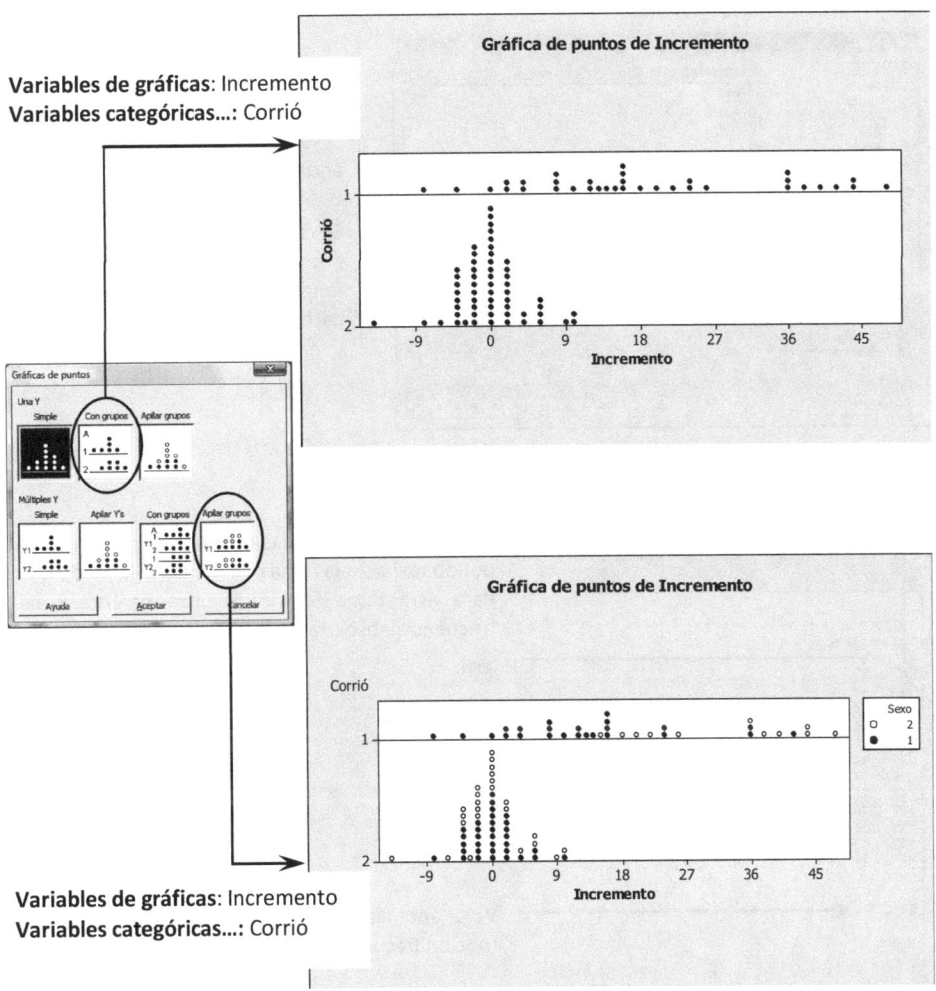

Variables de gráficas: Incremento
Variables categóricas…: Corrió

Para facilitar la interpretación del gráfico sin colores, se ha cambiado el tipo de símbolo que aparece por defecto para las mujeres (sexo=2). El proceso para realizar el cambio es: 1) Clic sobre cualquier punto; 2) Clic sobre un punto del tipo de los que se quiere cambiar; 3) Doble clic sobre el mismo punto que antes y 4) En el cuadro de diálogo que aparece elegir el tipo de punto deseado.

El aspecto de los diagramas de puntos se puede cambiar editándolos de la misma forma que se ha hecho con los histogramas. Las opciones también son las mismas.

Diagramas de tallo y hojas

Gráfica > Tallo y hoja

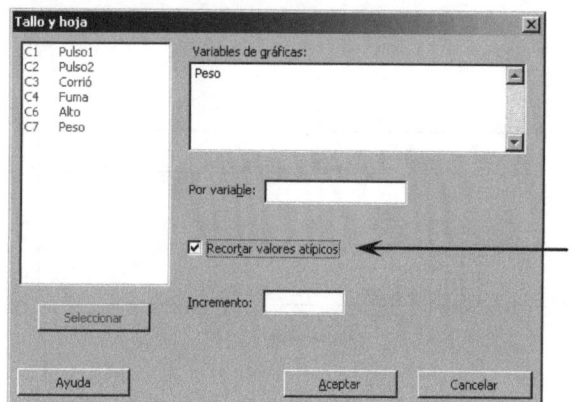

Si se marca esta opción destaca las anomalías

Se consideran anomalías los valores que están más allá de 1,5 veces el rango intercuartílico (Q3–Q1) a partir de los cuartiles

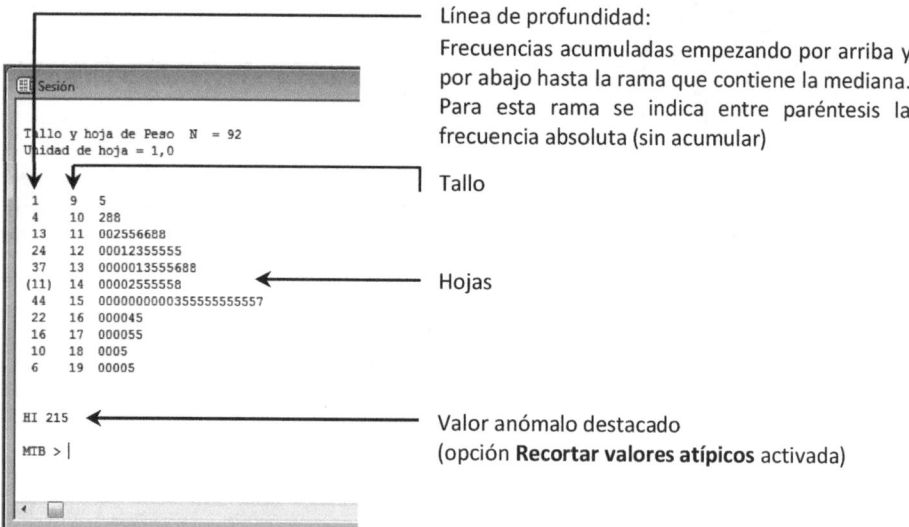

Línea de profundidad:
Frecuencias acumuladas empezando por arriba y por abajo hasta la rama que contiene la mediana. Para esta rama se indica entre paréntesis la frecuencia absoluta (sin acumular)

Tallo

Hojas

Valor anómalo destacado
(opción **Recortar valores atípicos** activada)

 Si copia un diagrama de tallo y hojas y lo pega en un documento Word, debe utilizar un tipo de letra de paso fijo, tipo courier. Si utiliza otro tipo de letra se deforma el diagrama.

Boxplots

Gráfica > Gráfica de caja

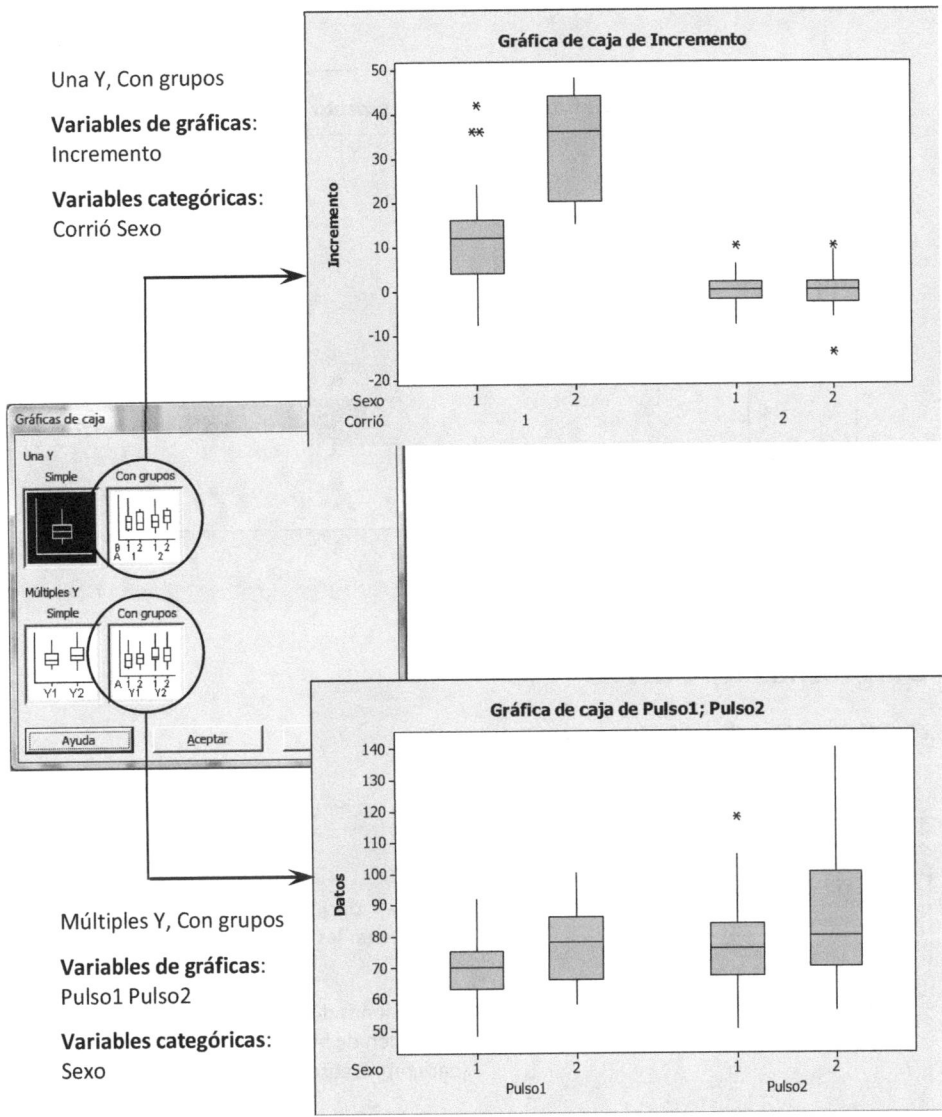

Una Y, Con grupos

Variables de gráficas:
Incremento

Variables categóricas:
Corrió Sexo

Múltiples Y, Con grupos

Variables de gráficas:
Pulso1 Pulso2

Variables categóricas:
Sexo

Con todas las opciones por defecto, el aspecto de los boxplots es el habitual: caja que delimita el rango intercuartílico (IQR) con línea interior para la mediana, patas hasta la última observación dentro de la zona delimitada por los cuartiles +1,5 IQR y valores más allá de esta zona identificados con asteriscos.

Pero se puede cambiar el aspecto del boxplot a través del botón **Mostar Datos**. Por ejemplo, en el primer gráfico (incremento de las pulsaciones según se haya corrido o no y sexo) se pueden añadir puntos para mostrar los valores individuales (**Símbolos individuales**).

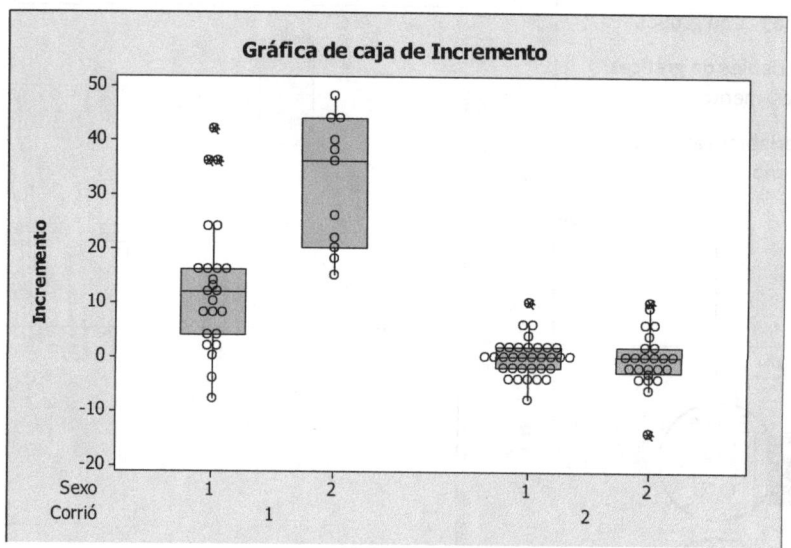

Diagramas de barras

Gráfica > Gráfica de barras

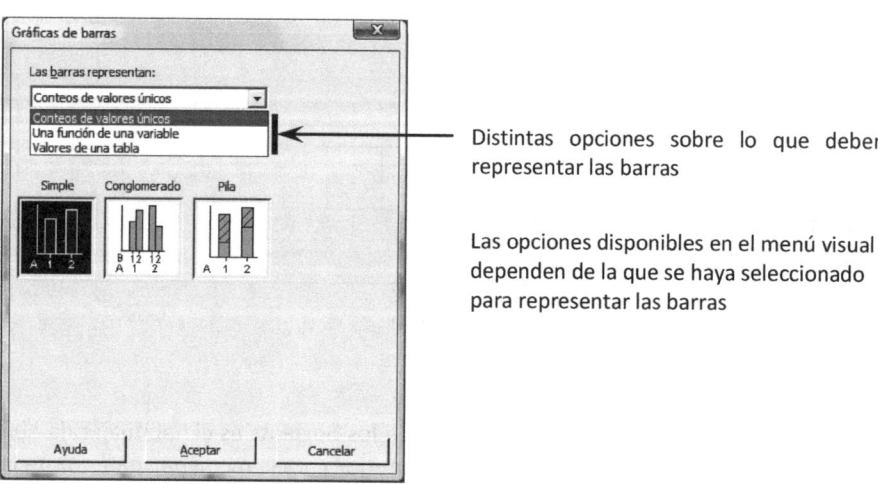

Distintas opciones sobre lo que deben representar las barras

Las opciones disponibles en el menú visual dependen de la que se haya seleccionado para representar las barras

Ejemplo: Representaremos el número de hombres y mujeres según la actividad física que realizan.

Gráfica > Gráfica de barras: Conteo de valores únicos, Pila

Variables categóricas: **Actividad Sexo**

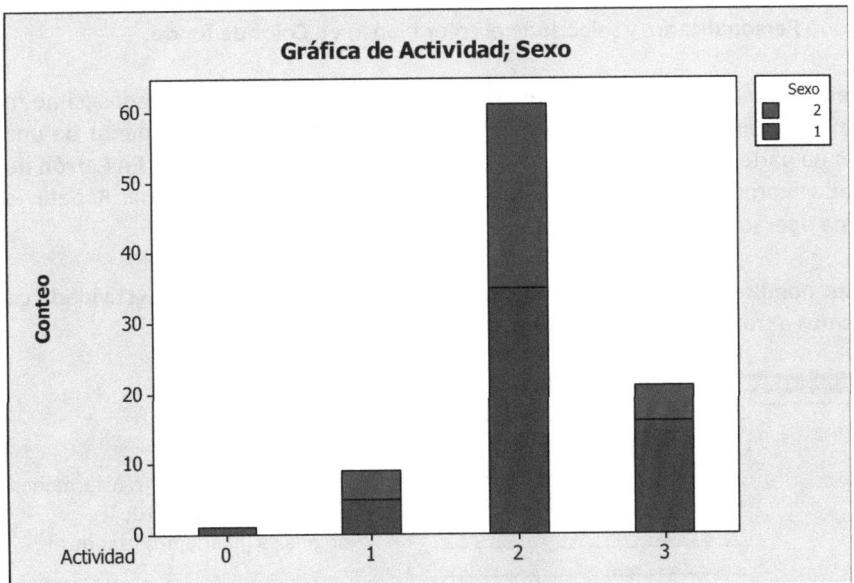

Transformaremos el gráfico anterior, que es el que parece por defecto, por este otro:

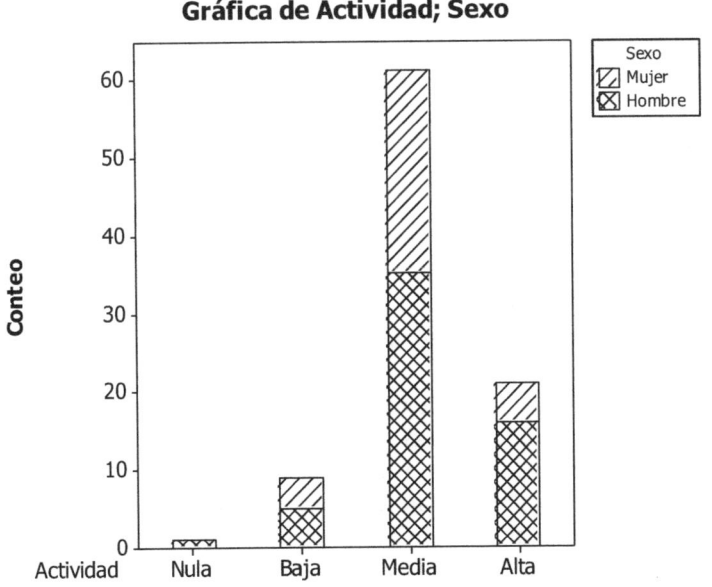

Las operaciones que se han realizado para cambiar el aspecto del gráfico son:

- Quitar el color de las barras: Hacer doble clic sobre cualquier barra. En el cuadro de dialogo que aparece (**Editar barras**, pestaña **Atributos)** en **Patrón de llenado** marque **Personalizado** y seleccione el color blanco en **Color de fondo**.

- Poner una trama distinta según el sexo: Estando las barras seleccionadas (si no lo están haga clic sobre cualquiera de ellas) haga clic sobre la parte superior de una barra (la parte que corresponde a Sexo=1) y a continuación doble clic. En **Patrón de llenado** marque **Personalizado** y en **Tipo** seleccione el tipo de trama. Repetir la misma operación para la parte inferior de la barra.

- Poner nombres a los valores que codifican las variables Sexo y Actividad: Lo hacemos a través de **Datos > Codificar > Numérico a texto.**

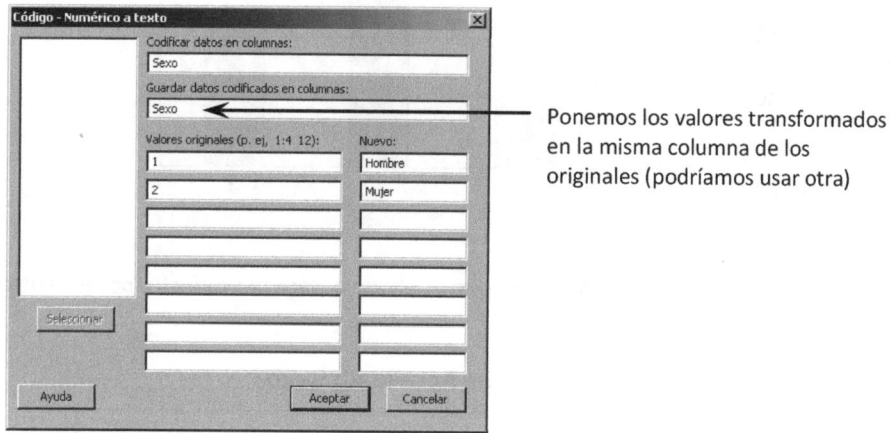

Ponemos los valores transformados en la misma columna de los originales (podríamos usar otra)

De forma similar se transforman los valores de la actividad por sus nombres correspondientes.

No es necesario construir otro gráfico por haber cambiado los valores que identifican el sexo y la actividad. Basta con hacer clic con el botón derecho del ratón en cualquier punto del gráfico y activar la opción **Actualizar gráfica automáticamente.**

- Un vez transformados en los códigos de actividad por su descripción (Nula, Baja, Media, Alta), ordenar las columnas por orden creciente de actividad. Seleccionar la columna **Actividad** en la Hoja de datos (hacer clic sobre **C8-T**, e ir a: **Editor > Columna > Orden de valores.** Marcar la opción **Orden especificado por el usuario**, definir el orden y clicar en el botón de **Agregar orden.**

- Quitar el marco gris: Doble clic sobre cualquier punto de este marco. En **Atributos de la gráfica** quitamos el color de fondo (**Patrón de llenado, Personalizado**) y la línea exterior (**Bordes y líneas de relleno, Personalizado**) igual que se hizo para el histograma.

- Cambiar las proporciones: Doble clic sobre la parte exterior del gráfico, clicar en la pestaña **Tamaño de la gráfica**. En **Tamaño real, Personalizado** poner **Ancho**: 120, **Alto**: 100.

Gráficas circulares

Gráfica > Gráfica circular

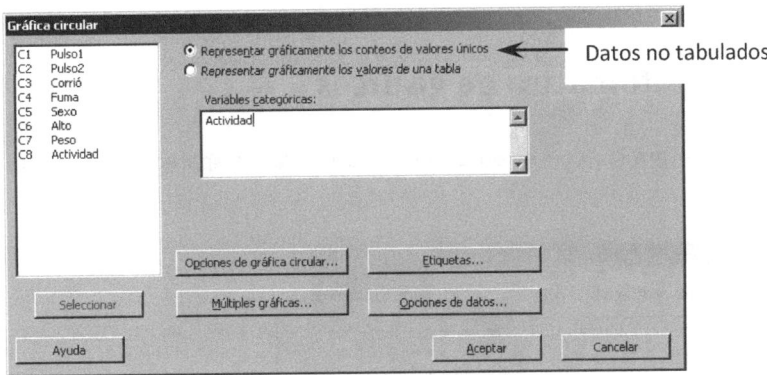

Datos no tabulados

Gráfica circular de Actividad

Para obtener este aspecto se han cambiado los colores por tramas igual que en diagrama de barras, y se han utilizado también las opciones que se indican a continuación.

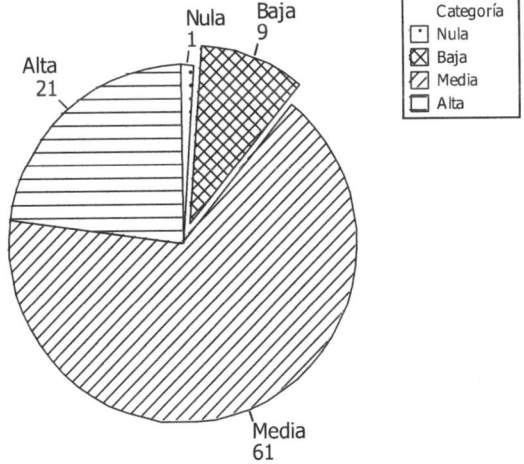

- Separar un sector: Editar el sector (clic sobre el gráfico, clic sobre el sector y doble clic sobre el sector) y en la opción **Separar** marcar **Separar división.**

- Nombre y frecuencia de cada sector: Con el gráfico como ventana activa, hacer: **Editor > Agregar > Etiquetas de división** y marcar las opciones que convengan.

- Color de fondo y marco del gráfico: Editar el gráfico, **Atributos de la gráfica.**

 Observe que para editar una parte de un gráfico (un sector de un diagrama de pastel, o los puntos que corresponden a un grupo en un diagrama de puntos) no basta con hacer clic o doble clic sobre esa parte. El proceso siempre es: 1) Clic sobre el gráfico; 2) Clic sobre la parte a editar y 3) Doble clic sobre esa parte.

Actualización automática de gráficos

Haciendo clic sobre un gráfico con el botón derecho del ratón aparece el siguiente menú:

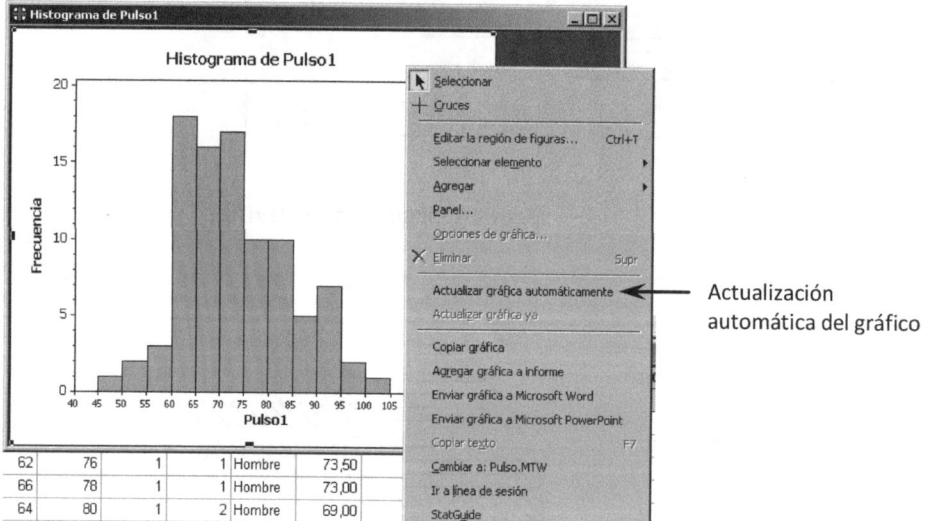

Si se activa la actualización automática, el gráfico cambia al cambiar los datos con que se ha construido (ya sea añadiendo, modificando o eliminando).

Cuando se cambia algún valor de la hoja de datos se puede actualizar el gráfico en ese momento (**Actualizar gráfica ya**) pero no se actualizará automáticamente al realizar otros cambios en los datos.

El icono que aparece en el extremo superior izquierdo del gráfico indica si está o no actualizado, de acuerdo con el siguiente código:

Icono/Color	Significado
Verde	El gráfico corresponde a los valores de la hoja de datos. Aparece la primera vez que se hace el gráfico, o cuando se ha actualizado (automática o manualmente) después de modificar los datos.
Amarillo	El gráfico no corresponde con los datos, ya que estos se han modificado y el gráfico no se ha actualizado.
Rojo	El gráfico no puede actualizarse porque la modificación introducida en los datos no lo hace posible. Ejemplo: se han eliminado valores para la construcción de un diagrama bivariante y las dos columnas no son de igual longitud.
Blanco	Los datos han cambiado, pero no es posible actualizar ese tipo de gráfico. Ejemplo: diagramas de Pareto.

Adición de texto o figuras a un gráfico

Colocando como ventana activa el gráfico que se desea modificar y a través de:

Editor > Anotación > Herramientas de anotación en gráficas

Aparece una barra que permite añadir texto y figuras al gráfico.

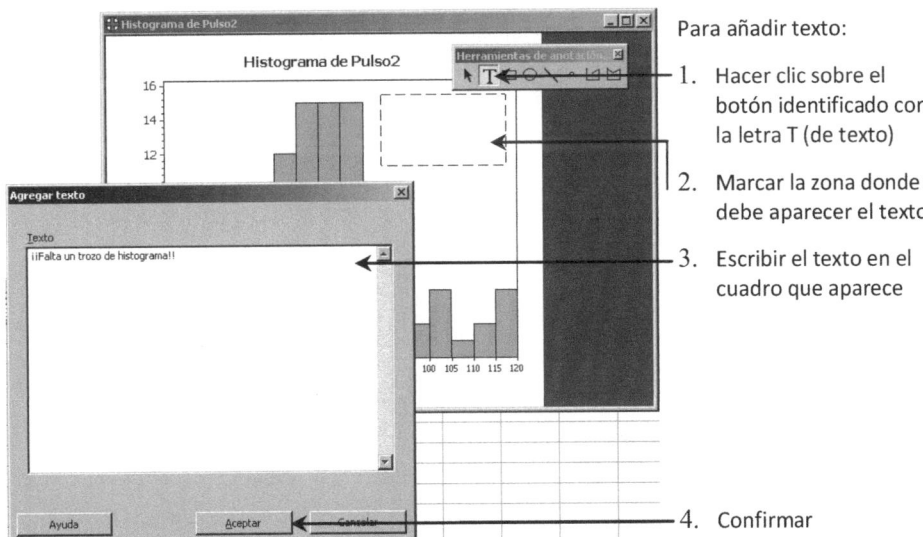

Para añadir texto:

1. Hacer clic sobre el botón identificado con la letra T (de texto)

2. Marcar la zona donde debe aparecer el texto

3. Escribir el texto en el cuadro que aparece

4. Confirmar

La elipse y la línea (que después, editándola, se convierte en flecha) se dibujan haciendo previamente clic sobre la figura correspondiente del menú. Todos los elementos introducidos se pueden editar (haciendo doble clic) y modificar (aumentar el tamaño de la fuente del texto, cambiar una línea a trazo discontinuo,...) tal como se desee.

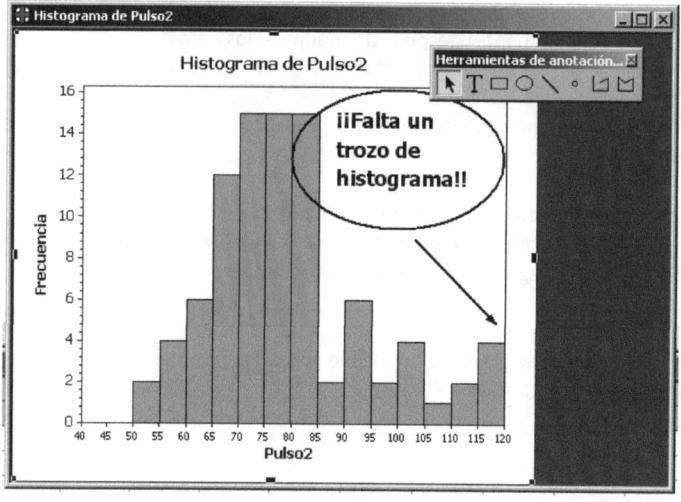

 Los gráficos pueden grabarse a través de **Archivo > Guardar gráfica como**.

3

Diagramas de Pareto y causa-efecto

Archivo 'Carcasa'

 A partir del contenido de una plantilla de recogida de datos que incluye el libro de K. Ishikawa "Guía de Control de Calidad" (Ed. UNIPUB, 1985, pág. 33), se ha construido el archivo CARCASA.MTW, con el siguiente contenido:

Columna	Nombre	Contenido
C1	Defectos	Relación de todos los defectos que se han detectado
C2	Día	Día de la semana en que se ha producido el defecto
C3	Turno	Turno en que se ha producido el defecto
C4	Operario	Operario en que se ha producido el defecto
C5	Máquina	Máquina en que se ha producido el defecto

Diagramas de Pareto

Estadísticas > Herramientas de calidad > Diagrama de Pareto

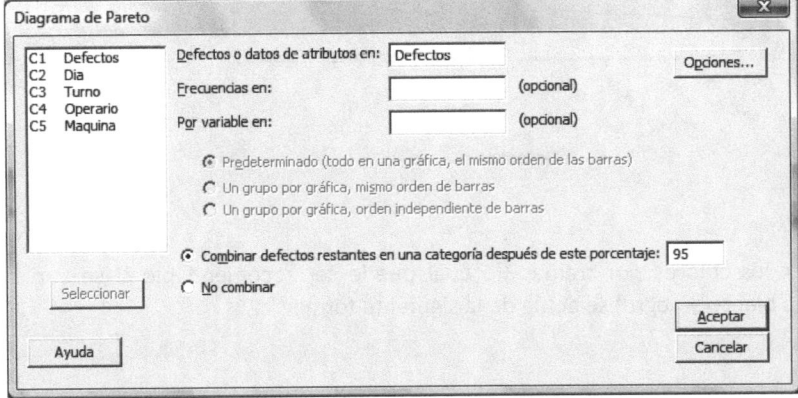

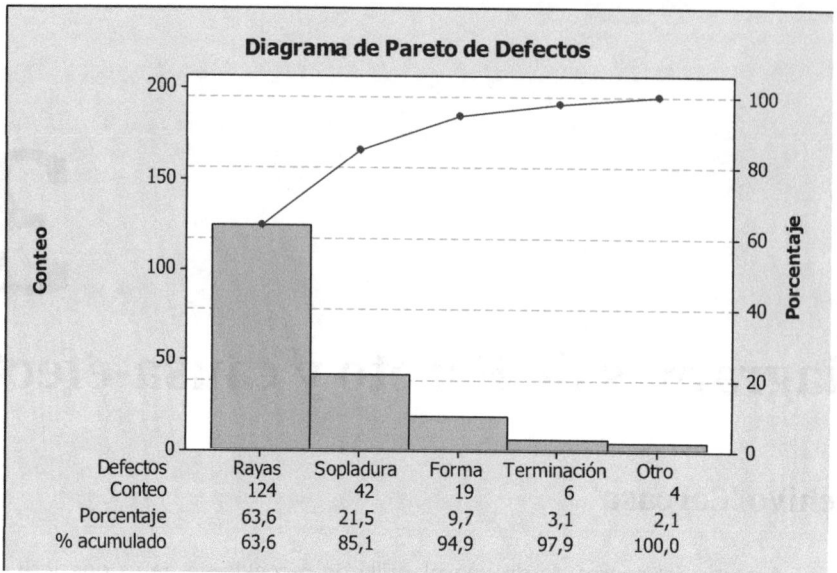

Colocando 'Operario' en **"Por variable en:"** y dejando todas las opciones por defecto, se obtienen los diagramas estratificados por operario.

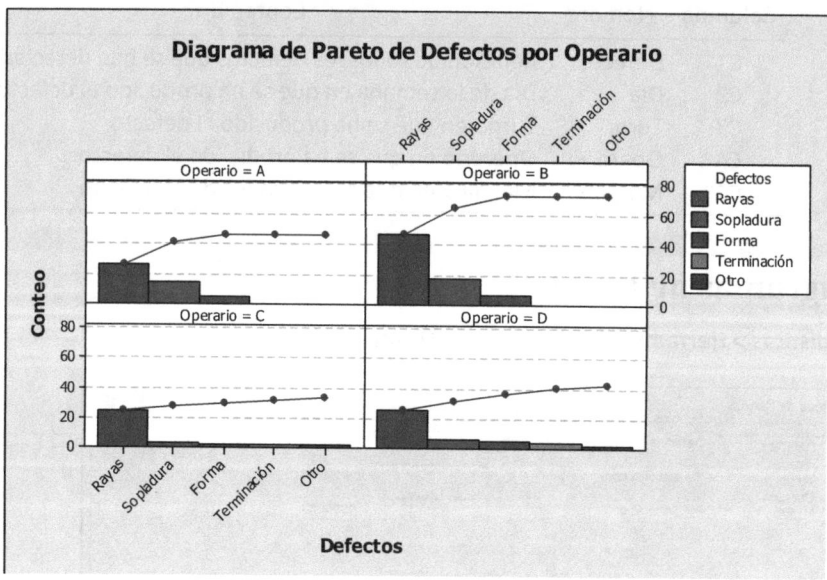

Para cambiar los colores por tramas (lo cual puede ser recomendable si se van a reproducir en blanco y negro) se actúa de la siguiente forma:

- Quitar los colores (dejar todas las barras en blanco): Doble clic sobre cualquier barra (se seleccionan todas a la vez) y a través de **Patrón de llenado - Personalizado – Color de fondo,** elegir el color blanco.

- Colocar las tramas: Con todas las barras seleccionadas (así deben estar después del paso anterior, si no lo están basta hacer clic sobre cualquiera de ellas) hacer clic sobre una (queda seleccionada sólo esta) y a continuación doble clic (aparece el cuadro de dialogo para la edición). Seleccionar la trama a través de **Patrón de llenado - Personalizado - Tipo** y repetir con el resto de columnas.

Eliminando el marco gris (haciendo doble clic sobre cualquier punto del marco y usando las opciones correspondientes de **Patrón de llenado** y **Bordes y líneas de relleno**), el gráfico tiene el siguiente aspecto:

Diagrama de Pareto de Defectos por Operario

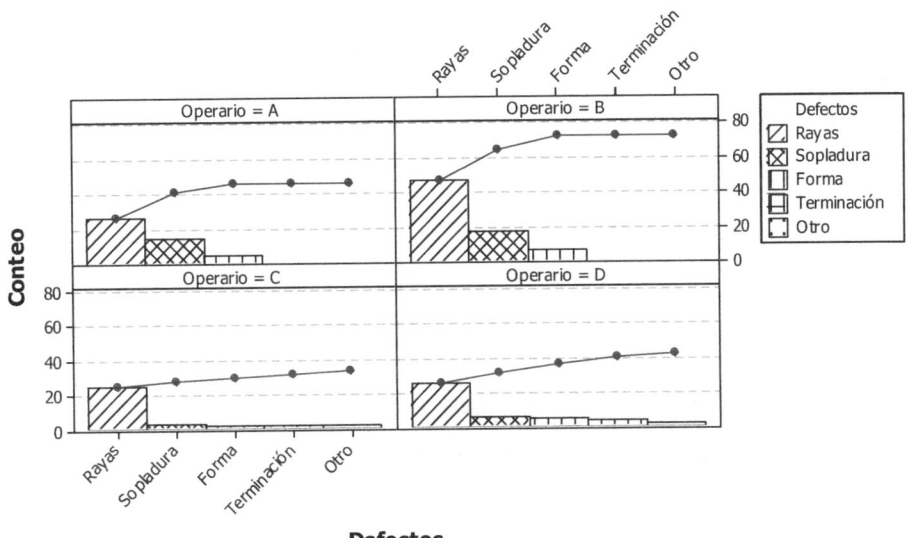

Defectos

Si se tienen los tipos de defecto en una columna y en otra la frecuencia de aparición de cada uno de ellos, es decir, de la forma:

C7	C8-T	C9	C10
	Tipo de defecto	Num. de defectos	
	Rayas	124	
	Sopladuras	42	
	Forma	19	
	Terminación	6	
	Otros	4	

La ventana de diálogo se rellena de la forma:

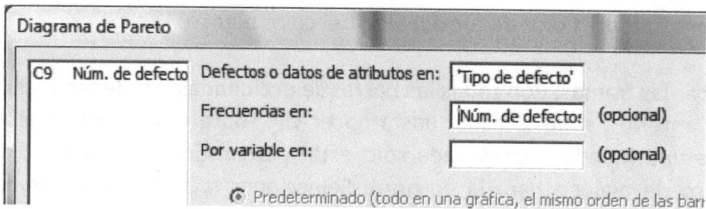

El resultado obtenido es el mismo que con la primera opción sin estratificar.

 Solo se puede estratificar si los datos están sin agrupar, de forma que se pueda identificar a qué grupo (operario, máquina...) pertenece cada uno. Si los datos se presentan agrupados en forma de tabla, la estratificación no es posible.

Por defecto, MINITAB coloca nombre a las barras hasta que estas suponen el 95% del total, el resto de barras las agrupa en la categoría "**Otro**". El valor del 95% puede cambiarse.

Diagramas causa-efecto

Estadísticas > Herramientas de calidad > Causa y efecto

En primer lugar deben colocarse las causas en la hoja de datos. Por ejemplo:

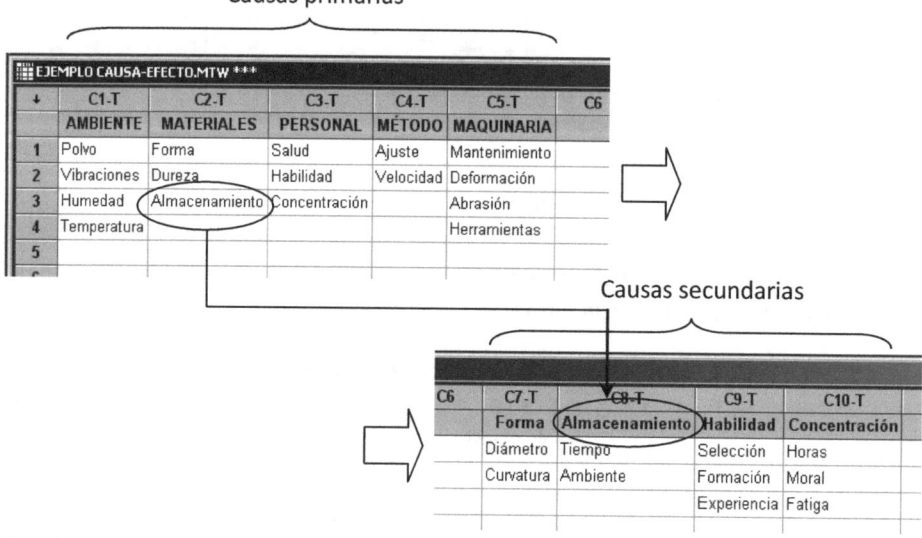

Con las causas ya introducidas vamos a: **Estadísticas >Herramientas de calidad > Causa y efecto**

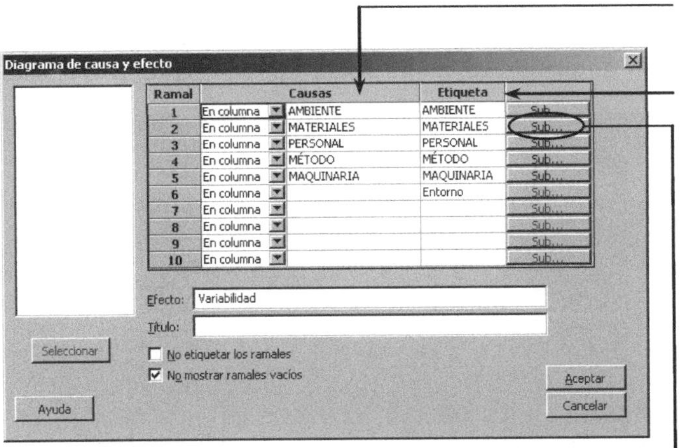

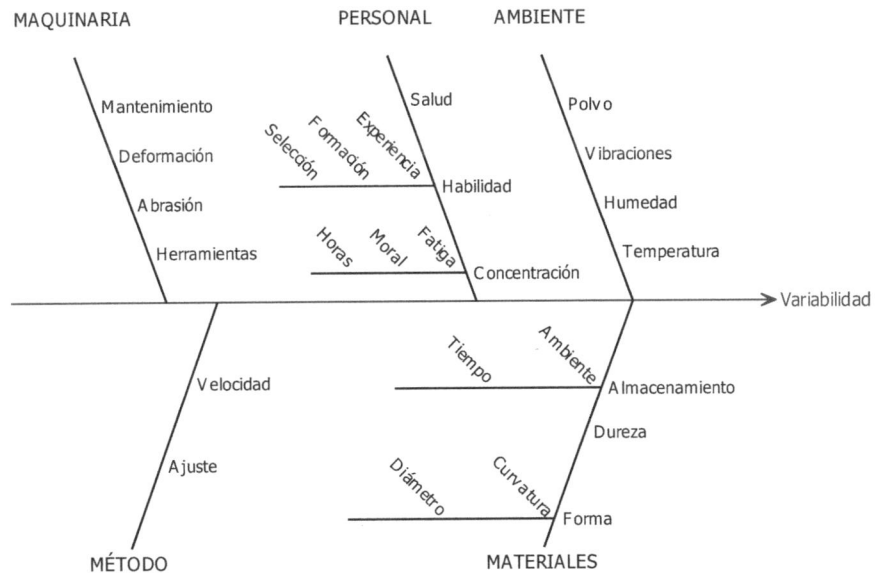

Columnas donde se encuentran las causas primarias

Nombres para las causas primarias (se han cambiado los que aparecen por defecto)

Para indicar dónde se encuentran las causas de segundo nivel (si existen)

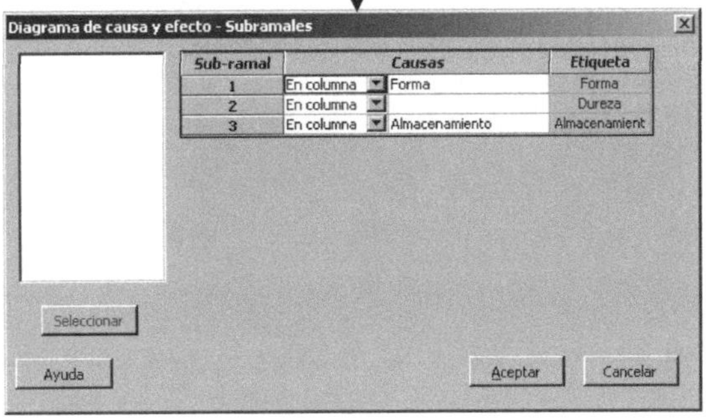

Diagrama de causa y efecto

Respecto a los diagramas causa-efecto, MINITAB solo es útil para representarlos "en limpio", pero no aporta nada en el listado de las causas potenciales, ni en el análisis de cuáles están relacionadas con el efecto estudiado.

4

Gráficos de dispersión

Gráficos de dispersión

 Volveremos a utilizar el archivo PULSO.MTW descrito en el capítulo 2.

Gráfica > Gráfica de dispersión

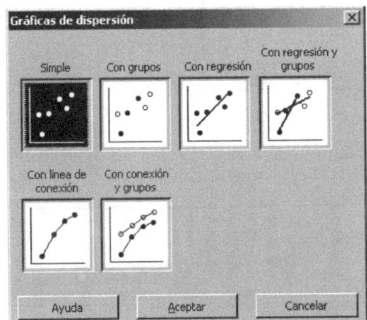

El cuadro de diálogo inicial permite escoger qué tipo de diagrama bivariante se desea. Los más habituales son el **Simple** y **Con grupos**.

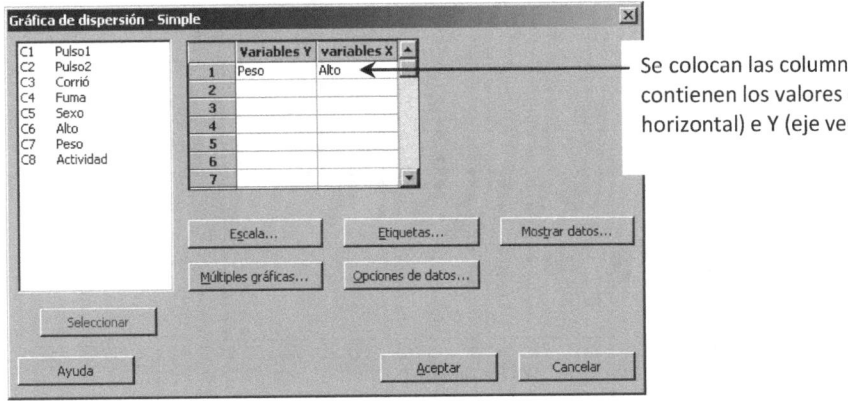

Se colocan las columnas que contienen los valores de X (eje horizontal) e Y (eje vertical)

Se ha cambiado el nombre de las columnas para que aparezcan las unidades en los ejes. También se ha quitado el marco y el color de fondo, y se han cambiado las dimensiones haciéndolo más cuadrado.

Estratificación

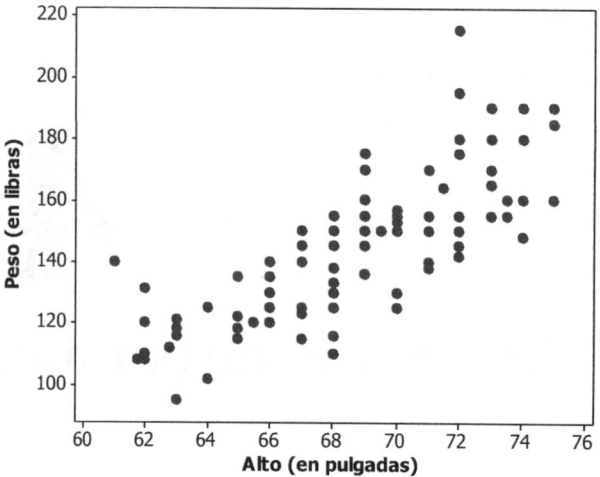

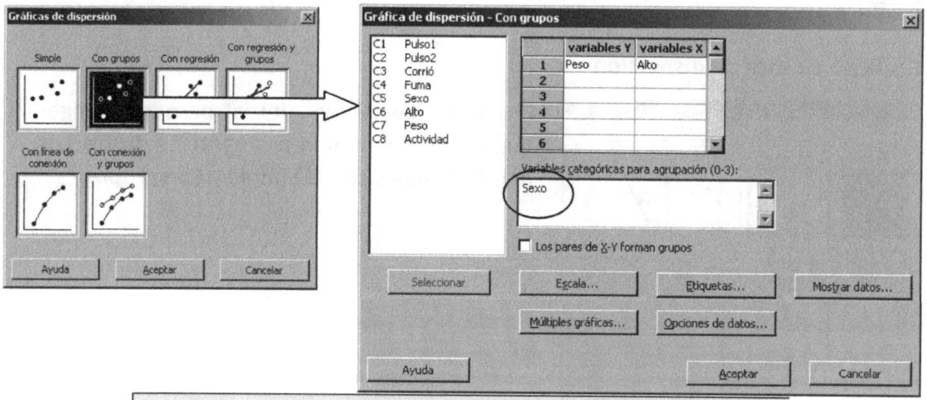

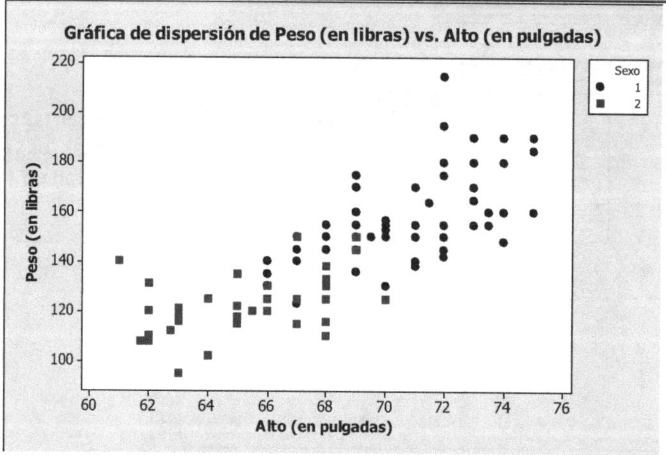

MINITAB marca cada grupo (en este caso, Sexo=1 o Sexo=2) de un color diferente y usando un símbolo diferente, pero cuando se imprime en blanco y negro, la diferencia no se ve muy clara.

Puede cambiar el tipo de símbolo (y también el color y el tamaño) para cada grupo, siguiendo el proceso:

1. Clic sobre cualquiera de los puntos. De esta forma se seleccionan todos los puntos.

2. Clic de nuevo sobre el mismo punto. Seleccionamos ahora únicamente los puntos de un grupo.

3. Doble clic sobre el mismo punto. Aparece un cuadro de diálogo que nos permite cambiar el color, símbolo y tamaño para todos los puntos de ese grupo.

Gráfica > Gráfica de dispersión… : Con grupos no es la única manera de conseguir un diagrama de dispersión estratificado. Si ha dibujado un diagrama de dispersión a partir de **Gráfica > Gráfica de dispersión…: Simple**, puede añadir una variable para estratificar haciendo doble clic sobre cualquiera de los puntos y escogiendo la pestaña **Grupos** en el cuadro de diálogo que aparece:

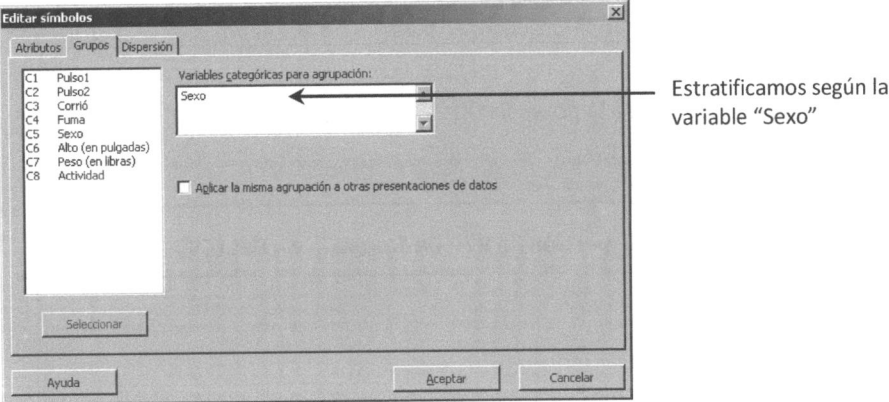

Estratificamos según la variable "Sexo"

El resultado es exactamente el mismo que habiendo estratificado directamente desde **Gráfica > Gráfica de dispersión… : Con grupos**.

Identificación de puntos en un gráfico

Utilizaremos un nuevo archivo para poner de manifiesto las posibilidades de MINITAB para identificar puntos en gráficos.

 Tomando los datos de la revista "Coche Actual" (Noviembre de 1994) se creó el archivo COCHES.MTW, que contiene las características de un total de 247 coches:

Columna	Contenido
C1	Marca del coche
C2	Modelo
C3	PVP (en miles de ptas)
C4	Número de cilindros
C5	Cilindrada (cc)
C6	Potencia (CV)
C7	Longitud (cm)
C8	Anchura (cm)
C9	Altura (cm)
C10	Capacidad del maletero (litros)
C11	Peso (Kg)
C12	Consumo (litros/100 Km)
C13	Velocidad máxima (Km/h)
C14	Aceleración (segundos en pasar de 0 a 100 Km/h)

Gráfico del precio (Y) frente a la potencia (X):

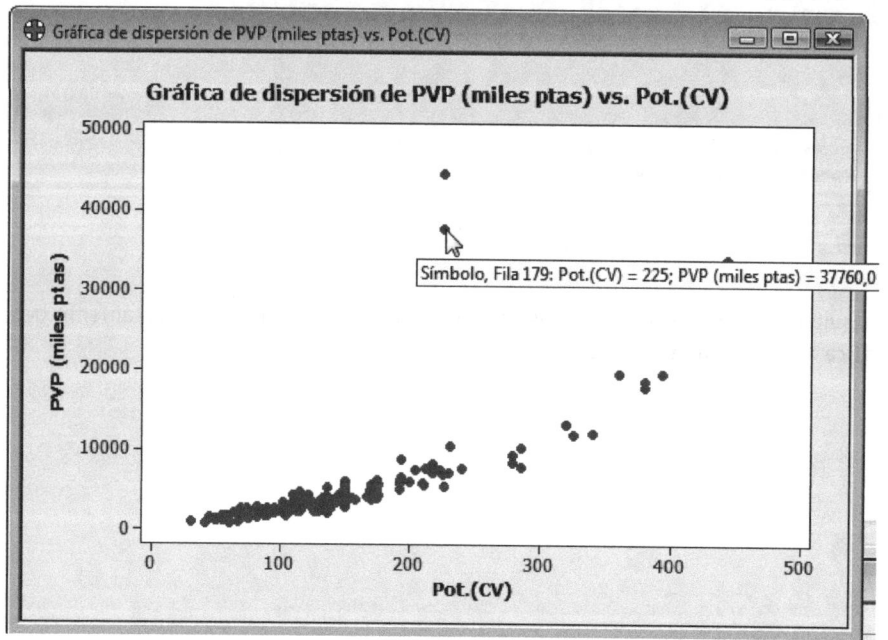

Una manera de saber qué coches tienen un precio muy elevado en relación a su potencia es colocar el cursor sobre cada uno de ellos. Si coloca el cursor sobre un punto y espera un instante, aparecerá un cuadro amarillo que muestra a qué fila corresponde ese punto, y sus valores de X e Y.

Otra forma de identificar puntos es haciendo: **Editor > Destacar.** Aparece un recuadro con el número de la fila de los puntos que se marcan. Se pueden marcar uno a uno (haciendo clic sobre el punto) o varios a la vez marcando un rectángulo con el botón izquierdo del ratón.

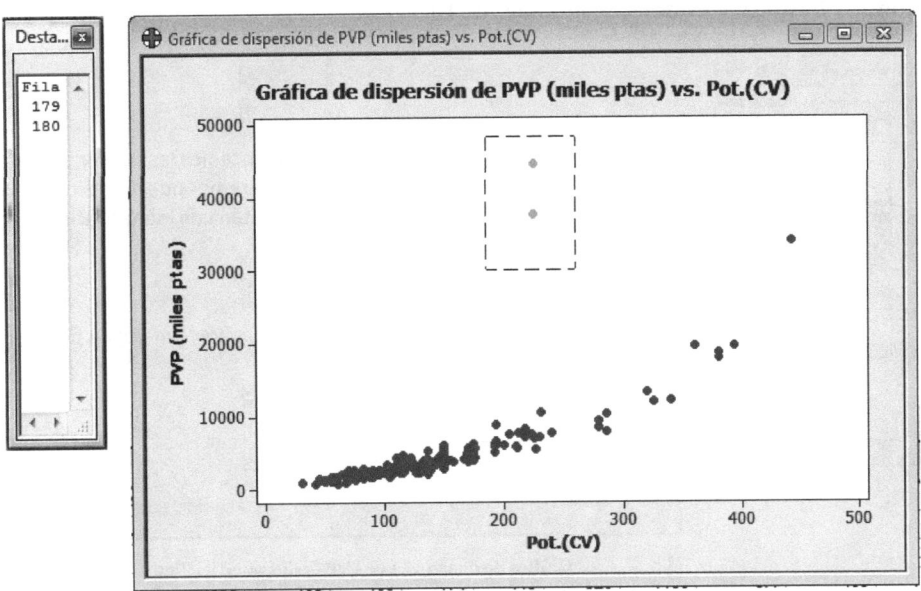

 Una forma más rápida de activar **Destacar** es mediante la barra de herramientas **Edición de gráficas**. Puede activarse desde **Herramientas > Barras de Herramientas**, marcando **Edición de gráficas**. O bien clicando con el botón derecho sobre cualquier punto de la barra de herramientas y marcando **Edición de gráficas.**

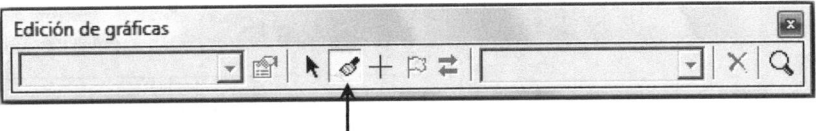

Clic aquí para activar la opción **Destacar** sobre el gráfico con el que estamos trabajando

Con **Destacar** activado y con la ventana del gráfico activa, el menú **Editor** queda:

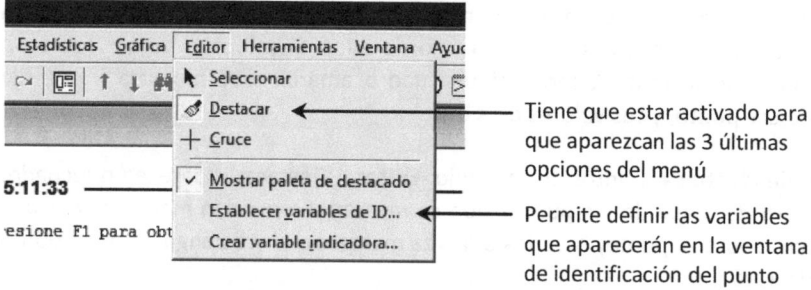

Tiene que estar activado para que aparezcan las 3 últimas opciones del menú

Permite definir las variables que aparecerán en la ventana de identificación del punto

Editor > Destacar > Establecer variables de ID

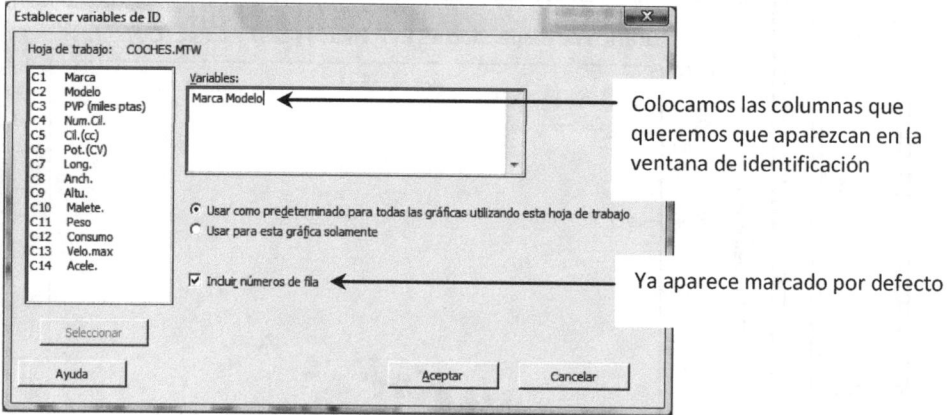

Colocamos las columnas que queremos que aparezcan en la ventana de identificación

Ya aparece marcado por defecto

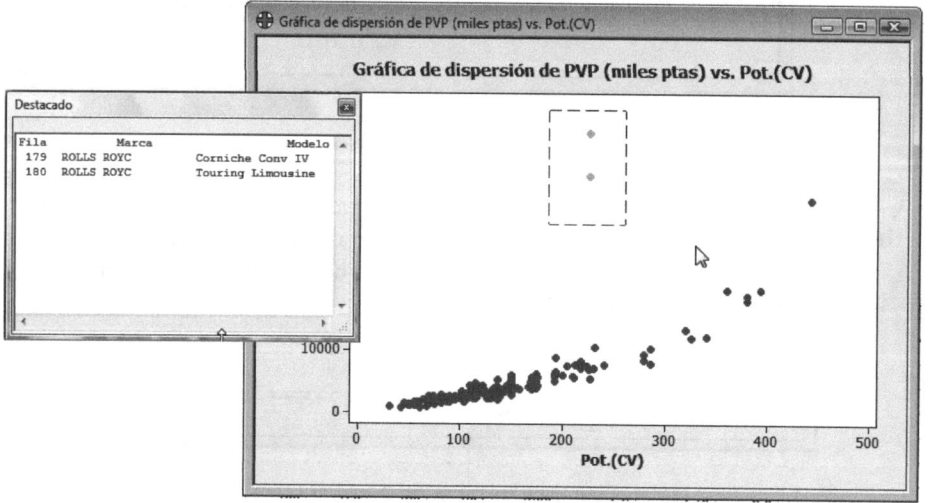

Si existen varias ventanas de gráficos, y en todas ellas se ha activado la opción **Destacar**, al marcar puntos en un gráfico también aparecen resaltados en los otros.

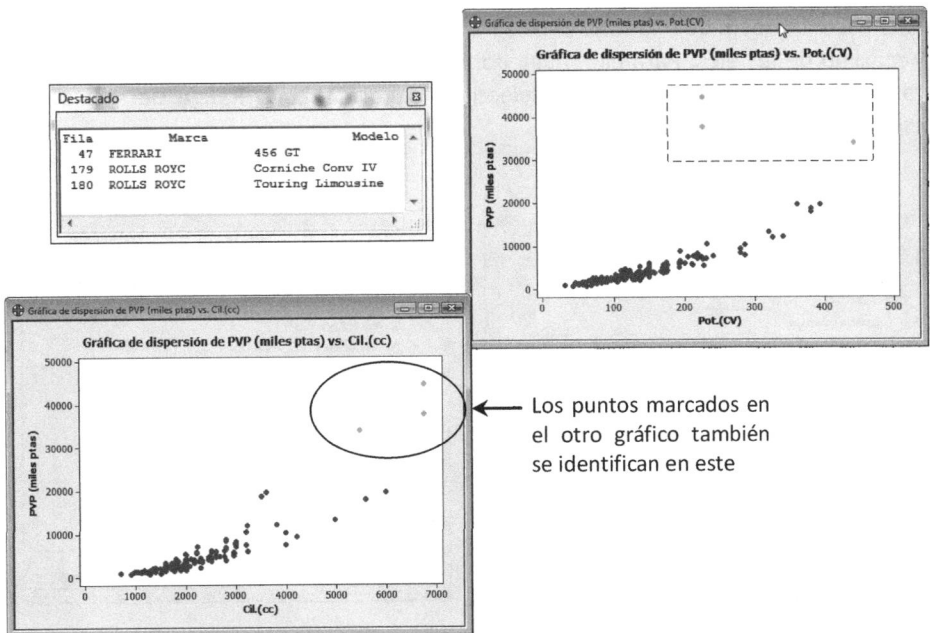

 El color con que se muestran los puntos seleccionados puede modificarse desde **Herramientas > Opciones > Gráficas > Mostrar datos > Símbolo: Símbolos destacados.** Esta preferencia se mantiene de sesión en sesión.

Se pueden poner etiquetas a cada punto entrando en **Etiquetas** desde el cuadro de diálogo inicial y haciendo clic en la pestaña **Etiquetas con datos**.

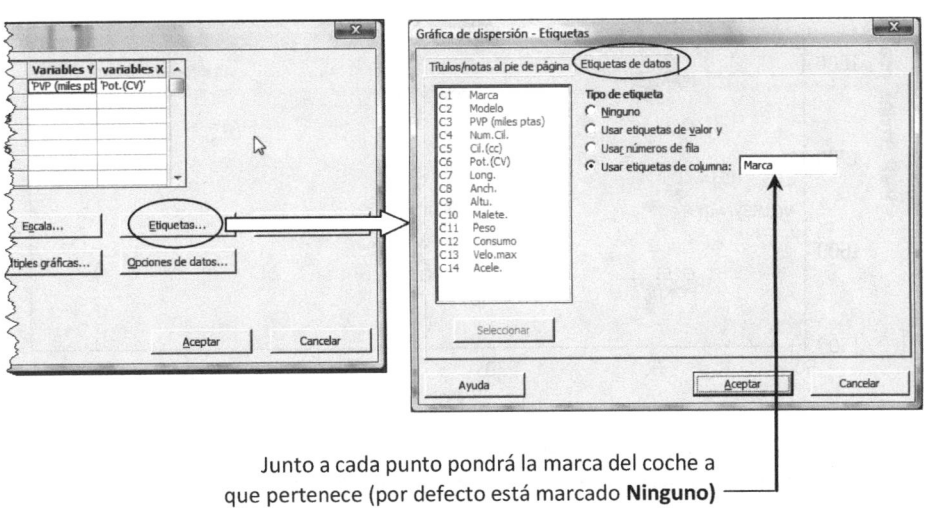

Junto a cada punto pondrá la marca del coche a que pertenece (por defecto está marcado **Ninguno)**

Para hacer un zoom de una zona del diagrama hay que actuar sobre los valores mínimo y máximo de los ejes. Para ello, haga doble clic sobre algún valor del eje que desee cambiar y en la pestaña **Escala** deseleccione **Automático** en **Rango de escala** para escoger los valores que desee.

Eje X   **Eje Y**

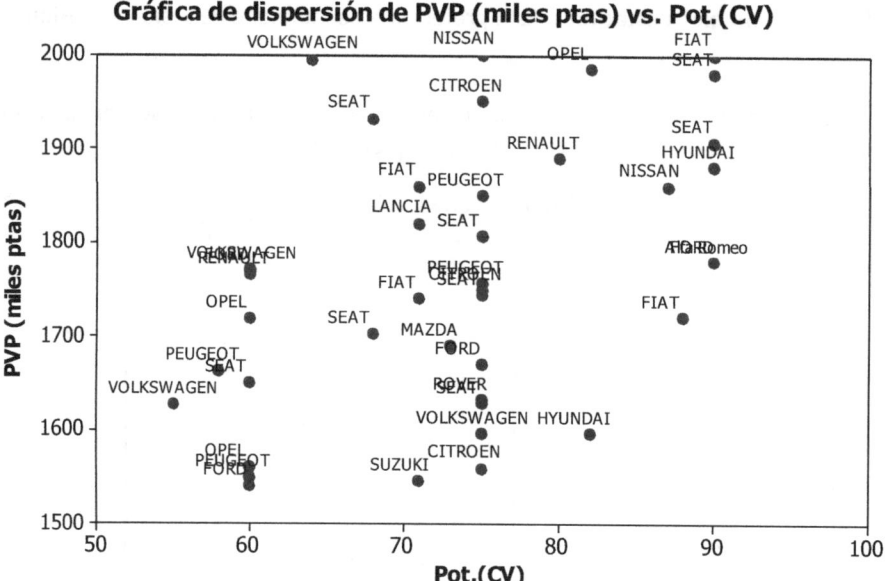

Poniendo para el precio valores mínimo y máximo de 1,5 y 2 millones, y para la potencia de 50 y 100 CV, se obtiene:

Gráfica de dispersión de PVP (miles ptas) vs. Pot.(CV)

 Puede seleccionar una etiqueta haciendo clic sobre ella, esperando unos instantes y volviendo a hacer clic sobre ella. De esta forma podrá cambiar su tamaño y su posición, aunque si se tienen muchos puntos, es inevitable que se solapen.

Utilidad 'Cruces'

En un gráfico pueden conocerse las coordenadas de cualquier punto mediante la opción **Cruces**. Para activarla, vaya a **Editor > Cruces** o haga clic sobre el botón que contiene una cruz en la barra de herramientas **Edición de gráficas**. El cursor se convierte en una cruz que se puede mover por encima del gráfico.

Coordenadas del punto marcado por la cruz ——▶

La cruz se mueve por el gráfico al mover el ratón

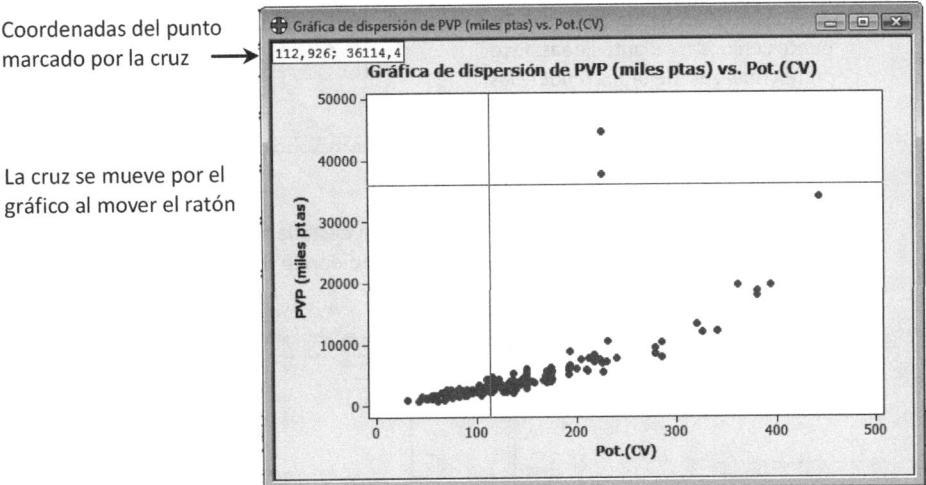

Gráficos de dispersión con paneles

CALENTAR.MTW es un archivo que viene incluido en MINITAB. Vamos a usarlo para mostrar cómo se pueden dibujar diagramas bivariantes estratificando por una tercera variable, denominada **Panel variable**.

Los datos que contiene este archivo pertenecen a una empresa de productos congelados. Se quiere determinar cuál es la temperatura del horno y tiempo de cocción de un plato congelado, de forma que el sabor que se obtenga sea el mejor. Para ello, se ha experimentado con distintos valores de temperatura y tiempo. La respuesta es la calidad del plato, una puntuación media entre 0 (peor sabor) y 10 (mejor sabor) otorgada por unos jueces catadores. El contenido del archivo es:

Columna	Nombre	Contenido
C1	Operador	Operario que maneja el horno en el experimento
C2	Temp	Temperatura del horno
C3	Tiempo	Tiempo de cocción
C4	Calidad	La puntuación media de sabor, de 0 a 10

Gráfica > Gráfica de dispersión >

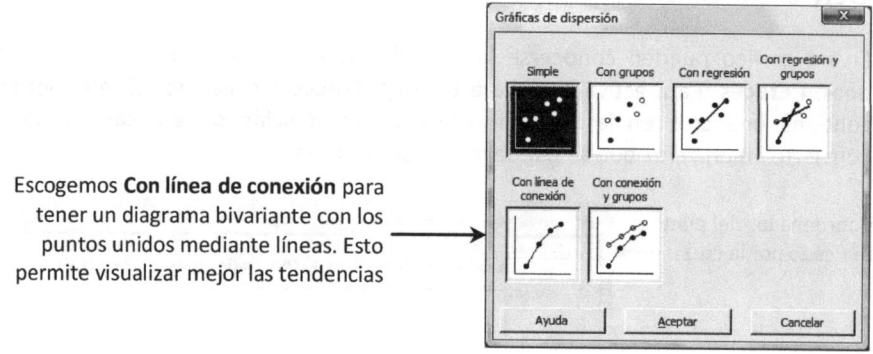

Escogemos **Con línea de conexión** para tener un diagrama bivariante con los puntos unidos mediante líneas. Esto permite visualizar mejor las tendencias

Escogemos **Calidad** como variable Y y **Tiempo** como variable X

En la pestaña **Por Variables**, colocamos **Temp** donde se indica

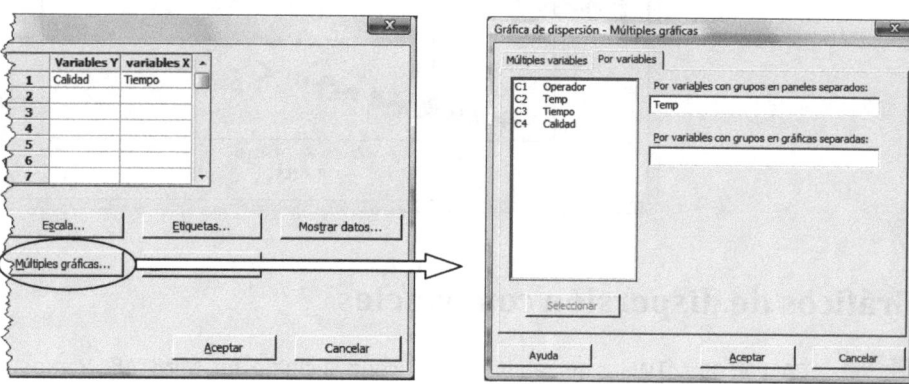

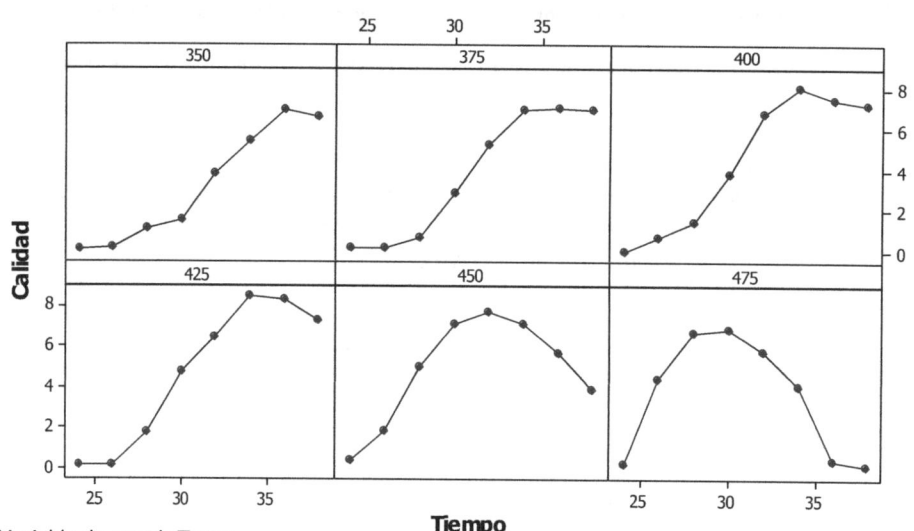

Variable de panel: Temp

El gráfico nos muestra los diagramas bivariantes de la medida de calidad respecto al tiempo, para cada uno de los valores de temperatura con que se ha experimentado. Puede verse como para valores de temperatura del horno bajos (los 3 diagramas de arriba) las mejores calidades se obtienen para tiempos altos. Para valores de temperatura más altos (los diagramas de abajo) la mejor calidad se consigue para tiempos más bajos. Con temperaturas altas, mantener el plato congelado demasiado tiempo en el horno hace que su calidad baje mucho (seguramente porque se quema). Las mejores puntuaciones se consiguen para una temperatura de 425°C y tiempos alrededor de 34 minutos.

Puede modificar el aspecto de un diagrama con paneles desde **Editor > Panel...** y haciendo clic en la pestaña **Opciones**.

Puede escoger entre tener los rótulos de los ejes alternados arriba y abajo y en la derecha y en la izquierda (la opción por defecto), o todos en el mismo lado

Puede escoger entre que se muestre el nombre de la variable y su valor en cada panel, sólo el valor o nada

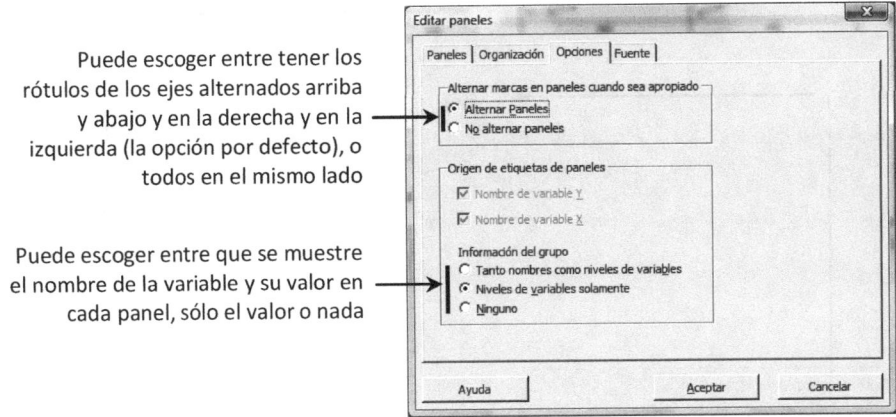

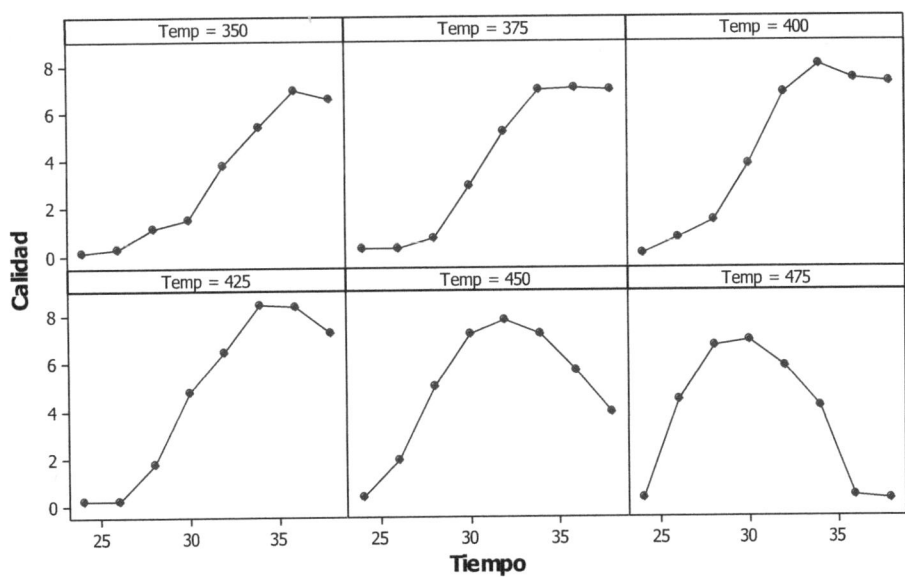

Diagrama de dispersión con gráficos marginales

 Volvemos a utilizar el archivo COCHES.MTW.

Gráfica > Gráfica marginal

Se accede a una de las 3 posibilidades desde el cuadro de diálogo inicial. Después se escoge la variable Y y la X de la forma habitual.

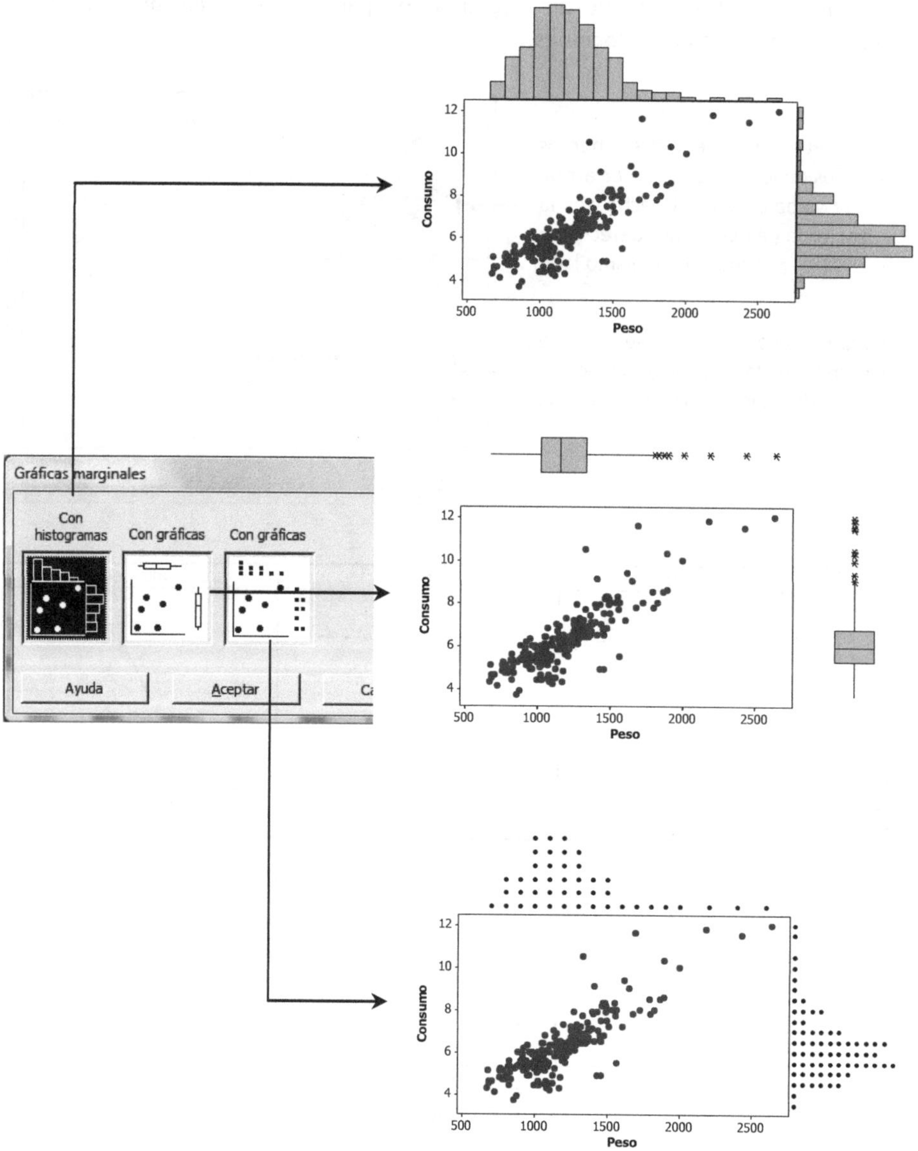

Matrices de diagramas de dispersión

Matriz cuadrada

Gráfica > Gráfica de matriz

Diagramas de correlación de "todas por todas" las variables seleccionadas

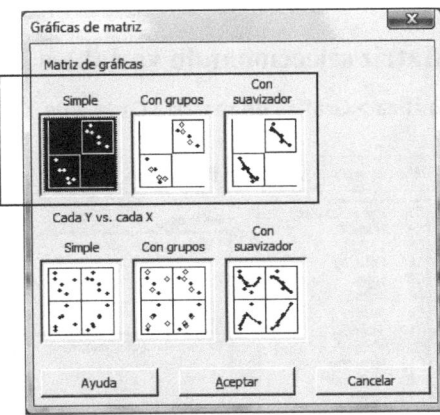

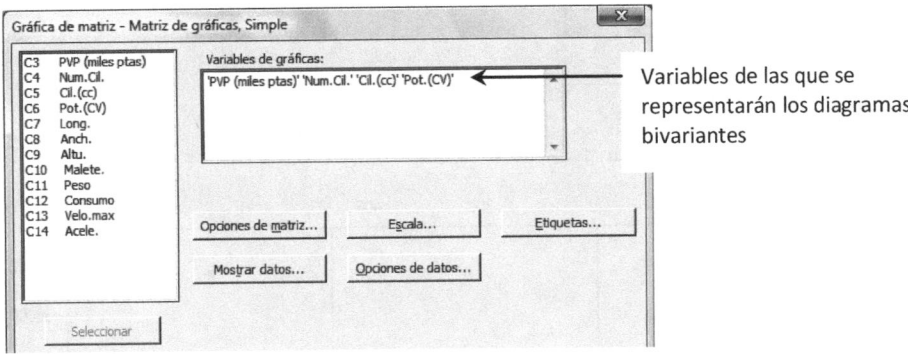

Variables de las que se representarán los diagramas bivariantes

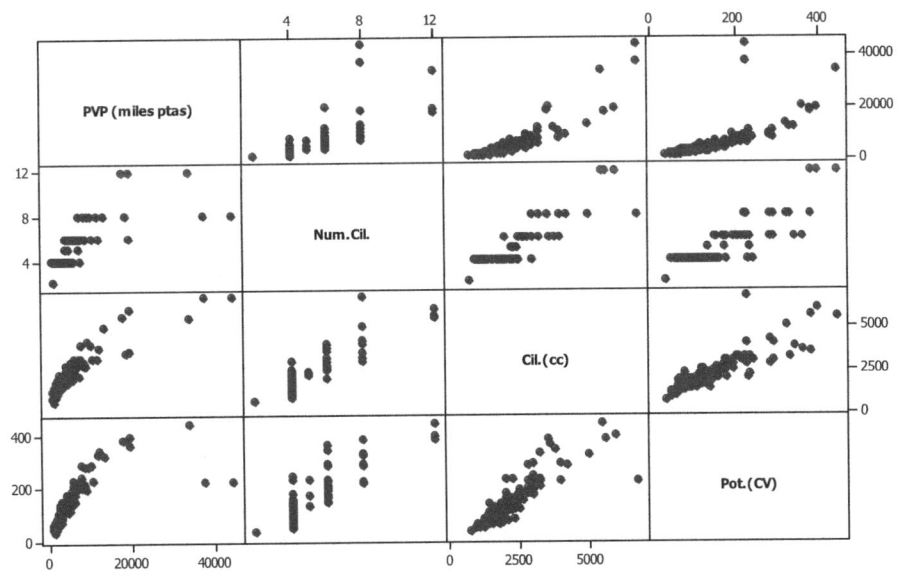

Si utiliza muchas variables, los diagramas son casi ilegibles. Puede seleccionar las que desea representar usando la opción **Cada Y vs Cada X**.

Matriz seleccionando variables

Gráfica > Gráfica de matriz : Cada Y vs. Cada X

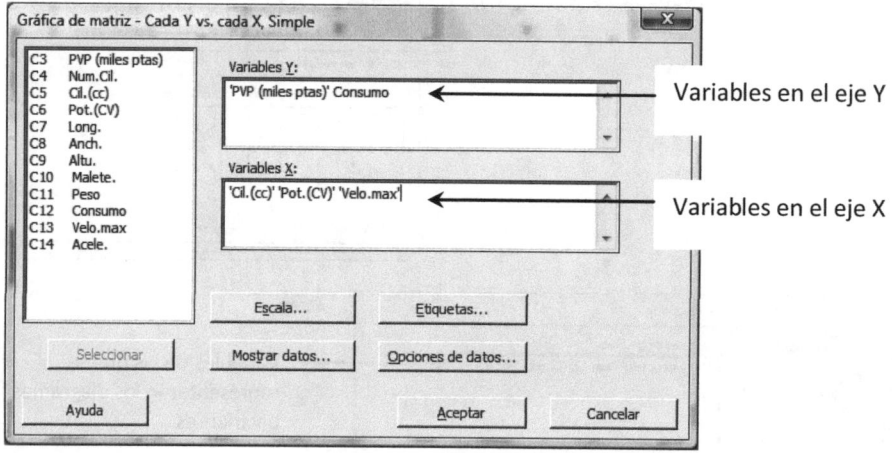

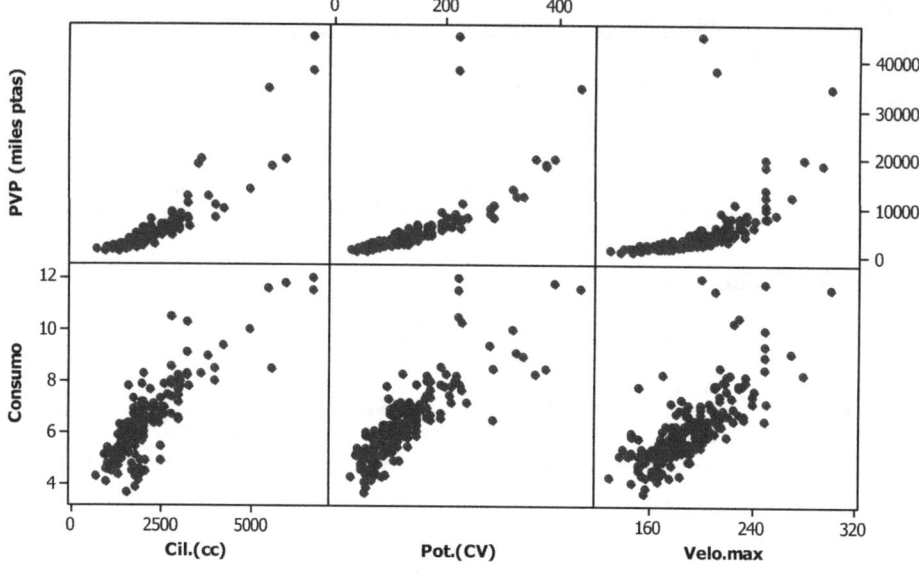

 En **Gráfica de matriz** puede activarse la opción **Destacar** y marcando un punto en un diagrama aparece marcado en todos los demás. Esta forma de hacerlo es más práctica que tener abiertas varias ventanas a la vez.

5

Gráficas con tres dimensiones

Gráficas de dispersión 3D

 Utilizamos de nuevo el archivo COCHES.MTW, que apareció por primera vez en el capítulo anterior.

Gráfica > Gráfica de dispersión 3D

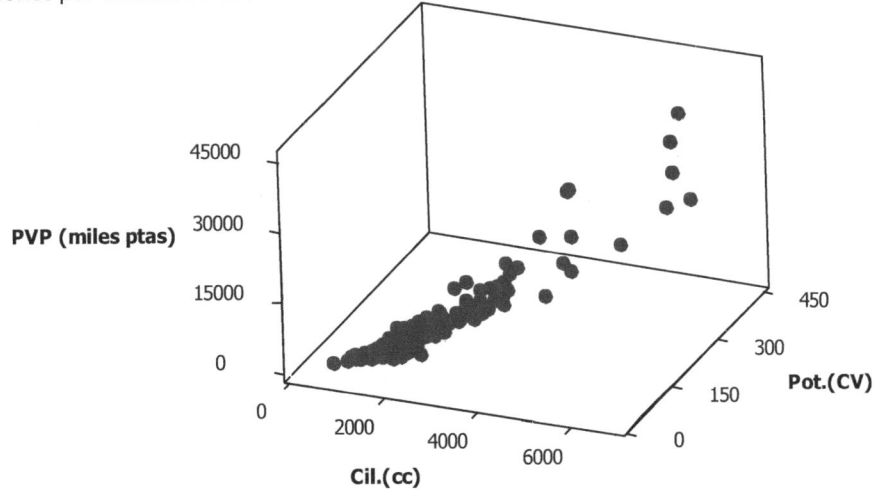

Diagrama 3D sin estratificar

Colocando el PVP en el eje Z, Potencia en el Y, y cilindrada en el X, con todas las opciones por defecto se obtiene:

Al abrirse la ventana con el gráfico aparece también la barra de herramientas **Herramientas de gráficas 3D**, que permite actuar sobre el gráfico interactivamente.

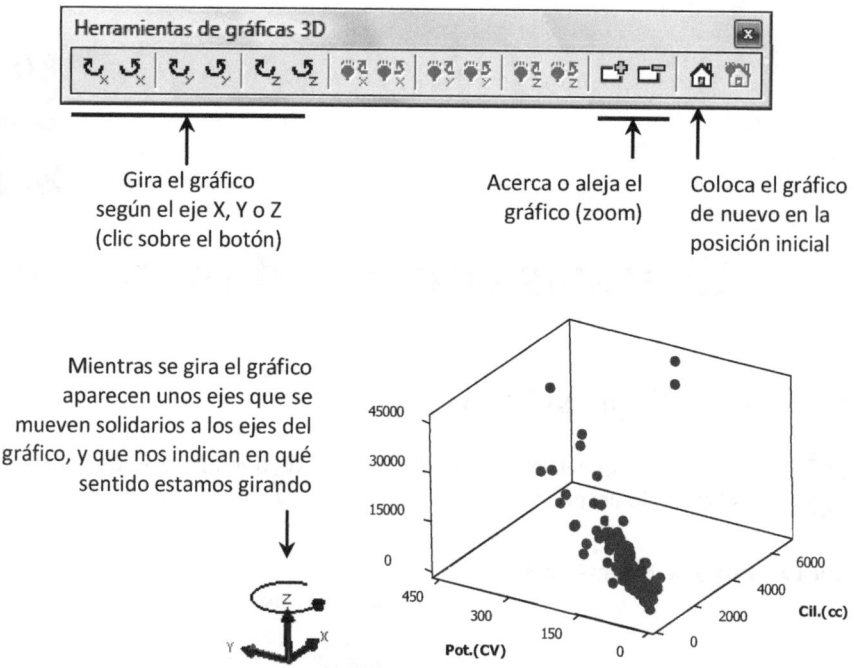

Las propiedades del gráfico pueden modificarse haciendo doble clic sobre el elemento que se quiera modificar (los puntos, los ejes...).

Sobre los gráficos en 3D también puede utilizarse la opción **Resaltar** (se puede activar haciendo clic sobre el botón indicado en la barra de herramientas **Edición de gráficas)**.

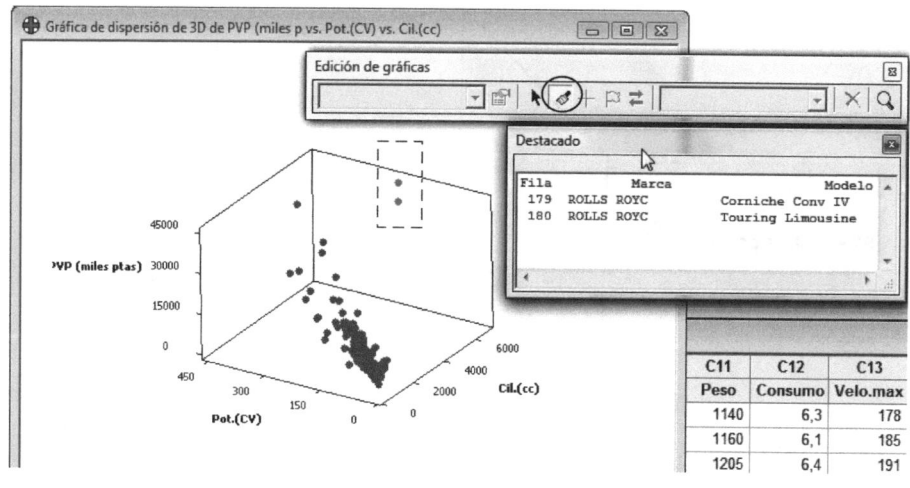

En ocasiones puede ser útil tener dibujada la proyección vertical de cada uno de los puntos. Para ello hay que activar **Líneas de proyección** en el momento de hacer el gráfico.

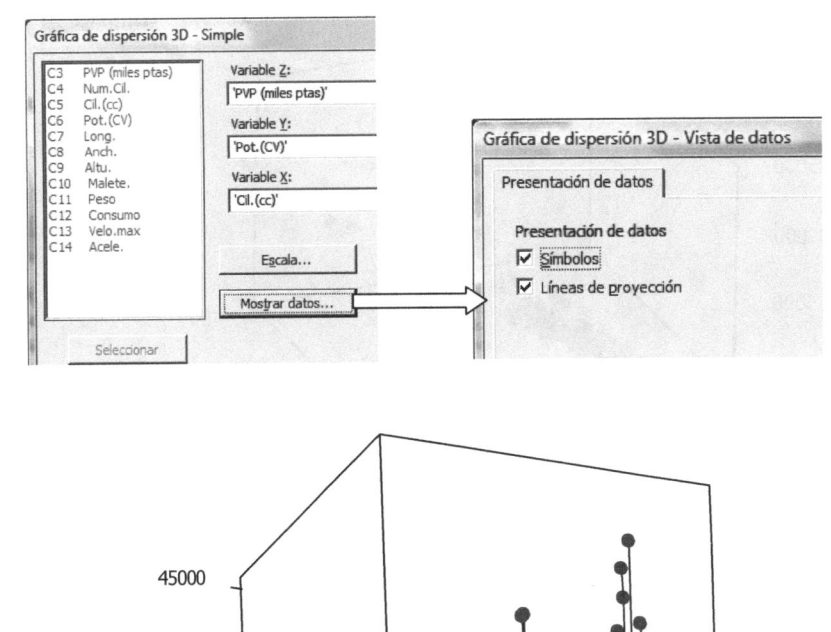

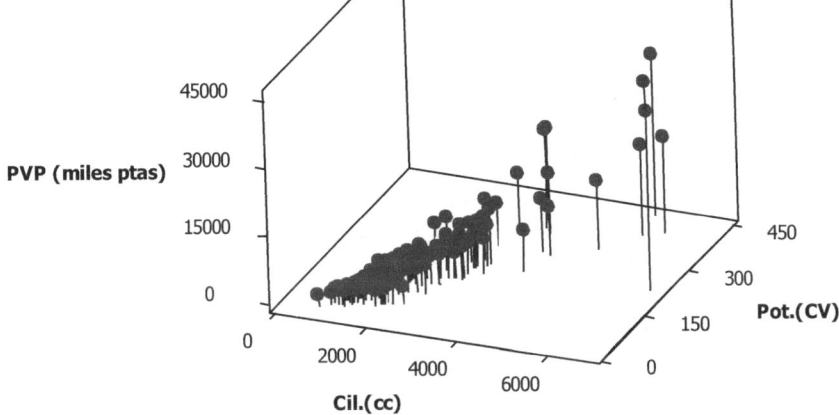

Estratificación

Gráfica > Gráfica de dispersión 3D

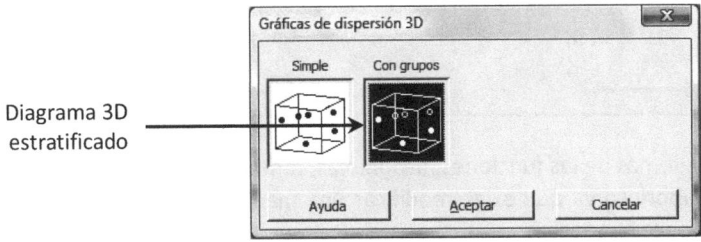

Diagrama 3D estratificado

La ventana de diálogo es similar al caso anterior (sin estratificación) pero en este caso también pide **Variables categóricas para agrupación (0-3)**. Colocando el número de cilindros ('Num.Cil') en este último apartado, obtenemos:

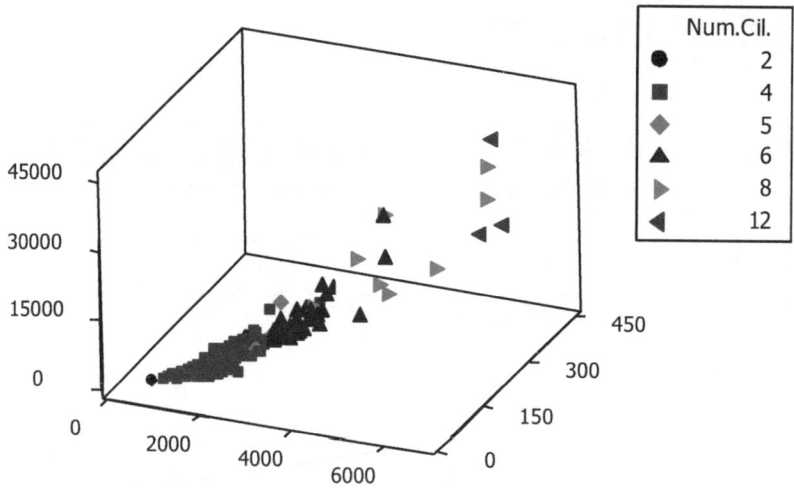

Gráficas de superficie 3D

Gráfica > Gráfica de superficie 3D

Sirve para representar funciones del tipo z=f(x,y). Para entrar la malla de valores (x,y) es muy útil utilizar la opción: **Calc > Crear malla estructurada de datos**

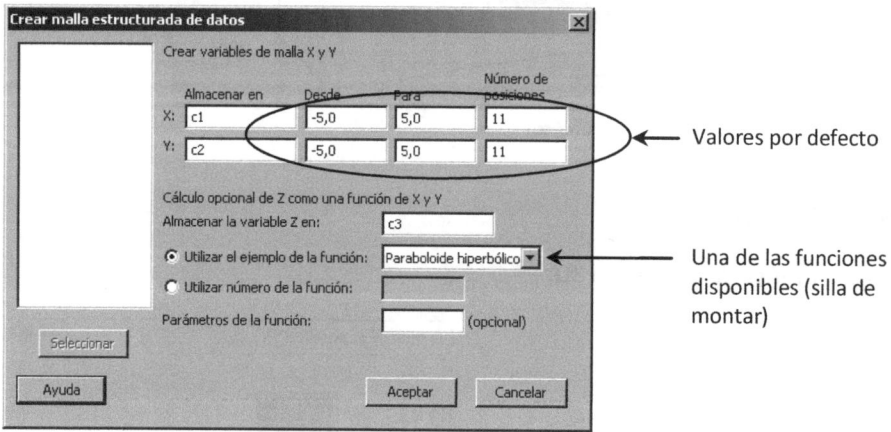

Además de las funciones disponibles, también se pueden añadir otras, pero es un poco laborioso ya que exige modificar una macro que incorpora MINITAB. El Anexo 4 trata sobre las macros.

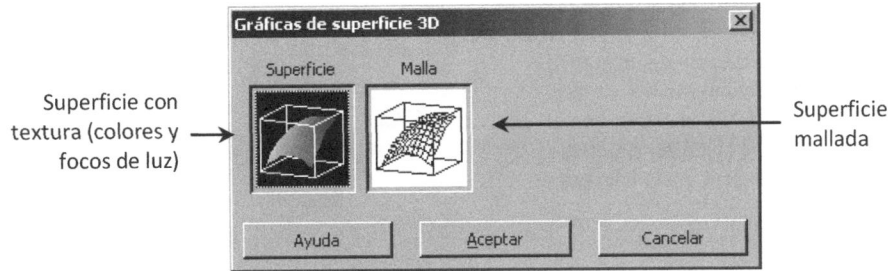

Superficie con textura (colores y focos de luz) →

← Superficie mallada

El cuadro de diálogo al que se accede es exactamente el mismo tanto si se escoge **Superficie** como **Malla**

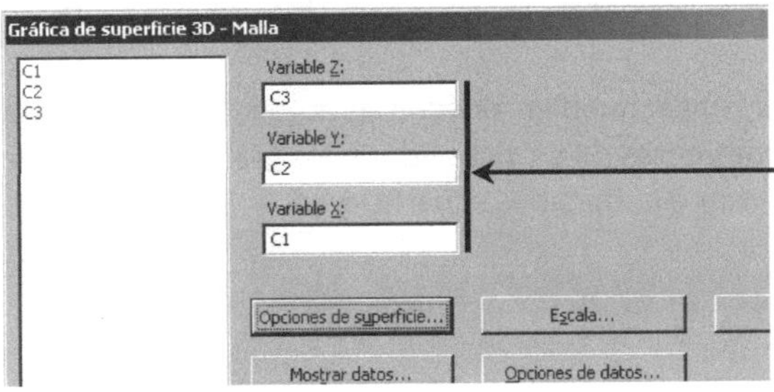

Columnas que contienen los valores de cada variable

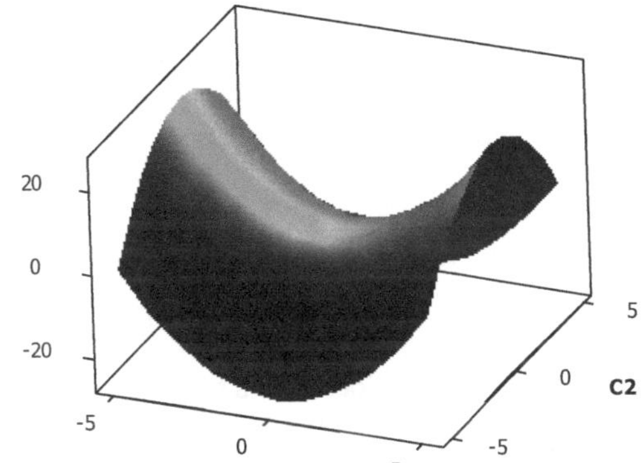

Gráfico obtenido con **Superficie**

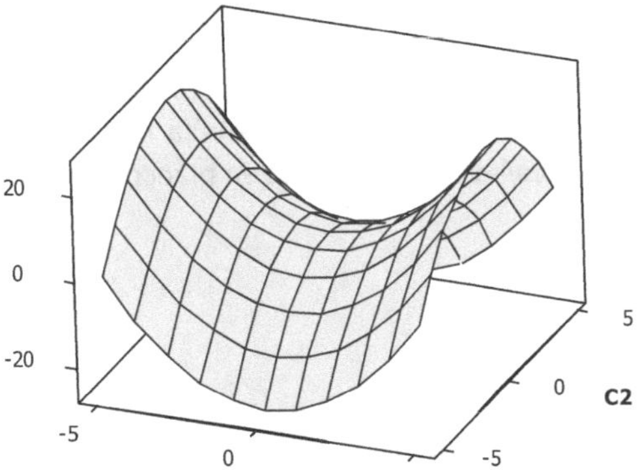

Gráfico obtenido con **Malla**

Puede pasarse de un gráfico **Superficie** a uno **Malla** y al revés haciendo clic sobre el gráfico con el botón derecho y en **Editar superficie** seleccionar la opción deseada

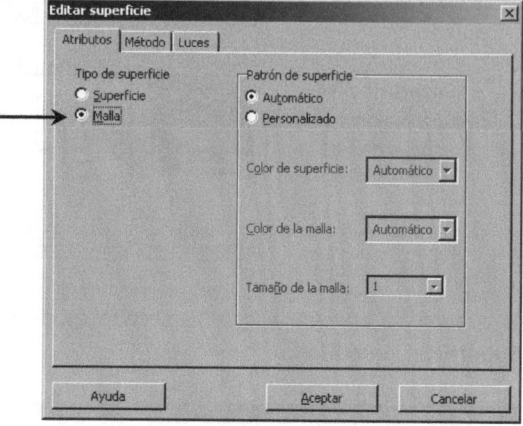

Los ejes de los gráficos **Superficie** y **Malla** también pueden girarse interactivamente desde la barra de herramientas **Herramientas de gráficas 3D**. En los gráficos **Superficie** es posible, además, girar el foco de luz que iluminan la superficie.

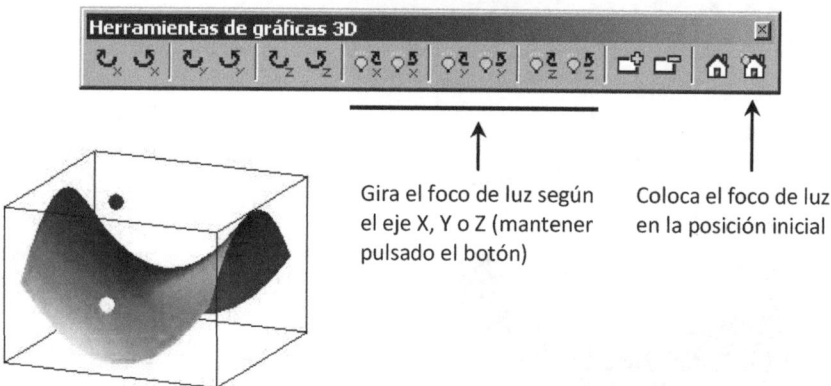

Gira el foco de luz según el eje X, Y o Z (mantener pulsado el botón)

Coloca el foco de luz en la posición inicial

Todo es configurable en los gráficos **Superficie** y **Malla**: colores de la superficie o de la malla, posición de los focos de luz, densidad de la trama... Hay que hacer doble clic sobre la figura para acceder a todas las opciones.

 Las gráficas **Superficie** pueden ser muy espectaculares en presentaciones y gráficos en color, pero tenga en cuenta que las gráficas **Malla** resultan en general más claras, especialmente si van a estar impresas en blanco y negro.

Curvas de nivel

Gráfica > Gráfica de contorno

Generamos unos datos con **Calc > Crear malla estructurada de datos:**

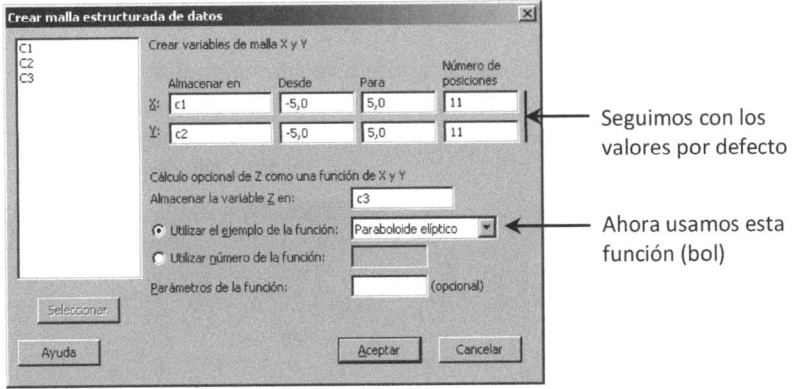

Seguimos con los
valores por defecto

Ahora usamos esta
función (bol)

Superficie mallada:
Gráfica > Gráfica de superficie 3D: Malla

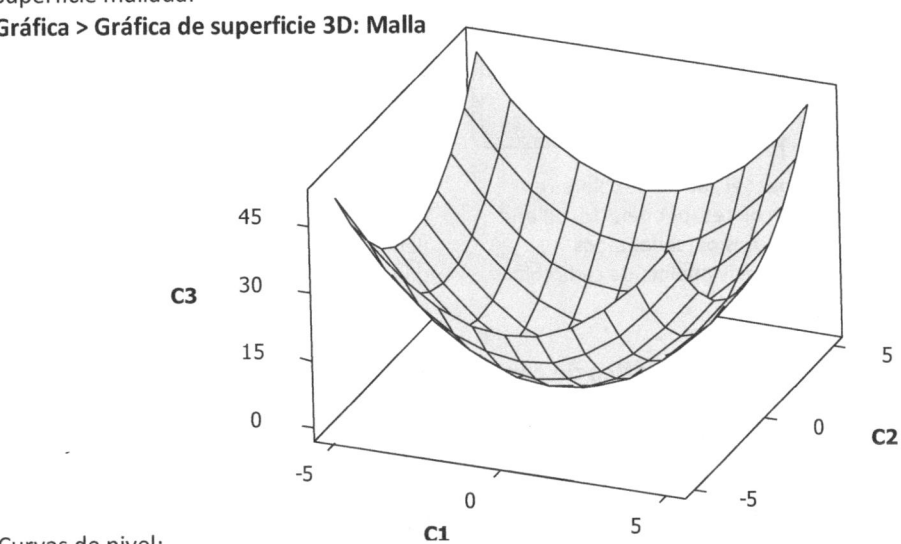

Curvas de nivel:
Gráfica > Gráfica de contorno

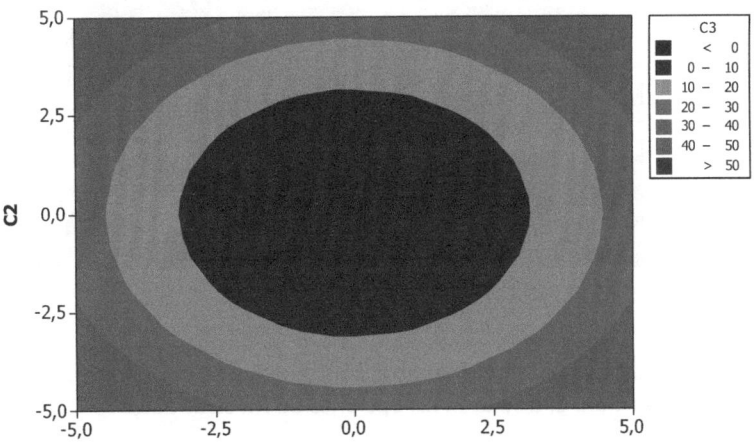

Opciones de las curvas de nivel

Haciendo doble clic sobre el gráfico de las curvas de nivel, accedemos a un cuadro de diálogo donde se puede cambiar el patrón de colores y el número de niveles:

Pestaña **Atributos**   Pestaña **Niveles**

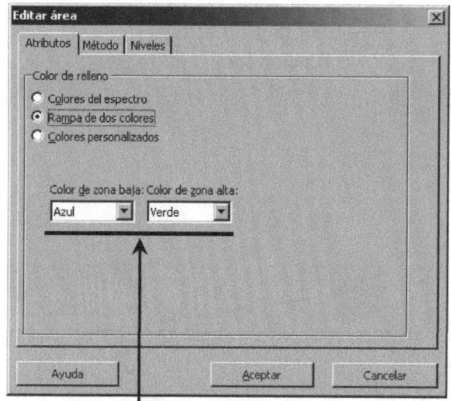 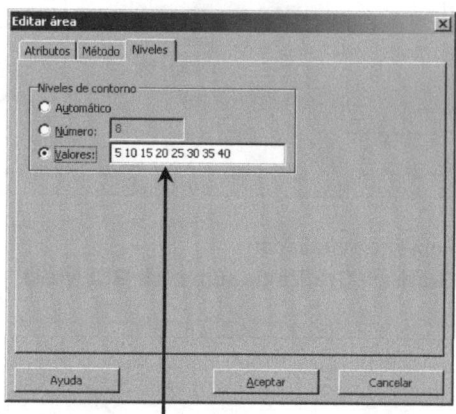

Se puede escoger el patrón de colores en **Rampa de dos colores** (por defecto, de azul a verde). En **Colores personalizados** debemos elegir individualmente cada color

Se puede indicar el número de curvas de nivel (**Número**) o los valores (**Valores**) a que deben aparecer las curvas. Este último es el que aquí se ha usado. Los valores también se podrían haber entrado de la forma 5:40/5

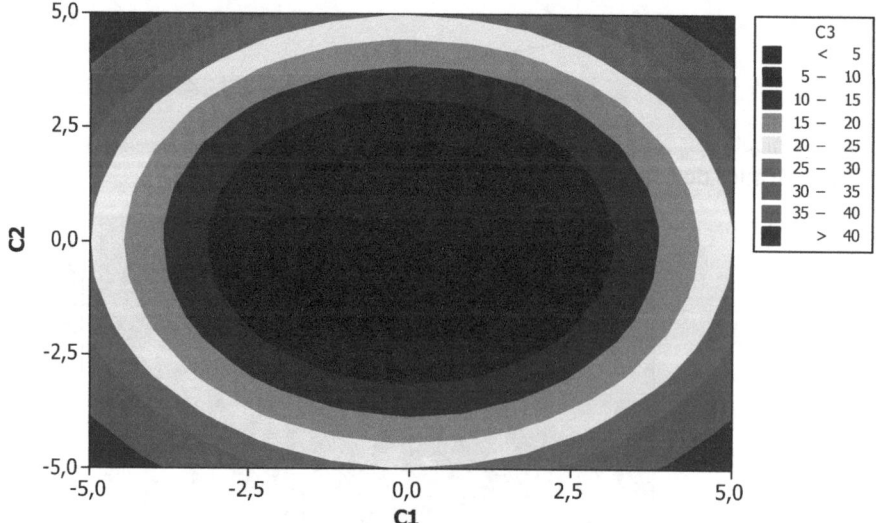

Es posible dibujar las curvas de nivel sin colores y con el valor que corresponde a cada una de ellas. Para ello se usan las opciones de **Mostrar datos:**

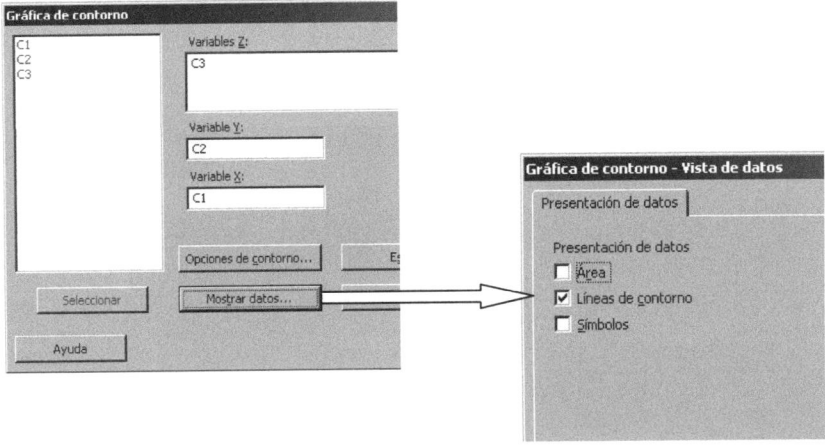

En **Opciones de contorno** se puede indicar en qué valores se desean las curvas de nivel.

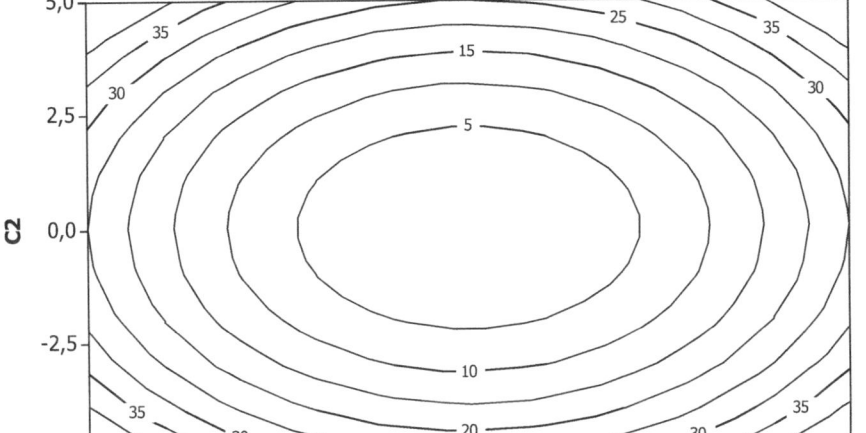

Gráfica de contorno de C3 vs. C2; C1

6

Casos prácticos del bloque I:
Introducción. Técnicas gráficas

Corxet

Una empresa elaboradora de cavas decide poner en marcha un plan para disminuir el número de defectos que se producen en el etiquetaje de las botellas.

Se conoce con el nombre de 'presentación' el aspecto exterior de la botella y se compone de un conjunto de elementos (cápsula, collarín, óvalo, tirilla, etiqueta, contraetiqueta,...) que se colocan en líneas que funcionan a gran velocidad.

Para orientar la estrategia de mejora a seguir se planificó un plan de recogida de datos en cada una de las 6 líneas que la empresa tiene en funcionamiento (cada línea corresponde a un tipo de cava). La inspección duró 15 días, inspeccionándose 100 botellas al día de cada línea (en total, 1500 botellas por línea), y los datos obtenidos se pueden considerar representativos del funcionamiento general.

Los resultados se encuentran en el archivo CORXET.MTW. En la columna C1 se indica la localización y la descripción de los defectos, pero esta información se halla también codificada en las columnas C2 y C3, de la siguiente forma:

Localización (C2)		Tipo de defecto (C3)	
1	Collarín	1	Desgarre/Burbuja
2	Tirilla	2	Arrugas
3	Etiqueta	3	Torcido
4	Contraetiqueta	4	Alineamiento
5	Cápsula	5	Altura
6	Tapón	6	Defecto en tapón
7	Morrión	7	Defecto en morrión
		8	Collarín abierto

Las columnas C4 a C9 corresponden a cada una de las líneas inspeccionadas. Interesa conocer en qué línea y en qué tipo de problema deberían concentrarse las acciones a seguir.

La hoja de datos tiene el aspecto:

↓	C1-T	C2	C3	C4	C5	C6	C7	C8	C9	C10	
		Locali	Defecto	ALBA	TRADI	BLAU	1492	FIESTA	ROSADO		
1	Collarín - des/burb	1	1	761	193	14	66	0	22		
2	Óvalo - des/burb	2	1	18	0	0	19	0	10		
3	Etiqueta - des/burb	3	1	69	92	14	53	48	16		
4	Contra.- des/burb	4	1	19	25	3	19	26	4		
5	Collarín - arrugas	1	2	240	42	5	44	0	4		
6	Óvalo - arrugas	2	2	34	2	0	24	0	11		
7	Etiqueta arrugas	3	2	66	8	1	9	13	5		
8	Contra.- arrugas	4	2	23	9	1	7	15	3		
9	Cierre Collarín - torcido	1	3	76	34	9	22	0	7		
10	Óvalo - torcido	2	3	115	12	0	79	0	19		
11	Etiqueta - torcido	3	3	299	67	27	116	12	72		
12	Contra.- torcido	4	3	30	3	11	54	49	3		
13	Cápsula - alinea.	5	4	242	32	0	85	65	15		
14	Etiqueta 2-4 (alinea.)	3	4	589	231	54	82	0	79		
15	Etiqueta > 4 (alinea.)	3	4	665	0	18	283	0	102		
16	Óvalo - alinea.	2	4	631	135	0	237	0	45		
17	Contra 2-5 (alinea.)	4	4	401	21	5	158	18	85		
18	Contra > 5 (alinea.)	4	4	72	0	1	69	4	28		
19	Etiqueta - altura	3	5	113	80	45	177	4	57		
20	Óvalo - altura	2	5	332	58	0	209	0	42		
21	Collarín - altura	1	5	1	0	0	2	0	0		
22	Tapón	6	6	0	0	0	0	0	0		
23	Morrión	7	7	1	0	0	0	0	0		
24	Collarín abierto	1	8	92	101	21	147	0	26		

Para identificar en que línea se producen más defectos, sumaremos los valores de las columnas C4 a C9. Esto puede hacerse de la siguiente forma:

Estadísticas > Estadística básica > Mostrar estadísticas descriptivas

① Resaltar las columnas con las que desea operar

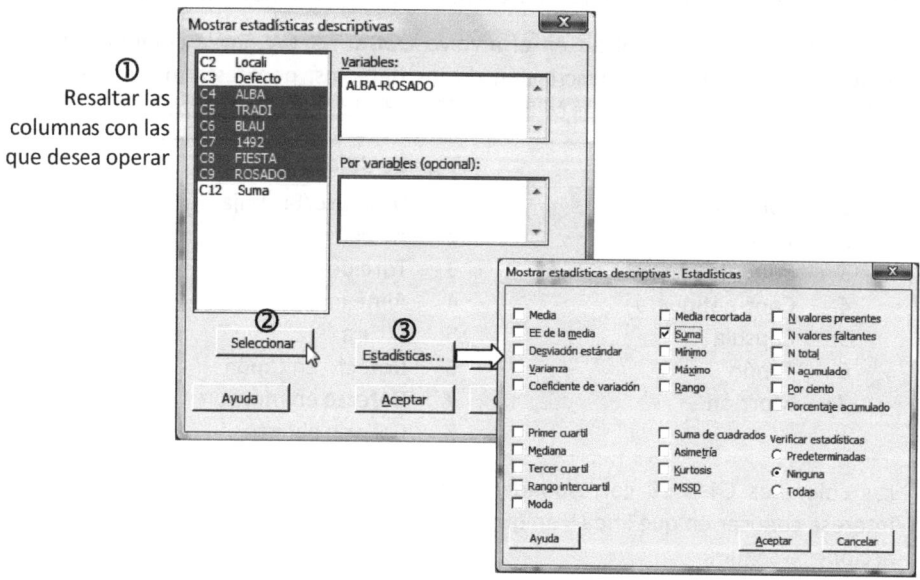

En la ventana **Mostrar estadísticas descriptivas – Estadísticas**, para seleccionar **Suma** lo más rápido es quitar todas las marcas con la opción **Ninguna** en **Verificar estadísticas** y, a continuación, marcar **Suma**.

En la ventana de Sesión aparecen las sumas, que hay que copiar y pegar en la hoja de datos.

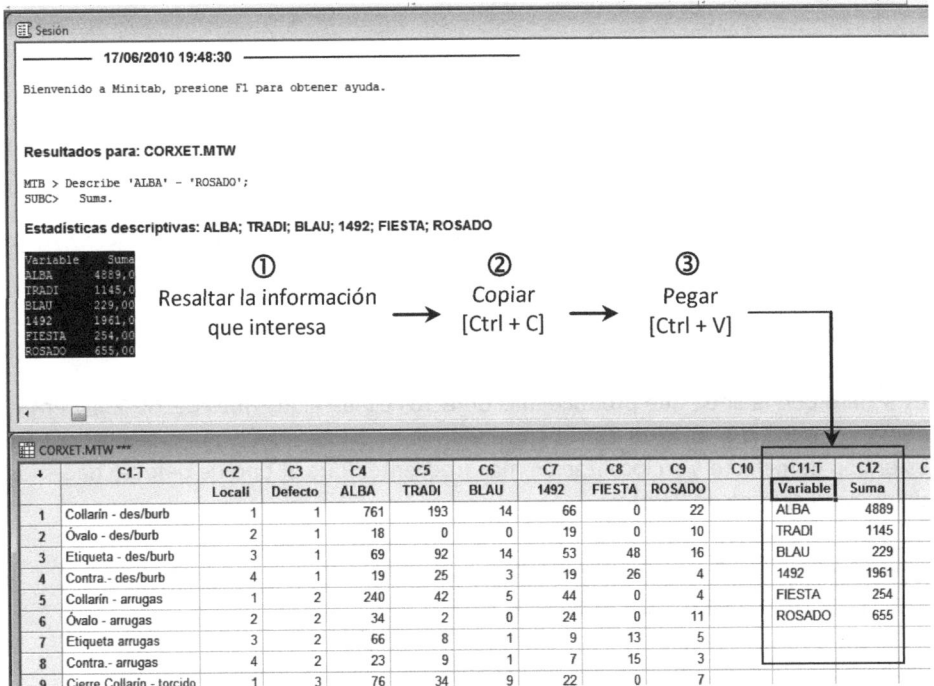

Una vez con los datos de esta forma, podemos realizar un diagrama de Pareto para visualizar la importancia de cada línea en la producción de defectos:

Estadísticas > Herramientas de calidad > Diagramas de Pareto

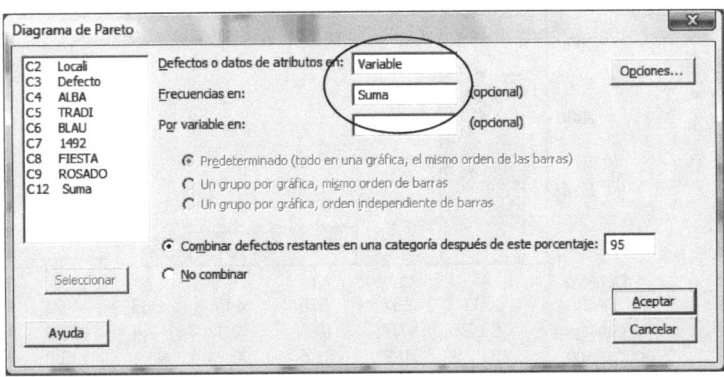

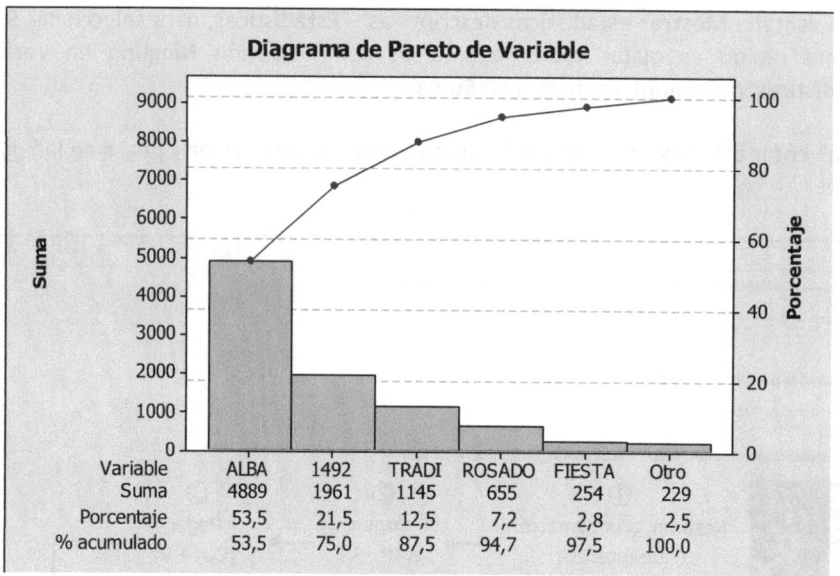

Está claro que la línea que produce más defectos es la "Alba" (más del 50 %), y entre "Alba" y "1492" producen el 75%. Centrándonos en la línea "Alba", interesa saber cuál es el tipo de defecto y su localización más frecuente. Para el tipo de defecto hacemos un nuevo diagrama de Pareto:

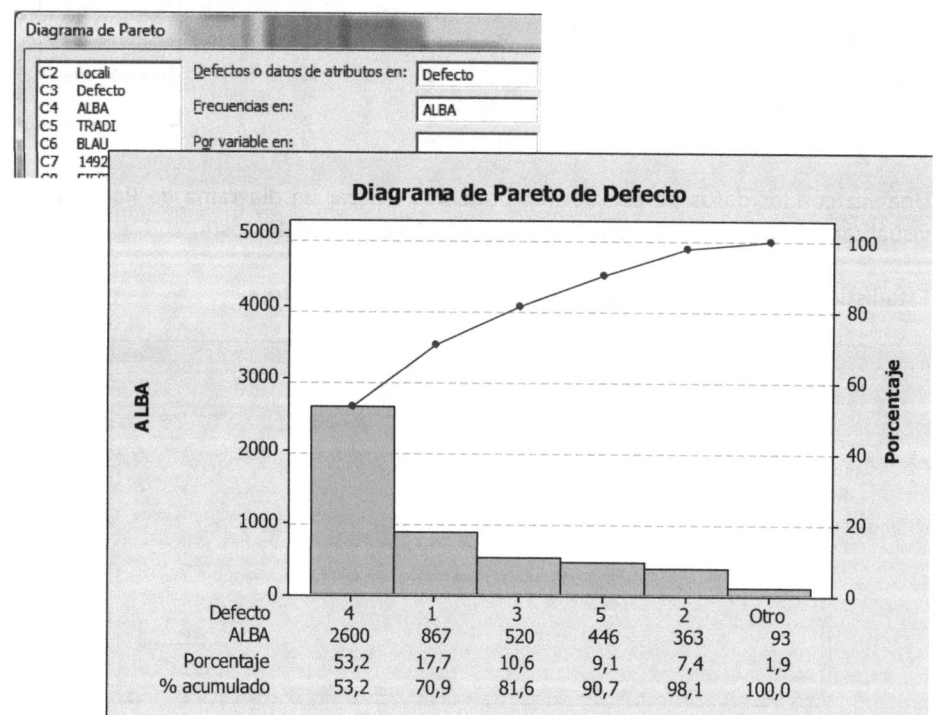

Puede lograrse que en vez del número correspondiente a cada defecto aparezca su nombre haciendo previamente:

Datos > Codificar > Numérico a Texto

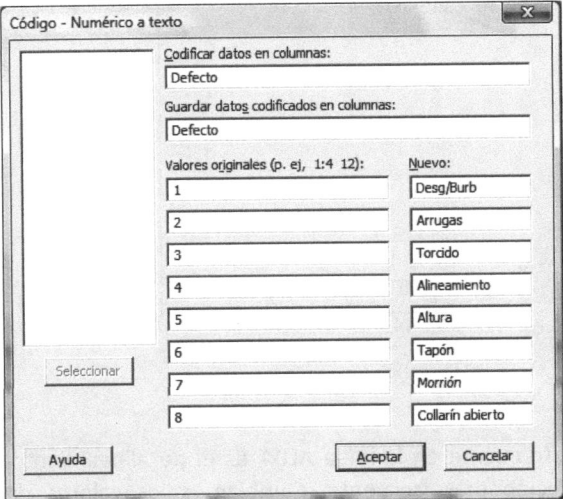

De esta forma se modifica el contenido de la columna C3, y al hacer el diagrama de Pareto queda de la forma:

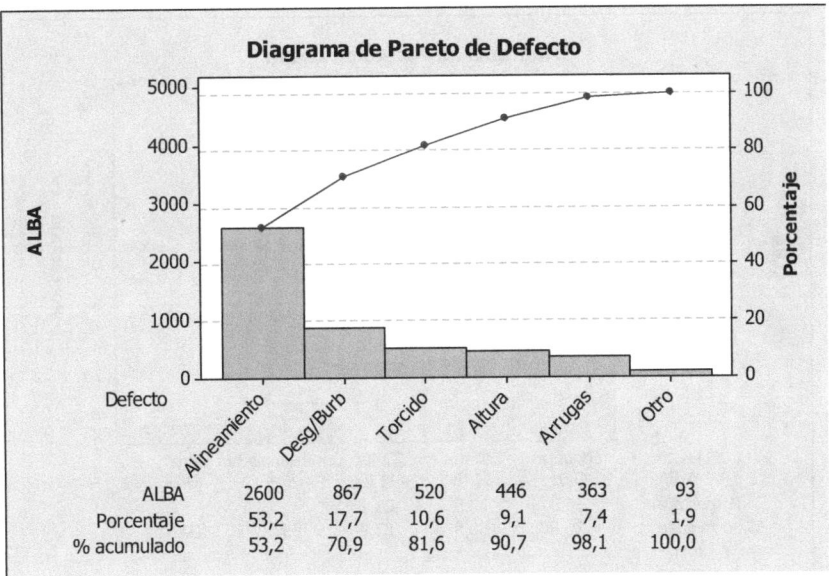

Para que los rótulos aparezcan horizontales debe reducirse el tamaño de la fuente haciendo doble clic sobre cualquier rótulo y en la pestaña **Fuente** colocar **Tamaño** 8 (en este caso).

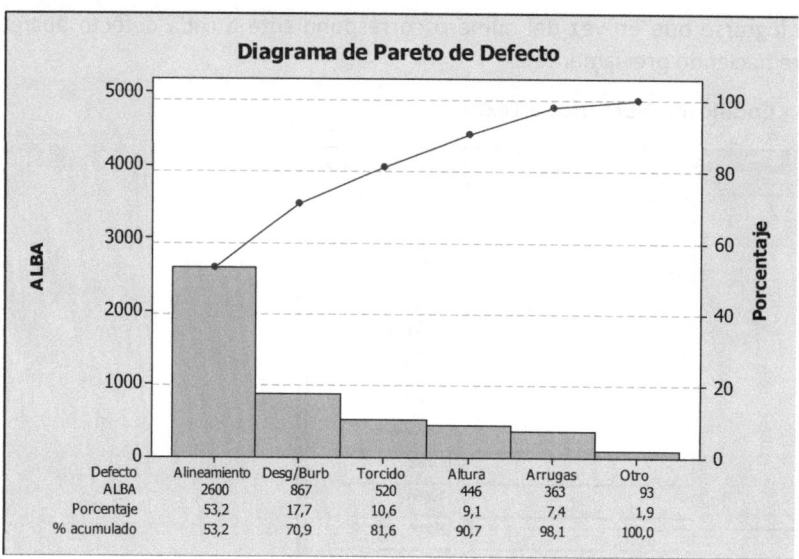

Ya está claro que el defecto más frecuente en la línea ALBA es el de alineamiento, veamos ahora cuál es la localización más frecuente. Cambiamos los valores de localización que en la columna C2 aparecen codificados por sus expresiones en texto **(Datos > Codificar > Numérico a Texto)** y hacemos el diagrama de Pareto igual que antes pero sustituyendo Defectos por Localización.

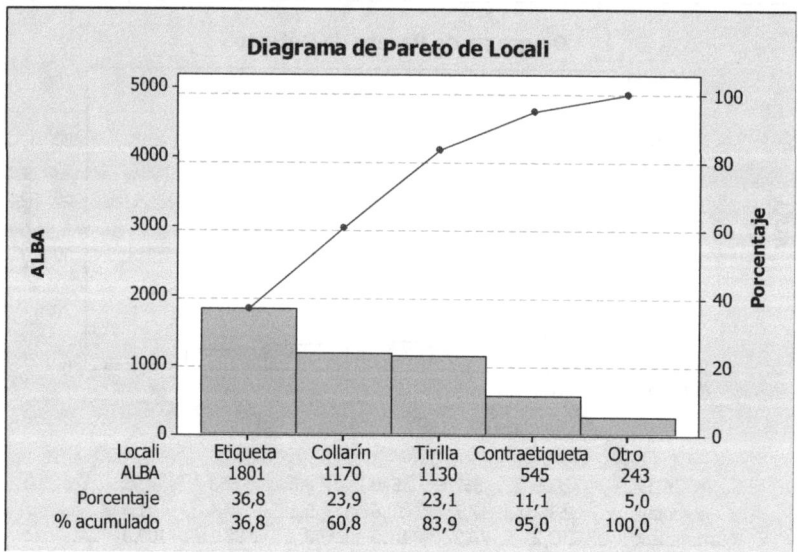

La localización de los defectos no aparece concentrada en un solo elemento, quizá porque el defecto más importante es el de alineamiento, que implica a varios de ellos. La conclusión es que, a vista de los datos, lo más razonable sería empezar centrando los esfuerzos en el problema de alineamiento en la línea Alba.

Cobre

Un fabricante de tubos de cobre ha detectado, tras recoger datos y realizar un diagrama de Pareto, que casi el 70% de sus paros de proceso se producen al estirar el tubo.

Tras una sesión de *brainstorming* a la que asistieron los jefes de las secciones de estirado y de fundición, los tres jefes de turno y el responsable de laboratorio, se listan como posibles causas las que aparecen en las columnas C1 a C6 del fichero COBRE.MTW.

A la vista del diagrama causa-efecto se decidió investigar si los contenidos en P o en Pb de la aleación, o el turno (que parecían los principales sospechosos) son los verdaderos responsables de las roturas. Para verificarlo se recogieron datos durante cuatro semanas (60 jornadas) del número de roturas producidas, las ppm de P y Pb en la aleación y el turno en que se habían producido.

Se trata de utilizar MINITAB para representar el diagrama causa-efecto y, analizando los datos disponibles, responder a las siguientes preguntas:

¿Confirman los datos las sospechas de que los contenidos de P, Pb o el turno tienen influencia en las roturas?

¿Se ha comportado el proceso de forma uniforme a lo largo de las cuatro semanas que ha durado la recogida de datos?

Para representar el diagrama causa-efecto simplemente hacemos:

Estadísticas > Herramientas de calidad > Causa y Efecto

Columnas donde se encuentran las causas   Se ha cambiado el valor que aparece por defecto

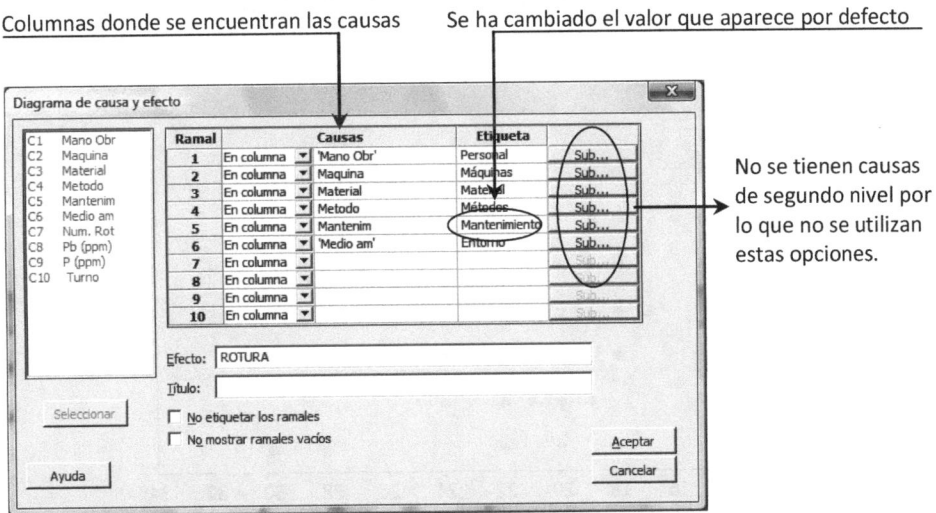

No se tienen causas de segundo nivel por lo que no se utilizan estas opciones.

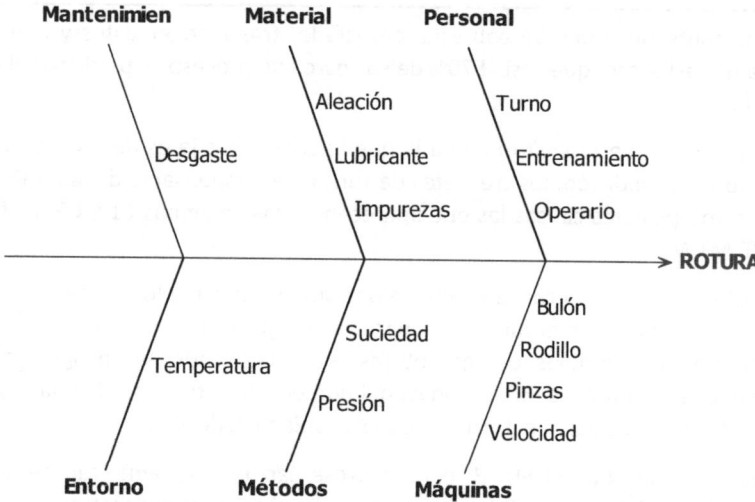

Se ha aumentado el tamaño de letra que aparece por defecto (doble clic sobre el grupo de letras a editar)

Para ver si los contenidos de P, Pb o el turno pueden tener alguna influencia sobre las roturas, podemos realizar diagramas bivariantes.

Relación con el contenido de plomo: **Gráfica > Gráfica de dispersión: Simple > Y:** 'Num. Rot'; **X:** Pb (ppm).

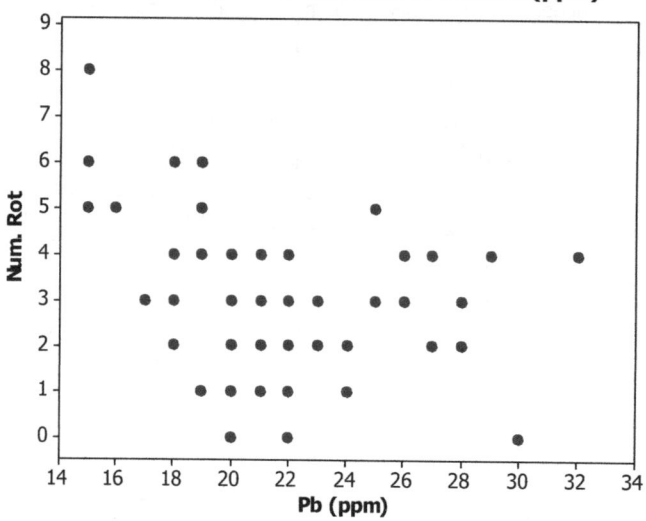

No parece haber relación entre contenido de plomo y número de roturas, aunque puede ser relevante el hecho de que valores pequeños dan un número de roturas alto.

Relación con el contenido de fósforo: **Gráfica > Gráfica de dispersión: Simple > Y:** 'Num. Rot'; **X:** P (ppm).

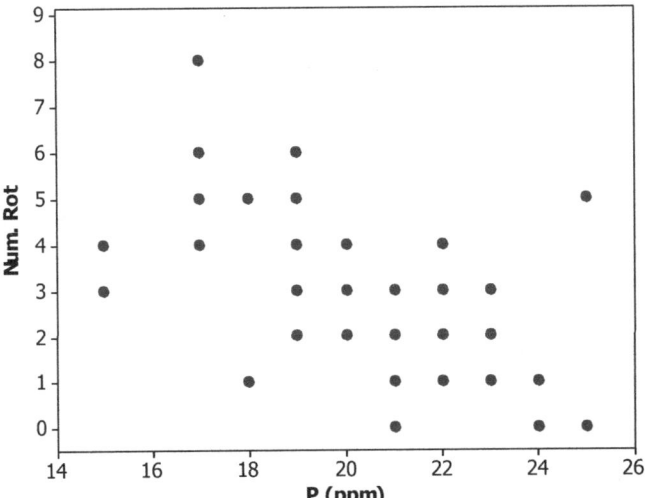

Como las dos variables son discretas, aparecen puntos superpuestos y no da idea de la densidad que hay en cada zona. Para evitar este problema, puede hacerse clic sobre cualquier punto y en el cuadro de edición de símbolos vamos a la pestaña **Dispersión** y marcamos la opción **Agregar dispersión a la dirección** (dejar los valores por defecto). De esta forma se sacrifica la precisión en las coordenadas de los puntos pero permite apreciar su densidad en cada situación.

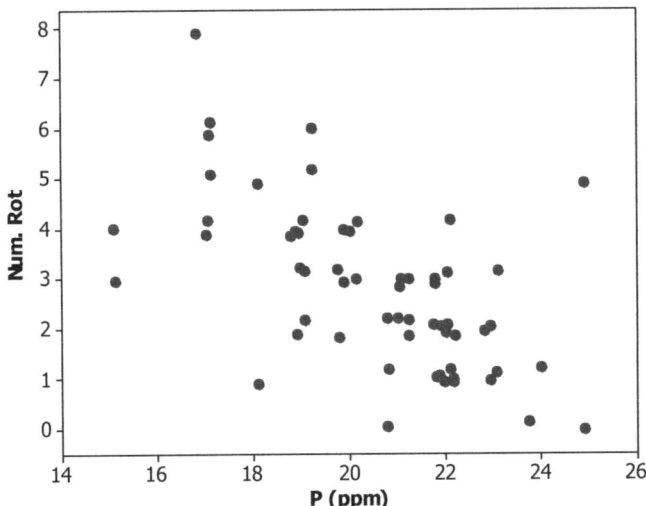

En estos gráficos se ha cambiado la proporción entre alto y ancho (clic con el botón derecho del ratón sobre el marco exterior del diagrama: **Editar la región de figuras > Tamaño de la gráfica.** También se han cambiado los valores de la escala horizontal (doble clic sobre cualquier valor de la escala).

Sí parece haber correlación (no necesariamente relación causa-efecto) entre el contenido de fósforo y el número de roturas. A más fósforo, menos roturas. Si el añadir fósforo no está contraindicado para alguna de las propiedades del tubo, podría aumentarse su concentración o mantenerla en torno a 25 para ver si se mantiene bajo el número de roturas.

La relación entre turno y número de roturas la analizaremos mediante un nuevo tipo de gráfico (muy parecido al diagrama de dispersión, pero en el que la variable del eje X puede ser cualitativa) que no ha salido hasta ahora:

Relación con el turno: **Gráfica > Gráfica de valores individuales**

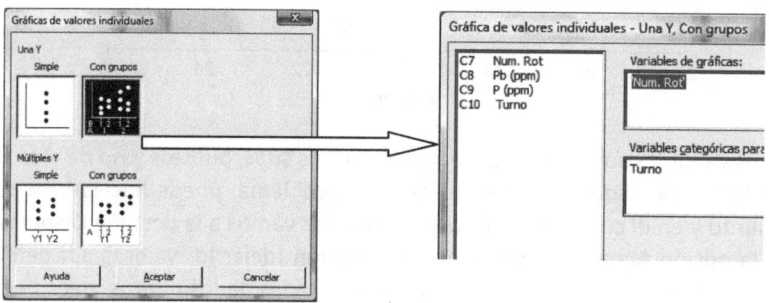

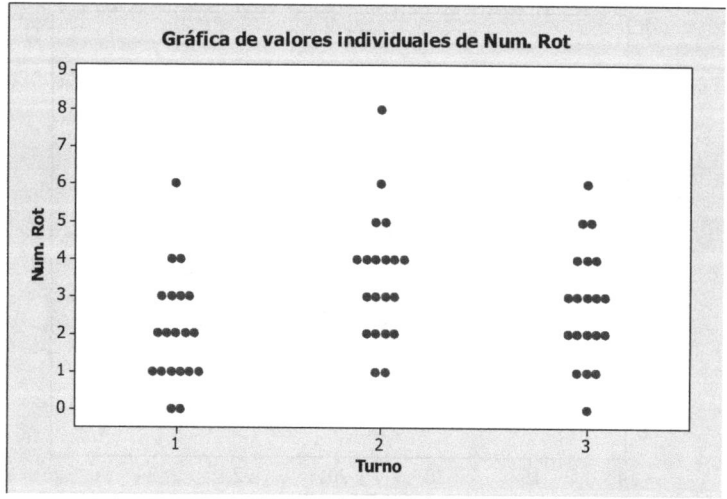

Aunque en el segundo turno un día se rompieron 8 tubos, siendo este un valor más alto, no parece haber relación entre turno y rotura de tubos.

Para observar si el proceso se ha mantenido estable, podemos usar un diagrama en serie temporal: **Gráfica > Gráfica de serie de tiempo: Simple**.

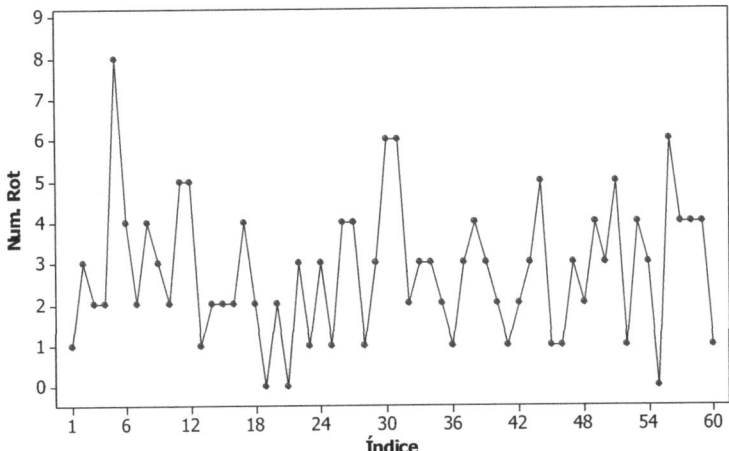

Sí parece que se ha mantenido estable (no se observa ninguna tendencia ni cambio de nivel), aunque seguramente convendría estudiar las causas que hicieron que un día se produjeran 8 roturas.

Si se desea, puede hacerse que aparezca un símbolo distinto según el turno, haciendo doble clic sobre cualquier punto, pestaña **Grupos**, **Variables categóricas para agrupación:** Turno. Se obtiene el gráfico que figura a continuación, en el que se ha aumentado el tamaño de los puntos a través de la pestaña **Atributos (Símbolos, Personalizado, Tanaño**: 1,5).

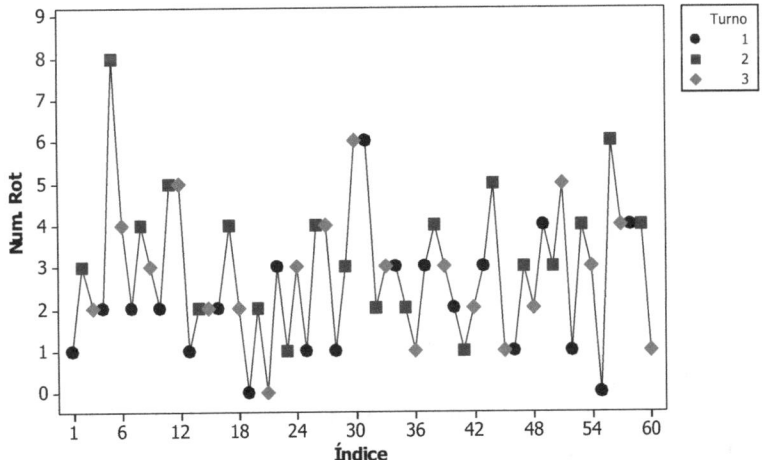

Pan

El propietario de una panadería, preocupado por la excesiva variabilidad en el peso de sus productos, decidió realizar un estudio para analizar la distribución del peso de una determinada pieza de pan. En la panadería elaboran el pan dos operarios (A y B) usando dos máquinas (1 y 2). Los operarios no trabajan simultáneamente, sino que unos días trabaja A y otros trabaja B. Para realizar el estudio, durante un período de 20 días se tomó diariamente una muestra al azar de 4 piezas de pan de cada máquina, obteniéndose los resultados que se incluyen en el archivo PAN.MTW.

Si el peso nominal de las piezas de pan es de 210 gr, pero se acepta como normal una variación de ± 10 gramos. ¿Qué conclusiones se pueden sacar de estos datos? ¿Qué recomendaciones daría usted al dueño de la panadería?

En primer lugar hacemos un histograma de todos los datos. Para ello los colocamos todos en una sola columna haciendo:

Datos > Apilar > Columnas

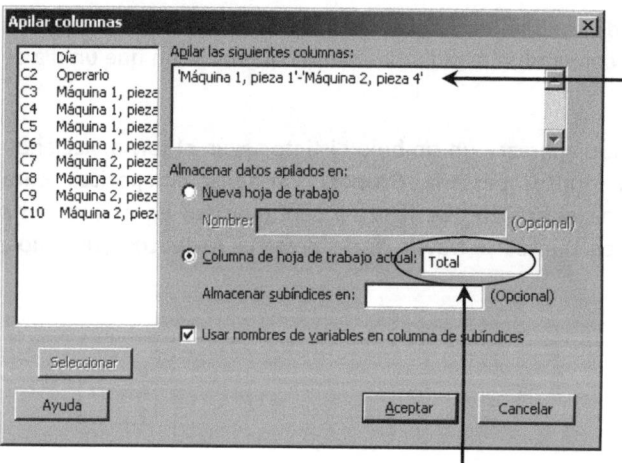

Para ponerlas automáticamente hacer clic en el recuadro de la izquierda sobre el nombre de la primera columna a colocar, a continuación arrastrar el ratón hasta la última y, con todas las columnas resaltadas pulsar **Seleccionar**

Coloca los datos apilados en la primera columna que encuentra vacía en la hoja de trabajo, y le coloca el nombre Total

Gráfica > Histograma: Simple

Variables de gráficas: Total. Se ha cambiado el aspecto del gráfico y se han añadido las líneas que marcan los límites de tolerancias, esto último utilizado la barra de herramientas que aparece haciendo: **Herramientas > Barras de herramientas > Herramientas de anotación en gráficas**

Histograma de Total

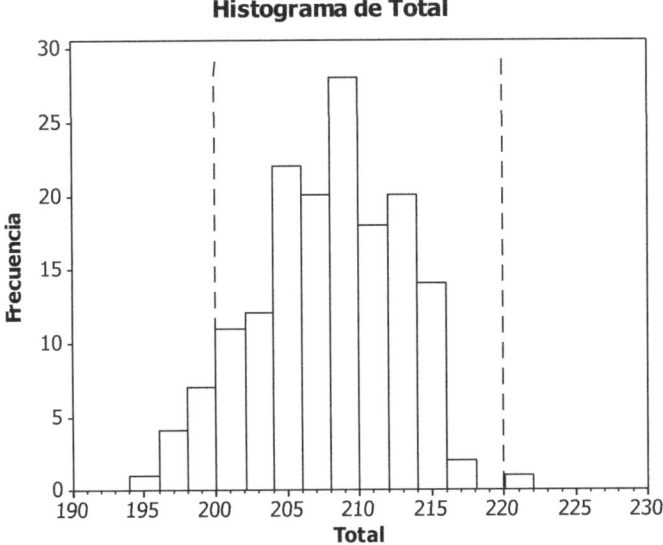

La distribución es asimétrica hacia la izquierda, con un cierto porcentaje fuera de tolerancias. Veamos que ocurre si estratificamos por máquina.

Colocamos en una columna los valores de la Máquina 1 (**Datos > Apilar > Columnas** para las columnas C3 a C6) y en otra los de la Máquina 2 (de C7 a C10). Para hacer los histogramas con idéntico formato podemos copiar el del gráfico anterior. Con el histograma de todos los datos como ventana activa, hacemos:

Editor > Realizar gráfica similar

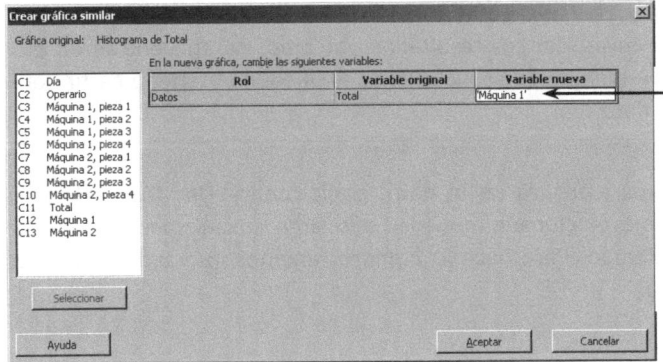

Realiza un histograma con los valores de esta columna con idéntico formato que el realizado para la columna 'Total'

Al copiar el formato del histograma con los datos totales, se copian también las líneas que marcan las especificaciones y como para cada máquina la escala vertical es más corta, estas líneas de especificaciones se salen del gráfico. Lo mejor es quitarlas y volverlas a trazar.

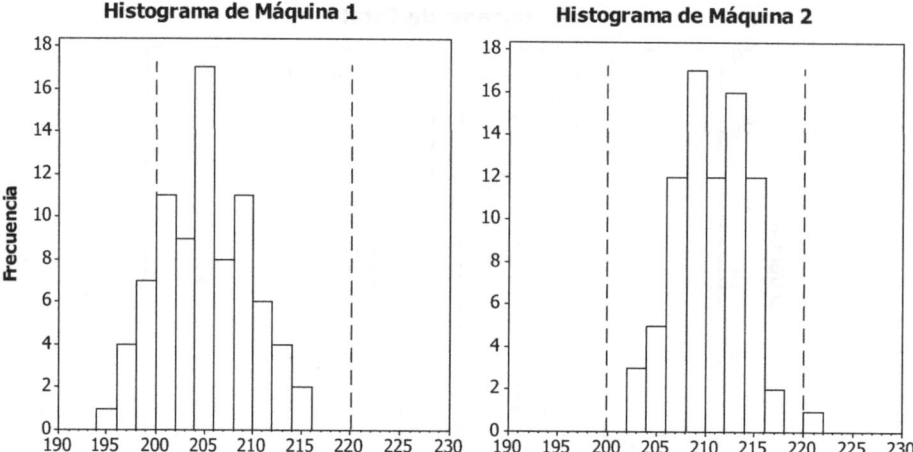

La Máquina 2 está centrada pero la Máquina 1 no lo está. Habría que sugerir al dueño de la panadería que centre la Máquina 1. Con el centrado queda resuelta una buena parte del problema. Si desea mejorar más deberá intentar disminuir la variabilidad con que producen ambas máquinas.

Se podrían hacer también histogramas estratificados por operario, e incluso por operario y máquina, pero no aparece nada relevante.

Humedad

Durante una semana se midió diariamente el contenido de humedad correspondiente a 20 paquetes de un determinado producto, tomándolos al azar a la salida de la línea de envasado. Los resultados obtenidos se encuentran en el archivo HUMEDAD.MTW. Indique qué conclusiones se pueden obtener a partir del análisis gráfico de estos datos.

Existen diversas opciones para analizar estos datos gráficamente. Una forma clara de poner de manifiesto cómo evoluciona la humedad a lo largo de la semana es realizar una gráfica de serie de tiempo. Para hacerlo primero tenemos que apilar todos los datos en una sola columna.

 Casi nunca nos encontramos los datos dispuestos de la forma más conveniente para analizarlos.

Los apilamos de la forma habitual: **Datos > Apilar > Columnas**

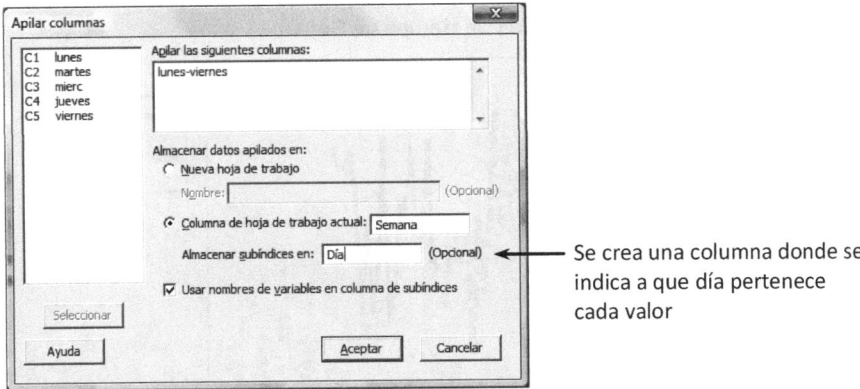

Se crea una columna donde se indica a que día pertenece cada valor

Diagrama en serie de tiempo de los datos de 'Semana'

Gráfica > Gráfica de serie de tiempo: Simple. Serie: Semana

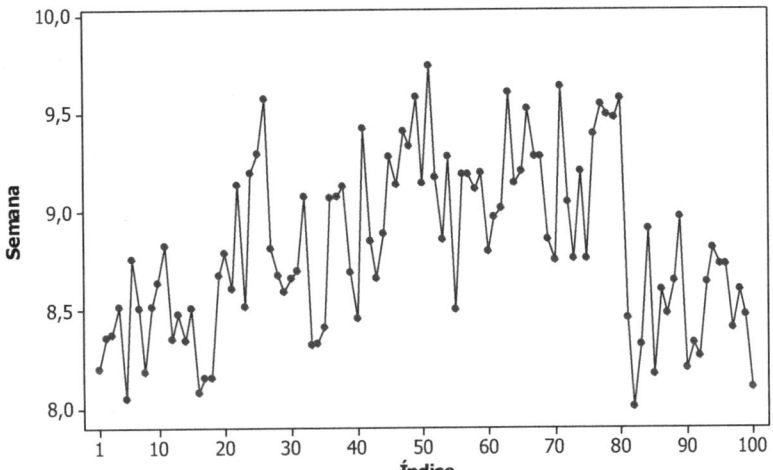

El proceso no se ha mantenido estable, primero tiene tendencia a subir y después baja de golpe. Para distinguir los días se pueden usar líneas de distinto trazo y color, para ello hacemos doble clic sobre la línea y aparece el cuadro de diálogo de edición de líneas:

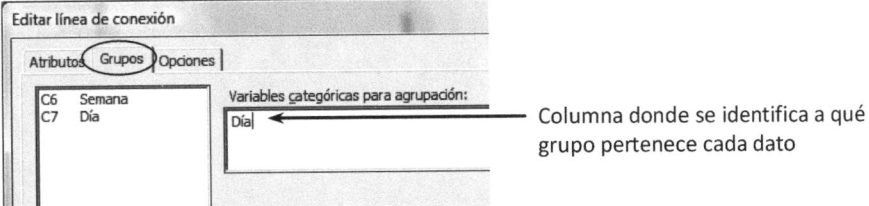

Columna donde se identifica a qué grupo pertenece cada dato

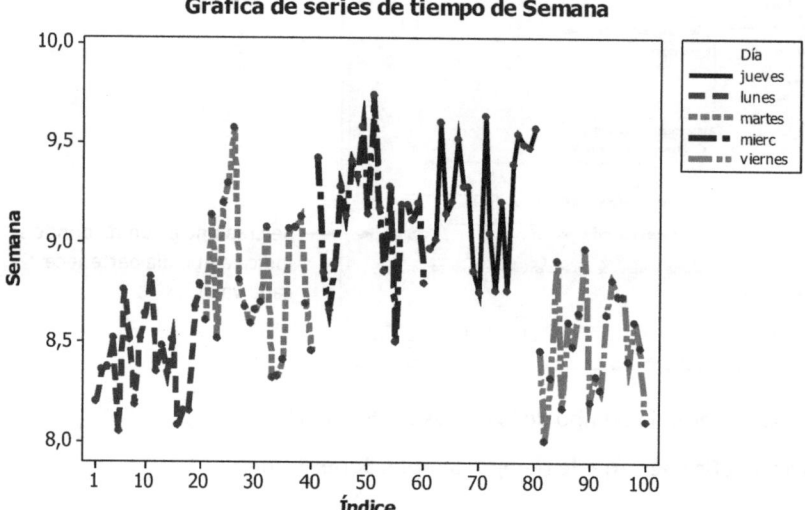

Observe que, por defecto, los rótulos de la leyenda (en nuestro caso los días de la semana) aparecen en orden alfabético. Se puede establecer el orden deseado haciendo clic en cualquier celda de la columna donde están esos rótulos (en nuestro caso la columna 'Día'), haciendo: **Editor > Columna > Orden de valores,** y eligiendo el orden deseado.

También se puede construir directamente el diagrama estratificado a través de:

Gráfica > Gráfica de serie de tiempo: Con grupos

Contraste de hipótesis. Comparación de tratamientos

Este bloque empieza con dos capítulos cortos y un tanto singulares porque no están directamente orientados al análisis de datos. El primero trata sobre la generación de números aleatorios, que permite resolver problemas por simulación (en este capítulo verá un ejemplo sencillo, y en el anexo 4 otros de más envergadura), y también para hacer pruebas, para ver qué pasaría si los datos fueran de tal o cual tipo. Además se explica cómo introducir datos siguiendo un patrón de regularidad, lo cual puede facilitar el análisis de forma estratificada y también la introducción de datos manteniendo identificados diversos orígenes. El segundo es un capítulo de cálculo de probabilidades donde se comentan las posibilidades de MINITAB en este terreno y se muestra una aplicación calculando las sigmas de un proceso donde aparecen las famosas 3,4 ppm en un proceso Seis Sigma.

El núcleo del bloque gira en torno al concepto de contraste de hipótesis, nombre que recibe la forma de razonamiento que seguimos cuando realizamos un test estadístico. El esquema es el siguiente:

1. Plantear la hipótesis nula y la hipótesis alternativa. La hipótesis nula es la que se considera cierta a no ser que los datos (una muestra objetiva de la realidad) estén en contradicción con ella. No hay que demostrar que la hipótesis nula sea cierta, la carga de la prueba la tiene la hipótesis alternativa, lo que se supone que ocurre cuando se rechaza la hipótesis nula. Si tenemos unos datos que por su origen nos parece razonable considerar que provienen de una distribución Normal pero queremos asegurarnos de que no están en contradicción con esa hipótesis (hipótesis nula) realizaremos un test de normalidad.

2. A partir de los datos disponibles se calcula un valor que resume la discrepancia entre los resultados obtenidos y la hipótesis nula. Si la discrepancia es muy grande se rechaza la hipótesis nula y nos quedamos con la alternativa. A esta medida se le llama estadístico de prueba. Sabemos que los valores de una población normal representados en papel probabilístico normal se alinean según una recta, pero cuando tenemos una muestra, no debemos esperar una recta perfecta (de la

misma forma que no tendremos un histograma con la típica forma de campana). La distancia entre los puntos que representan nuestros datos y la recta teórica es el estadístico de prueba, el cómo se mide esta distancia depende del tipo de test.

3. Del estadístico de prueba se conoce su distribución cuando la hipótesis nula es cierta. Algunas distribuciones son muy utilizadas para estos menesteres, como la normal, la t de Student, o la F de Snedecor. En el caso de los tests de normalidad se usan distribuciones específicas. Lo que hacemos es situar el estadístico de prueba en su distribución de referencia y vemos si encaja bien. En el test de normalidad miramos si la discrepancia observada entre los puntos y la recta es habitual cuando los datos realmente provienen de una distribución normal.

4. Naturalmente, no podemos quedarnos hablando de discrepancia grande o pequeña, hay que cuantificarla y esto es lo que hacemos con el **valor-p**. Este es el número clave en los test estadísticos e indica la probabilidad de que se dé una discrepancia como la observada, o mayor, entre nuestros datos y la hipótesis nula. Si esa probabilidad es grande, pongamos que del 30%, no podremos decir que nuestros datos están en contradicción con la hipótesis nula, pero si esa probabilidad es pequeña, pongamos del 1 por 100.000 lo razonable seguramente será rechazar la hipótesis nula. ¿Dónde está la frontera entre lo raro y lo no raro? Naturalmente es una frontera arbitraria, pero es habitual situarla en el 5%.

Todos los tests estadísticos siguen este esquema de razonamiento. Cuando se comparan dos medias la forma de calcular el estadístico de prueba depende de si se tienen muestras independientes o con datos apareados, pero en ambos casos la distribución de referencia es una t de Student (los grados de libertad sí dependen de cómo se tengan los datos). Cuando se comparan varianzas el test más habitual es el que utiliza su cociente como estadístico de prueba y la llamada F de Snedecor como distribución de referencia. La comparación de proporciones se realiza habitualmente utilizando una aproximación a través de la distribución normal. Esta aproximación da buenos resultados cuando $np > 5$ y $np(1 - p) > 5$, siendo n el tamaño de la muestra y p la probabilidad de éxito (siguiendo el argot de la distribución binomial que es la que rige para estas variables). MINITAB presenta, además, los resultados del llamado "test exacto de Fisher" que no realiza esta aproximación.

El análisis de la varianza es una técnica que merece un capítulo aparte. Su nombre es engañoso porque su objetivo no es comparar varianzas sino medias. Si tenemos dos muestras con medias 10 y 15, la primera con valores comprendidos entre 9 y 11, y la segunda entre 14 y 16, lo razonable será pensar que los dos tratamientos dan un nivel de respuesta diferente, pero si en ambos casos los valores van de 2 a 20 la diferencia no estará tan clara. Es decir, comparamos la variabilidad entre medias con la variabilidad dentro de los tratamientos para sacar conclusiones sobre la igualdad de medias. El estadístico de prueba es un cociente de varianzas (pueden haber varios cuando se tiene más de un factor) y la distribución de referencia es la F de Snedecor.

7

Números aleatorios y siguiendo un patrón

Introducción de valores siguiendo un patrón

Para estratificar los datos o para disponerlos de la forma adecuada, puede ser conveniente tener columnas auxiliares de datos siguiendo un patrón. MINITAB permite hacerlo de una manera muy fácil.

 Ejemplo 7.1: Colocar en C1 valores del 1 al 3 de forma que cada valor aparezca 2 veces y toda la secuencia 4 veces, es decir: 1, 1, 2, 2, 3, 3, 1, 1, 2, 2, 3, 3, 1, 1, 2, 2, 3, 3, 1, 1, 2, 2, 3, 3.

Calc > Crear patrones de datos > Conjunto simple de números

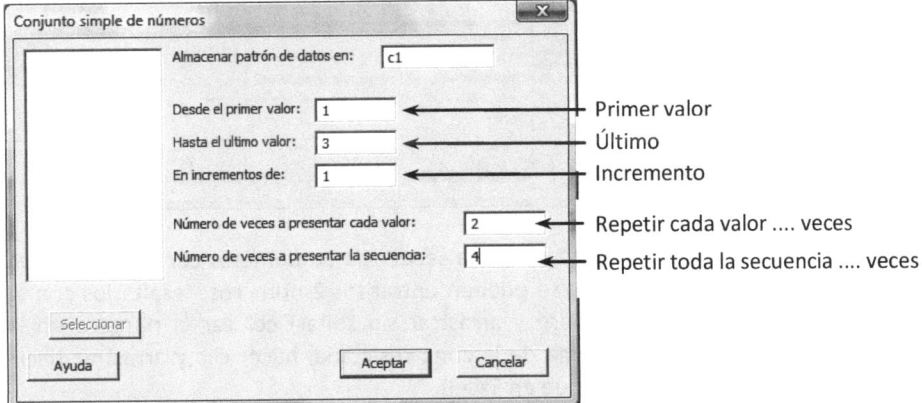

Otra forma de hacerlo, más general, es la siguiente:

Calc > Crear patrones de datos > Conjunto de números arbitrario

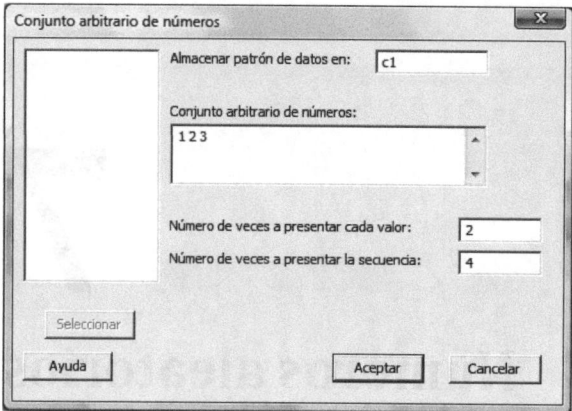

No hace falta que estos datos sean equidistantes. Podrían ser, por ejemplo, 1, 2, 5.

Pulsando el botón **Ayuda**, y haciendo clic sobre el hipertexto "**conjunto arbitrario de números**" se tienen las distintas formas de introducir el conjunto de valores que marcan la secuencia.

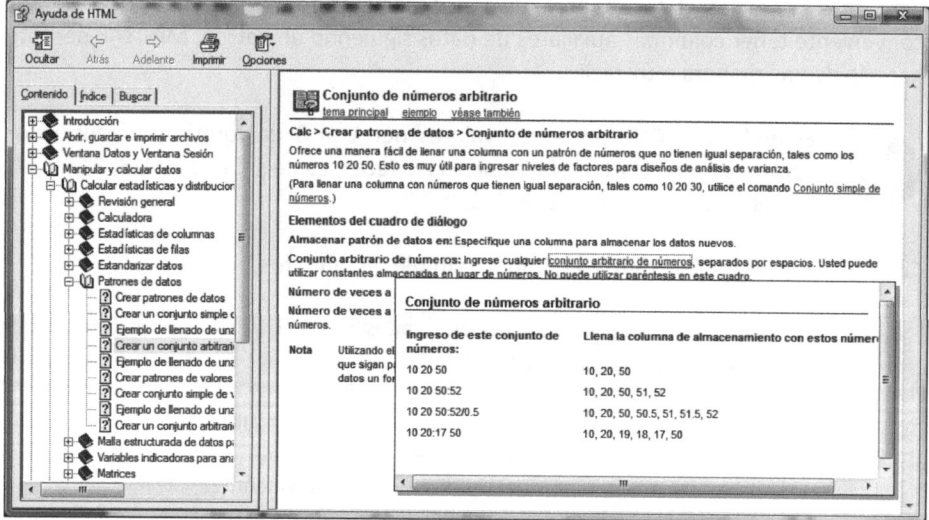

Si se trata de introducir una sola secuencia de números correlativos o con incremento constante, se pueden entrar los 2 primeros, resaltarlos con el ratón (clic en el primero y arrastrar sin soltar) colocar el puntero en la esquina inferior derecha de la zona resaltada, hacer clic y arrastrar hacia abajo sin soltar (igual que en Excel).

Muestra aleatoria de los datos de una columna

Calc > Datos aleatorios > Muestreo por columnas

Por cualquiera de los procedimientos vistos anteriormente introducimos los valores de 1 al 49 en la columna C1. Para obtener una muestra aleatoria de 6 de estos valores vamos al cuadro de diálogo '**Muestreo por columnas**' y lo rellenamos de la forma:

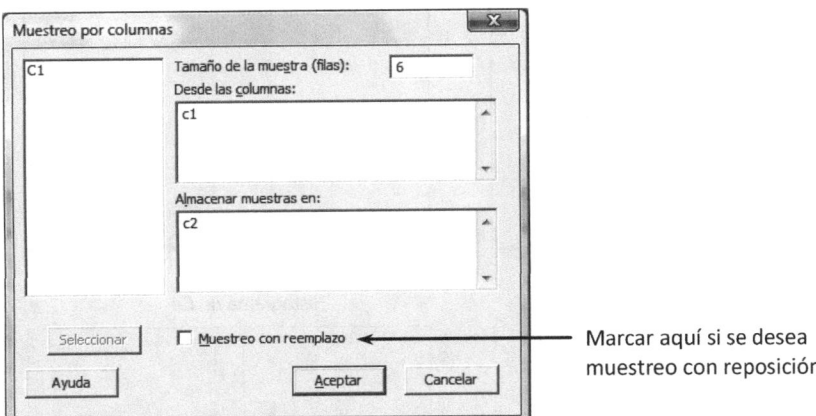

Marcar aquí si se desea muestreo con reposición

Esta opción es especialmente útil cuando se realizan programas de simulación. En el anexo 4, la macro que estima la probabilidad de que aparezcan dos números seguidos en la combinación ganadora de la lotería primitiva, hace uso de esta instrucción.

Generación de números aleatorios

Calc > Datos aleatorios > [Distribución de probabilidad deseada]

Si queremos colocar 1000 valores de una Normal con $\mu = 500$ y $\sigma = 5$, en cada una de las columnas de C1 a C5, hacemos: **Calc > Datos aleatorios > Normal**

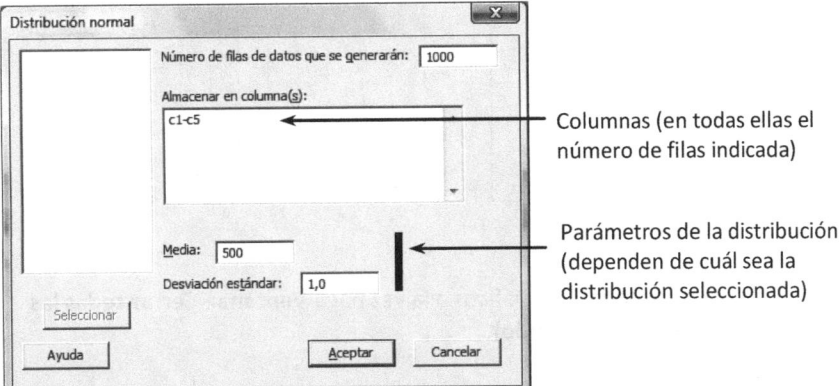

Columnas (en todas ellas el número de filas indicada)

Parámetros de la distribución (dependen de cuál sea la distribución seleccionada)

Ejemplo 7.2: Generamos 100 números aleatorios de una distribución N(0; 1) en las columnas C1 a C6. Un posible resultado es el siguiente (obsérvese que se ha forzado que la escala del eje X sea la misma en todos los casos)

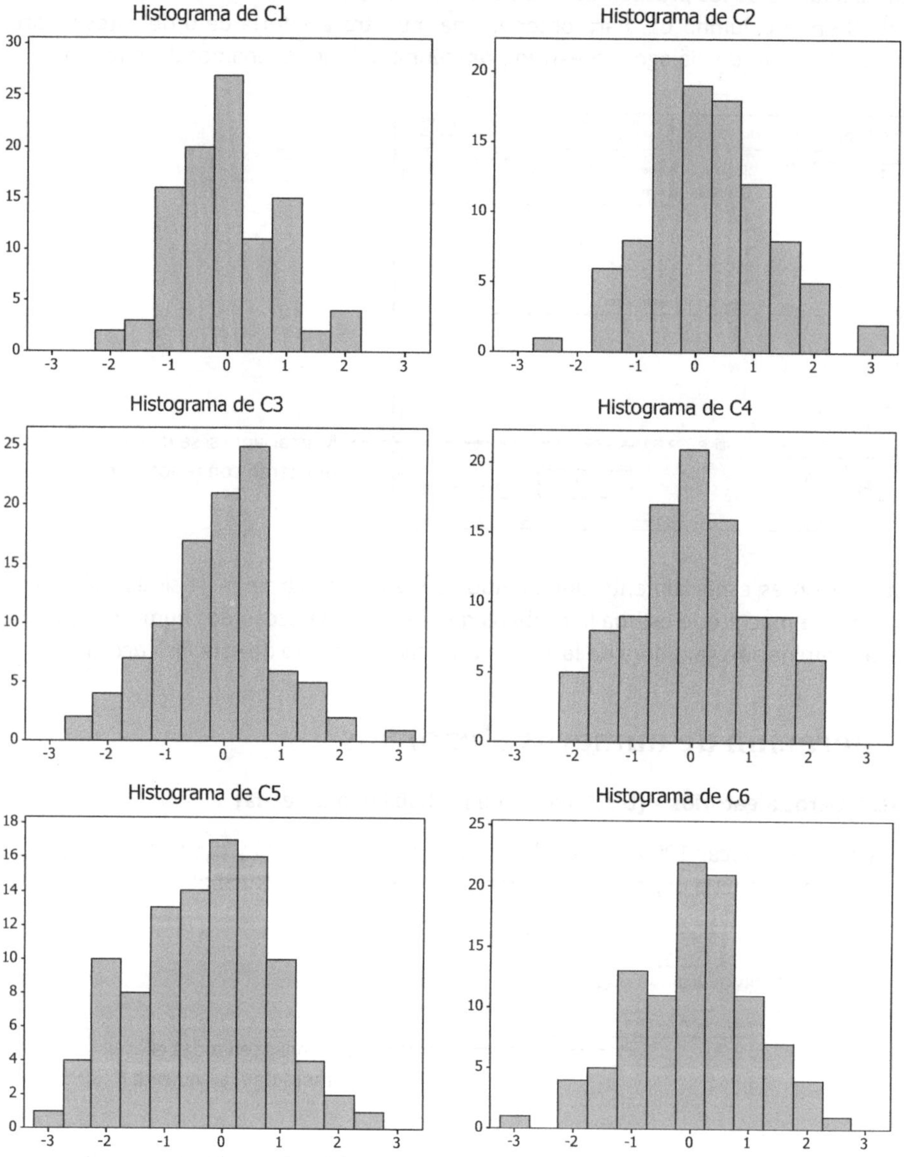

Histograma de C1

Histograma de C2

Histograma de C3

Histograma de C4

Histograma de C5

Histograma de C6

Si desea borrar todos los gráficos a la vez haga **Ventana> Cerrar todas las gráficas (Aceptar, No a todo).**

Ejemplo 7.3: Generamos valores de una Normal (0; 1) en las columnas C1 a C6, aumentando el número de valores desde 50 hasta 5000, de la forma: C1: 50; C2: 100; C3: 250; C4: 500; C5: 1000; C6: 5000.

Un posible resultado, con todos los valores por defecto al construir los histogramas es el siguiente:

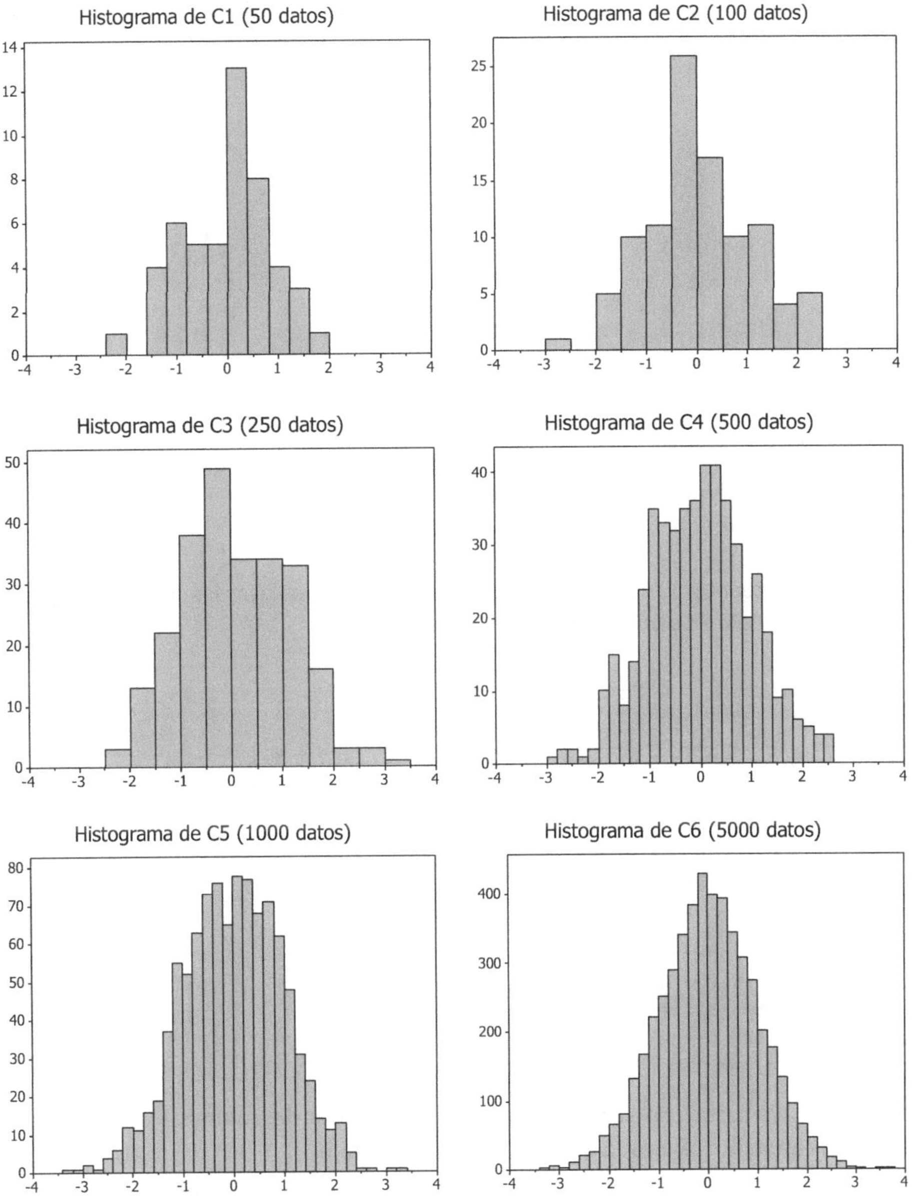

Histograma de C1 (50 datos)

Histograma de C2 (100 datos)

Histograma de C3 (250 datos)

Histograma de C4 (500 datos)

Histograma de C5 (1000 datos)

Histograma de C6 (5000 datos)

Ejemplo de resolución de un problema usando números aleatorios

Una de las operaciones que se realizan en el montaje de cierto mecanismo consiste en introducir el extremo de un eje en el orificio donde debe alojarse. Si el diámetro del orificio X se distribuye según N(3,00; 0,03) y el diámetro del eje Y según una N(2,98; 0,04). ¿Qué porcentaje de estas operaciones no se podrán realizar por ser más grueso el eje que el orificio?

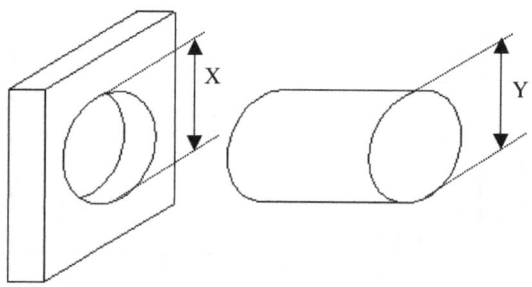

Generamos 10.000 valores de una N(3,00; 0,03) en la columna C1 y otros 10.000 de una N(2,98; 0,04) en C2, con lo que tendremos 10.000 parejas eje-orifico. Las parejas en las que C1 sea menor que C2 no se podrán montar.

Para saber en cuantos casos C1 es menor que C2 podemos usar las funciones lógicas del calculador: **Calc > Calculadora**

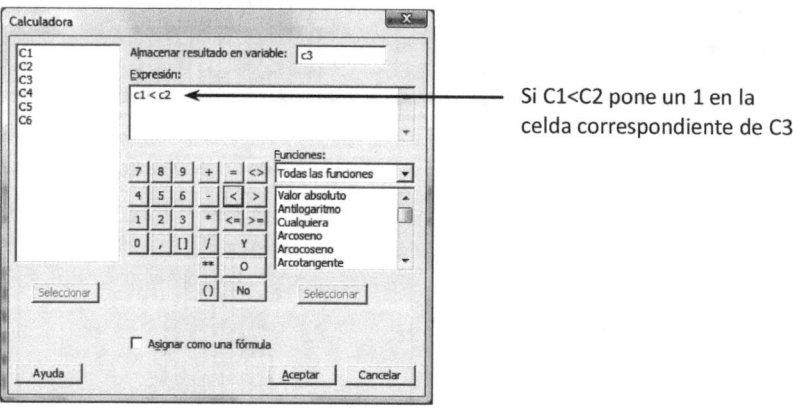

Si C1<C2 pone un 1 en la celda correspondiente de C3

A continuación basta con sumar C3 (**Calc > Estadísticas de columnas**) y dividir por 10.000. El resultado, calculado analíticamente, es 34,46 %.

8

Cálculo de probabilidades

Distribuciones de probabilidad

Calc > Distribuciones de probabilidad

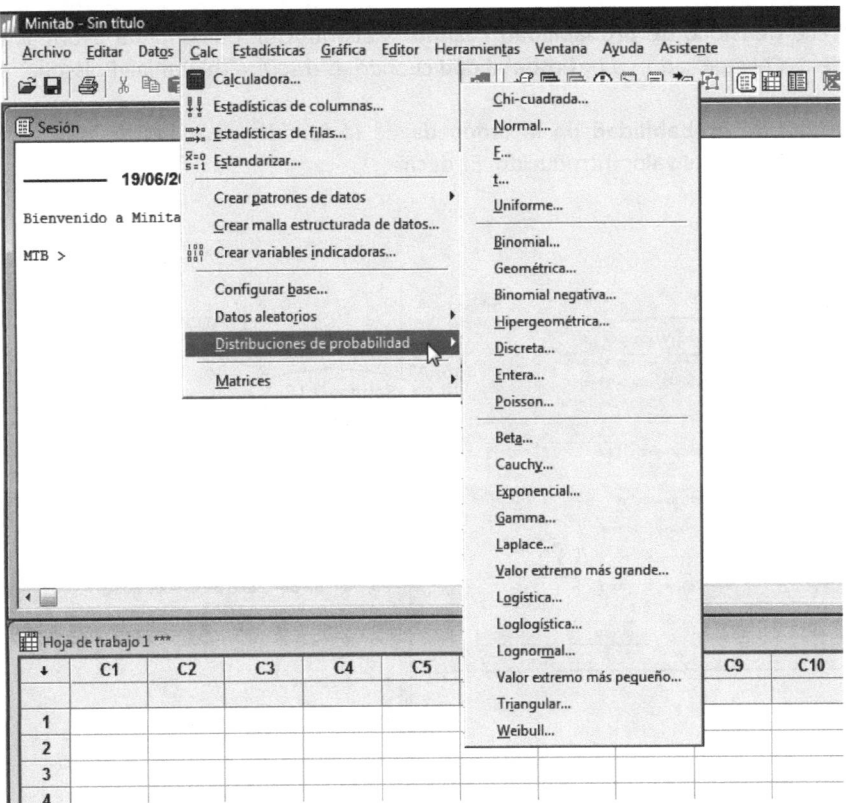

Además de otras posibilidades, esta opción permite determinar las probabilidades asociadas a las distribuciones disponibles.

Por ejemplo, si seleccionamos la distribución Normal, tenemos: **Calc > Distribuciones de probabilidad > Normal**

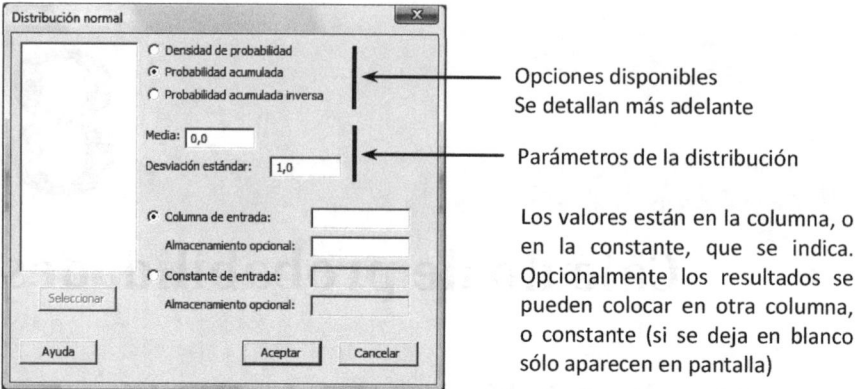

Opciones disponibles
Se detallan más adelante

Parámetros de la distribución

Los valores están en la columna, o en la constante, que se indica. Opcionalmente los resultados se pueden colocar en otra columna, o constante (si se deja en blanco sólo aparecen en pantalla)

Opción 'Densidad de probabilidad' o 'Probabilidad'

Aparece **Densidad de probabilidad** cuando la distribución es continua (Normal, t de Student, Chi cuadrado, ...) y **Probabilidad** cuando es discreta (binomial, Poisson, ...).

Densidad de probabilidad da la ordenada de la función densidad de probabilidad correspondiente al valor introducido. Es decir:

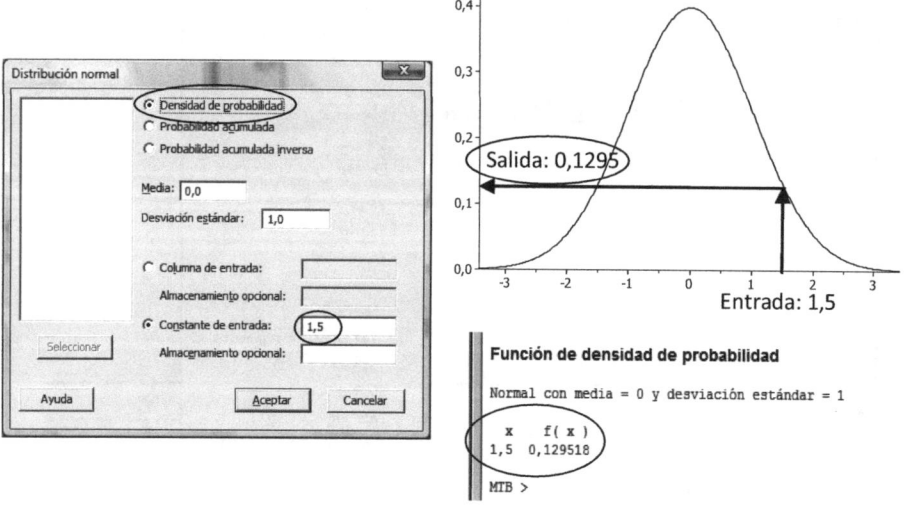

Probabilidad es la opción que aparece cuando la distribución es discreta, y da la probabilidad de obtener un valor igual al introducido.

Opción 'Probabilidad acumulada'

Da la probabilidad de tener un valor menor o igual al introducido. Ejemplo:

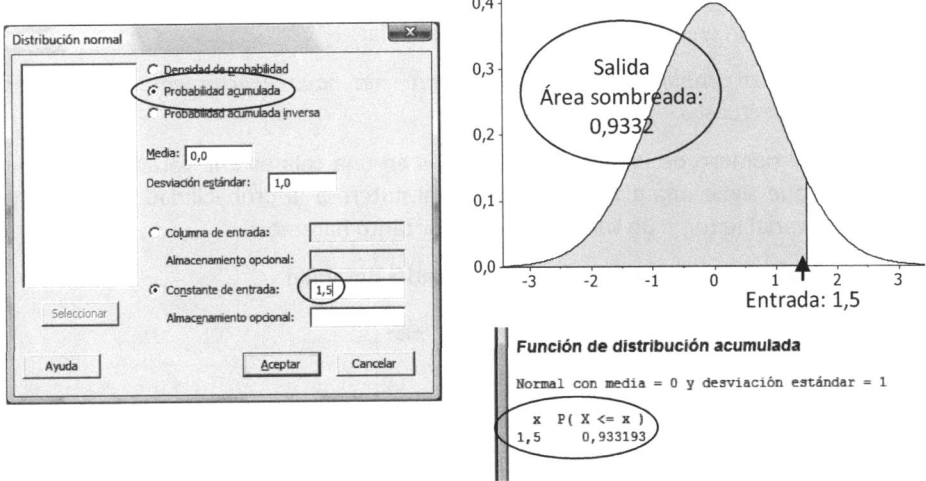

Opción 'Probabilidad acumulada inversa'

Al revés de la opción anterior. Se entra la probabilidad y da el valor de la variable a que corresponde esa probabilidad acumulada:

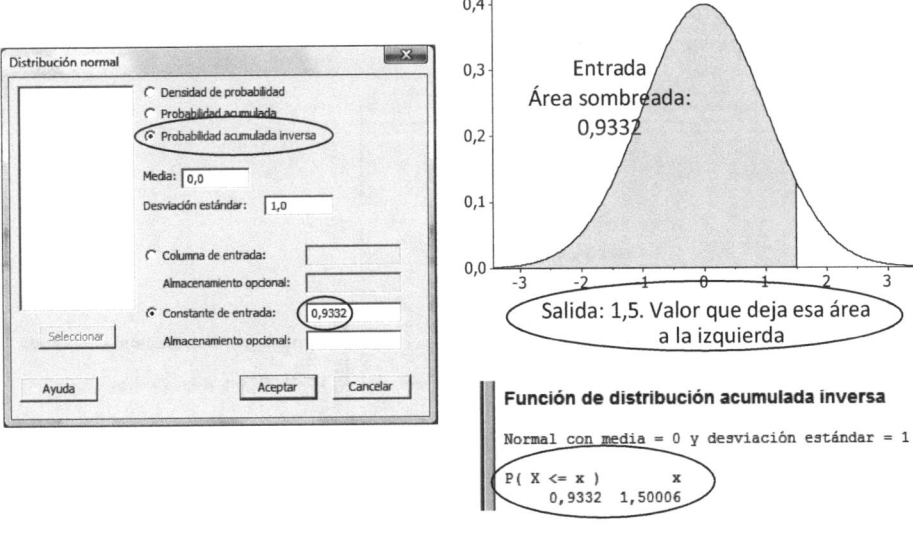

Vigile no confundirse utilizando la opción **Densidad de probabilidad** para calcular probabilidades en una distribución continua.

Ejemplo 8.1: Una máquina produce un 5% de piezas defectuosas. Si se colocan en cajas de 100 unidades, calcular:

a) *La probabilidad de que en una caja haya exactamente 3 unidades defectuosas.*

El número de unidades defectuosas en una caja es una variable aleatoria que sigue una distribución binomial. Interesa la probabilidad de que esta variable tome un valor concreto, por tanto haremos:

Calc > Distribuciones de probabilidad > Binomial

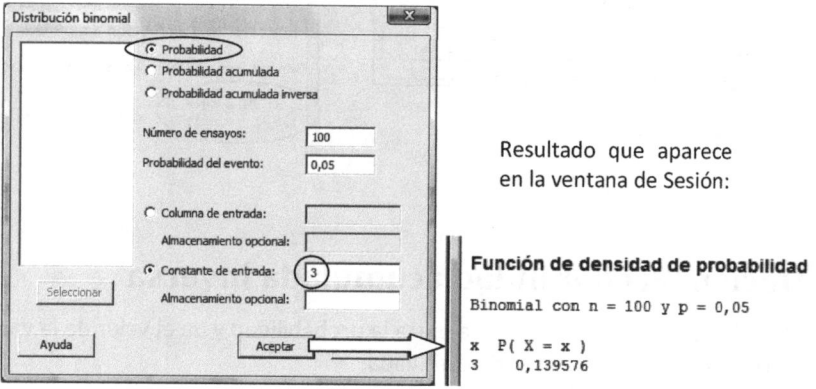

Resultado que aparece en la ventana de Sesión:

Función de densidad de probabilidad

Binomial con n = 100 y p = 0,05

x   P(X = x)
3   0,139576

b) *La probabilidad de que en una caja haya menos de 3 unidades defectuosas.*

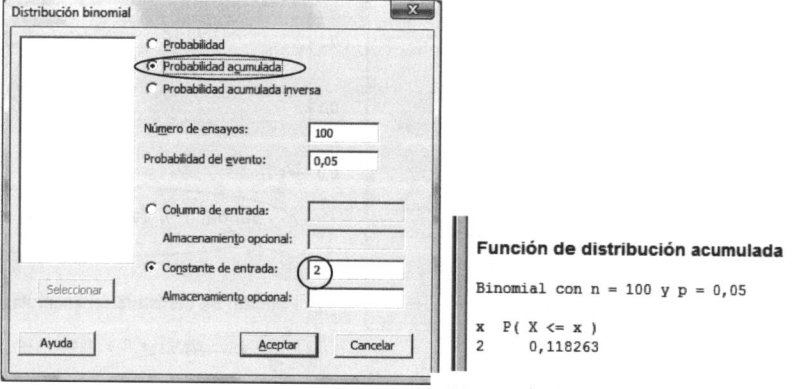

Función de distribución acumulada

Binomial con n = 100 y p = 0,05

x   P(X <= x)
2   0,118263

Menos de 3 = 2 o menos

Ejemplo 8.2: Un proceso de envasado llena los recipientes con un peso que se distribuye según una Normal con una media de 975 g y una desviación estándar de 10 g. Calcular:

a) *La probabilidad de que un recipiente contenga menos de 960 g.*

Calc > Distribuciones de probabilidad > Normal

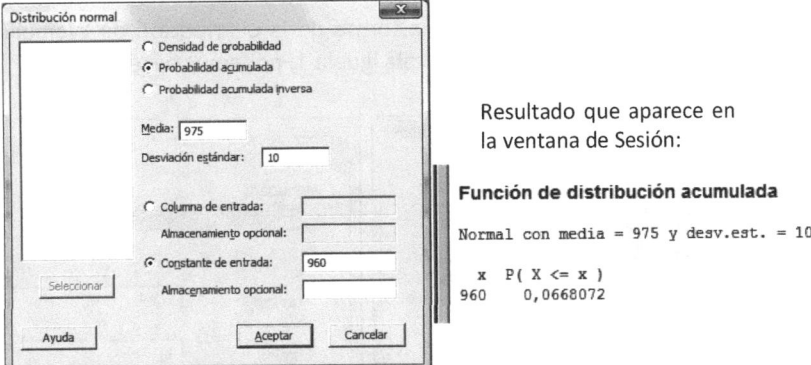

b) *La probabilidad de que contenga entre 960 y 1040 g*

De forma idéntica a la anterior se calcula la probabilidad de tener valores por debajo de 1040 g (solo hay que sustituir 960 por 1040). El valor que se obtiene es 1,00000 (a efectos prácticos, todos los paquetes tienen un peso por debajo de 1040 g).:

Función de distribución acumulada

```
Normal con media = 975 y desviación estándar = 10

   x   P( X <= x )
1040     1,00000
```

La probabilidad de tener paquetes entre 960 y 1040 será: 1,00 − 0,07 = 0,93

c) *¿Qué peso será superado por el 5% de los paquetes?*

Es lo mismo que determinar que peso dejará por debajo el 95%, es decir:

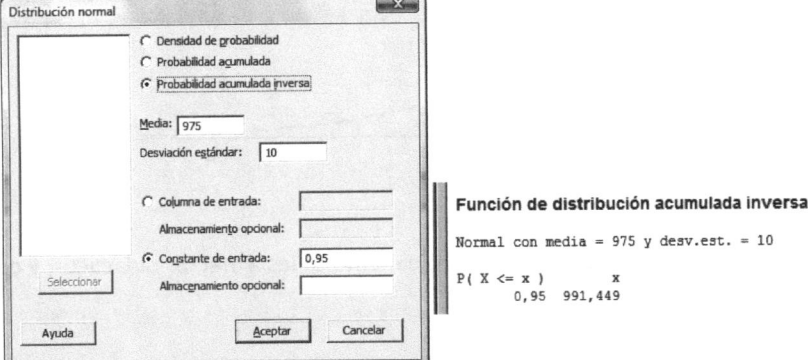

Ver la forma de las distribuciones

La forma que presentan las distribuciones de probabilidad puede representarse fácilmente mediante la opción:

Gráfica > Gráfica de distribución de probabilidad

Por ejemplo, para ver cómo varía la forma de la distribución de Weibull al variar el factor de forma, con un factor de escala iguala 1, podemos hacer:

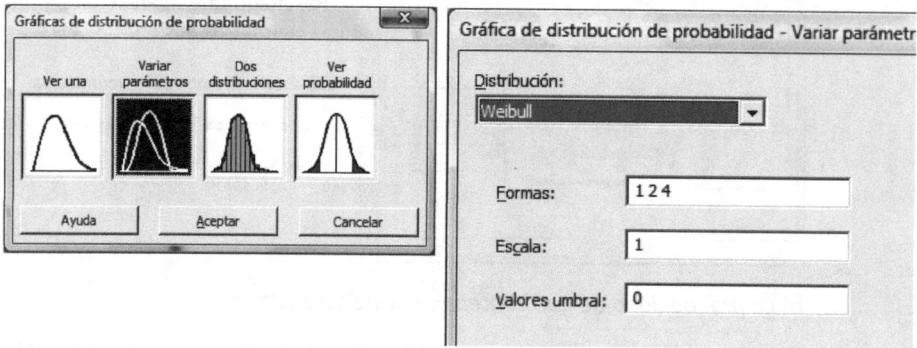

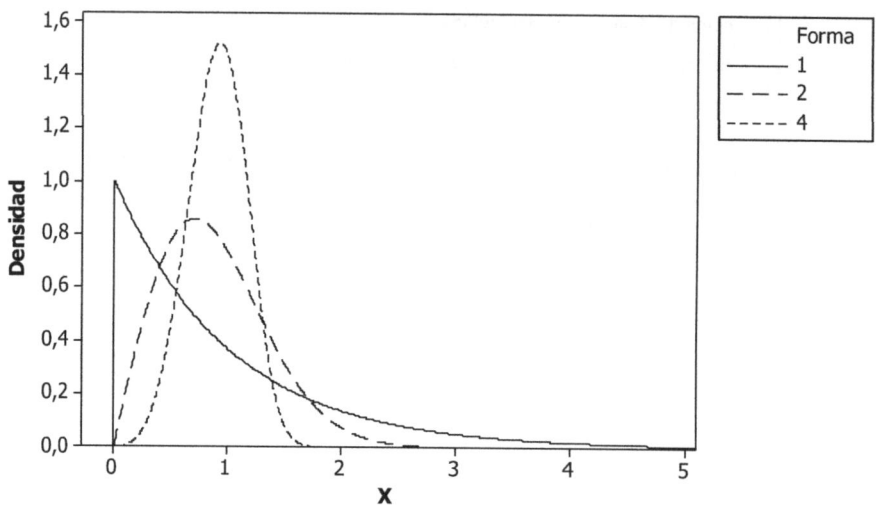

Existen muchas posibilidades, especialmente útiles a efectos didácticos, y que el lector puede explorar fácilmente.

Equivalencia Sigmas del proceso – partes por millón de defectos con *'Probabilidad acumulada'*

Se dice que un proceso es "Seis Sigma" cuando la distancia entre el valor nominal y las tolerancias del 'output' que produce es igual a 6 veces la desviación tipo con que dicho output es producido. Análogamente un proceso es Cinco Sigma cuando las tolerancias están a 5 desviaciones tipo, etc.

Un proceso Seis Sigma será:

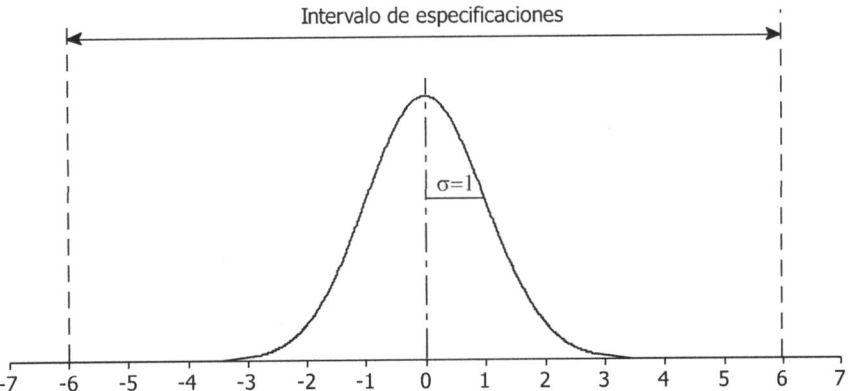

A sabiendas que el proceso no se va a mantener siempre centrado, se ha establecido que para calcular la proporción de defectos que se producen se considerará que se ha descentrado 1,5 desviaciones tipo. Es decir:

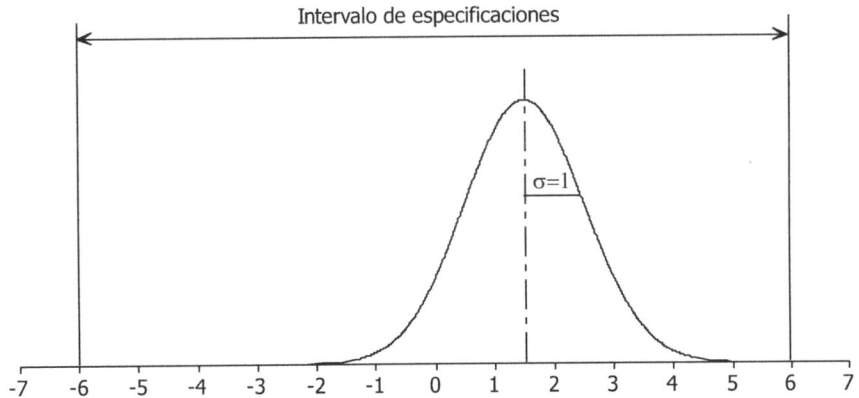

Para calcular la proporción de defectos en función de las sigmas del proceso, mantenemos σ=1 y vamos variando las tolerancias. Tolerancias ±6 equivaldrán a un proceso 6σ, ±5 a un proceso 5σ, etc.

↓	C1	C2	C3	C4	C5	C6
1	6,0	-6,0	0,9999966	0,0000034	0,0000000	0,0000034
2	5,9	-5,9	0,9999946	0,0000054	0,0000000	0,0000054
3	5,8	-5,8	0,9999915	0,0000085	0,0000000	0,0000085
4	5,7	-5,7	0,9999867	0,0000133	0,0000000	0,0000133
5	5,6	-5,6	0,9999793	0,0000207	0,0000000	0,0000207
6	5,5	-5,5	0,9999683	0,0000317	0,0000000	0,0000317
7	5,4	-5,4	0,9999519	0,0000481	0,0000000	0,0000481
8	5,3	-5,3	0,9999277	0,0000723	0,0000000	0,0000723
9	5,2	-5,2	0,9998922	0,0001078	0,0000000	0,0001078
10	5,1	-5,1	0,9998409	0,0001591	0,0000000	0,0001591
11	5,0	-5,0	0,9997674	0,0002326	0,0000000	0,0002326
12	4,9	-4,9	0,9996631	0,0003369	0,0000000	0,0003369
13	4,8	-4,8	0,9995166	0,0004834	0,0000000	0,0004834
14	4,7	-4,7	0,9993129	0,0006871	0,0000000	0,0006871
15	4,6	-4,6	0,9990324	0,0009676	0,0000000	0,0009676
16	4,5	-4,5	0,9986501	0,0013499	0,0000000	0,0013499
17	4,4	-4,4	0,9981342	0,0018658	0,0000000	0,0018658
18	4,3	-4,3	0,9974449	0,0025551	0,0000000	0,0025551
19	4,2	-4,2	0,9965330	0,0034670	0,0000000	0,0034670
20	4,1	-4,1	0,9953388	0,0046612	0,0000000	0,0046612
21	4,0	-4,0	0,9937903	0,0062097	0,0000000	0,0062097
22	3,9	-3,9	0,9918025	0,0081975	0,0000000	0,0081976
23	3,8	-3,8	0,9892759	0,0107241	0,0000001	0,0107242
24	3,7	-3,7	0,9860966	0,0139034	0,0000001	0,0139035
25	3,6	-3,6	0,9821356	0,0178644	0,0000002	0,0178646
26	3,5	-3,5	0,9772499	0,0227501	0,0000003	0,0227504
27	3,4	-3,4	0,9712834	0,0287166	0,0000005	0,0287170
28	3,3	-3,3	0,9640697	0,0359303	0,0000008	0,0359311
29	3,2	-3,2	0,9554345	0,0445655	0,0000013	0,0445668
30	3,1	-3,1	0,9452007	0,0547993	0,0000021	0,0548014
31	3,0	-3,0	0,9331928	0,0668072	0,0000034	0,0668106
32	2,9	-2,9	0,9192433	0,0807567	0,0000054	0,0807621
33	2,8	-2,8	0,9031995	0,0968005	0,0000085	0,0968090
34	2,7	-2,7	0,8849303	0,1150697	0,0000133	0,1150830
35	2,6	-2,6	0,8643339	0,1356661	0,0000207	0,1356867
36	2,5	-2,5	0,8413447	0,1586553	0,0000317	0,1586869
37	2,4	-2,4	0,8159399	0,1840601	0,0000481	0,1841082
38	2,3	-2,3	0,7881446	0,2118554	0,0000723	0,2119277
39	2,2	-2,2	0,7580363	0,2419637	0,0001078	0,2420715
40	2,1	-2,1	0,7257469	0,2742531	0,0001591	0,2744122
41	2,0	-2,0	0,6914625	0,3085375	0,0002326	0,3087702
42	1,9	-1,9	0,6554217	0,3445783	0,0003369	0,3449152
43	1,8	-1,8	0,6179114	0,3820886	0,0004834	0,3825720
44	1,7	-1,7	0,5792597	0,4207403	0,0006871	0,4214274
45	1,6	-1,6	0,5398278	0,4601722	0,0009676	0,4611398
46	1,5	-1,5	0,5000000	0,5000000	0,0013499	0,5013499
47	1,4	-1,4	0,4601722	0,5398278	0,0018658	0,5416937
48	1,3	-1,3	0,4207403	0,5792597	0,0025551	0,5818148
49	1,2	-1,2	0,3820886	0,6179114	0,0034670	0,6213784
50	1,1	-1,1	0,3445783	0,6554217	0,0046612	0,6600829
51	1,0	-1,0	0,3085375	0,6914625	0,0062097	0,6976721

Columnas C1 y C2:
Límites de las especificaciones

Calc > Crear patrones de datos

Columna C3:
Proporción hasta el valor indicado en C1
Calc > Distribuciones de probabilidad > Normal: Media: 1,5. **Desviación estándar**: 1. **Columna de entrada**: C1. **Almacenamiento opcional**: C3

Columna C4:
Proporción a partir del valor indicado en C1
(fuera de tolerancias por exceso)
Calc > Calculadora. Almacenar Resultado en C4. Expresión: 1-C3

Columna C5:
Proporción hasta el valor indicado en C2. (fuera de tolerancias por defecto)
Calc > Distribuciones de probabilidad > Normal. Media: 1,5. **Desviación estándar**: 1. **Columna de entrada**: C2. **Almacenamiento opcional**: C5

Nota: En algunas tablas se olvida esta parte porque su valor es despreciable cuando el número de sigmas es alto

Columna C6:
Suma de la proporción por exceso y por defecto (con la calculadora) C6 = C4 + C5

Se ha cambiado el número de decimales que aparecen por defecto en las columnas C3 a C6: Resaltar las columnas. **Editor > Formato de columna > Numérico...**

En C6 se tiene la proporción de defectos. Para pasar a ppm hay que multiplicar estos valores por 1.000.000. Por ejemplo, un proceso 3,5σ produce 22.750 ppm.

9

Contraste de hipótesis.
Test de Normalidad

Contraste de hipótesis para una media

Caso 1: Se conoce la desviación estándar de la población

Estadísticas > Estadística Básica > Z de 1 Muestra

Ejemplo 9.1: Una línea de llenado de paquetes de detergente debe introducir 4 kg en cada paquete. Se toma una muestra de los pesos de 20 paquetes obteniendo los valores (en gramos):

| 4035 | 3974 | 3949 | 4009 | 3969 | 3970 | 3955 | 4034 | 3969 | 3991 |
| 3928 | 4024 | 4017 | 3983 | 3979 | 3997 | 3984 | 3964 | 3995 | 3988 |

Se sabe por los datos históricos que la desviación tipo de los pesos es de 25 g. ¿Puede decirse que el proceso está descentrado (está llenando los paquetes con un peso medio distinto de 4 kg)?

Entramos los valores en la columna C1 y le llamamos 'Pesos'. Hacemos **Estadísticas > Estadística Básica > Z de 1 Muestra**:

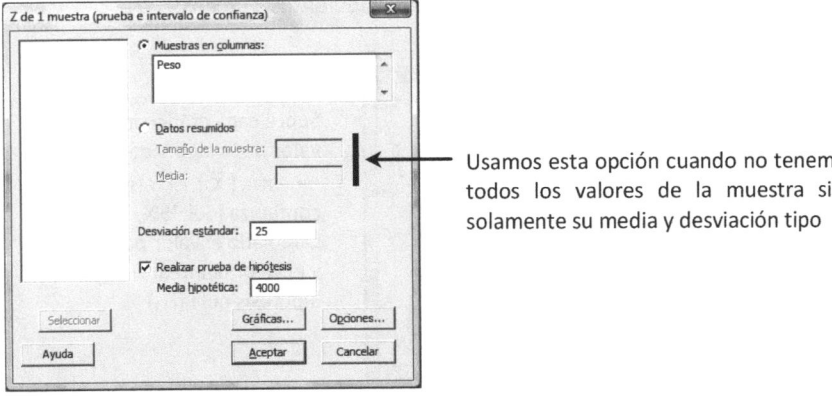

Usamos esta opción cuando no tenemos todos los valores de la muestra sino solamente su media y desviación tipo

Manteniendo todas las opciones por defecto se tiene:

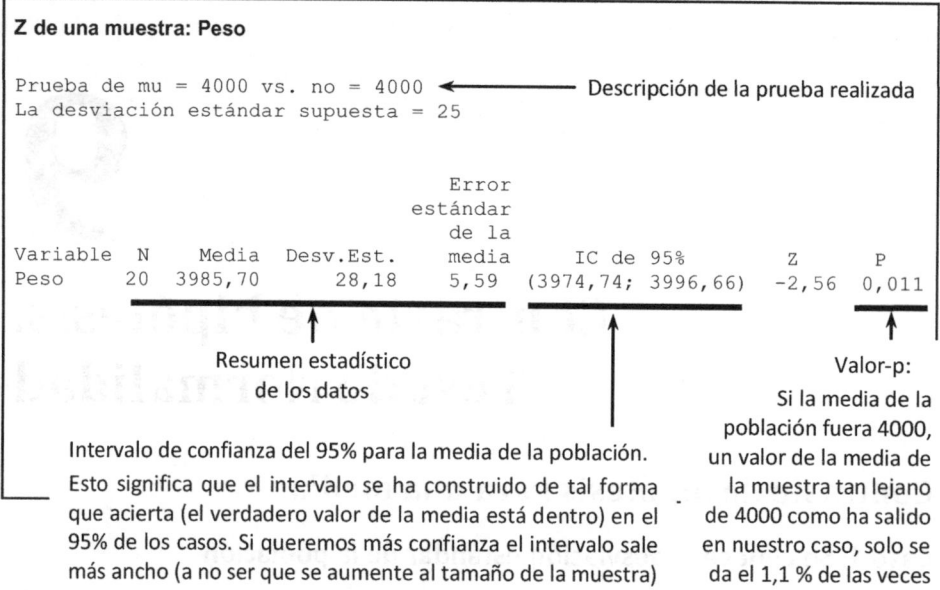

Z de una muestra: Peso

```
Prueba de mu = 4000 vs. no = 4000  ←──────── Descripción de la prueba realizada
La desviación estándar supuesta = 25
```

				Error estándar de la			
Variable	N	Media	Desv.Est.	media	IC de 95%	Z	P
Peso	20	3985,70	28,18	5,59	(3974,74; 3996,66)	-2,56	0,011

Resumen estadístico de los datos

Valor-p: Si la media de la población fuera 4000, un valor de la media de la muestra tan lejano de 4000 como ha salido en nuestro caso, solo se da el 1,1 % de las veces

Intervalo de confianza del 95% para la media de la población. Esto significa que el intervalo se ha construido de tal forma que acierta (el verdadero valor de la media está dentro) en el 95% de los casos. Si queremos más confianza el intervalo sale más ancho (a no ser que se aumente al tamaño de la muestra)

Las opciones son:

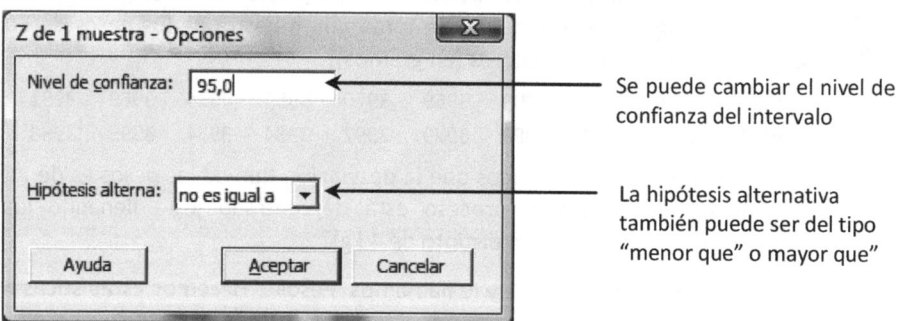

Se puede cambiar el nivel de confianza del intervalo

La hipótesis alternativa también puede ser del tipo "menor que" o mayor que"

El botón **Gráficas** permite seleccionar alguno de los siguientes gráficos:

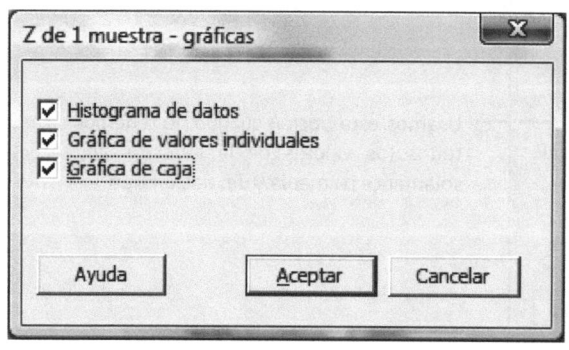

Sobre cada gráfico indica el valor de la media de la muestra ($\overline{x}$), el intervalo de confianza (del 95%, si no se ha cambiado el valor por defecto) y el valor planteado como hipótesis nula (H_0)

Histograma de Peso
(con Ho e intervalo de confianza Z de 95% para la media y Desv.Est. = 25)

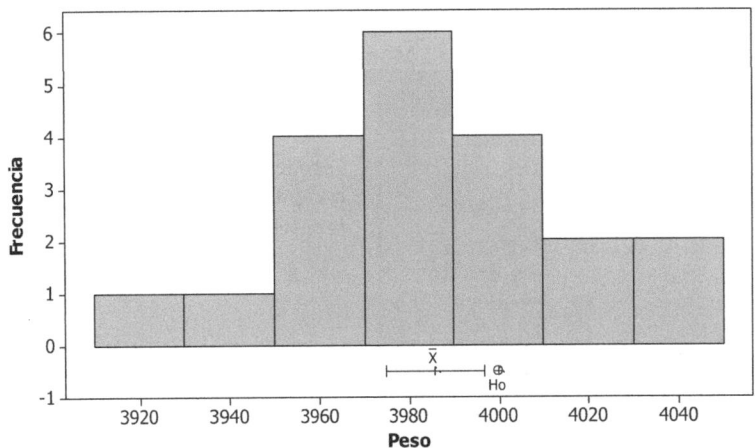

Gráfica de valores individuales de Peso
(con Ho e intervalo de confianza Z de 95% para la media y Desv.Est. = 25)

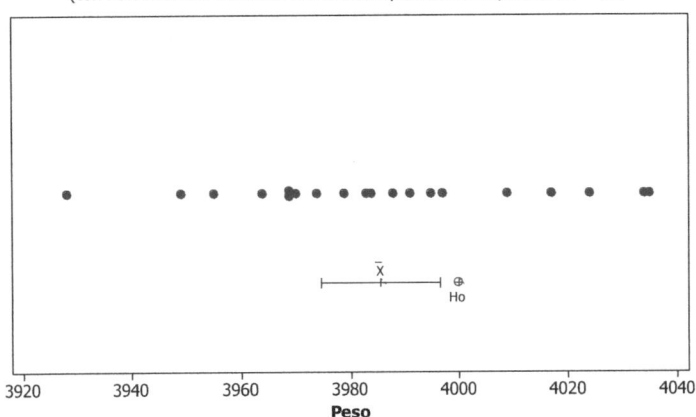

Gráfica de caja de Peso
(con Ho e intervalo de confianza Z de 95% para la media y Desv.Est. = 25)

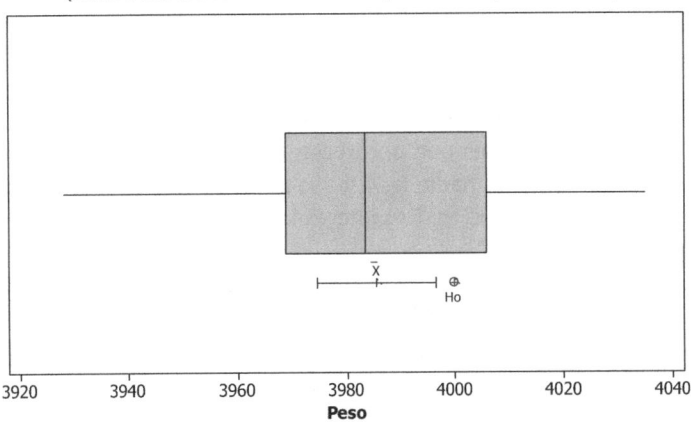

Caso 2: No se conoce la desviación estándar de la población (se estima a partir de la propia muestra)

Estadísticas > Estadística básica > t de 1 Muestra

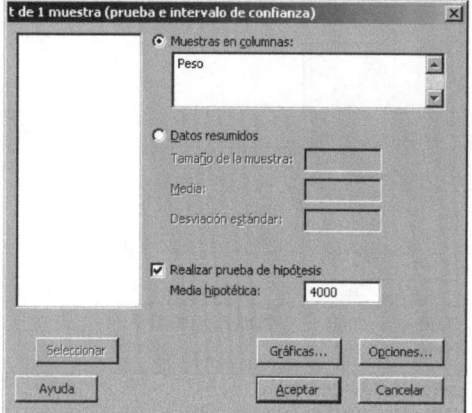

Es todo igual que en el caso anterior, excepto que no pregunta el valor de la desviación tipo

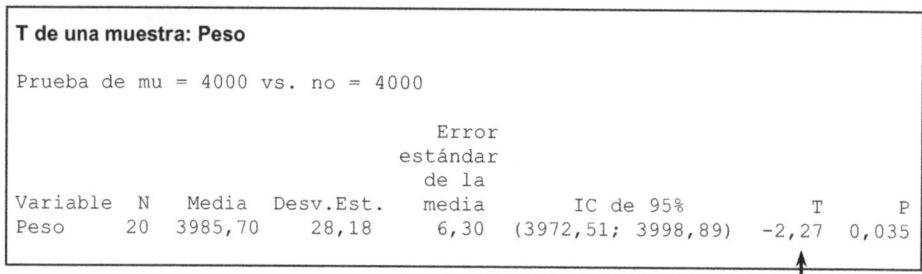

T de una muestra: Peso

```
Prueba de mu = 4000 vs. no = 4000

                                    Error
                                 estándar
                                   de la
Variable   N   Media   Desv.Est.   media       IC de 95%          T       P
Peso      20  3985,70     28,18     6,30   (3972,51; 3998,89)  -2,27   0,035
```

La distribución de referencia es, en este caso, la t de Student

Contraste de hipótesis e intervalo de confianza para una proporción

Estadísticas > Estadística básica > 1 Proporción

Ejemplo 9.2: Cierto producto de electrónica de consumo dispone de un tipo de prestaciones que encarecen el producto y sin embargo se piensa que prácticamente nadie las usa. Se realiza una encuesta a 200 usuarios y 17 usan esta prestación. Nos interesa:

1. Calcular un intervalo de confianza del 95% para la proporción de usuarios que usan la prestación.

2. ¿Confirman estos datos la sospecha de que utilizan esta prestación menos del 10 % de los usuarios?

No hace falta introducir valores en la hoja de datos. Vamos a **Estadísticas > Estadística básica > 1 Proporción:**

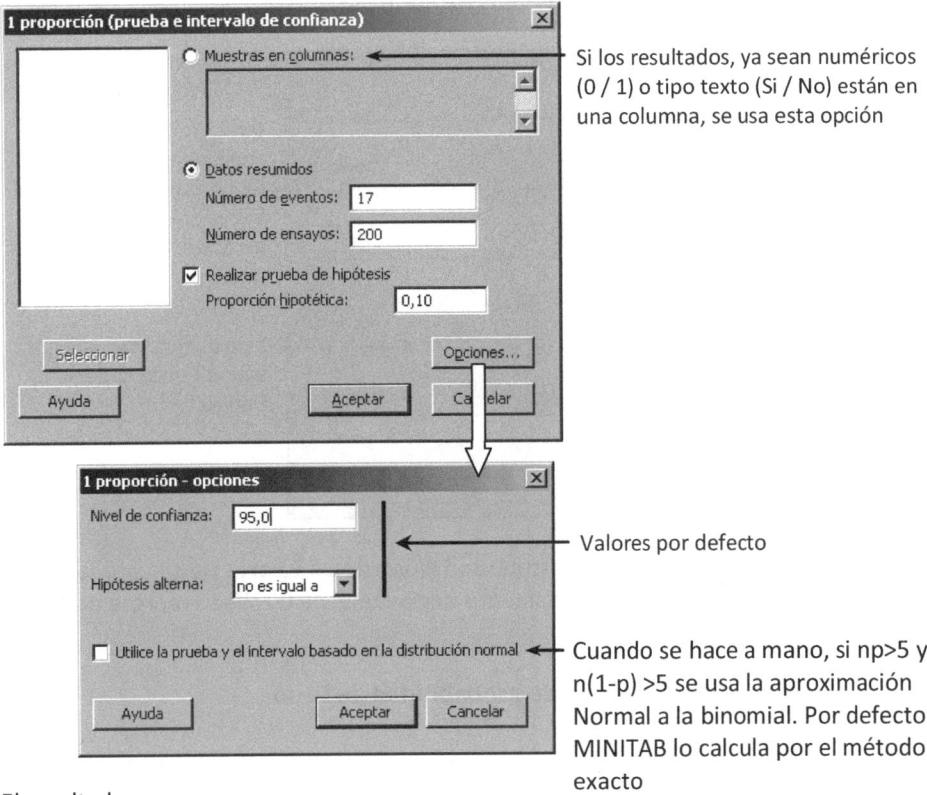

Si los resultados, ya sean numéricos (0 / 1) o tipo texto (Si / No) están en una columna, se usa esta opción

Valores por defecto

Cuando se hace a mano, si np>5 y n(1-p) >5 se usa la aproximación Normal a la binomial. Por defecto MINITAB lo calcula por el método exacto

El resultado es:

Prueba e IC para una proporción

```
Prueba de p = 0,1 vs. p no = 0,1
                                          Valor P
Muestra    X    N   Muestra p       IC de 95%        exacto
1         17  200   0,085000  (0,050296; 0,132605)   0,487
```

Pero tal como se ha planteado la pregunta, como hipótesis alternativa debemos poner "Menor que", obteniendo:

Prueba e IC para una proporción

```
Prueba de p = 0,1 vs. p < 0,1
                                 Límite    Valor P
Muestra    X    N   Muestra p  superior 95%  exacto
1         17  200   0,085000     0,124771    0,285
```

Los datos disponibles no permiten asegurar que el porcentaje de usuarios que utilizan la prestación considerada es menor del 10 % ya que el valor-p es elevado (claramente superior a un 5%).

Test de Normalidad

Estadísticas > Estadística básica > Prueba de normalidad

Aplicado a los datos de pesos de paquetes de detergente vistos anteriormente:

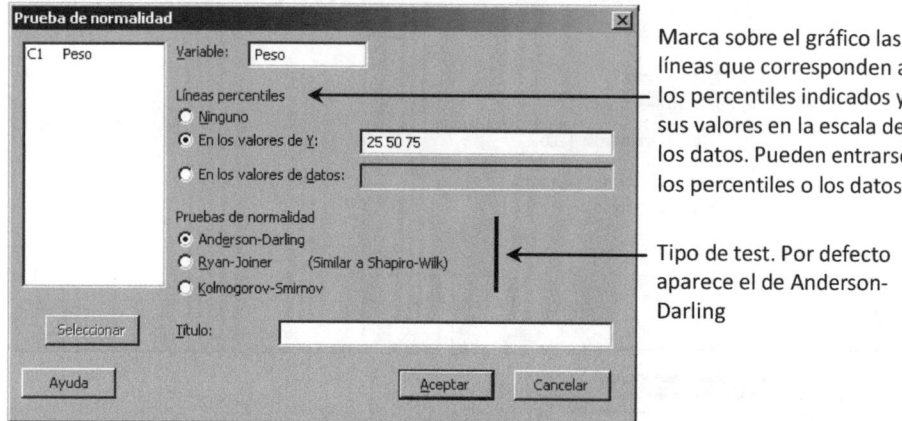

Marca sobre el gráfico las líneas que corresponden a los percentiles indicados y sus valores en la escala de los datos. Pueden entrarse los percentiles o los datos

Tipo de test. Por defecto aparece el de Anderson-Darling

Si los valores pertenecen a una distribución Normal, los valores de sus proporciones acumuladas se alinean aproximadamente según una recta al ser representadas en papel probabilístico Normal.

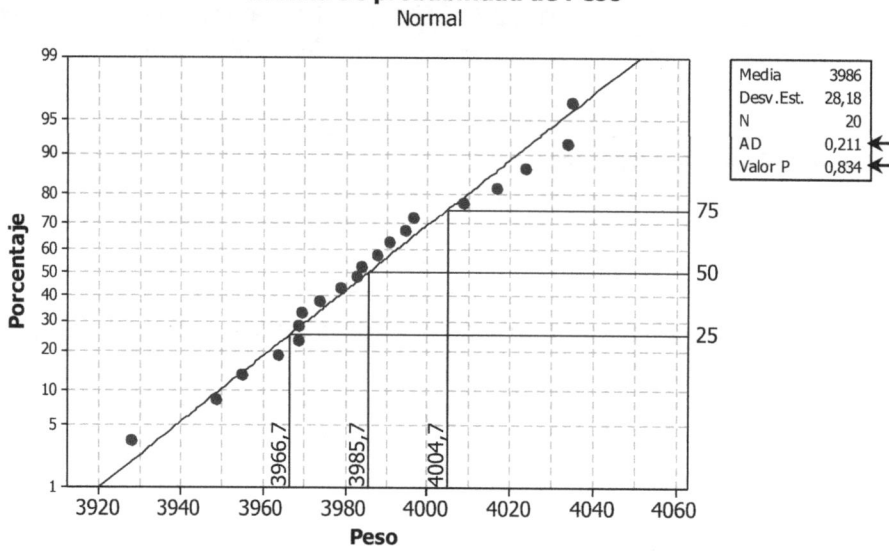

AD: El estadístico de Anderson-Darling (AD) está en función de las distancias entre los puntos y la recta. Mayor discrepancia entre puntos y recta equivale a mayor valor de AD

Valor P: Si los valores pertenecen a una Normal, una discrepancia entre recta y puntos (medida a través de AD) tan grande como la observada o mayor, se da el 83,4 % de las veces

Otra forma de hacerlo es a través de:

Gráfica > Gráfica de probabilidad: Simple

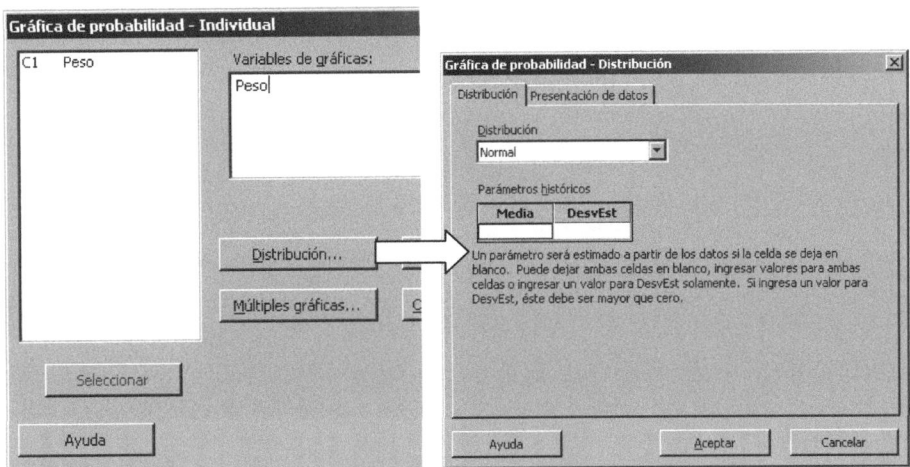

También se puede ajustar a otras distribuciones. Pide los parámetros según sea la distribución elegida. La entrada de estos parámetros es opcional.

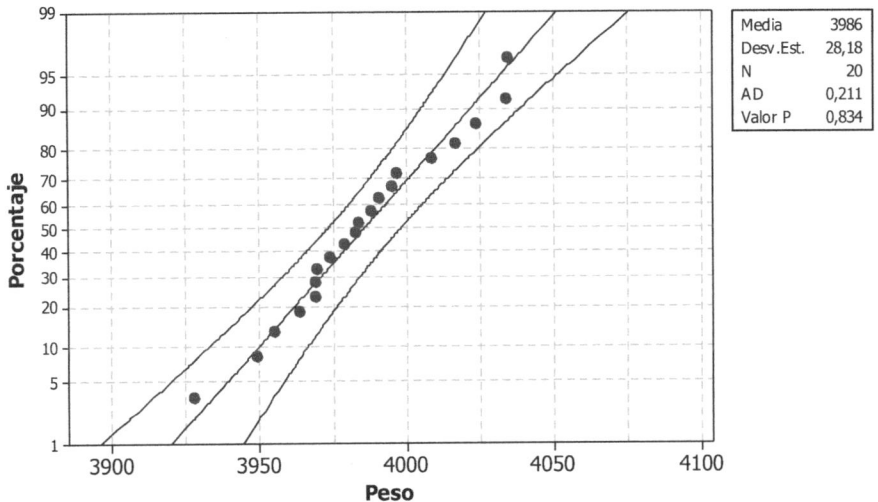

Si los puntos están dentro de las bandas se puede considerar que los valores siguen la distribución con una confianza del 95%. Este nivel de confianza se puede cambiar en la pestaña **Presentación de datos**, opción que se encuentra junto a **Distribución**.

 Si se tienen muy pocos datos (= poca información) casi nunca se puede rechazar la hipótesis de que estos datos pertenecen a una determinada distribución, independientemente de cual sea esta.

10

Comparación de dos medias, dos varianzas o dos proporciones

Comparación de 2 medias

Caso 1: Muestras independientes

Estadísticas > Estadística Básica > t de 2 muestras

 Ejemplo 10.1: En Prat et al. "Métodos Estadísticos. Control y mejora de la calidad" (Ediciones UPC, 2004) se presenta un caso de comparación de 2 productos (A y B) que se usan en los procesos de curtido de pieles. 10 porciones son curtidas utilizando el producto A, y otras 10 con el B. Terminado todo el proceso se mide la resistencia a la tracción de cada porción, obteniéndose los siguientes valores (en unidades del aparato de medida):

Curtido usando A: 24,3   25,6   26,7   22,7   24,8   23,8   25,9   26,4   25,8   25,4
Curtido usando B: 24,4   21,5   25,1   22,8   25,2   23,5   22,2   23,5   23,3   24,7

La pregunta que nos planteamos es: ¿puede decirse que los 2 productos dan resultados distintos en lo que respecta a la resistencia a la tracción?

Colocamos los valores de A en C1 y los de B en C2. A continuación vamos a:

Estadísticas > Estadística Básica > t de 2 muestras

Según como se tengan los datos, se debe elegir una de las tres opciones disponibles:

- **Muestras en una columna:** Se usa cuando todos los valores están en una sola columna (**Muestras**) y en otra (**Subíndices**) se indica a qué tratamiento corresponde cada valor (por ejemplo, colocando números 1 o 2).

- **Muestras en diferentes columnas**: Cuando los valores de cada muestra están en columnas diferentes. Este es nuestro caso, ya que hemos colocado los de A en C1 y los de B en C2.

- **Datos resumidos**: Opción para cuando no se tienen las muestras y solo se conoce su tamaño, media y desviación tipo.

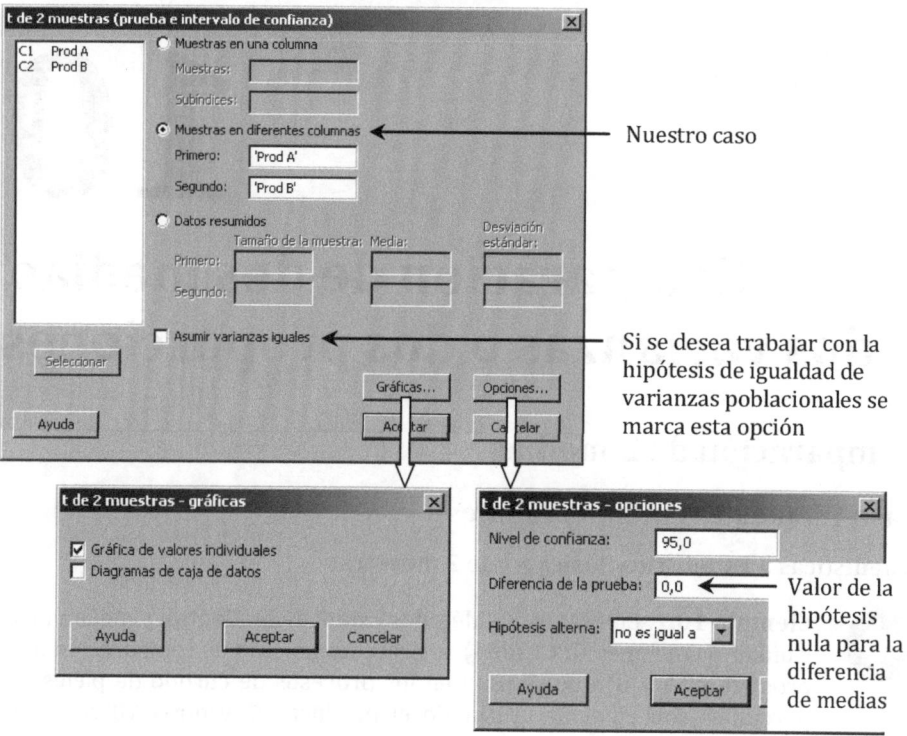

Nuestro caso

Si se desea trabajar con la hipótesis de igualdad de varianzas poblacionales se marca esta opción

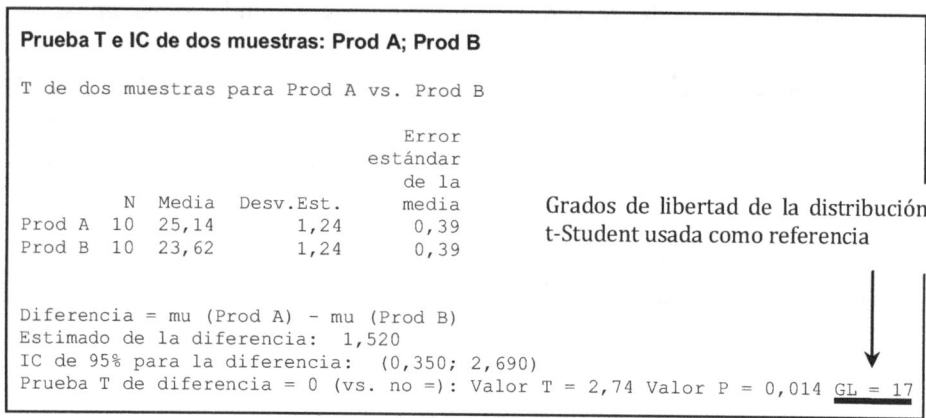

Valor de la hipótesis nula para la diferencia de medias

Prueba T e IC de dos muestras: Prod A; Prod B

```
T de dos muestras para Prod A vs. Prod B

                                  Error
                                estándar
                                  de la
            N   Media  Desv.Est.  media
Prod A     10   25,14     1,24     0,39
Prod B     10   23,62     1,24     0,39


Diferencia = mu (Prod A) - mu (Prod B)
Estimado de la diferencia:  1,520
IC de 95% para la diferencia:  (0,350; 2,690)
Prueba T de diferencia = 0 (vs. no =): Valor T = 2,74 Valor P = 0,014 GL = 17
```

Grados de libertad de la distribución t-Student usada como referencia

---

A título de ejemplo, si queremos saber de dónde sale el valor de los grados de libertad de la distribución t-Student usada como referencia (GL = 17) podemos ir a: **Ayuda > Ayuda > Índice >** Prueba t, t de 2 muestras**> véase también > Métodos y fórmulas > Tests statistics**.

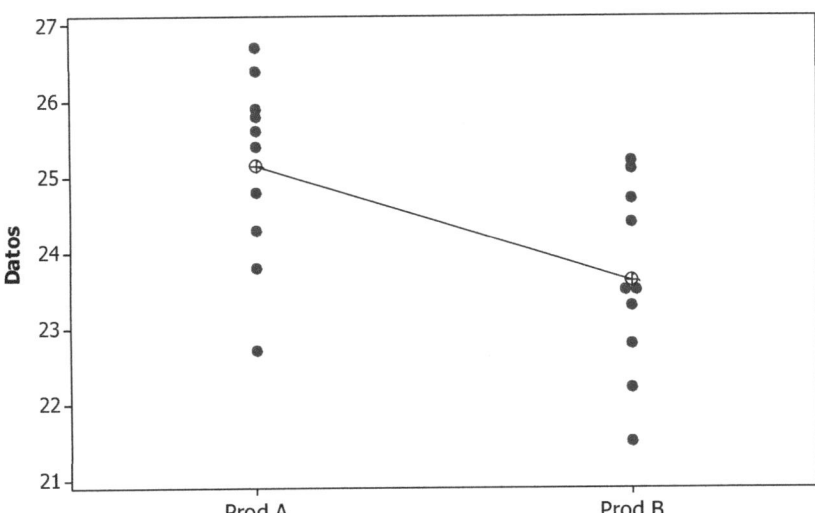

Gráfica de valores individuales de Prod A; Prod B

 Siempre hay que echar un vistazo a los datos a través de alguna representación gráfica adecuada para estar seguros de que no existen anomalías.

Caso 2: Datos apareados

Estadísticas > Estadística básica > t pareada

 Ejemplo 10.2: En Prat *et al.* (2004) se presenta un caso de comparación de 2 tratamientos superficiales para lentes. Se seleccionaron 10 individuos que usan gafas y se les colocó una lente tratada con una substancia A y la otra con B (la posición de cada lente, derecha o izquierda, se determinó al azar). Después de un periodo de uso se midió el deterioro (rayas, desgaste de la capa superficial, ...) de cada una de las lentes. Los datos obtenidos son:

Individuo:	1	2	3	4	5	6	7	8	9	10
Tratamiento A:	6.7	5.0	3.6	6.2	5.9	4.0	5.2	4.5	4.4	4.1
Tratamiento B:	6.9	5.8	4.1	7.0	7.0	4.6	5.5	5.0	4.3	4.8

¿Puede decirse que los 2 tratamientos producen distinto deterioro en las lentes?

Colocamos los valores de A y B en las columnas C1 y C2. **Estadísticas > Estadística básica > t pareada**.

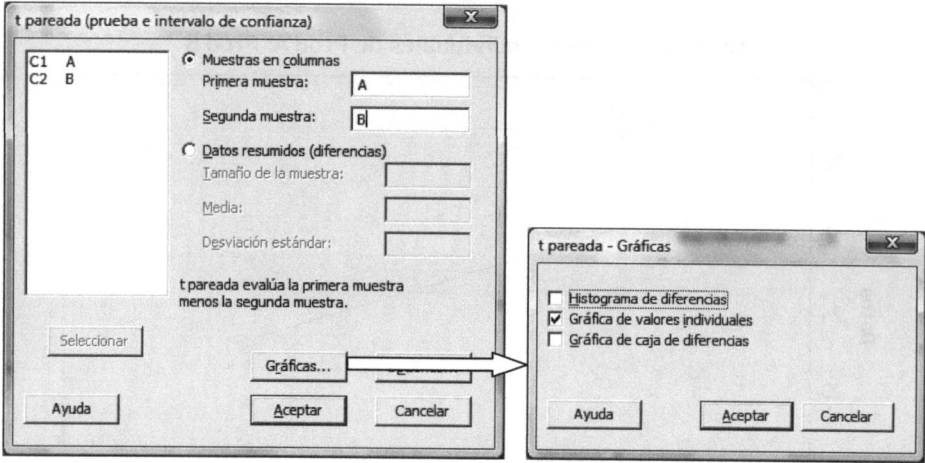

En **Opciones** aparece lo mismo que en el caso anterior. Con las opciones por defecto se tiene:

```
IC y Prueba T pareada: A; B

T pareada para A - B
                                           Error
                                         estándar
                                           de la
              N    Media    Desv.Est.     media
A            10    4,960      1,030        0,326
B            10    5,500      1,130        0,357
Diferencia   10   -0,540      0,344        0,109

IC de 95% para la diferencia media:: (-0,786; -0,294)
Prueba t de dif. media = 0 (vs. no=0): Valor T = -4,97   Valor P = 0,001
```

Gráfica de valores individuales de Diferencias
(con Ho e intervalo de confianza t de 95% para la media)

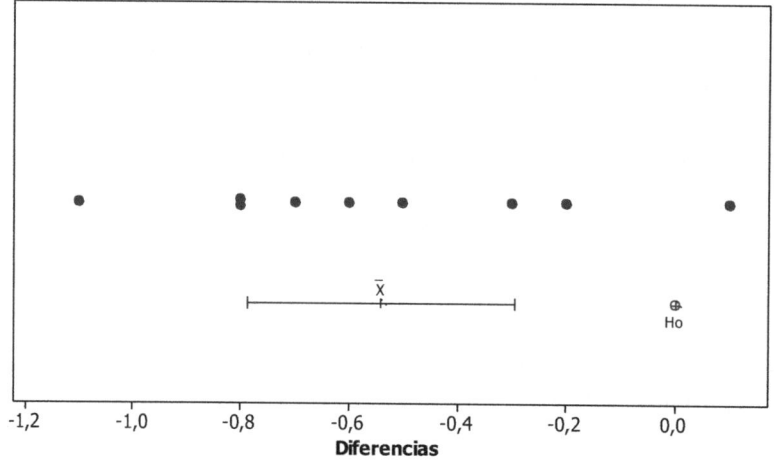

El Valor P de 0,001 aconseja rechazar la hipótesis de igualdad de medias. En el diagrama de puntos se indica la situación del valor de la hipótesis nula (diferencia = 0) y un intervalo de confianza (por defecto del 95%) para la diferencia de medias. El hecho de que el valor de la hipótesis nula no esté incluido en el intervalo de confianza indica que puede rechazarse con un valor-p menor al valor complementario del nivel de confianza. Si el nivel de confianza es del 95%, el Valor P será menor del 5%.

 Es imprescindible tener claro si los datos se han recogido de forma que se tienen muestras independientes (en este caso hay que usar la opción **t de 2 muestras**) o se tienen datos apareados (opción **t pareada**).

Comparación de 2 varianzas

Estadísticas > Estadística básica > 2 Varianzas

Lo aplicamos a los valores de la resistencia a la tracción del ejemplo 10.1, aunque las varianzas en este caso salen prácticamente iguales y ya podemos adelantar que el test no dirá que son distintas.

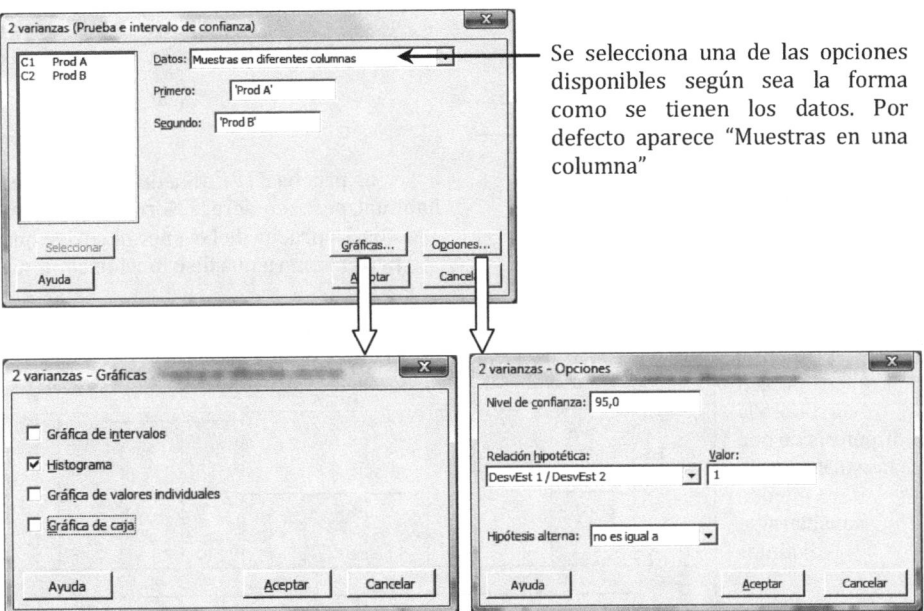

Se selecciona una de las opciones disponibles según sea la forma como se tienen los datos. Por defecto aparece "Muestras en una columna"

Por defecto están marcados todos los gráficos. La información que se obtiene es un poco redundante

Puede elegirse si se comparan varianzas o desviaciones estándar (esta última por defecto). A efectos prácticos no es relevante si se elige una opción u otra

Valor: Cociente de valores que se contrasta, 1 (valor por defecto) significa igualdad

```
Prueba e IC para dos varianzas: Prod A; Prod B

Método

Hipótesis nula          Sigma(Prod A)/Sigma(Prod B) = 1
Hipótesis alterna       Sigma(Prod A)/Sigma(Prod B) not =       Planteamiento
Nivel de significancia  Alfa = 0,05


Estadísticas

Variable    N   Desv.Est.   Varianza
Prod A      10    1,242       1,543
Prod B      10    1,237       1,531                    Estadística descriptiva

Relación de deviaciones estándar = 1,004
Relación de varianzas = 1,008


Intervalos de confianza de 95%
                                                    Intervalos de confianza:
                   IC para        IC para
Distribución     relación de    relación de           Si incluyen el 1 no puede
de los datos      Desv.Est.       varianza          rechazarse la hipótesis de igualdad
Normal          (0,500; 2,014)  (0,250; 4,058)          (con ese nivel de confianza)
Continuo        (0,369; 2,243)  (0,136; 5,030)


Pruebas

                                                    Estadística
Método                                 GL1   GL2    de prueba   Valor P
Prueba F (normal)                       9     9       1,01      0,991
Prueba de Levene (cualquiera continua)  1    18       0,00      0,955
```

Prueba:

La prueba F (F de Snedecor) es la más
habitual, pero requiere la Normalidad de los
datos. La prueba de Levene solo exige que
pertenezcan a una distribución continua

El análisis
gráfico también
corrobora la
hipótesis de que
las varianzas no
pueden
considerarse
distintas

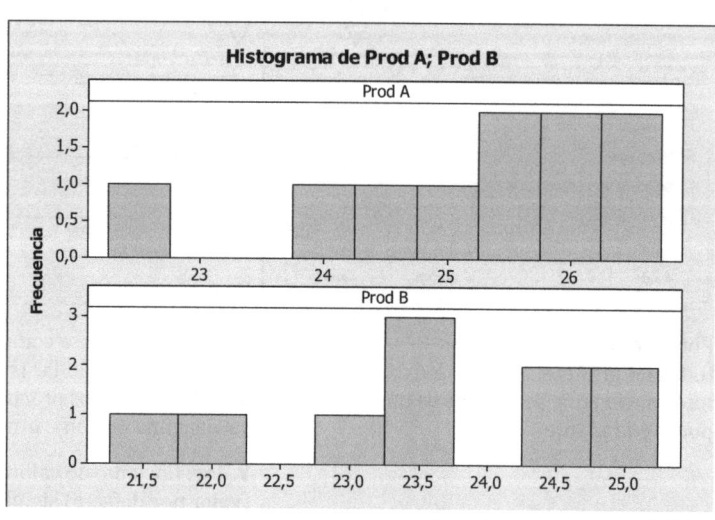

Histograma de Prod A; Prod B

Comparación de 2 proporciones

Estadísticas > Estadística básica > 2 Proporciones

 Ejemplo 10.3: Se ha realizado una encuesta a 300 clientes de la zona norte y ha resultado que 33 de ellos están descontentos con el servicio de la empresa. En la zona Sur la encuesta se ha realizado a 250 clientes y de ellos 22 se han mostrado descontentos. ¿Puede decirse que la proporción de clientes descontentos es distinta en las dos zonas?

No es necesario introducir valores en la hoja de datos. Se introducen directamente en el cuadro de diálogo.

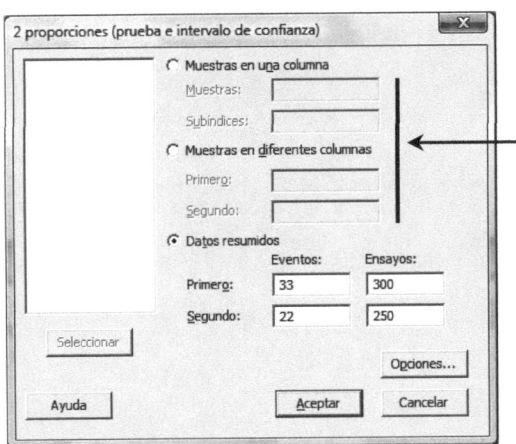

Se utilizan estas opciones cuando los datos se tienen como secuencias de "éxitos" y "fracasos" en una o dos columnas

```
Prueba e IC para dos proporciones

Muestra    X    N   Muestra p
1         33  300   0,110000
2         22  250   0,088000


Diferencia = p (1) - p (2)
Estimado de la diferencia:  0,022
IC de 95% para la diferencia:  (-0,0278678; 0,0718678)
Prueba para la diferencia = 0 vs. no = 0:  Z = 0,86  Valor P = 0,387

Prueba exacta de Fisher: Valor P = 0,476
```

Puede utilizarse cuando no se cumplen los requerimientos de la prueba habitual

Prueba habitual: Se utiliza la aproximación normal a la distribución Binomial, requiere que $pN>5$ y $(1-p)N>5$

En cualquier caso, como Valor P > 0,05 (frontera habitual) no se puede decir que las proporciones sean distintas.

11

Comparación de más de dos medias (análisis de la varianza)

ANOVA (del inglés *Analysis of Variance*)

Estadísticas > ANOVA

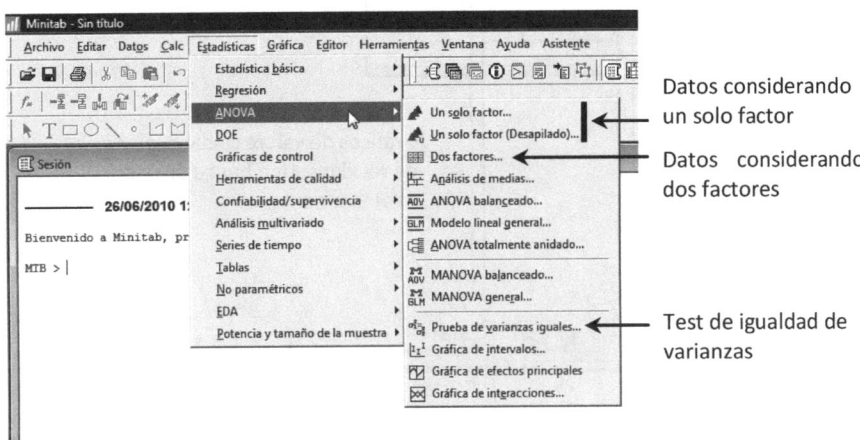

Datos considerando un solo factor

Datos considerando dos factores

Test de igualdad de varianzas

Datos considerando un solo factor

Ejemplo 11.1: Los técnicos de una industria papelera deciden realizar un experimento para ver que variedad de árbol produce un menor contenido de fenoles en los desechos de pasta de papel. Los datos representan, en porcentaje, la cantidad obtenida.

Árbol variedad	A	1,9	1,8	2,1	1,8		
Árbol variedad	B	1,6	1,1	1,3	1,4	1,1	
Árbol variedad	C	1,3	1,6	1,8	1,1	1,5	1,1

¿Hay alguna variedad que produzca más fenoles que las otras?

Se trata de un problema de comparación de las medias de 3 tratamientos, donde sólo se considera la influencia del factor 'Variedad de árbol'.

Si colocamos los datos de cada variedad en una columna distinta, tendremos que hacer:

Estadísticas > ANOVA > Un solo factor (Desapilado)

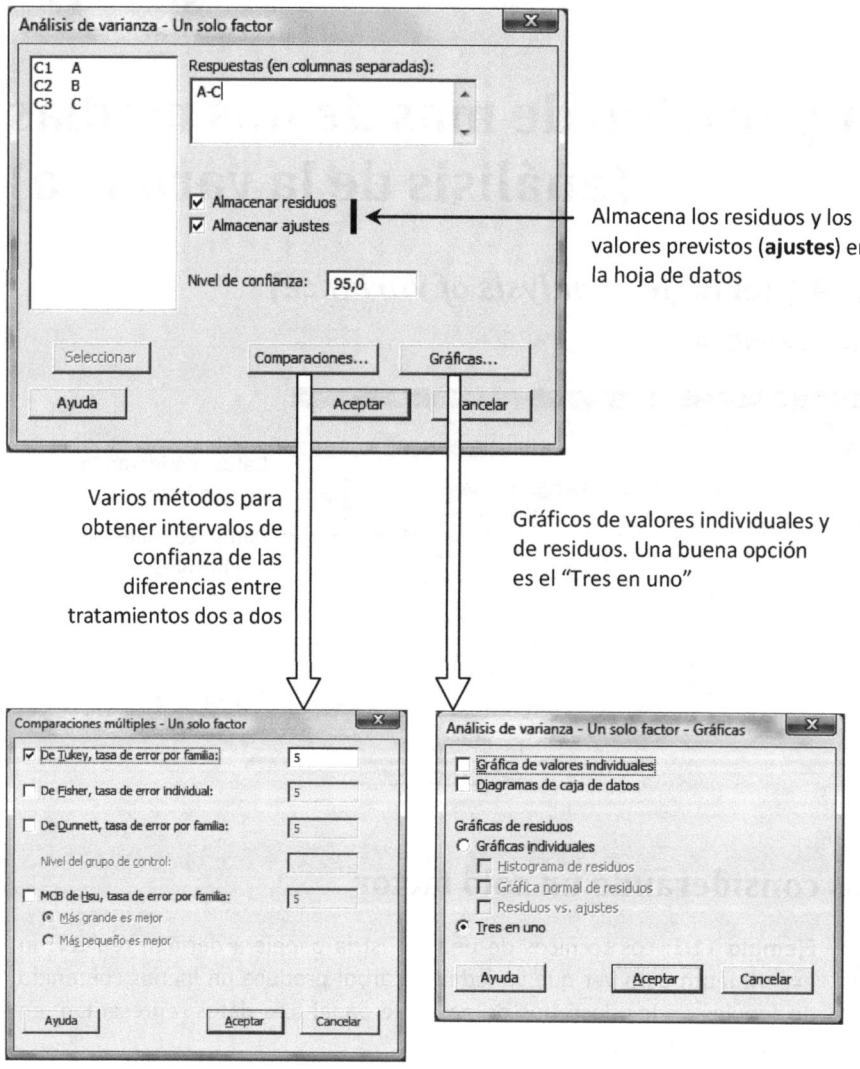

Almacena los residuos y los valores previstos (**ajustes**) en la hoja de datos

Varios métodos para obtener intervalos de confianza de las diferencias entre tratamientos dos a dos

Gráficos de valores individuales y de residuos. Una buena opción es el "Tres en uno"

Si los datos de las 3 variedades pertenecieran a una misma distribución Normal, una diferencia en sus medias como la que se ha obtenido, o mayor, se daría un 0,5 % de las veces

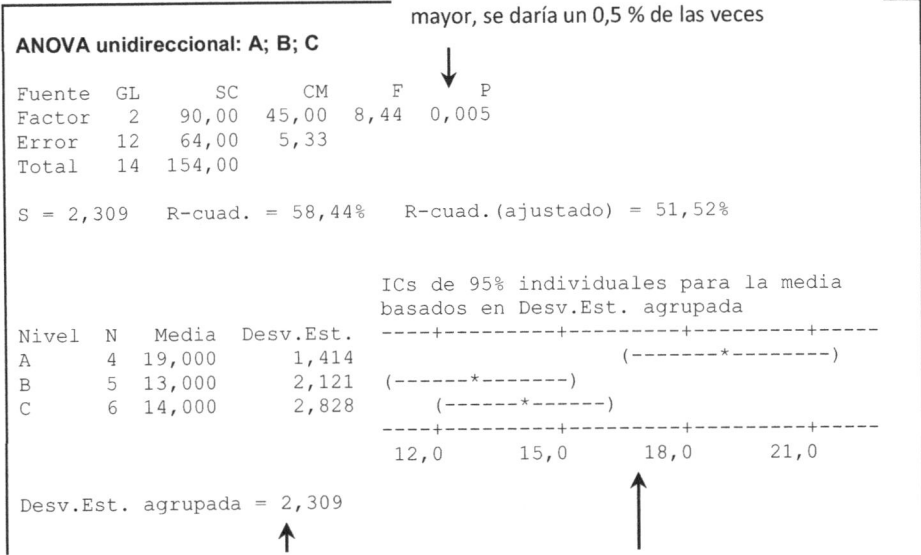

```
ANOVA unidireccional: A; B; C

Fuente  GL      SC      CM      F       P
Factor   2    90,00   45,00  8,44   0,005
Error   12    64,00    5,33
Total   14   154,00

S = 2,309   R-cuad. = 58,44%   R-cuad.(ajustado) = 51,52%


                                 ICs de 95% individuales para la media
                                 basados en Desv.Est. agrupada
Nivel  N   Media   Desv.Est.  ----+---------+---------+---------+-----
A      4  19,000      1,414                        (-------*-------)
B      5  13,000      2,121    (------*-------)
C      6  14,000      2,828      (------*------)
                               ----+---------+---------+---------+-----
                               12,0      15,0      18,0      21,0


Desv.Est. agrupada = 2,309
```

Estimación de la desviación tipo poblacional (se considera que es la misma en los 3 casos) deducida a partir de las desviaciones tipo de cada muestra

Intervalos de confianza para la media de cada tratamiento. La variedad A produce más fenoles que B o C, y estas dos últimas son indistinguibles estadísticamente

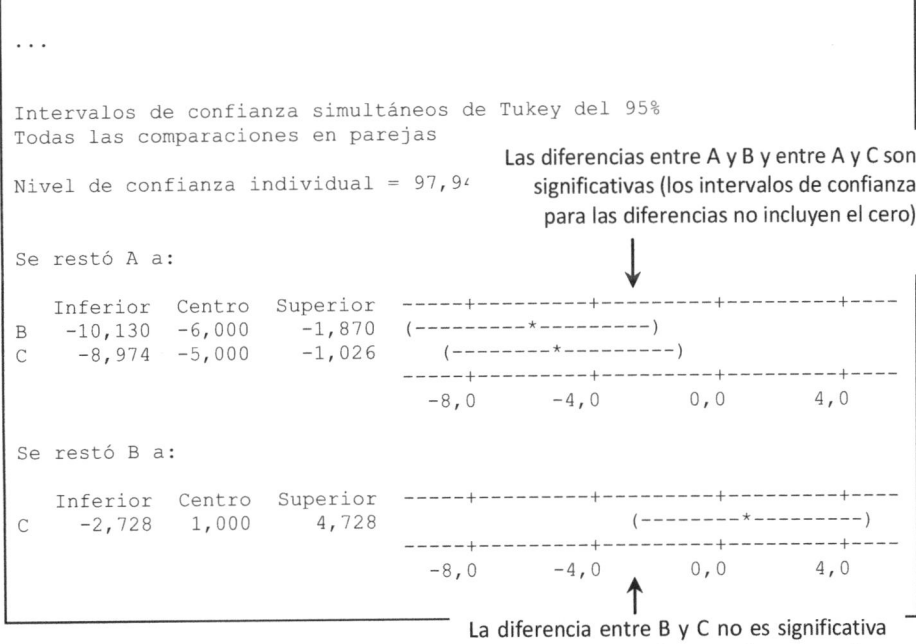

```
...


Intervalos de confianza simultáneos de Tukey del 95%
Todas las comparaciones en parejas

Nivel de confianza individual = 97,9
```

Las diferencias entre A y B y entre A y C son significativas (los intervalos de confianza para las diferencias no incluyen el cero)

```
Se restó A a:

    Inferior  Centro  Superior  -----+---------+---------+---------+----
B    -10,130  -6,000    -1,870  (---------*---------)
C     -8,974  -5,000    -1,026    (--------*---------)
                                 -----+---------+---------+---------+----
                                  -8,0      -4,0       0,0       4,0

Se restó B a:

    Inferior  Centro  Superior  -----+---------+---------+---------+----
C     -2,728   1,000     4,728                      (--------*---------)
                                 -----+---------+---------+---------+----
                                  -8,0      -4,0       0,0       4,0
```

La diferencia entre B y C no es significativa (su intervalo de confianza incluye el cero)

Gráficas de residuos para A; B; C

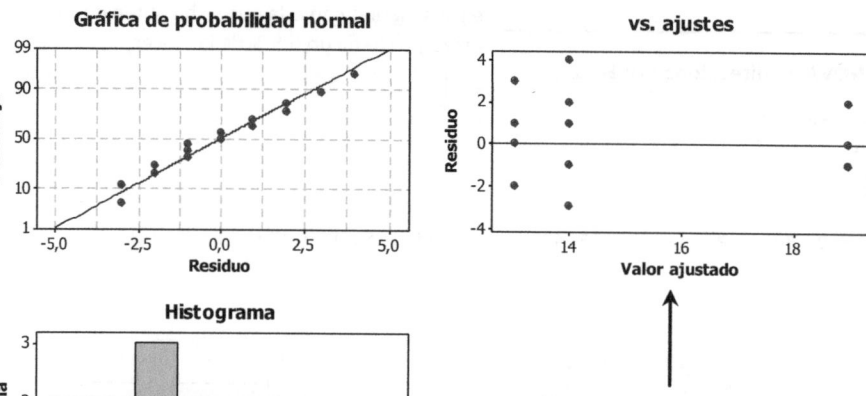

Gráfico de residuos frente a valores previstos. Sirve para verificar la hipótesis de varianza constante

Histograma y representación de los residuos en papel probabilístico normal (sirven para verificar la normalidad y la no existencia de anomalías)

En la hoja de datos quedan almacenados los valores de los residuos y los valores previstos (hemos marcado estas opciones en el cuadro de diálogo inicial).

	C1	C2	C3	C4	C5	C6	C7	C8	C9	C1
	A	B	C	RESID1	RESID2	RESID3	AJUSTES1	AJUSTES2	AJUSTES3	
1	19	16	13	0	3	-1	19	13	14	
2	18	11	16	-1	-2	2	19	13	14	
3	21	13	18	2	0	4	19	13	14	
4	18	14	11	-1	1	-3	19	13	14	
5		11	15		-2	1		13	14	
6			11			-3			14	
7										

Hoja de trabajo 1 ***

Si los datos están en una sola columna hay que hacer:

Estadísticas > ANOVA > Un solo factor

Todas las opciones y los resultados son los mismos excepto para los gráficos en que se sustituye el "Tres en uno" por el "Cuatro en uno", añadiendo un grafico de residuos en función del orden en que aparecen los datos.

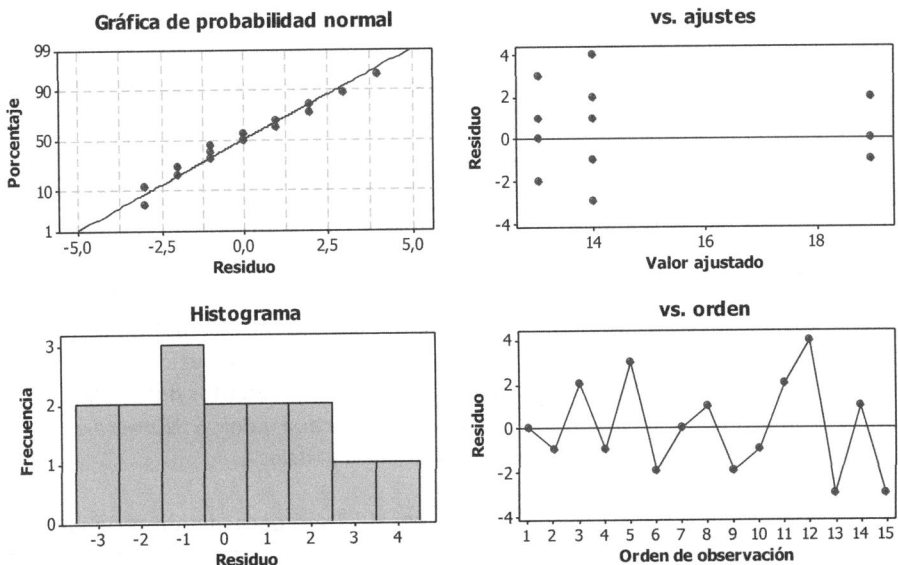

Gráficas de residuos para Fenoles

Datos considerando dos factores

 Ejemplo 11.2: Se realiza un estudio para analizar si el tipo de pintura, de los 3 disponibles, afecta a la dureza de un esmalte. La cocción de las piezas se realiza en un horno con 4 bandejas, una encima de otra, y en cada bandeja caben 15 piezas. Como se sospecha que la bandeja (por su posición en el horno) puede tener alguna influencia en el resultado obtenido, se bloquea el diseño colocando 5 piezas de cada tipo en cada bandeja. Los resultados son:

	Pintura		
Bandeja	1	2	3
1	7,3 7,0 7,0 6,5 7,6	6,2 6,5 6,4 7,2 6,3	5,5 6,0 6,7 6,1 6,5
2	6,9 7,1 7,2 7,4 6,3	5,7 6,4 6,9 6,0 6,8	6,9 5,7 7,0 6,5 6,3
3	7,9 6,8 7,8 7,3 6,9	6,4 6,9 6,4 7,2 7,2	6,6 6,2 6,3 6,5 7,0
4	7,7 7,6 6,5 7,5 8,0	6,6 6,5 7,1 6,2 6,3	6,0 6,5 6,8 6,4 5,7

¿Puede decirse que el tipo de pintura afecta a la dureza obtenida?

Obsérvese que ahora tenemos 2 factores que pueden afectar a la respuesta: el tipo de pintura y la bandeja en que están colocadas las piezas.

Colocamos los valores en la hoja de datos de la forma:

↓	C1	C2	C3
	Dureza	Pintura	Bandeja
1	7,3	1	1
2	7,0	1	1
3	7,0	1	1
4	6,5	1	1
5	7,6	1	1
6	6,2	2	1
7	6,5	2	1
8	6,4	2	1
9	7,2	2	1
10	6,3	2	1
11	5,5	3	1
12	6,0	3	1
13	6,7	3	1
14	6,1	3	1
15	6,5	3	1
16	6,9	1	2
17	7,1	1	2
18	7,2	1	2
19	7,4	1	2
20	6,3	1	2
21	5,7	2	2
22	6,4	2	2
23	6,8	2	2

C1: Valores de la dureza

C2: 1, 2 ó 3 para identificar a que pintura corresponde cada valor de la dureza. Se pueden introducir los valores haciendo: **Calc > Crear patrones de datos > Conjunto simple de números, Desde el primer valor**: 1; **Hasta el último valor**: 3; **En incrementos de**: 1; **Número de veces a presentar cada valor**: 5; **Número de veces a presentar la secuencia**: 4

C3: Valores de 1 a 4 para identificar la bandeja. También se pueden entrar con la utilidad de crear patrones de datos.

Stat > ANOVA > Two-way

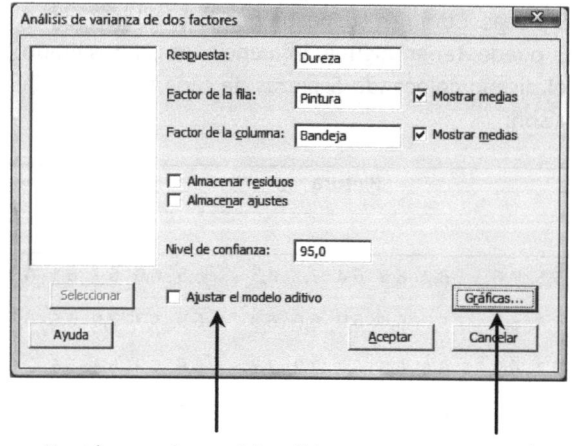

Mostrar medias: Muestra intervalos de confianza para las medias

Almacena residuos y valores previstos

Si está marcado: modelo aditivo. No considera la posible interacción entre los factores

La opción "4 en uno" resume toda la información relevante

ANOVA de dos factores: Dureza vs. Pintura; Bandeja

```
Fuente        GL       SC        CM        F       P
Pintura        2    8,0003   4,00017   20,01   0,000
Bandeja        3    0,9298   0,30994    1,55   0,214
Interacción    6    0,7957   0,13261    0,66   0,679
Error         48    9,5960   0,19992
Total         59   19,3218

S = 0,4471    R-cuad. = 50,34%    R-cuad.(ajustado) = 38,95%
```

Diferencia significativa entre pinturas

No hay diferencia entre bandejas ni interacción pintura-bandeja

```
                   ICs de 95% individuales para la media
                   basados en Desv.Est. agrupada
Pintura  Media   ----+---------+---------+---------+-----
1        7,215                             (-----*-----)
2        6,560           (----*-----)
3        6,360   (-----*----)
                 ----+---------+---------+---------+-----
                   6,30      6,65      7,00      7,35
```

La pintura 1 produce más dureza

```
                   ICs de 95% individuales para la media
                   basados en Desv.Est. agrupada
Bandeja  Media    --+---------+---------+---------+-------
1        6,58667  (----------*-----------)
2        6,60667   (----------*-----------)
3        6,89333            (-----------*----------)
4        6,76000         (-----------*----------)
                  --+---------+---------+---------+-------
                    6,40      6,60      6,80      7,00
```

Gráficas de residuos para Dureza

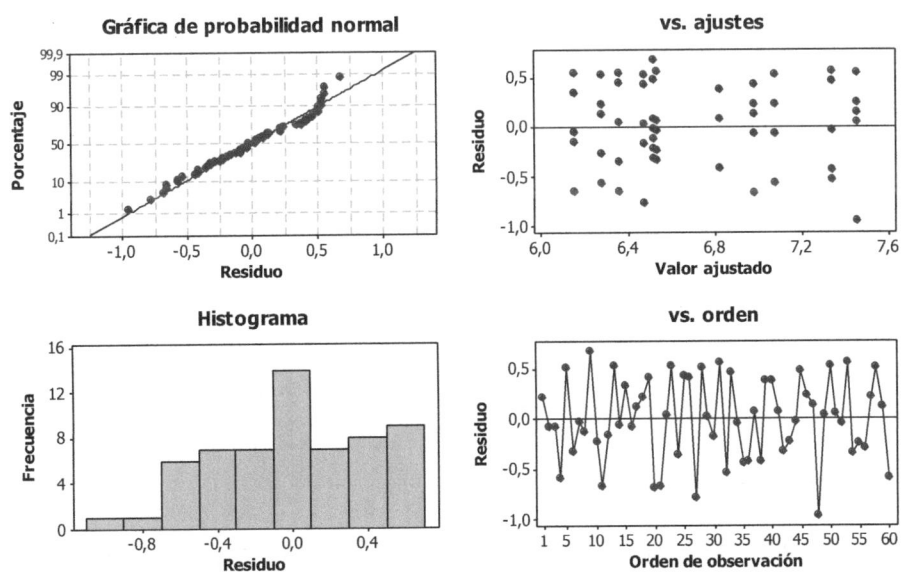

Gráfica de probabilidad normal

vs. ajustes

Histograma

vs. orden

Test de igualdad de varias varianzas

Estadísticas > ANOVA > Prueba de varianzas iguales

Retomamos los datos del estudio para comparar el contenido de fenoles según el tipo de árbol, ¿Puede decirse que existen diferencias de variabilidad en el contenido de fenoles según sea la variedad de árbol?

Vamos a **Prueba de varianzas iguales:**

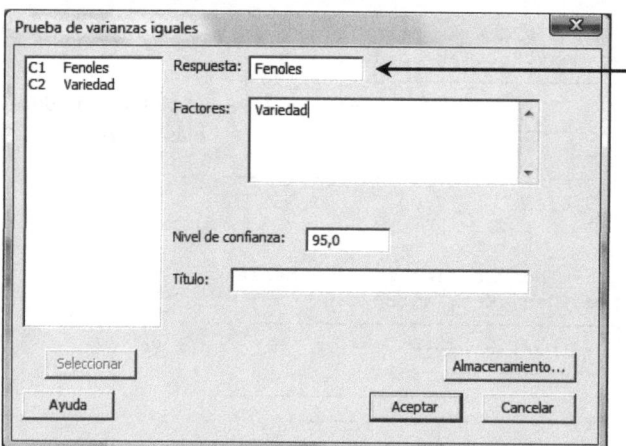

Los datos deben estar sólo en esta columna. En la columna **Factores** se indica a qué tratamiento corresponde cada valor.

El resultado de la prueba se resume en el siguiente gráfico:

Prueba de igualdad de varianzas para Fenoles

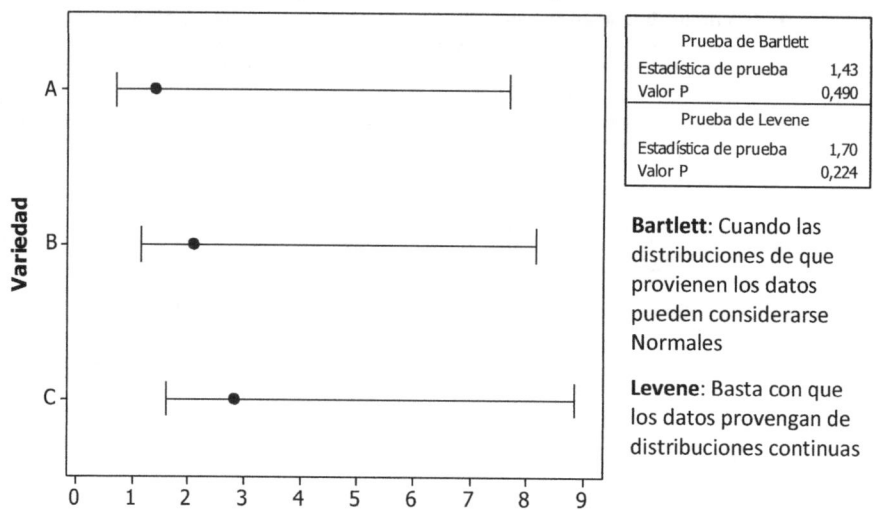

Prueba de Bartlett	
Estadística de prueba	1,43
Valor P	0,490
Prueba de Levene	
Estadística de prueba	1,70
Valor P	0,224

Bartlett: Cuando las distribuciones de que provienen los datos pueden considerarse Normales

Levene: Basta con que los datos provengan de distribuciones continuas

Los 3 intervalos de confianza tienen zonas comunes. Los valores p de los tests que se realizan son grandes, no puede decirse que existan diferencias de variabilidad.

12

Casos prácticos del bloque II
Contraste de hipótesis. Comparación de tratamientos

Soldadura

Para conocer más a fondo el comportamiento de un proceso automático de soldadura por puntos se realizaron 100 soldaduras anotando las condiciones exactas en que se había hecho cada una de ellas. Las soldaduras se realizaron en chapas normalizadas y después se sometieron a un ensayo para medir la resistencia a la cizalladura. En el archivo SOLDADURA.MTW se tienen los siguientes datos:

Columna	Contenido
C1	Orden en que se realizaron las pruebas
C2	Fuerza ejercida por los electrodos
C3	Intensidad de la corriente de soldadura medida con amperímetro Bosch
C4	Intensidad de la corriente de soldadura medida con amperímetro Miyachi
C5	Carga de rotura por cizalladura

Las preguntas que se quieren responder son:

1. ¿Se ha mantenido estable la fuerza ejercida por los electrodos?

2. ¿Existe correlación entre la fuerza ejercida y la resistencia a la cizalladura? ¿Existe relación causa-efecto?

3. ¿Puede decirse que la carga de rotura por cizalladura de las primeras 50 soldaduras es menor que la de las 50 últimas?

4. Sabiendo que el valor real de la corriente varía de una soldadura a otra (por diversas razones no puede mantenerse constante), ¿puede decirse que los amperímetros Bosch y Miyachi miden diferente?

1. Para ver si la fuerza ejercida por los electrodos se ha mantenido estable, hacemos:

    Gráfica > Gráfica de serie de tiempo: Simple

    Colocamos la columna C2 en **Serie**, con el resto de opciones por defecto, tenemos:

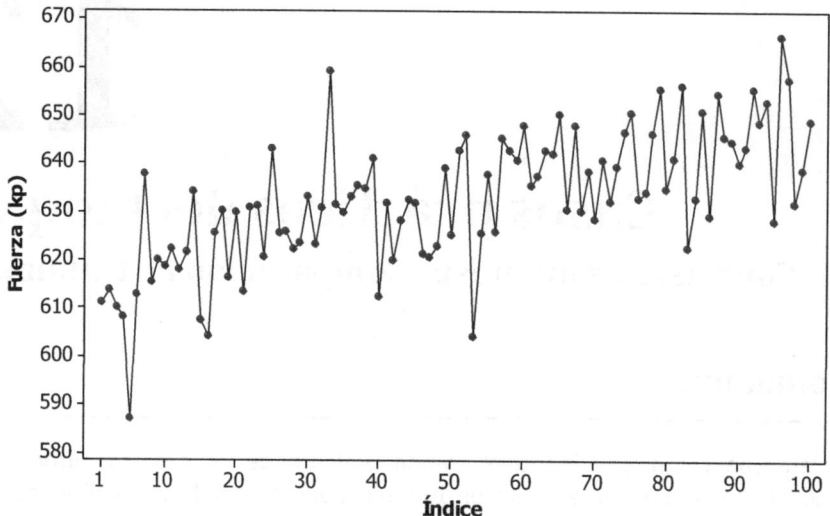

La fuerza no se ha mantenido estable. Se observa una tendencia a aumentar.

2. Para analizar si existe correlación entre fuerza y resistencia, hacemos:

    Gráfica > Gráfica de dispersión: Simple

    Y colocamos la carga de rotura (C5) en Y, y la fuerza (C2) en X, obteniendo:

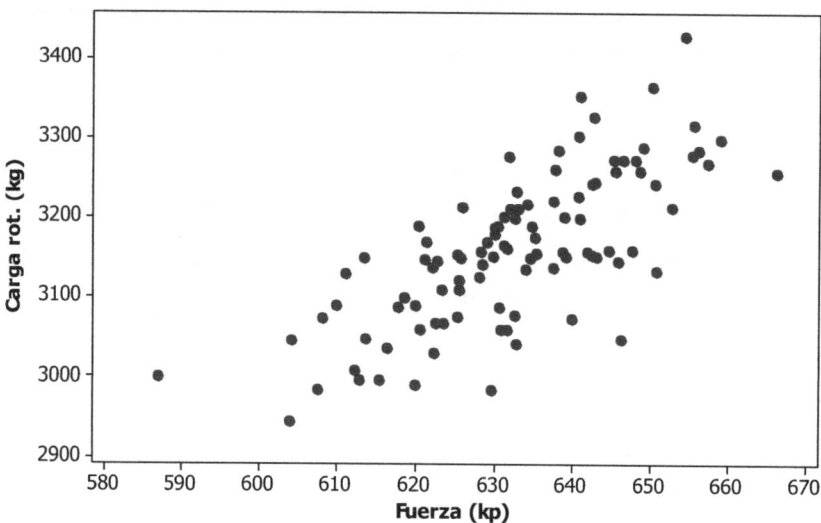

Sí hay correlación entre fuerza y carga de rotura. La existencia o no de relación causa-efecto no se puede deducir de estos datos, sino de consideraciones técnicas o de la realización de experimentos.

3. Creamos una columna auxiliar con 50 unos y 50 doses

Calc > Crear patrones de datos > Conjunto simple de números

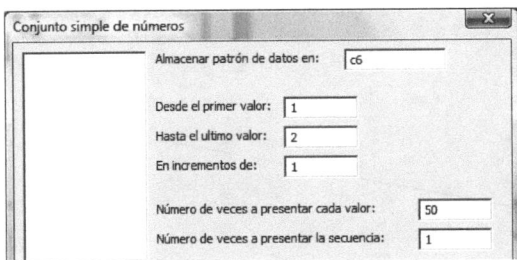

Ahora hacemos: **Estadísticas > Estadística básica > t de 2 muestras**

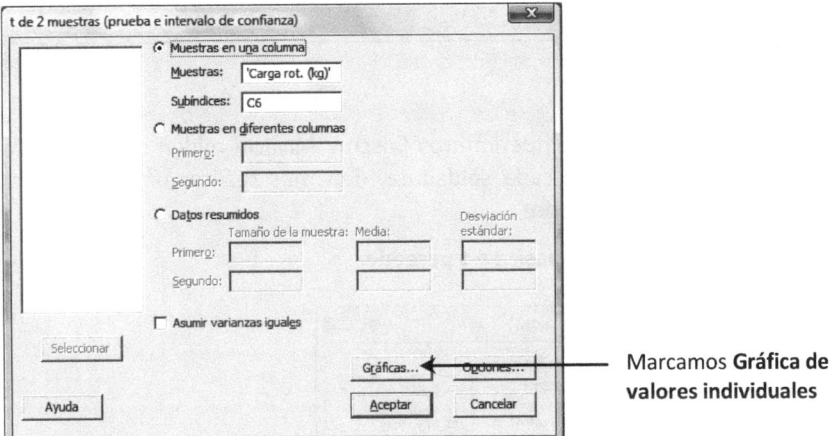

Marcamos **Gráfica de valores individuales**

```
Prueba T e IC de dos muestras: Carga rot. (kg); C6

T de dos muestras para Carga rot. (kg)

                             Error
                        Estándar de
C6   N   Media   Desv.Est.   la media
1    50  3114,1      81,4        12
2    50  3204,0      88,2        12

Diferencia = mu (1) - mu (2)
Estimado de la diferencia:  -89,9
IC de 95% para la diferencia:   (-123,6; -56,3)
Prueba T de diferencia = 0 (vs. no =): Valor T = -5,30   Valor P = 0,000
GL = 97
```

La diferencia entre la media de los 50 primeros valores y la media de los 50 últimos es claramente significativa (valor-p = 0,000). Gráficamente:

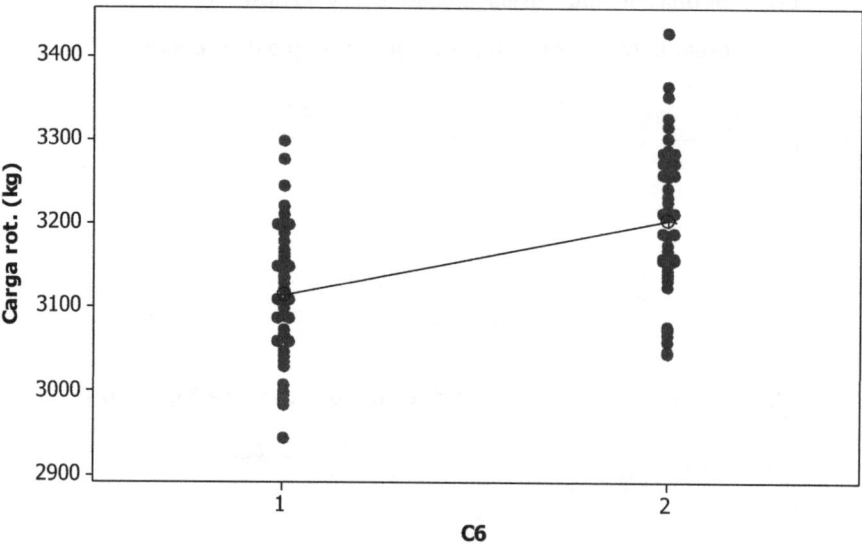

Gráfica de valores individuales de Carga rot. (kg) vs. C6

4. ¿Puede decirse que los amperímetros Bosch y Miyachi miden diferente? Como la intensidad real varía en cada soldadura, debemos realizar una comparación de medias para datos apareados.

Estadísticas > Estadística básica > t pareada

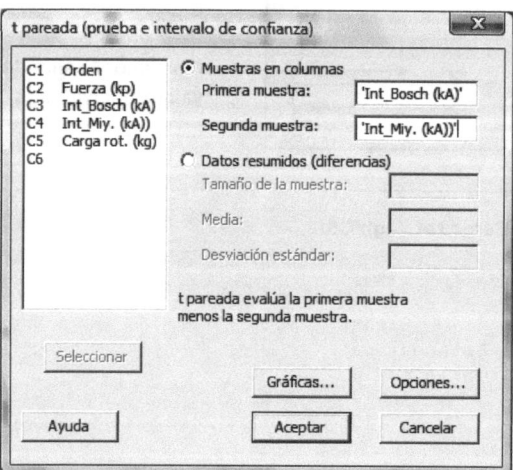

El resultado de la prueba pone de manifiesto que la diferencia es claramente significativa.

IC y Prueba T pareada: Int_Bosch (kA); Int_Miy. (kA))

```
T pareada para Int_Bosch (kA) - Int_Miy. (kA))

                                              Error
                                         estándar de
                     N    Media  Desv.Est.   la media
Int_Bosch (kA)     100  15,0050     0,2100     0,0210
Int_Miy. (kA))     100  15,1030     0,2401     0,0240
Diferencia         100  -0,0980     0,1110     0,0111

IC de 95% para la diferencia media:: (-0,1200; -0,0760)
Prueba t de dif. media = 0 (vs. no = 0): Valor T = -8,83  Valor P = 0,000
```

Remaches

Una industria produce remaches para láminas metálicas usadas en el sector de la construcción. Una característica esencial, además de las dimensiones del remache, es su resistencia al esfuerzo cortante, el cual es una medida de la presión que resiste el remache en la dirección de un corte transversal.

El uso específico de cierto tipo de remache y las condiciones del mercado exigen que su resistencia mínima sea de 2500 psi (Pounds per Square Inch). El proceso de fabricación confiere a esta característica una variabilidad que puede caracterizarse mediante una distribución Normal con $\sigma = 20$ psi.

Las preguntas que nos planteamos son:

1. ¿Cuál debe ser el valor medio de la resistencia si se está dispuesto a tolerar que el 2,5% de los remaches tengan un valor inferior al mínimo establecido?

2. Cierto montaje exige la colocación de 20 remaches. Para que el montaje se comporte correctamente, como mínimo 15 deben tener una resistencia por encima del mínimo establecido. Si los remaches se fabrican con el proceso centrado en 2525 psi, ¿cuál es la probabilidad de que el montaje se comporte correctamente?

1. Se trata de determinar el valor de μ en el siguiente esquema:

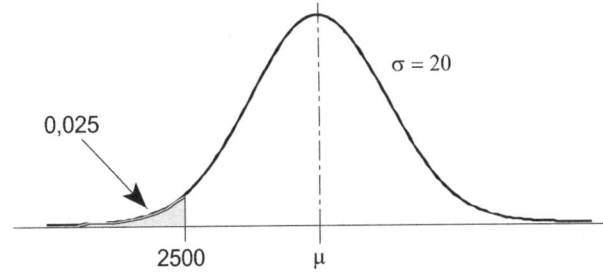

Como el área de cola es del 2,5%, el valor 2500 estará aproximadamente a 2σ de μ, por lo que μ estará alrededor de 2540. Podemos usar Minitab para, por tanteo, buscar el valor exacto. Vamos a **Calc > Distribuciones de probabilidad > Normal**:

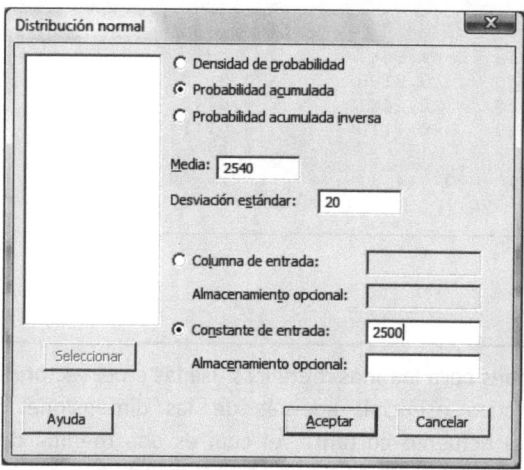

y el resultado es 0,0228. Como no llega al 2,5% podemos pensar en disminuir la media, pero si en el cuadro de diálogo anterior sustituimos el 2540 por 2539, tenemos las probabilidad acumulada de 0,0256, y como pasa del 2,5%, lo mejor es dar como respuesta el valor 2540.

2. En el mismo cuadro de diálogo anterior, colocando una media de 2.525 se tiene que la probabilidad de tener valores por debajo de 2.500 es 0,1056.

    Si se colocan 20 remaches y la probabilidad de que cada uno de ellos sea correcto es constante, el número de remaches correctos es una variable aleatoria que sigue una distribución binomial. Como mínimo 15 correctos es lo mismo que como máximo 5 defectuosos. Vamos a **Calc > Distribuciones de probabilidad > Binomial**

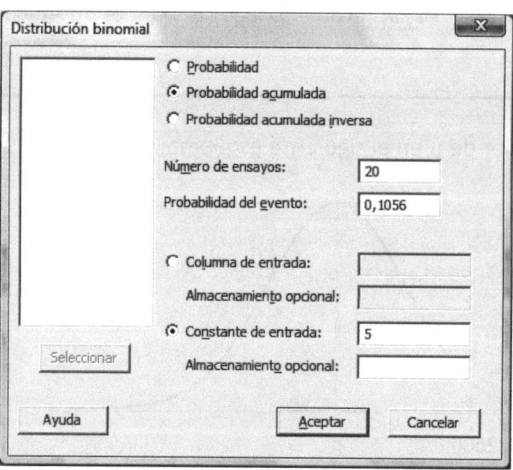

El resultados obtenido es:

Función de distribución acumulada

Binomial con n = 20 y p = 0,1056

x P(X <= x)
5   0,985470

La probabilidad de que en el conjunto de 20 remaches haya 5 o menos defectuosos (que es lo mismo que 15 o más correctos) es igual a 0,9855.

Almendras

Una empresa productora de frutos secos decide estudiar la posibilidad de lanzar al mercado una nueva gama de almendras *light*. Para ello estudia una nueva variedad de almendra que se cree contiene menos grasa que las usadas habitualmente. Para comprobarlo se analiza el contenido de grasa de 5 muestras de ambas variedades. Los resultados son:

Variedad habitual	27.0	26.9	27.3	27.2	27.1
Variedad nueva	26.8	27.0	26.9	27.1	26.8

¿Puede decirse, con un nivel de significación del 5%, que la nueva variedad tiene menos grasa que la habitual?

Se trata de un problema de comparación de medias con muestras independientes. Hacemos: **Estadísticas > Estadística básica > t de 2 muestras**

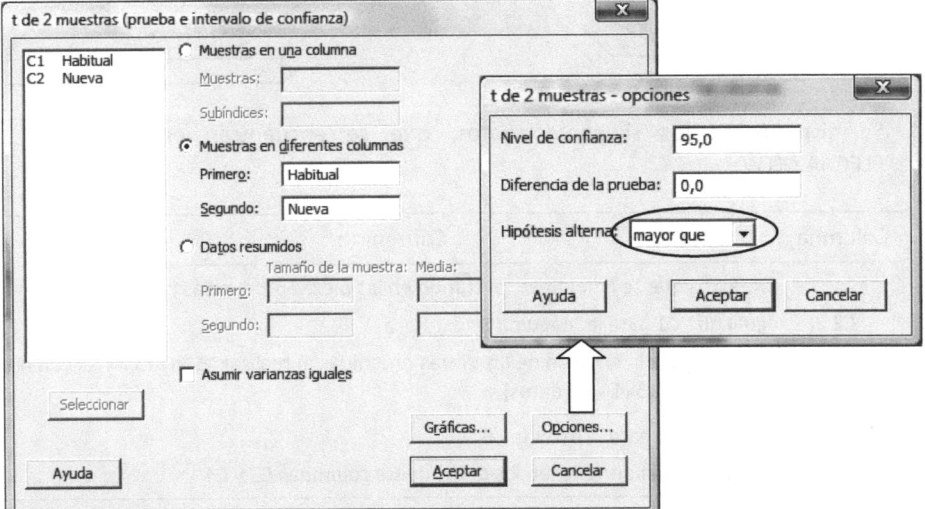

Planteamos como hipótesis alternativa "mayor que". Es decir, o tienen el mismo contenido de grasas o, si se rechaza la hipótesis nula, la variedad habitual contiene más grasa. El resultado es:

```
Prueba T e IC de dos muestras: Habitual; Nueva

T de dos muestras para Habitual vs. Nueva

                                       Error
                                  estándar de
              N    Media  Desv.Est.   la media
Habitual      5   27,100      0,158      0,071
Nueva         5   26,920      0,130      0,058

Diferencia = mu (Habitual) - mu (Nueva)
Estimado de la diferencia:  0,1800
Límite inferior 95% de la diferencia:  0,0064
Prueba T de dif. = 0 (vs. >): Valor T = 1,96  Valor P = 0,045  GL = 7
```

El valor-p obtenido es 0,045. Por tanto, con un nivel de significación de 5% sí puede decirse que la nueva variedad tiene menos grasa que la convencional.

Flecha

Se fabrican unas piezas de plástico en forma de flecha utilizando dos máquinas inyectoras: A y B, cada una de las cuales dispone de su propio molde con 4 cavidades, tal como se indica en la figura.

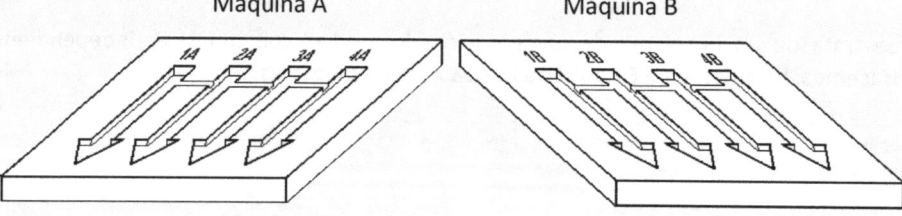

Máquina A   Máquina B

Se dispone de los siguientes datos, que se encuentran en el archivo FLECHA.MTW:

Columna	Contenido
C1	Defectos que se han ido encontrando en las piezas producidas por la máquina A
C2	Igual que C1 para la máquina B
C3	Resistencia a la tracción de las piezas obtenidas al realizar 15 inyecciones con la máquina A (15x4 = 60 datos)
C4	Igual que C3 para la máquina B
C5	Cavidad a que pertenecen los datos de las columnas C3 y C4

Las preguntas que nos planteamos son:

1. ¿Sugiere la distribución de los tipos de defecto en ambas máquinas que deben establecerse las mismas prioridades de mejora en cada una de ellas?

2. En cuanto a la resistencia a la tracción. ¿Existe diferencia entre máquinas? ¿Y entre cavidades?

1. Veamos cual es la distribución de defectos en cada máquina haciendo:

Estadísticas > Herramientas de calidad > Diagrama de Pareto

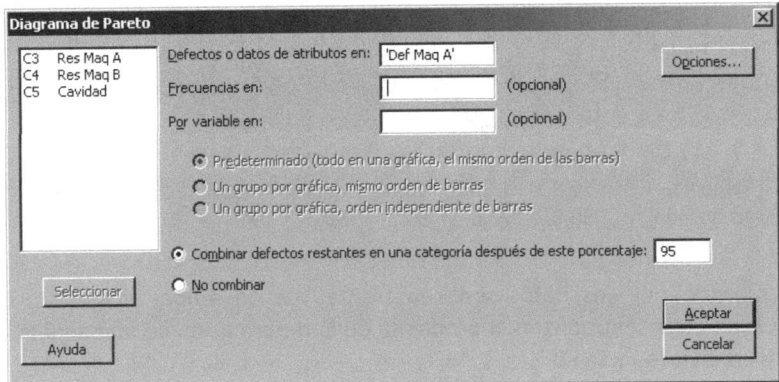

Diagrama de Pareto de Def Maq A

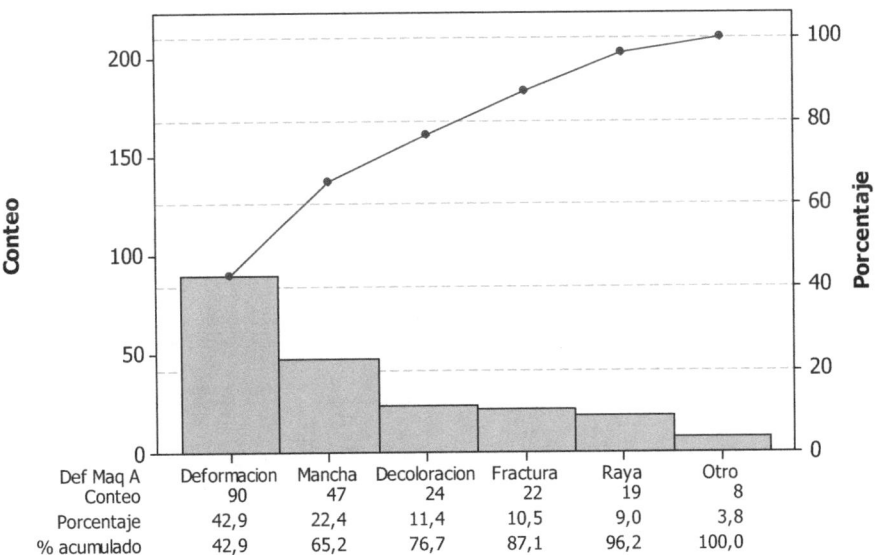

Def Maq A	Deformacion	Mancha	Decoloracion	Fractura	Raya	Otro
Conteo	90	47	24	22	19	8
Porcentaje	42,9	22,4	11,4	10,5	9,0	3,8
% acumulado	42,9	65,2	76,7	87,1	96,2	100,0

Haciendo lo mismo para la máquina B:

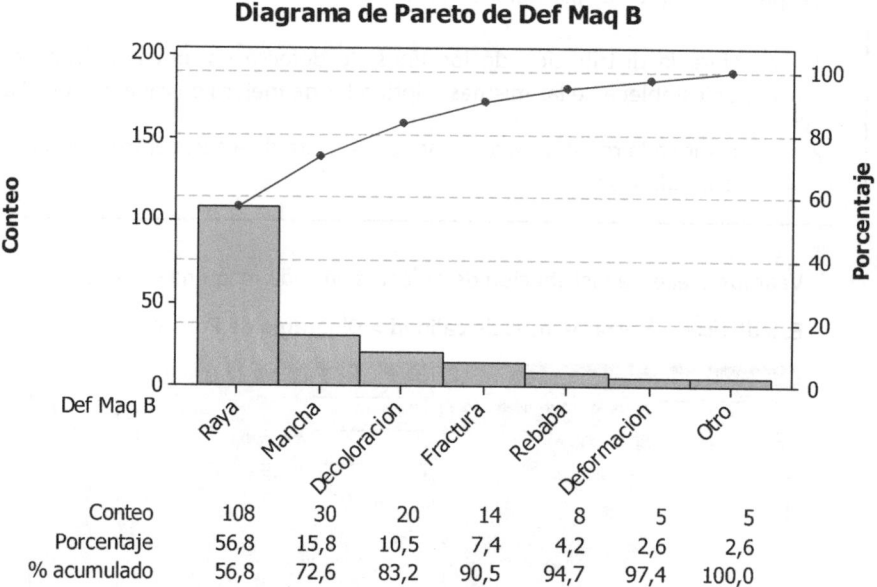

Diagrama de Pareto de Def Maq B

	Raya	Mancha	Decoloracion	Fractura	Rebaba	Deformacion	Otro
Conteo	108	30	20	14	8	5	5
Porcentaje	56,8	15,8	10,5	7,4	4,2	2,6	2,6
% acumulado	56,8	72,6	83,2	90,5	94,7	97,4	100,0

Entendiendo que los datos son representativos de ambas máquinas, lo más adecuado sería centrarse en el problema de la deformación en la máquina A, y en las rayas en la máquina B.

2. Haremos en primer lugar un análisis gráfico para comparar máquinas y cavidades.

Gráfica > Gráfica de valores individuales > Múltiples Y, con grupos

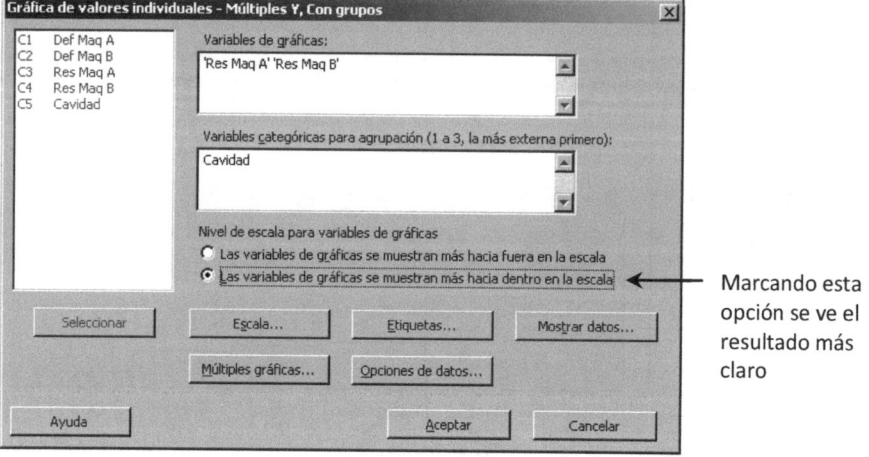

Marcando esta opción se ve el resultado más claro

En el gráfico se observa que no hay diferencia entre máquinas, pero en la cavidad 3 se produce mayor resistencia que en el resto.

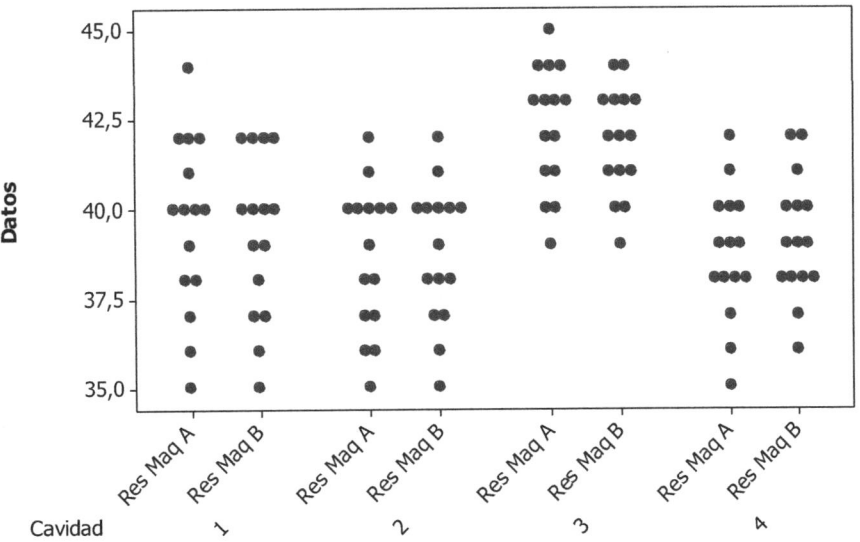

Gráfica de valores individuales de Res Maq A; Res Maq B

Para aplicar la técnica de análisis de la varianza es necesario tener las respuestas en una sola columna, indicando en otra a qué máquina corresponde cada valor, y en una tercera a qué cavidad.

Los valores de la resistencia se pueden colocar en una sola columna a través de: **Datos > Apilar > Columnas,** utilizando **Almacenar subíndices en** para crear la columna donde se indica la máquina. La columna de las cavidades se puede construir apilando dos veces la columna C5, a través de la opción **apilar** o, simplemente, copiando y pegando.

Una vez dispuestos los datos de la forma adecuada, hacemos: **Estadísticas > ANOVA > Dos factores**

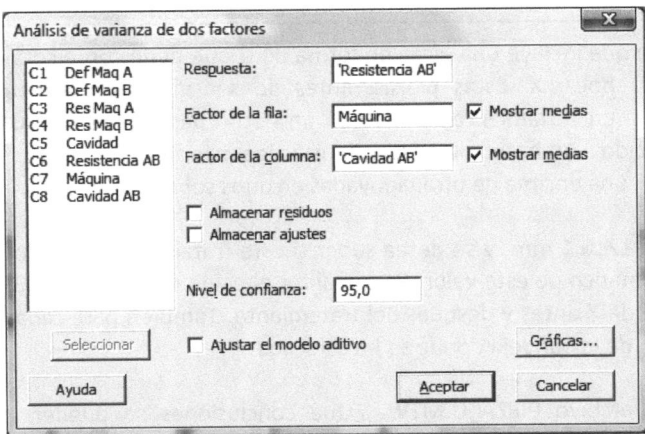

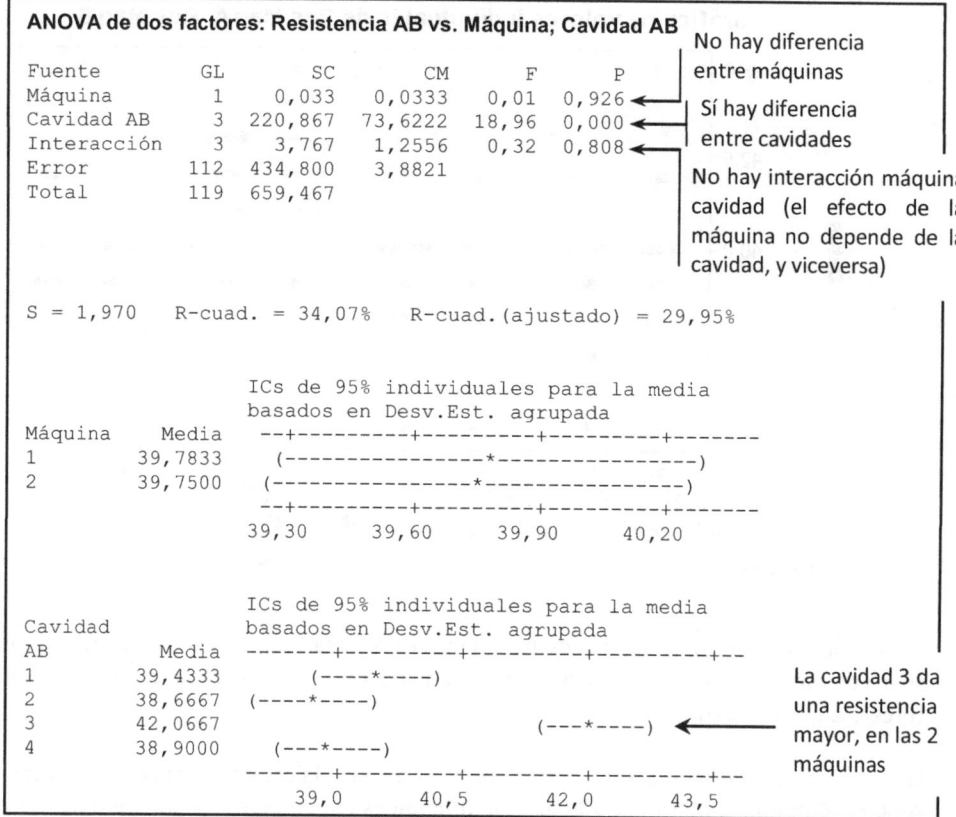

```
ANOVA de dos factores: Resistencia AB vs. Máquina; Cavidad AB
                                                              No hay diferencia
Fuente         GL       SC       CM       F       P          entre máquinas
Máquina         1    0,033   0,0333    0,01   0,926  ◄───
Cavidad AB      3  220,867  73,6222   18,96   0,000  ◄───    Sí hay diferencia
Interacción     3    3,767   1,2556    0,32   0,808  ◄───    entre cavidades
Error         112  434,800   3,8821                          No hay interacción máquina
Total         119  659,467                                   cavidad (el efecto de la
                                                             máquina no depende de la
                                                             cavidad, y viceversa)


S = 1,970   R-cuad. = 34,07%   R-cuad.(ajustado) = 29,95%



                          ICs de 95% individuales para la media
                          basados en Desv.Est. agrupada
Máquina    Media   --+---------+---------+---------+-------
1         39,7833      (---------------*----------------)
2         39,7500      (---------------*---------------)
                    --+---------+---------+---------+-------
                    39,30      39,60     39,90     40,20


                          ICs de 95% individuales para la media
Cavidad                   basados en Desv.Est. agrupada
AB         Media   -------+---------+---------+---------+--
1         39,4333        (----*----)                          La cavidad 3 da
2         38,6667   (----*----)                               una resistencia
3         42,0667                        (---*----)  ◄───     mayor, en las 2
4         38,9000      (---*----)                             máquinas
                   -------+---------+---------+---------+--
                        39,0      40,5      42,0      43,5
```

A través del botón **Graphs** se pueden hacer gráficos de residuos frente a valores previstos, o de otro tipo, pero en este caso no aportan nada especial.

Pieza U

Se fabrica un mecanismo que incluye una pieza en forma de U que tiene como cota crítica la anchura de la boca, X. Estas piezas, antes de ser montadas en el mecanismo se someten a un tratamiento térmico en un horno para aumentar su dureza. El horno es parecido a un horno doméstico (quizá algo más alto) y las piezas se colocan en 5 bandejas, una encima de otra, apoyadas en unos soportes laterales.

El valor nominal de X es 12±0,1 mm, y se desea saber si este tratamiento térmico produce un cambio sistemático de este valor. Para realizar el estudio se toman 100 piezas y se mide el valor de X antes y después del tratamiento. También para cada pieza se anota el número de la bandeja donde se ha colocado.

Los datos están en el archivo PIEZA_U.MTW. ¿Qué conclusiones se pueden extraer?

Para tener una primera idea creamos una nueva columna con la diferencia: Después–Antes, y hacemos un diagrama de puntos:

Gráfica > Gráfica de puntos

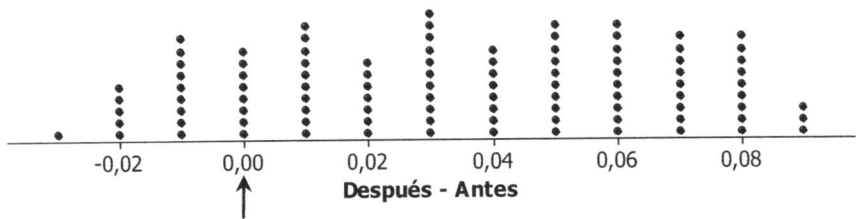

Obsérvese como el 0 aparece muy descentrado: en la mayoría de los casos el tratamiento térmico aumenta el valor de esta cota. Para confirmar la influencia realizamos un test de comparación de medias para datos apareados:

Estadísticas > Estadística básica > t pareada,
Primera muestra: Antes, **Segunda muestra:** Después

```
IC y Prueba T pareada: Antes; Despues

T pareada para Antes - Despues
                                      Error
                                   estándar de
                N     Media   Desv.Est.   la media
Antes          100   11,9969    0,0252      0,0025
Despues        100   12,0308    0,0388      0,0039
Diferencia     100   -0,03390   0,03216     0,00322


IC de 95% para la diferencia media:: (-0,04028; -0,02752)
Prueba t de dif. media = 0 (vs. no = 0): Valor T = -10,54  ValorP = 0,000
```

El tratamiento térmico aumenta la cota X un promedio de 0,03 mm y esta diferencia es clarísimamente significativa. De entrada, parece razonable fabricar las piezas con un valor nominal de 11,97 mm para que después del tratamiento su distribución esté en torno al valor nominal. Veamos ahora si la bandeja tiene alguna influencia en el cambio de X. Hacemos:

```
Estadísticas > ANOVA > Un solo factor
Respuesta: Después – Antes (columna que hemos creado); Factor: Bandeja

ANOVA unidireccional: Después - Antes vs. Bandeja

Fuente   GL       SC        CM       F       P
Bandeja   4   0,024594   0,006148   7,51   0,000
Error    95   0,077785   0,000819
Total    99   0,102379

S = 0,02861   R-cuad. = 24,02%   R-cuad.(ajustado) = 20,82%
```

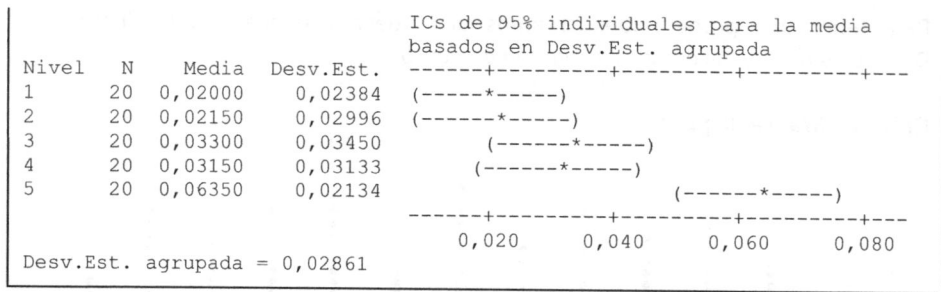

```
                                    ICs de 95% individuales para la media
                                    basados en Desv.Est. agrupada
Nivel   N     Media    Desv.Est.    ------+---------+---------+---------+---
1       20    0,02000   0,02384     (-----*-----)
2       20    0,02150   0,02996     (------*-----)
3       20    0,03300   0,03450          (------*-----)
4       20    0,03150   0,03133        (------*-----)
5       20    0,06350   0,02134                     (------*-----)
                                    -----+---------+---------+---------+---
                                      0,020     0,040     0,060     0,080
Desv.Est. agrupada = 0,02861
```

En la bandeja 5 el aumento de X es mayor. Se podría pensar en no usar la bandeja 5 para disminuir variabilidad en el incremento de X.

Poros

En un proceso de soldadura de chapas de acero preocupan los poros que se forman en el cordón de soldadura. Dichos poros son debidos básicamente a la pintura protectora (para evitar oxidaciones) que llevan las chapas. Al quemarse la pintura se generan unos gases que al quedarse atrapados en el cordón de soldadura forman unas pequeñas burbujas que constituyen los poros.

Se pueden utilizar 3 tipos distintos de pintura. A efectos de protección se sabe que se comportan igual, pero a efectos de creación de poros se considera que pueden tener comportamientos distintos y por ello se decide realizar una prueba. Esta consiste en soldar 5 pares de chapas con cada pintura, pero como al soldar chapa sin pintura también se producen poros (debido a la suciedad de las chapas o a otros factores), se decidió que se pintaría sólo la mitad de las chapas y después se mediría la porosidad en la parte del cordón correspondiente a la zona pintada y a la zona no pintada.

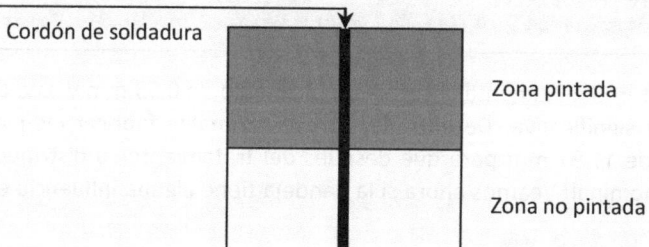

Tipo de pintura	A		B		C	
Zona	Pintada	Sin Pintar	Pintada	Sin Pintar	Pintada	Sin Pintar
	15	8	10	7	16	8
	21	6	13	9	22	8
Resultados	18	6	12	4	21	3
	17	7	11	6	17	5
	16	5	11	6	23	4

¿Hay una pintura mejor que las otras?

El resultado de interés es la diferencia entre la porosidad en la parte pintada y en la parte sin pintar, ya que este es el valor de la porosidad atribuible a la pintura. Calculamos estas diferencias dejando la hoja de datos de la forma:

	C1 Pint A	C2 S/Pint A	C3 Pint B	C4 S/Pint B	C5 Pint C	C6 S/Pint C	C7	C8 A (c1-c2)	C9 B (c3-c4)	C10 C (c5-c6)	C1
1	15	8	10	7	16	8		7	3	8	
2	21	6	13	9	22	8		15	4	14	
3	18	6	12	4	21	3		12	8	18	
4	17	7	11	6	17	5		10	5	12	
5	16	5	11	6	23	4		11	5	19	
6											

Un primer análisis exploratorio de los datos (**Gráfica > Gráfica de valores individuales, Multiples Y's, simple**) muestra que el valor medio de la porosidad producida por B tiende a ser menor que con las otras 2 pinturas.

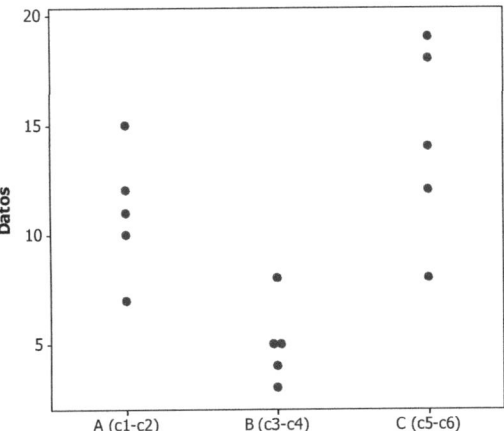

Haciendo el análisis de la varianza: **Estadísticas > ANOVA > Un solo factor (desapilado)**

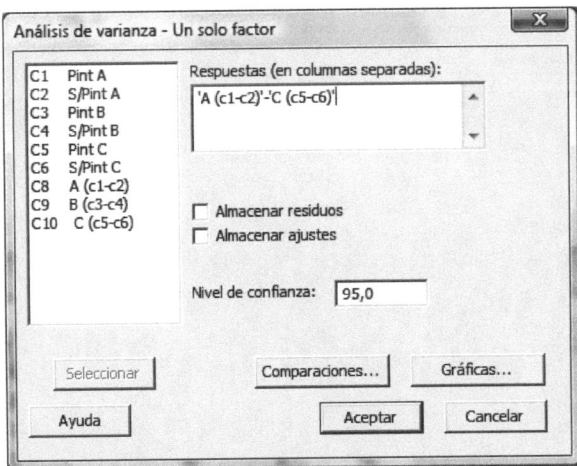

```
ANOVA unidireccional: A (c1-c2); B (c3-c4); C (c5-c6)

Fuente  GL     SC     CM     F      P
Factor   2   218,1  109,1  10,16  0,003
Error   12   128,8   10,7
Total   14   346,9


S = 3,276   R-cuad. = 62,87%   R-cuad.(ajustado) = 56,69%


                                  ICs de 95% individuales para la media
                                  basados en Desv.Est. agrupada
Nivel        N   Media  Desv.Est. ----+---------+---------+---------+----
A (c1-c2)    5  11,000    2,915                 (------*-------)
B (c3-c4)    5   5,000    1,871    (-------*------)
C (c5-c6)    5  14,200    4,494                      (------*-------)
                                  ----+---------+---------+---------+----
                                    4,0       8,0      12,0      16,0

Desv.Est. agrupada = 3,276
```

Se confirma que la diferencia es estadísticamente significativa (valor-p = 0,003). La pintura B produce menos porosidad.

Si se realizan diagramas bivariantes de la porosidad en la parte pintada frente a la porosidad en la parte sin pintar no se observa ninguna relación. Por tanto, se podría hacer el análisis de la varianza con los datos de la porosidad en la parte pintada sin restar la porosidad en la parte sin pintar. Hecho de esta forma, la diferencia a favor de B es todavía más clara (F=17,23; valor-p = 0,000).

Estudios de R&R.
Estudios de capacidad

Cuando se mide alguna característica de un producto a veces se nos olvida que todo proceso de medida introduce variabilidad. No hay aparatos de medida perfectos ni todos los medidores proceden siempre de la misma forma. El resultado es que, inevitablemente, los datos disponibles están contaminados por la variabilidad introducida por el sistema de medida.

La buena noticia es que podemos diseñar un plan de recogida de datos que permita separar la variabilidad realmente debida a las piezas, de aquella introducida por los operarios y por el aparato de medida. Es lo que llamamos estudios de repetitividad (variabilidad del aparato) y reproducibilidad (variabilidad introducida por los medidores o por factores ambientales). MINITAB es de gran ayuda para realizar este tipo de estudios y de ello trata el primer capítulo de este bloque.

Los dos capítulos siguientes se dedican a los estudios de capacidad. Se trata de medir la variabilidad natural de un proceso, la que se tiene cuando las causas que le afectan son únicamente las que llamamos "causas aleatorias": muchas, inevitables, pequeñas, prácticamente imperceptibles una a una, pero que actuando juntas provocan esa variabilidad inevitable que llamamos capacidad.

Interesan dos tipos de capacidad: la que se mide en un corto espacio de tiempo produciendo unidades seguidas, una detrás de otra, y la capacidad a largo plazo, la que incluye un periodo largo de producción y da la oportunidad de que aparezcan causas como los cambios de turno, cambios en las materias primas, en las condiciones ambientales, en el estado de la máquina, etc. Las dos variabilidades se pueden medir en el mismo estudio tomando muestras (de 4 o 5 unidades suele ser suficiente) con cierta frecuencia durante un periodo de tiempo que dé la oportunidad de que intervengan todas las causas que provocan variación.

Recogidos los datos de esta forma, la capacidad a corto plazo se mide a través de la variabilidad **dentro de** las muestras, ya que se trata de unidades seguidas producidas todas ellas en las mismas condiciones (a esta variabilidad también se le llama capacidad de máquina). La capacidad a largo plazo (o capacidad de proceso) se mide a partir de la variabilidad **general** de todos los datos.

El que la variabilidad sea o no aceptable, no solo depende de su valor sino también de las tolerancias del producto que se esté fabricando. No es lo mismo llenar sacos de cemento de 50 kg que botes de café instantáneo de 200 g, una variabilidad prácticamente despreciable en el primer caso puede ser absolutamente intolerable en el segundo.

La relación entre las tolerancias del producto y la capacidad del proceso es lo que miden los índices de capacidad, el más conocido de los cuales es el que relaciona la anchura de las tolerancias con la anchura que caracteriza la variabilidad del proceso. MINITAB le denomina Cp, de acuerdo con la notación habitual, cuando la variabilidad que utiliza es la producida a corto plazo y Pp si se trata de la variabilidad a largo plazo.

Pero mientras que calcular la anchura de las tolerancias no entraña ningún problema, la anchura del intervalo de variación es algo que es necesario definir. Normalmente se considera que dicha anchura es igual a seis veces la desviación típica (este es el valor por defecto que utiliza MINITAB) pero esa anchura deja fuera un 3 por mil de las unidades producidas y esta es una proporción importante que en muchos casos no puede ser ignorada. La solución es tomar ocho sigmas como anchura de la variabilidad (±4σ en lugar de ±3σ). Otra solución consiste en exigir un Cp = 1 cuando se trabaja con 8σ y de 1,33 cuando se utilizan 6σ (ambas exigencias son equivalentes).

El Cp (o Pp) solo compara la anchura de las tolerancias y la variabilidad del proceso, pero no tiene en cuenta si este se halla o no centrado (fabricando en torno al valor objetivo). Para tener en cuenta este aspecto se define el Cpk (o Ppk) que se calcula de forma que es igual al Cp cuando el proceso está perfectamente centrado, pero disminuye al estar descentrado. Cuando el producto solo tiene un límite de tolerancias no se puede calcular el Cp pero sí el Cpk.

MINITAB presenta un resumen estadístico de los datos incluyendo los valores de la desviación estándar a corto (dentro de) y a la largo (general) plazo, los índices de capacidad y los defectos observados en la muestra así como los previstos calculados a partir de la distribución normal de los datos con los parámetros estimados. También ofrece la posibilidad de utilizar el *Capability Sixpack*, que además de la información clave sobre el estudio de capacidad muestra los gráficos de control y el test de normalidad de los datos para verificar que el proceso se encontraba en estado de control y que la variabilidad observada es la intrínseca del proceso.

13

Estudio del sistema de medida

Diseños cruzados y diseños anidados

Diseños cruzados son aquellos en que todos los operarios miden varias veces todas las piezas. Son los más utilizados, especialmente cuando se trata de medir características dimensionales.

Esquema de diseño cruzado (todos los operarios miden todas las piezas)

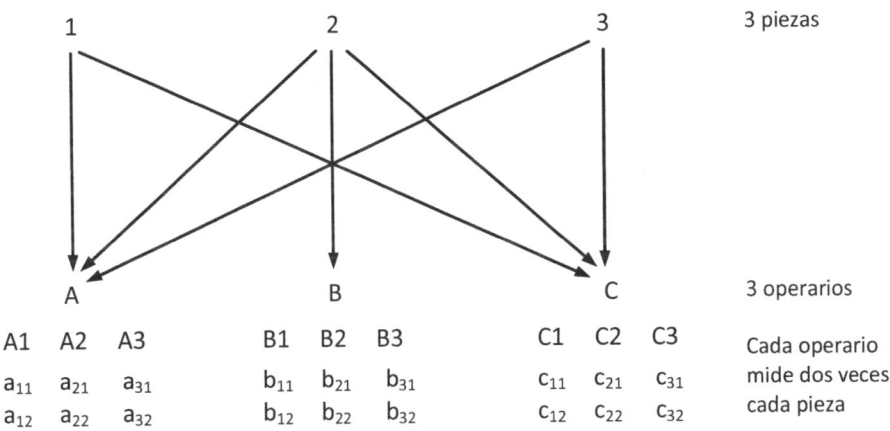

1			2			3			3 piezas

A			B			C			3 operarios
A1	A2	A3	B1	B2	B3	C1	C2	C3	Cada operario
a_{11}	a_{21}	a_{31}	b_{11}	b_{21}	b_{31}	c_{11}	c_{21}	c_{31}	mide dos veces
a_{12}	a_{22}	a_{32}	b_{12}	b_{22}	b_{32}	c_{12}	c_{22}	c_{32}	cada pieza

En los diseños anidados cada pieza es medida por un solo operario, siendo este el método utilizado cuando los ensayos son destructivos. En este caso cada operario también debería medir varias veces la misma pieza, pero como esto no es factible deberá medir varias piezas lo más parecidas posible (piezas seguidas fabricadas en idénticas condiciones) de forma que la variabilidad entre estas piezas sea despreciable y puedan considerarse, a efectos prácticos, como una sola pieza.

Diseño anidado (cada operario mide sólo una parte de las piezas):

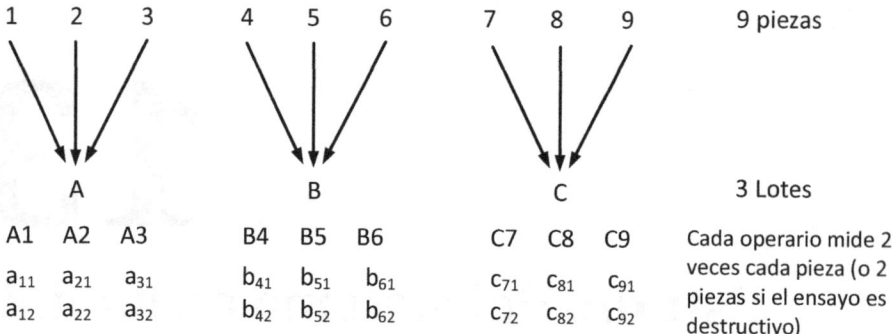

A1	A2	A3	B4	B5	B6	C7	C8	C9	Cada operario mide 2 veces cada pieza (o 2 piezas si el ensayo es destructivo)
a_{11}	a_{21}	a_{31}	b_{41}	b_{51}	b_{61}	c_{71}	c_{81}	c_{91}	
a_{12}	a_{22}	a_{32}	b_{42}	b_{52}	b_{62}	c_{72}	c_{82}	c_{92}	

Archivo 'RR_Cruz'

RR_CRUZ.MTW contiene los datos para la realización de un estudio de R&R en el que tres operarios han medido 10 piezas distintas, 3 veces cada una. Cada operario ha medido las 10 piezas seguidas en orden aleatorio y sin saber qué pieza estaba midiendo. A continuación han medido las piezas los otros dos operarios, y se ha repetido todo el proceso 3 veces. El contenido de las columnas es el siguiente:

Columna	Nombre	Contenido
C1	Pieza	Identificación de la pieza (valores del 1 al 10)
C2	Operario	Identificación del operario (valores del 1 al 3)
C3	Medición	Valor obtenido al hacer la medición
C4	Orden	Orden en que se han obtenido los datos

Análisis gráfico

Estadísticas > Herramientas de calidad > Estudio de medición > Gráfica de corridas del sistema de medición

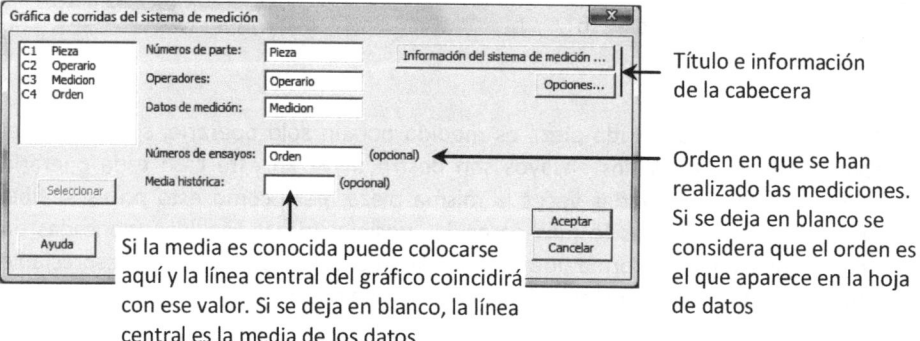

Título e información de la cabecera

Orden en que se han realizado las mediciones. Si se deja en blanco se considera que el orden es el que aparece en la hoja de datos

Si la media es conocida puede colocarse aquí y la línea central del gráfico coincidirá con ese valor. Si se deja en blanco, la línea central es la media de los datos

Gráfica de corridas del sistema de medición de Medicion por Pieza, Operario

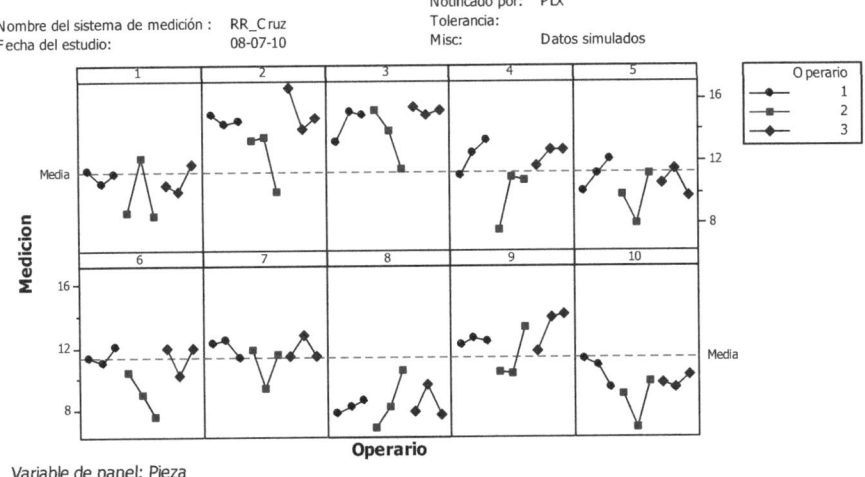

Variable de panel: Pieza

Conclusiones que se pueden extraer de este gráfico:

- Existen diferencias entre piezas. Por ejemplo, las piezas 2 y 3 dan valores por encima de la media, y las 8 y 10 por debajo.

- El segundo operario mide con mayor variabilidad que los otros dos, y también tiende a dar valores por debajo de los otros operarios.

El gráfico obtenido es el mismo tanto si se indica la columna donde está el orden como si no, ya que el orden que indica es precisamente el orden en que aparecen los datos.

Estudio de R&R para los datos de RR_Cruz

Se trata de un diseño cruzado, ya que todos los operarios miden varias veces todas las piezas. Por tanto vamos a: **Estadísticas > Herramientas de calidad > Estudio de medición > Estudio R&R del sistema de medición (cruzado)**

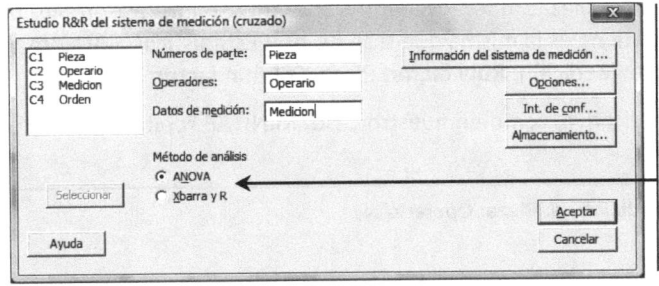

ANOVA: Basado en el análisis de la varianza. Es el método exacto. Implica cálculos laboriosos si se hace a mano.

Xbarra y R (gráfico $\bar{X}$ –R): Es un método aproximado que se usa para evitar los cálculos del método exacto.

Con MINITAB, es mejor usar ANOVA, tal como está marcado por defecto. Sólo tiene sentido usar el método Xbarra–R para poder comparar o mantener el mismo método que en estudios anteriores.

Opciones, con los valores que aparecen por defecto:

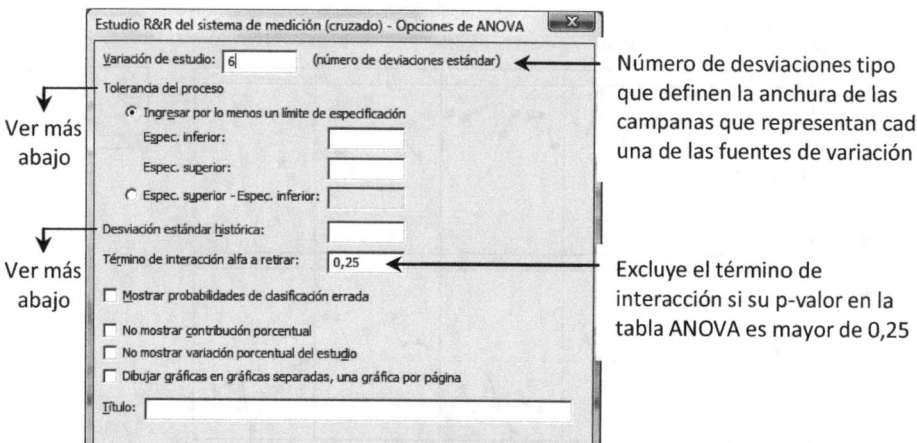

Tolerancia del proceso se refiere a la anchura del intervalo de tolerancias para la magnitud medida. Si se entra este valor, MINITAB indica qué porcentaje de esa anchura es ocupada por la variación debida al sistema de medida y a cada uno de sus componentes. También, si se marca la casilla correspondiente, muestra las probabilidades de clasificación errónea (ver más adelante).

Desviación estándar histórica. Si se conoce la desviación estándar histórica de la magnitud medida se puede entrar aquí y MINITAB indica el porcentaje que sobre esa variabilidad total representa el proceso de medida y cada uno de sus componentes.

La información que se obtiene en la ventana de Sesión, se puede dividir en 3 partes: 1) Tablas de análisis de la varianza, 2) Tabla de componentes de la varianza y 3) Tabla de estudio de la variación.

1. Tablas de análisis de la varianza

Analiza si hay diferencia entre piezas, diferencia entre operarios, e interacción pieza-operario. La tabla que se obtiene es la misma que si se hiciera: **Estadísticas > ANOVA > Dos factores.** Con **Response**: Medición; **Row factor**: Pieza; **Column factor**: Operario

Si la interacción no es significativa, como en nuestro caso, MINITAB repite la tabla sin incluirla.

```
ANOVA de dos factores: Medicion vs. Pieza; Operario

Fuente        GL       SC        CM        F       P
Pieza          9  286,033   31,7814   21,37   0,000
Operario       2   45,635   22,8173   15,35   0,000
Interacción   18   17,261    0,9589    0,64   0,849
Error         60   89,217    1,4869
Total         89  438,145
```

2. Tabla de componentes de la varianza

Esta es una tabla de la que se podría prescindir, ya que la información que contiene se puede deducir de la tercera tabla (tabla de estudio de la variación).

```
R&R del sistema de medición
                                                  %Contribución
Fuente                              CompVar      (de CompVar)
R&R del sistema de medición  total  2,08017            38,10
  Repetibilidad                     1,36510            25,00
  Reproducibilidad                  0,71507            13,10
    Operario                        0,71507            13,10
Parte a parte                       3,37959            61,90
Variación total                     5,45976           100,00
```

Obsérvese que 2,08017 = 1,36510+0,71507, y que 5,45976 = 2,08017+3,37959. Asimismo, el porcentaje de contribución se deduce de la forma: 38,10 = (2,08017/5,45976)×100, etc.

3. Tabla de estudio de la variación

La columna 'Desv-Est.' contiene las raíces cuadradas de la columna 'CompVar' de la tabla anterior. Es decir, 1,44228 = $\sqrt{2,08017}$, etc.

'Var. del estudio' contiene los valores de la columna anterior multiplicados por 6. Estos valores representan la anchura de las campanas que corresponden a cada una de las variabilidades, y que contienen el 99,7 % de las observaciones (6σ, valor por defecto).

'%Var del estudio' representa el porcentaje de anchura de cada fuente de variación respecto a la variación total. Ejemplo: 61,73 = (8,6537/14,0197)×100.

```
                                     Desv.Est.   Var. del estudio
Fuente                                 (DE)          (6 * DE)
R&R del sistema de medición  total    1,44228         8,6537
  Repetibilidad                       1,16838         7,0103
  Reproducibilidad                    0,84562         5,0737
    Operario                          0,84562         5,0737
Parte a parte                         1,83837        11,0302
Variación total                       2,33661        14,0197

                                     %Var. del estudio
Fuente                                    (%VE)
R&R del sistema de medición  total        61,73
  Repetibilidad                           50,00
  Reproducibilidad                        36,19
    Operario                              36,19
Parte a parte                             78,68
Variación total                          100,00
```

Esquema de las variabilidades que intervienen en un estudio R&R
(Repetitividad y Reproducibilidad)

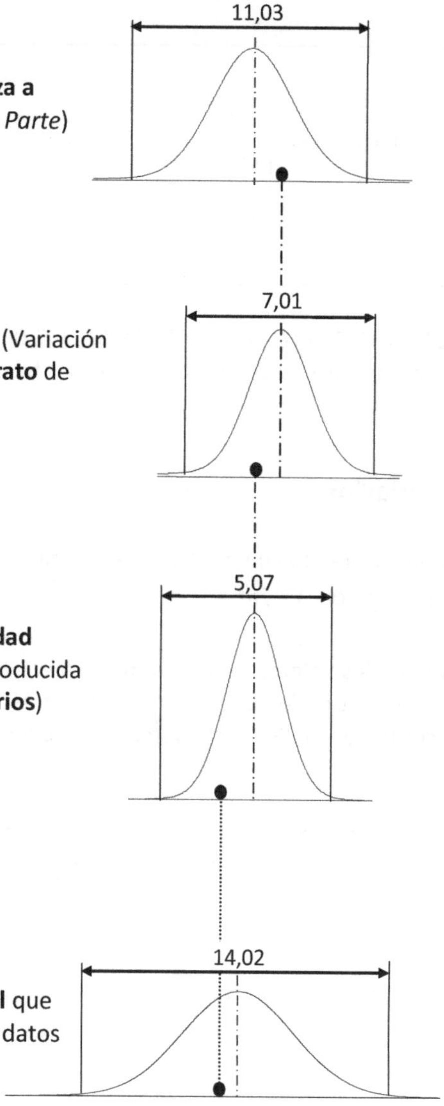

Variación pieza a pieza (*Parte a Parte*)

11,03

Las piezas presentan una cierta variabilidad. Tomamos una que tiene el valor marcado con un punto

Repetitividad (Variación debida al **aparato** de medida)

7,01

Pero el aparato de medida no da ese valor concreto, sino otro perteneciente a una distribución centrada en el verdadero valor si está bien calibrado y con más o menos dispersión dependiendo de su precisión

Reproducibilidad (Variación introducida por los **operarios**)

5,07

También la forma de medir de los operarios afecta al resultado, de forma que el valor obtenido está en torno al valor que daría el aparato si este fuera usado de forma "perfecta"

Variación total que presentan los datos

14,02

Los valores obtenidos por los operarios pertenecen a una distribución más ancha que la debida a la variabilidad pieza a pieza, ya que también hay que añadir la variabilidad introducida por el instrumento y por el operario que realiza la medición

Observe que la anchura de la campana que representa la variación total no es la suma de las anchuras de las campanas que representan las fuentes de variabilidad. Esta es la razón por la cual en la columna `%Var` del estudio los valores de `R&R del sistema de medición total` y `Parte a parte` no suman 100.

Ventana gráfica

Se ha disminuido el tamaño de letra de los rótulos del eje horizontal en el gráfico **Componentes de variación** para que aparezcan horizontales y el gráfico se vea más claro (doble clic sobre los rótulos, pestaña **Fuente, Tamaño**: 7)

R&R del sistema de medición (ANOVA) para Medicion

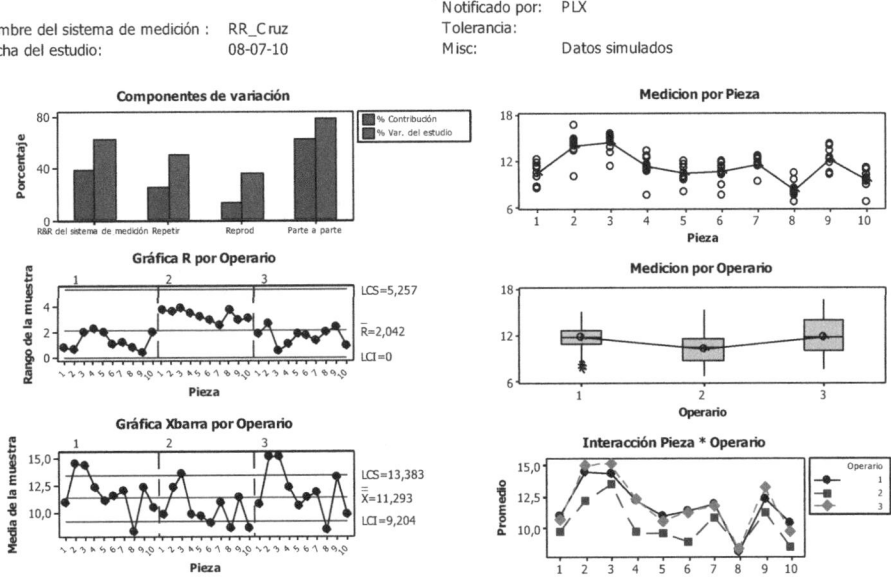

Componentes de la variación:	Representa gráficamente la contribución de cada parte según el análisis de componentes de la varianza (tabla 2) y el estudio de la variación (tabla 3).
Gráficas R y Xbarra	En el gráfico de Rangos (**Gráfica R por Operario**) se observa como el operario 2 presenta más variabilidad en sus mediciones que los otros. Los puntos fuera de control en el gráfico de medias (**Gráfica Xbarra por Operario**) pueden interpretarse como que el sistema de medición es capaz de identificar las diferencias entre piezas.
Medición por pieza	Se observa claramente que hay variación entre piezas.
Medición por operario	El operario 2 da una media más baja.
Interacción Operario*Pieza	Se observa claramente la diferencia entre piezas, y que el operario 2 da valores por debajo de los otros 2. Entre los operarios 1 y 3 no se aprecian diferencias. Si no hay interacción, estas líneas son aproximadamente paralelas.

Comparación con las tolerancias de la pieza

En **Opciones** se puede introducir la anchura del intervalo de tolerancias.

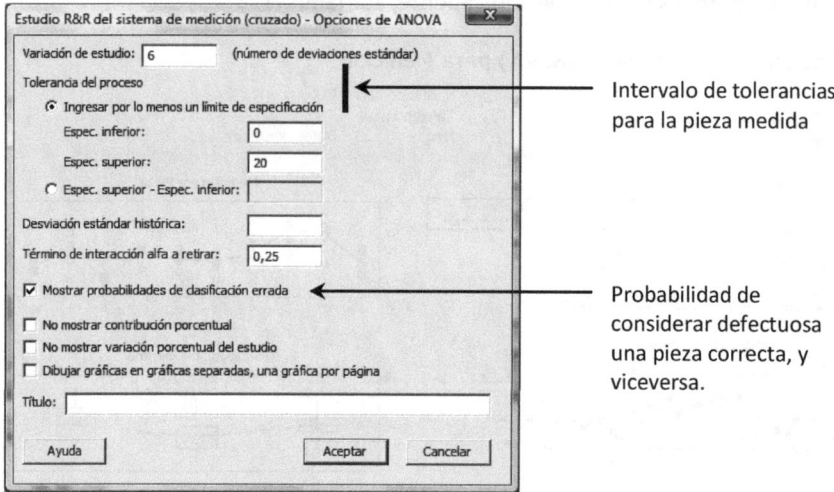

Intervalo de tolerancias para la pieza medida

Probabilidad de considerar defectuosa una pieza correcta, y viceversa.

En este caso, en la tabla de estudio de la variación se incluye una nueva columna con el porcentaje que representa la anchura de cada fuente de variación respecto a la anchura de las especificaciones. En general, un sistema de medida se considera correcto, si la anchura definida por su variabilidad (R&R del sistema de medición total) es menor del 20% del intervalo de especificaciones, cosa que en este caso no sucede.

Fuente	%Var. del estudio (%VE)	%Tolerancia (VE/Toler)	
R&R del sistema de medición total	61,73	43,27	◄ Debería
Repetibilidad	50,00	35,05	ser menor
Reproducibilidad	36,19	25,37	del 20%
Operario	36,19	25,37	
Parte a parte	78,68	55,15	
Variación total	100,00	70,10	

Probabilidades de clasificación errónea

Probabilidad conjunta ◄——————— Se da a medir una pieza tomada al azar

La pieza es defectuosa y se acepta   0,000 ◄ Si no hay piezas defectuosas esta
La pieza está bien y se rechaza   0,000   probabilidad será cero aunque el
                                               sistema de medición sea muy malo

Probabilidad condicional ◄——————— Probabilidad de que se dé por
                                    buena sabiendo que es falsa, o por
Aceptación falsa   0,405   mala sabiendo que es buena
Rechazo falso   0,000

Estas probabilidades pueden prestarse a malas interpretaciones. En general se utiliza el criterio, ya comentado, de dar por bueno el sistema de medida si la anchura de la variabilidad que introduce es menor del 20% (en algunos casos del 10%) de la anchura de las tolerancias del producto que se mide.

Cuando se introducen las especificaciones del producto, en el gráfico de **Componentes de Variación** de la ventana gráfica aparece una nueva barra con los porcentajes de anchura de variación respecto a la anchura de las tolerancias.

Archivo 'RR_Anid'

RR_ANID.MTW contiene los datos obtenidos para la realización de un estudio R&R en el que se utilizaron 12 piezas y 3 operarios. Las piezas se dividieron en 3 grupos de 4 unidades, y cada operario midió 3 veces las piezas de un grupo, en orden aleatorio y sin saber qué pieza estaba midiendo. Los resultados obtenidos están dispuestos de la siguiente forma:

Columna	Nombre	Contenido
C1	Pieza	Identificación de la pieza (valores del 1 al 12)
C2	Operario	Identificación del operario (A, B y C)
C3	Medición	Resultado de las mediciones realizadas

Estudio de R&R para los datos de RR_Anid

En este caso se trata de un diseño anidado, ya que cada operario mide sólo una parte de las piezas. **Estadísticas > Herramientas de calidad > Estudio de medición > Estudio R&R del sistema de medición (anidado)**.

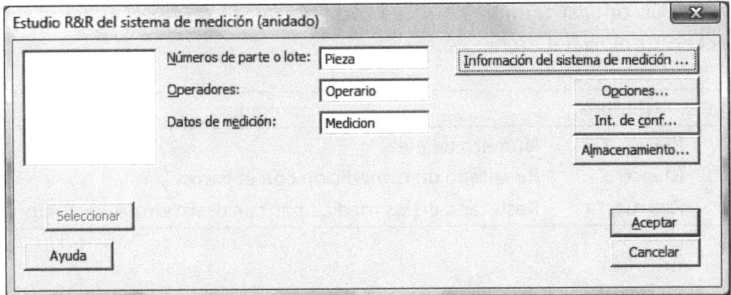

Información del sistema de medición y **Opciones** conducen a cuadros de diálogo idénticos al caso de diseños cruzados. Asimismo, el resultado obtenido en la ventana de Sesión presenta la misma estructura que en los diseños anteriores.

Con estos datos se obtiene el siguiente gráfico:

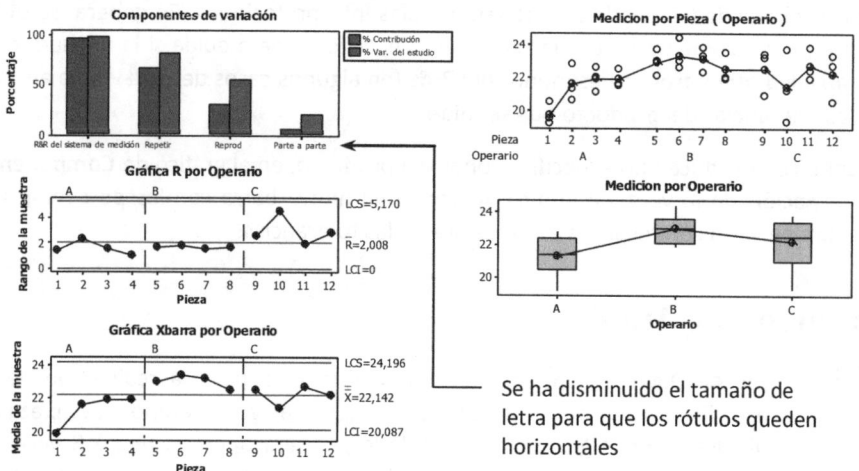

Se ha disminuido el tamaño de letra para que los rótulos queden horizontales

En este caso también se ha disminuido el tamaño de letra de los rótulos del gráfico de componentes de variación. En este mismo gráfico puede observarse que la variabilidad entre piezas (Parte a parte) es muy pequeña comparada con la que presenta el sistema de medida (R&R del sistema de medición). Esto significa que el sistema de medida no es adecuado.

Archivo 'Linmedidor'

Este archivo viene incluido con MINITAB para mostrar los estudios de linealidad del sistema de medida. Se toman 5 piezas de distintos tamaños que representan el rango esperado para las mediciones a realizar. Cada pieza se mide con un patrón para determinar su valor exacto, y a continuación un operario mide 12 veces cada pieza utilizando el sistema en estudio. El contenido del archivo es:

Columna	Nombre	Contenido
C1	Pieza	Número de pieza
C2	Maestro	Resultado de la medición con el patrón
C3	Respuesta	Resultado de las mediciones con el sistema en estudio

Estudio del calibrado y la linealidad del sistema de medida

Cargamos los datos del archivo LINMEDIDOR y hacemos:

Estadísticas > Herramientas de calidad > Estudio de medición > Estudio de linealidad y sesgo del sistema de medición

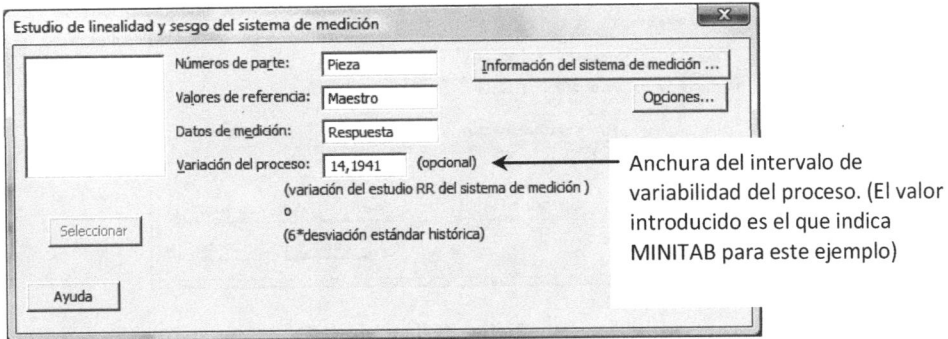

Anchura del intervalo de variabilidad del proceso. (El valor introducido es el que indica MINITAB para este ejemplo)

Estudio del sesgo y de la linealidad del sistema de medición para Respuesta

Nombre del sistema de medición :
Fecha del estudio:

Notificado por:
Tolerancia:
Misc:

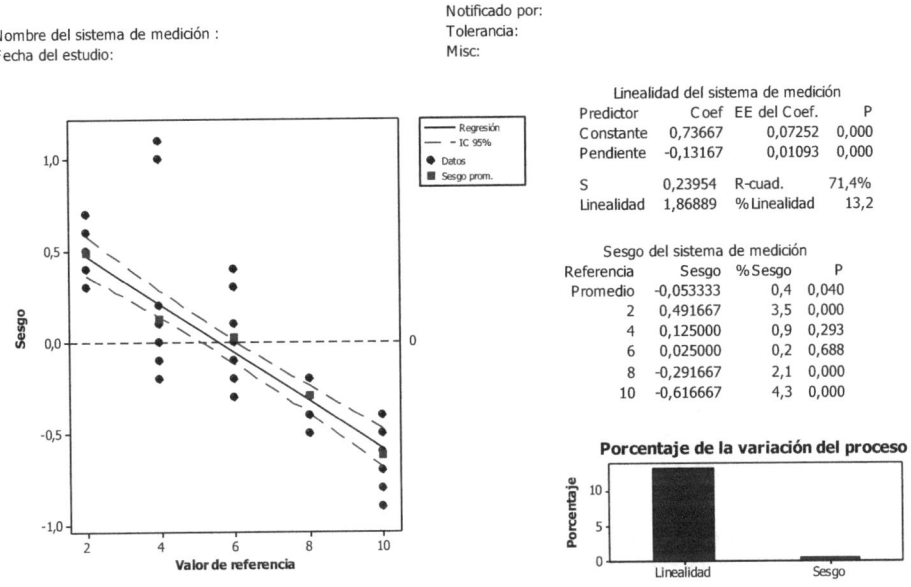

Linealidad del sistema de medición

Predictor	Coef	EE del Coef.	P
Constante	0,73667	0,07252	0,000
Pendiente	-0,13167	0,01093	0,000

S	0,23954	R-cuad.	71,4%
Linealidad	1,86889	%Linealidad	13,2

Sesgo del sistema de medición

Referencia	Sesgo	%Sesgo	P
Promedio	-0,053333	0,4	0,040
2	0,491667	3,5	0,000
4	0,125000	0,9	0,293
6	0,025000	0,2	0,688
8	-0,291667	2,1	0,000
10	-0,616667	4,3	0,000

¿De dónde sale y qué significa la información que da el estudio de linealidad?

Gráfico: Muestra la diferencia entre el valor medido y el valor real (**Sesgo**) frente al valor real (**Valor de referencia**). También puede obtenerse colocando en C4 (que llamaremos Diferencia) la diferencia entre C3 (Respuesta) y C2 (Maestro, también se le llama "patrón"), y a continuación:

Estadísticas > Regresión > Gráfica de línea ajustada

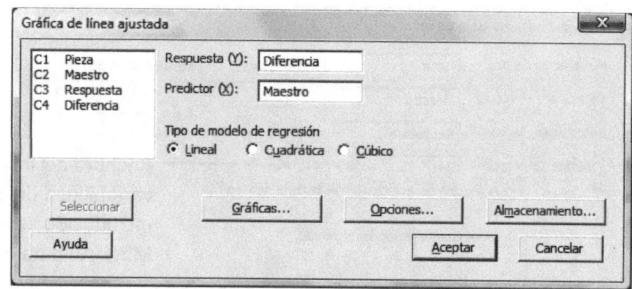

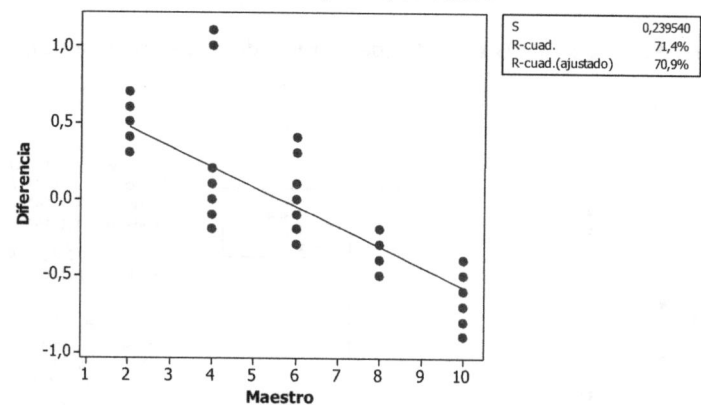

Gráfica de línea ajustada
Diferencia = 0,7367 - 0,1317 Maestro

S	0,239540
R-cuad.	71,4%
R-cuad.(ajustado)	70,9%

Linealidad: Producto de la pendiente de la recta anterior por la anchura de la variabilidad del proceso. Luego, en este caso: Linealidad = 0,13167×14,1941 = 1,8689.

%Linealidad Pendiente de la recta multiplicado por 100. En este caso, la variación debida a linealidad equivale al 13% del rango de magnitudes a medir.

Sesgo: En la primera fila se tiene el promedio de todas las desviaciones entre el valor real y el valor patrón (tal como tenemos los datos, es el promedio de valores de C4). Debajo están las desviaciones correspondientes a cada valor del patrón.

%Sesgo: %Sesgo = ($|$Sesgo$|$/Anchura del proceso)×100 = (-0,053/14,1941)×100 = 0,3757. Esto significa que el sesgo introducido por el sistema de medida es aproximadamente el 0,4% de la variación total.

14

Estudios de capacidad para variables

Opciones disponibles

Estadísticas > Herramientas de calidad ...

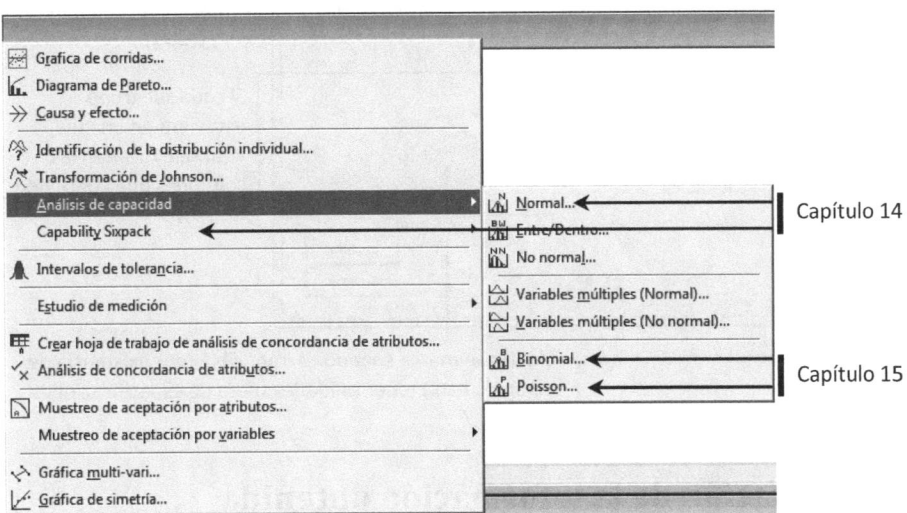

En este capítulo nos centramos en las variables que siguen una distribución Normal, tratando también la opción **Capability Sixpack**. En el capítulo siguiente se tratan las variables que siguen distribuciones binomial o de Poisson.

Archivo 'Vita_C'

Para realizar un estudio de capacidad del proceso de producción de un comprimido cuyo peso nominal es de 3,25 g, se toman muestras de 5

unidades cada 15 minutos durante 10 horas. Los pesos correspondientes a las unidades muestreadas se hallan en el archivo VITA_C.MTW.

Las empresas farmacéuticas están obligadas a cumplir las Normas de la Farmacopea Europea que, entre otros requisitos, indican que la probabilidad de que el peso de un comprimido se desvíe en más de un 5% de su peso nominal debe ser inferior al 0,5%. Queremos saber si el proceso es capaz respecto a este requisito.

Análisis de capacidad (distribución normal)

Estadísticas > Herramientas de calidad > Análisis de capacidad > Normal

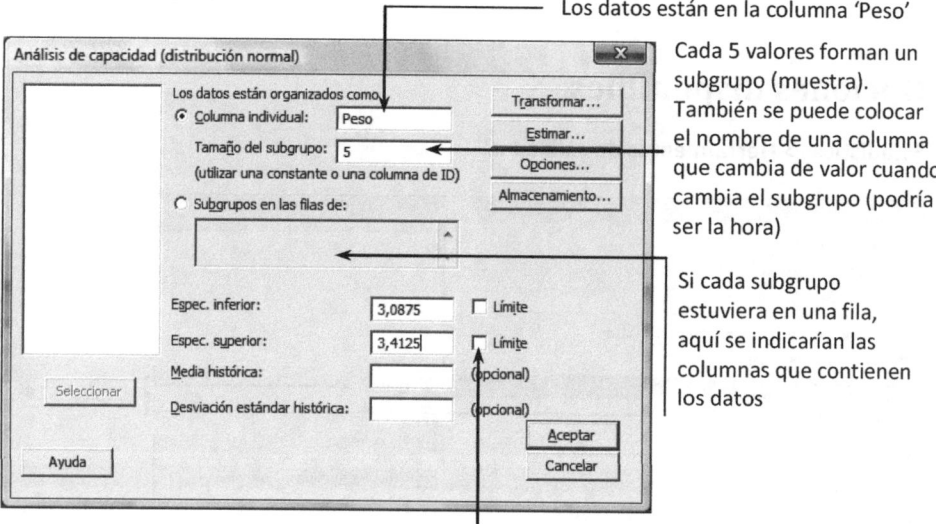

Los datos están en la columna 'Peso'

Cada 5 valores forman un subgrupo (muestra). También se puede colocar el nombre de una columna que cambia de valor cuando cambia el subgrupo (podría ser la hora)

Si cada subgrupo estuviera en una fila, aquí se indicarían las columnas que contienen los datos

Límite: se marca cuando es imposible (por existencia de algún control) tener unidades fuera de especificaciones

Interpretación de la información obtenida

Se obtiene la ventana gráfica que figura a continuación y que comentamos por partes.

① Datos del proceso: Límites inferior y superior de especificaciones (**LEI** y **LES**, como mínimo hay que entrar uno). Valor objetivo (**Objetivo**): lo muestra si se ha introducido (es opcional). Media global de todos los datos (**media de la muestra**), número total de datos (**Número de muestra**), desviaciones estándar estimadas a partir de la variabilidad dentro de las muestras (**Desv.Est. (Dentro)**) y estimada a partir de la variabilidad global (**Desv.Est.(General)**).

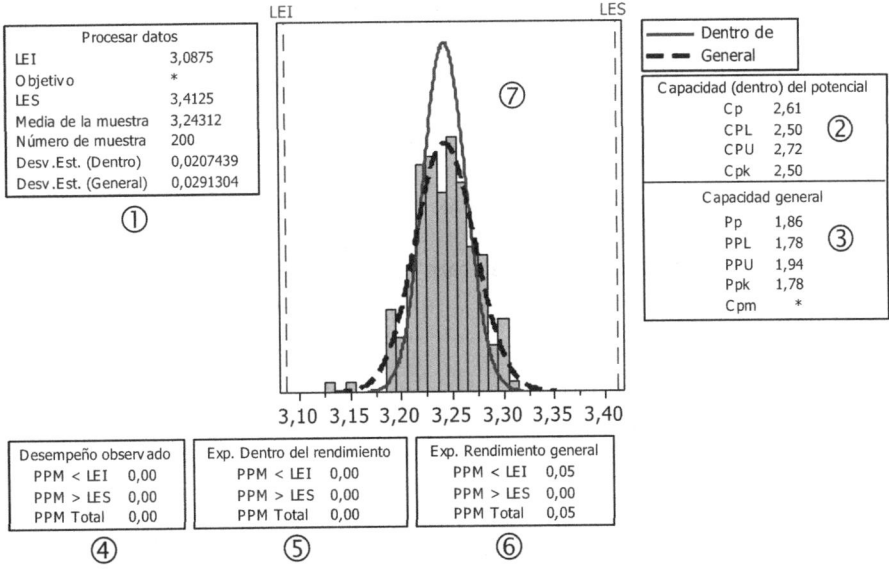

Procesar datos	
LEI	3,0875
Objetivo	*
LES	3,4125
Media de la muestra	3,24312
Número de muestra	200
Desv.Est. (Dentro)	0,0207439
Desv.Est. (General)	0,0291304

①

Capacidad (dentro) del potencial
Cp	2,61
CPL	2,50
CPU	2,72
Cpk	2,50

②

Capacidad general
Pp	1,86
PPL	1,78
PPU	1,94
Ppk	1,78
Cpm	*

③

Desempeño observado	
PPM < LEI	0,00
PPM > LES	0,00
PPM Total	0,00

④

Exp. Dentro del rendimiento	
PPM < LEI	0,00
PPM > LES	0,00
PPM Total	0,00

⑤

Exp. Rendimiento general	
PPM < LEI	0,05
PPM > LES	0,00
PPM Total	0,05

⑥

② Índices de capacidad a corto plazo (también se suele llamar 'capacidad de máquina'): Son los índices calculados a partir de la variabilidad dentro de las muestras. Para ver las fórmulas detalladas, haga clic sobre **Ayuda** en la ventana **Análisis de capacidad (distribución normal)** y en el menú de la parte superior derecha hacer clic sobre **Véase también** y a continuación sobre **Métodos y fórmulas.**

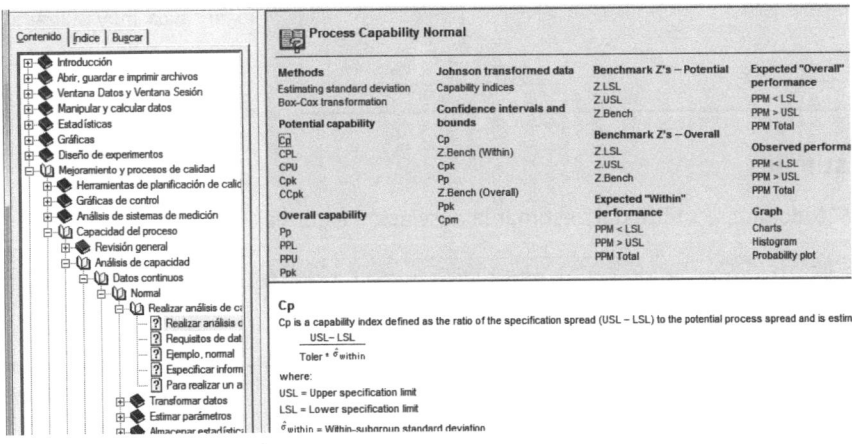

③ Igual que en 2, pero basándose en la variabilidad global (capacidad a largo plazo, o capacidad de proceso).

④ Partes por millón (PPM) observadas por debajo y por encima de los límites de tolerancias. (Es decir, cuántos valores, en ppm, de los que tenemos, están por debajo o por encima de los límites de tolerancias).

⑤ PPM esperadas fuera de tolerancias basándonos en la variabilidad dentro de las muestras. Es un cálculo teórico a partir de la distribución normal que refleja esta variabilidad, centrada en el valor medio de los datos.

⑥ Igual que el anterior, pero teniendo en cuenta la variabilidad total.

⑦ Histograma de los datos y campanas que representan la variabilidad teórica global (**General**, campana a trazos) y una supuesta variabilidad mínima alcanzable (**Dentro de**, línea de trazo continuo) si el proceso se mantiene estable en el tiempo.

Personalizar el estudio

Transformar

Cuando los datos originales no siguen una distribución normal, se pueden transformar para obtener una distribución que, a efectos prácticos, pueda considerarse normal.

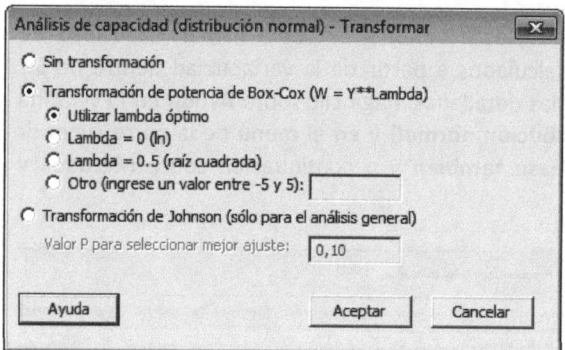

Por defecto está marcada la opción **Sin transformación**

Cuando se desea transformar los datos lo habitual es utilizar la distribución de Box-Cox. Lambda = 0 es la transformación logarítmica, muy utilizada

Estimar

Método que se utiliza para estimar la desviación estándar.

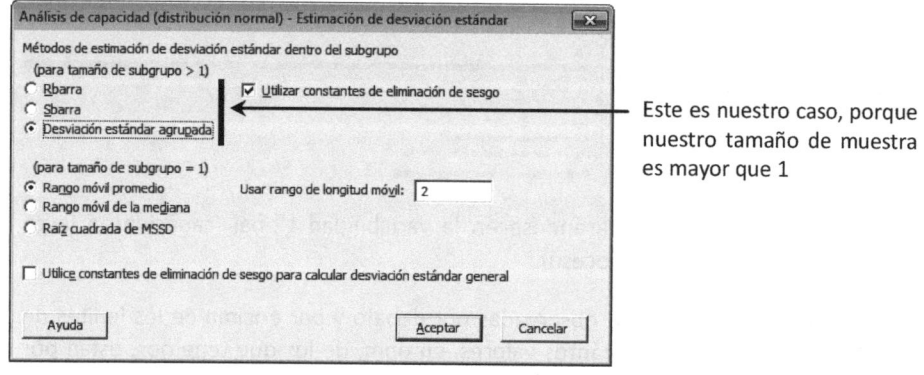

Este es nuestro caso, porque nuestro tamaño de muestra es mayor que 1

En general no hace falta cambiar los valores por defecto. La forma de estimar la desviación estándar dentro de las muestras es a través de la media de sus varianzas (si los tamaños de muestra son distintos se pondera por los grados de libertad de cada muestra).

Es bien sabido que la varianza muestral s^2 es un estimador insesgado de la varianza poblacional σ^2, sin embargo la desviación tipo de la muestra s no es estimador insesgado de la poblacional σ. Para que lo sea hay que aplicar una constante en función de los grados de libertad con que se estima s^2. MINITAB la aplica por defecto (**Utilizar constantes de eliminación de sesgo**).

Cuando el tamaño del subgrupo es 1, por defecto calcula la variabilidad a corto plazo a través de la media de los rangos móviles de orden 2.

Opciones

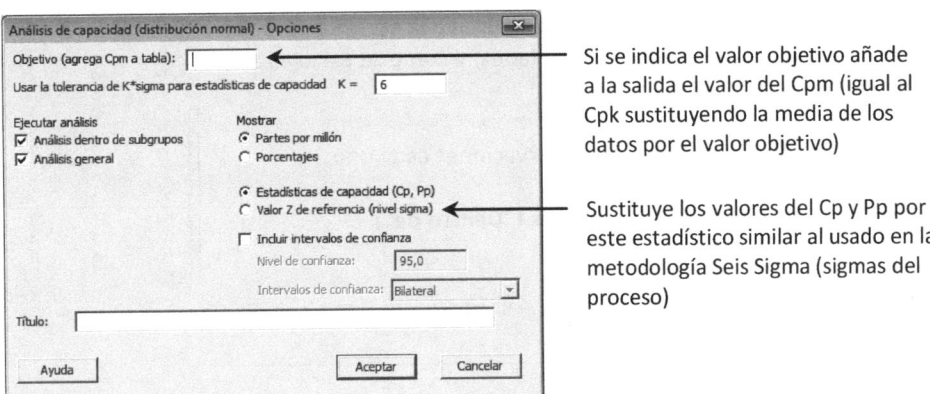

Si se indica el valor objetivo añade a la salida el valor del Cpm (igual al Cpk sustituyendo la media de los datos por el valor objetivo)

Sustituye los valores del Cp y Pp por este estadístico similar al usado en la metodología Seis Sigma (sigmas del proceso)

En algunos ámbitos se toma 8σ como anchura de la campana para el cálculo de los índices de capacidad.

Exigir un Cp = 1 tomando 8σ como anchura de la campana, es lo mismo que exigir Cp = 1,33 tomando 6σ.

Almacenamiento

Almacena los valores que se marquen en las primeras columnas de la hoja de datos que encuentra vacías.

Variabilidad "Dentro de" y variabilidad "General"

¿Qué son?

Dentro de se refiere a la variabilidad dentro de las muestras. Da idea de la variabilidad que se tiene en un periodo corto de tiempo (también se llama variabilidad "a corto plazo"), sin incluir causas tales como cambios en las materias primas, ensuciamiento de la máquina, cambio de operario..., que inevitablemente van apareciendo. Esta variabilidad puede entenderse como la mínima a que se puede aspirar si se llegaran a eliminar las causas que van afectando a lo largo del tiempo.

General es la variabilidad global de todos los datos. También se llama variabilidad "a largo plazo". Es la variabilidad real con que se está produciendo.

¿Cómo se calculan?

Utilizaremos los sencillos valores que figuran a la derecha para ver las diferencias entre ambas variabilidades, y como se calcula cada una de ellas.

	C1	C2
	Medida	Muestra
1	2	1
2	4	1
3	5	1
4	6	1
5	12	2
6	13	2
7	14	2
8	15	2
9	6	3
10	7	3
11	8	3
12	10	3
13		

Tenemos sólo 3 subgrupos de 4 observaciones cada uno.

Variabilidad dentro de los subgrupos ("Dentro de"):

El mejor estimador de la varianza dentro de los subgrupos es la media de las varianzas en cada uno de ellos. En nuestro caso:

$$s^2_{Dentro} = \frac{2,92+1,67+2,92}{3} = 2,50$$

y por tanto, $s_{Dentro} = \sqrt{2,50} = 1,58$.

Variabilidad global (General)

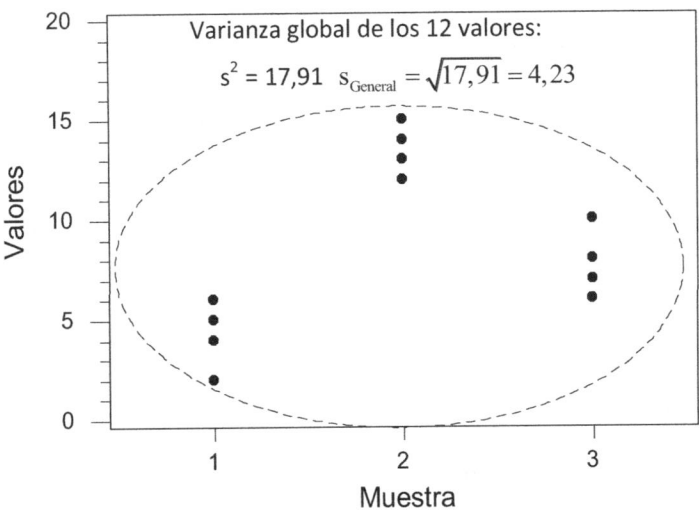

Varianza global de los 12 valores:

$$s^2 = 17,91 \quad s_{General} = \sqrt{17,91} = 4,23$$

Realizando un estudio de capacidad para estos datos, colocando como tolerancias 0 y 15 (son valores arbitrarios) y eliminando a través del botón **Estimar** la selección de **Utilizar constantes de eliminación de sesgo** (que aparece por defecto) se obtiene el siguiente resultado, donde se pueden comprobar los valores antes calculados:

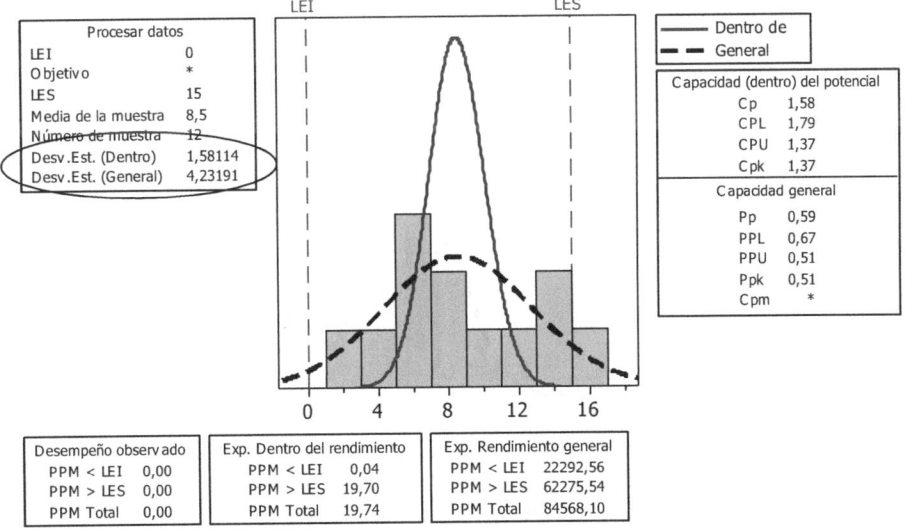

Si se deja marcada la opción de uso de las constantes de eliminación de sesgo, los valores que aparecen son ligeramente distintos

Estudio de capacidad cuando el tamaño de muestra es igual a 1

Valores tomados cada cierto intervalo de tiempo

Ejemplo 14.1: Se elabora comida seca para perros mediante un proceso de extrusión y la humedad del producto es una de sus características críticas de calidad. Para realizar un estudio de capacidad de esta variable, cuyo valor debe estar entre el 6 y el 12%, se toma una muestra cada 15 minutos y se mide su humedad. Se toman las muestras durante 8 horas y se tienen los siguientes 32 valores (introducidos por filas, el orden importa):

10,7	9,4	9,4	10,1	10,3	9,8	11,0	10,3
8,5	7,3	10,5	9,2	11,9	11,7	10,9	10,3
11,0	10,6	10,4	11,5	13,5	12,5	12,2	11,8
9,4	12,0	10,4	12,0	13,5	10,4	13,6	11,4

Colocamos los datos en una columna que llamamos Humedad, y vamos a:

Estadísticas > Herramientas de calidad > Análisis de capacidad > Normal, e indicamos que los datos están en la columna **Humedad**, que el tamaño del subgrupo (tamaño de muestra) es **1**, y que las especificaciones son **6** y **12**. Se obtiene:

Capacidad de proceso de Humedad

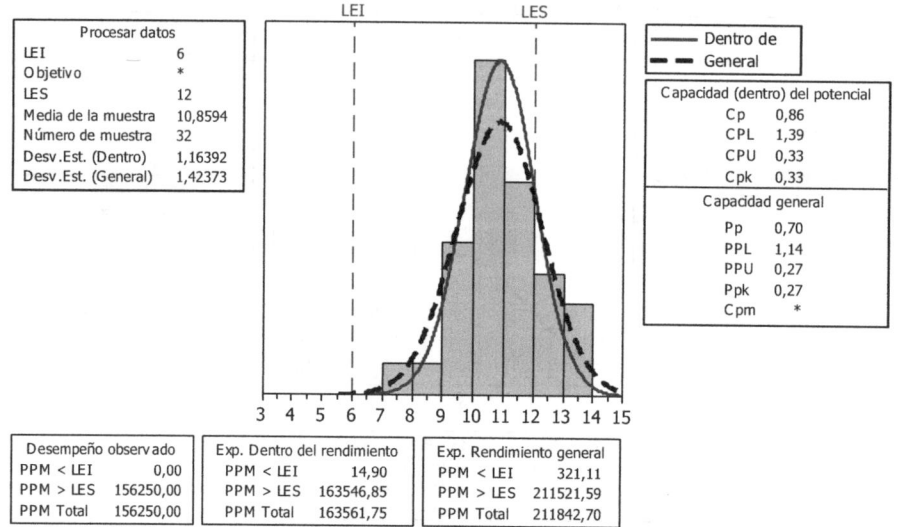

Se han cambiado los valores de la escala horizontal así como la anchura y posición de las barras del histograma para que el gráfico sea más claro.

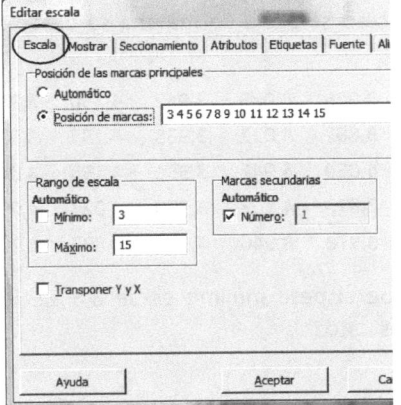 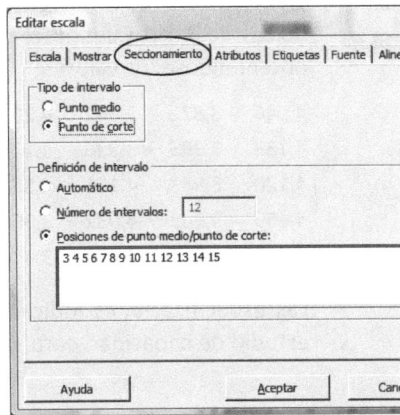

 En los cuadros de diálogo anteriores, en lugar de escribir todos los valores (3 4 5 6 7 8 9 10 11 12 13 14 15), puede escribir 3:15/1 (esto es, valores del 3 al 15 incrementando de 1 en 1).

El proceso no es capaz (Cp<1) y además está claramente descentrado. La diferencia entre la variabilidad entre muestras (en este caso calculada a partir de los rangos móviles) y la variabilidad total, pone de manifiesto que el proceso no se ha mantenido estable. Esto se confirma haciendo un diagrama en serie temporal de los datos (**Gráfica > Gráfica de serie de tiempo**).

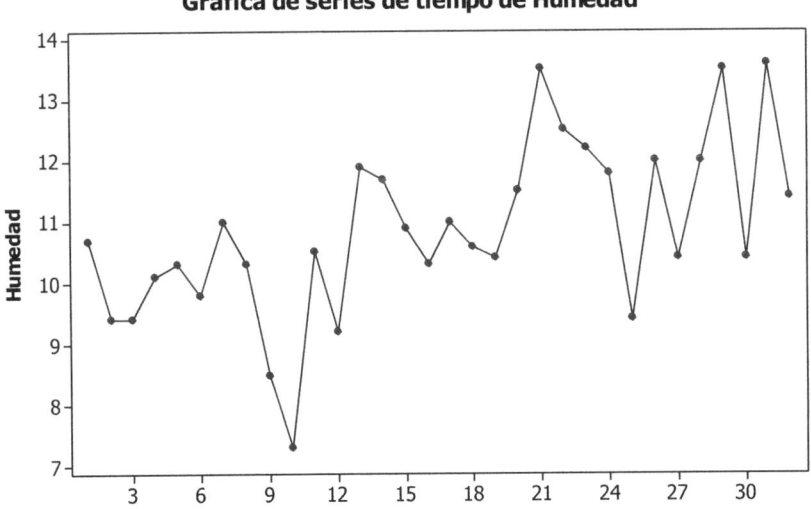

Gráfica de series de tiempo de Humedad

La humedad tiende a aumentar a lo largo del día.

Valores tomados seguidos

Ejemplo 14.2: La comida seca para perros del ejemplo anterior se envasa en bolsas de 4 kg. Cuando el proceso se pone en marcha se pesan 50 bolsas, obteniéndose los valores:

4,046	3,872	3,942	4,261	3,926	4,085	3,942	4,150	3,943	3,927
4,133	3,995	3,836	4,125	3,862	4,022	3,935	4,157	3,925	4,097
4,128	3,983	4,101	3,861	4,050	4,047	3,951	4,155	4,047	3,898
4,159	3,902	4,037	3,968	3,870	4,103	3,750	4,027	4,093	3,905
3,958	4,113	4,075	3,837	3,978	3,946	4,008	3,897	4,201	3,905

Las especificaciones indican que el peso mínimo es de 3,8 kg. Realizar un estudio de capacidad para estos datos.

Estadísticas > Herramientas de calidad > Análisis de capacidad > Normal

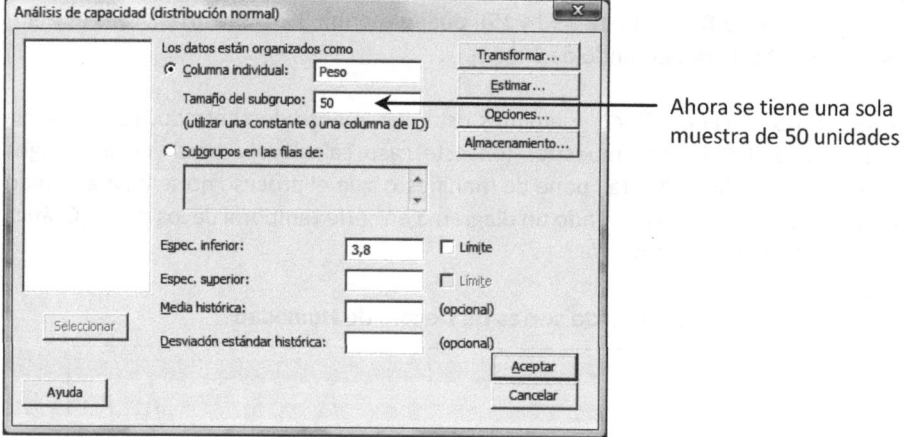

Ahora se tiene una sola muestra de 50 unidades

En este caso, lo único que se estima es la variabilidad a corto plazo. Por esta razón coinciden las desviaciones estándar *Dentro de* y *General*. Si solo hay un límite para las especificaciones no se calcula el Cp.

No es lo mismo tomar 50 unidades seguidas que 50 una a una dejando un cierto tiempo entre cada toma. En el primer caso solo se puede tener una estimación de la variabilidad a corto plazo (*Dentro de*). En el segundo caso también se puede estimar la variabilidad a largo plazo (*General*).

Capacidad de proceso de Peso

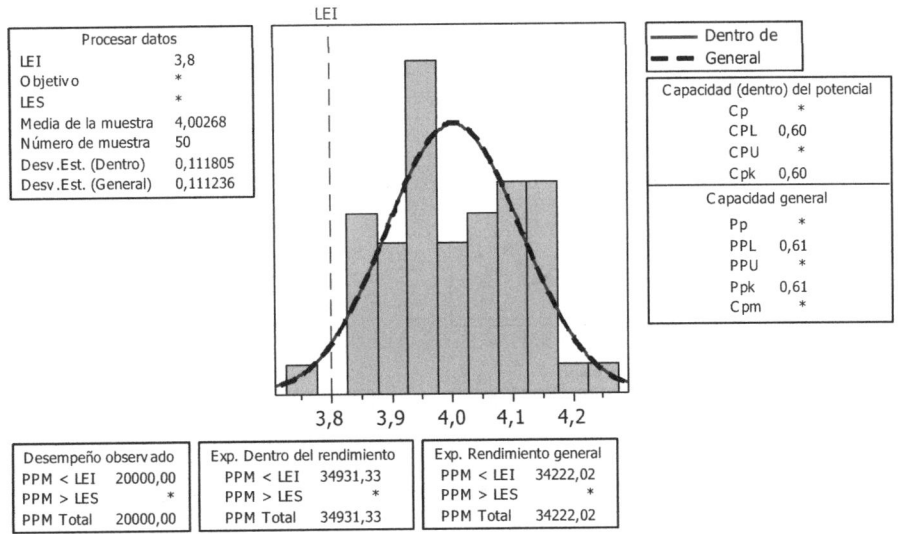

Procesar datos	
LEI	3,8
Objetivo	*
LES	*
Media de la muestra	4,00268
Número de muestra	50
Desv.Est. (Dentro)	0,111805
Desv.Est. (General)	0,111236

Capacidad (dentro) del potencial	
Cp	*
CPL	0,60
CPU	*
Cpk	0,60

Capacidad general	
Pp	*
PPL	0,61
PPU	*
Ppk	0,61
Cpm	*

Desempeño observado		Exp. Dentro del rendimiento		Exp. Rendimiento general	
PPM < LEI	20000,00	PPM < LEI	34931,33	PPM < LEI	34222,02
PPM > LES	*	PPM > LES	*	PPM > LES	*
PPM Total	20000,00	PPM Total	34931,33	PPM Total	34222,02

Análisis más detallado de los datos (Capability Sixpack)

Volvemos al archivo VITA_C.MTW. Hacemos:

Estadísticas > Herramientas de calidad > Capability Sixpack > Normal

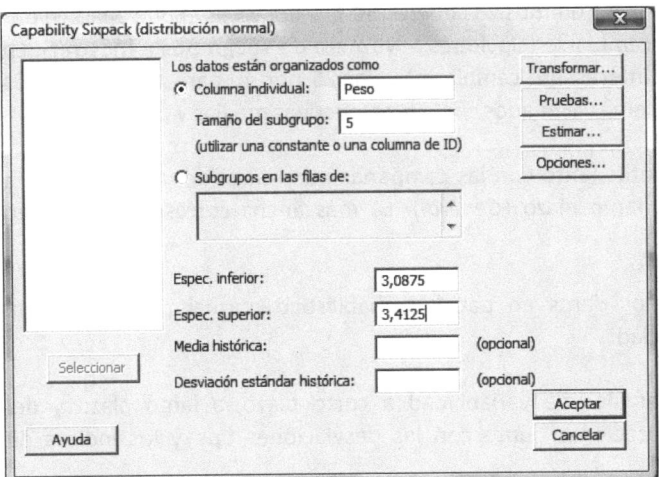

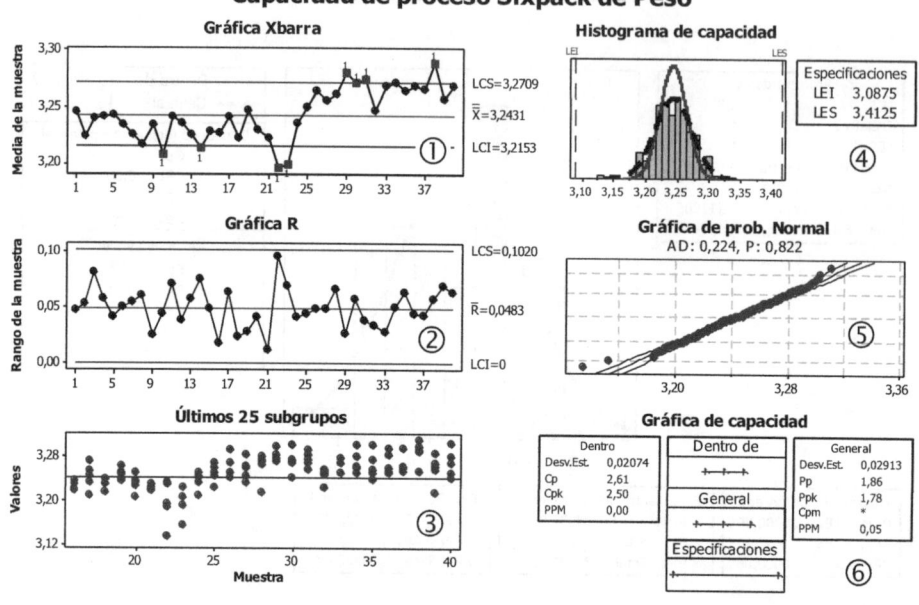

① Gráfico de medias (de cada subgrupo). Se observa claramente que hay un cambio de nivel en torno a la muestra 22-23, causante de que haya una diferencia apreciable entre la variabilidad *Dentro de* y *General*. Los límites de control se calculan a partir de la variabilidad dentro de las muestras (*Dentro de*).

② Gráfico de rangos. La variabilidad dentro de las muestras se mantiene estable.

③ Valores individuales de los últimos 25 subgrupos. El valor 25 es el que aparece por defecto pero puede cambiarse (**Opciones > Número de subgrupos a mostrar**). En este caso sería más interesante cambiar el valor 25 por 40 para tener todos los valores a la vista y además alineados con sus respectivas medias y rangos.

④ Histograma de los datos junto con las campanas que muestran la variabilidad a corto (*Dentro de*) y largo plazo (*General*). La más ancha corresponde al largo plazo.

⑤ Representación de los datos en papel probabilístico normal para valorar la hipótesis de normalidad.

⑥ Anchura de los intervalos de variabilidad a corto plazo, a largo plazo y del intervalo de especificaciones, junto con las desviaciones tipo y los índices de capacidad.

15

Estudios de capacidad para atributos

Archivo 'Banco'

 Una entidad bancaria realizó un estudio sobre la satisfacción de sus clientes. Para ello seleccionó 30 agencias al azar y de cada agencia se seleccionaron, también al azar, 50 clientes, a cada uno de los cuales se le realizó una entrevista. Aunque de la entrevista se obtuvo información mucho más detallada, cada una de ellas se resumió como "cliente satisfecho" o "cliente no satisfecho". El archivo BANCO.MTW contiene:

Columna	Nombre	Contenido
C1	Agencia	Número de la agencia
C2	Descontentos	Número de clientes clasificados como "no satisfechos" en esa agencia

Estudio de capacidad para variables que siguen una distribución binomial

El número de clientes descontentos en el archivo BANCO.MTW constituye un ejemplo típico de variable que sigue una distribución binomial. Hay que suponer que todas las agencias tienen las mismas instrucciones, los mismos productos, y que siguen los mismos procedimientos en su relación con los clientes. Se trata de saber cuál es el porcentaje de clientes descontentos que producen esos productos y procedimientos estándares del banco.

Estadísticas > Herramientas de calidad > Análisis de capacidad > Binomial

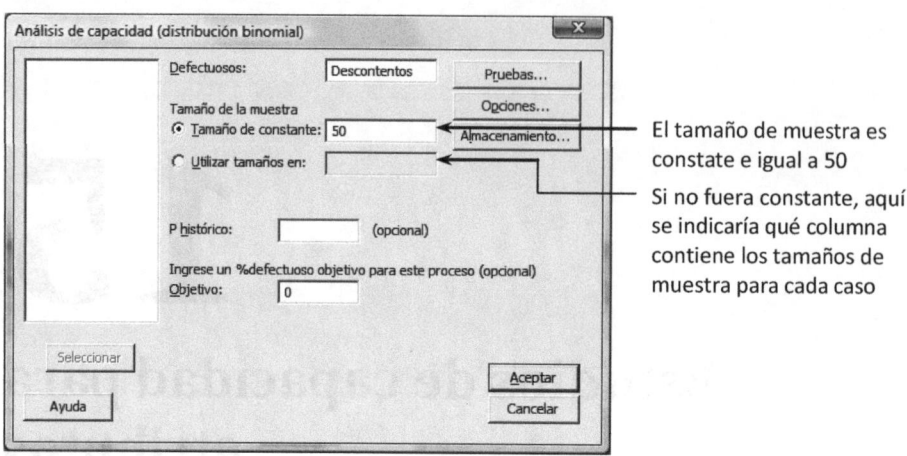

El tamaño de muestra es constate e igual a 50

Si no fuera constante, aquí se indicaría qué columna contiene los tamaños de muestra para cada caso

Salida en la ventana de Sesión:

Descripción del tipo de prueba que no superan algunos puntos

Resultados de la prueba para la gráfica P de Descontentos

PRUEBA 1. Un punto a más de 3,00 dev. estándar de la línea central.
La prueba falló en los puntos: 6; 13; 28

Puntos en los que falla la prueba

Ventana gráfica:

Análisis de capacidad del proceso binomial de Descontentos

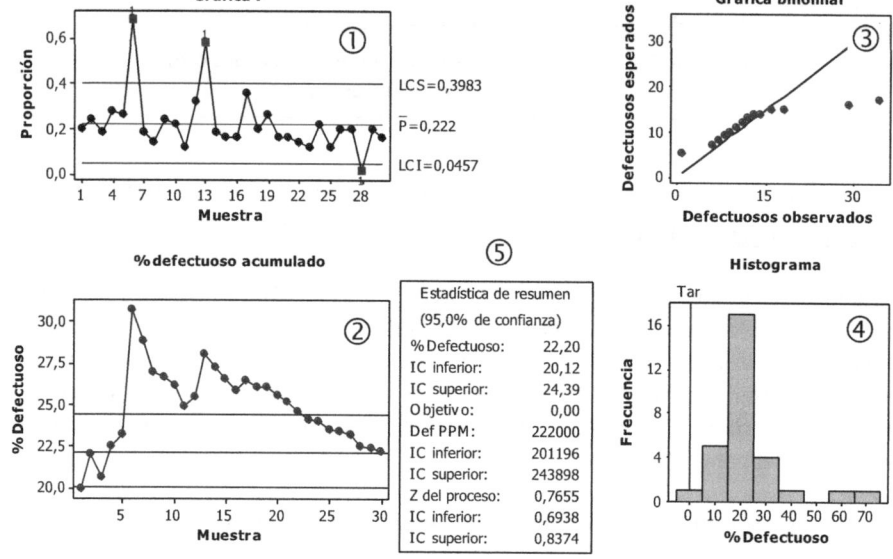

① Gráfico de control para la proporción de no satisfechos. Se observan los puntos fuera de control de que advierte la ventana de Sesión.

② Proporción de defectos acumulada. Debe acabar estabilizándose en torno al valor medio para tener la seguridad de que el número de muestras es representativo.

③ Representación de los valores en papel probabilístico binomial. Se observan los 3 puntos que se alejan de la recta.

④ Histograma de los "defectos" junto con el valor objetivo, que en este caso es el valor por defecto: 0.

⑤ Resumen estadístico: Intervalos de confianza del 95 % para el porcentaje y las ppm de defectos.

Las agencias 112 y 212 tienen un número de clientes insatisfechos significativamente mayor que el resto de agencias (seguramente hay causas asignables). La agencia 635 tiene un número de insatisfechos menor de lo normal (suponemos que también se ha identificado una causa asignable).

Se puede usar la opción **Destacar** sobre la **Gráfica P** para identificar el número de las agencias que aparecen como anomalías. (Para que aparezca el número de la agencia hay que activar **Editor > Establecer variables de ID** y en **Variables** colocar C1).

Identificadas las causas asignables, podemos repetir el estudio de capacidad eliminando los tres valores anómalos (colocamos un asterisco '*' sobre estos valores en la hoja de datos):

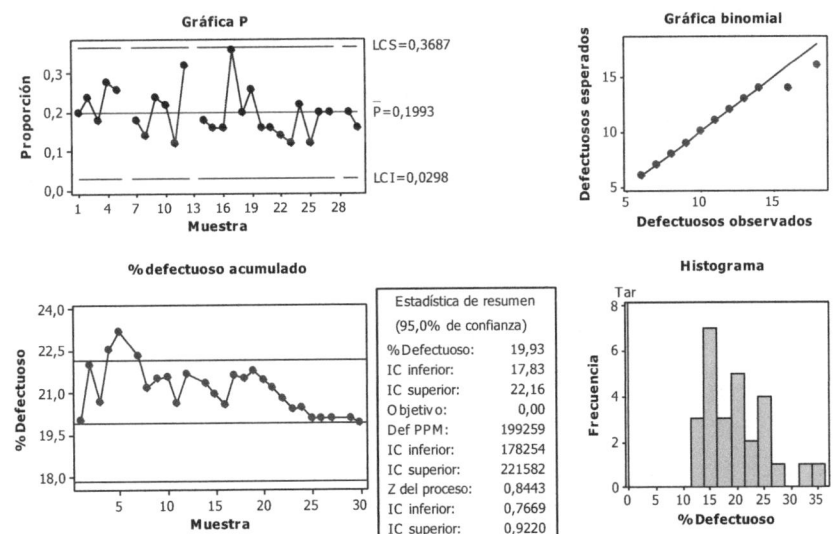

Conclusiones del estudio:

El porcentaje medio de clientes insatisfechos por agencia está en el intervalo 18-22% con una confianza del 95% (En el gráfico anterior: **Estadística de resumen % Defectuosos: IC Inferior** y **IC Superior**, redondeando los valores que aparecen). No salen fuera de lo normal porcentajes de clientes insatisfechos entre el 3 y el 37% (límites del gráfico de control P).

Otra información que puede ser muy valiosa es cuales son las causas asignables que hacen que algunas agencias tengan un comportamiento muy distinto al resto.

Archivo 'Pintado_horno'

En el proceso de pintado de unas piezas que se secan pasando por un horno, al final se inspeccionan una a una porque aparecen pequeños defectos que deben corregirse a mano. En el archivo PINTADO_HORNO.MTW se tiene el número de defectos detectados en 40 piezas consecutivas. El contenido del archivo es:

Columna	Nombre	Contenido
C1	Pieza	Número de pieza
C2	Num. defectos	Número de defectos en la pieza

Estudio de capacidad para variables que siguen una distribución de Poisson

Utilizaremos como ejemplo el archivo PINTADO_HORNO.MTW, ya que el número de defectos por unidad es una típica variable que sigue una distribución de Poisson.

Stat > Quality Tools > Capability Analisys (Poisson)

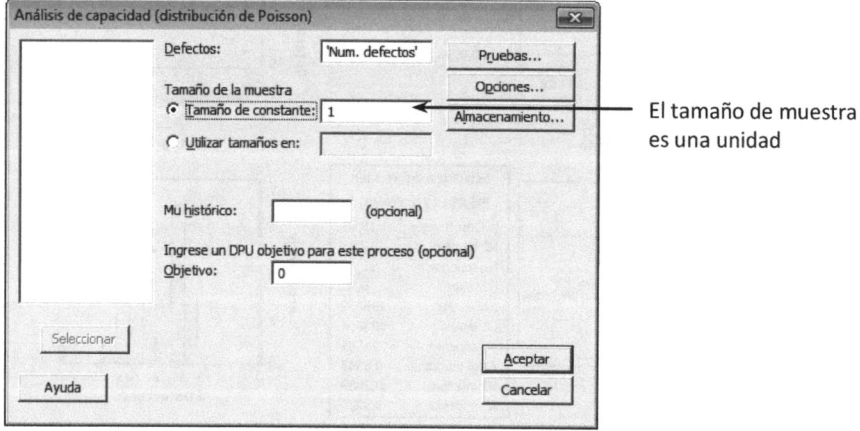

El tamaño de muestra es una unidad

Análisis de capacidad de Poisson de Num. defectos

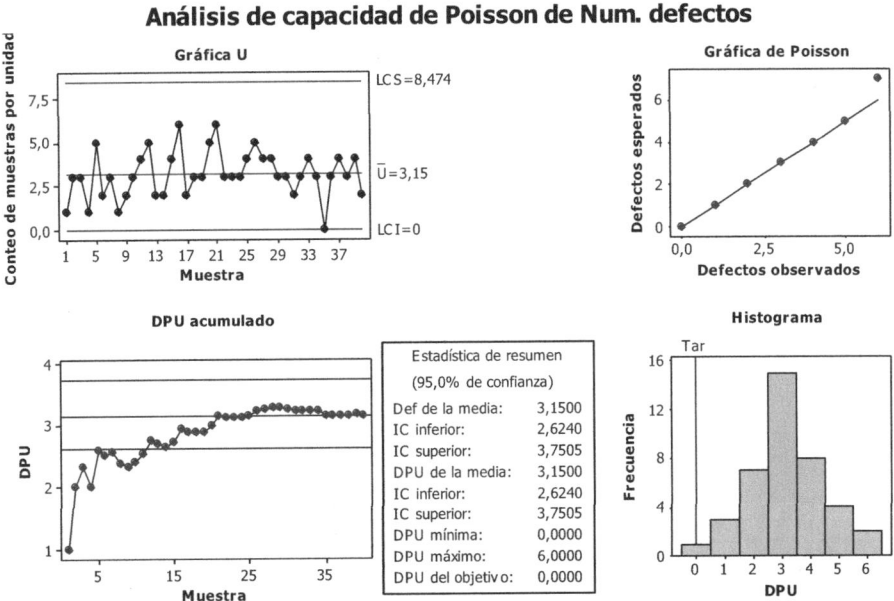

El proceso se mantiene estable en torno a 3 defectos por unidad. Del gráfico del valor medio acumulado se deduce que el número de muestras es suficiente y la **Gráfica de Poisson** pone de manifiesto que es perfectamente razonable la hipótesis de que los valores siguen una distribución de Poisson.

16

Casos prácticos del bloque III
Estudios de R&R. Estudios de capacidad

Diámetro_medida

Se fabrican piezas cuya cota crítica es un diámetro que tiene como especificaciones 7,5 ± 0,1 mm. Para medir esta cota se utiliza un micrómetro que tiene una resolución de hasta milésimas de milímetro.

La empresa fabricante utiliza 2 Normas sobre la idoneidad de los procesos de medida:

- Norma A: La variabilidad del sistema de medida debe tener una anchura, medida como 6 desviaciones tipo, inferior al 20 % del intervalo de tolerancias.

- Norma B: La variabilidad del sistema de medida debe tener una anchura, entendida como 4 desviaciones tipo, inferior al 15 % del intervalo de tolerancias.

Para verificar si se cumple alguna de estas normas y si el proceso de medida funciona correctamente, se toma una muestra de 10 piezas de la producción reciente y 3 operarios miden 3 veces cada una de ellas, en orden aleatorio y sin saber cuál están midiendo. Los resultados obtenidos se encuentran en el archivo DIAMETRO_MEDIDA.MTW, de forma que en cada fila se tienen las 9 mediciones hechas para cada pieza:

Columna	Contenido
C1	Número de la pieza medida
C2-C4	Mediciones realizadas por Carlos a cada una de las piezas
C5-C7	Mediciones realizadas por Mikel
C8-C10	Mediciones realizadas por Pablo

¿Funciona correctamente el sistema de medida? ¿Cumple alguna de las dos Normas citadas?

Los datos no están situados de la forma adecuada para poder realizar el estudio. En primer lugar colocaremos todas las mediciones en una sola columna, haciendo:

Datos > Apilar > Columnas

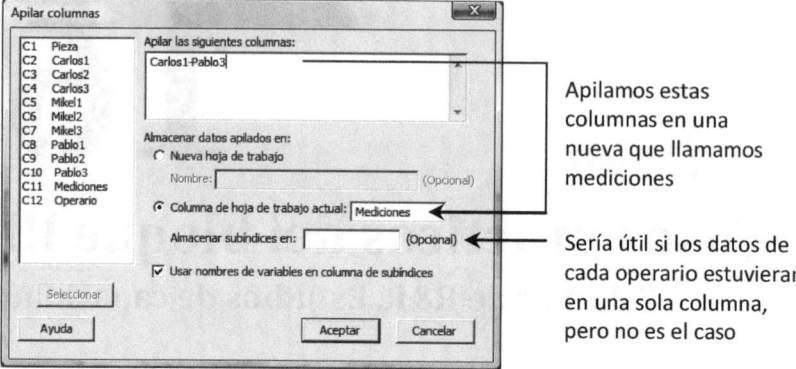

Apilamos estas columnas en una nueva que llamamos mediciones

Sería útil si los datos de cada operario estuvieran en una sola columna, pero no es el caso

Para indicar a qué operario pertenece cada medición podemos utilizar:

Calc > Crear patrones de datos > Valores de texto

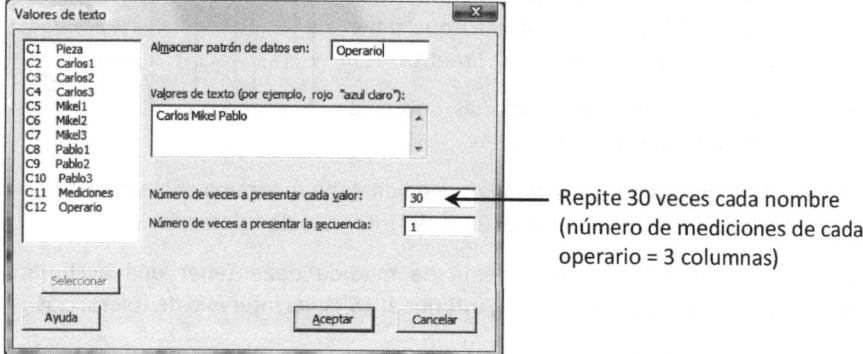

Repite 30 veces cada nombre (número de mediciones de cada operario = 3 columnas)

Para crear la columna con el número de pieza también podríamos usar la opción de **Crear patrones de datos**, pero lo haremos a través de **apilar columnas**:

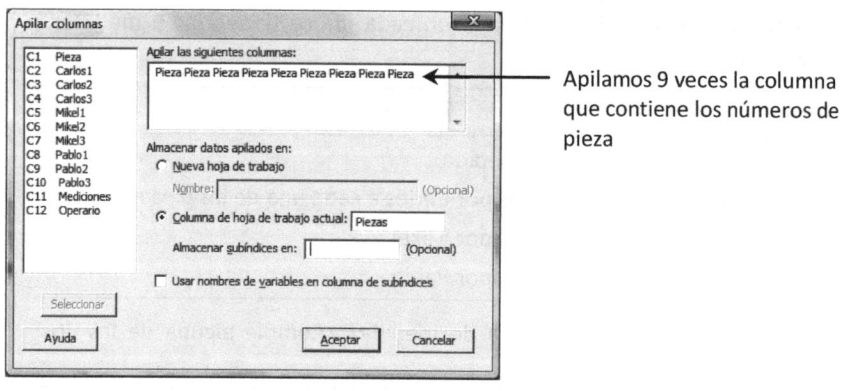

Apilamos 9 veces la columna que contiene los números de pieza

Ahora ya tenemos los datos tal como los necesita MINITAB para hacer el estudio. Empezamos con un análisis gráfico:

Estadísticas > Herramientas de calidad > Estudio de medición > Gráfica de corridas del sistema de medición

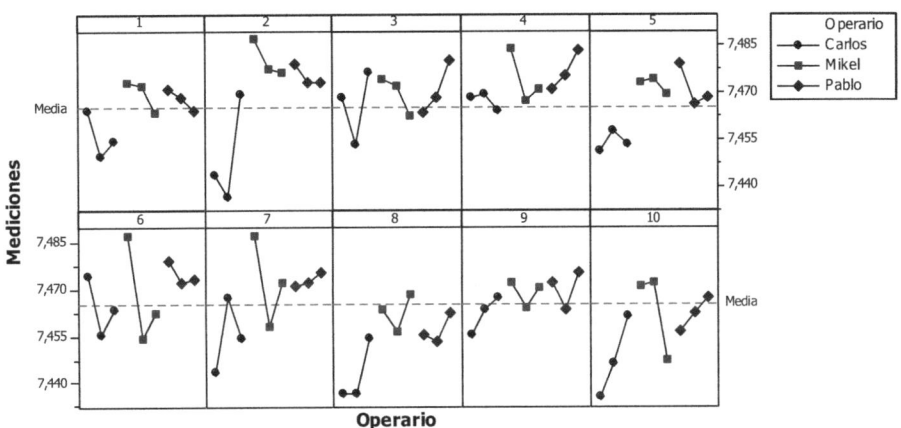

Gráfica de corridas del sistema de medición de Mediciones por Piezas, Operario

Algunas conclusiones que se pueden obtener de este gráfico son:

- Pablo presenta una variabilidad menor y constante a lo largo del tiempo.
- Carlos es el que presenta mayor variabilidad.
- En Mikel parece que la variabilidad tiende a aumentar (piezas 6, 7 y 10).
- Carlos tiende a dar valores por debajo de los otros 2.

Para realizar el estudio analítico, observamos que se trata de un típico diseño cruzado, por tanto, para seguir el estudio hacemos:

Estadísticas > Herramientas de calidad > Estudio de medición > Estudio R&R del sistema de medición (cruzado)

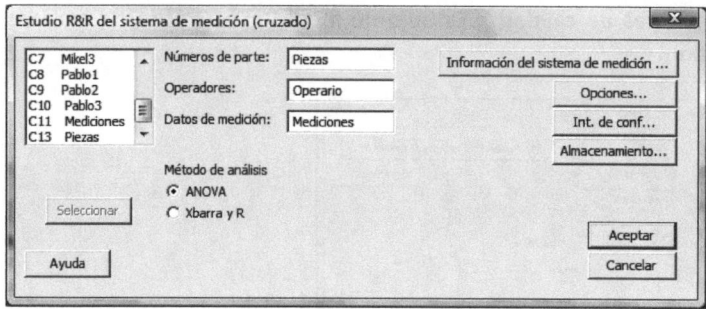

Y en **Opciones**:

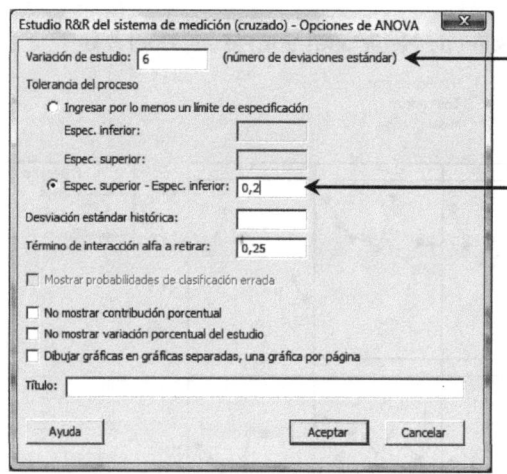

Anchura de variación que equivale al 99,7 % de los valores. Es el valor por defecto, y el que nos servirá para valorar el cumplimiento de la Norma A

Anchura del intervalo de tolerancias (±0,1)

Tabla ANOVA de dos factores con interacción

Fuente	GL	SC	CM	F	P
Piezas	9	0,0025457	0,0002829	4,6166	0,003
Operario	2	0,0037278	0,0018639	30,4209	0,000
Piezas*Operario	18	0,0011029	0,0000613	0,7933	0,700
Repetibilidad	60	0,0046340	0,0000772		
Total	89	0,0120104			

Hay diferencia entre piezas y entre operarios (p-valor pequeño). No hay interacción pieza-operario (p >0,25)

Alfa para eliminar el término de interacción = 0,25

Tabla ANOVA dos factores sin interacción

Fuente	GL	SC	CM	F	P
Piezas	9	0,0025457	0,0002829	3,8458	0,000
Operario	2	0,0037278	0,0018639	25,3421	0,000
Repetibilidad	78	0,0057369	0,0000735		
Total	89	0,0120104			

Al no ser significativa la interacción, se repite la tabla ANOVA sin ese término

R&R del sistema de medición

Fuente	CompVar	%Contribución (de CompVar)
R&R del sistema de medición total	0,0001332	85,14
Repetibilidad	0,0000735	47,00
Reproducibilidad	0,0000597	38,14
Operario	0,0000597	38,14
Parte a parte	0,0000233	14,86
Variación total	0,0001565	100,00

... ...

Fuente	%Var. del estudio (%VE)	%Tolerancia (VE/Toler)	
R&R del sistema de medición total	92,27	34,63	←
Repetibilidad	68,56	25,73	
Reproducibilidad	61,76	23,18	
Operario	61,76	23,18	
Parte a parte	38,55	14,47	
Variación total	100,00	37,53	

No se cumple la Norma A, ya que la anchura de variabilidad (99,7%) del sistema de medida es mayor del 20% de la anchura de las tolerancias. Tampoco se cumple la Norma B, ya que sustituyendo en la ventana de **Opciones** el 6 por 4 (ahora consideramos que la anchura de la campana son 4σ -aproximadamente el 95%-) el valor que aparece como porcentaje de variabilidad del sistema de medida respecto a tolerancias, es del 23,08 % (> 15%).

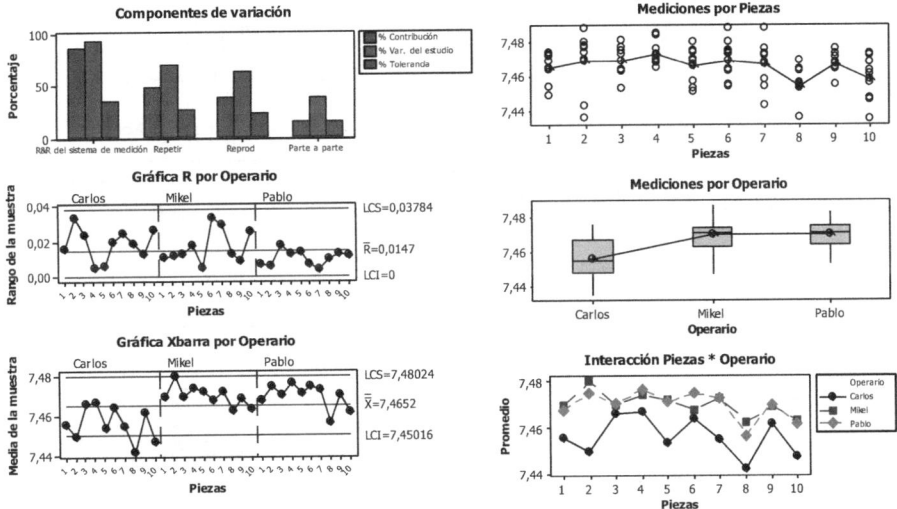

Una conclusión clara, ya adelantada en el estudio gráfico inicial, es que Carlos da valores claramente por debajo que los otros dos medidores. Falta adiestramiento de los medidores para mejorar el sistema de medida.

Diámetro_capacidad_1

La pieza anterior se debe fabricar para un cliente que exige que el índice de capacidad para el diámetro crítico sea Cp > 1,33. Se fabrica una primera preserie de 1920 piezas durante 2 días para verificar que se cumple con todos los requisitos del cliente.

Para realizar el estudio de capacidad se toman 5 piezas cada media hora (16 muestras cada día, 32 muestras en toda la preserie), y los resultados obtenidos se encuentran en el archivo DIAMETRO_CAPACIDAD_1.MTW, por filas, es decir, en la primera fila están los valores de la primera muestra, en la segunda fila los de la segunda muestra, etc.

¿Se cumple con el requisito de Cp > 1,33?

Utilizaremos: **Estadísticas > Herramientas de calidad > Capability Sixpack > Normal**

Como los datos están por filas, usamos la opción de **Subgrupos en las filas de:** e introducimos C2-C6. Recuerde que las especificaciones son 7,5 ± 0,1.

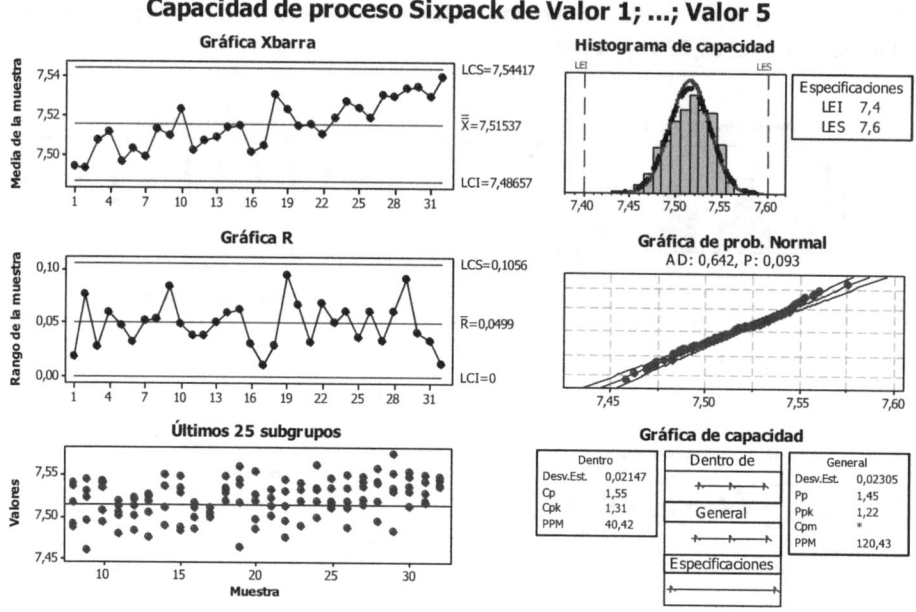

Capacidad de proceso Sixpack de Valor 1; ...; Valor 5

Una conclusión evidente del gráfico de medias es que el proceso se ha ido descentrando hacia valores mayores. Habría que investigar la causa, quizá se trata de desajuste de la máquina, desgaste de herramientas... No hay nada que objetar al gráfico de rangos. El histograma está descentrado respecto al valor objetivo, para que se vea más claro hemos cambiado los valores de la escala que aparecen por defecto.

El objetivo de Cp > 1,33 se cumple en esta preserie (también Pp > 1,33), aunque parece que no se cumpliría si se fabrican tiradas muy largas sin ajustar la máquina. Si la máquina se ajusta cada día, el Cp será mayor.

Diámetro_capacidad_2

En la fabricación en serie de la pieza anterior, cada día, después del ajuste de la máquina, se fabrican 50 piezas seguidas y se realiza con ellas un estudio de capacidad para asegurar que todo está ajustado correctamente.

Los 50 valores con que se realizó este estudio un determinado día, se encuentran en el archivo DIAMETRO_CAPACIDAD_2. ¿Está todo correcto?

Realizamos el estudio de capacidad haciendo:

Estadísticas > Herramientas de calidad > Análisis de capacidad > Normal

En la ventana de diálogo basta poner que los datos están en la **Columna individual**: C1, que el **Tamaño del subgrupo** es 50 y que las especificaciones son 7,4 y 7,6.

Capacidad de proceso de 50 valores

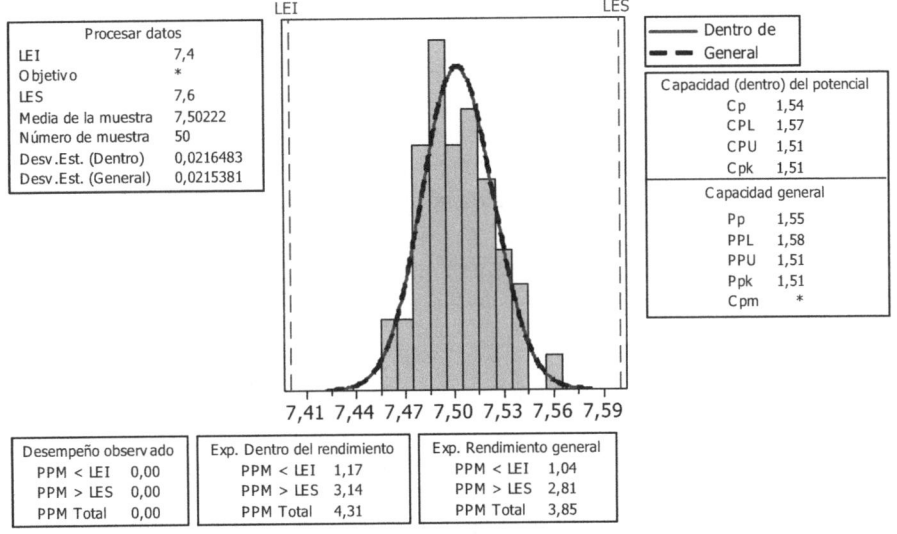

Procesar datos	
LEI	7,4
Objetivo	*
LES	7,6
Media de la muestra	7,50222
Número de muestra	50
Desv.Est. (Dentro)	0,0216483
Desv.Est. (General)	0,0215381

Capacidad (dentro) del potencial	
Cp	1,54
CPL	1,57
CPU	1,51
Cpk	1,51

Capacidad general	
Pp	1,55
PPL	1,58
PPU	1,51
Ppk	1,51
Cpm	*

Desempeño observado	
PPM < LEI	0,00
PPM > LES	0,00
PPM Total	0,00

Exp. Dentro del rendimiento	
PPM < LEI	1,17
PPM > LES	3,14
PPM Total	4,31

Exp. Rendimiento general	
PPM < LEI	1,04
PPM > LES	2,81
PPM Total	3,85

Todo está correcto en la salida gráfica del estudio de capacidad. También es interesante analizar si en los datos se observa alguna tendencia. No podemos utilizar **Capability Sixpack** ya que aparece un solo punto en el gráfico de control (hay una sola muestra de 50 observaciones). Lo más adecuado es hacer un gráfico de control para observaciones individuales:

Estadísticas > Gráficas de control > Gráficas de variables para individuos > Individuos

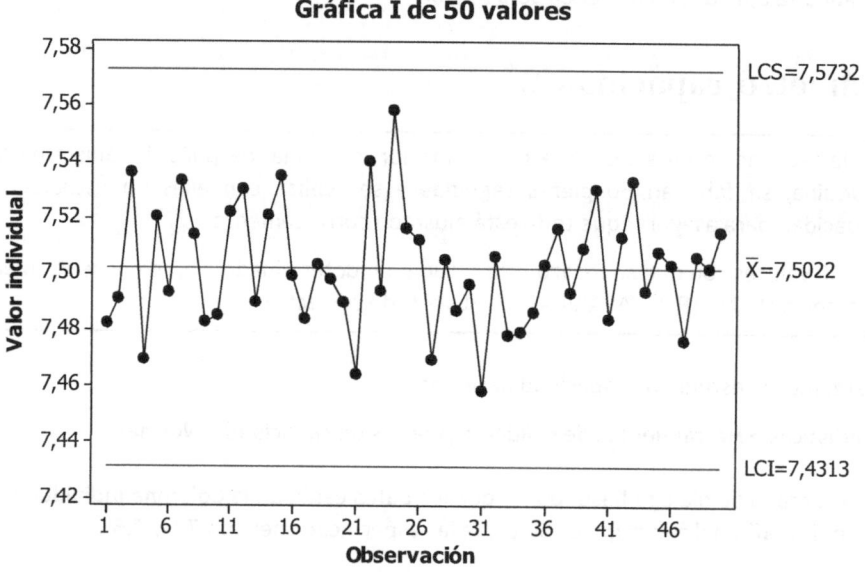

Gráfica I de 50 valores

Tampoco se observa nada especial. La producción puede iniciarse.

Visitas_web

El archivo VISITAS_WEB.MTW contiene el número de visitas diarias durante los meses de octubre y noviembre de 2003 a una página web que informa sobre actividades de formación en el área de la calidad. El contenido del archivo es el siguiente:

Columna	Nombre	Contenido
C1	Fecha	Fecha
C2	Día	Día de la semana
C3	Visitas	Número de visitas

En base a estos datos se desea realizar un estudio de capacidad del número de visitas diarias para más adelante poder valorar el impacto de unas acciones de promoción que se piensan llevar a cabo.

Información relevante es que el 10 de octubre salió un anuncio en la prensa sobre la institución que organiza estas actividades, y se indicaba que se podía obtener más información en esta web. En la segunda semana de noviembre, a partir del día 11, se distribuyó un folleto en el que también se indicaba que se podía obtener más información en la página web.

Empezamos realizando un análisis exploratorio de los datos. Utilizando un diagrama en serie temporal: **Gráfica > Gráfica de serie de tiempo: Simple**

Simplemente colocando 'Visitas' en **Series**, se tiene:

Se observa un gran pico en torno a la observación 10, y una periodicidad general en los valores. La opción **Destacar** sirve para identificar a que día corresponde cada punto (se ha activado también **Establecer variables de ID**: Fecha; Día semana).

Todos los puntos que marcan los valles corresponden a fines de semana (sábados y domingos). El pico en torno a la observación 10 corresponde al jueves 10 de octubre, día en que salió el anuncio. El pico se va amortiguando pero dura varios días, de forma que el fin de semana siguiente no cae como el resto. No parece que el reparto del folleto haya tenido ninguna repercusión en el número de visitas a la web.

Visto que hay 2 tipos de día, los laborables y los fines de semana, vamos a realizar el estudio de capacidad sólo para los laborables, eliminando también los días del pico del 10 de octubre.

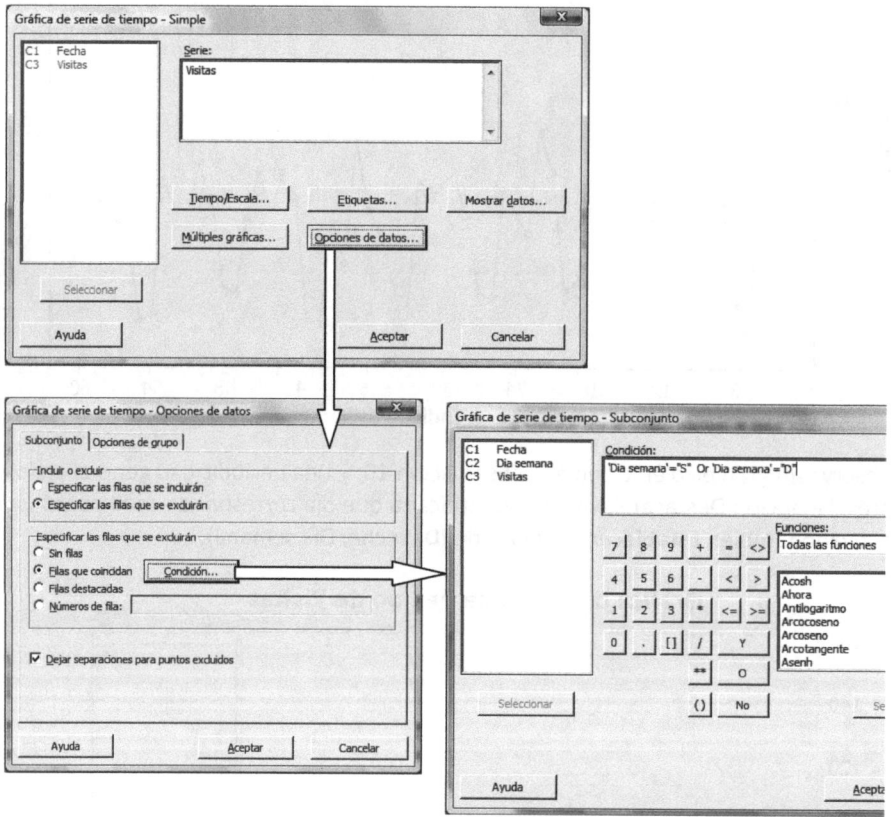

 Cuando en las expresiones lógicas se utilizan variables de texto, su valor debe ponerse entre comillas dobles.

Sin los fines de semana el gráfico queda tal como figura a continuación. Se ha marcado la opción de dejar el espacio que corresponde a los puntos excluidos.

Ya solo destacan los días del anuncio (jueves y viernes) y como están claras las causas asignables que han provocado estos valores, los eliminamos del estudio sustituyéndolos por un asterisco.

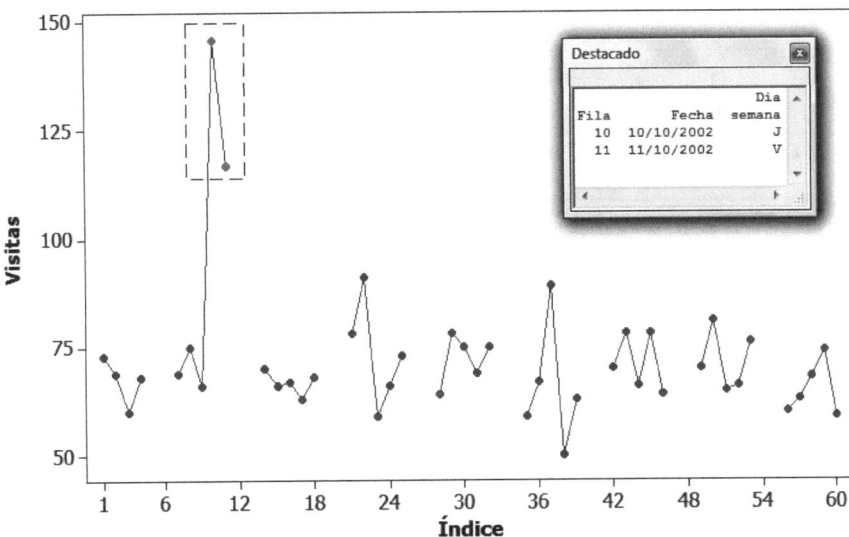

Gráfica de series de tiempo de Visitas

Para realizar el estudio de capacidad creamos una nueva columna que contenga solo los valores que nos interesa considerar. Lo hacemos a través de **Datos > Copiar > Columnas a columnas**, haciendo clic en el botón de **Crear subconjunto de datos**, que permite la copia selectiva.

El número de visitas diarias se puede tratar como una variable que sigue una distribución de Poisson, por tanto, haremos:

Estadísticas > Herramientas de calidad > Análisis de capacidad > Poisson

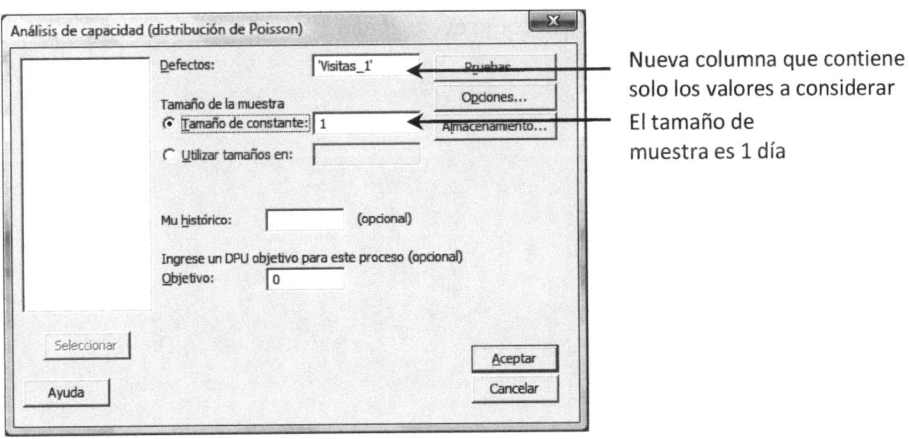

No hay puntos fuera de control, los valores siguen razonablemente bien una distribución de Poisson, y el número de visitas se estabiliza en torno a su valor medio. Parece que los datos son correctos para sacar conclusiones.

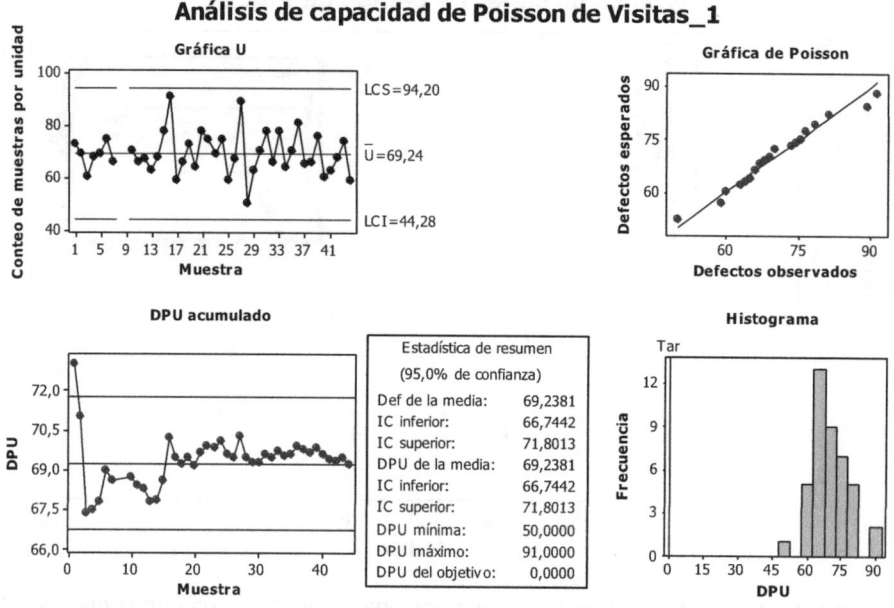

El número medio de visitas diarias, los días laborables, está en torno a 70. Cabe atribuir a causas asignables un número de visitas por debajo de 45 o por encima de 95 (en números redondos).

Hemos supuesto que la distribución del folleto no tenía ningún impacto en el número de visitas. Otra posible interpretación podría ser que el número de visitas va a menos, y la subida producida por el folleto hace que esta tendencia no se note. Para aclarar esta duda es necesario esperar a ver cómo evolucionan los datos en diciembre.

Bloque IV

Gráficos Multi-Vari.
Control estadístico de procesos

Los gráficos Multi-Vari no forman parte de las herramientas clásicas para el análisis de datos pero son conceptualmente muy sencillos y en muchos casos son la mejor forma de apreciar cuál es el origen de la variabilidad, aunque -una vez más- para que esto funcione los datos deben haber sido recogidos de la forma adecuada. En realidad se trata de una técnica de análisis exploratorio de datos, pero la hemos colocado en este bloque, junto a los gráficos de control, porque comparte el objetivo de luchar contra la variabilidad a partir de datos recogidos a lo largo del tiempo.

Tras los gráficos Multi-Vari aparecen los gráficos de control como protagonistas de este bloque. Es la herramienta de control de calidad por excelencia ya que persigue mantener el proceso en su estado habitual, lanzando alarmas cuando la situación se deteriora. Pero es también una herramienta de mejora, ya que nos da la oportunidad de ir aprendiendo del proceso, identificando cuáles son las causas que le afectan para incorporar las que benefician y eliminar las que perjudican.

Los gráficos de control pueden ser de varios tipos y la primera división se realiza en función de si se controlan variables (medidas cuantitativas) o atributos (características que el producto tiene o no tiene). Normalmente no hay dificultad para distinguir si uno se encuentra ante una variable o un atributo, pero elegir el gráfico más adecuado dentro de cada categoría a veces no es una tarea fácil.

Como regla general, cuando se controlan variables siempre es más eficiente construir gráficos de medias que de observaciones individuales. Los gráficos de medias, basados en la representación de las medias de muestras que se van tomando a lo largo del tiempo, son más eficientes para detectar descentramientos que los gráficos de observaciones individuales. Además, si se van tomando muestras es inmediato realizar simultáneamente un gráfico que monitorice la variabilidad del proceso a partir de la variabilidad que presentan y por esta razón son muy habituales los gráficos de medias rangos, o $\bar{X} - R$. En algunas ocasiones es imposible, o no tiene sentido, controlar medias, como cuando se controla la temperatura de un proceso (no tiene sentido tomar 5 veces seguidas la temperatura) y en ese caso se utilizan los gráficos de observaciones individuales que se pueden completar con los de rangos móviles.

Respecto a los atributos, una primera división se produce según la variable considerada responda al modelo de la distribución binomial o a la distribución de Poisson. De entrada puede parecer difícil distinguir una de otra, pero existen trucos que lo hacen muy fácil:

Distribución	Gráficos	Características
Binomial	P, NP	- Se pueden contar ocurrencias o no ocurrencias (piezas buenas/piezas malas; pedidos entregados a tiempo frente a pedidos no entregados a tiempo,...)
		- Existe un tope de ocurrencias (como máximo el número de piezas defectuosas será el del total del lote, como máximo entregaremos tarde todos los pedidos recibidos,...)
Poisson	C, U	- No se pueden contar las no ocurrencias (se puede contar el número de visitas a una página web, pero no el número de "no visitas", o se pueden contar el número de llamadas telefónicas a una centralita durante una hora, pero no el número de "no llamadas")
		- No existe límite (al menos desde un punto de vista teórico) al número de ocurrencias. No hay tope teórico al número de visitas a una página web o al número de llamadas a la centralita

Cuando rige la distribución binomial, si el tamaño de muestra es constante (por ejemplo, se cuentan los defectos en muestras de 50 unidades) se pueden utilizar gráficos P (de proporción de defectos) o NP (de número de defectos). Pero si se miran los defectos por hora de producción y no en todas las horas se produce lo mismo, entonces hay que utilizar el gráfico P. Respecto a la distribución de Poisson, cuando el tamaño de muestra es constante (número de averías *anuales* en un ascensor) se haría un gráfico C, pero si el tamaño es variable, como el número de cafés consumidos en una máquina expendedora entre dos visitas de reposición (el tiempo entre visitas no es constante) se realizaría un gráfico U. Es posible que a pesar de todo en alguna situación no tenga claro qué tipo de gráfico conviene aplicar, en ese caso no se preocupe, seguramente le servirá igual cualquiera de entre los que esté dudando usar.

Cuando se presentan ejercicios o casos prácticos sobre este tema ya se tienen los datos de todo el periodo analizado y lo que se realiza es un análisis a posteriori. Conviene no perder de vista que el poder de los gráficos de control está en su ejecución en línea, en tiempo real, de forma que vayan apareciendo los puntos en el gráfico en el mismo momento en que se toman los datos. De esta forma se puede ir siguiendo la marcha del proceso y se pueden tomar decisiones rápidas si las cosas parece que empiezan a ir mal, y también se pueden identificar rápidamente (cuando todavía es posible) cuáles son las causas que han provocado los cambios en el proceso.

17

Gráficos Multi-Vari

Archivo 'Rotor'

 Una empresa produce los ejes que se sitúan en el rotor de ciertos motores eléctricos. Estos ejes tienen un diámetro con especificaciones 0,250 ± 0,01 cm, pero un estudio de capacidad estima que $\sigma = 0,00416$ ($6\sigma = 0,025$) y, por tanto, que el índice de capacidad del proceso es Cp = 0,8. Este problema de excesiva variabilidad fue el origen de un proyecto de mejora en el contexto del cual se tomaron los datos que figuran en el archivo ROTOR.MTW:

Columna	Nombre	Contenido
C1	Hora	Hora a que se tomó la muestra
C2	Eje	Número de eje
C3	Posición	Indica el lugar donde se tomó el diámetro, y si corresponde a su valor mínimo o máximo
C4	Diámetro	Valor del diámetro

Estos datos están tomados de un ejemplo del libro de Kaki R. Bothe, Adi K. Bothe, "World Class Quality: Using Design of Experiments to Make It Happen". AMACOM, Nov. 1999.

Gráfico Multi-Vari con 3 fuentes de variación

Stat > Quality Tools > Multi-Vari Chart

Los datos del archivo ROTOR.MTW se tomaron considerando que la variabilidad podía ser debida a:

- Diferencia de diámetros en los 2 extremos del eje, que denominamos extremo izquierdo y extremo derecho.

- Diferencia entre el diámetro máximo y mínimo en una misma posición (falta de redondez).

- Variación de una pieza a otra en el corto plazo (fabricadas una a continuación de la otra).

- Variación a lo largo del tiempo (largo plazo).

Los gráficos multivari permiten visualizar la importancia relativa de estas fuentes de variabilidad, haciendo:

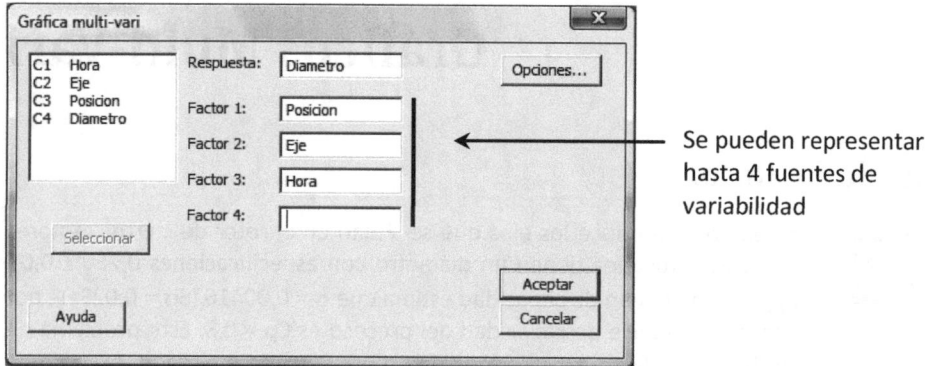

Se pueden representar hasta 4 fuentes de variabilidad

Con las opciones por defecto, se obtiene:

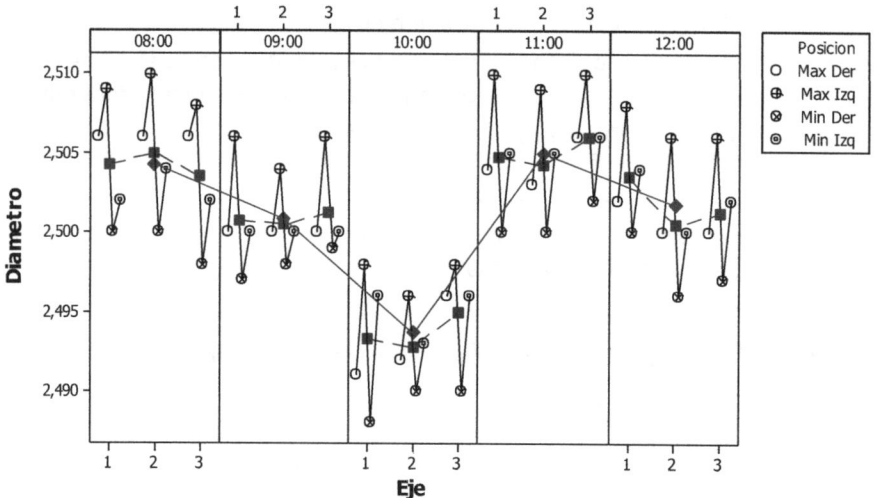

Gráfica de variables múltiple para Diametro por Posicion - Hora

Variable de panel: Hora

La variación más importante es la debida al paso del tiempo, que viene representada por la línea que une los puntos con forma de rombo. A continuación tenemos la variabilidad debida a la falta de redondez (diferencia entre el valor máximo y el mínimo), en tercer lugar la diferencia entre derecha e izquierda y, finalmente se tiene la variabilidad entre unidades a corto plazo, correspondiente a las diferencias dentro de cada muestra, que es muy pequeña respecto a las otras.

Las opciones permiten eliminar líneas de conexión, lo cual a veces es muy útil para que el gráfico se vea más claro. Por ejemplo, para eliminar las líneas de conexión entre posiciones, vamos a **Opciones**:

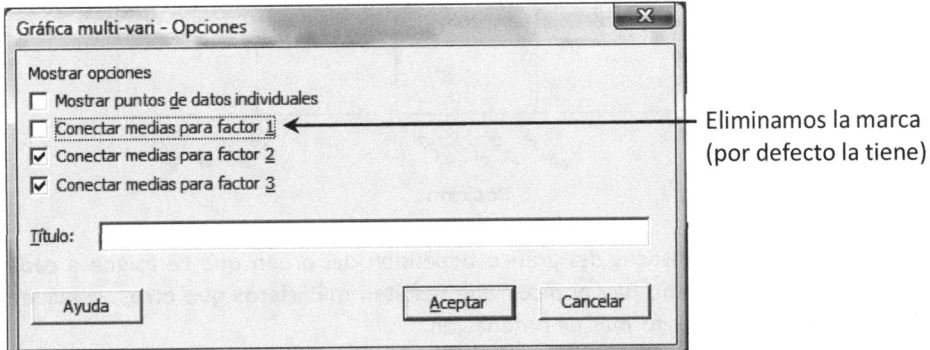

Eliminamos la marca
(por defecto la tiene)

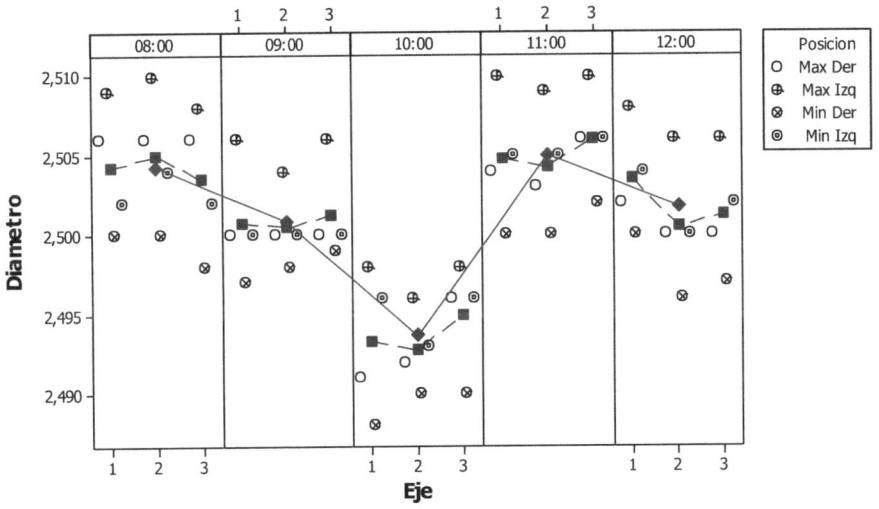

Gráfica de variables múltiple para Diametro por Posicion - Hora

Variable de panel: Hora

El aspecto del gráfico depende del orden en que se entran las fuentes de variación. Por ejemplo, si el orden es: Eje – Posición – Hora, se obtiene el siguiente gráfico, seguramente más fácil de interpretar que el anterior.

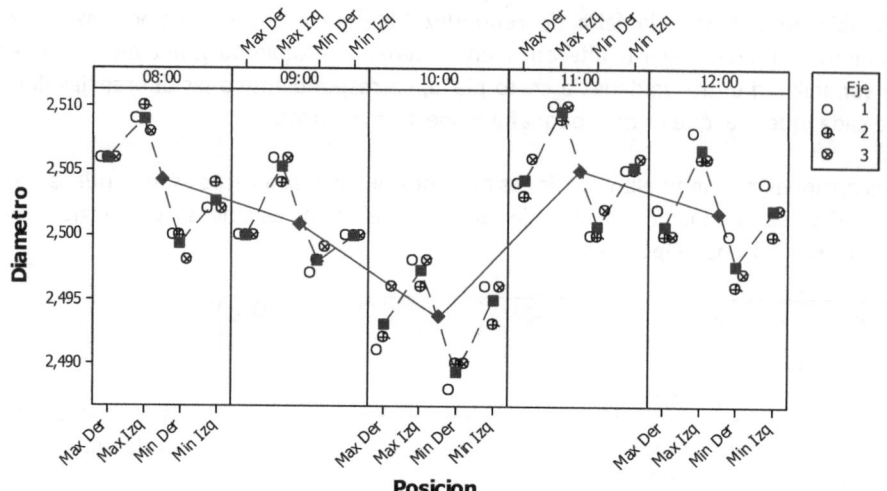

 Las características del gráfico dependen del orden que se asigna a cada factor, y como hay gráficos que resultan más claros que otros, conviene probar varias formas de ordenación.

Gráfico Multi-Vari con 4 fuentes de variación

Podemos seguir utilizando los datos del archivo ROTOR.MTW. Para ello descomponemos en dos la columna 'Posición', creando las columnas 'Redondez' donde se indica si el diámetro medido es máximo o mínimo, y la columna 'Inclinación' donde se indica si corresponde a la derecha o la izquierda. Por ejemplo, la columna 'Inclinación' la creamos de la forma: **Calc > Crear patrones de datos > Valores de texto**.

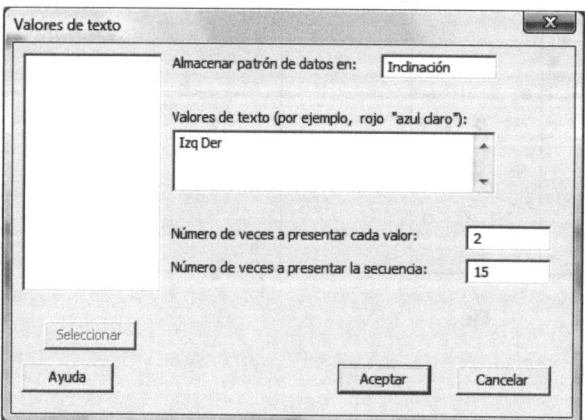

Para crear la columna de redondez el sistema es el mismo pero ahora los valores de texto pueden ser Min y Max, el número de veces que se presenta cada valor: 1, y el número de veces que se presenta la secuencia: 30.

Con las dos nuevas columnas creadas ya podemos hacer:

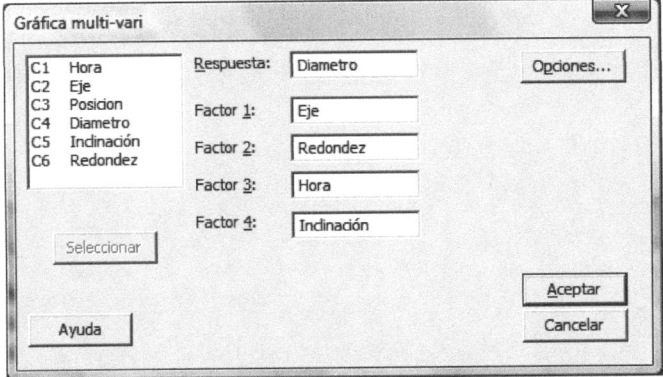

Obteniéndose:

Gráfica de variables múltiple para Diametro por Eje - Inclinación

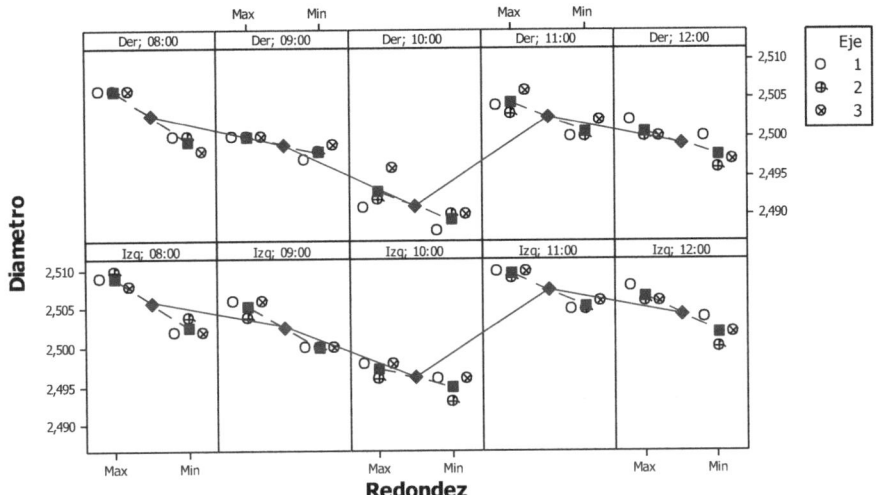

Variables de panel: Inclinación, Hora

Hay que tener en cuenta que el último factor introducido es el que se utiliza para dividir el gráfico en las partes superior e inferior. El tercer factor es el que se sitúa en el eje horizontal y, por tanto, lo más adecuado es colocar en este el que marca la secuencia temporal.

Como normal general, los gráficos se interpretan mejor si el factor que representa la evolución del tiempo se coloca en tercera posición.

18

Gráficos de control para variables I: Observaciones individuales

Archivo 'Cloro'

Una industria química fabrica un producto en flujo continuo del que cada 15 minutos se toma una muestra para controlar los parámetros de interés. El archivo CLORO.MTW contiene los valores del pH y la concentración de cloro en las muestras que se han tomado durante una semana. El contenido del archivo es el siguiente:

Columna	Nombre	Contenido
C1	Fecha	Fecha a la que corresponden los datos
C2	Hora	Hora en que se tomó la muestra
C3	pH	Valor del pH de la muestra
C4	Cl	Concentración de Cl (mg/l)

Gráfico de observaciones individuales

Realizaremos el gráfico para los valores del pH (archivo CLORO.MTW) obtenidos en las 32 muestras del último día. Primero separamos los valores que corresponden al último día (que es viernes, de ahí la V final en el nombre de las nuevas columnas). Lo haremos copiando columnas de forma selectiva.

Datos > Copiar > Columnas a columnas

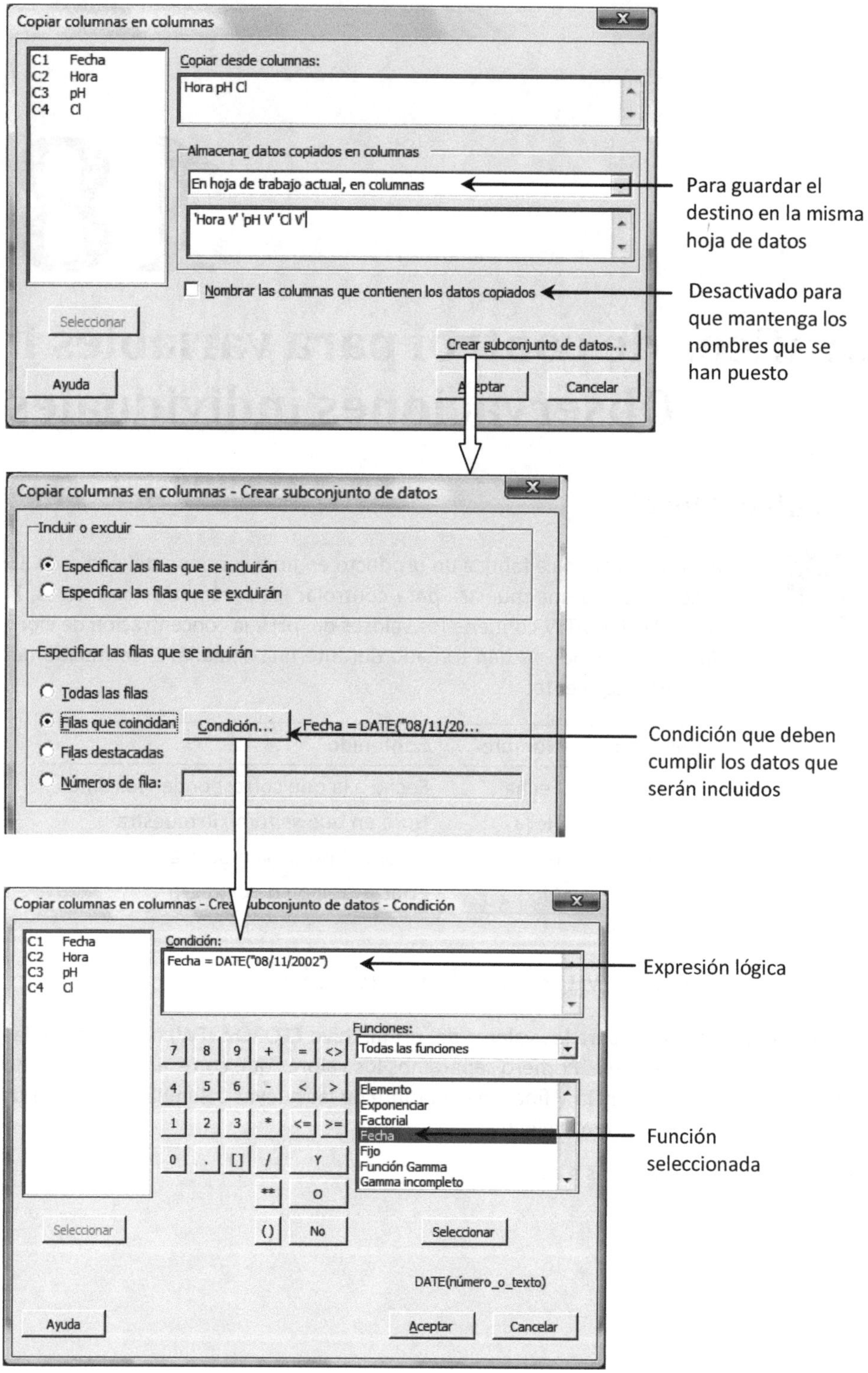

Copiar columnas en columnas

C1 Fecha
C2 Hora
C3 pH
C4 Cl

Copiar desde columnas:

Hora pH Cl

Almacenar datos copiados en columnas

En hoja de trabajo actual, en columnas

'Hora V' 'pH V' 'Cl V'

☐ Nombrar las columnas que contienen los datos copiados

Seleccionar

Crear subconjunto de datos...

Ayuda   Aceptar   Cancelar

→ Para guardar el destino en la misma hoja de datos

→ Desactivado para que mantenga los nombres que se han puesto

Copiar columnas en columnas - Crear subconjunto de datos

Incluir o excluir

⊙ Especificar las filas que se incluirán
○ Especificar las filas que se excluirán

Especificar las filas que se incluirán

○ Todas las filas
⊙ Filas que coincidan   Condición...   Fecha = DATE("08/11/20...
○ Filas destacadas
○ Números de fila:

→ Condición que deben cumplir los datos que serán incluidos

Copiar columnas en columnas - Crear subconjunto de datos - Condición

C1 Fecha
C2 Hora
C3 pH
C4 Cl

Condición:

Fecha = DATE("08/11/2002")

→ Expresión lógica

Funciones:

7	8	9	+	=	<>
4	5	6	-	<	>
1	2	3	*	<=	>=
0	.	[]	/	Y	
		**		O	

Todas las funciones

Elemento
Exponenciar
Factorial
Fecha
Fijo
Función Gamma
Gamma incompleto

→ Función seleccionada

Seleccionar   () No   Seleccionar

DATE(número_o_texto)

Ayuda   Aceptar   Cancelar

Recuerde: Basta con escribir el nombre de las nuevas columnas y MINITAB las crea en la primera posición que encuentra vacía.

Si el nombre de las nuevas columnas contiene espacios en blanco hay que escribirlo entre comillas simples: 'Hora V'.

Estadísticas > Gráficas de control > Gráficas de variables para individuos > Individuos

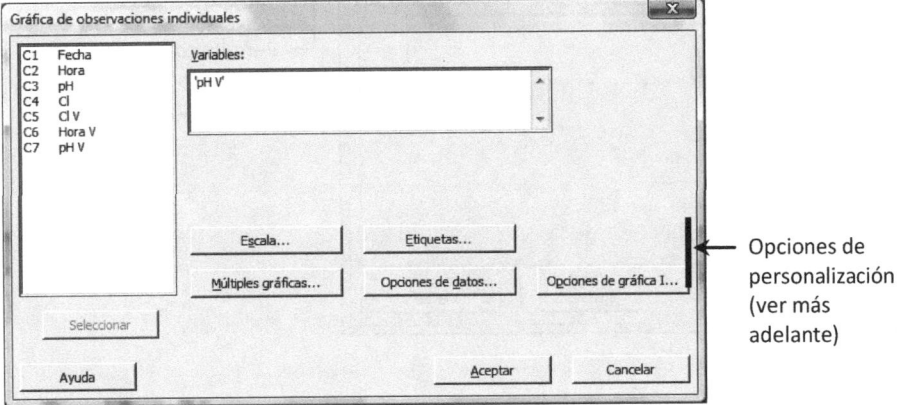

Con todas las opciones por defecto se obtiene:

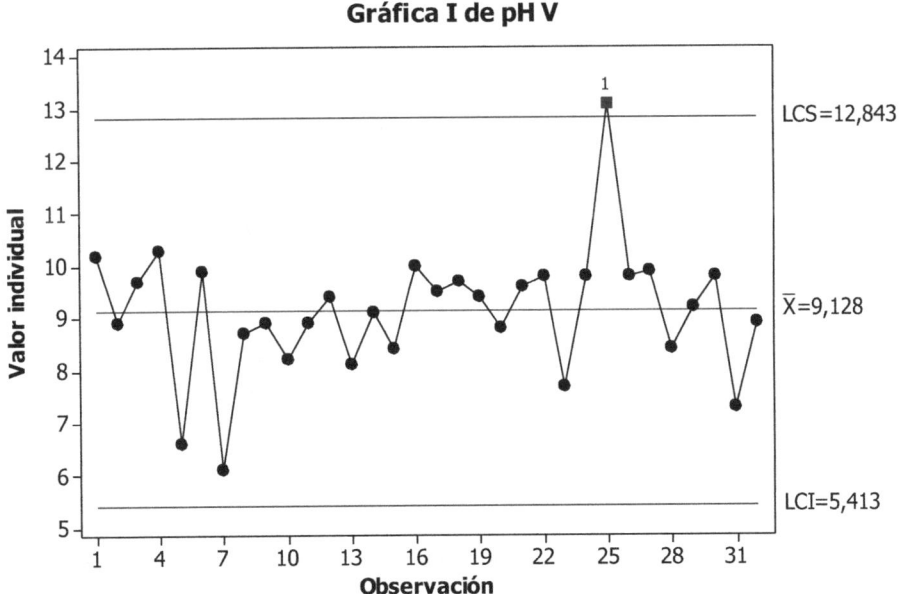

Personalización del gráfico

Escala

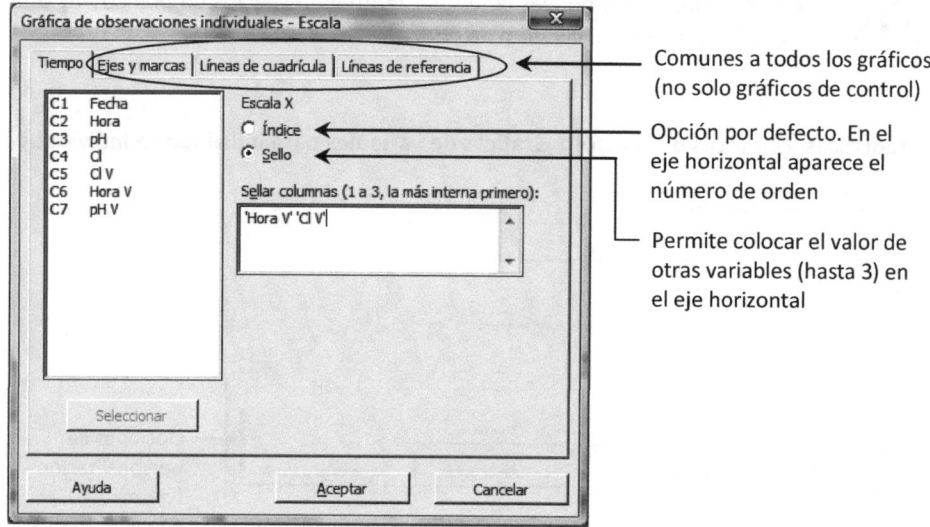

Comunes a todos los gráficos (no solo gráficos de control)

Opción por defecto. En el eje horizontal aparece el número de orden

Permite colocar el valor de otras variables (hasta 3) en el eje horizontal

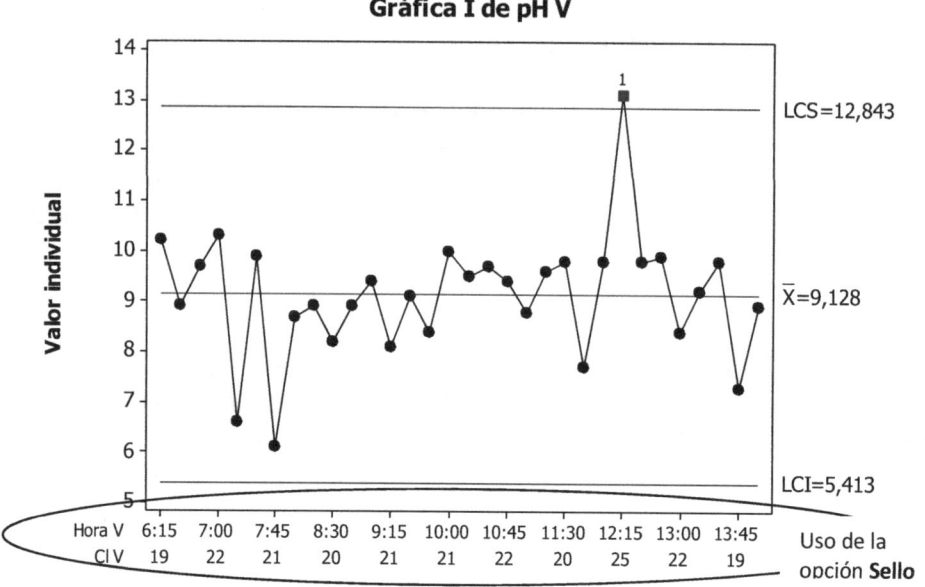

Uso de la opción **Sello**

 Recuerde: Haciendo doble clic sobre cualquier escala se pueden cambiar sus valores.

Etiquetas

Permite añadir títulos y comentarios en la parte inferior.

Múltiples gráficas

Si se realizan gráficos para varias variables, se puede forzar que la escala vertical sea la misma para todos.

Opciones de datos

Permite seleccionar los valores a representar. Por ejemplo, con la opción **Destacar** **(Editor > Destacar,** con la ventana del gráfico como ventana activa) podemos ver que el punto fuera de límites está en la fila 25. Si deseáramos eliminarlo podríamos hacer:

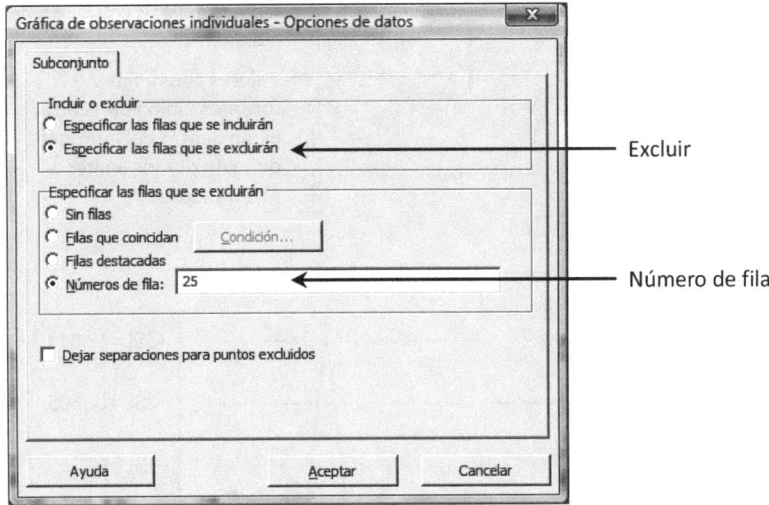

Opciones de gráfica I

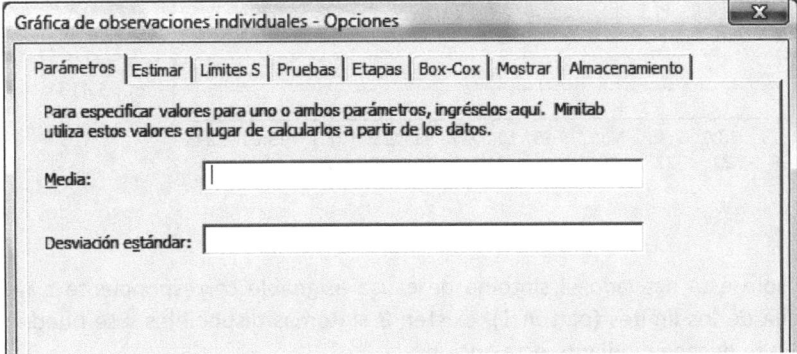

Parámetros

Permite introducir la media y la desviación estándar del proceso y MINITAB calcula los límites con estos valores. Por defecto estima estos parámetros a partir de los datos.

Estimar

Permite omitir muestras (subgrupos) para el cálculo de los límites. Esto es útil cuando se tiene la certeza de existencia de causas asignables en alguna muestra.

Límites S

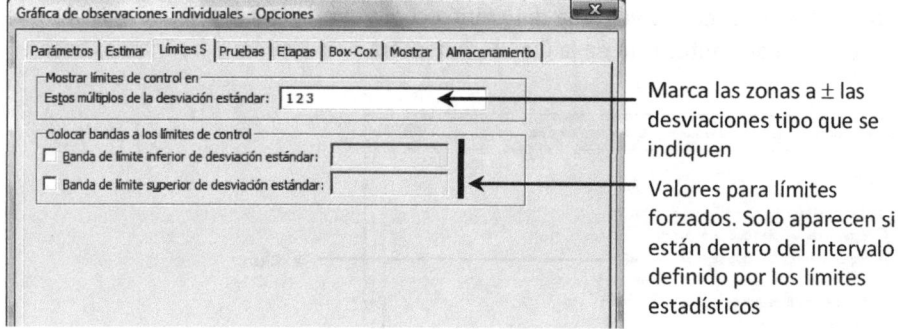

Marca las zonas a ± las desviaciones tipo que se indiquen

Valores para límites forzados. Solo aparecen si están dentro del intervalo definido por los límites estadísticos

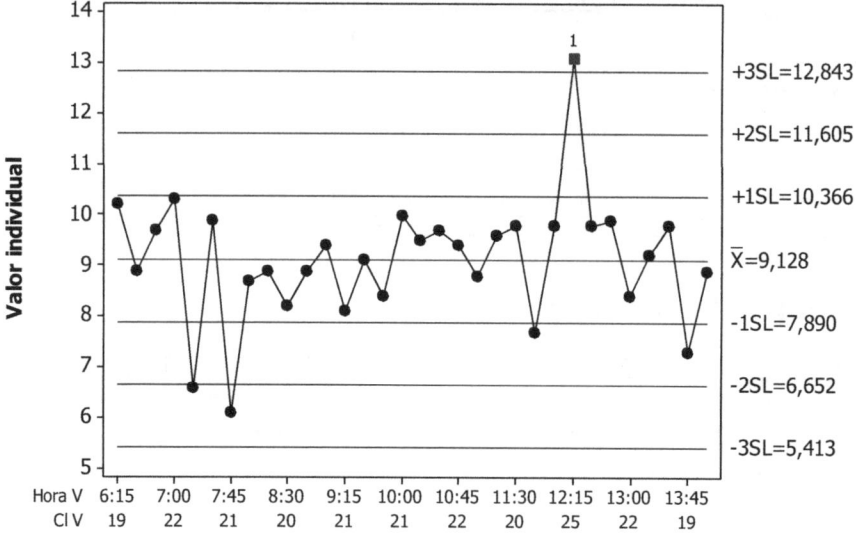

Pruebas

Por defecto solo está activado el síntoma de causa asignable correspondiente a un punto más allá de los límites (patrón 1). Existen 8 síntomas disponibles y se pueden activar los que se deseen mediante esta opción.

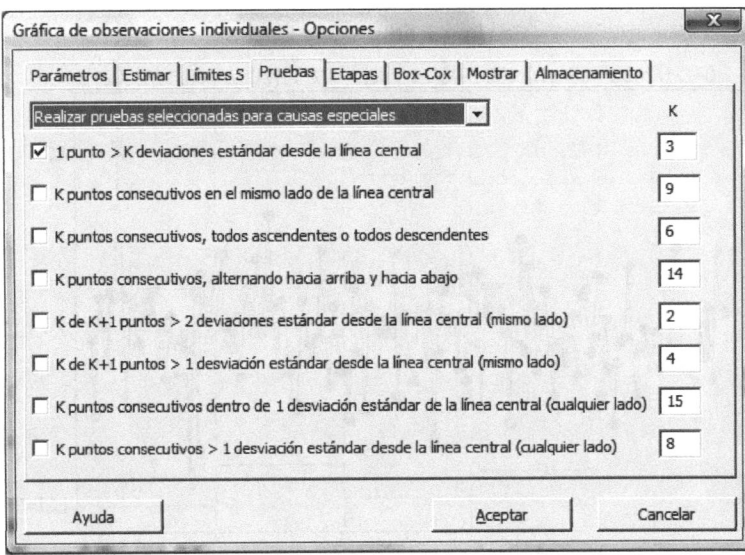

En nuestro caso, si se activan todos aparecen 2 puntos más señalados con los patrones 5 (2 puntos de 3 más allá de 2 sigmas) y 7 (15 puntos seguidos dentro del espacio media ± una sigma).

 Si utiliza todas las señales de alarma aumenta el riesgo de falsas alarmas.

Etapas

Marca grupos en el gráfico. Vamos hacia atrás y cambiamos la variable 'pH V' (pH del viernes) por 'pH' (pH de todos los días).

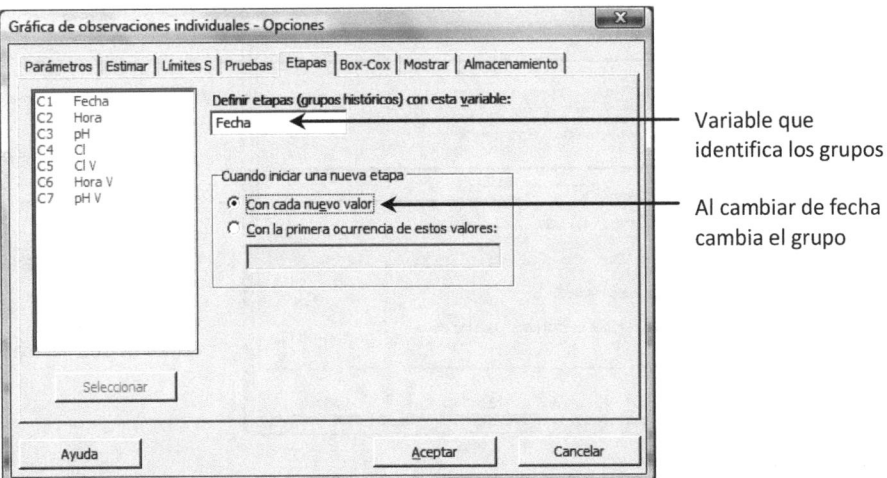

Variable que identifica los grupos

Al cambiar de fecha cambia el grupo

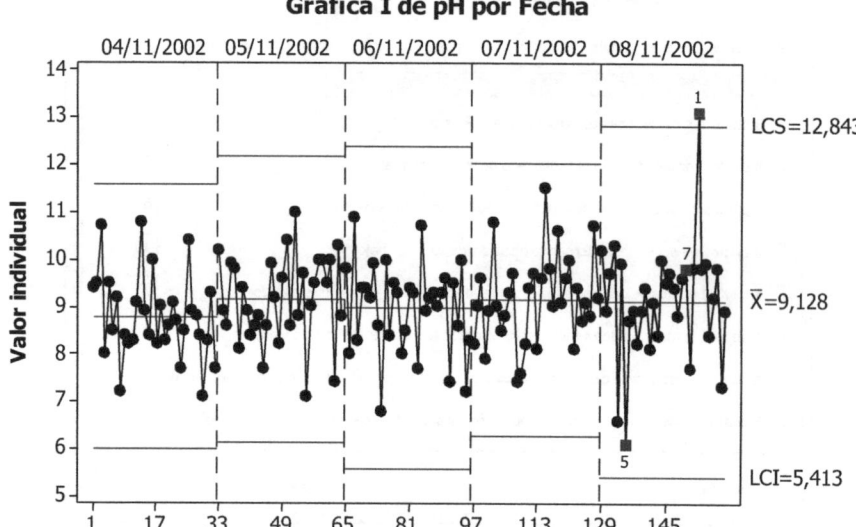

Gráfica I de pH por Fecha

Nota: Siguen activadas todas las señales de fuera de control.

Box-Cox

Transforma los datos originales utilizando una transformación de Box-Cox. Se utiliza para normalizar los datos.

Mostrar

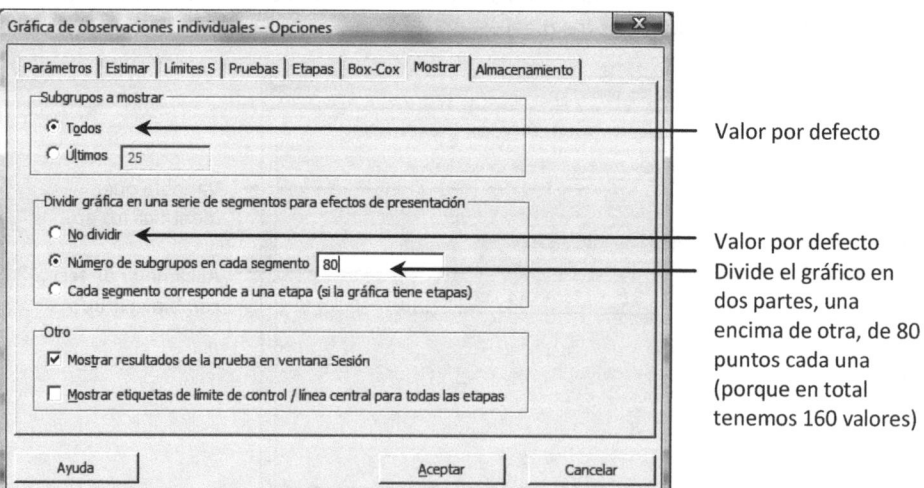

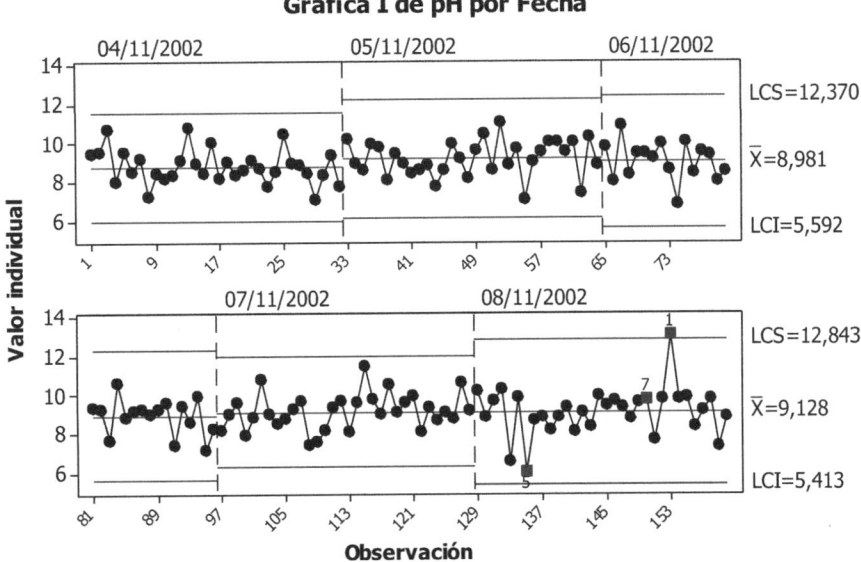

Gráfica I de pH por Fecha

Almacenamiento

Almacena en la hoja de datos los valores que se indiquen.

Gráficos de rangos móviles

Seguimos con el archivo CLORO.MTW. Para tener el gráfico de rangos móviles de los valores del pH del viernes hacemos: **Estadísticas > Gráficas de control > Gráficas de variables para individuos > Rango móvil**.

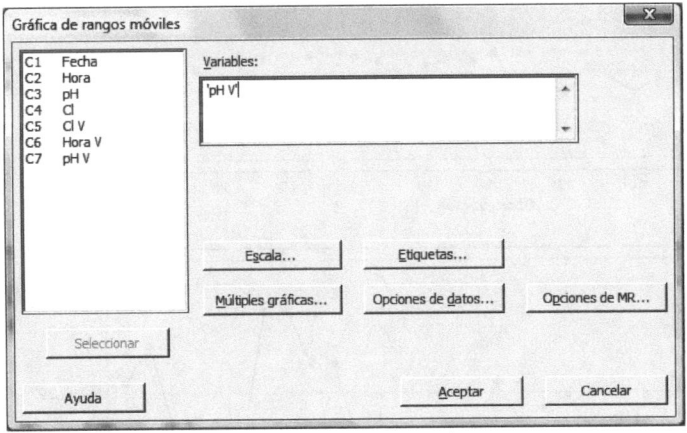

Las opciones son prácticamente las mismas que en el caso de las observaciones individuales.

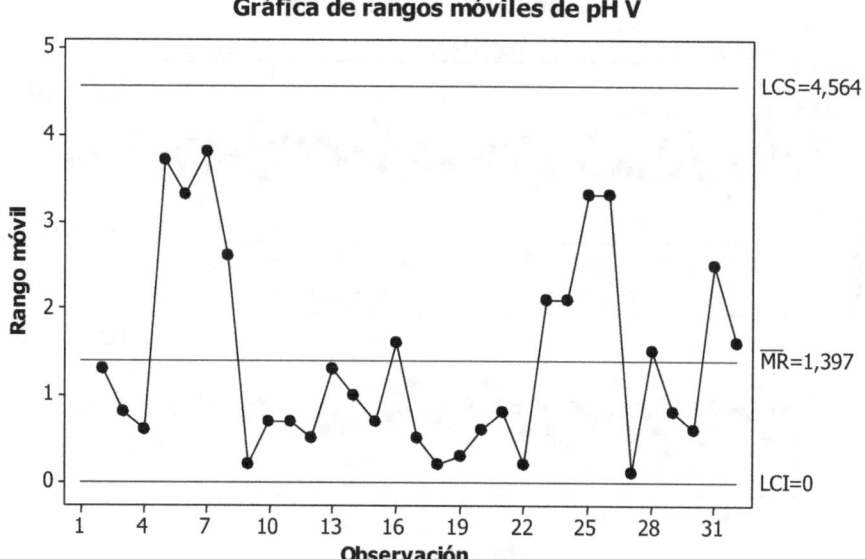

Gráfica de rangos móviles de pH V

Gráfico de Observaciones individuales-Rangos móviles

Se trata de los gráficos que ya hemos visto, pero los 2 juntos en una misma ventana gráfica.

Estadísticas > Gráficas de control > Gráficas de variables para individuos > I-MR

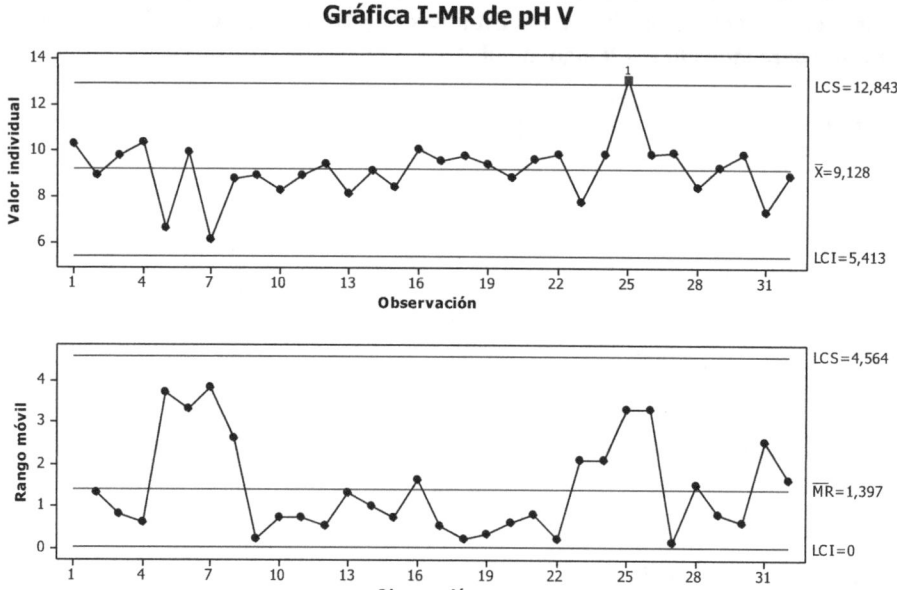

Gráfica I-MR de pH V

19

Gráficos de control para variables II: Medias y rangos

Uso del archivo VITA_C

Utilizaremos el archivo VITA_C.MTW, que presentamos en el capítulo 14 (Estudios de capacidad para variables). De una máquina que elabora comprimidos de cierto medicamento, se tomaron muestras de 5 comprimidos cada 15 minutos durante un periodo de 10 horas. En la columna C1 de este archivo, la única que contiene datos, se encuentran los pesos de estos comprimidos (40 muestras x 5 comprimidos /muestra = 200 datos).

Para poder ilustrar mejor las posibilidades de este tipo de gráfico, crearemos 2 nuevas columnas: Una que contenga la hora en que se ha tomado el dato y otra con un número que identifique al operario que estaba al cargo de la máquina.

Calc > Crear patrones de datos > Conjunto simple de valores de fecha / hora

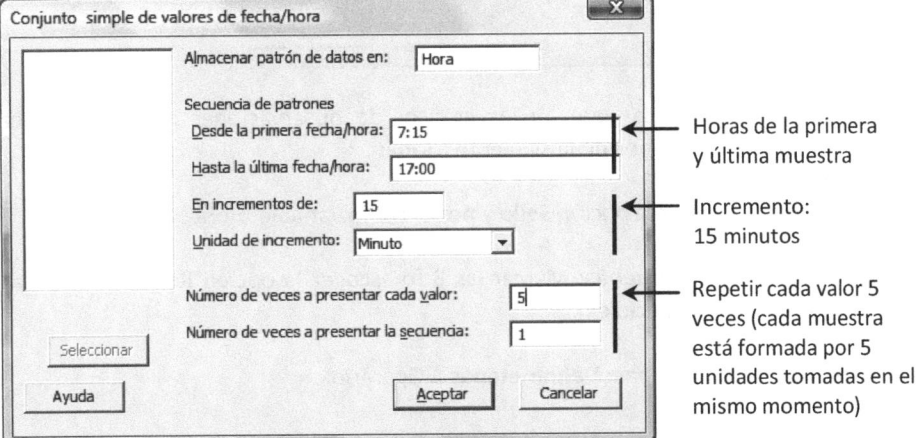

Respecto al operario, supondremos que las 25 primeras muestras se toman con la máquina a cargo del operario A, y las otras 15 con la máquina a cargo de B. Esto requiere introducir en C3 125 (25 × 5) A's y 75 (15 × 5) B's.

Como no se tiene el mismo número de A's que de B's, no se puede utilizar el **Crear patrones de datos** (aunque sí podría hacerse y borrar las 50 últimas B's). Una forma muy rápida de hacerlo es escribir directamente en la ventana de Sesion:

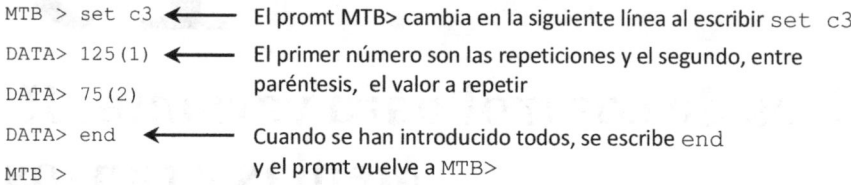

```
MTB > set c3
DATA> 125(1)
DATA> 75(2)
DATA> end
MTB >
```

El promt MTB> cambia en la siguiente línea al escribir `set c3`

El primer número son las repeticiones y el segundo, entre paréntesis, el valor a repetir

Cuando se han introducido todos, se escribe `end` y el promt vuelve a MTB>

El nombre de la columna hay que introducirlo "a mano".

Gráfico de medias

Estadísticas > Gráficas de control > Gráficas de variables para subgrupos > Xbarra

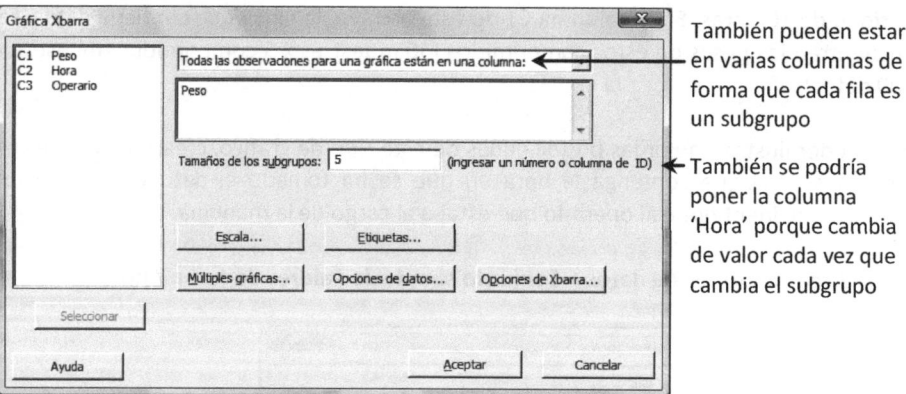

También pueden estar en varias columnas de forma que cada fila es un subgrupo

También se podría poner la columna 'Hora' porque cambia de valor cada vez que cambia el subgrupo

Las opciones son idénticas que en los gráficos de observaciones individuales (ver capítulo 18). Las utilizaremos de la siguiente forma:

Escala > Tiempo: Marcar la opción **Sello** y poner como variable 'Hora'.

Opciones de Xbarra > Pruebas: Marcar las 8 (o escoger la opción **Realizar todas las pruebas para causas especiales**).

Opciones de Xbarra > Etapas: Definir etapas… Operario.

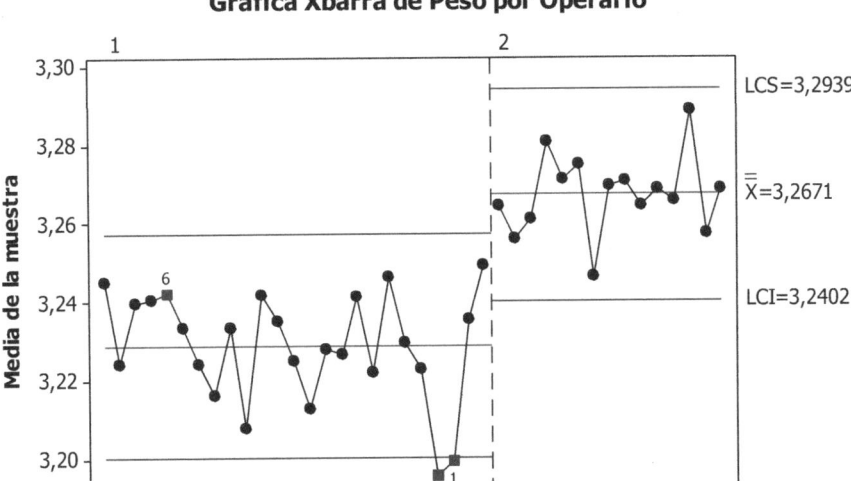

Gráfica Xbarra de Peso por Operario

En la ventana de Sesión se informa sobre los puntos fuera de control. En el gráfico para cada punto solo indica un patrón, aunque cumpla varios, como ocurre en este caso con el punto 23.

Resultados de la prueba para la gráfica Xbarra de Peso por Operario

```
PRUEBA 1. Un punto más que las 3 desviaciones estándar desde la línea
central.
La prueba falló en los puntos:  22; 23

PRUEBA 5. 2 sin 3 puntos más que 2 desviaciones estándar desde la línea
central (en un lado de LC).
La prueba falló en los puntos:  23

PRUEBA 6. 4 sin 5 puntos más que 1 desviación estándar desde la línea
central (en un lado de LC).
La prueba falló en los puntos:  5
```

Gráficas de Rangos y de Desviaciones estándar

Se construyen de forma similar a los gráficos de medias:

Estadísticas > Gráficas de control > Gráficas de variables para subgrupos > R

Estadísticas > Gráficas de control > Gráficas de variables para subgrupos > S

Gráfico de Medias-Rangos

Estadísticas > Gráficas de control > Gráficas de variables para subgrupos > Xbarra-R

Utilizando las opciones que se usaron para el gráfico Xbarra, se obtiene:

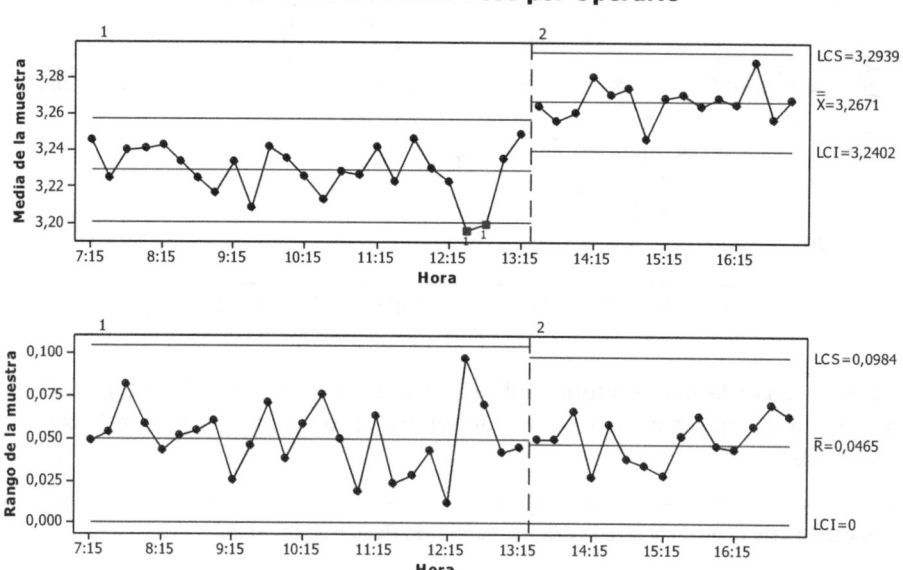

Gráfica Xbarra-R de Peso por Operario

Los ejemplos de gráficos de control que se realizan a un conjunto de datos pueden dar la falsa impresión de que primero se recogen los datos y después, cuando se tienen todos, se construye el gráfico. Esto no es así. Para reaccionar lo antes posible a los problemas que se vayan presentando, el gráfico debe realizarse tal como se van recogiendo los datos, punto a punto.

Algunas ideas sobre cómo utilizar MINITAB como simulador de procesos a efectos didácticos

Utilizando la posibilidad de actualización automática de gráficos y el uso de macros o archivos ejecutables, se puede simular la evolución de un gráfico de control. Primero creamos el siguiente archivo con el bloc de notas: **Herramientas > Bloc de notas**.

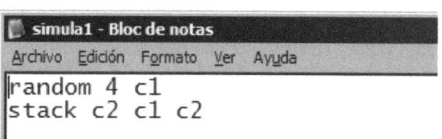

Guardamos este archivo en el escritorio con el nombre "simula1" (se añade automáticamente la extensión .txt)

Para decirle a MINITAB donde están los archivos que después ejecutaremos, hacemos: **Herramientas > Opciones:**

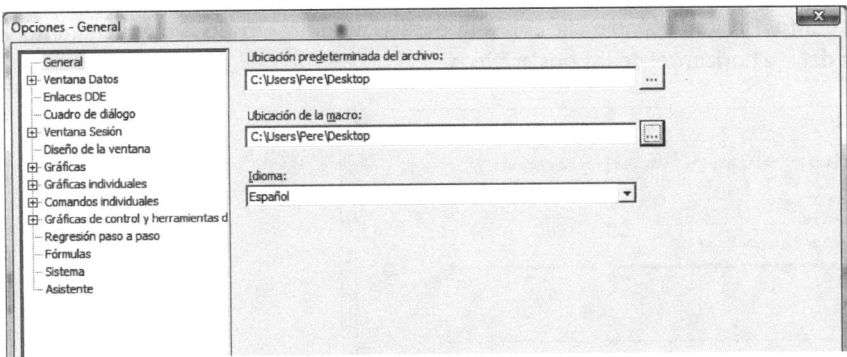

Le hemos indicado que están en el escritorio (utilice los botones con 3 puntos suspensivos para localizar la situación en su ordenador). Una vez realizado este cambio deberá salir de MINITAB y volver a entrar.

 Estas opciones (las de **Herramientas > Opciones**) MINITAB solo las lee al arrancar. Por tanto, si las cambiamos, hay que salir y volver a entrar al programa.

Ahora colocamos 4 valores de una Normal (0; 1) en la columna C2. Puede hacerse a través de **Calc > Datos aleatorios > Normal**, pero basta con escribir en la ventana de Sesión (debe tener activado **Habilitar comandos**):

```
MTB > random 4 c2
```

Crear ahora el gráfico Xbar-R: **Estadísticas > Gráficas de control > Gráficas de variables para subgrupos > Xbarra-R**

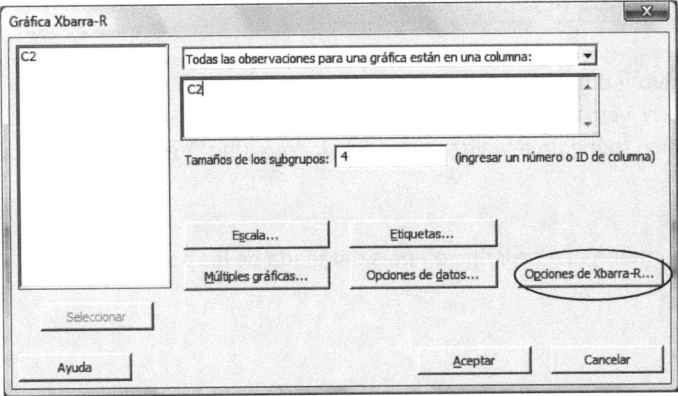

Para que los límites no cambien al ir apareciendo puntos, utilizamos la opción:

Opciones de Xbarra-R > Parameters: **Media**: 0; **Desviación estándard**: 1

Y ya le damos al botón **Aceptar** para que aparezcan los gráficos Xbarra y R, ambos con un solo punto. Haciendo doble clic sobre la escala, modificamos los valores mínimo y máximo del eje horizontal de los dos gráficos.

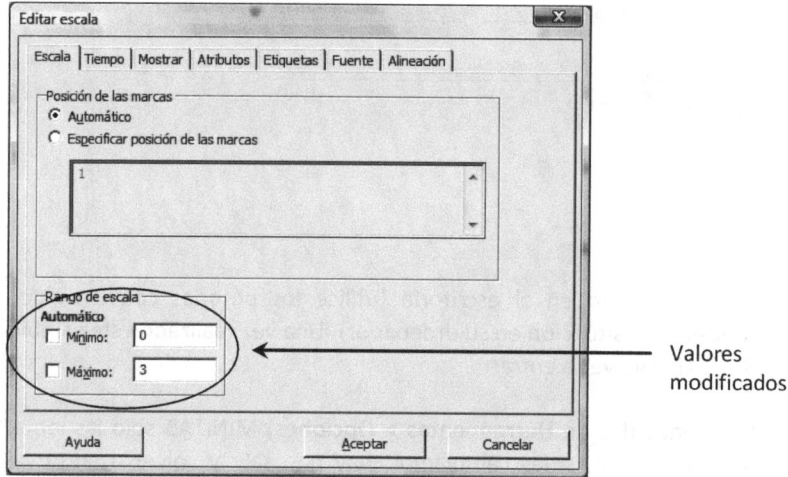

Valores modificados

Finalmente hacemos clic con el botón derecho del ratón sobre cualquier punto del gráfico y activamos la opción: **Actualizar gráfica automáticamente.**

Ahora lo ejecutamos 29 veces haciendo: **Archivos > Otros archivos > Ejecutar un Exec**

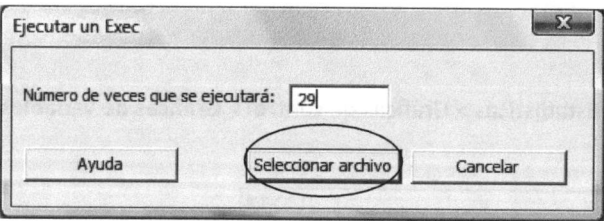

Pulsar **Seleccionar archivo** y donde pide el nombre escribir *.txt para que aparezca el nombre del archivo en la ventana superior. Haga doble clic sobre el nombre y vea como evoluciona el gráfico (póngalo a la vista si ha quedado oculto: **Ventana > Gráfica Xbarra-R de C2**).

El Anexo 4 contiene una descripción más detallada de las posibilidades de uso de macros.

20

Gráficos de control para atributos

Archivo 'Motores'

 Una industria que fabrica motores para pequeños electrodomésticos registra cada día el número de motores producidos y los que en la inspección final han resultado defectuosos. Los datos correspondientes a 6 semanas de producción se hallan en el archivo MOTORES.MTW, con el siguiente contenido:

Columna	Nombre	Contenido
C1	Fecha	Fecha a que corresponden los datos de la fila
C2	Producción	Número de motores producidos ese día
C3	Num. defectos	Número de motores defectuosos detectados ese día

Gráfico de proporción de unidades defectuosas (P)

Utilizamos el archivo MOTORES.MTW. Para construir el gráfico P hacemos:

Estadísticas > Gráficas de control > Gráficas de atributos > P

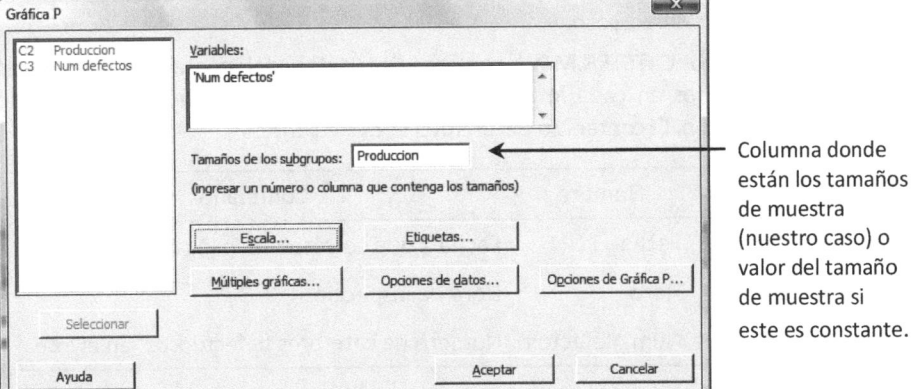

Columna donde están los tamaños de muestra (nuestro caso) o valor del tamaño de muestra si este es constante.

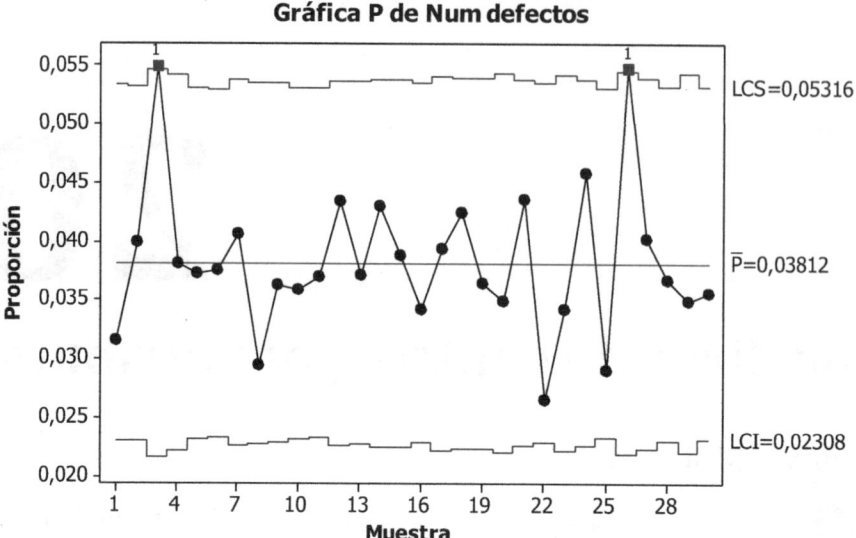

Los límites de control dependen del tamaño de muestra. Si el tamaño de muestra no es constante, los límites tampoco lo son.

Como el número de motores que se fabrican cada día es muy similar, podemos escoger un tamaño de subgrupo contante en **Tamaños de los subgrupos**, colocando 1350 (aproximadamente el promedio de la producción diaria) y así se obtiene un gráfico con los límites de control constantes.

Archivo 'Cateter'

En una industria donde se producen catéteres para hospitales se hace una inspección de calidad después de la soldadura entre la parte más rígida del catéter y la punta, más blanda. Cada hora se toma un lote de 100 catéteres y se mira si la soldadura tiene trazas o no. Si la soldadura tiene trazas el catéter es defectuoso.

El archivo CATETER.MTW contiene los datos del número de catéteres defectuosos en cada lote de 100 recogidos durante la última semana de producción. El contenido del archivo es el siguiente:

Columna	Nombre	Contenido
C1	Fecha	Fecha a que corresponden los datos de la fila
C2	Hora	Hora de inspección
C3	Num. defectos	Número de catéteres defectuosos en el lote

Gráfico de número de unidades defectuosas (NP)

Utilizamos el archivo CATETER.MTW. Para construir el gráfico NP hacemos:

Estadísticas > Gráficas de control > Gráficas de atributos > NP

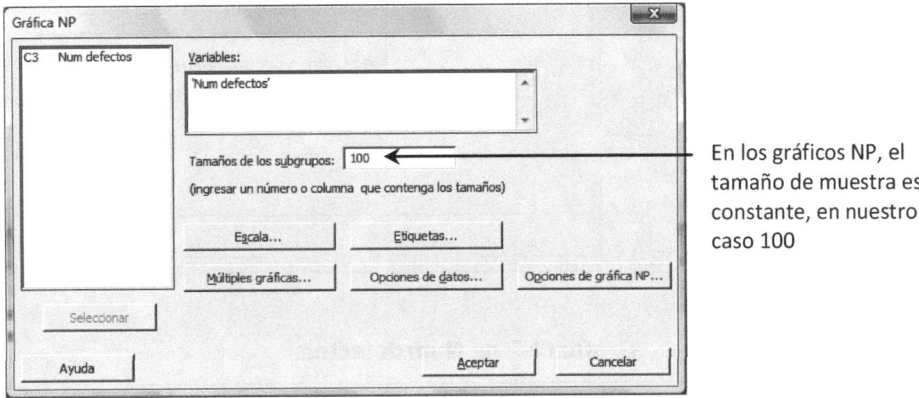

En los gráficos NP, el tamaño de muestra es constante, en nuestro caso 100

Dejando todas las opciones por defecto se obtiene:

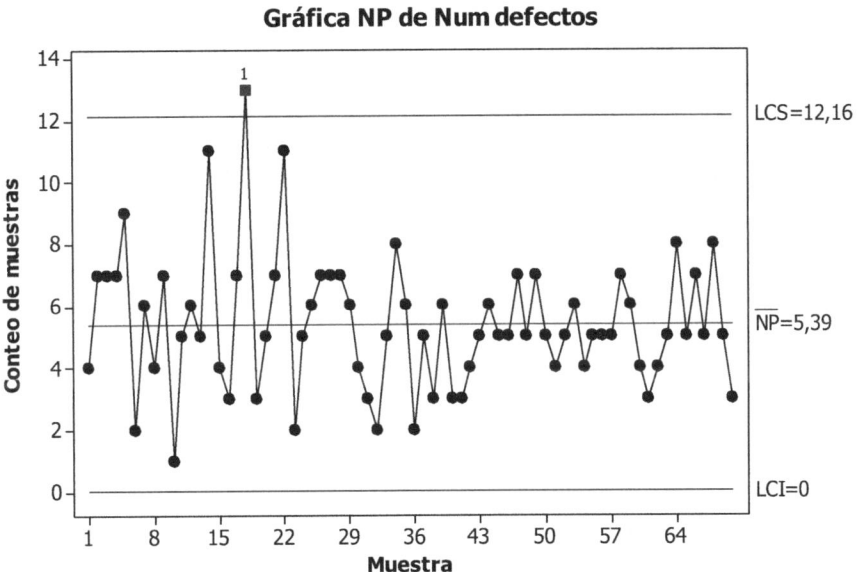

Aparece un punto por encima del límite de control superior. Se ha identificado la causa asignable que provocó ese aumento de catéteres defectuosos (una partida de materia prima problemática), por lo que es razonable recalcular los límites de control sin tener en cuenta ese punto.

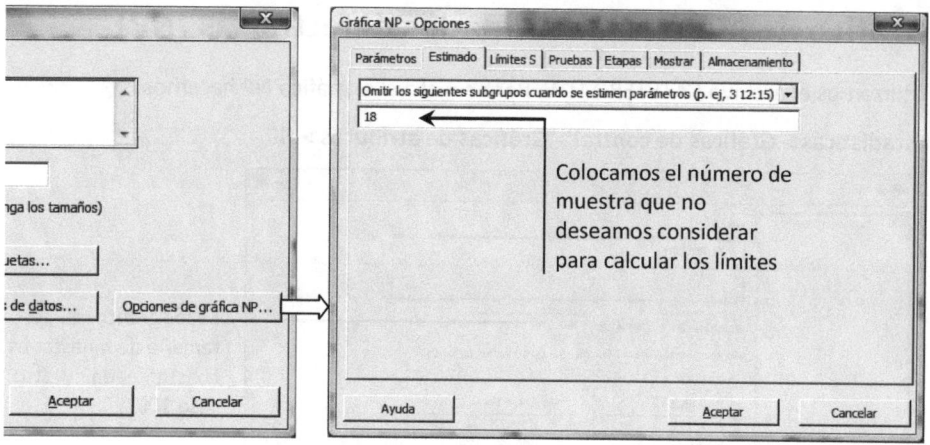

Colocamos el número de
muestra que no
deseamos considerar
para calcular los límites

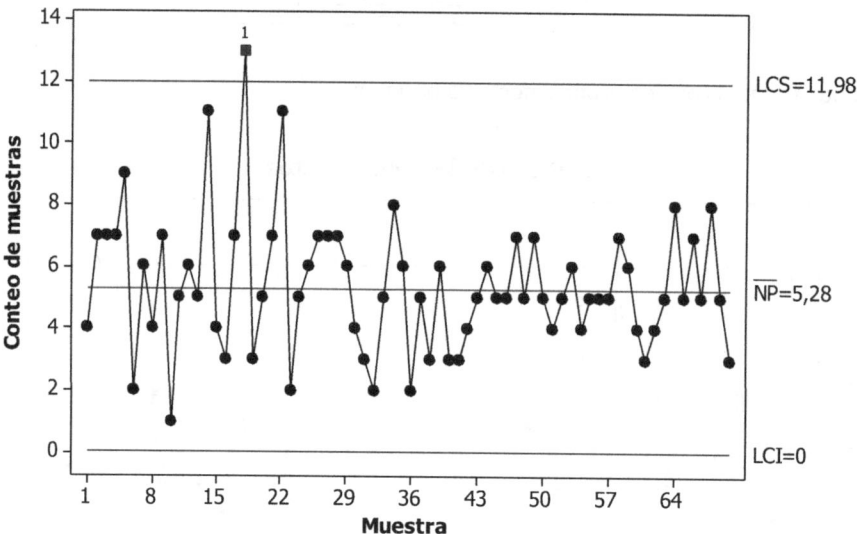

El límite de control superior sale algo menor, como podíamos esperar.

Aunque MINITAB permite usar tamaños de muestra no constantes en gráficos NP, eso no es adecuado. Siempre que sea posible es más cómodo de cara a interpretar el gráfico usar un tamaño de muestra constante en los gráficos NP. Si no se puede usar un tamaño de muestra constante, es mejor hacer un gráfico P.

Gráfico de número de defectos por unidad constante (C)

Utilizaremos el archivo VISITAS_WEB.MTW que se describe en el capítulo 16 (Estudios de capacidad). Este archivo contiene el número de visitas recibidas en una página web durante los meses de octubre y noviembre de 2003, indicando también la fecha y el día de la semana.

El número de visitas diarias puede ser considerado como una variable que sigue una distribución de Poisson, y como la unidad de observación es contante (un día) podemos representar su evolución usando un gráfico C:

Estadísticas > Gráficas de control > Gráficas de atributos > C

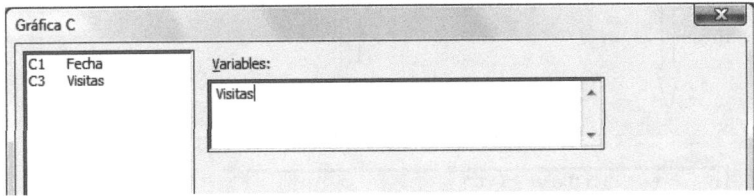

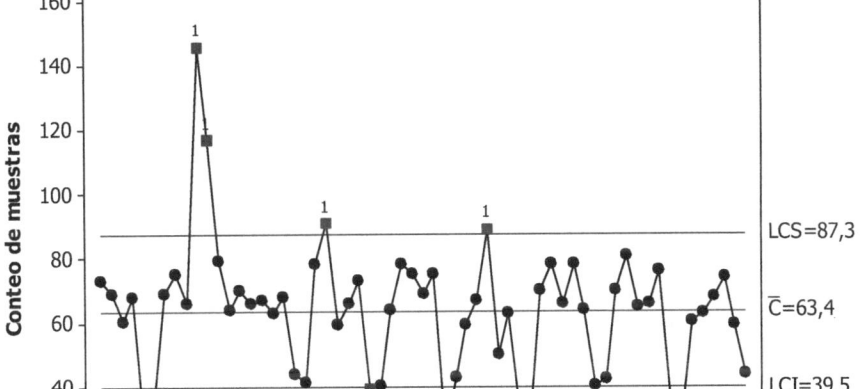

El pico que se produce en torno al día 10 es debido a que apareció un anuncio de esta página web en la prensa. Se trata de un pico singular con una causa asignable clara. Por otra parte, los valles, muchos de los cuales aparecen también fuera de control, corresponden a los fines de semana, que tienen un número de visitas claramente más bajo que los días laborables.

Eliminamos del gráfico los sábados y domingos utilizando el botón **Opciones de datos**:

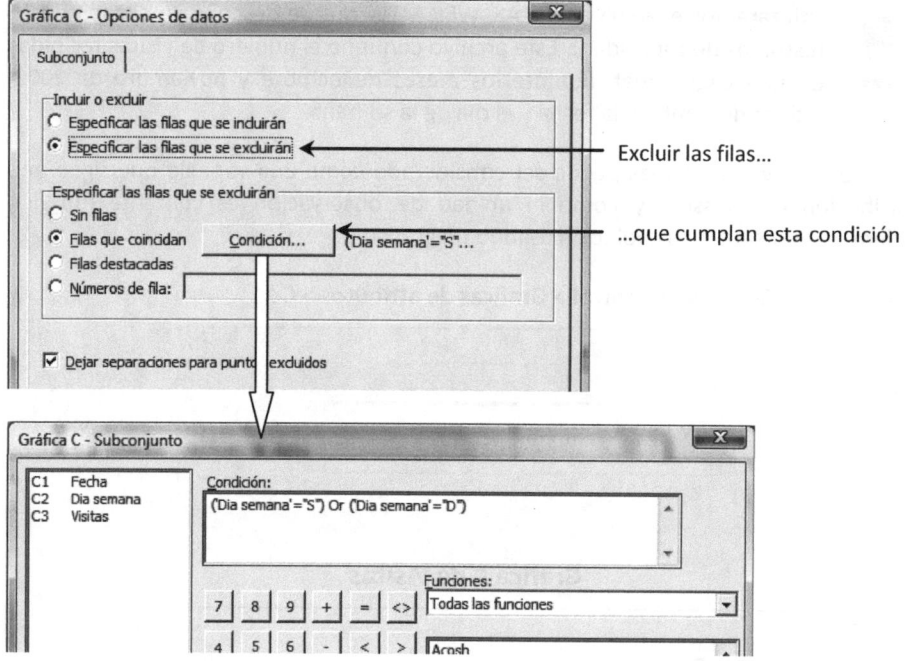

Excluir las filas...

...que cumplan esta condición

Y se obtiene el siguiente gráfico, en el que los límites se han calculado sólo con los puntos que aparecen.

Gráfica C de Visitas

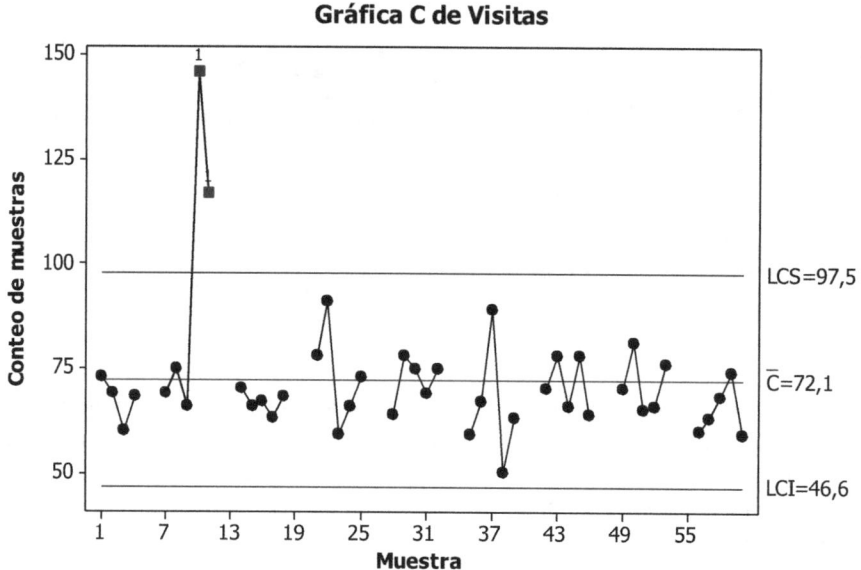

Para excluir también del cálculo de los límites los valores del pico singular que corresponden a las observaciones 10 y 11 (se pueden identificar usando **Editor > Destacar** y haciendo clic sobre los puntos), usamos el botón **Opciones de gráfica C**:

Opciones de gráfica C > Estimado

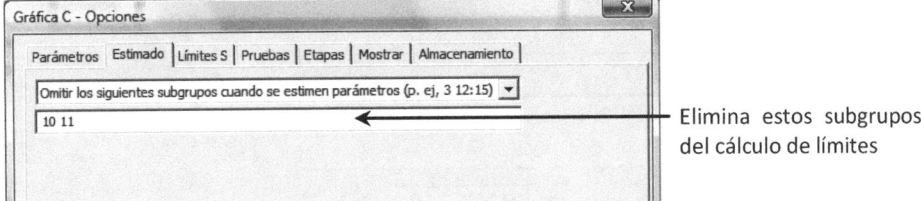

Elimina estos subgrupos del cálculo de límites

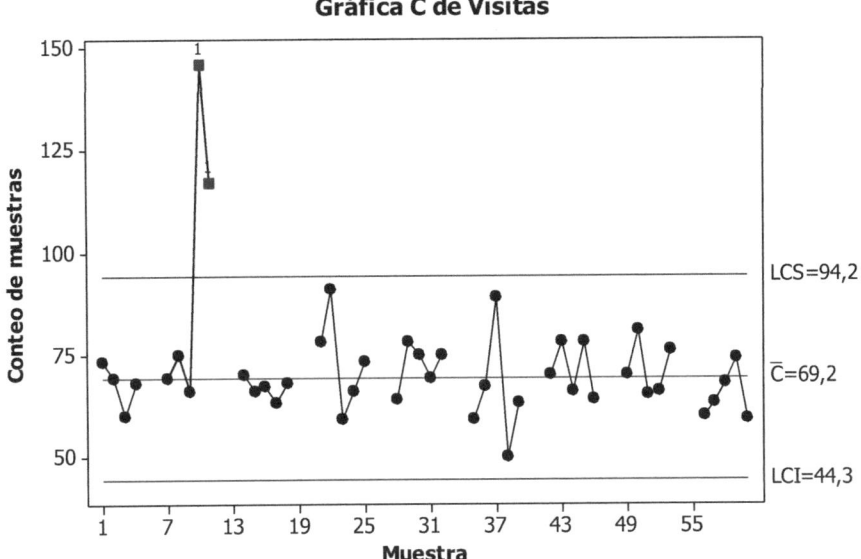

Archivo 'Tejido'

Una industria que se dedica a la confección de tejidos tiene un proceso de tintado de telas. De vez en cuando aparece algún pequeño punto de pintura más intensa sobre la tela.

Para comprobar si la cantidad de manchas se mantiene dentro de los valores normales, se decide implantar un control estadístico de procesos. Cada cuarto de hora se cuenta el número de manchas en una pieza de tela.

Los datos correspondientes a la fabricación de un día se encuentran en el archivo TEJIDO.MTW. La columna C1 tiene el número de manchas en cada pieza de tela. Como las piezas de tela no son exactamente iguales, en la columna C2 se incluye la superficie (en m^2) de cada pieza.

Gráfico del número de defectos por unidad variable (U)

La construcción de este gráfico no presenta ninguna novedad respecto a los gráficos anteriores. Utilizamos los datos del archivo TEJIDO.MTW y hacemos:

Estadísticas > Gráficas de control > Gráficas de atributos > U

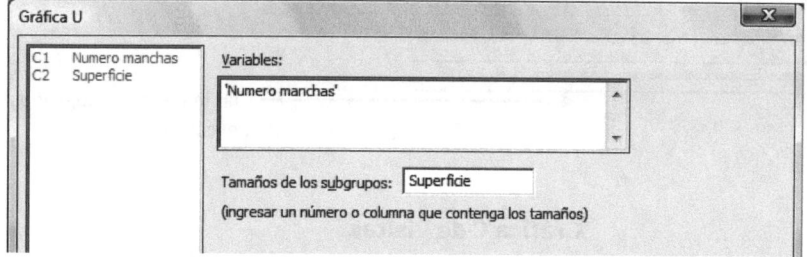

Con todas las opciones por defecto se obtiene:

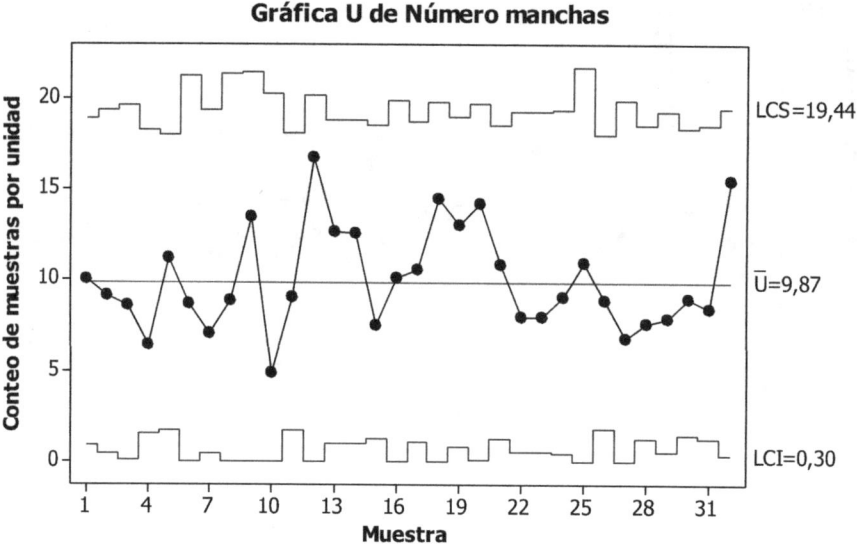

Gráfica U de Número manchas

El proceso está en estado de control. Los límites varían porque también lo hace el tamaño de muestra.

 Cuando los límites de control no son constantes, el valor numérico del límite superior y del límite inferior que MINITAB muestra es el correspondiente a la última muestra.

21

Casos prácticos del bloque IV
Gráficos Multi-Vari. Control estadístico de procesos

Botellas

Una empresa dedicada a la fabricación de botellas y envases de vidrio tiene en las botellas de cava una de las referencias con más peso en su facturación. Estas botellas tienen especificaciones para: altura, diámetro central, diámetro exterior de la boca, diámetro interior de la boca, peso, horizontalidad, verticalidad, ovalización y espesor del vidrio.

Ciertos problemas de calidad que se estaban produciendo aconsejaron poner en marcha un proyecto de mejora. Un primer estudio puso de manifiesto que el 85% de las veces que una botella está fuera de tolerancias, lo está por problemas de peso (falta de peso equivale a falta de resistencia) o de ovalización, por lo que se decidió centrar las acciones de mejora en estos dos aspectos.

El proceso empieza con la mezcla de las materias primas (silicio, sosa y calcio, a veces también vidrio para reciclar) y sigue con su fusión, goteo, recocido, tratamiento en frío y paletizado, pero se sabe que el tipo de defectos que se quieren atacar solo se pueden producir en la fase de goteo.

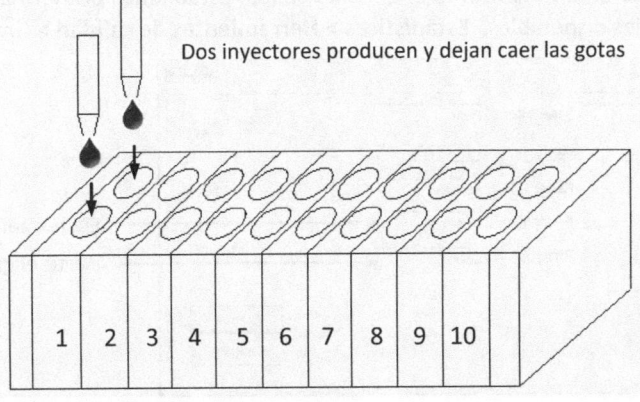

Dos inyectores producen y dejan caer las gotas

El goteo consiste en la introducción de una gota de vidrio líquido (lo que después será la botella) en una cavidad que contiene el molde. Las cavidades están agrupadas en cajas de 20, que a su vez están formadas por 10 secciones con 2 cavidades cada una. Cada una de estas 2 cavidades es alimentada por un inyector, de acuerdo con el esquema de la página anterior.

Se sabe que el hecho de que peso y/o ovalización estén fuera de tolerancias es debido a que presentan una excesiva variabilidad, pero se sabe es cuál es su origen. Puede ser debida a aspectos posicionales (tiende a desajustarse un inyector, se mueve un molde, el sistema de refrigeración -que es independiente para cada sección- en alguna de ellas no funciona correctamente...). También puede ser variabilidad intrínseca (capacidad a corto plazo) o que a lo largo del tiempo alguno de los parámetros del sistema se vaya descentrando.

Para identificar donde estaba el origen del problema, durante una jornada se puso en marcha un plan intensivo de recogida de datos. Cada hora se recogieron todas las botellas producidas en 5 cajas seguidas (5 cajas × 20 botellas/caja = 100 botellas). Como hubo 7 momentos de recogida (el primero después de la primera hora de trabajo) se tienen datos de un total de 700 botellas. Los datos están en el archivo BOTELLA.MTW, cuyo contenido es:

Columna	Contenido
C1	Número de muestra. En total hay 7
C2	Número de caja. Hay 5 en cada muestra
C3	Sección. Hay 10 en cada caja
C4	Gota. A o B
C5	Peso de la botella, en gramos
C6	Ovalización. Diferencia entre diámetros máximo y mínimo, en mm

¿Qué conclusiones se pueden sacar del análisis de estos datos?

Los gráficos multivari son la herramienta más adecuada para identificar las fuentes de variabilidad en un caso como el que nos ocupa. Estudiamos primero el peso, con todas las variables disponibles. **Estadísticas > Herramientas de calidad > Gráfica Multi-Vari**

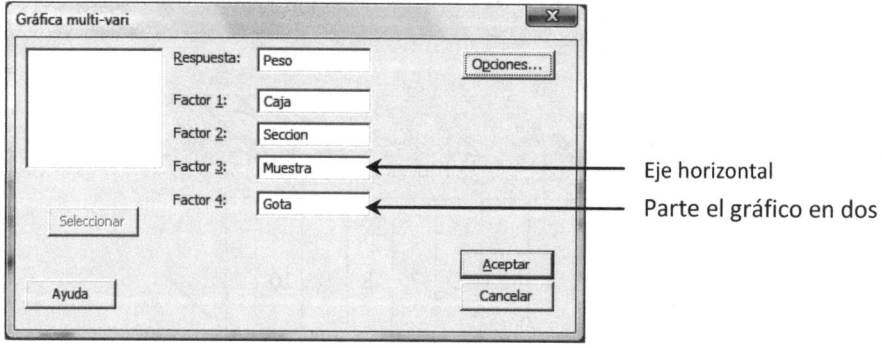

Gráfica de variables múltiple para Peso por Caja - Gota

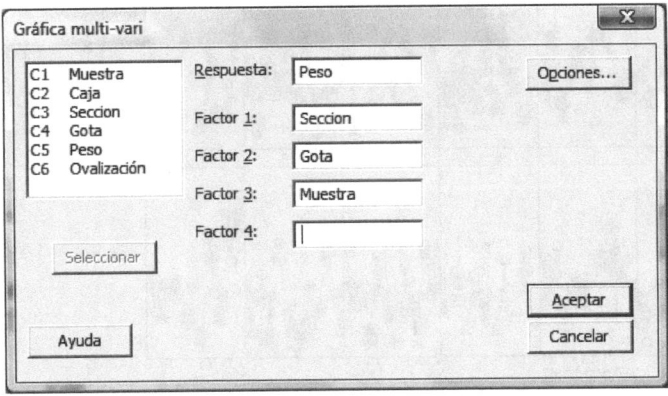

Variables de panel: Gota, Muestra

La fuente de variabilidad más importante para el peso es la producida por el paso del tiempo. Apenas se aprecia diferencia entre secciones ni entre las 5 cajas consecutivas que constituyen cada muestra. Sin embargo entre gotas sí parece haber algo de diferencia. Para verlo más claro, prescindimos de la representación de las 5 cajas consecutivas y hacemos:

Stat > Quality Tools > Multi-Vari Charts

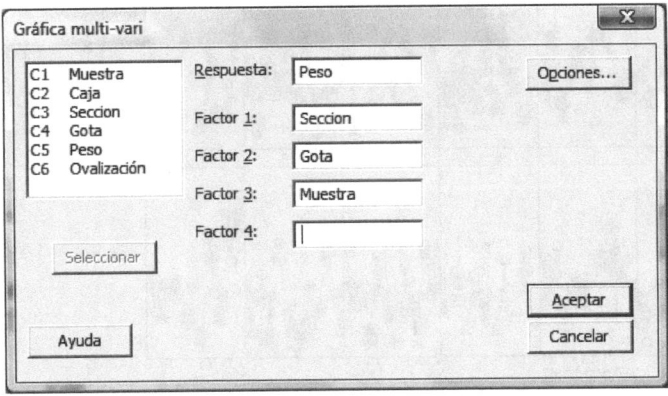

En el gráfico obtenido se observa claramente la diferencia entre muestras (entre el valor medio de la 1ª y de la 5ª hay una diferencia de unos 15 gramos) y también entre gotas aunque de menor magnitud. En la muestra 7 hay una diferencia de unos 5 g entre los valores medios de las muestras A y B.

Gráfica de variables múltiple para Peso por Seccion - Muestra

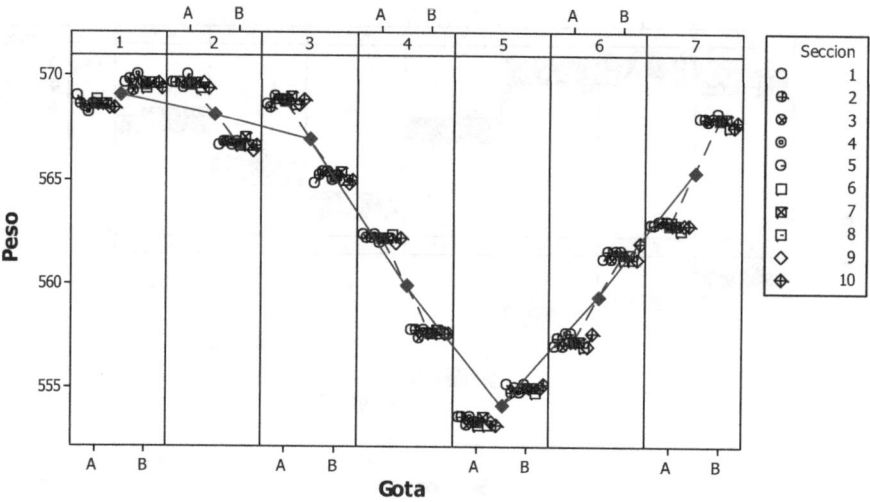

Variable de panel: Muestra

Estudiamos ahora la ovalización. Colocando todos los factores, y en el mismo orden que los hemos colocado para el peso (caja, sección, muestra, gota) tenemos:

Gráfica de variables múltiple para Ovalización por Caja - Gota

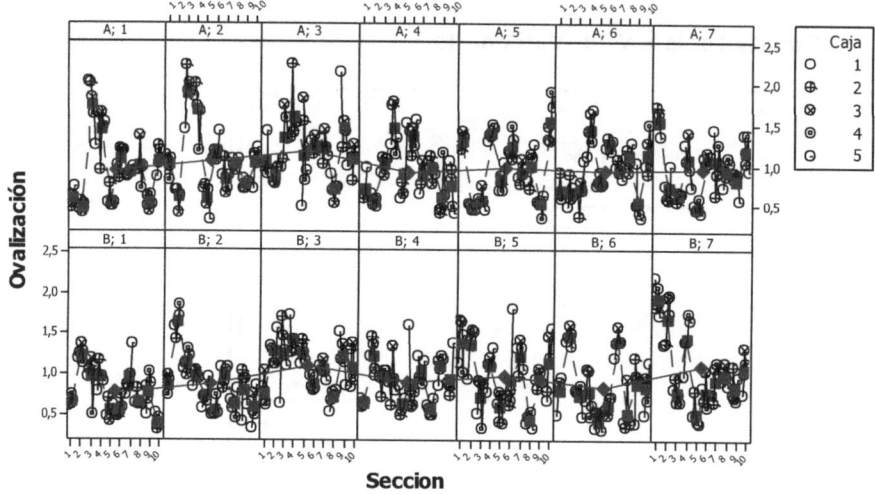

Variables de panel: Gota, Muestra

En este caso la fuente de variación más importante no es la que representa el paso del tiempo, sino que parece estar en la diferencia entre secciones y en la diferencia entre gotas.

Eliminando la muestra como fuente de variación y colocando la sección como último factor, para que aparezca en el eje horizontal:

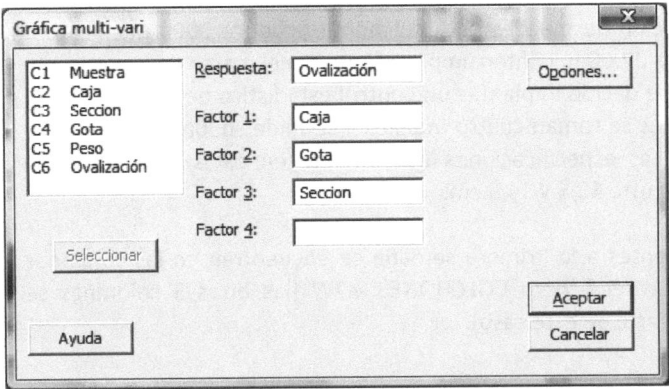

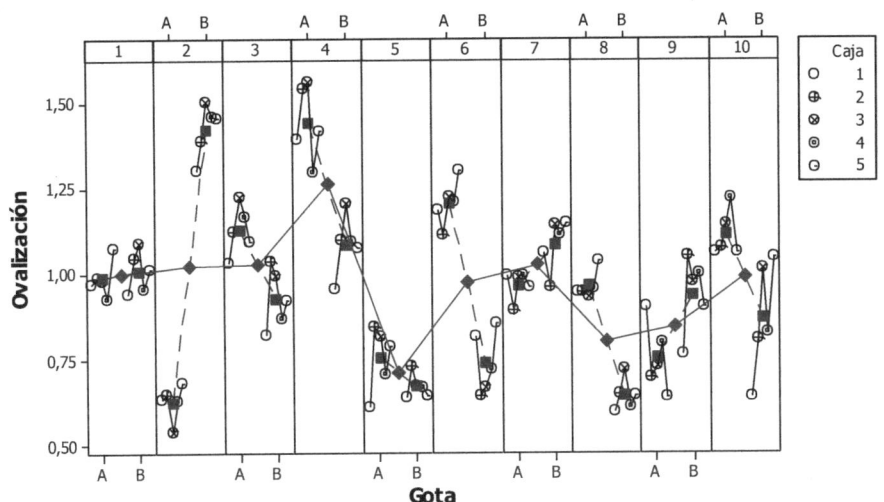

Variable de panel: Seccion

Aunque la información más relevante ya ha sido puesta de manifiesto, también se pueden hacer otros gráficos cambiando los lugares de aparición de los factores para descubrir otros aspectos del comportamiento de los datos.

Sin duda esta información que proporcionan los gráficos multi-vari ha de ser de utilidad para determinar cuáles deben ser la medidas a tomar para disminuir la variabilidad.

Colchones (1ª parte)

Un proceso de fabricación de muelles para colchones produce 3000 muelles por hora y trabaja de 7:00 a 22:00 h. ininterrumpidamente. En el marco de un proyecto de mejora Seis Sigma se decide implantar un control estadístico de este proceso y para ello cada tres horas se toman cuatro muelles y se mide su longitud al aplicar una fuerza de 1 kg. Las especificaciones indican que en estas condiciones la longitud debería estar entre 13,5 y 14,5 cm.

Los datos correspondientes a la primera semana se encuentran en las columnas LONG1, HORA1 y DIA1 del fichero COLCHONES.MTW (las otras 3 columnas se utilizan en la segunda parte de este caso).

Nos preguntamos qué conclusiones se pueden sacar del gráfico de control $\bar{X}$-R obtenido con los datos de esta primera semana, y si el proceso es capaz.

Para construir el gráfico $\bar{X}$-R hacemos:

Estadísticas > Gráficas de control > Gráficas de variables para subgrupos > Xbarra–R

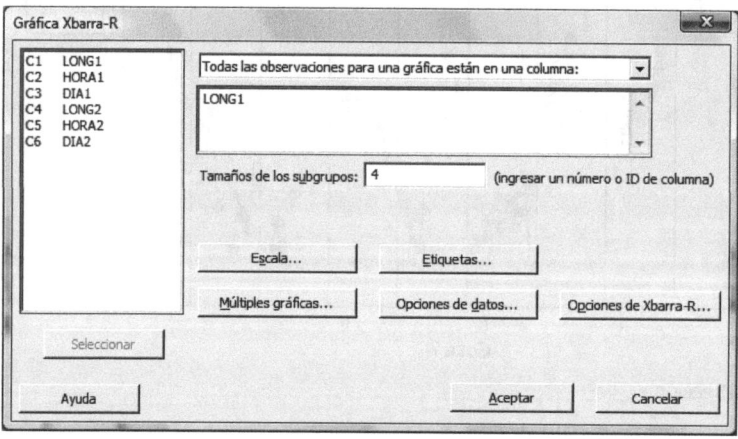

En los gráficos que se obtienen (página siguiente) se observa claramente que hay dos causas asignables muy marcadas. Una es periódica, cada día a las 7 de la mañana los muelles son demasiado largos (se comprimen poco), la otra está ligada a un aumento de la variabilidad y de la media el último día. Además hay alguna cosa extraña (un aumento de variabilidad puntual) la mañana del segundo día.

Gráfica Xbarra-R de LONG1

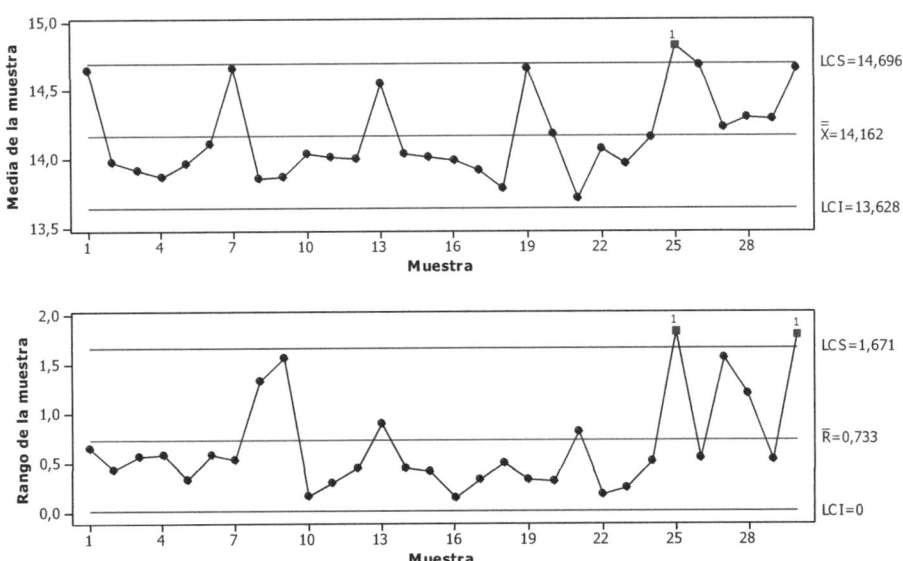

Dividir el gráfico por días permite visualizar de forma más clara que el problema está a primera hora de la mañana.

Desde el botón **Opciones de Xbarra-R,** en la pestaña **Etapas: Definir etapas**: DIA1

Gráfica Xbarra-R de LONG1 por DIA1

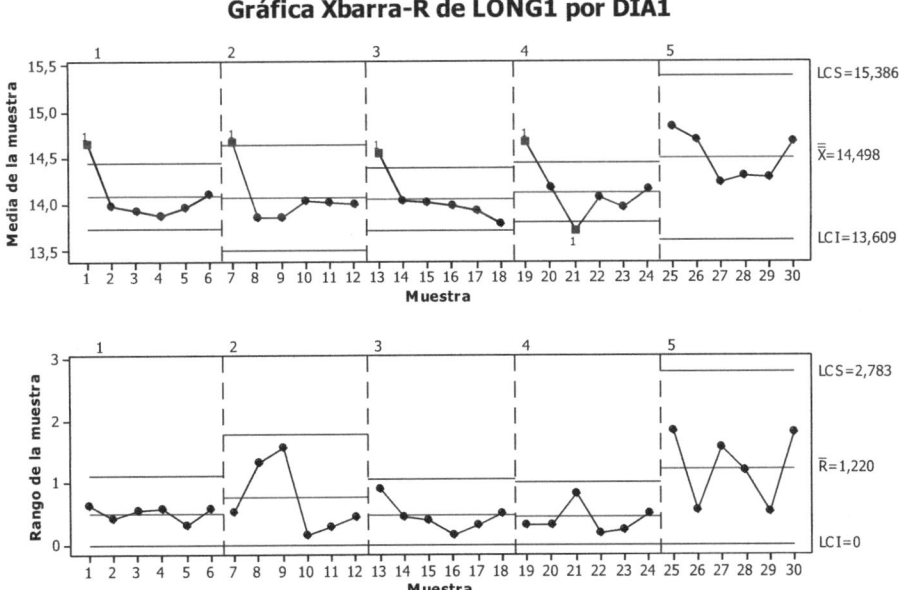

Se ha cambiado la escala horizontal para identificar mejor el número de orden que corresponde a cada punto (doble clic sobre cualquier valor de la escala y en la ventana que aparece marcar **Especificar posición de las marcas**: 1:30/1).

Podemos recalcular los límites excluyendo los puntos de las 7 de la mañana de cada día (hay problemas en los arranques) y todos los del viernes. Desde el botón **Opciones de Xbarra-R,** en la pestaña **Estimar:**

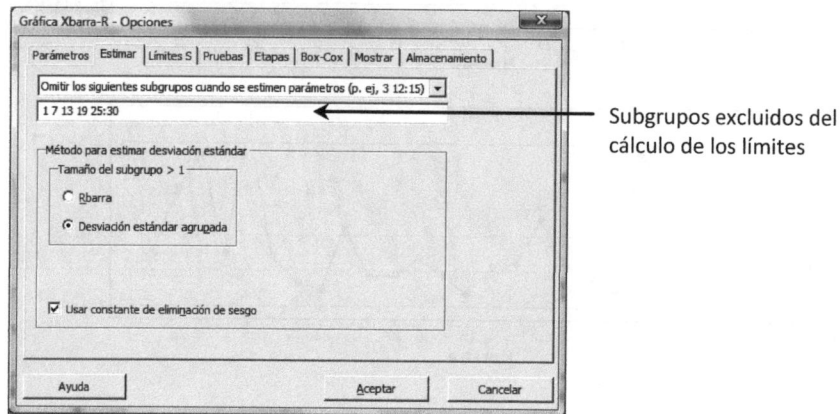

Subgrupos excluidos del cálculo de los límites

 Debe quitar la variable DIA1 de **Etapas,** ya que MINITAB no puede calcular los límites de control para el viernes porque se han quitado todos los puntos de este día.

Gráfica Xbarra-R de LONG1

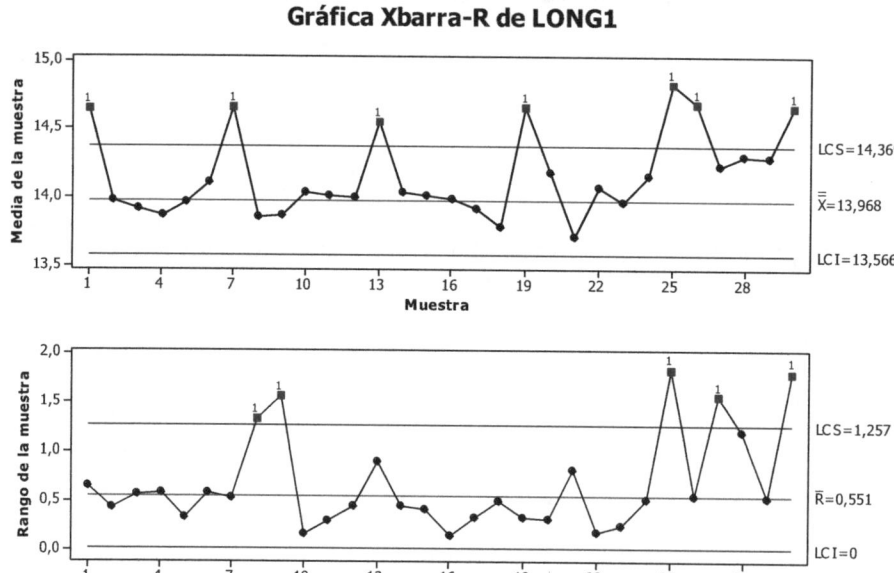

Los límites de control son bastante más estrechos, y los gráficos ponen de manifiesto más claramente los patrones comentados.

Respecto a si el proceso es capaz, no tiene sentido realizar el estudio de capacidad cuando el proceso está descontrolado. Podemos, sin embargo, dar un vistazo a la situación actual haciendo:

Estadísticas > Herramientas de calidad > Análisis de capacidad > Normal

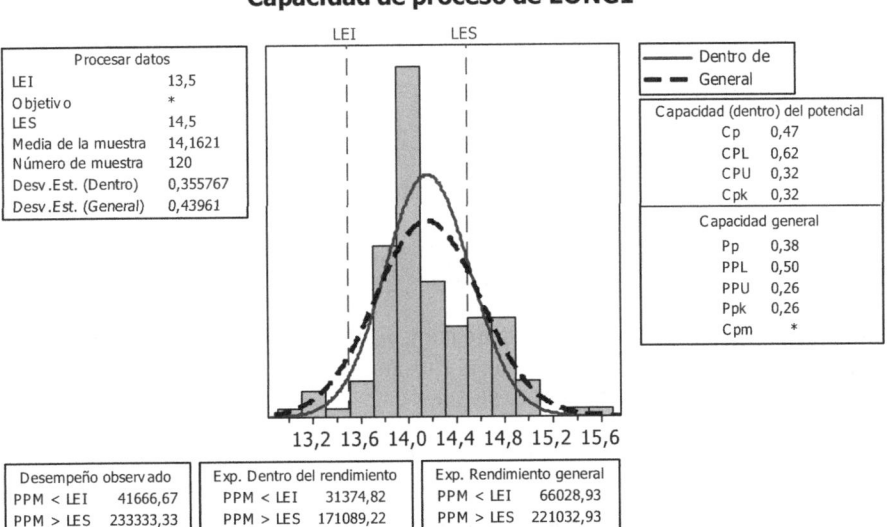

Capacidad de proceso de LONG1

Procesar datos	
LEI	13,5
Objetivo	*
LES	14,5
Media de la muestra	14,1621
Número de muestra	120
Desv.Est. (Dentro)	0,355767
Desv.Est. (General)	0,43961

——— Dentro de
— — General

Capacidad (dentro) del potencial	
Cp	0,47
CPL	0,62
CPU	0,32
Cpk	0,32

Capacidad general	
Pp	0,38
PPL	0,50
PPU	0,26
Ppk	0,26
Cpm	*

Desempeño observado		Exp. Dentro del rendimiento		Exp. Rendimiento general	
PPM < LEI	41666,67	PPM < LEI	31374,82	PPM < LEI	66028,93
PPM > LES	233333,33	PPM > LES	171089,22	PPM > LES	221032,93
PPM Total	275000,00	PPM Total	202464,04	PPM Total	287061,86

Lo que es evidente al comparar el histograma con las especificaciones es que se están produciendo un gran número de muelles fuera de las tolerancias.

Colchones (2ª parte)

> Tras eliminar las causas asignables, debidas fundamentalmente a problemas con la temperatura en los hornos de recocido (a primera hora del día todavía no había llegado al valor necesario) y a un cambio de proveedor, la semana siguiente se continua con la recogida de datos y se obtienen los valores de las columnas LONG2, HORA2 y DIA2.
>
> Interesa saber si se han resuelto los problemas, si el proceso está en estado de control y si es capaz

Volvemos a realizar el gráfico $\overline{X}$-R con todas las opciones por defecto:

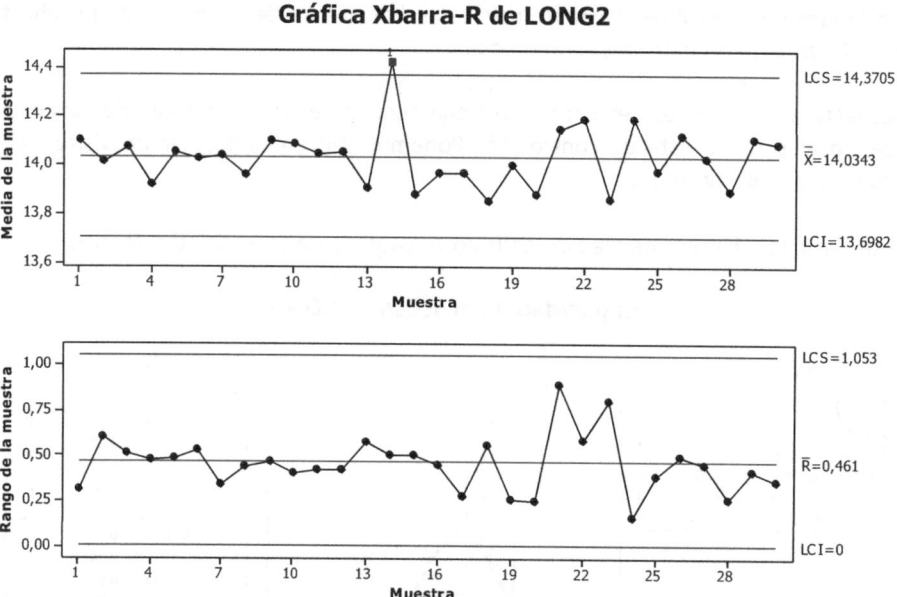

El proceso está básicamente en estado de control, aunque el punto detectado fuera de límites debe ser investigado para hallar la causa que lo ha producido. Para un estudio más detallado utilizamos el **Capability Sixpac:**

Estadísticas > Herramientas de calidad > Capability Sixpack > Normal

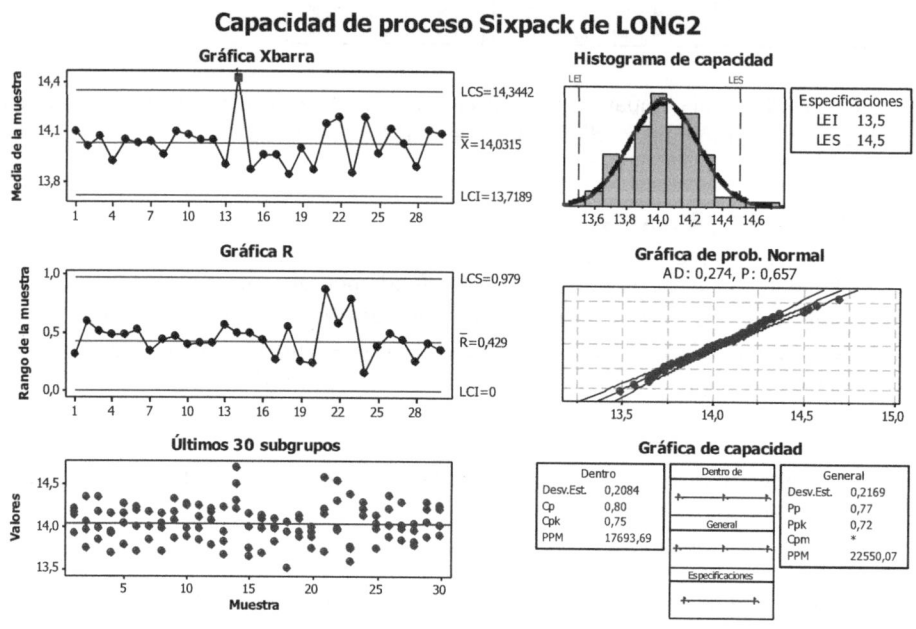

A través de **Opciones**, en **Número de subgrupos a mostrar: Últimos** se ha escrito 30 para que aparezcan los puntos de todas las muestras en el gráfico **Últimos 30 subgrupos**, de manera que quedan alineados con sus medias y rangos.

Los datos siguen razonablemente una Normal y el proceso está básicamente en estado de control. Tanto los índices como el **Histograma de capacidad** indican que no es capaz y que se están produciendo muelles fuera de especificaciones.

Para tener información más detallada se puede realizar: **Estadísticas > Herramientas de calidad > Análisis de capacidad > Normal**

Capacidad de proceso de LONG2

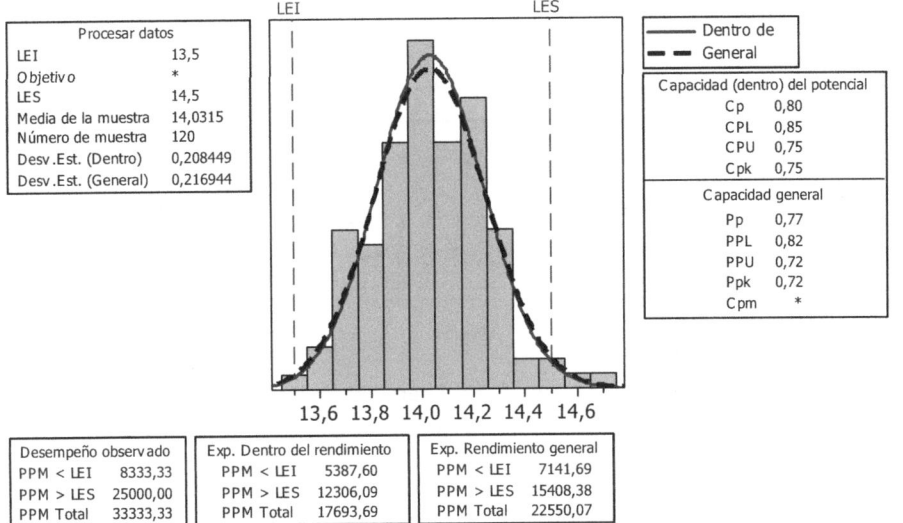

Procesar datos	
LEI	13,5
Objetivo	*
LES	14,5
Media de la muestra	14,0315
Número de muestra	120
Desv.Est. (Dentro)	0,208449
Desv.Est. (General)	0,216944

Capacidad (dentro) del potencial	
Cp	0,80
CPL	0,85
CPU	0,75
Cpk	0,75

Capacidad general	
Pp	0,77
PPL	0,82
PPU	0,72
Ppk	0,72
Cpm	*

Desempeño observado		Exp. Dentro del rendimiento		Exp. Rendimiento general	
PPM < LEI	8333,33	PPM < LEI	5387,60	PPM < LEI	7141,69
PPM > LES	25000,00	PPM > LES	12306,09	PPM > LES	15408,38
PPM Total	33333,33	PPM Total	17693,69	PPM Total	22550,07

Plástico (1ª parte)

Se producen piezas de plástico por inyección que son suministradas a un fabricante de aparatos de electrónica de consumo. Estas piezas se utilizan como carcasas para equipos de audio y video, y en una de las referencias hay una longitud cuyas especificaciones son 452 mm ± 0.5 mm, de extremo interés para el cliente y que últimamente está dando problemas.

Como parte de un proyecto para la resolución de este problema se decide controlar esa longitud por medio de un gráfico $\bar{X}$-R. Cada hora se toma una muestra formada por 4 piezas consecutivas (se trabaja de 7:00 a 15:00, la primera muestra se toma a las 8:00). Los datos están en el archivo PLASTICO_1.MTW.

Se trata de sacar conclusiones del gráfico $\overline{X}$-R. Hacemos:

Estadísticas > Gráficas de control > Gráficas de variables para subgrupos > Xbarra–R. Todas las observaciones para una gráfica en una columna: Longitud. **Tamaños de los subgrupos:** 4. Todas las opciones por defecto.

Gráfica Xbarra-R de Longitud

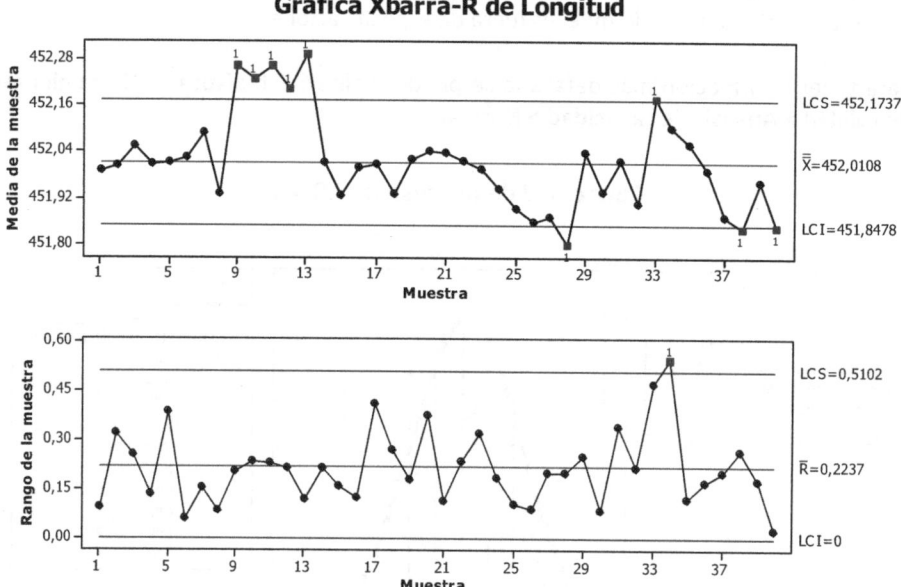

El proceso está claramente descontrolado. El gráfico de las R muestra únicamente un punto fuera de control (el resto no parece indicar señales de causas asignables).

El gráfico de las $\overline{X}$ muestra un comportamiento no aleatorio. En las primeras horas del segundo día (alrededor del punto 10) se produce un claro aumento en la longitud (habrá que ver cuál es la causa). Desde el punto 20 hasta el 28, hay un claro descenso en la media seguido de un brusco aumento y un nuevo descenso. Es un patrón complicado que parece indicar que hay un complejo sistema de causas asignables afectando a la longitud.

Plástico (2ª parte)

Además de los valores de la longitud controlada, cada hora, coincidiendo con la extracción del subgrupo, se tomó nota de la presión, viscosidad y temperatura de inyección. Esta información está en el archivo PLASTICO_2.MTW.

Las preguntas que se plantea el equipo de mejora son las siguientes: ¿Permiten estos datos identificar alguna causa asignable que afecte a la longitud? ¿En qué condiciones de presión, viscosidad y temperatura parece razonable inyectar? ¿Puede lograrse que el proceso sea capaz?

El contenido de este archivo (PLASTICO_2.MTW) tiene el aspecto:

	C1-D	C2-D	C3	C4	C5	C6	C7	C8	C9	C10	C11	C12	C13
	Fecha	Hora	Presion	Viscosidad	Temperatura								
1	04/11/2002	8:00	830,8	41,8	118,4								
2	04/11/2002	9:00	814,1	41,8	120,7								
3	04/11/2002	10:00	818,3	43,0	120,2								
4	04/11/2002	11:00	820,4	42,1	120,3								
5	04/11/2002	12:00	808,3	42,7	120,6								
6	04/11/2002	13:00	827,0	42,8	121,9								
7	04/11/2002	14:00	821,9	41,3	123,1								
8	04/11/2002	15:00	823,0	42,2	119,8								
9	05/11/2002	8:00	819,9	42,1	123,0								

Facilitará el análisis el tener en esta misma hoja la media y el rango de cada subgrupo. Para tenerlo de esta forma abrimos la hoja de datos PLASTICO_1.MTW y hacemos:

Calc > Crear patrones de datos > Conjunto simple de números

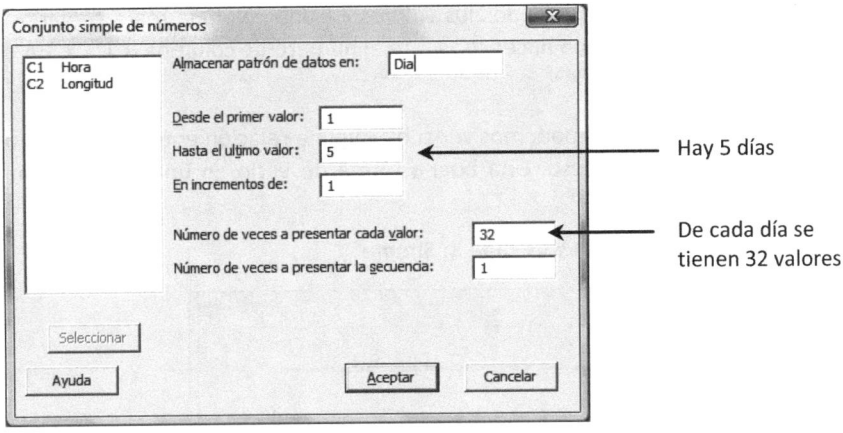

Hay 5 días

De cada día se tienen 32 valores

Estadísticas > Estadística básica > Almacenar estadísticas descriptivas

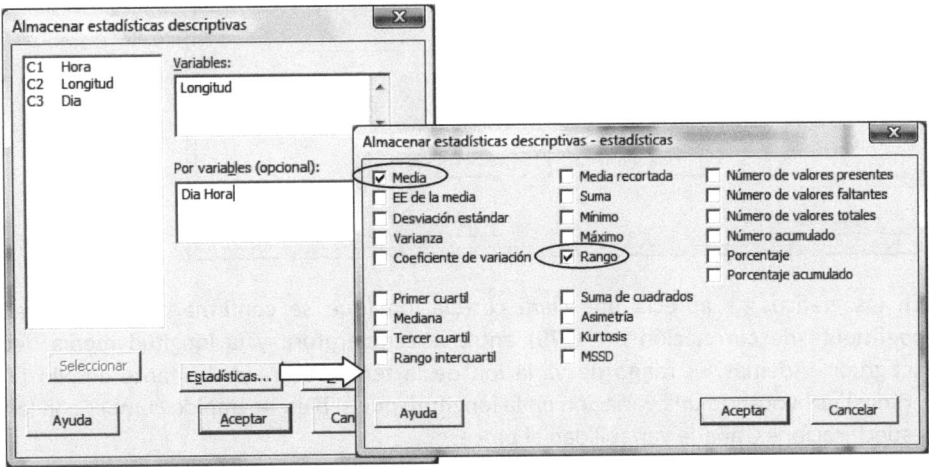

Así, la hoja PLASTICO_1.MTW queda de la forma:

	C1-D	C2	C3	C4	C5-D	C6	C7	C8	C9	C10	C11	C12	C13
	Hora	Longitud	Dia	PorVar1	PorVar2	Media1	Rango1						
1	8:00	452,04	1	1	8:00	451,990	0,097879						
2	8:00	451,97	1	1	9:00	452,000	0,319152						
3	8:00	451,94	1	1	10:00	452,056	0,254769						
4	8:00	452,02	1	1	11:00	452,006	0,136741						
5	9:00	451,91	1	1	12:00	452,010	0,388686						
6	9:00	451,98	1	1	13:00	452,025	0,063160						
7	9:00	452,22	1	1	14:00	452,088	0,158258						
8	9:00	451,90	1	1	15:00	451,928	0,087815						
9	10:00	452,22	1	2	8:00	452,266	0,205453						

Ya sólo queda copiar las columnas C6 y C7 y llevarlas a la hoja Plastico_2 (copiar y pegar).

 Recuerde: Para resaltar todos los valores de una columna (para copiarlos, por ejemplo) basta con hacer clic sobre el número de columna (C1, C2, ...)

Mediante diagramas bivariantes podemos ver si hay alguna relación entre las medias o rangos, y las variables del proceso. Una buena forma de verlo en una sola ventana gráfica es:

Gráfica > Gráfica de matriz: Cada Y vs cada X: Simple

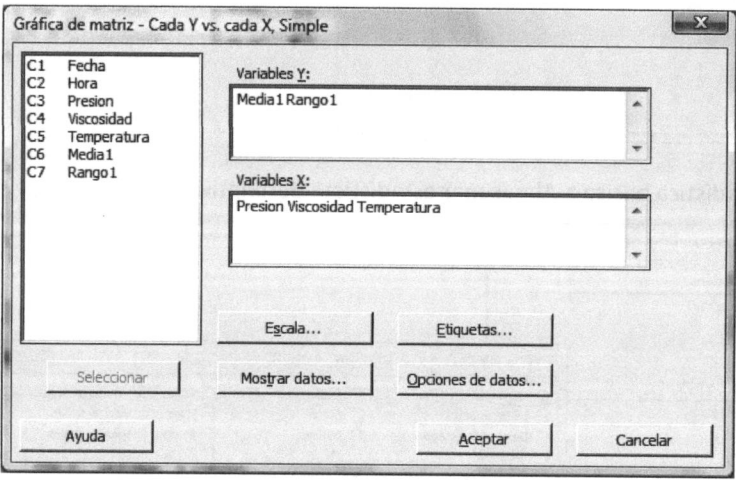

En los gráficos se aprecia una clara correlación (que se confirma analíticamente: coeficiente de correlación r = 0,79) entre la temperatura y la longitud media del subgrupo. Además, el rango de variación de la temperatura es bastante amplio (7 grados), provocando una variación en la longitud, que si bien no impide cumplir con las especificaciones, añade variabilidad al proceso.

Gráfica de matriz de Media1; Rango1 vs. Presion; Viscosidad; ...

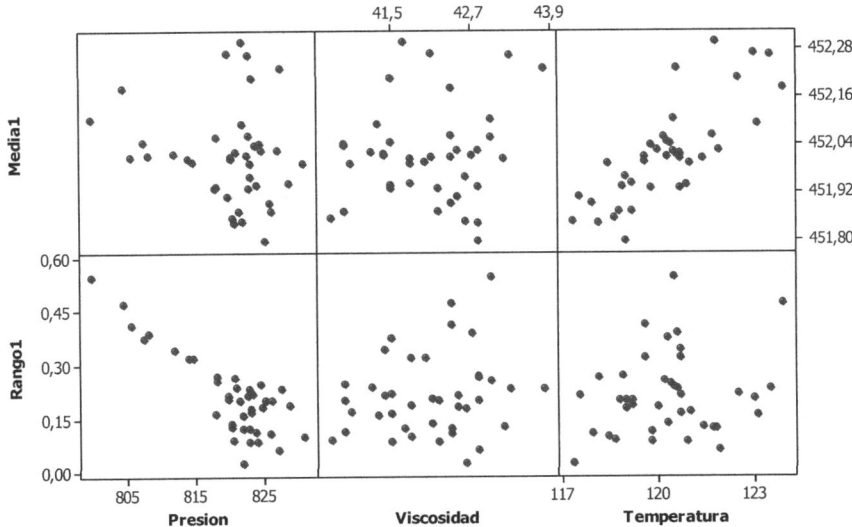

El diagrama Rango-Presión pone de manifiesto que los rangos aumentan (longitud inestable) cuando la presión es baja. En cambio, cuando las presiones son altas, no parece que esa variable influya en la variabilidad de la longitud. El resto de variables no parecen afectar a la estabilidad de la longitud.

Analizando estos diagramas con más detalle:

Gráfica > Gráfica de dispersión: Simple

Gráfica de dispersión de Media1 vs. Temperatura

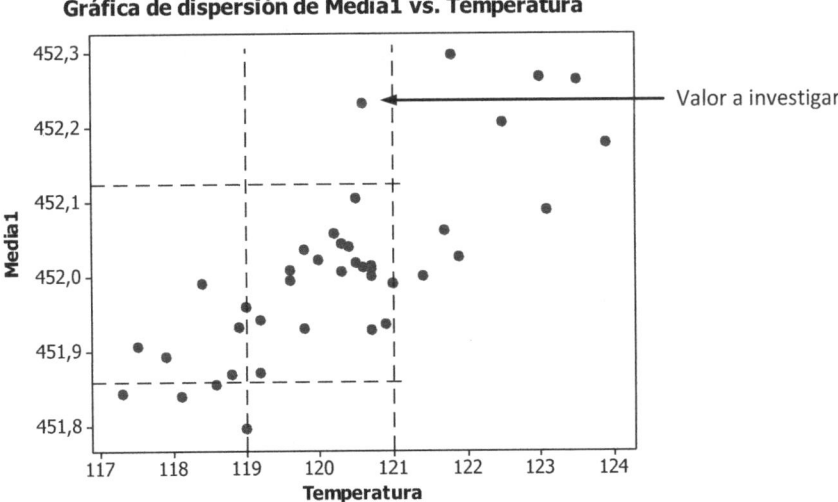

Si mantenemos la temperatura entre 119 y 121, cuestión que con los medios técnicos actuales parece sencilla y barata, conseguiremos mantener el proceso prácticamente estable (sin causas asignables, excepto por ese valor que conviene investigar) y con muy poca variabilidad (mucha menos de la exigida por las tolerancias).

Analizando el gráfico Rango – Presión:

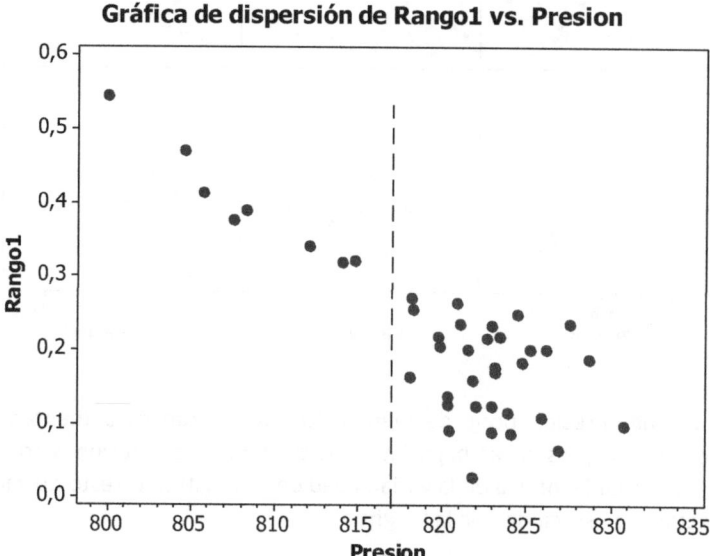

Parece claro que la presión se debe mantener por encima de los 817 Kg/cm^2 ya que entonces no provoca variaciones en la longitud.

 Se han añadido las rayitas entre números en la escala horizontal, haciendo doble clic sobre esta escala: **Escala: Marcas secundarias, Número**: 4; **Mostrar** (nueva pestaña) marcar **Marcas secundarias** en **Bajo**

Realizar el estudio de capacidad solo con los subgrupos que cumplen las condiciones impuestas exige ciertas operaciones de manejo de datos. Una forma de hacerlo es la siguiente:

1. En la hoja PLASTICO_2.MTW utilizar una función lógica (a través de **Calculadora**) para identificar qué subgrupos cumplen las condiciones impuestas.

   Calc > Calculadora

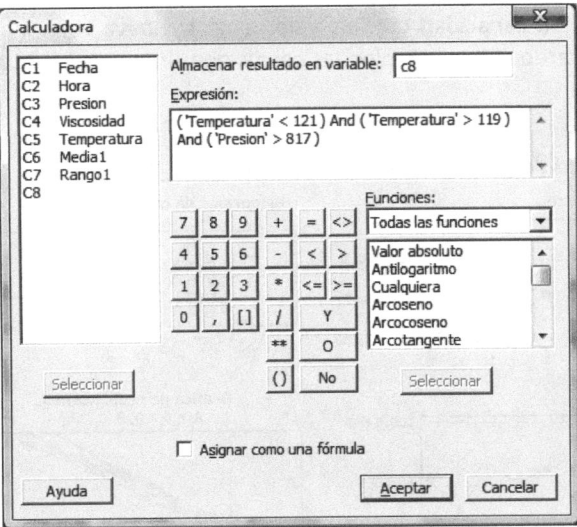

2. Para seleccionar los valores de los subgrupos que interesan, copiamos los valores de C8 (seleccionar y copiar).

3. Pasamos a la hoja PLASTICO_1.MTW. Usamos: **Calc > Crear patrones de datos > Conjunto de números arbitrario** para crear una nueva columna (casualmente también será la C8) en la que cada valor de los que hemos copiado aparezca 4 veces seguidas:

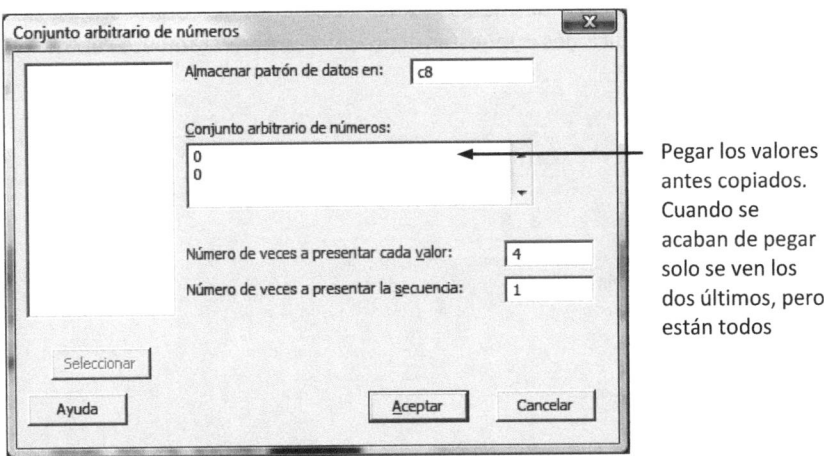

Pegar los valores antes copiados. Cuando se acaban de pegar solo se ven los dos últimos, pero están todos

4. Copiamos la columna Longitud (C2) en una columna vacía de la hoja de datos, pero clicando antes en **Crear subconjunto de datos...** para especificar la condición C8=1.

Ya podemos hacer estudio de capacidad con los valores de la nueva columna, que corresponden solo a los subgrupos que cumplen las condiciones impuestas. Utilizando **Capability Sixpack**, se tiene:

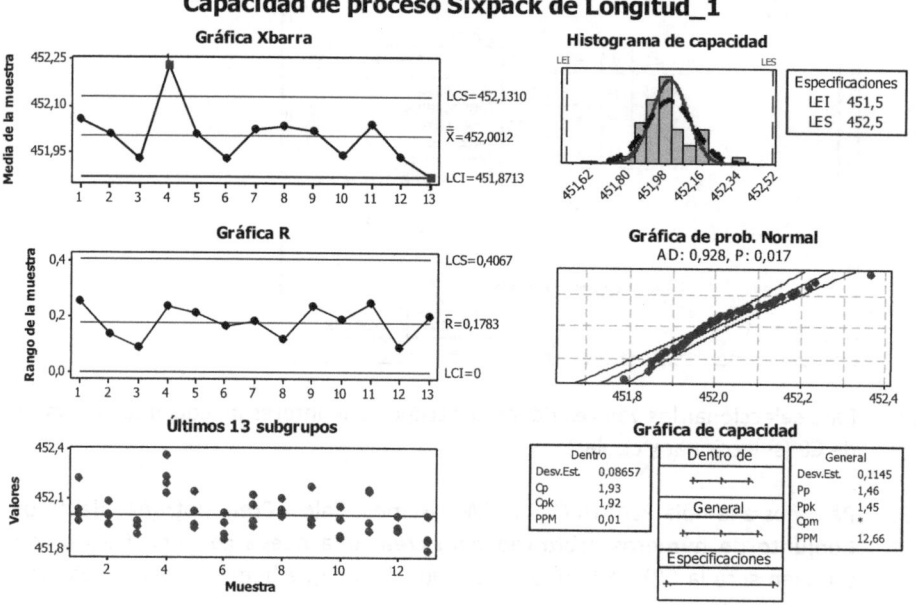

Existen 2 puntos del gráfico de medias fuera de control. De todas formas, podemos afirmar que en las condiciones impuestas el proceso es perfectamente capaz.

Bloque V

Regresión.
Análisis multivariante

El estudio de la posible relación entre dos variables, X e Y, es una de las tareas más habituales en el análisis de datos y la medida más utilizada para medir la relación lineal es el coeficiente de correlación. Se trata de un valor fácil de interpretar, varía entre -1 (correlación negativa perfecta, al aumentar X disminuye Y) y 1 (correlación positiva perfecta, al aumentar X aumenta Y) pero conviene hacer algunas puntualizaciones sobre su uso e interpretación:

- El coeficiente de correlación solo mide el grado de relación lineal. Dos variables pueden estar perfectamente relacionadas pero si su relación fuera, por ejemplo, cuadrática, el coeficiente de correlación podría salir muy bajo.

- Correlación no implica relación causa-efecto. Dos variables pueden estar muy correlacionadas (tener un coeficiente de correlación muy alto) pero no depender directamente una de la otra. Existen ejemplos muy claros (y chistosos) para poner de manifiesto estas situaciones, como el número de bomberos que acuden a apagar un incendio y los daños causados por el mismo (normalmente a más bomberos más daños, pero no son los bomberos los que causan los daños, hay una tercera variable oculta que sí está relacionada con esas dos y que en este caso es la magnitud del incendio). De igual forma, en otros casos menos evidentes las variables pueden parecer relacionadas pero en realidad no estarlo entre ellas, sino con una tercera variable que no aparece considerada.

- Un coeficiente de correlación distinto de cero no implica que la correlación exista. Que el coeficiente de correlación sea exactamente igual a cero es una casualidad, un equilibrio en los valores analizados que en la práctica no se da nunca. Si con MINITAB genera dos columnas de números aleatorios y calcula el coeficiente de correlación entre ellas, seguro que no le saldrá cero. Por esta razón hay que asegurarse de que el valor obtenido es "estadísticamente significativo", lo cual significa que es poco probable que se obtuviera por azar un valor tan grande como el obtenido si las muestras fueran independientes. Una medida de esa probabilidad nos la da el valor-p.

Una vez verificada la relación entre variables, puede interesar determinar cuál es la ecuación que mejor explica esa relación. A esa ecuación le llamamos ecuación de regresión y puede ser simple, si contiene una sola variable explicativa, o múltiple, si contiene más de una.

La regresión simple es conceptualmente sencilla, MINITAB hace los cálculos y presenta también, esto es fundamental, algunas medidas de calidad del ajuste. Conviene fijarnos en ellas porque tiene el mismo aspecto una ecuación que marca una relación muy fuerte, con todos los puntos pegados a la recta, que otra que no explica absolutamente nada. La medida de calidad de ajuste más utilizada es el llamado coeficiente de determinación, R^2, que es igual al cuadrado del coeficiente de correlación entre ambas variables y, por tanto, sus valores están entre 0 y 1, o entre 0 y 100 si se dan en porcentaje, tal como lo hace MINITAB.

Cuando son varias las variables que pueden explicar el comportamiento de la respuesta, la cosa se complica un poco desde el punto de vista teórico (no desde el práctico, porque MINITAB sigue haciendo todo el trabajo). No es una buena idea que la ecuación incluya siempre todas las posibles variables regresoras, ya que es muy posible que muchas variables no expliquen nada y, por tanto, solo estorben. MINITAB permite utilizar diversas estrategias para seleccionar las variables que conviene introducir en el modelo, la más simple consiste en calcular todos los modelos posibles ordenados con criterios de calidad de ajuste, y escoger los que más convengan (**Mejores subconjuntos**). No hay que olvidar que antes de dar por bueno un modelo es necesario comprobar que los residuos tienen el aspecto esperado y que no existen valores anómalos o puntos con influencia.

Y un par de detalles para acabar con el tema de la regresión múltiple:

- Se producen explicaciones "milagrosas" de la respuesta cuando el número de variables regresoras es similar al número de puntos que se tienen. Recuerde que por dos puntos pasa una recta (un modelo con dos parámetros) exista o no relación entre la X y la Y. Por tres puntos pasa siempre un plano (modelo con 3 parámetros), etc.

- Si tiene datos en una serie temporal, que presentan una tendencia general, pero también tienen estacionalidad o algún otro tipo de periodicidad, estas técnicas de regresión no son adecuadas para realizar previsiones. Mejor utilice las posibilidades del modelado de series de tiempo.

Este bloque también incluye un capítulo sobre análisis multivariante. Las posibilidades de este tipo de análisis, que no forma parte del contenido típico de los libros de estadística general, son enormes. Cada vez más las empresas y organizaciones disponen de grandes volúmenes de datos, muchas veces captados de forma automática, y utilizando estas técnicas se pueden descubrir patrones, estructuras y clasificaciones que pueden significar una información muy valiosa.

22

Correlación y regresión simple

Coeficiente de correlación

 Utilizaremos los datos de la altura (en pulgadas) y el peso (en libras) de los 92 estudiantes cuyos datos se incluyen en el archivo PULSE.MTW.

Antes de lanzarse a calcular el coeficiente de correlación conviene realizar una gráfica de dispersión de los datos para identificar posibles valores anómalos, relaciones no lineales (el coeficiente de correlación sólo mide relaciones lineales), etc.

Gráfica > Gráfica de dispersión: Simple

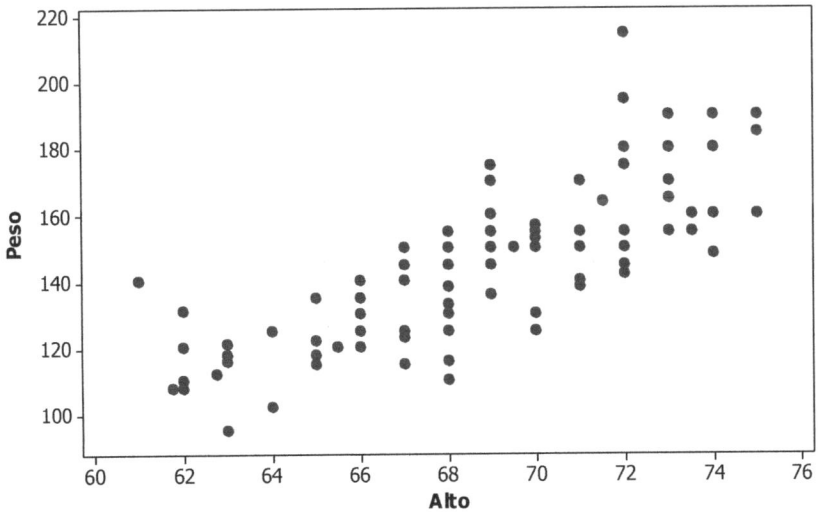

Gráfica de dispersión de Peso vs. Alto

Para calcular el coeficiente de correlación hacemos:

Estadísticas > Estadística básica > Correlación

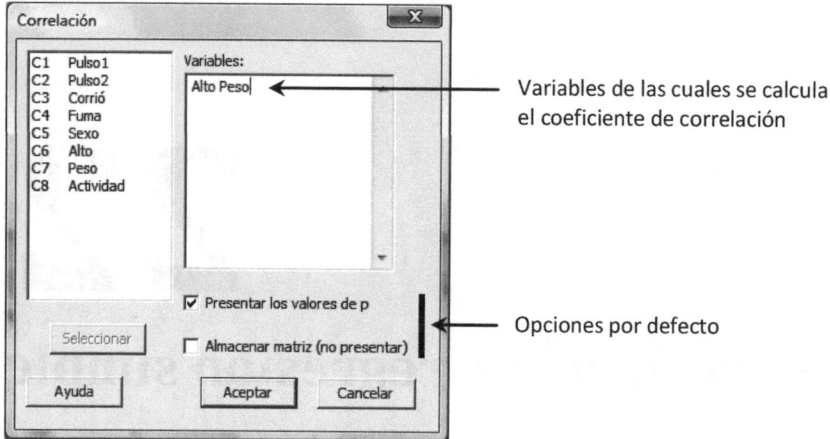

De esta forma obtenemos en la pantalla de Sesión:

```
Correlaciones: Alto; Peso

Correlación de Pearson de Alto y Peso = 0,785 ◄——— Valor del coef. de correlación
Valor P = 0,000 ◄——————————————————— El valor obtenido es claramente significativo
```

La significación estadística de un coeficiente de correlación no depende solo de su valor, sino también del tamaño de las muestras a partir de las cuales se han calculado. No compare directamente coeficientes de correlación obtenidos a partir de conjuntos de datos de distinto tamaño, sino a través del valor-p.

También se pueden seleccionar más de 2 variables, en cuyo caso se obtienen los coeficientes de correlación 2 a 2. Por ejemplo, incluyendo 'Pulso1', se obtiene:

```
Correlaciones: Alto; Peso; Pulso1

            Alto      Peso
Peso       0,785
           0,000

Pulso1    -0,212    -0,202
           0,043     0,053

Contenido de la celda: Correlación de Pearson
                       Valor P
```

Bajo cada valor del coeficiente de correlación se halla su valor-p. Por ejemplo, el coeficiente de correlación entre 'Alto' y 'Pulso1' es -0,212 y su valor-p es 0,043.

Que el coeficiente de correlación entre 2 variables sea significativo, no implica que entre ellas exista una relación de causa efecto.

Si se marca la opción **Almacenar matriz (no presentar)**, la matriz de correlaciones queda almacenada en una matriz con nombre CORRE1 y en la ventana de Sesión solo aparece (debe tener activado **Editor > Habilitar comandos**):

```
MTB > Name m1 "CORR1"
MTB > Correlation 'Alto' 'Peso' 'Pulso1' 'CORR1'.
```

 También se pueden almacenar datos en forma de matrices. M1, M2, ... son los nombres por defecto (igual que C1, C2, ... lo son para las columnas y K1, K2, ... para las constantes).

Para ver los resultados se puede escribir la matriz en la Hoja de datos, haciendo:

Datos > Copiar > Matriz a columnas

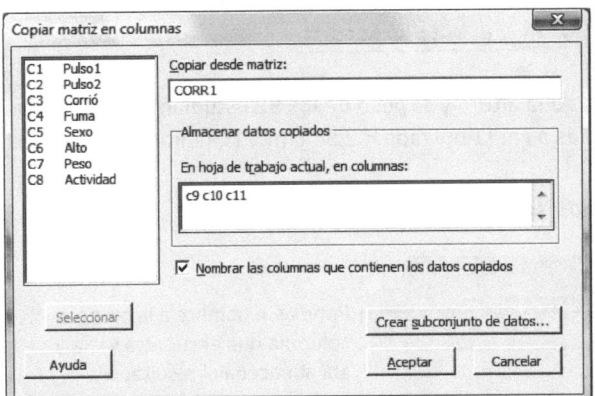

Ventana de diálogo para convertir matrices en columnas

En este caso, la matriz de correlaciones CORR1 se copia en las columnas C9, C10 y C11

	C1	C2	C3	C4	C5	C6	C7	C8	C9	C10	C11
	Pulso1	Pulso2	Corrió	Fuma	Sexo	Alto	Peso	Actividad	CORR1_1	CORR1_2	CORR1_3
1	64	88	1	2	1	66,00	140	2	1,00000	0,78487	-0,21179
2	58	70	1	2	1	72,00	145	2	0,78487	1,00000	-0,20222
3	62	76	1	1	1	73,50	160	3	-0,21179	-0,20222	1,00000
4	66	78	1	1	1	73,00	190	1			
5	64	80	1	2	1	69,00	155	2			
6	74	84	1	2	1	73,00	165	1			
7	84	84	1	2	1	72,00	150	3			
8	68	72	1	2	1	74,00	190	2			
9	62	75	1	2	1	72,00	195	2			
10	76	118	1	2	1	71,00	138	2			

La matriz de correlaciones copiada en la hoja de datos no contiene la información sobre los valores p. Las diagonales siempre tienen valores iguales a 1, ya que indican la correlación de una variable con ella misma.

Regresión simple

MINITAB ofrece muchas opciones para modelizar ecuaciones de regresión, algunas de ellas incorporadas en la versión 16. Para ecuaciones de regresión simple (se tiene una sola variable explicativa) lo más habitual es:

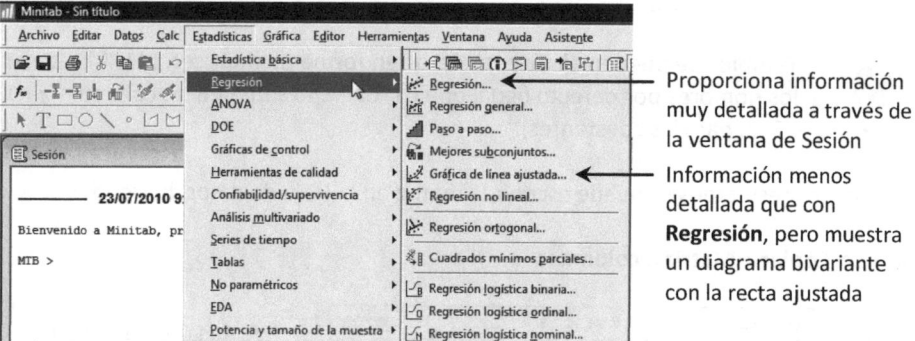

Proporciona información muy detallada a través de la ventana de Sesión

Información menos detallada que con **Regresión**, pero muestra un diagrama bivariante con la recta ajustada

Utilizaremos los datos de la altura y el peso de los 92 estudiantes del archivo PULSE.MTW, pasándolas a cm (1 pulgada = 2,54 cm) y kg (1 libra = 0,454 kg).

Para pasar pulgadas a cm hacemos: **Calc > Calculadora:**

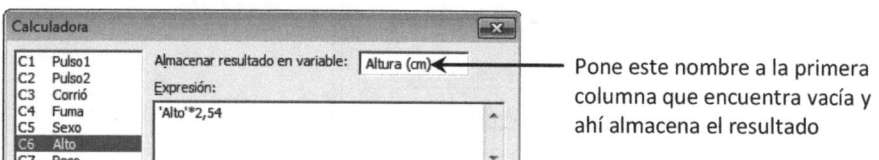

Pone este nombre a la primera columna que encuentra vacía y ahí almacena el resultado

Los datos de la altura en cm aparecen con 3 decimales. Para redondear podemos usar la función **Redondeo** de **Calculadora**:

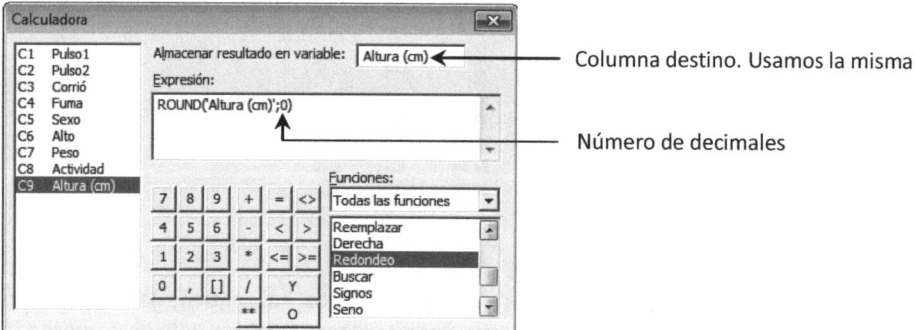

Columna destino. Usamos la misma

Número de decimales

Se consigue el mismo resultado escribiendo en la pantalla de Sesión:

```
MTB > let c10=round(c10;0)
```

También se puede utilizar **Round** integrado en una expresión aritmética. Por ejemplo, pondremos el peso en kg con 1 decimal:

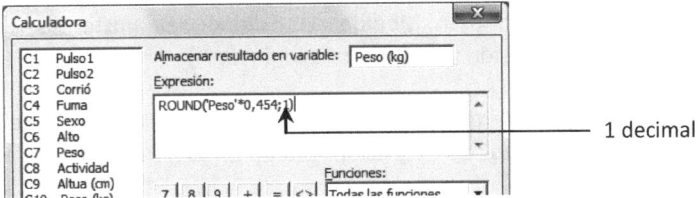

1 decimal

Regresión simple con 'Gráfica de línea ajustada'

Estadísticas > Regresión > Gráfica de línea ajustada

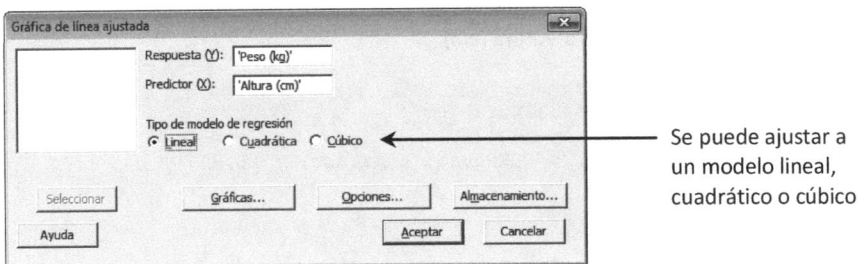

Se puede ajustar a un modelo lineal, cuadrático o cúbico

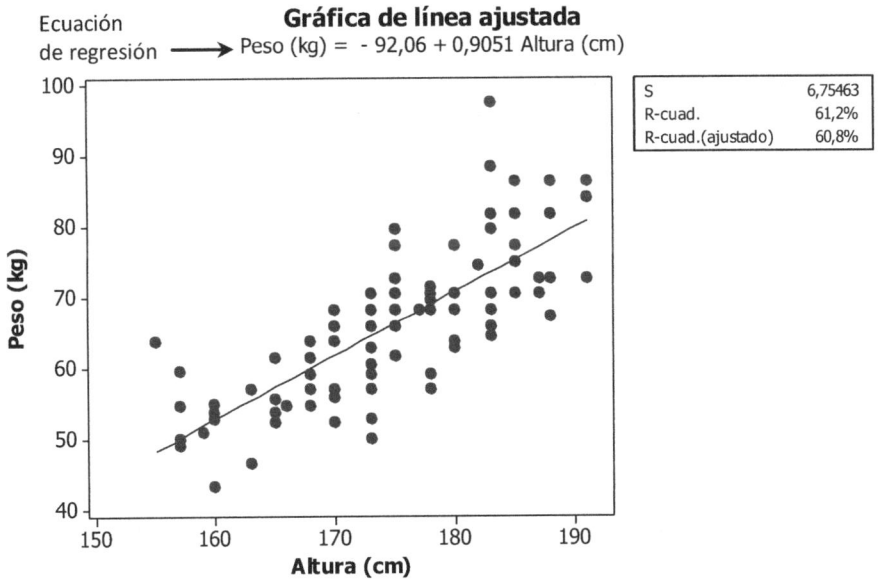

Ecuación de regresión ⟶

Gráfica de línea ajustada
Peso (kg) = - 92,06 + 0,9051 Altura (cm)

S	6,75463
R-cuad.	61,2%
R-cuad.(ajustado)	60,8%

Los indicadores de calidad del ajuste que aparecen en el recuadro de la derecha son:

S: Desviación tipo de los residuos (residuo = valor real de la respuesta – valor previsto usando la ecuación)

R-cuad. Coeficiente de determinación (R^2): Medida de calidad del ajuste. Es el cuadrado de coeficiente de correlación ($\times 100$, porque lo da en %)

R-cuad.(ajustado): Coeficiente de determinación ajustado. Medida de calidad del ajuste utilizada en las ecuaciones de regresión múltiple. (Sin interés en la regresión simple)

La ventana de Sesión solo añade la tabla de análisis de la varianza, que puede utilizarse como prueba de significación para el coeficiente de la variable regresora. En nuestro caso, con un valor-p = 0,000 podemos decir que el coeficiente de la altura es claramente significativo.

```
Análisis de regresión: Peso (kg) vs. Altura (cm)

La ecuación de regresión es
Peso (kg) = - 92,06 + 0,9051 Altura (cm)

S = 6,75463    R-cuad. = 61,2%    R-cuad.(ajustado) = 60,8%

Análisis de varianza

Fuente      GL       SC        CM        F       P
Regresión    1     6473,4    6473,37   141,88   0,000
Error       90     4106,3      45,63
Total       91    10579,6
```

Transformación logarítmica de los datos (a través de 'Opciones')

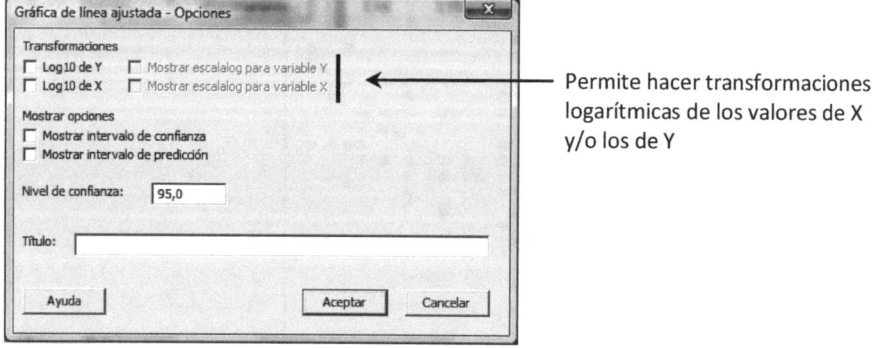

Permite hacer transformaciones logarítmicas de los valores de X y/o los de Y

En algunos casos se mejora mucho el modelo realizando transformaciones logarítmicas de los valores de X y/o de Y. Un ejemplo de mejora espectacular al transformar ambas variables se obtiene al crear un modelo que explique el peso del cerebro de los mamíferos, en función del peso de su cuerpo.

Ejemplo 22.1: El archivo CEREBRO.MTW contiene el nombre, peso del cerebro (en g) y peso del cuerpo (en kg) de 62 especies de mamíferos. Los datos se han tomado del libro de S. Weisberg: "Applied Liner Regresión", Wiley, 1985.

Al realizar un diagrama bivariante con estos datos, se obtiene el siguiente gráfico en el que la mayoría de los puntos (en total hay 62) están agrupados muy cerca de cero.

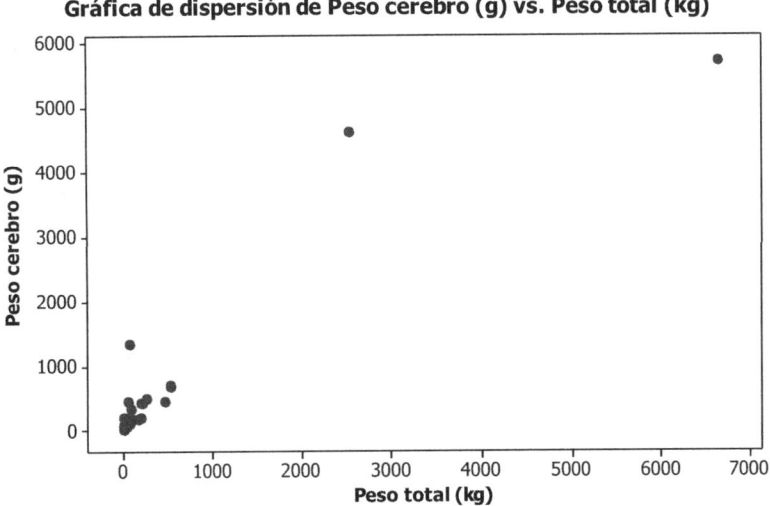

No es correcto buscar una ecuación en estas condiciones, ya que los 2 puntos que aparecen aislados (corresponden a los elefantes asiático y africano) tendrán una influencia exagerada sobre la recta. Una opción podría ser eliminar estos 2 puntos considerándolos como anómalos, pero el problema no se resuelve, ya que tras eliminar estos aparecen otros y se entra en una dinámica de ir eliminando puntos, sin llegar a encontrar una disposición adecuada (además de que quitando puntos el modelo pierde generalidad).

Realizando la transformación logarítmica de las 2 variables los puntos se distribuyen mucho mejor y se obtiene un modelo muy adecuado.

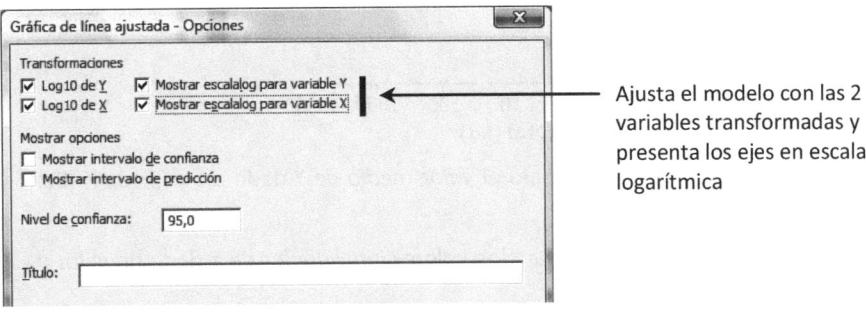

Ajusta el modelo con las 2 variables transformadas y presenta los ejes en escala logarítmica

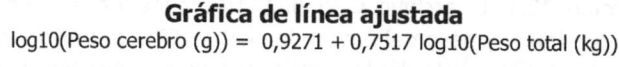

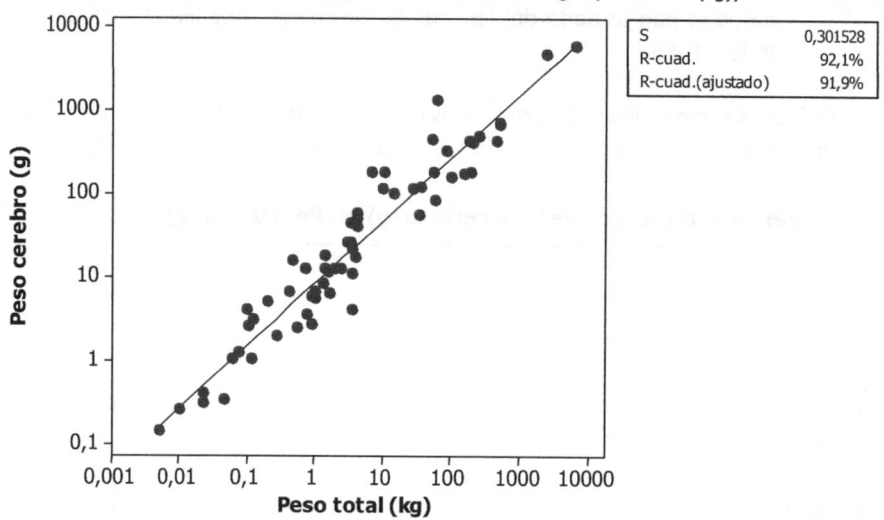

Si en esa misma ventana de opciones se selecciona **Mostrar intervalo de confianza** y **Mostrar intervalo de predicción**, se tiene:

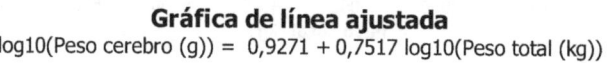

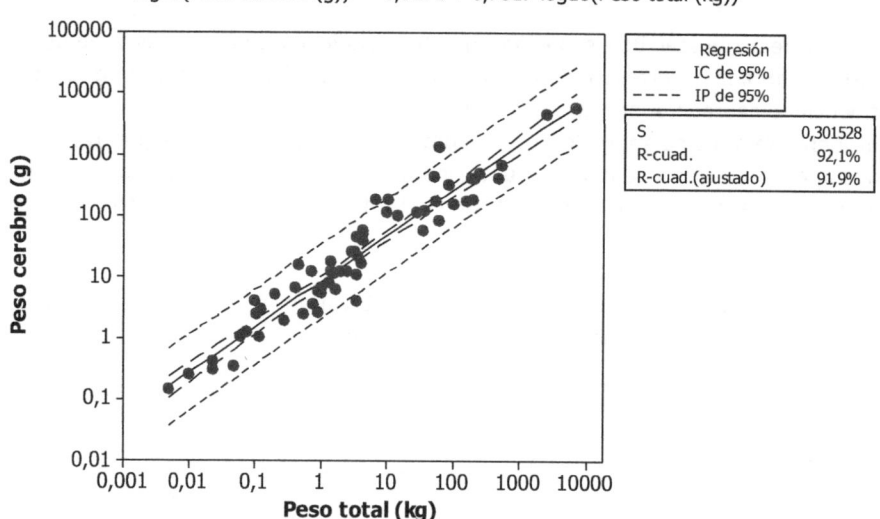

IC de 95%: Intervalo de confianza para el *valor medio* de Y dado un valor de X (Banda más cercana a la recta).

IP de 95%: Intervalo de confianza para los *valores individuales* de Y dado un valor de X (Banda más lejana a la recta).

Análisis gráfico de los residuos ('Gráficas')

Para estar seguros de que se ha obtenido un buen modelo, no mejorable con los datos disponibles, conviene analizar los residuos para verificar que se comportan de manera aleatoria y no contienen información susceptible ser incorporada al modelo.

 Ejemplo 22.2: El archivo RESIDUOS.MTW contiene 50 valores de X y otros 50 de Y para poner de manifiesto la importancia de analizar los residuos después de obtener un modelo.

Si decidimos ajustar estos datos a una recta, se obtiene:

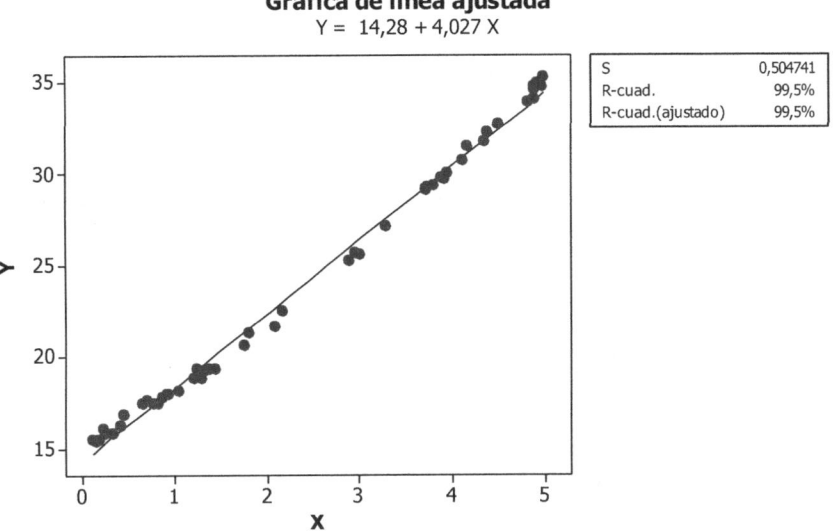

Gráfica de línea ajustada
Y = 14,28 + 4,027 X

S	0,504741
R-cuad.	99,5%
R-cuad.(ajustado)	99,5%

Se evidencia que el modelo es mejorable realizando un gráfico de residuos frente a valores previstos (ajustes).

Estadísticas > Regresión > Gráfica de línea ajustada > Gráficas

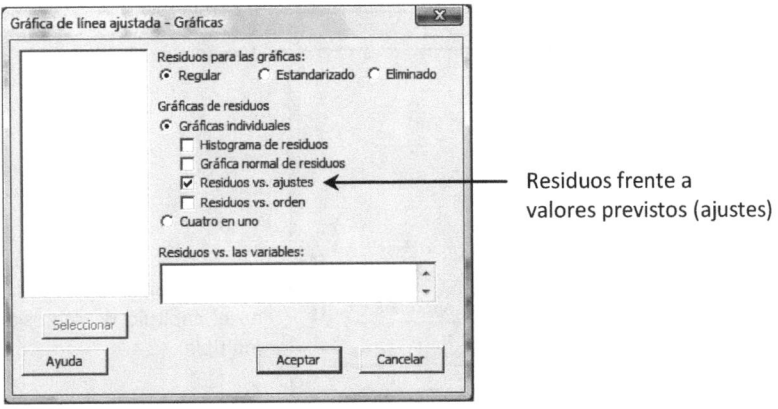

Residuos frente a valores previstos (ajustes)

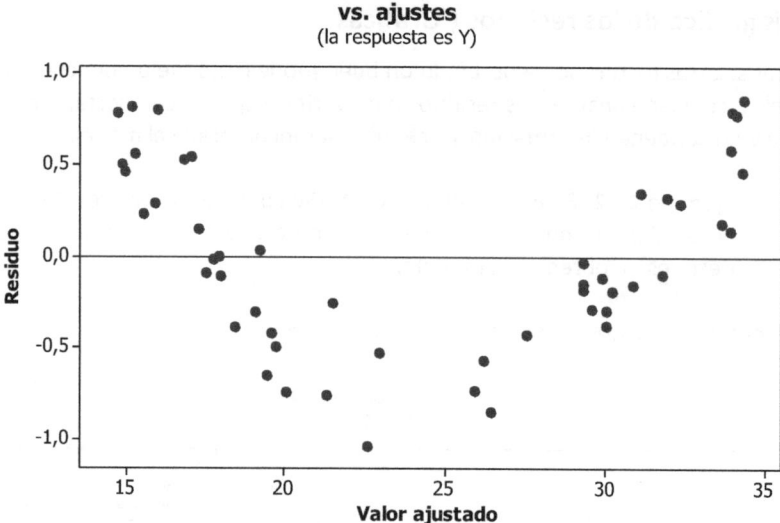

Los residuos no aparecen de forma aleatoria, sino en forma de parábola, lo que sugiere que con un modelo cuadrático se obtendría un mejor ajuste. El lector interesado puede comprobar que efectivamente así es, y que tras el ajuste cuadrático el gráfico de residuos frente a valores previstos presenta un aspecto totalmente aleatorio.

El análisis de los residuos también sirve para constatar que se cumplen las hipótesis del modelo, como la normalidad de los residuos y su varianza constante.

Regresión simple con 'Regresión'

Volvemos a los datos del archive PULSE.MTW y Hacemos:

Estadísticas > Regresión > Regresión

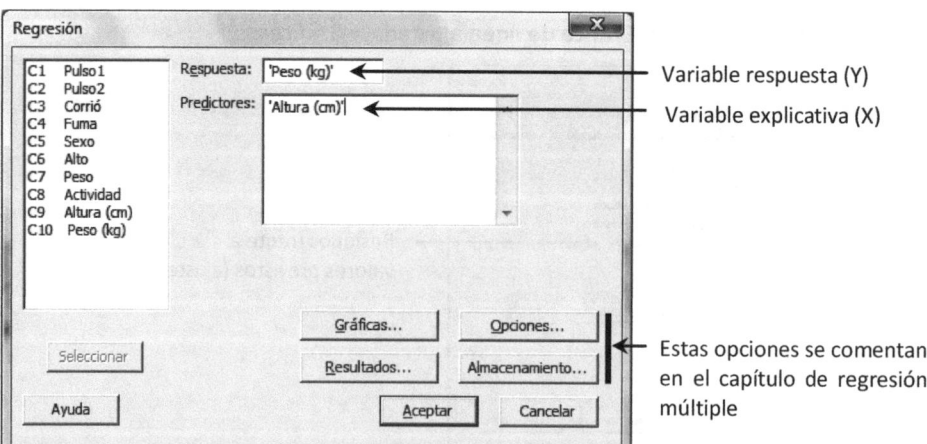

Dejando todas las opciones por defecto, se obtiene (se han añadido espacios en blanco para poder comentar mejor la salida):

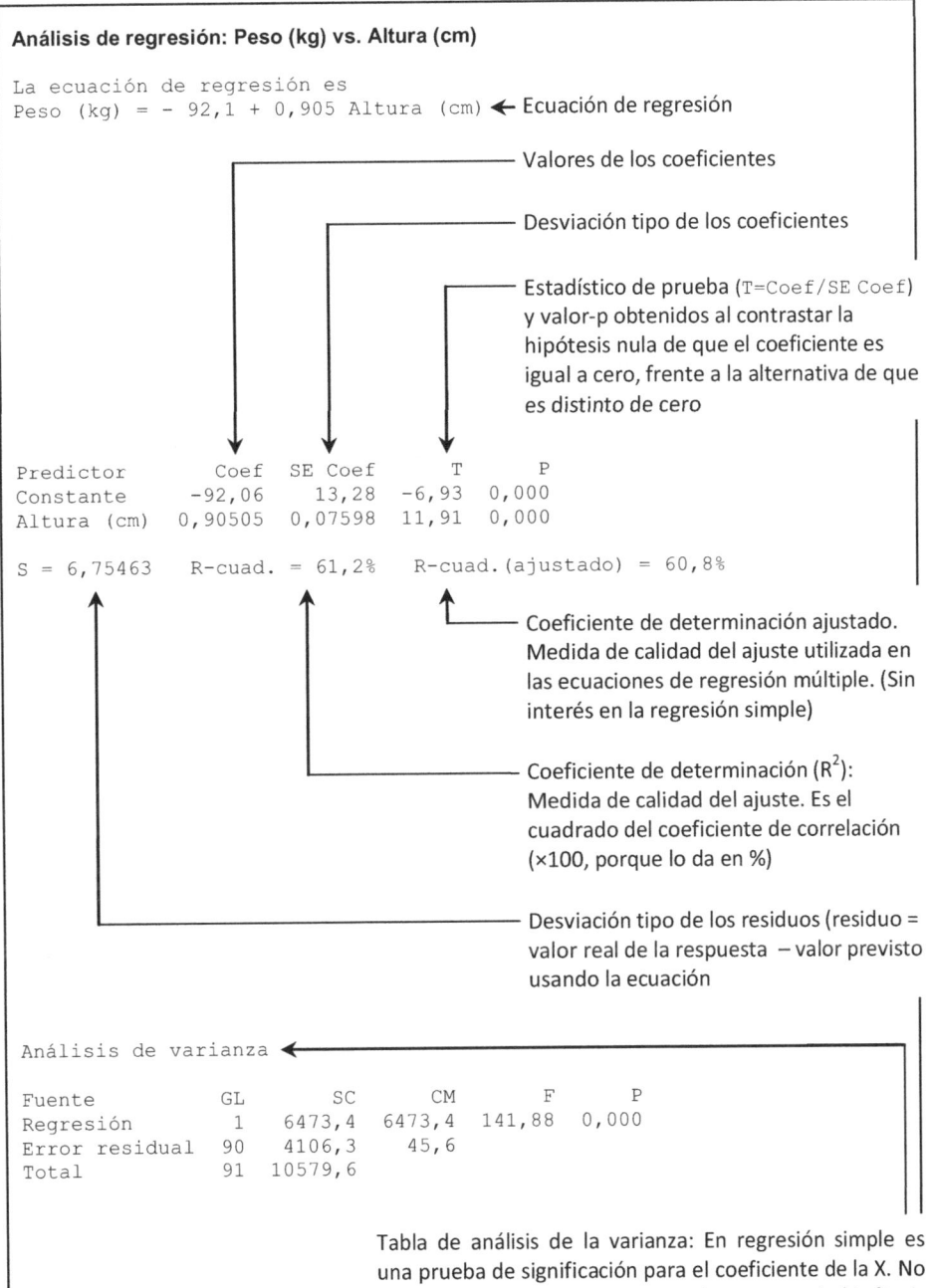

Análisis de regresión: Peso (kg) vs. Altura (cm)

```
La ecuación de regresión es
Peso (kg) = - 92,1 + 0,905 Altura (cm)
```
← Ecuación de regresión

— Valores de los coeficientes

— Desviación tipo de los coeficientes

— Estadístico de prueba (T=Coef/SE Coef) y valor-p obtenidos al contrastar la hipótesis nula de que el coeficiente es igual a cero, frente a la alternativa de que es distinto de cero

```
Predictor          Coef   SE Coef       T      P
Constante        -92,06     13,28   -6,93  0,000
Altura (cm)     0,90505   0,07598   11,91  0,000

S = 6,75463    R-cuad. = 61,2%    R-cuad.(ajustado) = 60,8%
```

— Coeficiente de determinación ajustado. Medida de calidad del ajuste utilizada en las ecuaciones de regresión múltiple. (Sin interés en la regresión simple)

— Coeficiente de determinación (R^2): Medida de calidad del ajuste. Es el cuadrado del coeficiente de correlación (×100, porque lo da en %)

— Desviación tipo de los residuos (residuo = valor real de la respuesta − valor previsto usando la ecuación

```
Análisis de varianza ←

Fuente           GL        SC       CM        F      P
Regresión         1    6473,4   6473,4   141,88  0,000
Error residual   90    4106,3     45,6
Total            91   10579,6
```

Tabla de análisis de la varianza: En regresión simple es una prueba de significación para el coeficiente de la X. No aporta nada relevante respecto al contraste de hipótesis (t-test) antes realizado

```
Observaciones poco comunes ◄─────────────────────────────

        Altura                       EE de                 Residuo
Obs      (cm)   Peso (kg)  Ajuste    ajuste   Residuo     estándar
 9       183      88,500   73,560    0,953    14,940        2,23R
25       155      63,600   48,219    1,643    15,381        2,35R
40       183      97,600   73,560    0,953    24,040        3,60R
84       173      49,900   64,510    0,714   -14,610       -2,18R

R denota una observación con un residuo estandarizado grande.
```

Puntos con un residuo estandarizado mayor de 2 (marcado con R). También se marcan con X (en este ejemplo no aparece ninguno) los puntos que tienen mucha influencia sobre la recta

Respecto a los puntos marcados como "Observaciones poco comunes"

Los puntos marcados con R son los que quedan a más de 2 desviaciones tipo de la recta. Valores entre 2 y 3 son normales (aparecen aproximadamente 5 por cada 100 puntos) pero mayores de 3 son más raros y vale la pena ver a que observaciones pertenecen por si fuera conveniente darles un tratamiento especial.

Los marcados con X pueden tener un residuo estandarizado pequeño, pero están situados fuera de la nube de puntos y ejercen una gran influencia sobre la recta, por lo que debe valorarse la conveniencia de mantenerlos en el estudio.

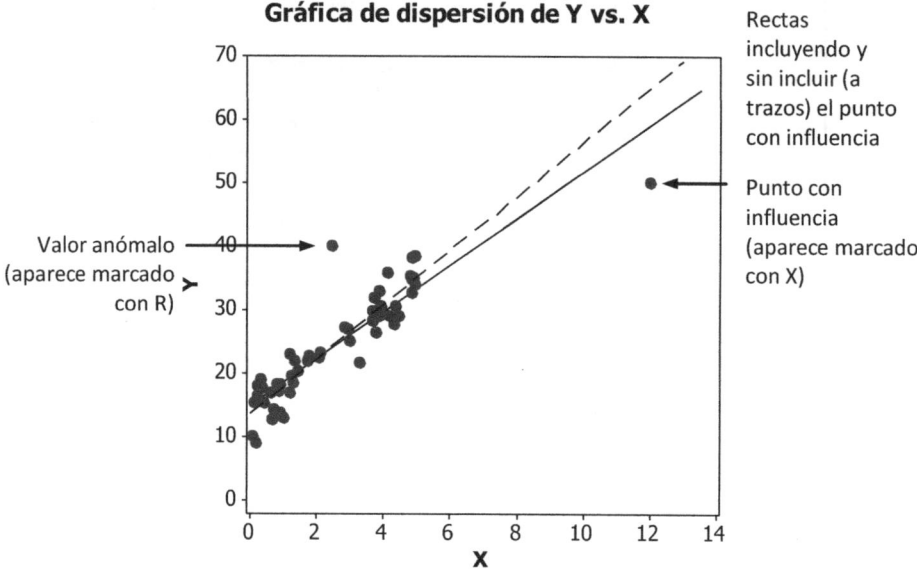

Gráfica de dispersión de Y vs. X

Rectas incluyendo y sin incluir (a trazos) el punto con influencia

Punto con influencia (aparece marcado con X)

Valor anómalo (aparece marcado con R)

Los datos con que se ha realizado este gráfico se encuentran en el archivo PUNTOS_RX.MTW.

23

Regresión múltiple

Archivo 'Coches2'

 Este archivo contiene la siguiente información de un conjunto de 66 coches:

Columna	Contenido
C1	Marca del coche
C2	Modelo
C3	Número de cilindros
C4	Cilindrada (en cc)
C5	Potencia (CV)
C6	Velocidad máxima (Km/h)

El objetivo que se pretende es obtener un modelo de regresión que explique la velocidad máxima en función de la información disponible.

Análisis exploratorio de los datos

Siempre conviene empezar dando un vistazo a los datos. Una buena forma de hacerlo es mediante: **Gráfica > Gráfica de matriz: Simple**

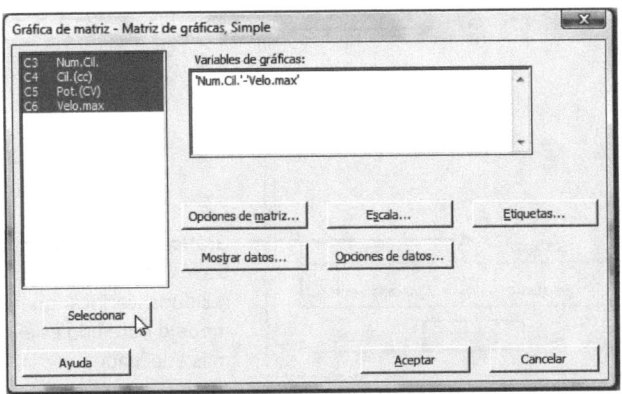

Resaltamos las columnas de interés en el recuadro de la izquierda y hacemos clic en **Seleccionar**

Gráfica de matriz de Num.Cil.; Cil.(cc); Pot.(CV); Velo.max

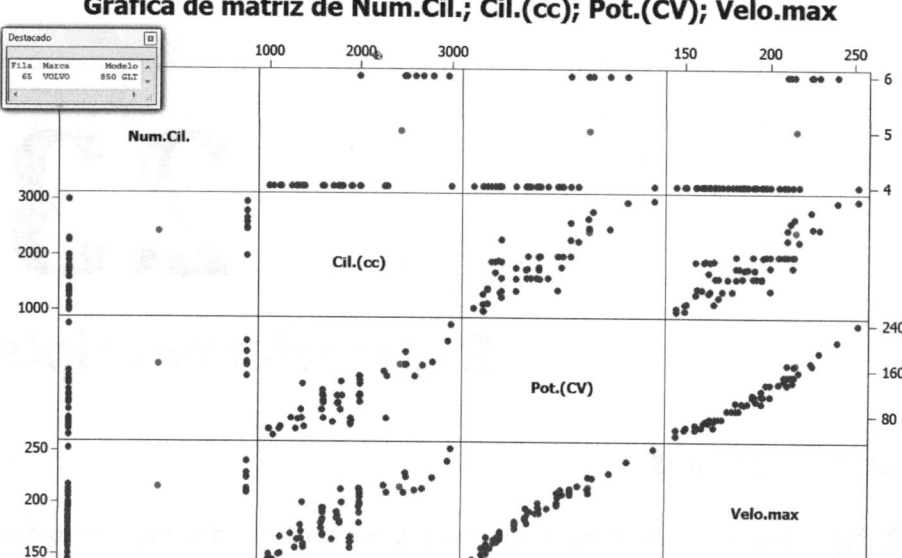

Destaca que un coche tiene 5 cilindros. Utilizando la opción **Destacar** (ver capítulo 4) se identifica que este punto pertenece a un Volvo 850 GLT.

También parece que la relación entre potencia y velocidad máxima no es exactamente lineal sino más bien cuadrática. Intentaremos confirmar esta impresión a través del análisis de los residuos.

Regresión múltiple

Estadísticas > Regresión > Regresión

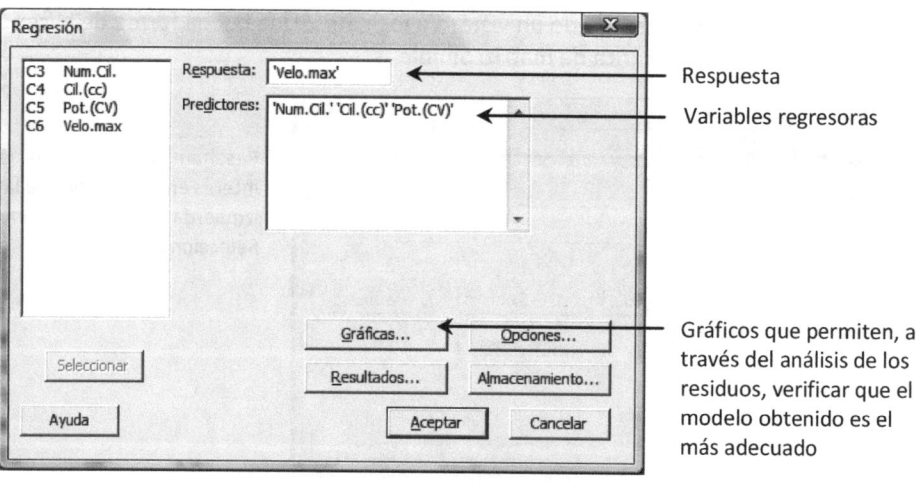

Respuesta

Variables regresoras

Gráficos que permiten, a través del análisis de los residuos, verificar que el modelo obtenido es el más adecuado

Análisis de regresión: Velo.max vs. Num.Cil.; Cil.(cc); Pot.(CV)

```
La ecuación de regresión es
Velo.max = 135 - 2,36 Num.Cil. - 0,00074 Cil.(cc) + 0,589 Pot.(CV)


64 casos utilizados, 2 casos contienen valores faltantes

Predictor        Coef    SE Coef      T      P  ←
Constante     134,518      4,496  29,92  0,000
Num.Cil.       -2,356      1,300  -1,81  0,075
Cil.(cc)     -0,000737  0,003000  -0,25  0,807
Pot.(CV)      0,58944    0,03106  18,98  0,000
```

> Valores de los coeficientes (Coef) con su desviación tipo (SE Coef), estadístico de prueba (T) y valor-p (p) al contrastar la H_0 de que el coeficiente es igual a cero frente a la alternativa de que es distinto

```
S = 5,29292   R-cuad. = 95,7%   R-cuad.(ajustado) = 95,5%  ←
```

> Medidas de calidad del ajuste. En regresión múltiple R-Sq pierde interés y se utiliza R-Sq(adj)

```
Análisis de varianza  ←

Fuente          GL      SC     CM       F      P
Regresión        3   37606  12535  447,45  0,000
Error residual  60    1681     28
Total           63   39287
```

> Tabla de Análisis de la Varianza: Prueba de significación conjunta para todos los coeficientes

```
Fuente    GL  SC Sec.  ←
Num.Cil.   1    11242
Cil.(cc)   1    16275
Pot.(CV)   1    10088
```

> Aportación de cada variable regresora a la suma de cuadrados explicada por la regresión

```
Observaciones poco comunes  ←
                                 EE de            Residuo
Obs  Num.Cil.  Velo.max   Ajuste  ajuste  Residuo  estándar
  5      4,00   195,000  184,041   0,778   10,959     2,09R
 33      4,00         *  167,620   2,559        *      * X
 44      4,00   252,000  264,357   2,821  -12,357    -2,76RX
 56      4,00   145,000  157,371   1,464  -12,371    -2,43R

R denota una observación con un residuo estandarizado grande.
X denota una observación cuyo valor
X le concede gran apalancamiento.
```

> Lista de observaciones inusuales. Para detalles ver capítulo de regresión simple

Como la variable "cilindrada" aparece claramente no significativa (valor-p muy superior a 0,05), volvemos a obtener el modelo sin tomarla en consideración:

```
La ecuación de regresión es
Velo.max = 134 - 2,46 Num.Cil. + 0,583 Pot.(CV)

64 casos utilizados, 2 casos contienen valores faltantes

Predictor     Coef  SE Coef       T      P
Constante  134,296    4,370   30,73  0,000
Num.Cil.    -2,460    1,221   -2,02  0,048
Pot.(CV)    0,58341  0,01887  30,91  0,000

S = 5,25200   R-cuad. = 95,7%   R-cuad.(ajustado) = 95,6%
```

Botones de opciones

Gráficas

Gráficos que permiten, a través del análisis de los residuos, valorar lo adecuado que es el modelo obtenido.

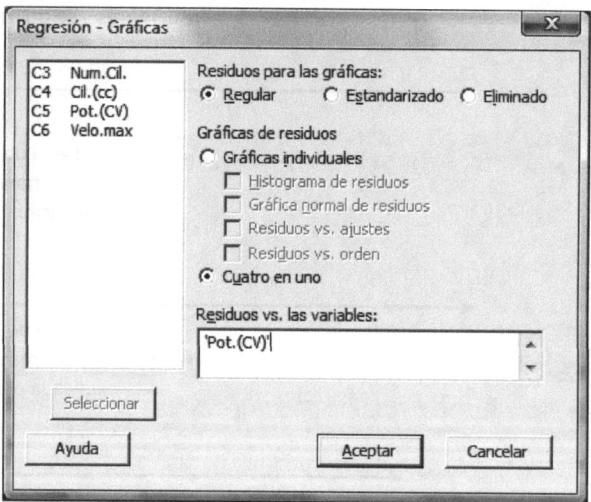

Los residuos pueden ser:

Regular: Residuos tal cual. Valor real menos valor previsto.

Estandarizado: Residuo regular dividido por la desviación tipo de los residuos.

Eliminado: Igual que **Estandarizado**, pero en cada caso para la determinación de los coeficientes del modelo se excluye el valor cuyo residuo se va a calcular.

Los gráficos solicitados son el **Cuatro en uno**, que presenta en una única ventana los 4 gráficos de residuos más relevantes, y el gráfico de residuos frente a la variable Potencia, para ver si conviene introducir alguna transformación en esta variable ya que hemos visto que su relación con la respuesta parece más bien parabólica.

Gráficas de residuos para Velo.max

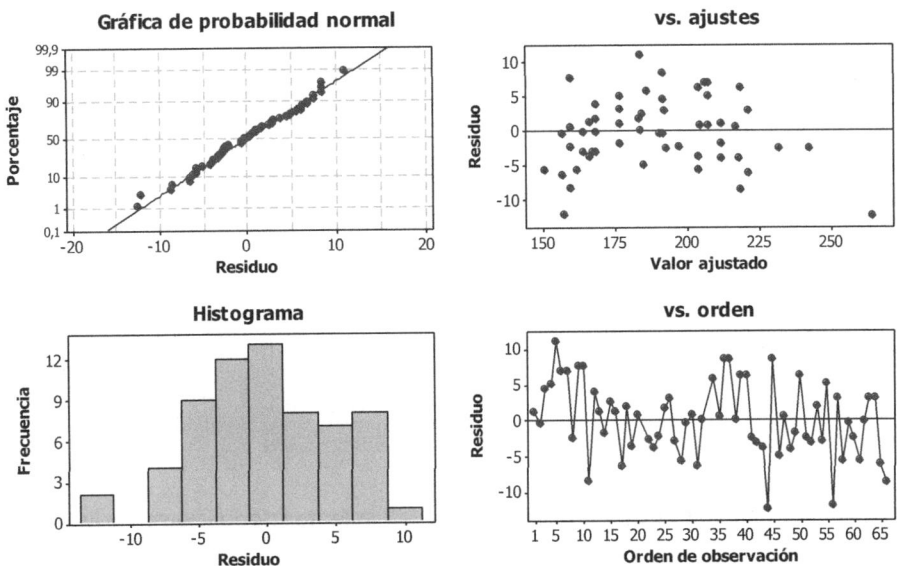

La forma del gráfico de residuos frente a valores ajustados (nube de puntos en forma de parábola) sugiere la posibilidad de mejorar el modelo introduciendo algún cambio de variable. El gráfico de residuos frente a la variable Potencia pone de manifiesto que conviene probar con una transformación de esta variable. Por ejemplo, elevada al cuadrado.

Residuos vs. Pot.(CV)
(la respuesta es Velo.max)

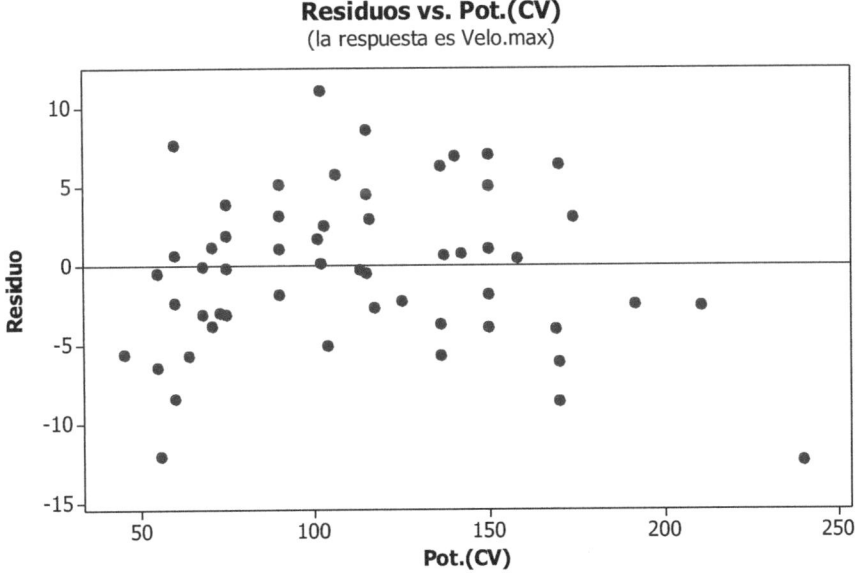

Opciones

Las más habituales son:

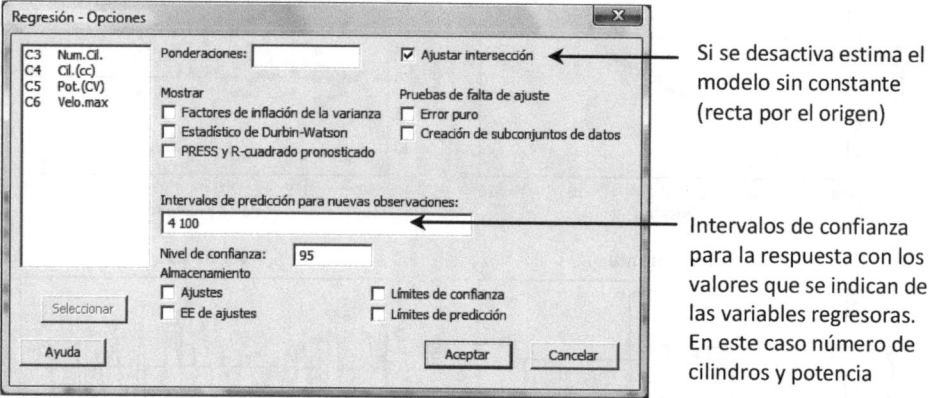

Si se desactiva estima el modelo sin constante (recta por el origen)

Intervalos de confianza para la respuesta con los valores que se indican de las variables regresoras. En este caso número de cilindros y potencia

Al pedirle los intervalos de predicción, aparece la siguiente información en el listado de salida:

Estimación puntual de la variable estimada

Intervalo de confianza del 95% (el indicado) para la media de la variable estimada

Intervalo de confianza para los valores individuales

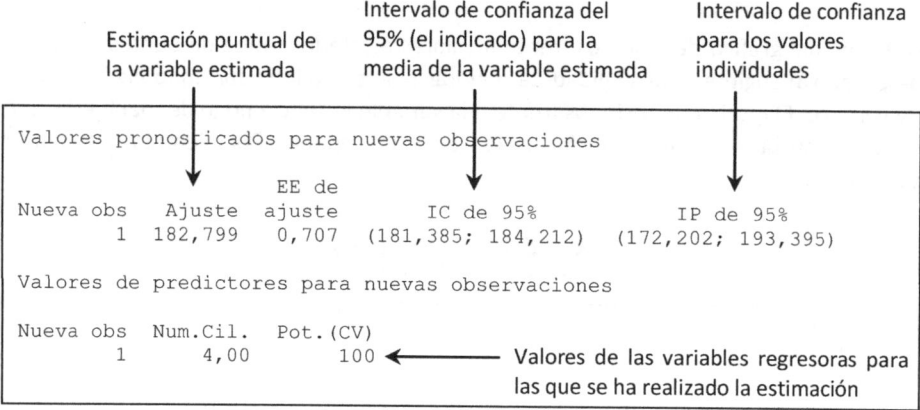

```
Valores pronosticados para nuevas observaciones

                      EE de
Nueva obs   Ajuste   ajuste       IC de 95%          IP de 95%
        1   182,799   0,707   (181,385; 184,212)   (172,202; 193,395)

Valores de predictores para nuevas observaciones

Nueva obs  Num.Cil.  Pot.(CV)
        1      4,00       100
```

Valores de las variables regresoras para las que se ha realizado la estimación

Selección de la mejor ecuación: Mejores subconjuntos

Estadísticas > Regresión > Mejores subconjuntos

Genera todas las ecuaciones posibles, junto con unas medidas de calidad de cada una de ellas. Esto permite seleccionar y estudiar a fondo (significación de los coeficientes, análisis de los residuos, …) las que parezcan más convenientes.

Se ha añadido como nueva variable regresora la potencia al cuadrado: Pot2.

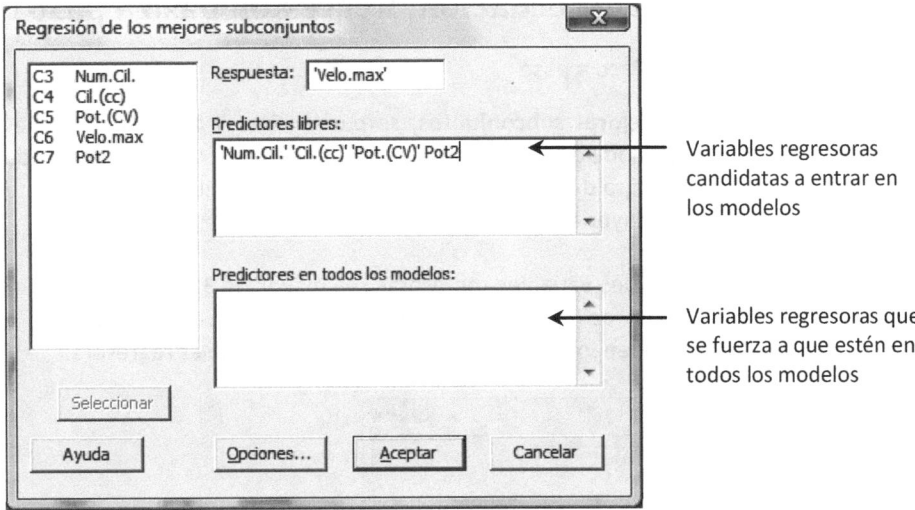

Variables regresoras candidatas a entrar en los modelos

Variables regresoras que se fuerza a que estén en todos los modelos

El listado que aparece, con todas las opciones por defecto (las 2 mejores ecuaciones desde 1 hasta 4 variables regresoras) es:

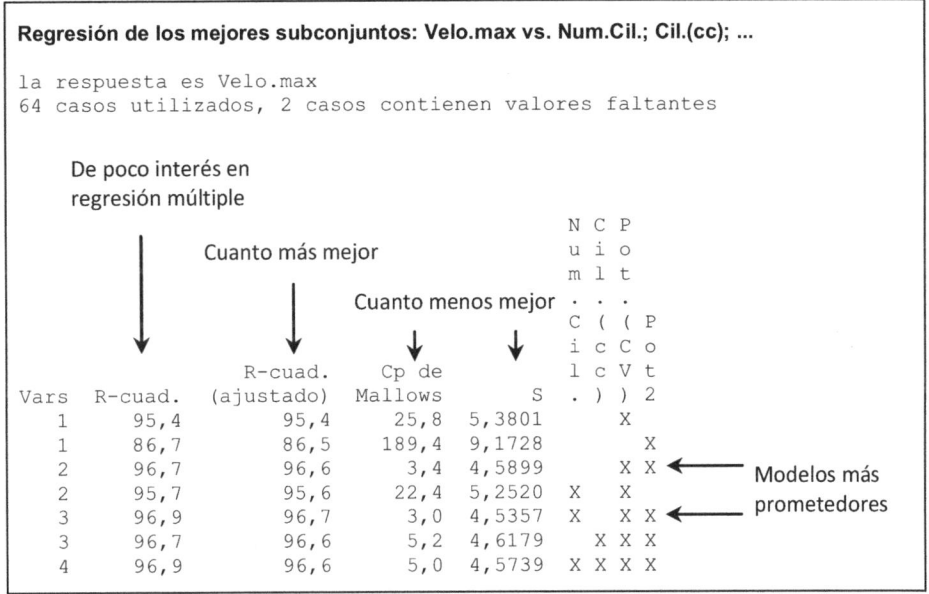

Regresión de los mejores subconjuntos: Velo.max vs. Num.Cil.; Cil.(cc); ...

```
la respuesta es Velo.max
64 casos utilizados, 2 casos contienen valores faltantes
```

De poco interés en regresión múltiple

Cuanto más mejor

Cuanto menos mejor

					N u m . C i c l .	C (c C))	P o t 2
Vars	R-cuad.	R-cuad. (ajustado)	Cp de Mallows	S			
1	95,4	95,4	25,8	5,3801	X		
1	86,7	86,5	189,4	9,1728		X	
2	96,7	96,6	3,4	4,5899		X	X
2	95,7	95,6	22,4	5,2520	X	X	
3	96,9	96,7	3,0	4,5357	X	X	X
3	96,7	96,6	5,2	4,6179		X X X	
4	96,9	96,6	5,0	4,5739	X X X X		

Modelos más prometedores

La selección de la mejor ecuación depende también de aspectos como la sencillez del modelo o su facilidad de interpretación. En muchos casos es discutible cuál es "el mejor" modelo. Quizás debería hablarse de "un buen" modelo.

Selección de la mejor ecuación: Regresión paso a paso

Estadísticas > Regresión > Paso a paso

Con la opción anterior (**Mejores subconjuntos**) se pueden incluir hasta 31 variables candidatas a entrar en el modelo. A pesar de que si el número de variables es grande (a partir de 20 o 25) el tiempo de computación puede ser importante, en general esta opción es suficiente en la mayoría de los casos.

Cuando el número de posibles variables regresoras sea mayor de 31, o siendo menor requiera demasiado tiempo de computación, puede optarse por el método **Paso a paso** que es muy rápido, independientemente del número de variables regresoras.

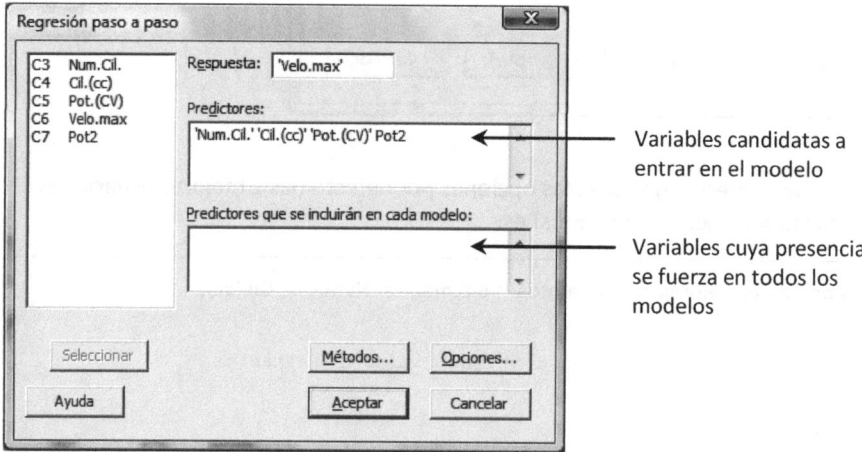

Variables candidatas a entrar en el modelo

Variables cuya presencia se fuerza en todos los modelos

Métodos

Valores por defecto:

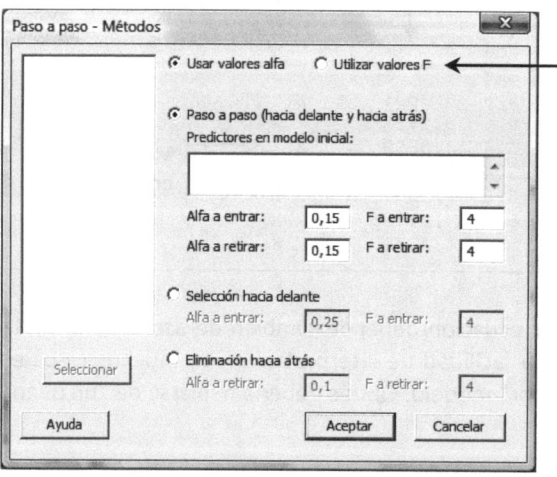

Selección del criterio para la entrada y salida de variables

Valores alfa: La variable entra (o sale) si el valor-p con que aparece en el modelo es menor (o mayor) que el alfa indicado

Valores F: La variable entra (o sale) si el cuadrado del t-ratio con que aparece en el modelo es mayor (o menor) que el F indicado

Paso a paso: Método habitual. Las variables van entrando y también pueden ir saliendo. Se puede indicar qué variables se desea que estén en el modelo al iniciar el proceso. Por defecto no hay ninguna

Selección hacia delante: Las variables van entrando pero no salen

Selección hacia atrás: Las variables van saliendo (se parte de todas dentro del modelo) y una vez fuera no vuelven a entrar

Con todas las opciones por defecto se tiene:

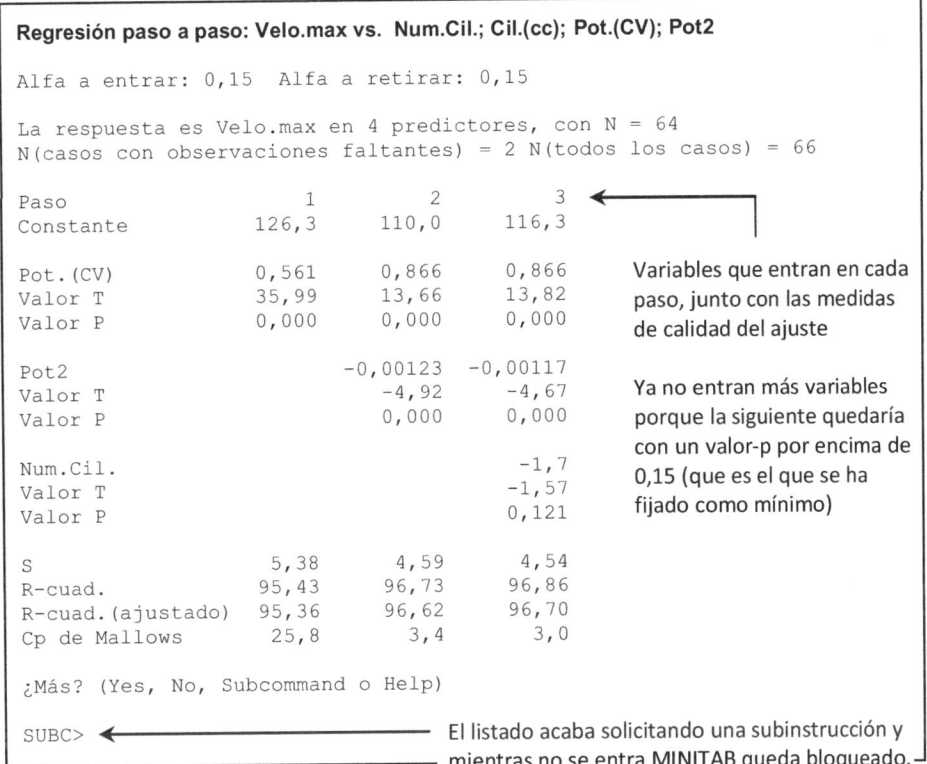

```
Regresión paso a paso: Velo.max vs.  Num.Cil.; Cil.(cc); Pot.(CV); Pot2

Alfa a entrar: 0,15  Alfa a retirar: 0,15

La respuesta es Velo.max en 4 predictores, con N = 64
N(casos con observaciones faltantes) = 2 N(todos los casos) = 66

Paso                      1        2         3
Constante             126,3    110,0     116,3

Pot.(CV)              0,561    0,866     0,866
Valor T              35,99    13,66     13,82
Valor P              0,000    0,000     0,000

Pot2                         -0,00123  -0,00117
Valor T                       -4,92     -4,67
Valor P                       0,000     0,000

Num.Cil.                                 -1,7
Valor T                                 -1,57
Valor P                                 0,121

S                     5,38     4,59      4,54
R-cuad.              95,43    96,73     96,86
R-cuad.(ajustado)   95,36    96,62     96,70
Cp de Mallows        25,8      3,4       3,0

¿Más? (Yes, No, Subcommand o Help)

SUBC>
```

Variables que entran en cada paso, junto con las medidas de calidad del ajuste

Ya no entran más variables porque la siguiente quedaría con un valor-p por encima de 0,15 (que es el que se ha fijado como mínimo)

El listado acaba solicitando una subinstrucción y mientras no se entra MINITAB queda bloqueado. Basta con pulsar [N] (y [Enter]) para poder seguir.

Si se responde *Yes* muestra más pasos si todavía no ha terminado el proceso *Paso a paso,* o bien avisa de que ya se ha acabado diciendo No se ingresaron ni retiraron variables

Es necesario escribir la subinstrucción que se solicita cuando se obtiene el resultado de una regresión paso a paso. MINITAB queda bloqueado (todos los menús están inactivos) hasta que se responde.

24

Análisis multivariante

Archivo 'Iberoamerica'

 Los datos del archivo IBEROAMERICA.MTW se han obtenido de la página web del Instituto Nacional de Estadística (www.ine.es). Inebase: "Indicadores sociales de países iberoamericanos 1998" Contiene información sobre los 22 países que constituyen la comunidad iberoamericana:

Columna	Contenido
C1	País
C2	Población (miles de habitantes)
C3	Superficie (Km^2)
C4	Porcentaje de la población menor de 15 años
C5	Esperanza de vida al nacer
C6	Tasa de mortalidad infantil
C7	Líneas telefónicas por 1000 habitantes
C8	Usuarios de Internet por 1000 habitantes
C9	PIB en dólares por habitante
C10	% de PIB aportado por la agricultura
C11	% de PIB aportado por la industria
C12	% de PIB aportado por el sector servicios

Se trata de intentar clasificar u organizar los países de acuerdo con la información disponible.

Componentes principales

Calcula unas nuevas variables en función de las originales. Estas nuevas variables se denominan "componentes principales" y se espera que unas pocas sinteticen la mayor parte de la información que contienen los datos.

Estadísticas > Análisis multivariado > Componentes principales

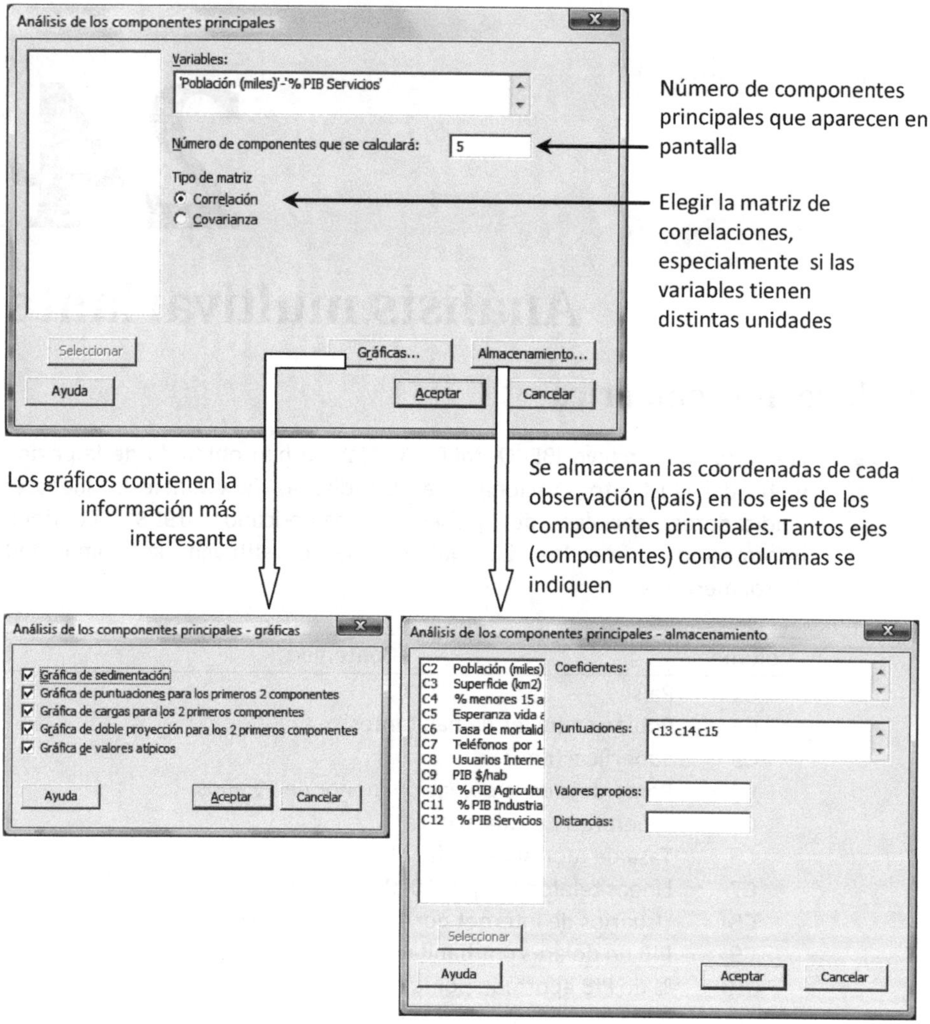

Número de componentes principales que aparecen en pantalla

Elegir la matriz de correlaciones, especialmente si las variables tienen distintas unidades

Los gráficos contienen la información más interesante

Se almacenan las coordenadas de cada observación (país) en los ejes de los componentes principales. Tantos ejes (componentes) como columnas se indiquen

 Si se elige la matriz de covarianzas, la suma de valores propios es igual a la suma de las varianzas de las variables. Si se elige la matriz de correlaciones, los datos se normalizan, y la suma de valores propios es igual al número de variables. En ambos casos, los valores propios representan la aportación de cada componente a la explicación de la variabilidad de los datos.

La primera parte del listado que se obtiene informa sobre la magnitud de los valores propios por orden de mayor a menor, la proporción que representan respecto al total (proporción de la variabilidad global explicada por ese componente) y la proporción acumulada.

Análisis de componente principal: Población (m; Superficie (; % menores 15; Esp

```
Análisis de los valores y vectores propios de la matriz de correlación

Valor propio   5,5117   2,0441   1,4691   0,8631   0,5554   0,2638   0,1386
Proporción     0,501    0,186    0,134    0,078    0,050    0,024    0,013
Acumulada      0,501    0,687    0,820    0,899    0,949    0,973    0,986

Valor propio   0,0660   0,0475   0,0350   0,0056
Proporción     0,006    0,004    0,003    0,001
Acumulada      0,992    0,996    0,999    1,000
```

Valores propios asociados a cada componente principal (en total hay tantos como variables) por orden de importancia.

Valores propios:

5,5117 + 2,0441 + 1,4691 + 0,8631 + 0,5554 + 0,2638 + 0,1386 + 0,0660 + + 0,0475 + 0,0350 + 0,0056 = 11
50,1% + 18,6% + 13,4% + 7,8% + 5,0% + 2,4% + 1,3 % + 0,6% + 0,4% + + 0,3% + 0,1% = 100%

La proporción que representa cada valor propio respecto a su suma es igual a la proporción explicada por el componente principal correspondiente.

A continuación se presenta la lista que contiene las aportaciones de las variables a cada componente principal. En nuestro caso aparecen 5 componentes, que son los que se ha indicado en la ventana de diálogo.

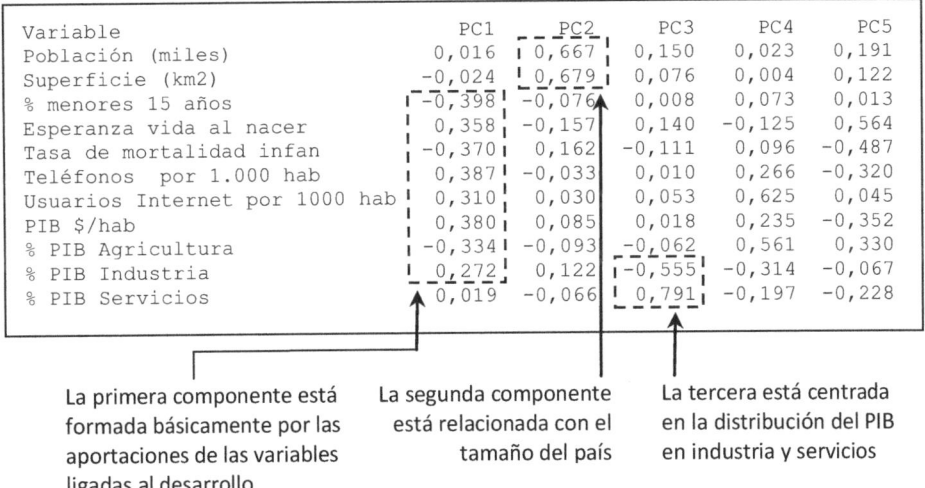

Variable	PC1	PC2	PC3	PC4	PC5
Población (miles)	0,016	0,667	0,150	0,023	0,191
Superficie (km2)	-0,024	0,679	0,076	0,004	0,122
% menores 15 años	-0,398	-0,076	0,008	0,073	0,013
Esperanza vida al nacer	0,358	-0,157	0,140	-0,125	0,564
Tasa de mortalidad infan	-0,370	0,162	-0,111	0,096	-0,487
Teléfonos por 1.000 hab	0,387	-0,033	0,010	0,266	-0,320
Usuarios Internet por 1000 hab	0,310	0,030	0,053	0,625	0,045
PIB $/hab	0,380	0,085	0,018	0,235	-0,352
% PIB Agricultura	-0,334	-0,093	-0,062	0,561	0,330
% PIB Industria	0,272	0,122	-0,555	-0,314	-0,067
% PIB Servicios	0,019	-0,066	0,791	-0,197	-0,228

La primera componente está formada básicamente por las aportaciones de las variables ligadas al desarrollo

La segunda componente está relacionada con el tamaño del país

La tercera está centrada en la distribución del PIB en industria y servicios

El primer gráfico es una especie de diagrama de Pareto de los valores propios, que permite valorar visualmente la importancia de cada uno de los componentes.

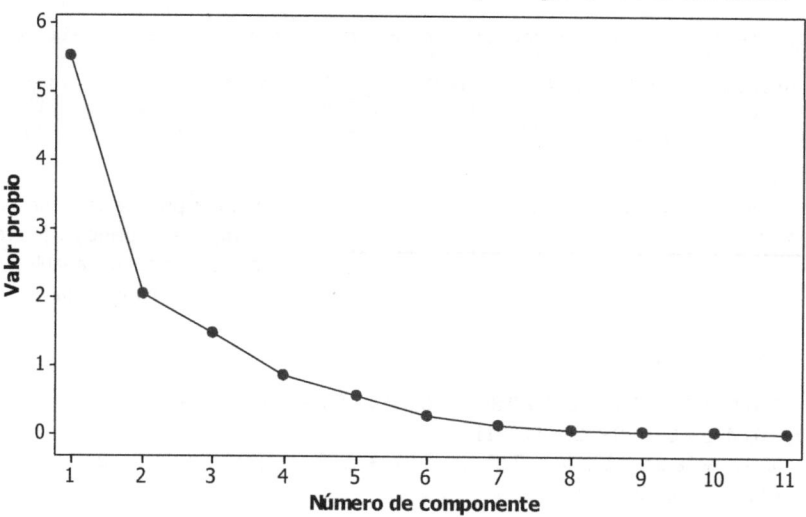

El segundo gráfico representa cada una de las observaciones (en nuestro ejemplo, países) en las coordenadas de las 2 primeras componentes. Para identificar a qué país corresponde cada punto puede usarse la opción **Destacar**.

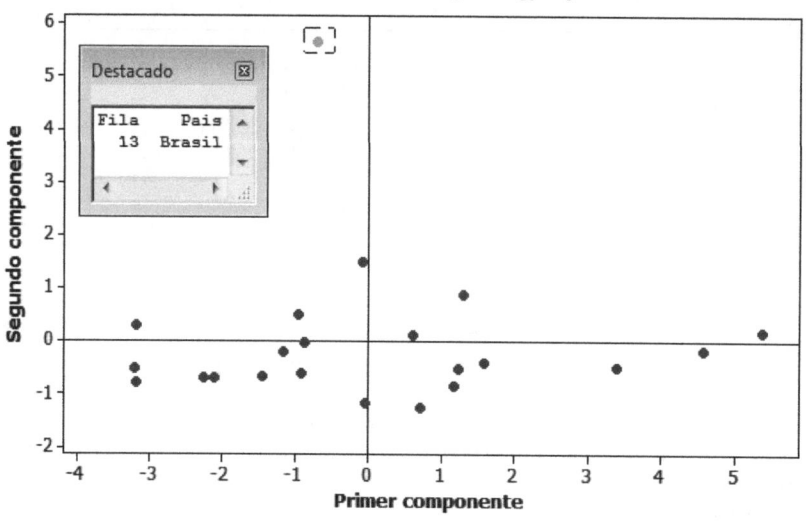

Otra posibilidad es editar el gráfico y añadir una etiqueta a cada punto:

Hacer clic sobre el gráfico con el botón derecho del ratón y escoger **Agregar > Etiquetas de datos: Usar etiquetas de columna**: País.

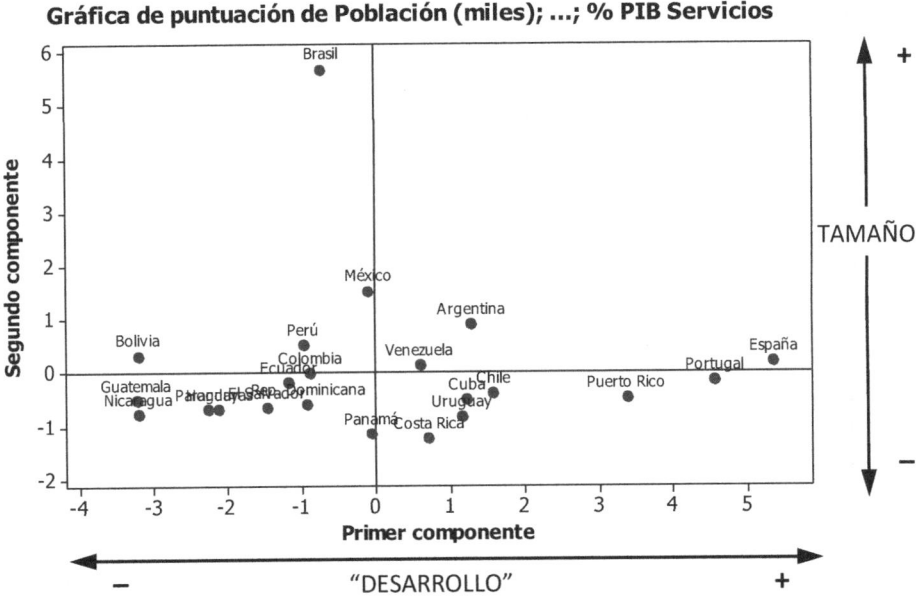

No siempre a las componentes principales se les puede poner un nombre que resuma alguna característica. En nuestro caso, hemos visto en el listado de aportaciones de cada variable a las componentes principales que la primera componente está afectada especialmente por variables ligadas a lo que podríamos denominar "desarrollo", y la segunda componente lo está con el tamaño (superficie y población) del país.

Hemos visto que la tercera componente, que explica un 13,4 % de la variabilidad total de los datos, está relacionada básicamente con la distribución del PIB en industria y servicios. Como también hemos guardado las coordenadas de esta tercera componente, podemos representar el diagrama bivariante de esta frente a la primera:

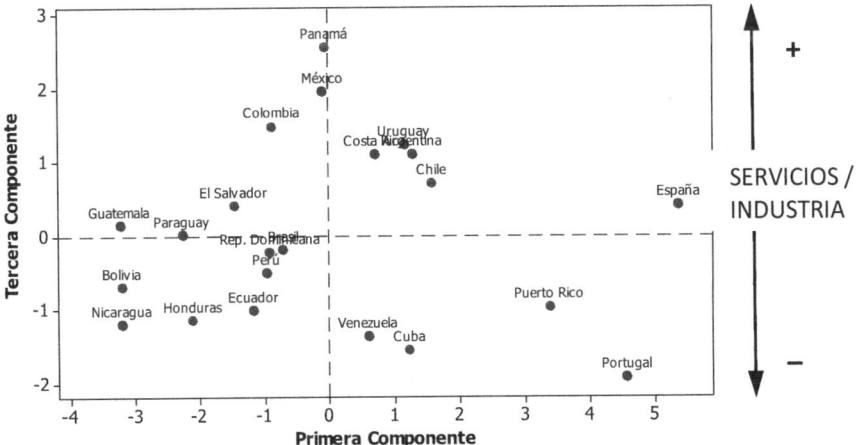

El tercer gráfico muestra las variables en las coordenadas que corresponden a sus valores en las dos componentes principales:

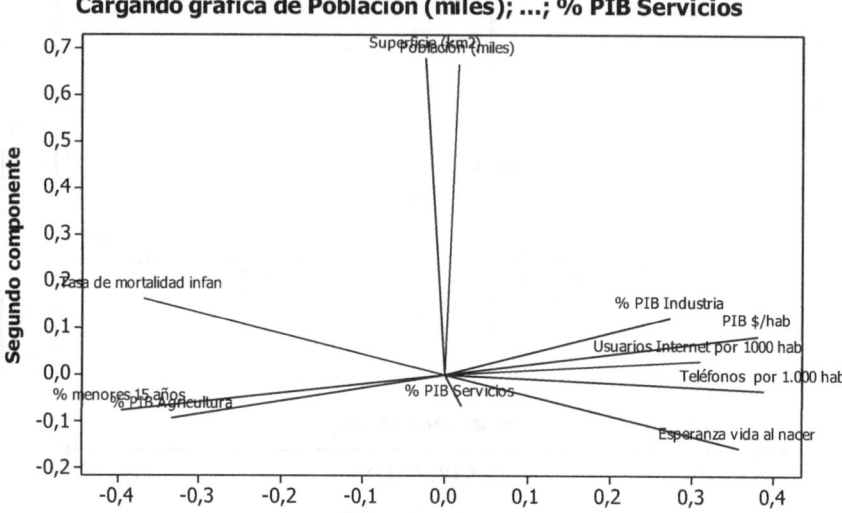

Cargando gráfica de Población (miles); ...; % PIB Servicios

Obsérvese que Superficie y Población destacan por la magnitud del valor de su segunda componente, relacionada con el tamaño del país. Para la primera componente, relacionada con lo que podríamos denominar "desarrollo", se observa qué variables tienen un componente positivo y cuales lo tienen negativo.

Si se desea, también se pueden construir diagramas como este (aunque sin las rayas) para cualquier otra pareja de componentes. Basta con guardar los coeficientes en la ventana de **Almacenamiento: Coeficientes** y añadir una columna con el nombre de las variables (en el mismo orden que tienen las columnas) para poder colocar la etiqueta a cada punto.

	C16	C17	C18	C19-T
	Coef Primer Comp.	Coef. Segundo Comp.	Coef Tercer Comp.	Variables
	0,015642	0,667248	0,149828	Población
	-0,023823	0,679000	0,076497	Superficie
	-0,397857	-0,076350	0,008033	%<15 años
	0,357652	-0,157153	0,139581	Esper. vida
	-0,370114	0,161751	-0,110960	Tasa Mort.
	0,387353	-0,033306	0,009817	Teléfonos
	0,309539	0,029743	0,052751	Internet
	0,379927	0,084639	0,017924	PIB/hab
	-0,333591	-0,092654	-0,061686	%PIB Agri
	0,272296	0,122392	-0,554596	%PIB Indus
	0,019198	-0,065779	0,790732	%PIB Serv

En nuestro ejemplo, como hemos colocado 3 columnas, se han guardado los coeficientes de los 3 primeros componentes. La representación de los coeficientes del tercer componente respecto al primero tiene el siguiente aspecto:

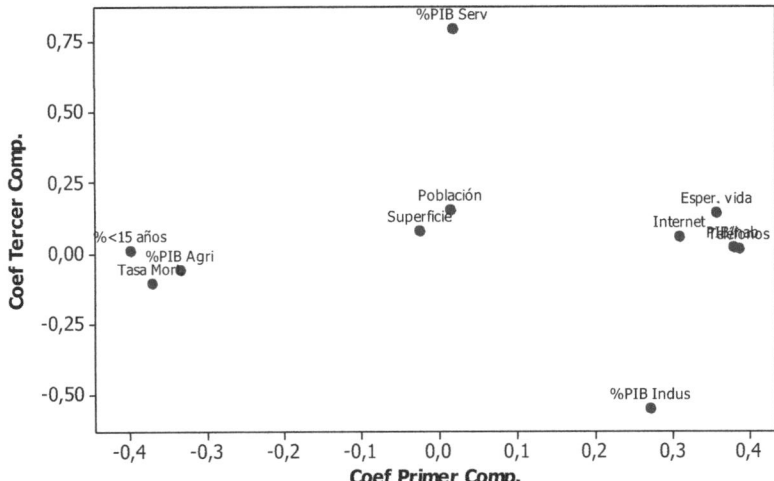

Gráfica de dispersión de Coef Tercer Comp. vs. Coef Primer Comp.

 Si quiere que aparezcan las rayas que unen los puntos con el origen, copie las columnas que contienen las coordenadas de los puntos, inserte celdas encima de cada pareja de datos (resalte la pareja y haga clic en el botón de insertar celdas) a partir de la segunda fila:

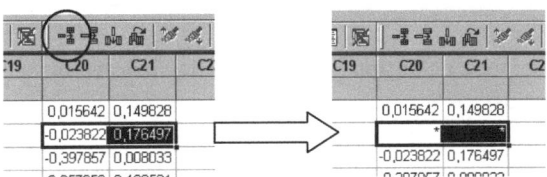

Una vez se han insertado todas las celdas, sustituir los asteriscos por ceros. En el gráfico hacer clic con el botón derecho del mouse, **Agregar > Línea calculada,** en **Columna Y** poner la columna donde se tienen los valores de la tercera componente con los ceros insertados. En **Columna X** lo mismo para la primera componente.

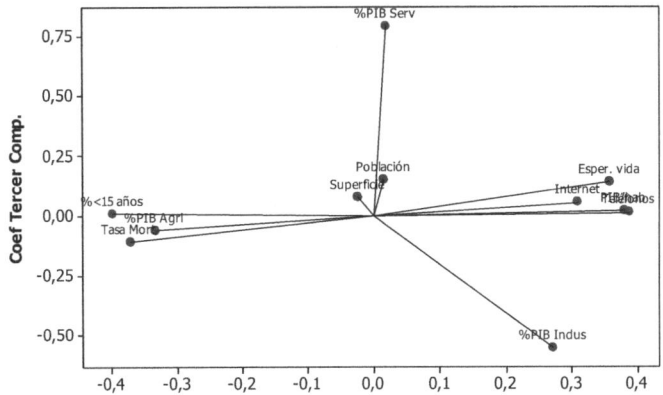

Análisis de conglomerados para las observaciones

Seguimos con el archivo IBEROAMERICA.MTW. Ahora se trata de dividir a los países en grupos similares (conglomerados) de acuerdo con la información disponible.

Estadísticas > Análisis Multivariado > Conglomerados de observaciones

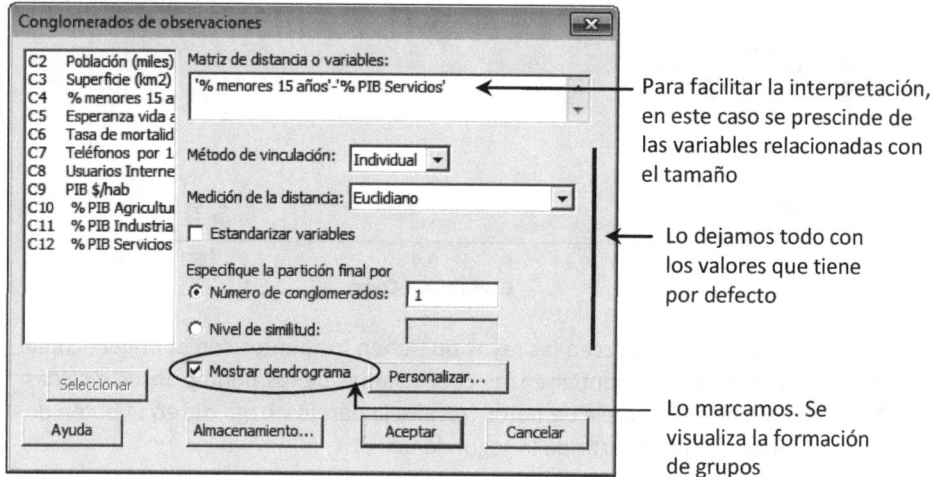

Para facilitar la interpretación, en este caso se prescinde de las variables relacionadas con el tamaño

Lo dejamos todo con los valores que tiene por defecto

Lo marcamos. Se visualiza la formación de grupos

Veamos la salida en la ventana de Sesión (se han añadido líneas en blanco para facilitar la inserción de comentarios).

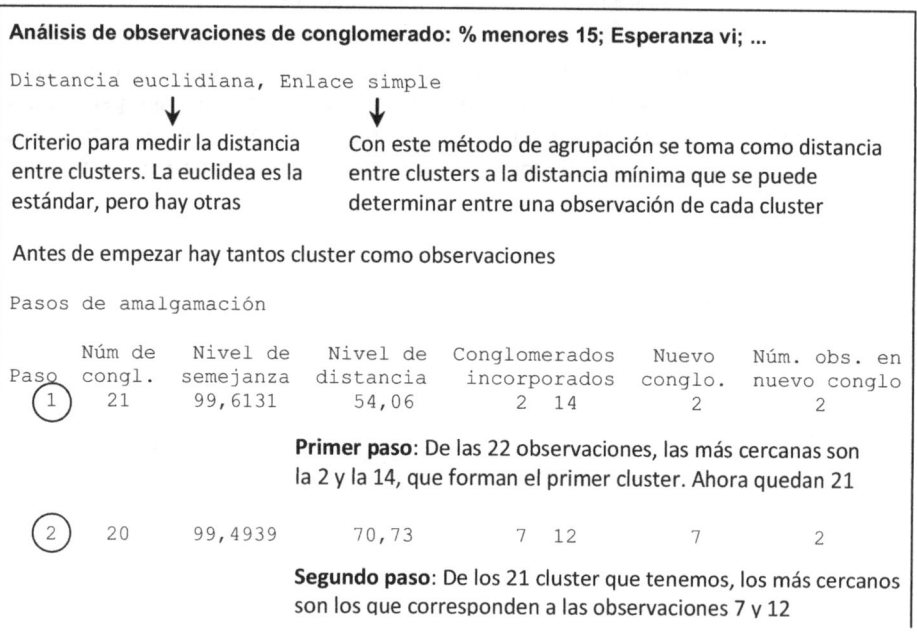

Análisis de observaciones de conglomerado: % menores 15; Esperanza vi; ...

Distancia euclidiana, Enlace simple

Criterio para medir la distancia entre clusters. La euclidea es la estándar, pero hay otras

Con este método de agrupación se toma como distancia entre clusters a la distancia mínima que se puede determinar entre una observación de cada cluster

Antes de empezar hay tantos cluster como observaciones

Pasos de amalgamación

Paso	Núm de congl.	Nivel de semejanza	Nivel de distancia	Conglomerados incorporados	Nuevo conglo.	Núm. obs. en nuevo conglo
1	21	99,6131	54,06	2 14	2	2

Primer paso: De las 22 observaciones, las más cercanas son la 2 y la 14, que forman el primer cluster. Ahora quedan 21

2	20	99,4939	70,73	7 12	7	2

Segundo paso: De los 21 cluster que tenemos, los más cercanos son los que corresponden a las observaciones 7 y 12

(3)	19	99,2755	101,25	2	9	2	3

Tercer paso: De los 20 cluster que quedan, los más cercanos son el primero que se formó (con las observaciones 2 y 14) y la observación 9. Este nuevo cluster tiene 3 observaciones

4	18	99,2675	102,37	2	5	2	4
5	17	98,9909	141,02	8	18	8	2
6	16	98,9137	151,81	2	8	2	6
7	15	98,7540	174,12	3	16	3	2
8	14	98,7458	175,28	2	11	2	7
9	13	98,1957	252,15	6	15	6	2
10	12	97,9917	280,66	3	4	3	3
11	11	97,9498	286,51	2	6	2	9
12	10	97,2457	384,91	2	7	2	11
13	9	96,6741	464,79	13	17	13	2
14	8	95,7750	590,44	1	2	1	12
15	7	95,4151	640,73	1	3	1	15
16	6	94,7709	730,75	1	13	1	17
17	5	93,5426	902,41	1	20	1	18
18	4	87,1791	1791,70	19	22	19	2
19	3	85,3070	2053,32	10	19	10	3
20	2	84,7016	2137,93	10	21	10	4
21	1	81,2502	2620,26	1	10	1	(22)

Al final se juntan las 22 observaciones en un solo cluster

El gráfico muestra la secuencia de formación de conglomerados. El primero en formarse es el integrado por las observaciones 2 y 14 ya que son las que tienen mayor similitud (menor distancia con el criterio definido). El segundo es el formado por las observaciones 7 y 12. El tercero es el formado por el primero (observaciones 2 y 14) y la observación 9, etc.

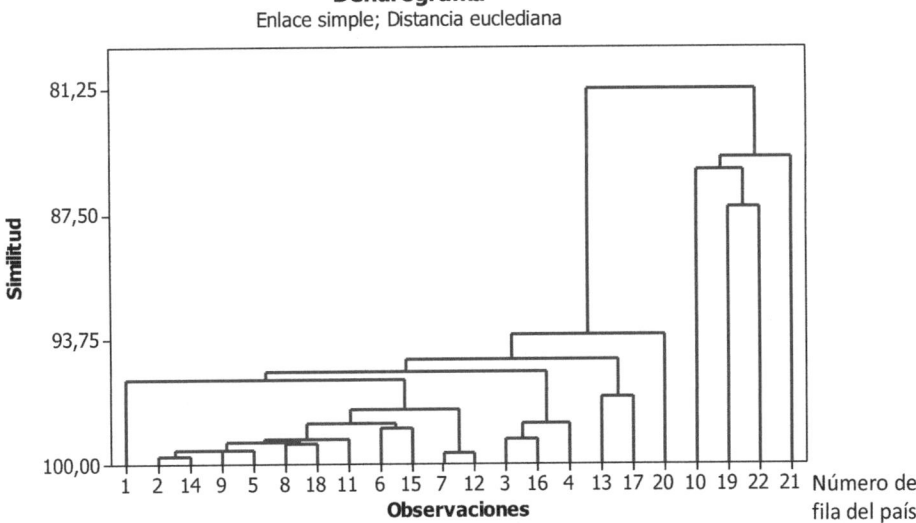

Dendrograma
Enlace simple; Distancia euclediana

Algunos cambios sobre las opciones por defecto:

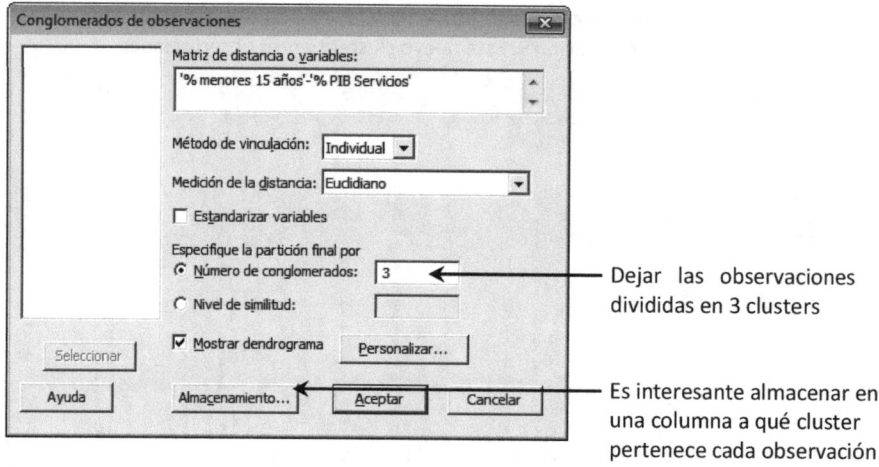

Dejar las observaciones divididas en 3 clusters

Es interesante almacenar en una columna a qué cluster pertenece cada observación

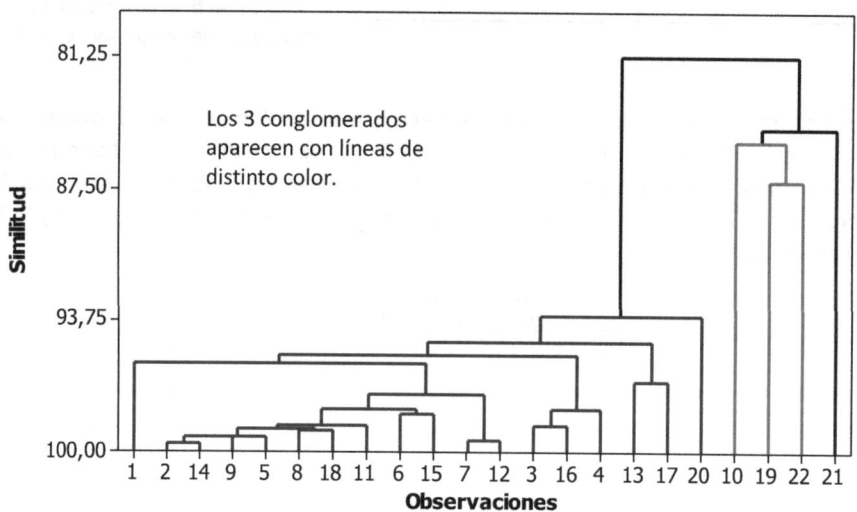

Dendrograma
Enlace simple; Distancia euclediana

Los 3 conglomerados aparecen con líneas de distinto color.

Almacenamiento

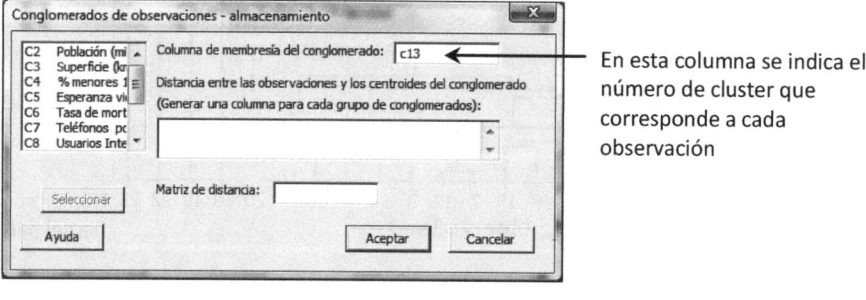

En esta columna se indica el número de cluster que corresponde a cada observación

Tener identificado a qué cluster pertenece cada observación permite construir diagramas bivariantes identificando los clusters.

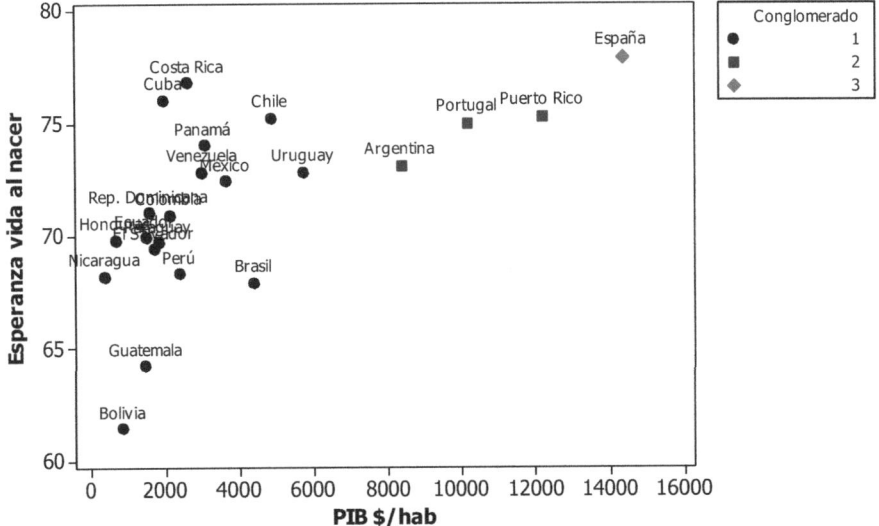

Gráfica de dispersión de Esperanza vida al nacer vs. PIB $/hab

Análisis *Cluster* (de conglomerados) para las variables

Volveremos a utilizar el archivo COCHES.MTW, que ya vimos en el capítulo 3 y que contiene las siguientes características de un total de 247 coches:

Columna	Contenido
C1	Marca del coche
C2	Modelo
C3	PVP (en ptas)
C4	Número de cilindros
C5	Cilindrada (cc)
C6	Potencia (CV)
C7	Longitud (cm)
C8	Anchura (cm)
C9	Altura (cm)
C10	Capacidad del maletero (litros)
C11	Peso (Kg)
C12	Consumo (litros/100 Km)
C13	Velocidad máxima (Km/h)
C14	Aceleración (segundos en pasar de 0 a 100 Km/h)

La técnica es similar al análisis cluster para observaciones, pero ahora el objetivo es formar grupos de variables. Puede servir para reducir su número agrupándolas en unas nuevas, o simplemente para tener a la vista cuáles son las "familias" de variables que se tienen.

Estadísticas > Análisis Multivariado > Conglomerados de variables

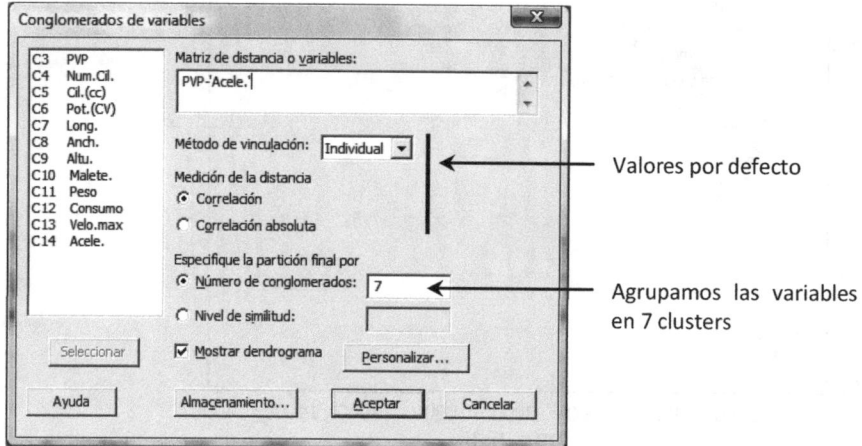

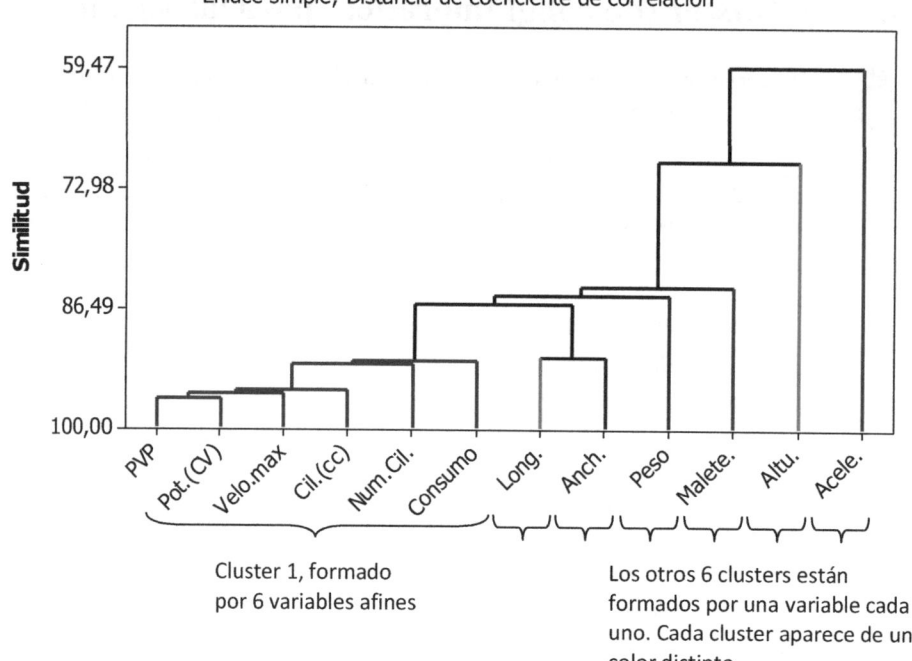

Dendrograma

Enlace simple; Distancia de coeficiente de correlación

Cluster 1, formado por 6 variables afines

Los otros 6 clusters están formados por una variable cada uno. Cada cluster aparece de un color distinto

Análisis Discriminante

En el análisis de conglomerados se trataba de distribuir las observaciones, o variables, en grupos afines inicialmente no conocidos. El análisis discriminante se aplica cuando ya se sabe a qué grupo pertenece cada observación, y lo que se desea es saber cómo las variables disponibles afectan a la clasificación para poder asignar una nueva observación de la que se conocen los valores de las variables pero no el grupo al que pertenece.

Seguiremos con el archivo COCHES.MTW, y utilizaremos los 150 primeros coches para establecer el criterio de asignación al número de cilindros que tienen en función del resto de variables. Hay coches con 2, 4, 5, 6, 8 y 12 cilindros pero para facilitar el análisis consideraremos solo los de 4, 6 y 8.

Datos > Codificar > Numérico a Numérico

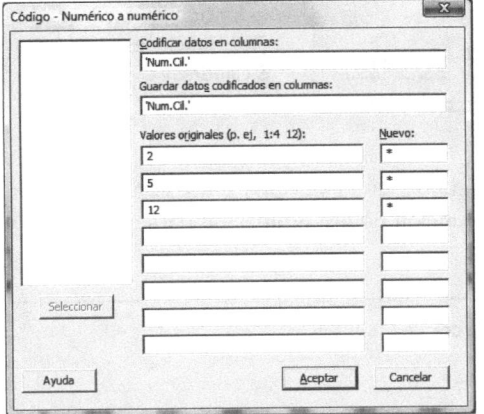

Los valores 2, 5 y 12 son sustituidos por * (valor *missing*) en la columna del número de cilindros

Datos > Crear subconjunto de hoja de trabajo

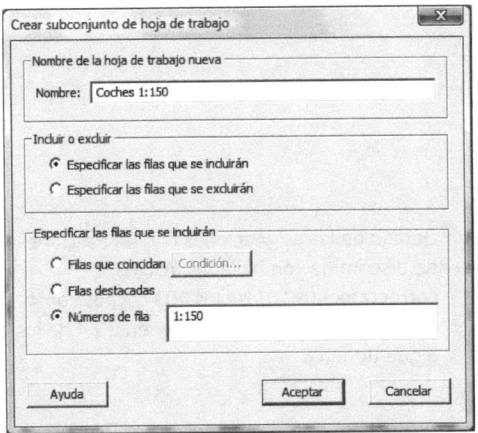

Creamos una nueva hoja de datos con solo las 150 primeras filas

Utilizando esta nueva hoja, con los coches de las filas 1 a 150, realizamos el análisis discriminante:

Estadísticas > Análisis Multivariado > Análisis discriminante

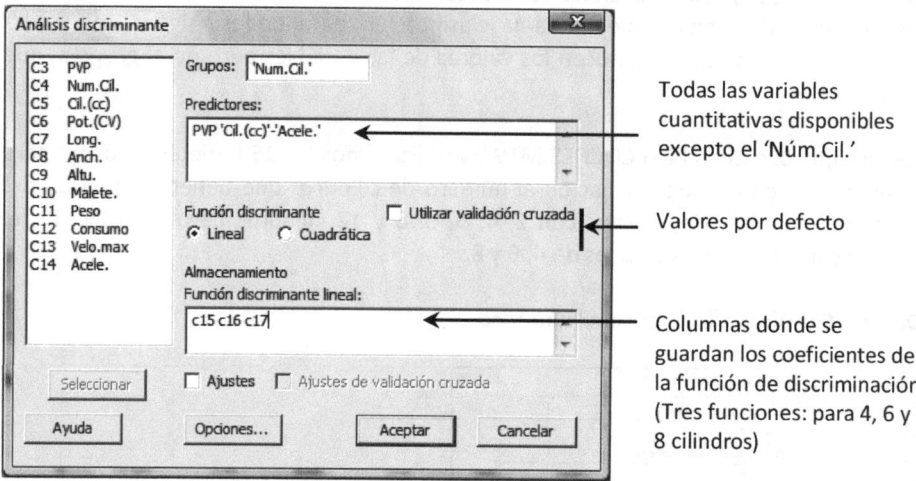

Todas las variables cuantitativas disponibles excepto el 'Núm.Cil.'

Valores por defecto

Columnas donde se guardan los coeficientes de la función de discriminación (Tres funciones: para 4, 6 y 8 cilindros)

Además de información descriptiva de los datos, en la ventana de Sesión aparece un resumen de las asignaciones realizadas, la función de discriminación para cada grupo y un detalle de los errores cometidos.

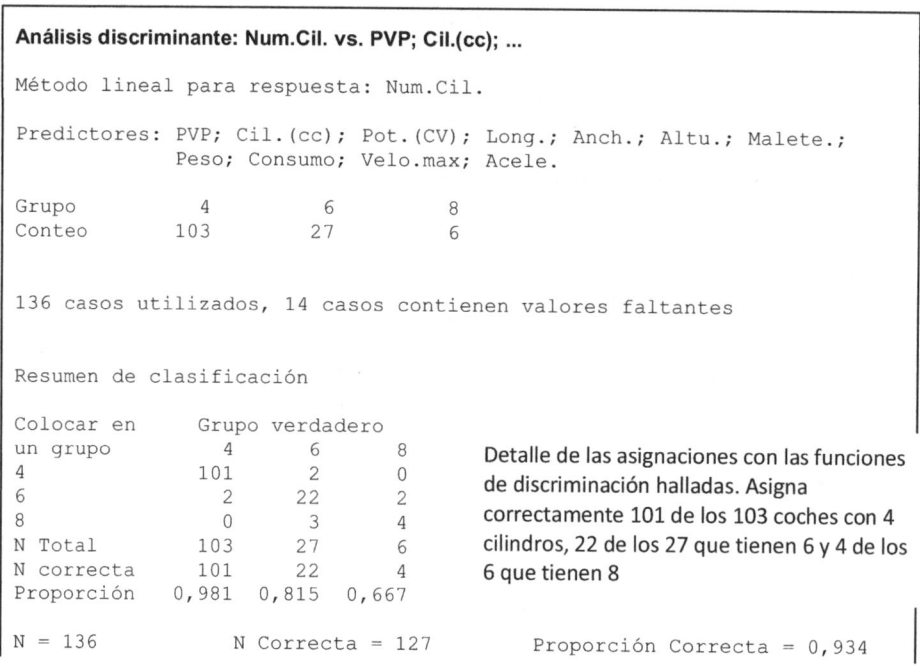

Análisis discriminante: Num.Cil. vs. PVP; Cil.(cc); …

Método lineal para respuesta: Num.Cil.

Predictores: PVP; Cil.(cc); Pot.(CV); Long.; Anch.; Altu.; Malete.;
            Peso; Consumo; Velo.max; Acele.

Grupo	4	6	8
Conteo	103	27	6

136 casos utilizados, 14 casos contienen valores faltantes

Resumen de clasificación

Colocar en	Grupo verdadero		
un grupo	4	6	8
4	101	2	0
6	2	22	2
8	0	3	4
N Total	103	27	6
N correcta	101	22	4
Proporción	0,981	0,815	0,667

N = 136	N Correcta = 127	Proporción Correcta = 0,934

Detalle de las asignaciones con las funciones de discriminación halladas. Asigna correctamente 101 de los 103 coches con 4 cilindros, 22 de los 27 que tienen 6 y 4 de los 6 que tienen 8

```
...

Función discriminativa lineal para grupos
                     4        6        8
Constante    -1685,4  -1684,0  -1725,5
PVP             -0,0     -0,0     -0,0
Cil.(cc)         0,0      0,0      0,0
Pot.(CV)        -0,2     -0,3     -0,3
Long.           -0,7     -0,7     -0,8
Anch.           11,5     11,1     11,5
Altu.            4,3      4,3      4,3
Malete.         -0,3     -0,3     -0,3
Peso            -0,0     -0,0     -0,0
Consumo         -2,3     -1,1     -2,3
Velo.max         5,5      5,7      5,7
Acele.          31,7     32,4     33,1

...
```

Coeficientes de las funciones de discriminación por grupos. Estos valores están guardados en las columnas C15-C17

Podemos utilizar las funciones de discriminación para asignar un número de cilindros al resto de coches (del 151 al 247) en función de los valores que toman el resto de variables definidas.

En primer lugar, en el archivo COCHES.MTW copiamos las filas 151 a 247 y las pegamos en la hoja de datos COCHES 1:150, a partir de la columna C18.

Columnas que ya se tenían ←——→ Nuevas columnas pegadas (filas 151 a 247 de la hoja de datos completa: COCHES.MTW)

	C13	C14	C15	C16	C17	C18-T	C19-T	C20	C21	C22	C23	C24
	Velo.max	Acele.										
1	178	12,5	-1685,37	-1684,01	-1725,54	PEUGEOT	106 Midnight 1.5	1663000	4	1527	58	3ξ
2	185	11,0	-0,00	-0,00	-0,00	PEUGEOT	205 Mito 1.1 3p	1343000	4	1124	60	37
3	191	11,8	0,01	0,02	0,03	PEUGEOT	205 Mito Diesel 3p	1549000	4	1769	60	37
4	215	8,4	-0,22	-0,27	-0,27	PEUGEOT	306 XN 1.4 3p	1756000	4	1360	75	4C
5	240	8,0	-0,71	-0,70	-0,85	PEUGEOT	306 Style 1.4 5p	2009000	4	1360	75	4C
6	200	9,8	11,52	11,12	11,51	PEUGEOT	306 XS 1.6 3p	2160000	4	1587	90	4C
7	220	8,0	4,33	4,33	4,30	PEUGEOT	306 XT 1.6 5p	2292000	4	1587	90	4C
8	209	9,9	-0,34	-0,34	-0,33	PEUGEOT	306 XND 5p	2063000	4	1905	71	4C
9	196	10,9	-0,05	-0,05	-0,05	PEUGEOT	405 Embassy 1.8	2368000	4	1761	103	44
10	222	8,0	-2,29	-1,06	-2,28	PEUGEOT	405 Embassy D	2645000	4	1905	70	44
11	210	9,5	5,50	5,55	5,59	PEUGEOT	605 SLI	3826000	4	1998	123	47

Ahora, teniendo como activa la hoja de datos COCHES 1:150, volvemos a: **Estadísticas > Análisis Multivariado > Análisis discriminante** y utilizamos el botón **Opciones**:

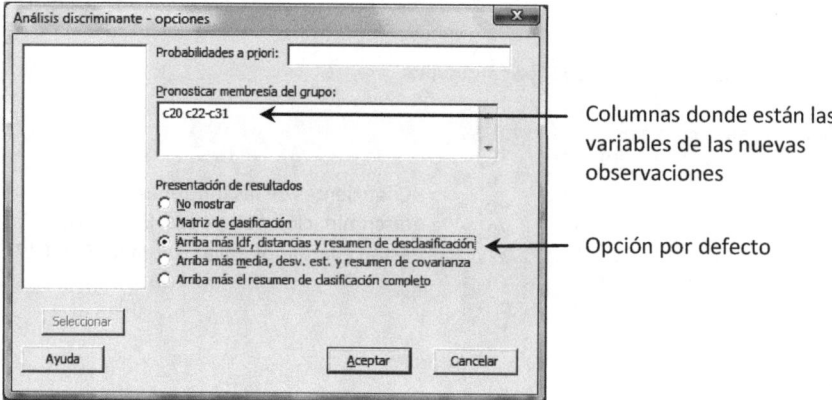

Columnas donde están las variables de las nuevas observaciones

Opción por defecto

De los 97 coches que hemos añadido solo 89 tienen los valores de todas las variables, y solo a estos se les atribuye un grupo. De los 89 se acierta en clasificar como de 4 cilindros los 80 que efectivamente los tienen. De los 8 de 6 cilindros, 5 se han clasificado bien pero 3 se han clasificado erróneamente como de 4. El único de 8 cilindros se ha clasificado erróneamente como de 6. Se acierta más con los coches de 4 cilindros porque se tienen muchos más coches de este tipo en la muestra, lo cual permite estimar mejor los coeficientes de su función discriminante.

## 25

Casos prácticos del bloque V
Regresión. Análisis multivariante

Árbol

Para determinar la cantidad de madera que puede extraerse de un área de bosque suelen utilizarse ecuaciones o tablas que permiten estimar el volumen del árbol en función de su diámetro y/o de su altura. El archivo ARBOL.MTW contiene información de 31 árboles de cierto tipo. Los datos se han tomado del texto de S. Weisberg: "Applied Linear Regression", Wiley, 1985. El contenido de las columnas es el siguiente:

Columna	Contenido
C1	Diámetro del árbol a cierta distancia del suelo (en cm)
C2	Altura del árbol (en m)
C3	Volumen de madera aprovechable (en dm^3)

Se trata de encontrar la ecuación para determinar el volumen de madera de este tipo de árboles en función del diámetro, la altura, o de ambas variables.

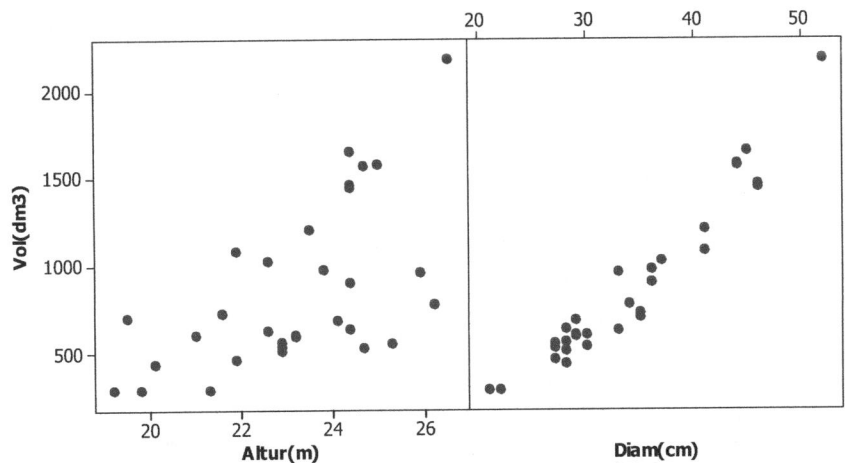

Los diagramas bivariantes (**Gráfica > Gráfica de matriz > Cada Y vs cada X: Simple**) muestran claramente que el mejor modelo con una sola variable regresora es el que explica el volumen en función del diámetro. Vamos a estudiar con detalle este modelo:

Estadísticas > Regresión > Regresión

```
La ecuación de regresión es
Vol(dm3) = - 1041 + 56,3 Diam(cm)

Predictor          Coef   SE Coef       T       P
Constante      -1040,52     99,81  -10,42   0,000
Diam(cm)         56,320      2,889   19,49   0,000

S = 126,045    R-cuad. = 92,9%   R-cuad.(ajustado) = 92,7%

Análisis de varianza

Fuente          GL        SC        CM        F       P
Regresión        1   6036609   6036609   379,96   0,000
Error residual  29    460733     15887
Total           30   6497341

Observaciones poco comunes
                                  EE de              Residuo
Obs  Diam(cm)   Vol(dm3)  Ajuste  ajuste  Residuo   estándar
 31      52,0     2180,0  1888,1    57,7    291,9      2,60RX

R denota una observación con un residuo estandarizado grande.
X denota una observación cuyo valor X le concede gran apalancamiento.
```

Los gráficos para el análisis de los residuos (en el cuadro de diálogo de **Regresión**, botón **Gráficas** y marcar **Cuatro en uno**) tienen el aspecto:

Gráficas de residuos para Vol(dm3)

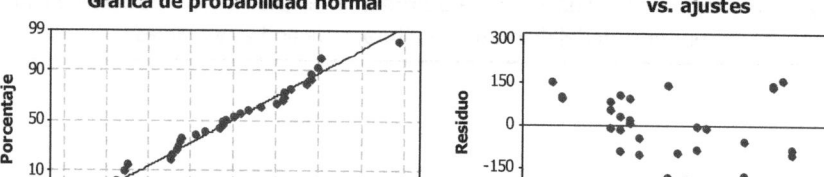

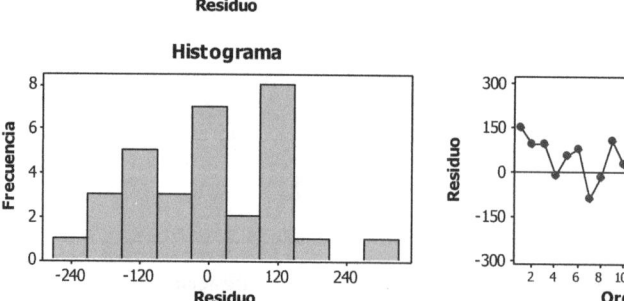

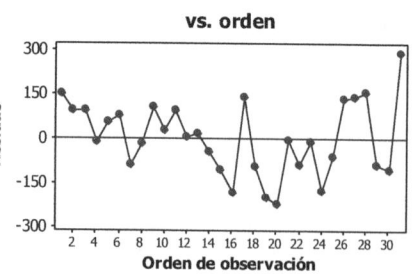

Lo más destacable es que en el gráfico de residuos frente a valores previstos (**vs. ajustes**) los puntos se distribuyen aproximadamente en forma de parábola, lo que sugiere que introducir el cuadrado de la variable regresora podría mejorar el modelo. Lo hacemos a través de:

Estadísticas > Regresión > Gráfica de línea ajustada

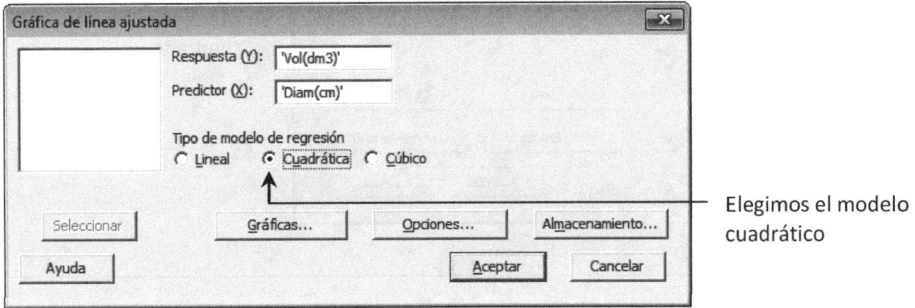

Elegimos el modelo cuadrático

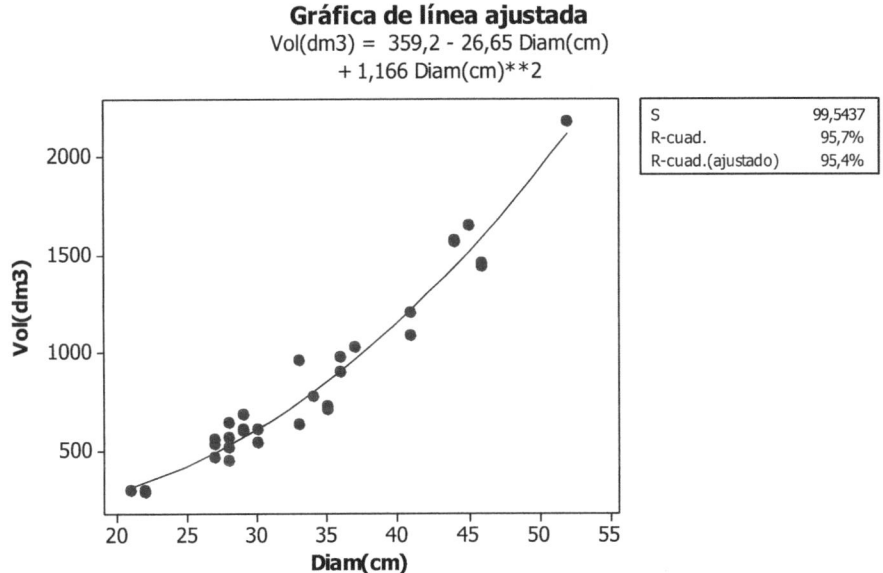

Efectivamente se obtiene un buen ajuste. Mejora tanto el valor de R^2, que se hace mayor, como la desviación tipo de los residuos (S), que se hace menor.

Para tener la lista de puntos singulares, lo hacemos ahora a través de: **Estadísticas > Regresión > Regresión.**

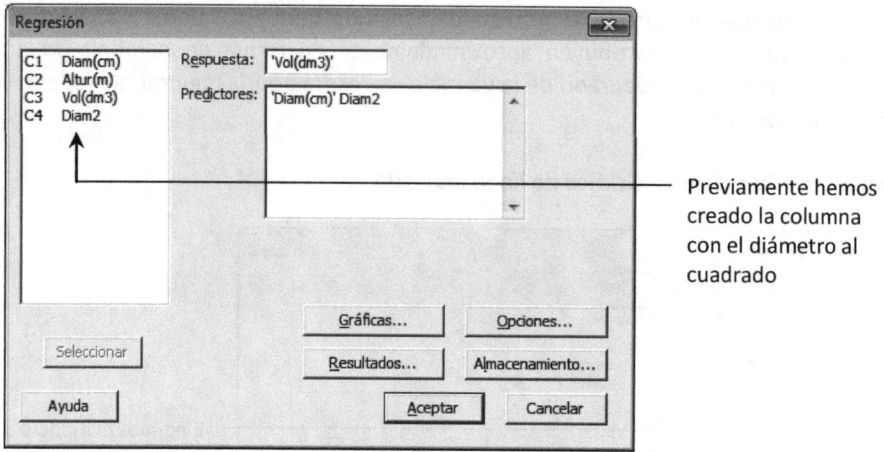

Previamente hemos creado la columna con el diámetro al cuadrado

```
La ecuación de regresión es
Vol(dm3) = 359 - 26,7 Diam(cm) + 1,17 Diam2

Predictor     Coef   SE Coef      T       P
Constante    359,2     334,9   1,07   0,293
Diam(cm)    -26,65     19,43  -1,37   0,181
Diam2       1,1663    0,2712   4,30   0,000

S = 99,5437   R-cuad. = 95,7%   R-cuad.(ajustado) = 95,4%

Análisis de varianza

Fuente           GL       SC       CM       F       P
Regresión         2  6219891  3109946  313,85   0,000
Error residual   28   277450     9909
Total            30  6497341

Fuente     GL  SC Sec.
Diam(cm)    1  6036609
Diam2       1   183282


Observaciones poco comunes
                              EE de              Residuo
Obs   Diam(cm)  Vol(dm3)  Ajuste  ajuste  Residuo  estándar
 17       33,0     957,0   749,8    23,9    207,2     2,14R
 31       52,0    2180,0  2127,1    71,8     52,9     0,77 X

R denota una observación con un residuo estandarizado grande.
X denota una observación cuyo valor X le concede gran apalancamiento.
```

El residuo demasiado grande para la observación 17 no tiene importancia (está solo a 2,14 desviaciones tipo de la recta). El punto con influencia corresponde al árbol con mayor diámetro.

No hay nada destacable en los gráficos de análisis de los residuos.

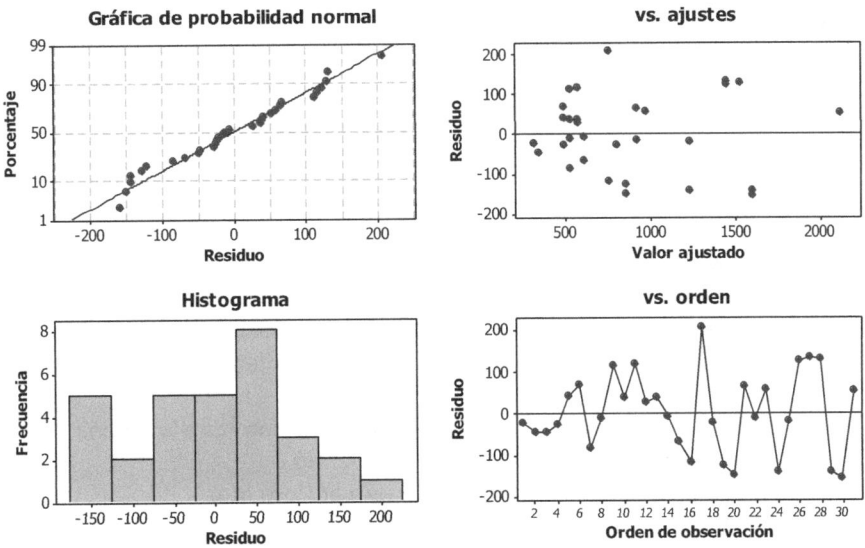

Pero como sabemos que el volumen de un cilindro es el área de la base por la altura, creamos una nueva variable producto del diámetro al cuadrado por la altura, obteniéndose de esta forma un ajuste mejor que el anterior.

Vol(dm3) = - 12,24 + 0,03074 Alt*Diam2

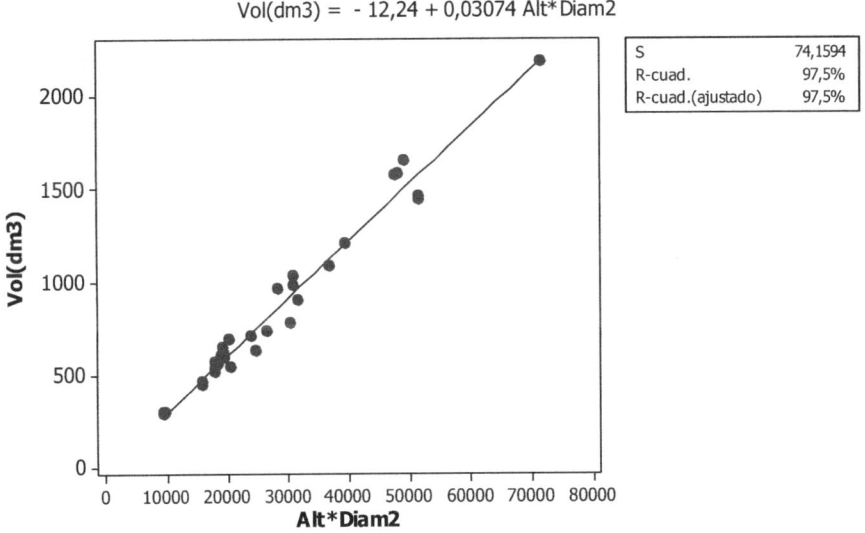

S	74,1594
R-cuad.	97,5%
R-cuad.(ajustado)	97,5%

Ha vuelto a mejorar tanto el coeficiente de determinación (R^2) como la desviación tipo de los residuos (S).

Utilice sus conocimientos previos sobre el fenómeno que está estudiando para buscar los mejores modelos.

Térmica

El archivo TERMICA.MTW contiene datos correspondientes a 50 días de funcionamiento de una central térmica. Cada fila corresponde a un día, y las columnas son:

Col.	Nombre	Contenido
C1	RENDI	Rendimiento de la central térmica.
C2	POTEN	Potencia media.
C3	COMBU	Combustible utilizado (0: Fuel, 1: Gas).
C4	F.F.	Factor de forma de la curva de potencia. Mide la variación de potencia a lo largo del día.
C5	T.V.V.	Temperatura del vapor vivo en la entrada a la turbina.
C6	T.AIRE	Temperatura del aire (ambiente).
C7	T.MAR	Temperatura del agua del mar (foco frío).
C8	DIA	Día de la semana (1: lunes, 2: martes, ...)

El objetivo es construir un modelo que explique el rendimiento de la central a partir de las variables disponibles.

En primer lugar, hay que tener en cuenta que la variable DIA, tal cual, no puede ser candidata a entrar en el modelo (es cualitativa con más de 2 valores). Lo que sí puede hacerse es codificarla como 0=laborable (de lunes a viernes), 1=fin de semana (sábado y domingo). A los técnicos de la central les parece razonable esta división, ya que los fines de semana existe menos demanda y este hecho podría afectar al rendimiento.

Datos > Codificar > Numérico a Numérico

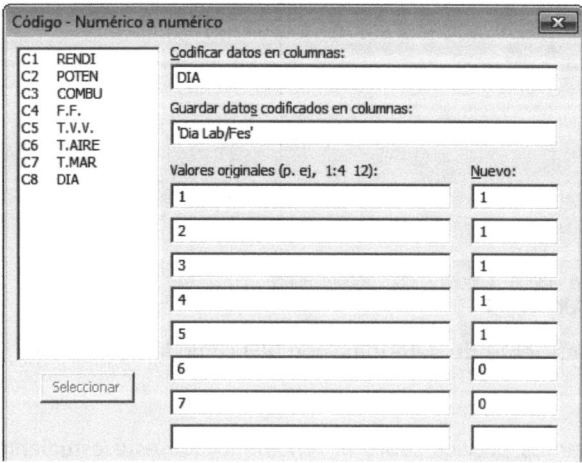

Ya con la nueva variable realizamos el análisis exploratorio de los datos:

Gráfica > Gráfica de matriz: Simple

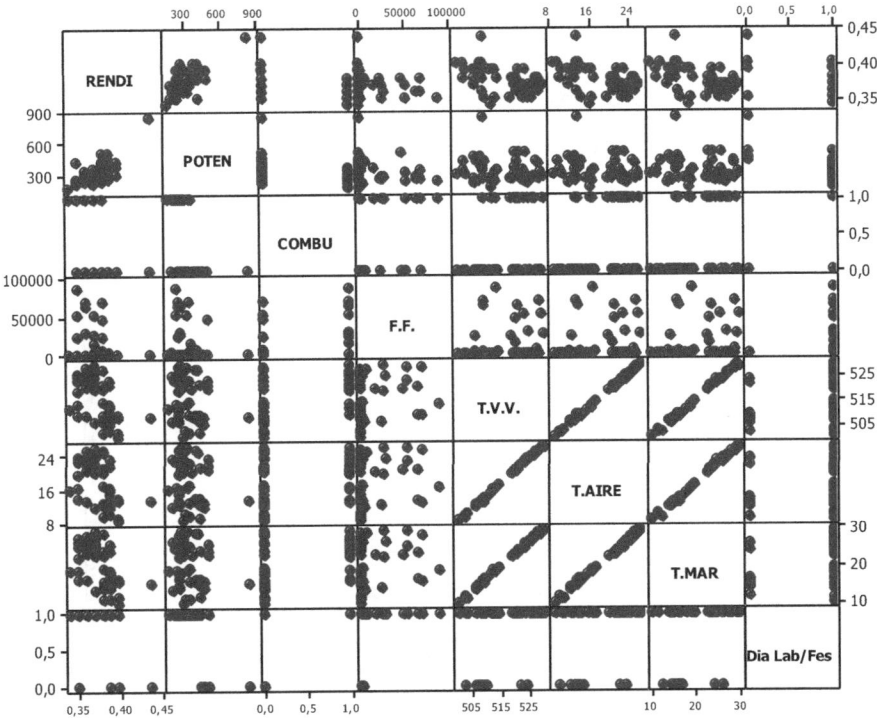

Como hay muchas variables el gráfico no se ve demasiado claro, pero sí puede apreciarse que en el diagrama del rendimiento frente a la potencia hay un punto singular por tener tanto potencia como rendimiento muy altos. Veamos este diagrama con más detalle: **Gráfica > Gráfica de dispersión: Simple**

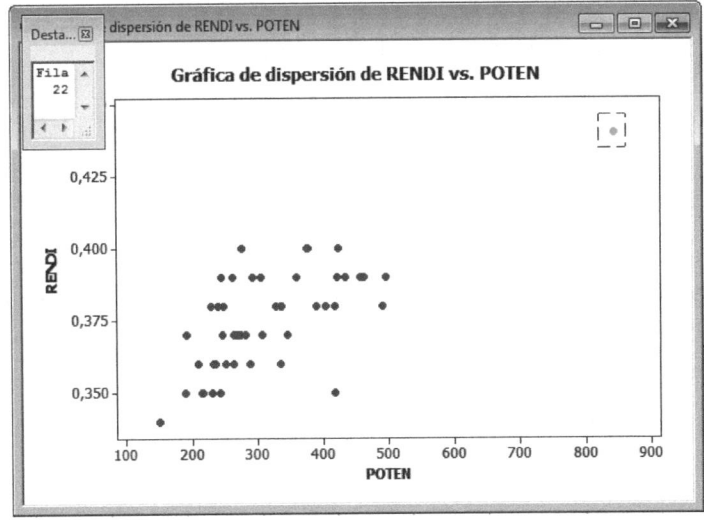

Los técnicos saben que un rendimiento de 0,44 no se puede dar en la central, por lo que sin duda se debe a un error y por tanto ese día es eliminado del estudio. Volviendo a representar el diagrama bivariante sin ese punto, se obtiene:

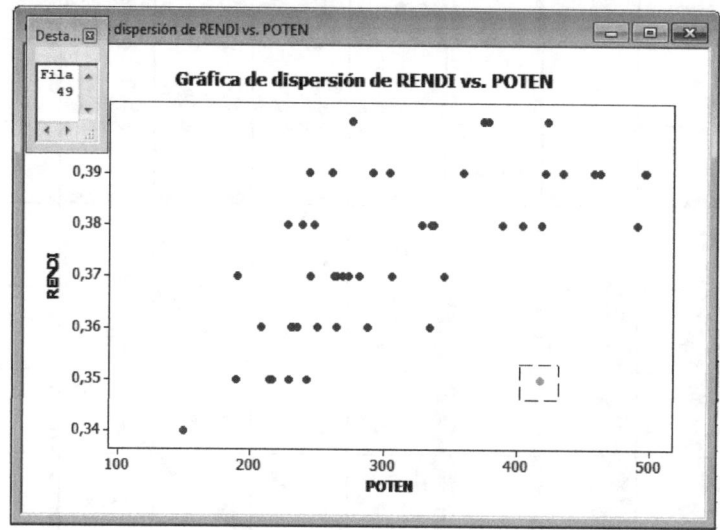

El punto señalado ahora (fila 49) aparece aislado y quizá no conviene tenerlo en cuenta en el estudio. Consultados los archivos de datos se ha comprobado que corresponde a un día en que se produjo un arranque de la central y los técnicos consideran que este día no se debería incluir en el estudio, ya que los días de arranque son pocos y tienen un rendimiento excepcionalmente bajo, de forma que es mejor que el modelo no los tenga en cuenta. Se elimina, por tanto, también este punto.

 Eliminar el valor de la respuesta (considerarlo valor *missing* sustituyéndolo por un asterisco) equivale a eliminar todas las coordenadas del punto (en nuestro caso el día, toda la fila de datos).

Si se desea eliminar algún valor de una variable regresora, es mejor convertir en *missing* solo el valor a eliminar, pero no el resto de coordenadas del punto. Si la variable que contiene el valor *missing* entra en el modelo, es como eliminar todo el punto, pero si no entra, no se pierde ningún dato.

Antes de lanzarnos a la búsqueda del mejor modelo, añadiremos algunas variables, transformaciones de las originales, que pueden mejorar la explicación de la respuesta. Las transformaciones que hemos considerado razonable añadir son:

- Potencia al cuadrado: El gráfico de rendimiento frente a potencia muestra una relación que se puede explicar mejor con una parábola que con una recta.

- Inverso de la potencia: Este tipo de relación no lineal también se puede modelar a través de la inversa de la potencia. Además, nuestro conocimiento de la fórmula del rendimiento nos hace pensar que el inverso de la potencia es una variable razonable.

- Logaritmo del factor de forma. El factor de forma presenta unos valores muy agrupados hacia el cero. Su diagrama de puntos (**Gráfica > Gráfica de puntos, Una Y: Simple**) tiene el aspecto:

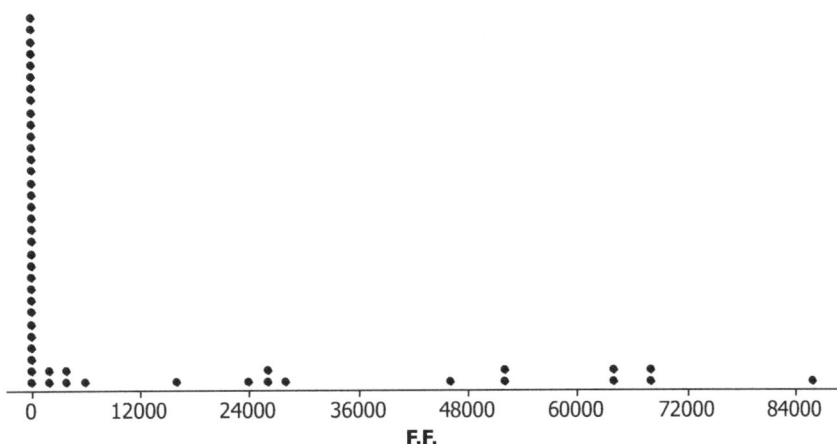

Sabemos que, en general, a las variables que se comportan de esta forma se les extrae mejor la información a través de su transformación logarítmica. Realizada la transformación el nuevo diagrama de puntos tiene el siguiente aspecto:

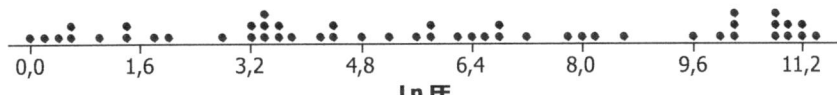

Con las variables transformadas, la hoja de datos queda de la forma:

	Respuesta	Posibles variables regresoras originales			No se considera	Posibles variables regresoras transformadas		

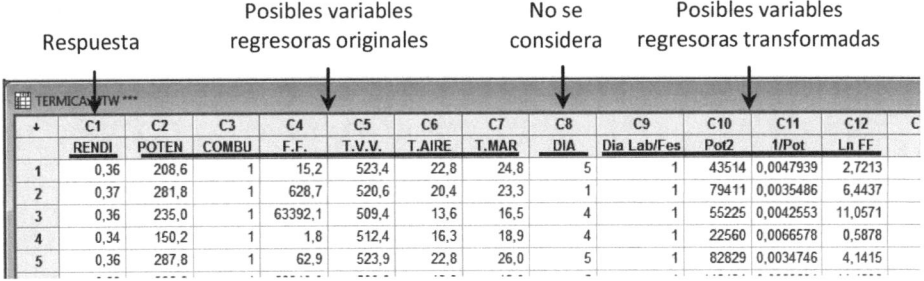

+	C1	C2	C3	C4	C5	C6	C7	C8	C9	C10	C11	C12	C
	RENDI	POTEN	COMBU	F.F.	T.V.V.	T.AIRE	T.MAR	DIA	Dia Lab/Fes	Pot2	1/Pot	Ln FF	
1	0,36	208,6	1	15,2	523,4	22,8	24,8	5	1	43514	0,0047939	2,7213	
2	0,37	281,8	1	628,7	520,6	20,4	23,3	1	1	79411	0,0035486	6,4437	
3	0,36	235,0	1	63392,1	509,4	13,6	16,5	4	1	55225	0,0042553	11,0571	
4	0,34	150,2	1	1,8	512,4	16,3	18,9	4	1	22560	0,0066578	0,5878	
5	0,36	287,8	1	62,9	523,9	22,8	26,0	5	1	82829	0,0034746	4,1415	

Generamos todos los posibles modelos:

Estadísticas > Regresión > Mejores subconjuntos

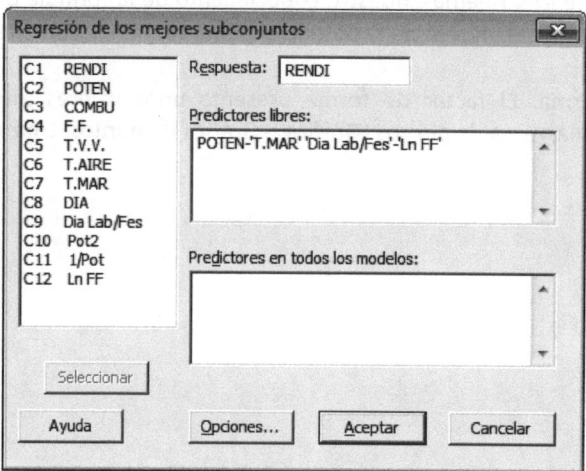

Con todas las opciones por defecto, se obtiene:

```
la respuesta es RENDI
48 casos utilizados, 2 casos contienen valores faltantes
                                                                    D
                                                                    i
                                                                    a

                                                                    L
                                                          T T       a
                                                        P C . . T b   1 L
                                                        O O F V A . / P / n
                                 R-cuad.    Cp de        T M . . I M F o P
                                                        E B F V R A e t o F
        Vars  R-cuad.  (ajustado)  Mallows        S     N U . . E R s 2 t F
          1     60,4      59,5      97,8   0,0099946    X
          1     51,1      50,0     131,0    0,011103                        X
          2     75,1      74,0      47,1   0,0080112    X                   X
          2     72,6      71,4      56,1   0,0084063                 X       X
          3     83,0      81,8      20,8   0,0066924    X            X       X
          3     82,9      81,7      21,4   0,0067234    X   X                X
          4     87,1      85,9       8,1   0,0058957    X              X     X X
          4     87,1      85,9       8,2   0,0059020    X       X            X X
          5     89,0      87,7       3,2   0,0055029    X X            X     X X  ←
          5     89,0      87,7       3,4   0,0055123    X X        X         X X
          6     89,4      87,8       4,0   0,0054796    X X        X       X X X
          6     89,3      87,8       4,2   0,0054952    X X            X    X X X
          7     89,5      87,7       5,4   0,0055060    X X    X X         X X X
          7     89,4      87,5       5,9   0,0055430    X X X      X        X X X
          8     89,6      87,5       7,2   0,0055632    X X      X X X      X X X
          8     89,6      87,4       7,3   0,0055672    X X X X X           X X X
          9     89,6      87,2       9,1   0,0056234    X X X X X X         X X X
          9     89,6      87,2       9,1   0,0056291    X X X X X      X X X X
         10     89,7      86,9      11,0   0,0056933    X X X X X X X X X X
```

El modelo más interesante es el marcado con la flecha (valores bajos de Cp y S, alto de R-Sq(adj). Lo estudiamos a fondo:

Estadísticas > Regresión > Regresión

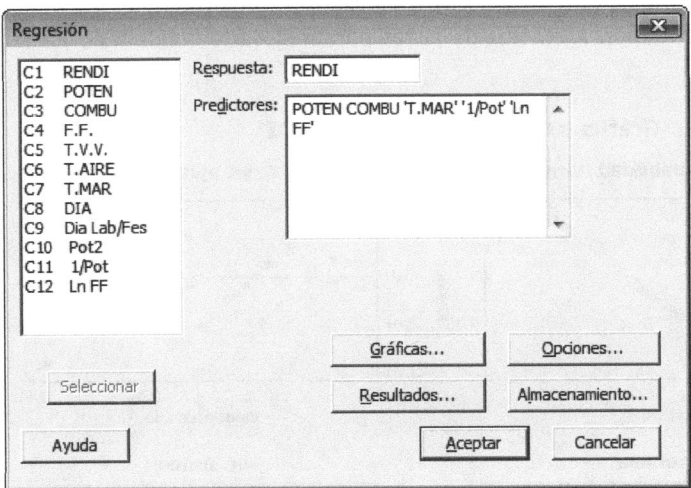

En **Gráficas** seleccionamos la opción **Cuatro en uno** para tener los gráficos de los residuos.

```
La ecuación de regresión es
RENDI = 0,476 - 0,000078 POTEN - 0,0122 COMBU - 0,000808 T.MAR -
        - 14,1 1/Pot - 0,000959 Ln FF

48 casos utilizados, 2 casos contienen valores faltantes

Predictor           Coef      SE Coef        T       P
Constante        0,47636      0,01806    26,38   0,000
POTEN        -0,00007802    0,00002876    -2,71   0,010
COMBU          -0,012194     0,002103    -5,80   0,000
T.MAR         -0,0008076    0,0001559    -5,18   0,000
1/Pot            -14,114        2,554    -5,53   0,000
Ln FF         -0,0009585    0,0002325    -4,12   0,000

S = 0,00550286   R-cuad. = 89,0%   R-cuad.(ajustado) = 87,7%

Análisis de varianza

Fuente           GL         SC          CM        F       P
Regresión         5   0,0103261   0,0020652   68,20   0,000
Error residual   42   0,0012718   0,0000303
Total            47   0,0115979

Observaciones poco comunes
                                                             Residuo
Obs   POTEN      RENDI     Ajuste   EE de ajuste    Residuo   estándar
  4     150   0,340000   0,342651      0,004282   -0,002651    -0,77 X
 15     263   0,370000   0,356510      0,001672    0,013490     2,57R
 22     842          *   0,381133      0,009921           *     * X
 24     335   0,380000   0,397380      0,001903   -0,017380    -3,37R

R denota una observación con un residuo estandarizado grande.
X denota una observación cuyo valor X le concede gran apalancamiento.
```

El gráfico de residuos frente a valores previstos presenta un aspecto curioso debido a que los valores del rendimiento están con 2 decimales, mientras que los valores previstos se calculan con más. A efectos de pistas para mejorar el modelo no aparece nada relevante.

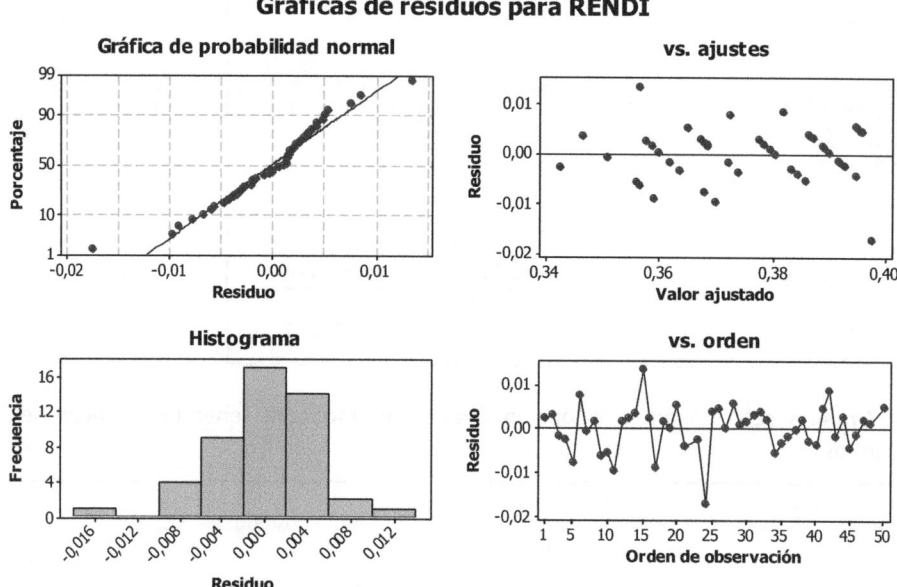

Gráficas de residuos para RENDI

Antes de dar por bueno el modelo se ha estado comprobando que no pase nada excepcional los días que aparecen como observaciones inusuales (4, 15 y 24). No hay ninguna razón para excluirlos del estudio y damos el modelo por bueno.

Desgaste

Para estudiar la posible relación existente entre el desgaste que sufre una herramienta de corte con su velocidad de rotación y con el material con que ha sido elaborada, se dispone de los datos que contiene el archivo DESGASTE.MTW:

Col.	Contenido
C1	Desgaste después de 8 horas de funcionamiento (en décimas de mm)
C2	Velocidad de giro (en rpm)
C3	Tipo de acero (codificado como 0 y 1)

Se trata de encontrar una ecuación que explique el desgaste en función de las variables disponibles.

Como siempre, empezamos por el análisis exploratorio de los datos.

Gráfica > Gráfica de matriz: **Matriz de gráficas, Simple**

Gráfica de matriz de Desgaste; Velocidad; Material

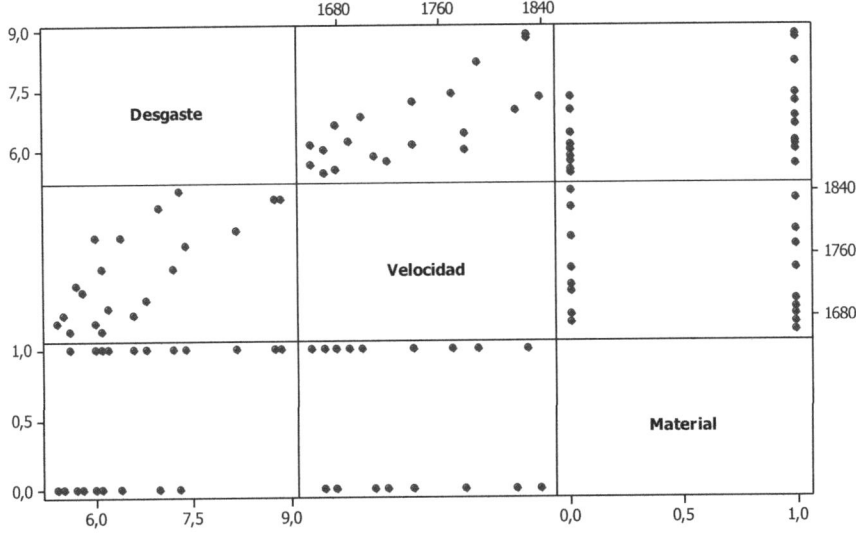

A la vista de la **Matriz de gráficas** podemos descartar la presencia de valores anómalos. En cuanto a las relaciones entre las variables, vemos que a mayor velocidad corresponde mayor desgaste, y que el material tipo 1 se desgasta más que el tipo 0.

En este caso también es útil un diagrama bivariante del Desgaste frente a la Velocidad estratificando por tipo de material.

Gráfica > Gráfica de dispersión: **Con grupos**

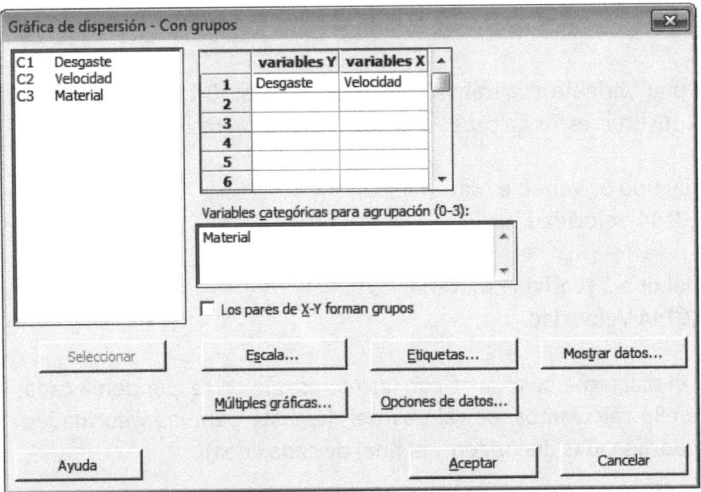

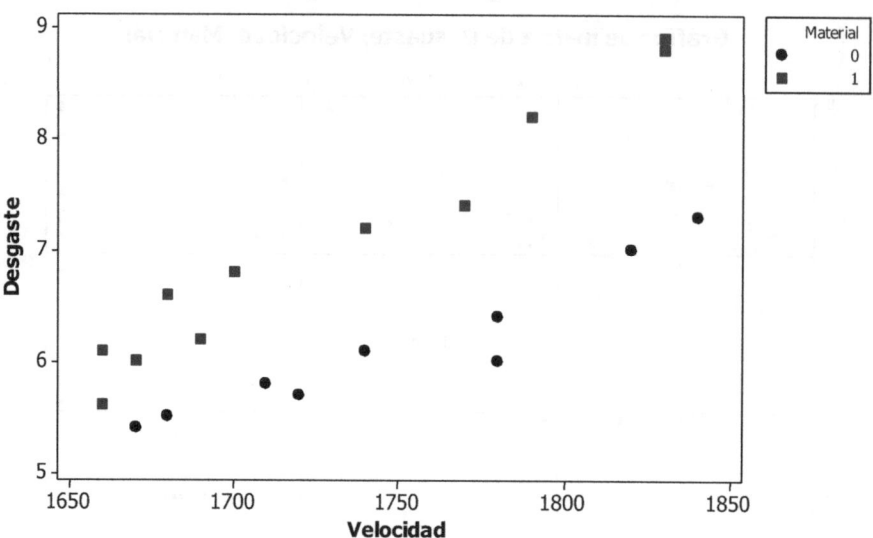

Gráfica de dispersión de Desgaste vs. Velocidad

Se ve claramente la relación entre desgaste y velocidad así como que el material tipo 1 se desgasta más que el tipo 0. Calculamos la ecuación de regresión:

Estadísticas > Regresión > Regresión

```
La ecuación de regresión es
Desgaste = - 19,0 + 0,0144 Velocidad + 1,22 Material

Predictor       Coef    SE Coef      T       P
Constante     -18,973     1,975   -9,61   0,000
Velocidad    0,014356   0,001128  12,73   0,000
Material       1,2236     0,1382   8,85   0,000

S = 0,303451   R-cuad. = 92,5%   R-cuad.(ajustado) = 91,6%
```

Como el material es una variable cualitativa que toma valores 0 o 1, en realidad tenemos 2 modelos al sustituir estos valores en la ecuación de regresión:

Modelo para el material tipo 0 (Variable Material = 0):
Desgaste = -19,00 + 0,0144 Velocidad

Modelo para el material tipo 1 (Variable Material = 1):
Desgaste = -17,78 + 0,0144 Velocidad

Podemos representar el diagrama bivariante con las rectas que corresponden a cada tipo de material. Para ello calculamos los valores del desgaste para las velocidades de 1650 y 1850 rpm (coordenadas del origen y el final de cada línea).

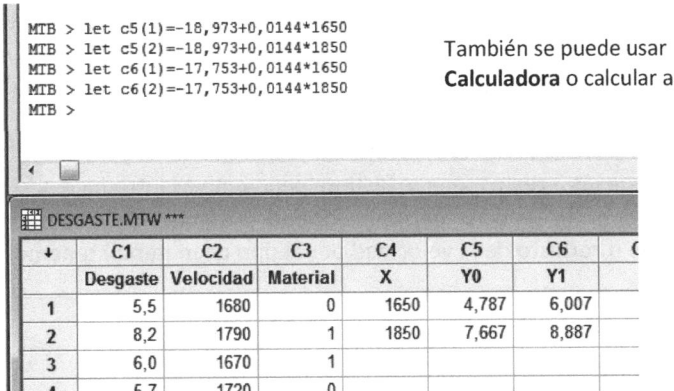

```
MTB > let c5(1)=-18,973+0,0144*1650
MTB > let c5(2)=-18,973+0,0144*1850
MTB > let c6(1)=-17,753+0,0144*1650
MTB > let c6(2)=-17,753+0,0144*1850
MTB >
```

También se puede usar
Calculadora o calcular aparte

Sobre el diagrama bivariante hacer clic con el botón derecho: **Agregar > Línea Calculada**

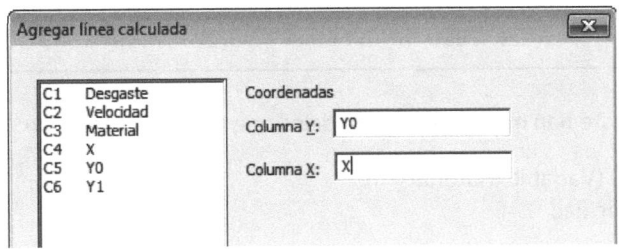

Para la otra línea hay que repetir el proceso colocando las columnas Y1 y X.

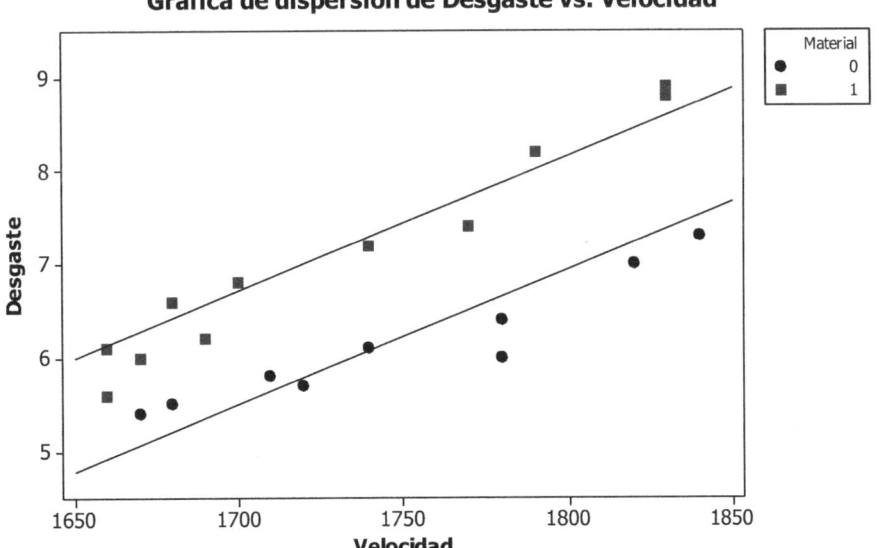

Gráfica de dispersión de Desgaste vs. Velocidad

Naturalmente, la pendiente de las 2 rectas es la misma, ya que tienen el mismo coeficiente para la velocidad. Sin embargo, no parece que la velocidad afecte igual a los 2 materiales, es decir que en el modelo más adecuado la pendiente de las 2 rectas no debería ser la misma.

La forma de hacer posible que las 2 rectas tengan distinta pendiente es introduciendo la interacción velocidad×material (el efecto de la velocidad depende del material). Creando esta nueva variable (producto de la velocidad por el tipo de material) tenemos:

```
La ecuación de regresión es
Desgaste = -12,1 + 0,0104 Velocidad - 10,1 Material + 0,00650 Velo*Mater

Predictor       Coef    SE Coef       T       P
Constante     -12,114      2,359   -5,14   0,000
Velocidad    0,010434   0,001348    7,74   0,000
Material      -10,088      3,023   -3,34   0,004
Velo*Mater   0,006497   0,001735    3,74   0,002

S = 0,228361    R-cuad. = 96,0%    R-cuad.(ajustado) = 95,2%
```

Las medidas de calidad del ajuste han mejorado. Los modelos que tenemos ahora son:

Modelo para el material tipo 0 (Variable Material = 0):
Desgaste = -12,1 + 0,0104 Velocidad

Modelo para el material tipo 1 (Variable Material = 1):
Desgaste = -22,2 + 0,0169 Velocidad

Igual que hemos hecho antes, representamos las 2 rectas en el diagrama bivariante:

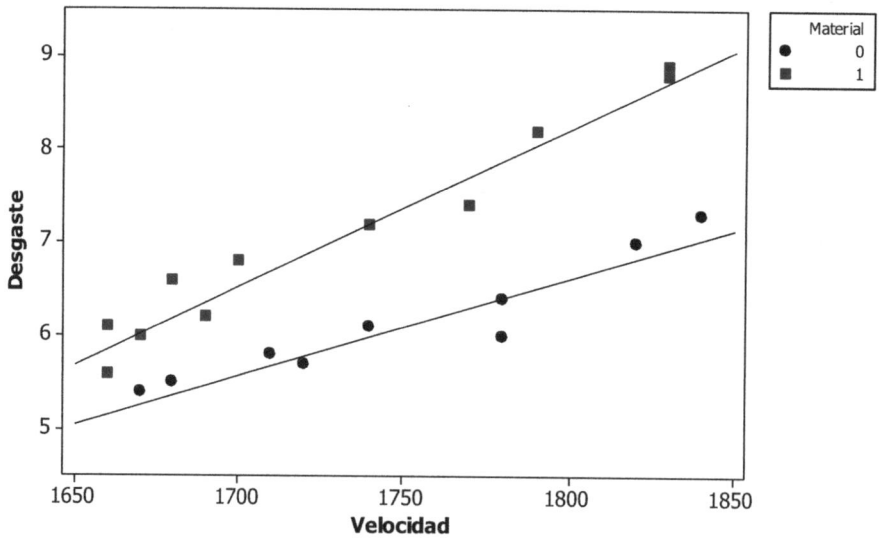

Gráfica de dispersión de Desgaste vs. Velocidad

Ahora sí se ve el ajuste muy correcto, y el análisis de los residuos no hace pensar que el modelo pueda ser mejorado. Lo damos por bueno.

FalloTV

Cierto componente que se usa en aparatos de electrónica de consumo se desajusta y deteriora con el tiempo por razones desconocidas. Se dispone de 113 componentes instalados hace 3 años y de los cuales se midieron una serie de características eléctricas y mecánicas que se pensó podían estar relacionadas con el fallo prematuro.

Los datos se encuentran en el archivo FALLOTV.MTW. En las columnas C1 a C5 se tienen los valores que se midieron para estas variables, y en la C6 se indica si se ha deteriorado (1) o no (0) en los 3 años que llevan de funcionamiento.

Se desearía encontrar algún criterio que permita predecir si el componente fallará o no en los 3 primeros años de funcionamiento.

Estamos ante un caso típico en que el análisis discriminante puede ser útil.

Estadísticas > Análisis Multivariado > Análisis discriminante

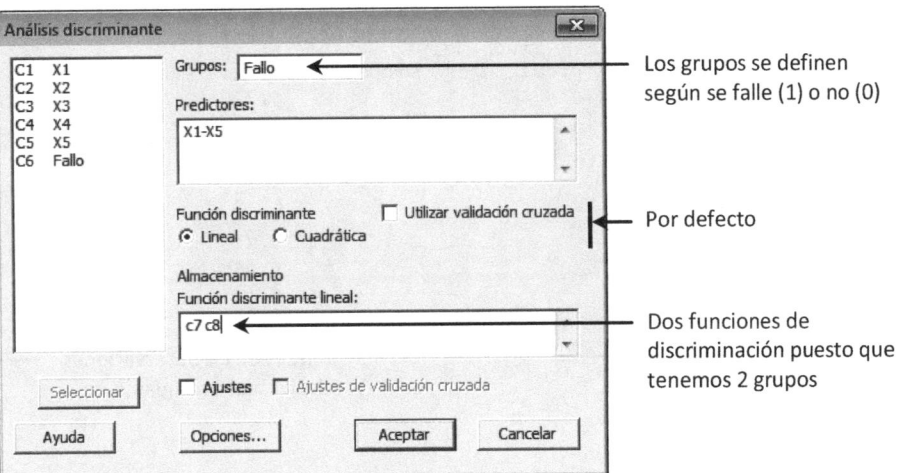

Análisis discriminante: Fallo vs. X1; X2; X3; X4; X5

Método lineal para respuesta: Fallo

Predictores: X1; X2; X3; X4; X5

Grupo	0	1
Conteo	83	30

```
Resumen de clasificación

                   Grupo
Colocar en        verdadero
un grupo           0      1
0                 78      0
1                  5     30
N Total           83     30
N correcta        78     30
Proporción      0,940  1,000
```

En la muestra se tienen 30 fallos y 83 no fallos. Los 30 fallos se clasifican correctamente, y de los 83 no fallos 78 se clasifican correctamente y 5 se asignan de forma errónea al grupo de los fallos

```
N = 113            N Correcta = 108        Proporción Correcta = 0,956

Distancia cuadrada entre grupos

           0          1
0    0,00000    7,16712
1    7,16712    0,00000

Función discriminativa lineal para grupos

                    0         1
Constante       -548,01   -508,97
X1                 1,83      4,62
X2               -19,52    -16,74
X3                28,56     25,11
X4                13,08     10,36
X5                30,96     29,23
```

Coeficientes de las funciones de discriminación. Dado un nuevo producto, se asignará al grupo cuya función discriminante dé un valor más alto.

```
Resumen da las observaciones clasificadas incorrectamente

                 Grupo      Grupo de              Distancia
Observación    verdadero   predictores   Grupo    cuadrada    Probabilidad
     29**          0            1          0         4,770        0,332
                                           1         3,375        0,668
     36**          0            1          0        10,826        0,134
                                           1         7,099        0,866
     62**          0            1          0         9,383        0,092
                                           1         4,809        0,908
     65**          0            1          0        10,219        0,163
                                           1         6,946        0,837
     72**          0            1          0         6,137        0,419
                                           1         5,482        0,581
```

Detalle de las observaciones clasificadas erróneamente

Como ejemplo de aplicación de las funciones de discriminación, supongamos que tenemos 14 componentes a los que se han medido las características X1-X5 y deseamos prever si fallarán o no en los próximos 3 años (datos en FALLOTVejemplo.MTW).

FALLOTVEJEMPLO.MTW ***

↓	C1	C2	C3	C4	C5	C6	C7	C8	C9	C10	C11	C1
		X1	X2	X3	X4	X5	FD1	FD2	Resul FD1	Resul FD2	Prev. de fallo	
1	1	8,88	0,382	2,25	1,25	31,43	-548,006	-508,972	514,150	513,563	0	
2	1	10,98	0,604	1,69	0,69	33,27	1,833	4,623	547,711	553,824	1	
3	1	8,09	0,033	1,87	0,87	32,29	-19,518	-16,742	530,458	527,560	0	
4	1	8,73	-0,142	2,18	1,18	30,26	28,564	25,112	485,219	485,172	0	
5	1	9,16	0,618	1,60	0,60	33,33	13,083	10,357	541,937	543,510	1	
6	1	8,87	0,199	2,01	1,01	30,70	30,956	29,227	485,566	487,111	1	
7	1	6,90	0,363	1,92	0,92	31,50			499,323	495,069	0	
8	1	11,09	0,426	1,37	0,37	30,29			445,571	458,674	1	
9	1	9,72	0,382	2,07	1,07	31,91			523,227	525,228	1	
10	1	8,42	0,795	2,25	1,25	32,42			536,051	533,610	0	
11	1	7,78	0,364	1,39	0,39	32,52			510,416	510,135	0	
12	1	8,82	-0,029	1,80	0,80	33,27			560,388	558,068	0	
13	1	9,36	0,615	1,92	0,92	32,80			539,376	540,427	1	
14	1	10,79	0,241	2,21	1,21	31,92			534,291	537,985	1	
15												

↑ Columna de unos para facilitar las operaciones con matrices

↑ Coeficientes de las funciones de discriminación halladas

↑ Si el valor en C10 es mayor que en C9, hay previsión de fallo.

```
MTB > let c11=c10>c9
```

↑ Valores de los nuevos componentes

Resultados de aplicar las 2 funciones de discriminación a cada componente. Lo más cómodo es operar matricialmente, a través de los menús o escribiendo directamente:

```
MTB > copy c1-c6 m1
MTB > copy c7 m2
MTB > copy c8 m3
MTB > multi m1 m2 m4
MTB > multi m1 m3 m5
MTB > copy m4 c9
MTB > copy m5 c10
```

Diseño de experimentos. Fiabilidad

Imaginemos un proceso de producción de galletas, simplificando mucho consta de dos fases básicas: elaboración de la masa y cocción, y en cada una de ellas intervienen una gran cantidad de variables bajo nuestro control, desde la proporción de cada uno de los componentes de la masa hasta las temperaturas, tiempos y humedades durante la cocción. Conocer con precisión cómo afecta cada uno de esos factores a las características de interés de las galletas: color, dureza, grado de crujientes, etc. es la misión básica del diseño de experimentos.

Estamos pues ante una herramienta de aprendizaje. Muchas veces resulta sorprendente comprobar lo poco que se sabe sobre el comportamiento de los procesos y productos industriales. Para preguntas del tipo: ¿qué ocurrirá con la dureza de las galletas si aumentamos la temperatura del horno?, ¿afectará a alguna otra característica? suele haber tantas respuestas como técnicos consultados. La situación se agrava si se complica la pregunta: ¿Qué ocurrirá con la dureza si aumentamos la temperatura del horno y disminuimos la proporción de mantequilla y el tiempo de cocción?

Es posible que si el lector traslada estas preguntas a su propio proceso comprobará que las respuestas son vagas o desconocidas, es decir no están cuantificadas. Rara vez la respuesta será del tipo: "Si aumentamos diez grados la temperatura del horno y disminuimos un 1% la proporción de mantequilla, la dureza aumentará 6 unidades".

Las respuestas al tipo de preguntas planteadas se pueden obtener por dos caminos: conocimientos teóricos, que rara vez llegan a ese nivel de detalle o a través de la realización de pruebas (experimentos). Se podría argumentar que hay una tercera manera que es a través de la experiencia, pero la experiencia no es más que la acumulación de conocimientos provocada por la realización de pruebas, en forma más o menos desorganizada, a lo largo de un periodo de tiempo dilatado.

Seguramente todo el mundo está de acuerdo en la importancia de la experimentación para la mejora de productos y procesos, el problema está en que experimentar es caro, especialmente cuando las pruebas se realizan sobre la propia línea de producción, y si se hace siguiendo estrategias intuitivas pero muy poco eficientes todavía lo es más. Los métodos estadísticos de diseño de experimentos plantean estrategias de selección de las condiciones de experimentación para obtener la máxima eficiencia y poder sacar el máximo jugo a los experimentos realizados, que siempre serán pocos.

MINITAB ofrece una completa gama de diseños a elegir, de los cuales aquí solo tratamos algunos de ellos (existen varios libros dedicados exclusivamente al diseño de experimentos con MINITAB). Dedicamos un capítulo a la selección del diseño, que puede ser factorial completo o fraccional, y otro al análisis y a la interpretación de los resultados obtenidos. También dedicamos un capítulo a la metodología de la superficie de respuesta, necesaria cuando en la búsqueda del óptimo no son suficientes las aproximaciones lineales.

También es verdad que hay aspectos clave para el éxito del plan de experimentación que ningún paquete de software estadístico soluciona, como elegir adecuadamente los factores con los que se va a experimentar o los valores que debe tomar cada uno de ellos. La colaboración entre los expertos en el proceso y los conocedores de estas técnicas de diseño de experimentos debe conducir a una adecuada toma de decisiones en estos aspectos.

Finalmente también se incluye un capítulo sobre fiabilidad, uno de los temas más típicos de la estadística industrial. Interesa poder determinar la vida prevista de los productos, la tasa de fallos después de un cierto número de horas de funcionamiento, los costos previstos por garantía,... Como siempre, es necesario recoger datos y analizarlos de la forma adecuada. El análisis puede ser del tipo llamado "no paramétrico" que es cuando se realizan a partir de los datos tal cual, sin suponer que siguen ningún tipo de distribución de probabilidad conocida, o "paramétrico" cuando se les asigna una distribución (Weibull, lognormal,...) y a partir de ahí se extraen conclusiones que son más ricas que con el análisis no paramétrico. Verá que con MINITAB es fácil analizar si los datos se ajustan a alguna de las distribuciones habituales y, tanto si se ajustan como si no, obtener de ellos la máxima información.

26

Selección del plan de experimentación utilizando un diseño factorial

Creación de la matriz del diseño

Estadísticas > DOE > Factorial > Crear diseño factorial

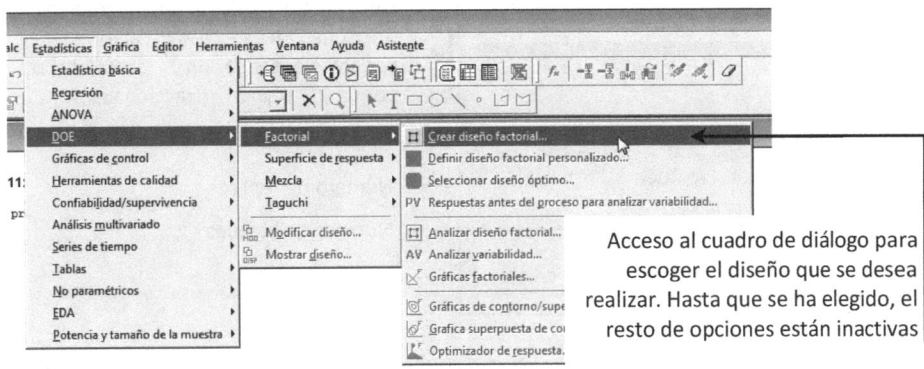

Acceso al cuadro de diálogo para escoger el diseño que se desea realizar. Hasta que se ha elegido, el resto de opciones están inactivas

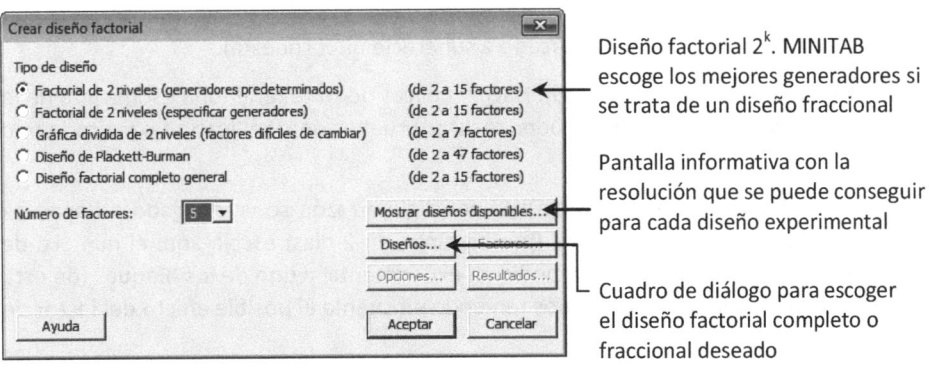

Diseño factorial 2^k. MINITAB escoge los mejores generadores si se trata de un diseño fraccional

Pantalla informativa con la resolución que se puede conseguir para cada diseño experimental

Cuadro de diálogo para escoger el diseño factorial completo o fraccional deseado

Estadísticas > DOE > Factorial > Crear diseño factorial > Mostrar diseños disponibles

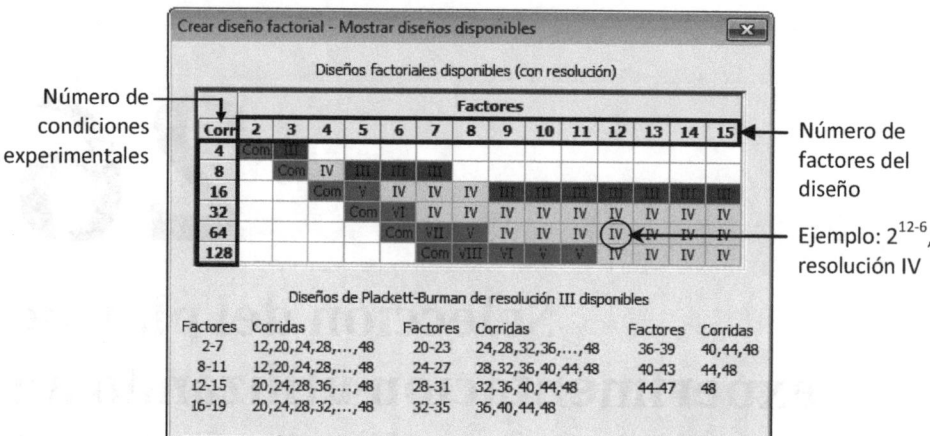

Número de condiciones experimentales

Número de factores del diseño

Ejemplo: 2^{12-6}, resolución IV

Estadísticas > DOE > Factorial > Crear diseño factorial > Diseños

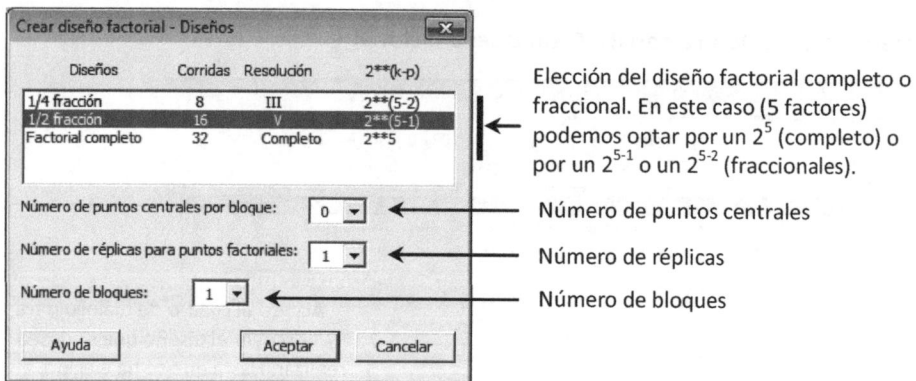

Elección del diseño factorial completo o fraccional. En este caso (5 factores) podemos optar por un 2^5 (completo) o por un 2^{5-1} o un 2^{5-2} (fraccionales).

Número de puntos centrales

Número de réplicas

Número de bloques

Número de puntos centrales (cero por defecto): Si coloca puntos centrales podrá determinar si su modelo necesita términos cuadráticos, o si por el contrario es suficiente con los términos lineales e interacciones de orden 2 (hay más información sobre este tema en el capítulo dedicado a superficie de respuesta).

Número de réplicas (1 por defecto): Hacer réplicas permite tener una estimación de la desviación tipo de los efectos y poder realizar pruebas de significación para cada uno de ellos.

Número de bloques (1 por defecto): Si por alguna razón se ve obligado a hacer los experimentos en bloques distintos (por ejemplo, en 2 días) escoja aquí el número de bloques para que se asigne cada condición experimental a uno de los bloques (de esta manera podrá analizar los resultados teniendo en cuenta el posible efecto del factor de bloqueo).

Ejemplo 26.1: En una línea de fabricación de tubos de escape para la industria del automóvil se desea optimizar un proceso de soldadura que se realiza en un componente de acero inoxidable. Para ello se lleva a cabo un diseño factorial 2^3 considerando los factores:

	Nivel -	Nivel +
A. Caudal de gas (l/min)	8	12
B. Intensidad (A)	230	240
C. Velocidad cadena (m/min)	0,6	1

La respuesta es la calidad del componente, medida en una escala de 0 a 30 (a mayor valor más calidad).

Usamos MINITAB para diseñar la matriz del experimento: **Estadísticas > DOE > Factorial > Crear diseño factorial**

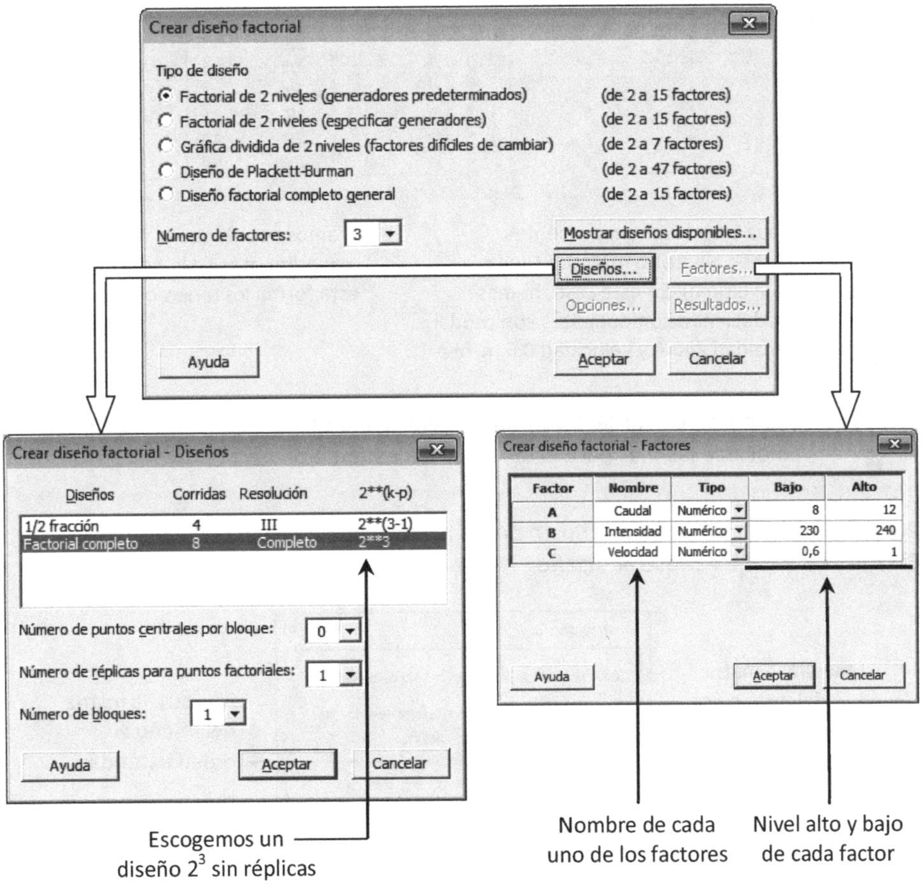

Escogemos un diseño 2^3 sin réplicas

Nombre de cada uno de los factores

Nivel alto y bajo de cada factor

Con el botón **Opciones** podemos escoger si aleatorizamos o no el orden de experimentación:

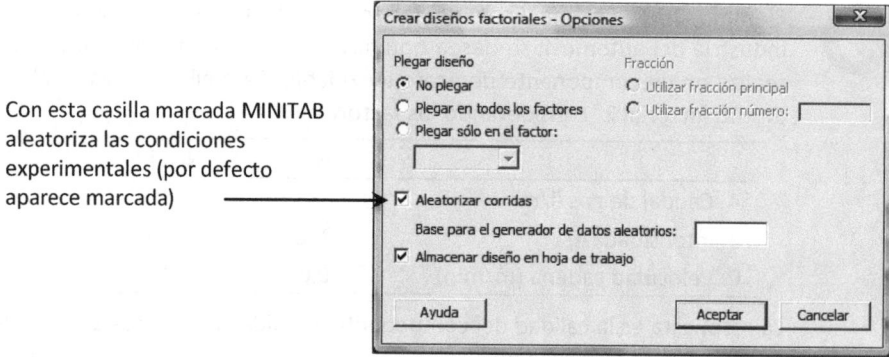

Con esta casilla marcada MINITAB aleatoriza las condiciones experimentales (por defecto aparece marcada)

↓	C1	C2	C3	C4	C5	C6	C7	C8
	OrdenEst	OrdenCorrida	PtCentral	Bloques	Caudal	Intensidad	Velocidad	Y
1	8	1	1	1	12	240	1,0	20,0
2	2	2	1	1	12	230	0,6	26,5
3	6	3	1	1	12	230	1,0	26,0
4	1	4	1	1	8	230	0,6	10,0
5	3	5	1	1	8	240	0,6	15,0
6	7	6	1	1	8	240	1,0	17,5
7	4	7	1	1	12	240	0,6	17,5
8	5	8	1	1	8	230	1,0	11,5
9								

Realizamos cada uno de los experimentos siguiendo el orden aleatorio marcado (de la primera fila a la última). En este caso, hemos empezado produciendo componentes con caudal 12 l/min, intensidad 240 A y velocidad 0,6 m/min

Vamos apuntando el resultado de los experimentos en la hoja de datos. De esta forma los tenemos listos para ser analizados

Los números de la columna **OrdenEst** indican el orden en que deberían colocarse las filas para estar en orden estándar.

Puede colocar la matriz del diseño en orden aleatorio o en orden estándar desde **Estadísticas > DOE > Mostrar diseño**

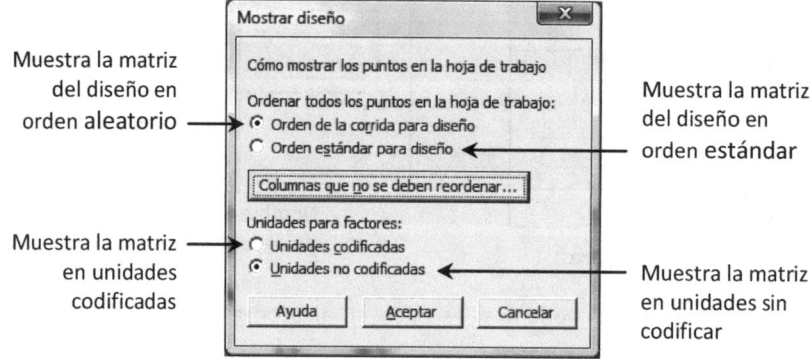

Muestra la matriz del diseño en orden aleatorio

Muestra la matriz del diseño en orden estándar

Muestra la matriz en unidades codificadas

Muestra la matriz en unidades sin codificar

Matriz con unidades codificadas   Matriz con unidades sin codificar

C5	C6	C7	C8
Caudal	Intensidad	Velocidad	Y
1	1	1	20,0
1	-1	-1	26,5
1	-1	1	26,0
-1	-1	-1	10,0
-1	1	-1	15,0
-1	1	1	17,5
1	1	-1	17,5
-1	-1	1	11,5

C5	C6	C7	C8
Caudal	Intensidad	Velocidad	Y
12	240	1,0	20,0
12	230	0,6	26,5
12	230	1,0	26,0
8	230	0,6	10,0
8	240	0,6	15,0
8	240	1,0	17,5
12	240	0,6	17,5
8	230	1,0	11,5

Si introduce unos resultados que están en orden estándar, asegúrese de que la matriz del diseño también está en este orden (por defecto no lo está).

Ejemplo 26.2: Un fabricante de cava llevó a cabo el experimento que a continuación se detalla para mejorar su proceso de etiquetado. El objetivo era aumentar la adhesión (medida como la fuerza que se debe realizar para mover la etiqueta a los 30 segundos de haber sido colocada) y disminuir así el número de botellas con etiquetas torcidas o descentradas que se ocasionan en las manipulaciones que se realizan a continuación del etiquetado.

Las variables y niveles considerados fueron:

		Nivel -	Nivel +
A	Tipo de cola	X	Y
B	Temperatura de la cola	30 °C	40 °C
C	Cantidad de cola	2 gr	3 gr
D	Temperatura de secado	80 °C	90 °C
E	Presión del cepillo	1 kg	1,5 kg

En un primer experimento se realizó un diseño 2^{5-2}. En cada condición experimental se midió la fuerza de adhesión en 100 botellas y se tomó como respuesta el promedio de estos 100 valores.

Estadísticas > DOE > Factorial > Crear diseño factorial (usamos 5 factores, en **Diseños** escogemos **1/4 fracción**).

Al ser éste un diseño fraccional, adquiere importancia la salida en la ventana de Sesión para ver el patrón de confusiones:

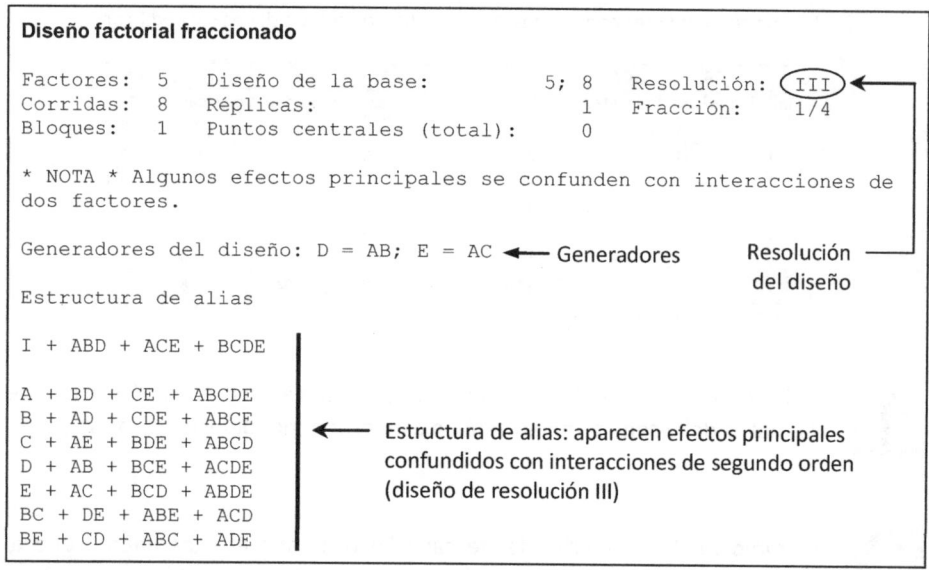

Diseño factorial fraccionado

Factores: 5   Diseño de la base: 5; 8   Resolución: (III) ←
Corridas: 8   Réplicas: 1   Fracción: 1/4
Bloques: 1   Puntos centrales (total):   0

* NOTA * Algunos efectos principales se confunden con interacciones de dos factores.

Generadores del diseño: D = AB; E = AC ←— Generadores   Resolución ——
                                                                del diseño
Estructura de alias

I + ABD + ACE + BCDE

A + BD + CE + ABCDE
B + AD + CDE + ABCE
C + AE + BDE + ABCD   ←— Estructura de alias: aparecen efectos principales
D + AB + BCE + ACDE   confundidos con interacciones de segundo orden
E + AC + BCD + ABDE   (diseño de resolución III)
BC + DE + ABE + ACD
BE + CD + ABC + ADE

En la ventana de datos escribimos el resultado de la experimentación:

↓	C1	C2	C3	C4	C5-T	C6	C7	C8	C9	C10
	OrdenEst	OrdenCorrida	PtCentral	Bloques	Tipo cola	Temp cola	Cantidad	Temp secado	Presión	Y
1	8	1	1	1	Y	40	3	90	1,5	23,5
2	4	2	1	1	Y	40	2	90	1,0	24,5
3	3	3	1	1	X	40	2	80	1,5	22,5
4	7	4	1	1	X	40	3	80	1,0	24,5
5	1	5	1	1	X	30	2	90	1,5	24,0
6	2	6	1	1	Y	30	2	80	1,0	16,0
7	6	7	1	1	Y	30	3	80	1,5	16,0
8	5	8	1	1	X	30	3	90	1,0	25,0

Resultado de la experimentación ——↑

No se sorprenda de que la mayoría de opciones del menú **DOE > Factorial** aparezcan desactivadas cuando abre MINITAB. Se van activando a medida que tiene sentido usar esas opciones.

Definición de la matriz de un diseño a partir de datos ya introducidos

Si se ha introducido la matriz del diseño y la respuesta en la hoja de datos sin haber usado **Crear Diseño Factorial**, es necesario que MINITAB reconozca la matriz del diseño antes de poder analizarlo. Para ello debe usar la opción **Definir diseño factorial personalizado**.

Factores ⟶ 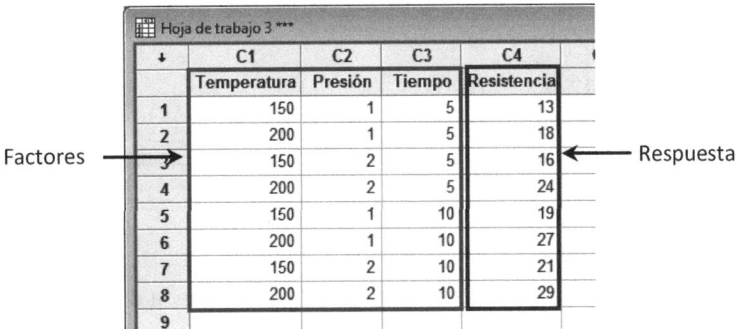 ⟵ Respuesta

Estadísticas > DOE > Factorial > Definir diseño factorial personalizado

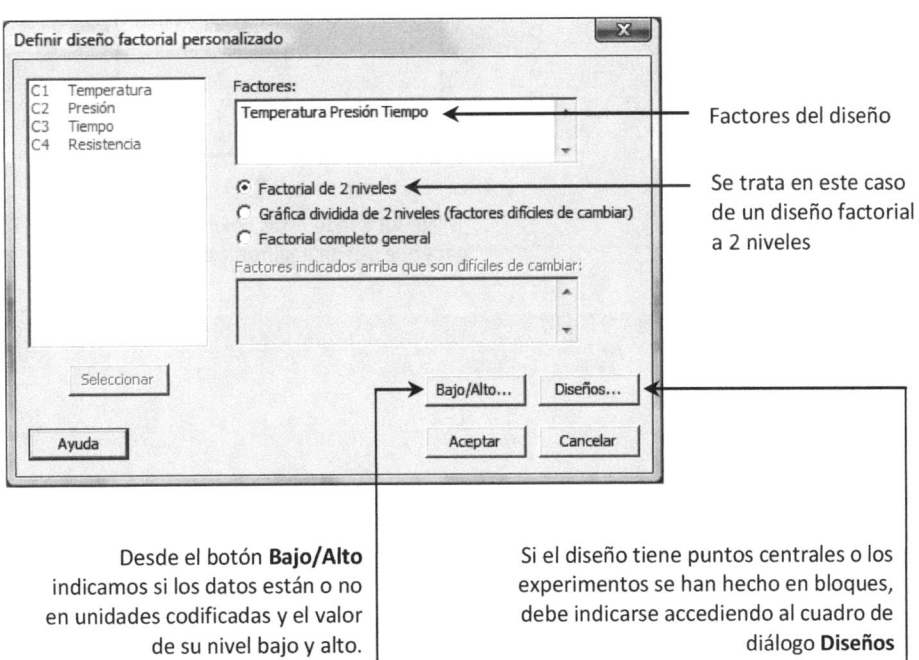

Factores del diseño

Se trata en este caso de un diseño factorial a 2 niveles

Desde el botón **Bajo/Alto** indicamos si los datos están o no en unidades codificadas y el valor de su nivel bajo y alto.

Si el diseño tiene puntos centrales o los experimentos se han hecho en bloques, debe indicarse accediendo al cuadro de diálogo **Diseños**

Estadísticas > DOE > Factorial > Definir diseño factorial personalizado > Bajo/Alto

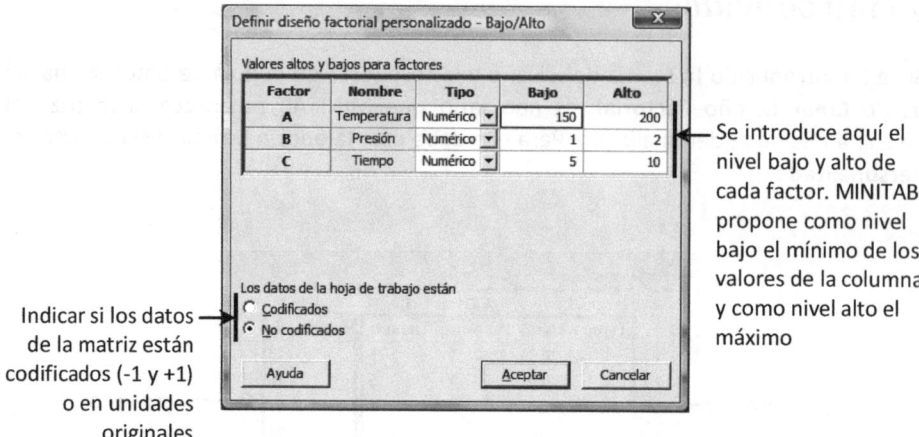

Indicar si los datos de la matriz están codificados (-1 y +1) o en unidades originales

Se introduce aquí el nivel bajo y alto de cada factor. MINITAB propone como nivel bajo el mínimo de los valores de la columna y como nivel alto el máximo

La ventana de datos después de haber definido el diseño queda de esta forma:

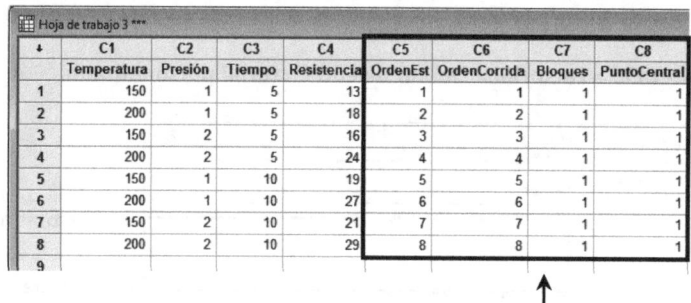

MINITAB añade estas columnas, necesarias para que pueda analizar los datos del diseño

## 27

Análisis e interpretación de los resultados de un diseño factorial

Cálculo de los efectos y selección de los significativos

Estadísticas > DOE > Factorial > Analizar diseño factorial

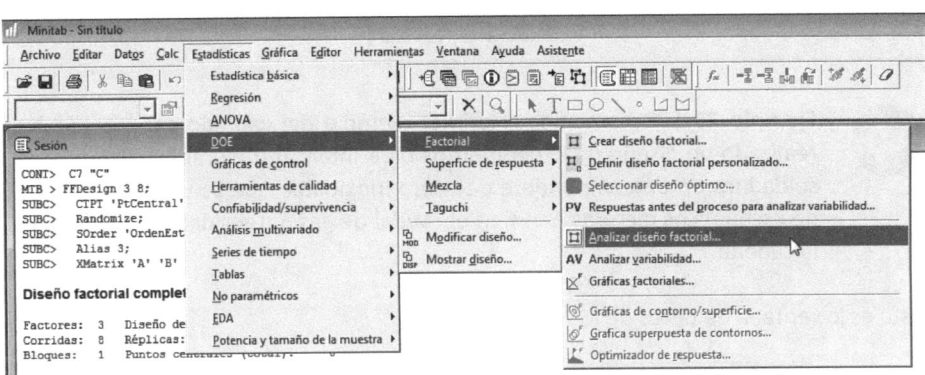

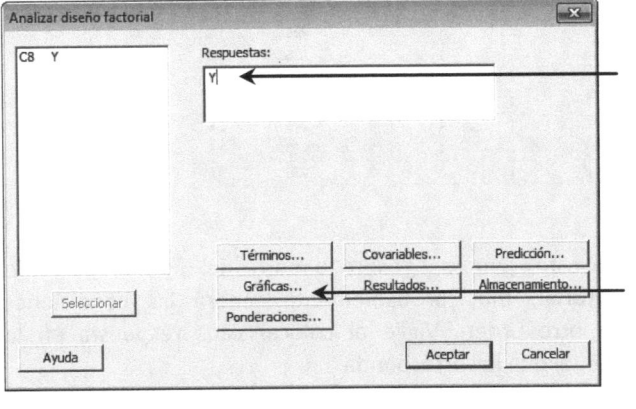

Si coloca más de una respuesta, obtendrá los efectos para cada una de las respuestas

Gráficos para el análisis de la significación de los efectos

Esta opción del menú solo aparece activada si en la hoja de datos tiene un diseño de experimentos. Se debe por tanto haber usado antes el **Crear diseño factorial** o el **Definir diseño factorial personalizado**.

Estadísticas > DOE > Factorial > Analizar diseño factorial > Gráficas

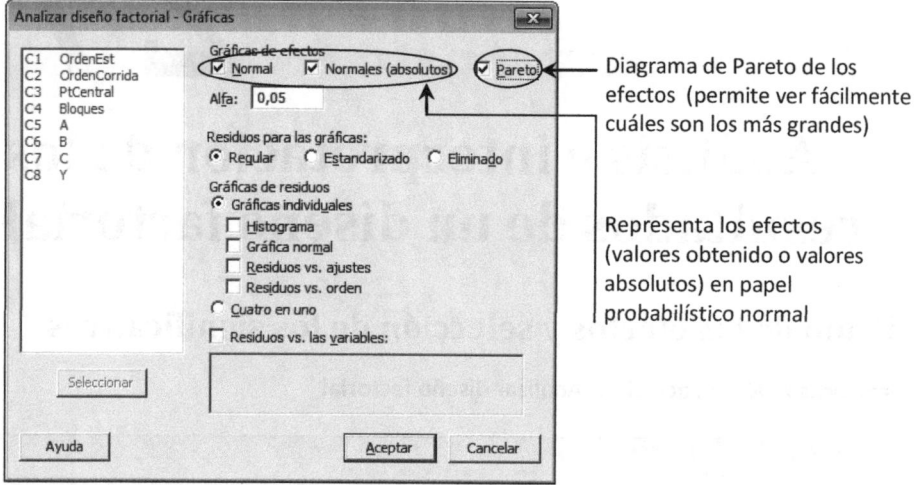

Diagrama de Pareto de los efectos (permite ver fácilmente cuáles son los más grandes)

Representa los efectos (valores obtenido o valores absolutos) en papel probabilístico normal

 Ejemplo 27.1: Retomamos el primer ejemplo del capítulo anterior. Se ha realizado un diseño de experimentos para intentar mejorar la calidad de la soldadura en un componente de acero inoxidable que se usa en los tubos de escape. Los factores han sido el caudal de gas, intensidad y velocidad de la cadena.

Esta es la ventana de datos de MINITAB:

	C1	C2	C3	C4	C5	C6	C7	C8
	OrdenEst	OrdenCorrida	PtCentral	Bloques	Caudal	Intensidad	Velocidad	Y
1	7	1	1	1	8	240	1,0	17,5
2	6	2	1	1	12	230	1,0	26,0
3	5	3	1	1	8	230	1,0	11,5
4	3	4	1	1	8	240	0,6	15,0
5	8	5	1	1	12	240	1,0	20,0
6	4	6	1	1	12	240	0,6	17,5
7	2	7	1	1	12	230	0,6	26,5
8	1	8	1	1	8	230	0,6	10,0
9								

 Si quiere reproducir este ejemplo y genera la matriz del diseño a partir de **Crear Diseño Factorial,** muy probablemente tendrá las condiciones experimentales en otro orden. Vigile al colocar cada respuesta en la condición experimental que le corresponda.

Con **Estadísticas > DOE > Factorial > Analizar diseño factorial**, colocando la columna C8 como respuesta, y pidiendo (pulsando el botón **Gráficas**) que realice las tres representaciones gráficas de los efectos, se obtiene:

```
Ajuste factorial: Y vs. Caudal; Intensidad; Velocidad

Efectos y coeficientes estimados para Y (unidades codificadas)

Término                         Efecto     Coef     Valor de los efectos principales
Constante                                 18,000    y las interacciones. También
Caudal                           9,000     4,500    aparecen los coeficientes del
Intensidad                      -1,000    -0,500    modelo estimado de la
Velocidad                        1,500     0,750    respuesta (nótese que el
Caudal*Intensidad               -6,500    -3,250    coeficiente es la mitad del
Caudal*Velocidad                -0,500    -0,250    efecto correspondiente)
Intensidad*Velocidad             1,000     0,500
Caudal*Intensidad*Velocidad      0,500     0,250

...

Coeficientes estimados utilizando datos en unidades no codificadas

Término                            Coef
Constante                     -893,750
Caudal                         102,625          Coeficientes del modelo, si
Intensidad                       3,75000        se usan unidades sin
Velocidad                      186,250          codificar.
Caudal*Intensidad               -0,425000
Caudal*Velocidad               -30,0000
Intensidad*Velocidad            -0,750000
Caudal*Intensidad*Velocidad      0,125000
```

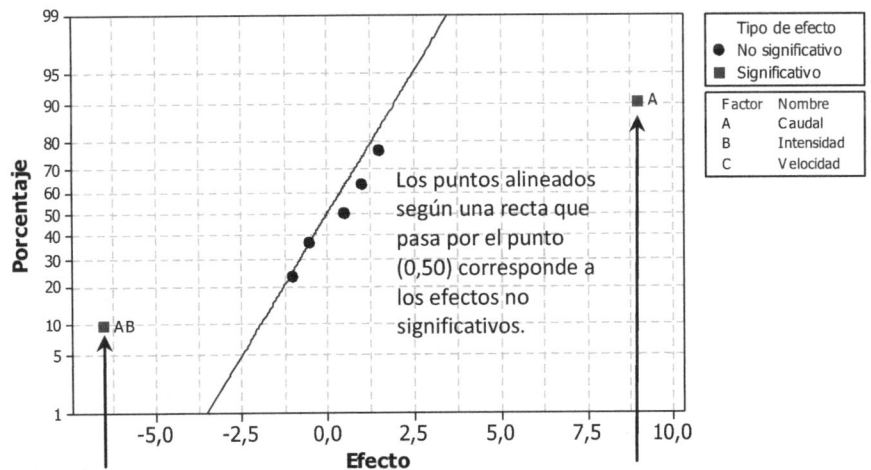

Gráfica normal de los efectos
(la respuesta es Y, Alfa = 0,05)

MINITAB marca en rojo y pone el nombre a los efectos significativos

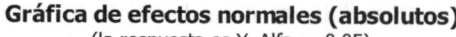

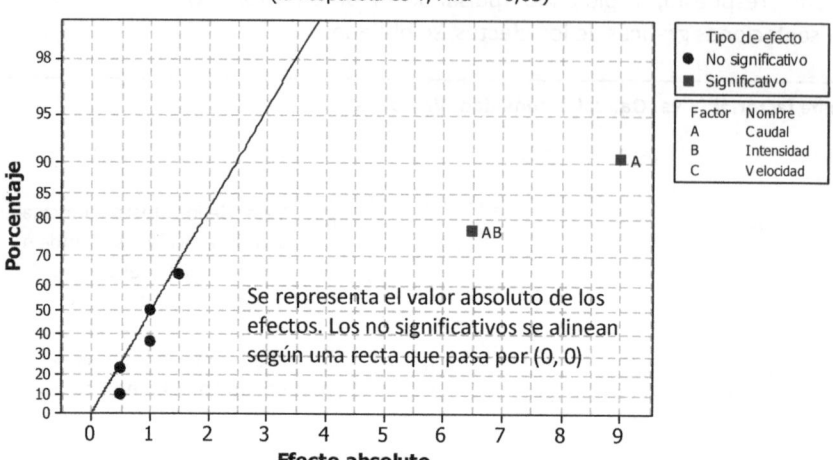

Gráfica de efectos normales (absolutos)
(la respuesta es Y, Alfa = 0,05)

Se representa el valor absoluto de los efectos. Los no significativos se alinean según una recta que pasa por (0, 0)

 En alguna ocasión la línea que dibuja MINITAB para marcar los efectos no significativos puede no ser la más adecuada. En estos casos es mejor decidir con nuestro criterio qué efectos consideramos significativos.

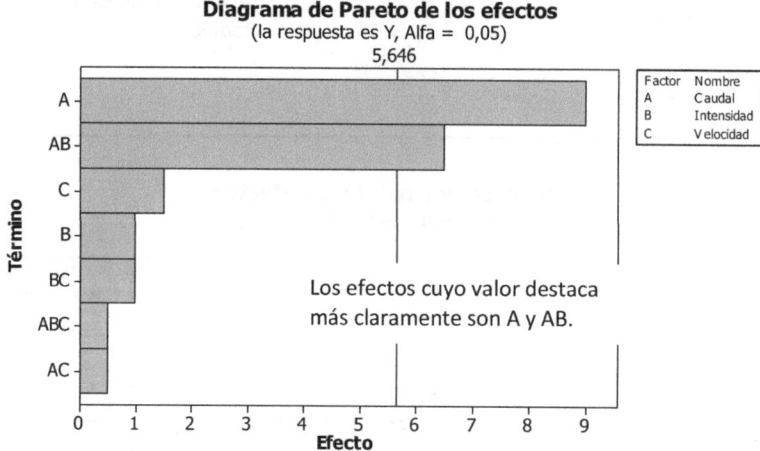

Diagrama de Pareto de los efectos
(la respuesta es Y, Alfa = 0,05)

Los efectos cuyo valor destaca más claramente son A y AB.

MINITAB marca la frontera a partir de la cual considera los efectos significativos utilizando una estimación de la desviación estándar de los efectos (Método de Lenth).

 A menudo un diagrama de puntos es suficiente para discriminar los efectos significativos de los no significativos. Para realizarlo es necesario:

1. Guardar los efectos en una columna mediante **Estadísticas > DOE > Factorial > Analizar diseño factorial** y pulsando en **Almacenamiento**.

2. Dibujar el diagrama de puntos desde **Gráfica > Gráfica de puntos**.

Con **Estadísticas > DOE > Factorial > Analizar diseño factorial > Almacenamiento**

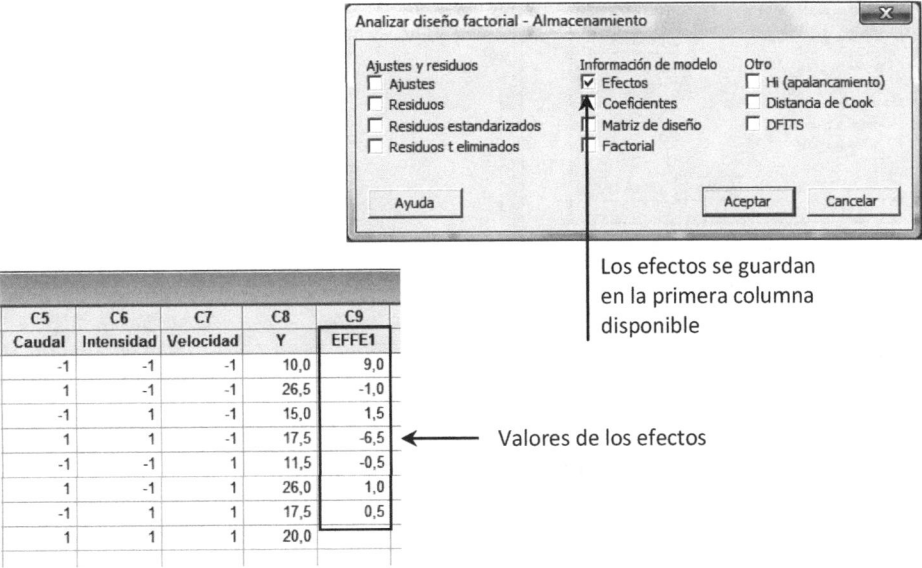

Los efectos se guardan
en la primera columna
disponible

C5	C6	C7	C8	C9
Caudal	Intensidad	Velocidad	Y	EFFE1
-1	-1	-1	10,0	9,0
1	-1	-1	26,5	-1,0
-1	1	-1	15,0	1,5
1	1	-1	17,5	-6,5
-1	-1	1	11,5	-0,5
1	-1	1	26,0	1,0
-1	1	1	17,5	0,5
1	1	1	20,0	

← Valores de los efectos

Para hacer el diagrama de puntos, **Gráfica > Gráfica de puntos: Simple**, y en **Variables de gráficas**: C9. La salida es (el gráfico ha sido editado para hacerlo más claro):

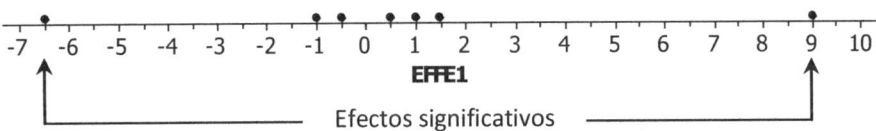

Efectos significativos

En este caso aparecen como significativos el efecto principal A (caudal = 9) y la interacción AB (caudal × intensidad = - 6,5). El factor C (velocidad de la cadena) es inerte.

Los factores A y B interaccionan, por lo que hay que realizar un gráfico de interacciones para poder interpretar el resultado. Usamos **Estadísticas > DOE > Factorial > Gráficas factoriales**.

Usamos primero **Gráfica de interacción**.

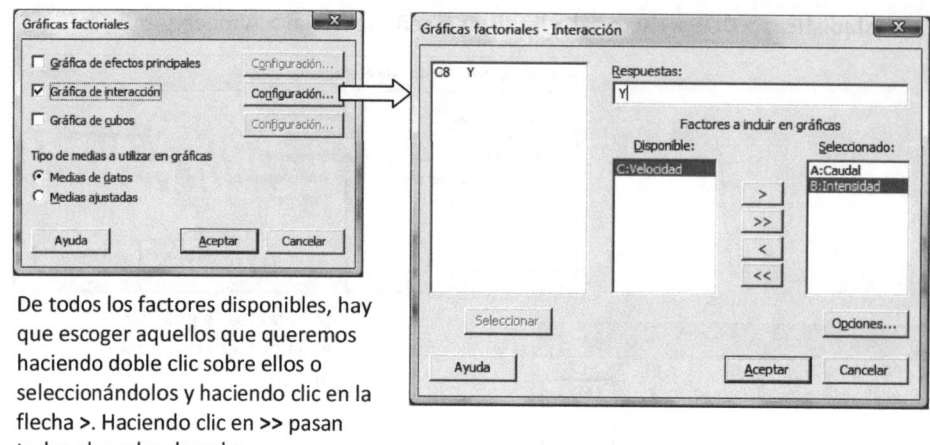

De todos los factores disponibles, hay que escoger aquellos que queremos haciendo doble clic sobre ellos o seleccionándolos y haciendo clic en la flecha **>**. Haciendo clic en **>>** pasan todos al cuadro derecho

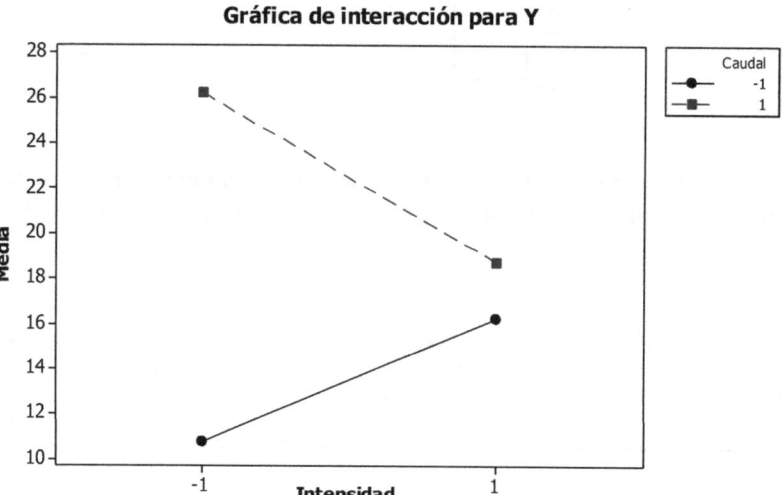

Usamos ahora la **Gráfica de cubos**. El cuadro de diálogo es equivalente al anterior.

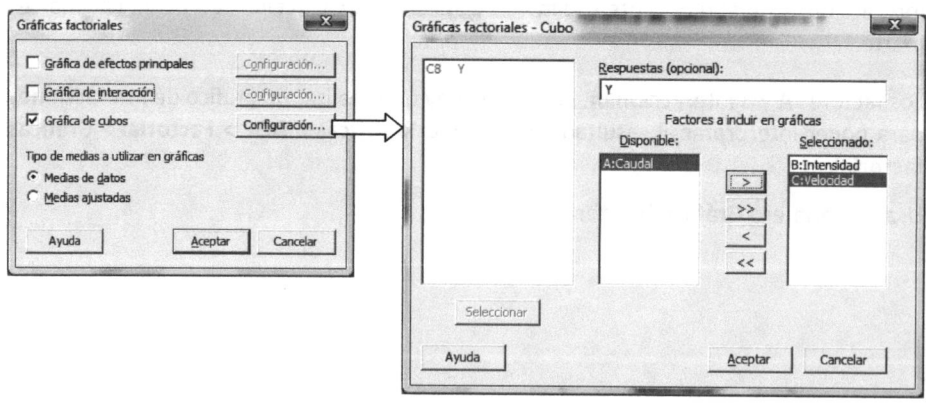

Gráfica de cubos (medias de los datos) para Y

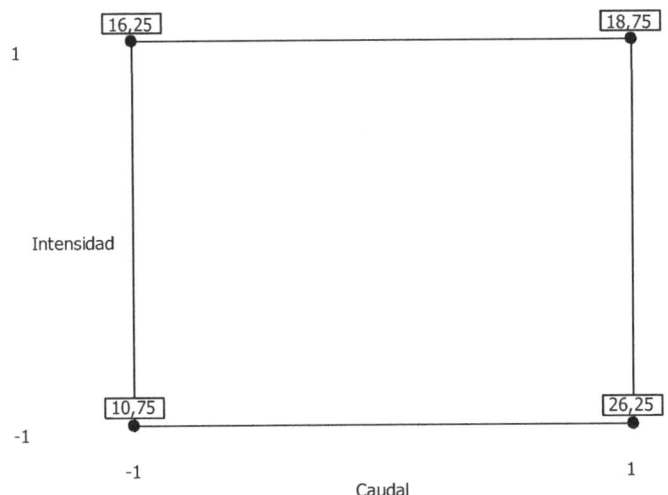

 Al utilizar la **Gráfica de cubos** MINITAB dibuja los números muy pequeños. Si el gráfico se quiere utilizar en informes y presentaciones es una buena idea editarlo para aumentar el tamaño de la fuente.

Los dos gráficos de interacciones son equivalentes, a partir de uno se puede construir el otro (en la siguiente figura los gráficos han sido editados para hacer los números más grandes):

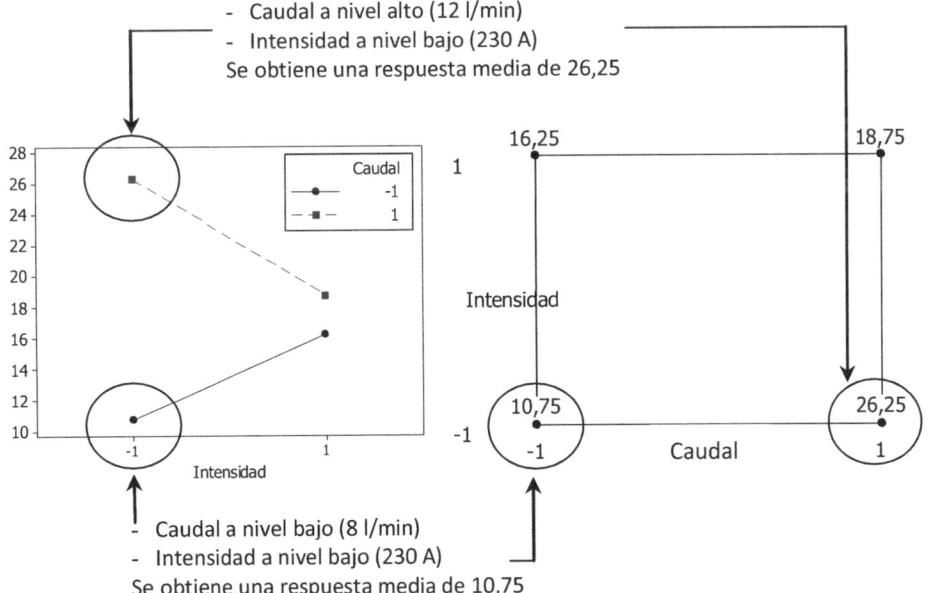

El mejor resultado se obtiene con un caudal de 12 l/min y una intensidad de 230 A. Nótese que si algún día, por las razones que sean, el caudal de gas debe fijarse a 8 l/min es mejor aumentar la intensidad a 240 A.

La experimentación podría continuar con valores más altos de caudal y más bajos de la intensidad (si técnicamente es posible) explorando la zona de aumento de la respuesta, tal y como indica la flecha.

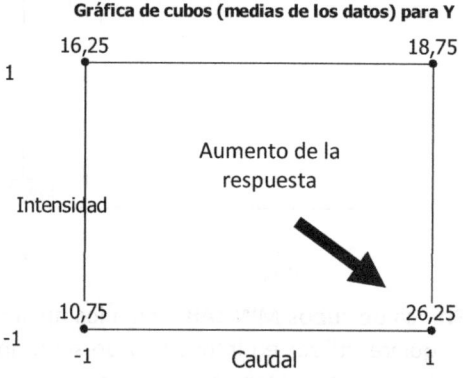

Gráfica de cubos (medias de los datos) para Y

Ejemplo 27.2: Retomamos el segundo ejemplo del capítulo anterior. Se realizó un 2^{5-2} para intentar mejorar la adherencia de etiquetas en botellas de cava. Los 5 factores con que se trabajó fueron el tipo de cola, la temperatura de la cola, la cantidad de cola, la temperatura de secado y la presión del cepillo.

Esta es la ventana de datos de MINITAB con la respuesta:

Hoja de trabajo 2 ***

↓	C1	C2	C3	C4	C5-T	C6	C7	C8	C9	C10
	OrdenEst	OrdenCorrida	PtCentral	Bloques	Tipo cola	Temp cola	Cantidad	Temp secado	Presión	Y
1	8	1	1	1	Y	40	3	90	1,5	23,5
2	4	2	1	1	Y	40	2	90	1,0	24,5
3	3	3	1	1	X	40	2	80	1,5	22,5
4	7	4	1	1	X	40	3	80	1,0	24,5
5	1	5	1	1	X	30	2	90	1,5	24,0
6	2	6	1	1	Y	30	2	80	1,0	16,0
7	6	7	1	1	Y	30	3	80	1,5	16,0
8	5	8	1	1	X	30	3	90	1,0	25,0

Usando **Estadísticas > DOE > Factorial > Analizar diseño factorial**, colocando la columna C10 como respuesta y entrando en la opción **Gráficas** para dibujar los efectos en papel probabilístico normal tenemos:

Ajuste factorial: Y vs. Tipo cola; Temp cola; ...

```
Efectos y coeficientes estimados para Y (unidades codificadas)

Término                  Efecto      Coef
Constante                            22,000
Tipo cola                -4,000      -2,000
Temp cola                 3,500       1,750
Cantidad                  0,500       0,250
Temp secado               4,500       2,250
Presión                  -1,000      -0,500
Temp cola*Cantidad        0,000       0,000
Temp cola*Presión        -0,500      -0,250
```

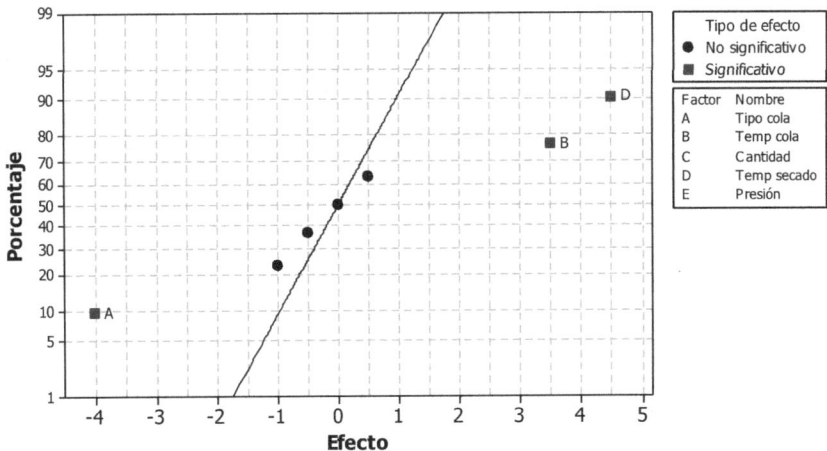

Gráfica normal de los efectos
(la respuesta es Y, Alfa = 0,05)

Los efectos que aparecen como significativos son A+BD+CE, B+AD y D+AB.

 Aunque MINITAB solo marca en el gráfico el efecto principal, recuerde que un 2^{5-2} tiene resolución III, y que por tanto los efectos principales están confundidos con interacciones de segundo orden.

El patrón de confusiones lo hemos obtenido ya antes al escribir la matriz del diseño con **Estadísticas > DOE > Factorial > Crear Diseño Factorial**, y vuelve a aparecer al analizar la respuesta.

```
I  + ABD + ACE + BCDE

A  + BD  + CE  + ABCDE
B  + AD  + CDE + ABCE
C  + AE  + BDE + ABCD
D  + AB  + BCE + ACDE
E  + AC  + BCD + ABDE
BC + DE  + ABE + ACD
BE + CD  + ABC + ADE
```

Llegados a este punto existen varias posibles interpretaciones (la verosimilitud de cada una de ellas debería ser juzgada con los técnicos del proceso). Atendiendo solo a criterios estadísticos, las más razonables son las 4 siguientes:

A, B y D

A, B, y AB

A, D y AD

B, D y BD

Parece poco probable que la interacción CE sea la responsable de que el efecto A+BD+CE resulte significativo y que no lo sean los efectos principales ni de E ni de C.

A la vista de la situación parecería razonable realizar un diseño 2^3 con las variables A, B y D. Llegado el caso, y de nuevo en colaboración con los técnicos del proceso, se podría incluso pensar en utilizar niveles diferentes que parezca que ayuden a aumentar la respuesta.

28

Metodología de superficie de respuesta

Creación de la matriz del diseño y recogida de datos

 Ejemplo 28.1: En una reacción química se mezclan dos componentes (Co1 y Co2) a una cierta temperatura (T) y velocidad (rpm). De entre los productos de reacción que se consiguen hay uno no deseado (Prod). Se quiere por tanto que la cantidad producida de este producto sea mínima.

El tiempo que ha de durar la reacción está ya determinado y se mantiene constante, pero se decide hacer un diseño central compuesto para ver de qué manera los factores T, Co1, Co2 y rpm afectan a la respuesta Prod.

Los diseños centrales compuestos son muy utilizados porque permiten plantear la experimentación en dos etapas:

- Se realiza un diseño factorial a 2 niveles con puntos centrales (cubo), y se comprueba si son necesarios términos cuadráticos.

- Si se necesita un modelo cuadrático, se añaden los puntos de la estrella para poder estimar los términos cuadráticos puros.

... > DOE > Superficie de respuesta > Crear diseño de superficie de respuesta

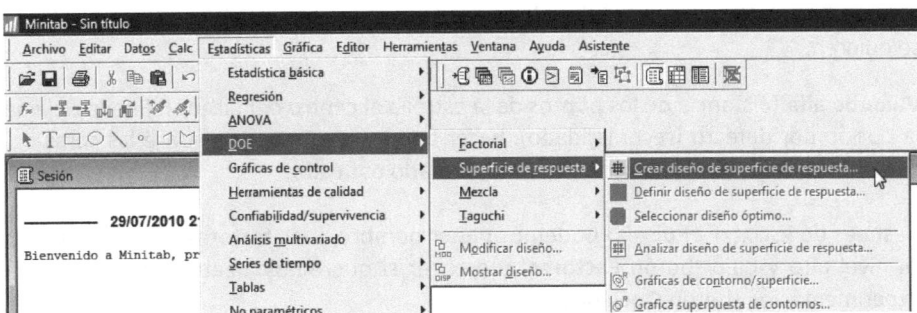

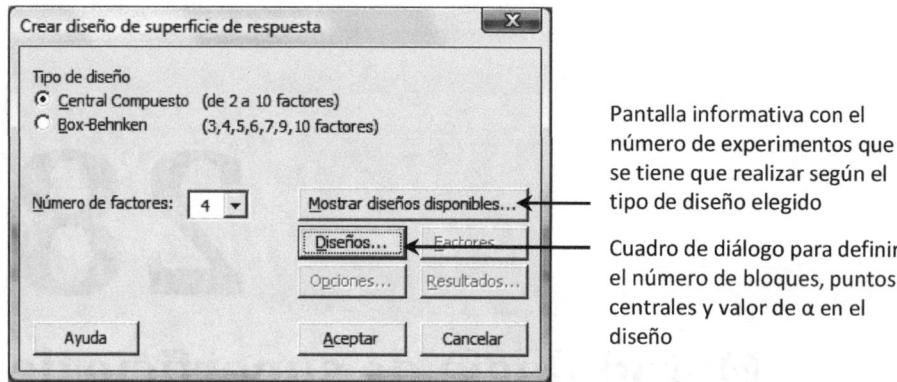

Pantalla informativa con el número de experimentos que se tiene que realizar según el tipo de diseño elegido

Cuadro de diálogo para definir el número de bloques, puntos centrales y valor de α en el diseño

Diseños

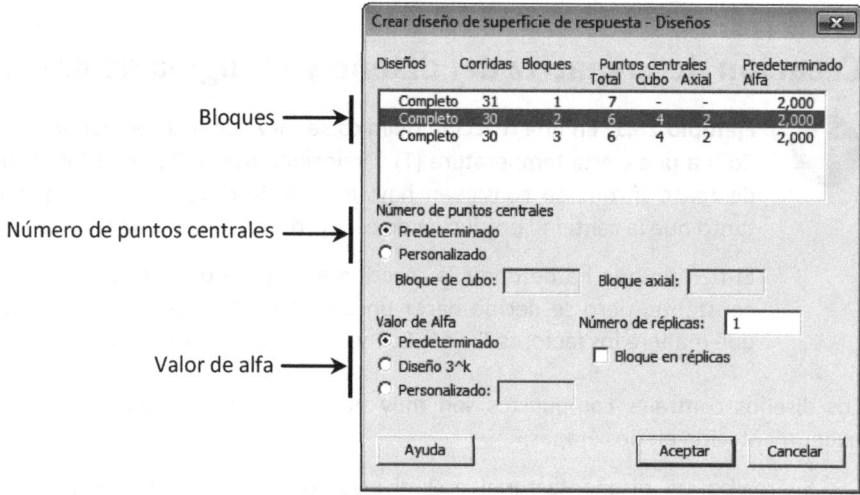

Bloques: Escoja el número de bloques. Normalmente cada bloque son experimentos que se realizan seguidos. Por ejemplo, si los experimentos se van a hacer en 2 días distintos, es razonable tener 2 bloques.

Número de puntos centrales (en el cubo y en la estrella): Puede dejarse la opción por defecto (los que marca en la tabla de arriba, opción recomendada) o escoger cuántos se quieren.

Valor de alfa (distancia de los puntos de la estrella al centro del diseño): Puede dejarse la opción por defecto (recomendado), hacer que los puntos estén sobre las caras del cubo (**Personalizado**, 1) o escribir el valor deseado para alfa.

Después de escoger el diseño podemos poner nombre a los factores y marcar cuál es su nivel alto y bajo (botón **Factores**) y escoger si queremos aleatorizar el orden de experimentación (botón **Opciones**).

Factores

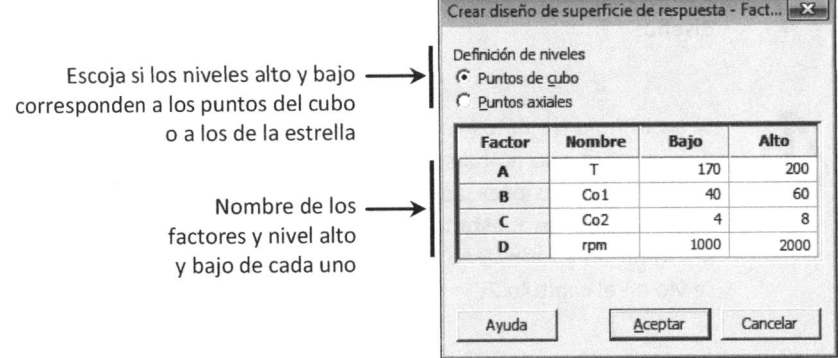

Escoja si los niveles alto y bajo corresponden a los puntos del cubo o a los de la estrella

Nombre de los factores y nivel alto y bajo de cada uno

La matriz del diseño en orden estándar (aunque para hacer los experimentos se ha aleatorizado), ya con la respuesta obtenida en cada condición experimental, es la siguiente:

C1	C2	C3	C4	C5	C6	C7	C8	C9	
OrdenEst	OrdenCorrida	TipoPt	Bloques	T	Co1	Co2	rpm	Prod	
1	2	1	1	170	40	4	1000	7,32	
2	10	1	1	200	40	4	1000	6,94	
3	13	1	1	170	60	4	1000	8,51	
4	11	1	1	200	60	4	1000	8,20	
5	5	1	1	170	40	8	1000	7,49	
6	20	1	1	200	40	8	1000	9,41	Experimentos
7	7	1	1	170	60	8	1000	8,77	en los vértices
8	8	1	1	200	60	8	1000	9,54	del cubo
9	14	1	1	170	40	4	2000	7,38	
10	17	1	1	200	40	4	2000	8,97	
11	3	1	1	170	60	4	2000	9,29	
12	9	1	1	200	60	4	2000	8,06	
13	19	1	1	170	40	8	2000	8,68	
14	18	1	1	200	40	8	2000	6,94	
15	6	1	1	170	60	8	2000	10,50	
16	1	1	1	200	60	8	2000	10,94	
17	4	0	1	185	50	6	1500	9,82	Puntos
18	16	0	1	185	50	6	1500	9,25	centrales
19	15	0	1	185	50	6	1500	9,54	del cubo
20	12	0	1	185	50	6	1500	9,94	
21	29	-1	2	155	50	6	1500	3,45	
22	23	-1	2	215	50	6	1500	3,44	
23	22	-1	2	185	30	6	1500	8,69	Experimentos
24	28	-1	2	185	70	6	1500	12,11	en la estrella
25	30	-1	2	185	50	2	1500	9,02	
26	25	-1	2	185	50	10	1500	10,94	
27	27	-1	2	185	50	6	500	11,26	
28	24	-1	2	185	50	6	2500	9,26	Puntos
29	26	0	2	185	50	6	1500	9,14	centrales de
30	21	0	2	185	50	6	1500	9,73	la estrella

Si se tiene la matriz del diseño en orden aleatorio y se desea poner en orden estándar, puede hacerse mediante **Estadísticas > DOE > Mostrar diseño**.

 Si en la hoja de datos se tienen columnas que configuran una matriz de diseño, pero que no ha sido creada a partir de **Crear diseño de superficie de respuesta**, es necesario usar la opción del menú **Estadísticas > DOE > Superficie de respuesta > Definir diseño de superficie de respuesta** antes de poder analizarlo. Esto ya ocurría con los diseños factoriales, tal y como se vio en el capítulo 26.

Análisis de los resultados

... > DOE > Superficie de respuesta > Analizar diseño de superficie de respuesta

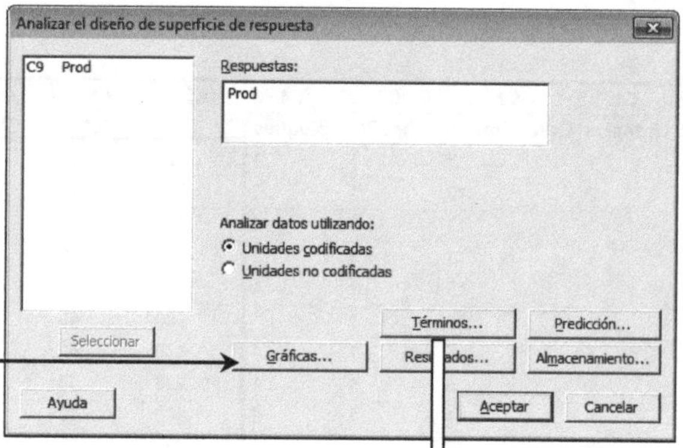

Acceso a un cuadro de diálogo donde se pueden pedir gráficos de los residuos (igual que en regresión, ver capítulo 23, regresión múltiple)

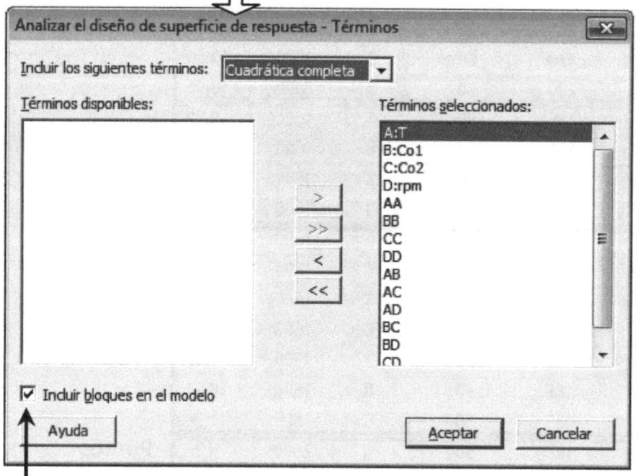

En el cuadro desplegable, escogemos los términos que deseamos introducir en el modelo:

- *Lineal*: solo los términos lineales.

- *Lineal + cuadrados*: los términos lineales y los términos cuadráticos

- *Lineal + interacciones*: los términos lineales y las interacciones de 2 factores

- *Cuadrática completa*: términos lineales, interacciones de 2 factores y términos cuadráticos

Marque esta casilla para introducir el efecto bloque en el modelo

Al escoger una de las opciones del cuadro desplegable, se colocan en la lista de **Términos seleccionados** todos aquellos términos que corresponden a la opción elegida. Podemos usar los botones centrales con flechas para pasar términos específicos de la lista de **Términos disponibles** a la lista de **Términos seleccionados** para el modelo, o al revés.

Empezamos con el modelo completo (**Cuadrática completa**). La salida de MINITAB se ha dividido en trozos para poder comentarla mejor:

Regresión de superficie de respuesta: Prod vs. Bloque; T; Co1; Co2; rpm

```
El análisis se realizó utilizando unidades codificadas.
Coeficientes de regresión estimados de Prod

                    EE del
Término        Coef  coef.        T       P
Constante   9,55825  0,3673  26,025   0,000
Bloque      0,03525  0,1721   0,205   0,841
T           0,04333  0,1814   0,239   0,815
Co1         0,73000  0,1814   4,025   0,001
Co2         0,47667  0,1814   2,628   0,020
rpm         0,02417  0,1814   0,133   0,896
T*T        -1,52500  0,1697  -8,988   0,000
Co1*Co1     0,21375  0,1697   1,260   0,228
Co2*Co2     0,10875  0,1697   0,641   0,532
rpm*rpm     0,17875  0,1697   1,054   0,310
T*Co1      -0,10750  0,2221  -0,484   0,636
T*Co2       0,10750  0,2221   0,484   0,636
T*rpm      -0,18375  0,2221  -0,827   0,422
Co1*Co2     0,23625  0,2221   1,063   0,306
Co1*rpm     0,18500  0,2221   0,833   0,419
Co2*rpm    -0,05500  0,2221  -0,248   0,808

S = 0,888594     PRESS = 71,3238
R-cuad. = 89,54%  R-cuad.(pred.) = 32,53%  R-cuad.(ajustado) = 78,34%
```

Valores de los coeficientes (igual que la salida de un análisis de regresión). Podremos quitar del modelo, uno a uno, los coeficientes con un valor-p mayor, ya que serán no significativos

Pruebas de hipótesis para conjuntos de coeficientes (términos lineales, términos cuadráticos, interacciones). Si alguno de los valores-p es grande, ninguno de los términos del grupo es significativo

La prueba *Falta de ajuste* permite ver si hay falta de ajuste. Un valor-p pequeño en esta prueba significa que el modelo no ajusta bien

```
Análisis de varianza de Prod

Fuente           GL  SC Sec.  SC Ajust.  CM Ajust.       F      P
Bloques           1    0,033     0,0331     0,0331    0,04  0,841
Regresión        14   94,630    94,6299     6,7593    8,56  0,000
  Lineal          4   18,302    18,3017     4,5754    5,79  0,006
  Cuadrado        4   73,929    73,9291    18,4823   23,41  0,000
  interacción     6    2,399     2,3991     0,3998    0,51  0,794
Error residual   14   11,054    11,0544     0,7896
  Falta de ajuste 10  10,596    10,5959     1,0596    9,24  0,023
  Error puro       4   0,459     0,4585     0,1146
Total            29  105,717

...
```

En la tabla anterior de análisis de la varianza vemos que el valor-p correspondiente a la prueba de hipótesis para las interacciones es muy grande (0,794). Eso significa que no rechazamos la hipótesis nula de que las interacciones son nulas. Vamos a quitarlas del modelo:

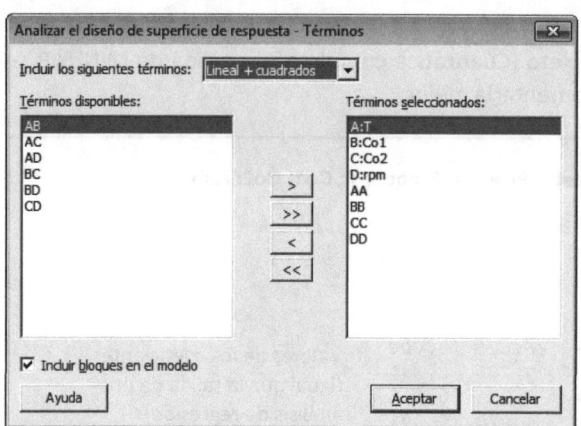

Escogemos términos lineales y cuadráticos puros

El análisis se realizó utilizando unidades codificadas.
Coeficientes de regresión estimados de Prod

Término	Coef	EE del coef.	T	P
Constante	9,55825	0,3390	28,196	0,000
Bloque	0,03525	0,1588	0,222	0,827
T	0,04333	0,1674	0,259	0,798
Co1	0,73000	0,1674	4,360	0,000
Co2	0,47667	0,1674	2,847	0,010
rpm	0,02417	0,1674	0,144	0,887
T*T	-1,52500	0,1566	-9,738	0,000
Co1*Co1	0,21375	0,1566	1,365	0,187
Co2*Co2	0,10875	0,1566	0,694	0,495
rpm*rpm	0,17875	0,1566	1,141	0,267

El efecto bloque no es significativo, lo quitamos del modelo

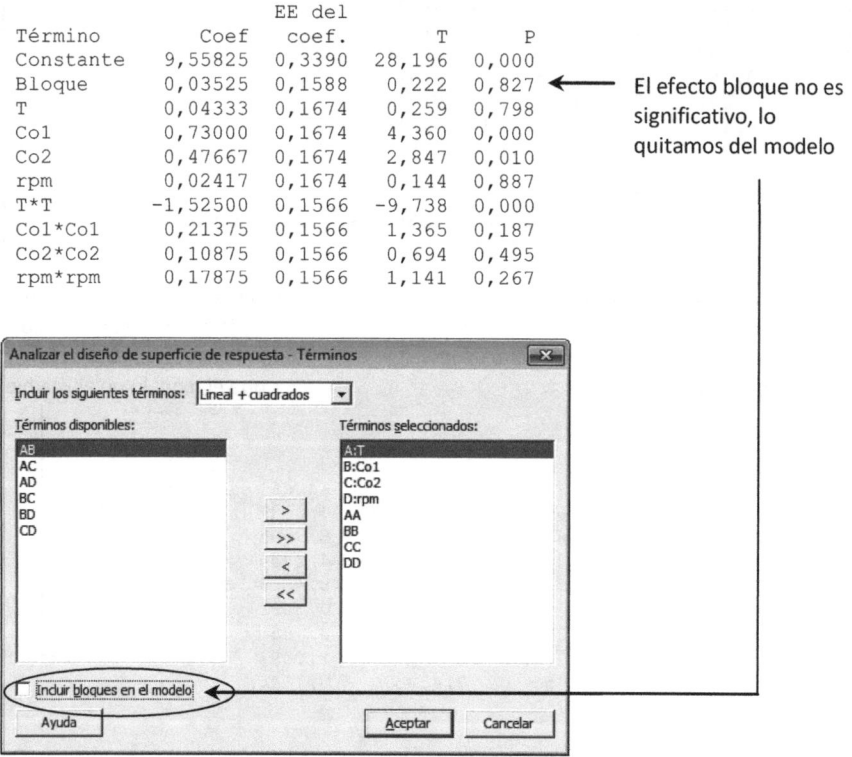

```
El análisis se realizó utilizando unidades codificadas.
Coeficientes de regresión estimados de Prod

                          EE del
Término         Coef      coef.        T        P
Constante     9,57000    0,3272    29,251    0,000
T             0,04333    0,1636     0,265    0,794
Co1           0,73000    0,1636     4,463    0,000
Co2           0,47667    0,1636     2,914    0,008
rpm           0,02417    0,1636     0,148    0,884
T*T          -1,52500    0,1530    -9,966    0,000
Co1*Co1       0,21375    0,1530     1,397    0,177
Co2*Co2       0,10875    0,1530     0,711    0,485
rpm*rpm       0,17875    0,1530     1,168    0,256

S = 0,801385      PRESS = 31,2041
R-cuad. = 87,24%  R-cuad.(pred.) = 70,48%  R-cuad.(ajustado) = 82,38%
```

Tanto el término lineal rpm como el término cuadrático rpm*rpm son no significativos, los quitamos del modelo:

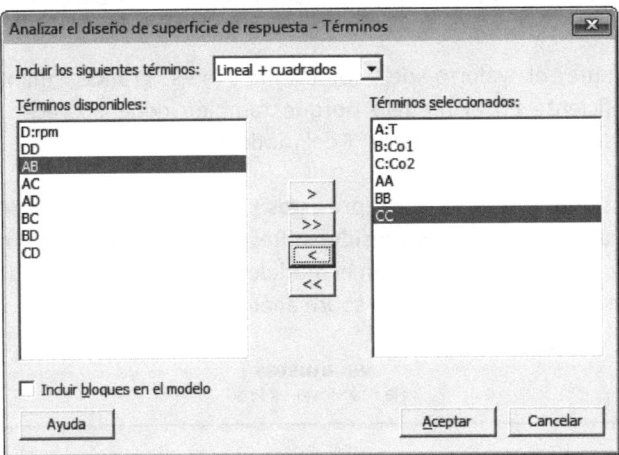

```
El análisis se realizó utilizando unidades codificadas.
Coeficientes de regresión estimados de Prod

                          EE del
Término         Coef      coef.        T        P
Constante     9,77429    0,2728    35,831    0,000
T             0,04333    0,1614     0,269    0,791
Co1           0,73000    0,1614     4,523    0,000
Co2           0,47667    0,1614     2,954    0,007
T*T          -1,55054    0,1494   -10,377    0,000
Co1*Co1       0,18821    0,1494     1,260    0,220
Co2*Co2       0,08321    0,1494     0,557    0,583

S = 0,790624      PRESS = 21,0578
R-cuad. = 86,40%  R-cuad.(pred.) = 80,08%  R-cuad.(ajustado) = 82,85%
```

Finalmente, eliminamos los términos cuadráticos puros Co1*Co1 y Co2*Co2, puesto que tampoco son significativos:

```
El análisis se realizó utilizando unidades codificadas.
Coeficientes de regresión estimados de Prod

                       EE del
Término       Coef     coef.        T       P
Constante   10,0156   0,1854    54,017   0,000
T            0,0433   0,1606     0,270   0,789
Co1          0,7300   0,1606     4,546   0,000
Co2          0,4767   0,1606     2,969   0,007
T*T         -1,5807   0,1466   -10,784   0,000

S = 0,786644       PRESS = 21,3908
R-cuad. = 85,37%  R-cuad.(pred.) = 79,77%  R-cuad.(ajustado) = 83,03%
```

El modelo definitivo (en unidades codificadas) es por tanto:

$$\textbf{Prod} = \textbf{10,016} + \textbf{0,043 T} + \textbf{0,730 Comp1} + \textbf{0,477 Comp2} - \textbf{1,581 T}^2$$

 Aunque el valor-p del coeficiente T es grande, mantenemos este coeficiente en el modelo porque también debe aparecer T^2. De hecho, MINITAB no permite quitar T del modelo si está T^2.

El gráfico de residuos frente a valores previstos (**... Analizar el diseño de superficie de respuesta > Gráficas > Gráficas de residuos: Residuos vs. Ajustes**) no muestra ningún patrón de comportamiento especial en el modelo definitivo. Puede mirar el capítulo 23 sobre regresión para más información sobre análisis de residuos.

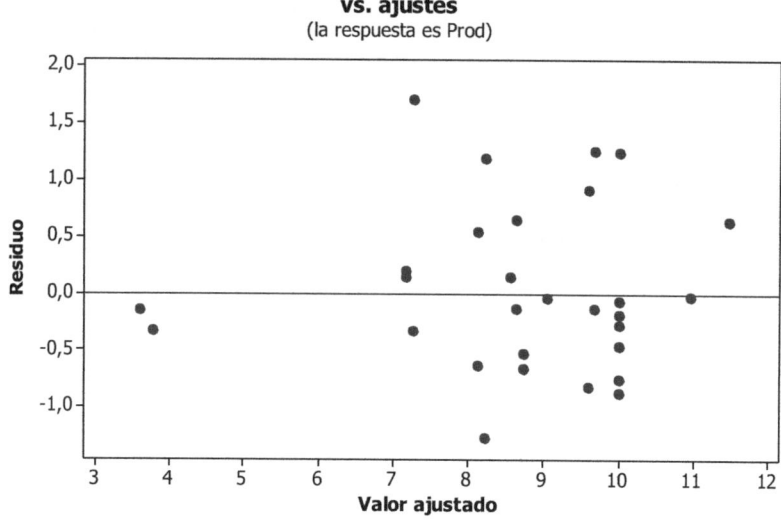

vs. ajustes
(la respuesta es Prod)

Curvas de nivel y gráficas de superficie de respuesta

 Al dibujar las curvas de nivel o las superficies a partir del modelo escogido, solo podrá usar 2 factores (uno para cada uno de los ejes X e Y). Tendrá que fijar el resto de factores a uno de los niveles. Un par de recomendaciones:

- Si un factor interviene en el modelo de forma cuadrática, hay que incluirlo como uno de los ejes.

- Si un factor toma únicamente unos pocos valores, puede ir bien usar ese como factor que se fija, y repetir las gráficas para los distintos niveles de ese factor.

Estadísticas > DOE > Superficie de respuesta > Gráficas de contornos/superficie

Para nuestro ejemplo, usaremos T y Co1 como variables para los ejes, y fijaremos Co2 a su nivel bajo, medio y alto. No debemos preocuparnos por rpm, ya que no interviene en el modelo.

Gráficas de contorno/superficie

☑ Gráfica de contorno → Configuración...

☑ Gráfica de superficie → Configuración...

Ayuda   Aceptar   Cancelar

Los dos menús de configuración son muy parecidos

Gráficas de contorno/superficie - Contorno

Respuesta: C9 Prod

Factores:
● Seleccione un par de factores para una gráfica simple

Eje X: A:T ← Factor en el eje X (T)
Eje Y: B:Co1 ← Factor en el eje Y (Co1)

○ Generar las gráficas para todos los pares de factores
  ● En paneles separados de la misma gráfica
  ○ En gráficas separadas

Mostrar gráficas utilizando:
○ Unidades codificadas
● Unidades no codificadas

Permite elegir el número de curvas de nivel o a qué niveles se dibujaran

Contornos...   Configuración...   Opciones...

Ayuda   Aceptar   Cancelar

Gráficas de contorno/superficie - Contornos - Configuración

Puede seleccionar una de las tres opciones de configuración
o
ingrese su propio valor de configuración escribiendo un valor en la tabla.

(Los valores de configuración representan niveles no codificados).

Podemos fijar los factores que no están en los ejes a su nivel bajo, medio o alto...

Retener factores extra en:
○ Configuración alta
● Configuración intermedia
○ Configuración baja

Factor	Nombre	Valor de configu
A	T	185
B	Co1	50
C	Co2	6
D	rpm	1500

... o bien teclear el valor al que queremos mantenerlos

Ayuda   Aceptar   Cancelar

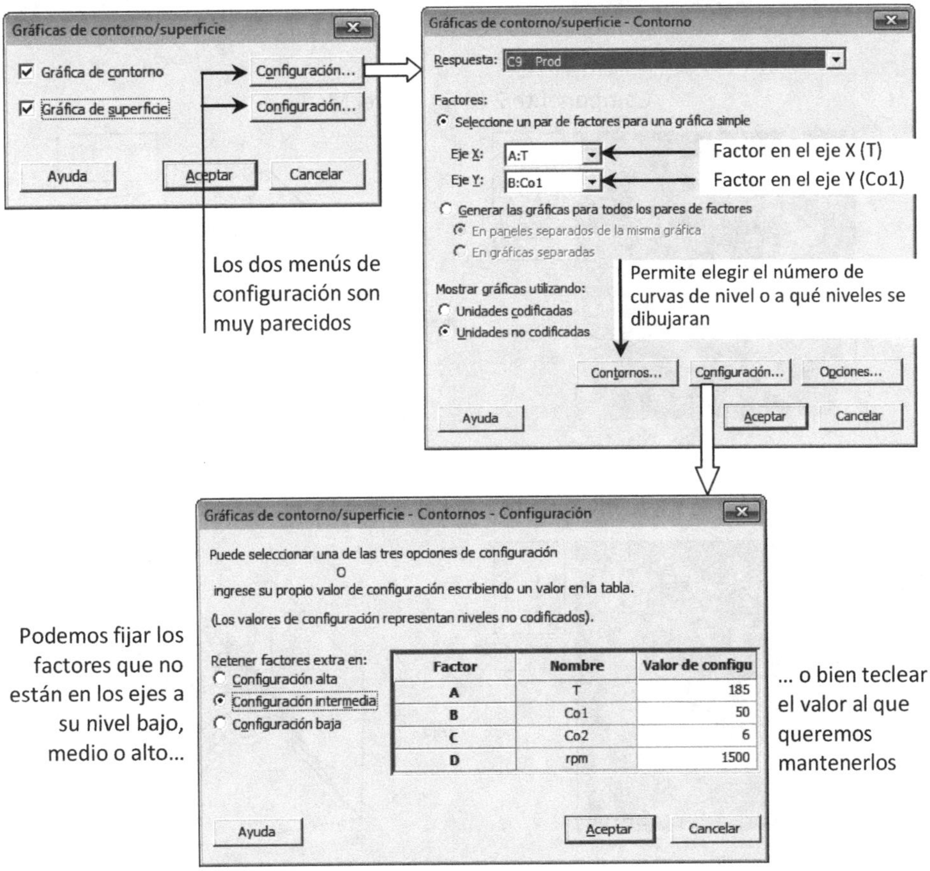

Las siguientes gráficas muestran las curvas de nivel y la superficie de respuesta manteniendo el factor Co2 a nivel bajo, medio y alto.

 MINITAB dibuja las curvas de nivel y las superficies de respuesta del último modelo calculado a partir de **Analizar diseño de superficie de respuesta**. No es posible memorizar modelos para luego dibujarlos.

Componente 2 (Co2) a nivel Bajo

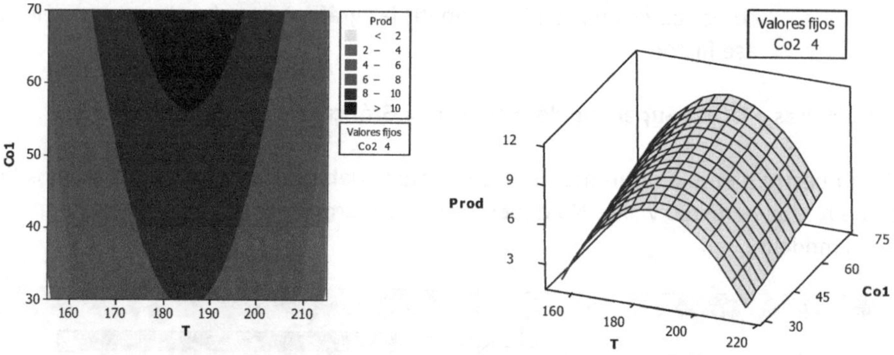

Componente 2 (Co2) a nivel Medio

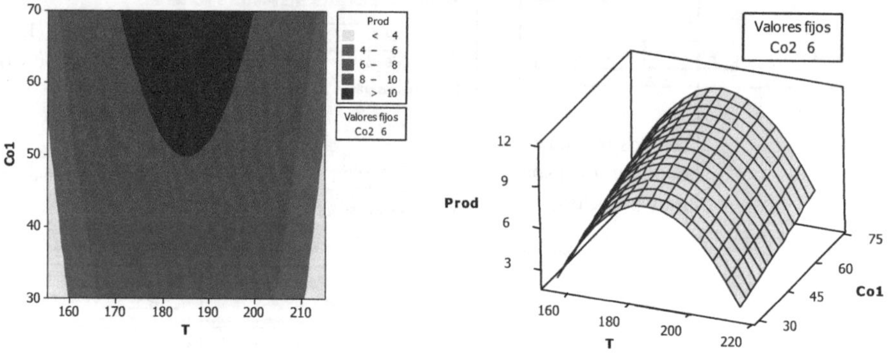

Componente 2 (Co2) a nivel Alto

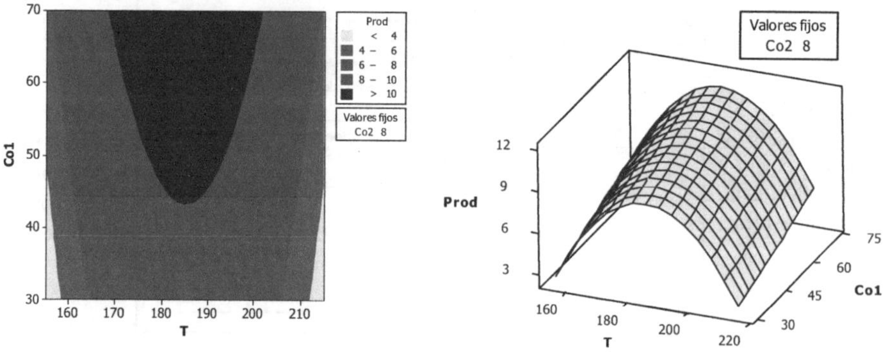

La superficie es una teja inclinada que sube en la dirección de Co1. La respuesta también sube con el valor de Co2 (si hubiéramos dibujado T y Co2 también tendríamos tejas inclinadas subiendo en la dirección de Co2).

Marcar puntos en las curvas de nivel

Se puede utilizar la opción **Colocar bandera** para marcar las coordenadas de un punto sobre las curvas de nivel. Se puede acceder desde **Editor > Colocar bandera** (con la ventana de gráfico activa), o clicando en el botón 🏳 de la barra de herramientas **Edición de gráficas**.

Por ejemplo, vamos a tomar las curvas de nivel con Co2 fijado a 8:

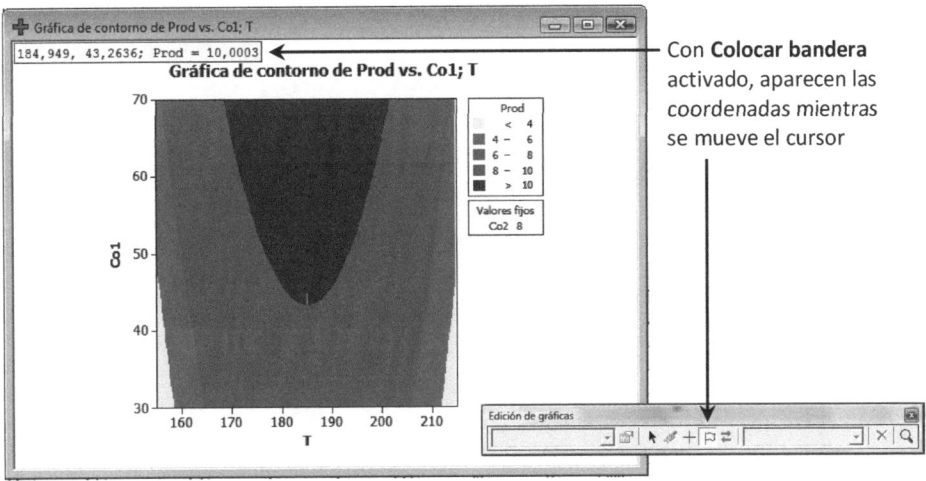

Con **Colocar bandera** activado, aparecen las coordenadas mientras se mueve el cursor

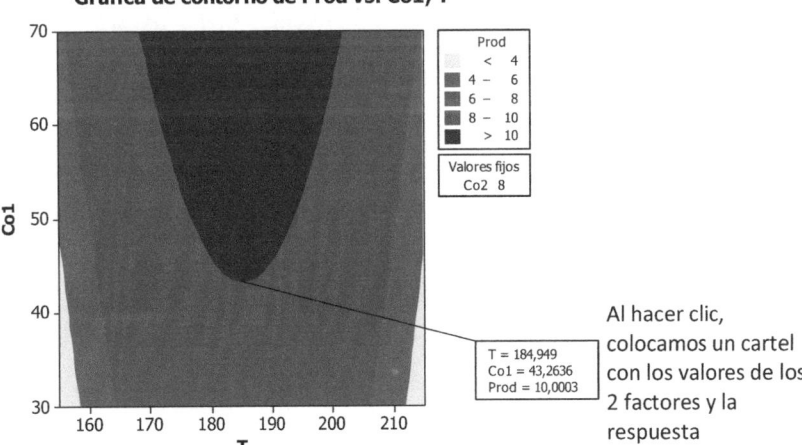

Al hacer clic, colocamos un cartel con los valores de los 2 factores y la respuesta

29

Fiabilidad

Archivo 'Inyección'

 Una empresa fabrica bombas de inyección para motores diesel. El archivo INYECCION.MTW contiene datos de la duración en horas de funcionamiento de 40 bombas.

Una primera aproximación a estos datos la obtenemos dibujando un histograma:

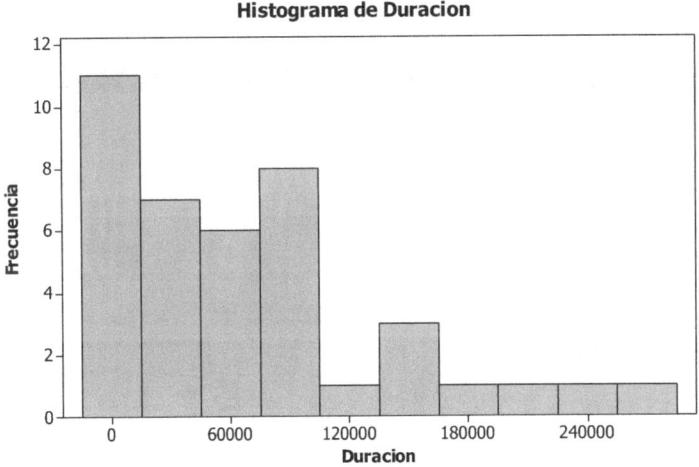

Histograma de Duracion

Los datos no se ajustan a una distribución normal, lo que no debe sorprendernos, puesto que se trata de tiempos de vida de aparatos. Probablemente podremos ajustarlos a una distribución exponencial o de Weibull.

Nos vamos a centrar en el caso de datos completos (sabemos los tiempos de fallo de todos los elementos) o datos censurados por la derecha (sabemos que algunos elementos han durado más de un cierto tiempo, cuando hemos parado el experimento todavía funcionaban).

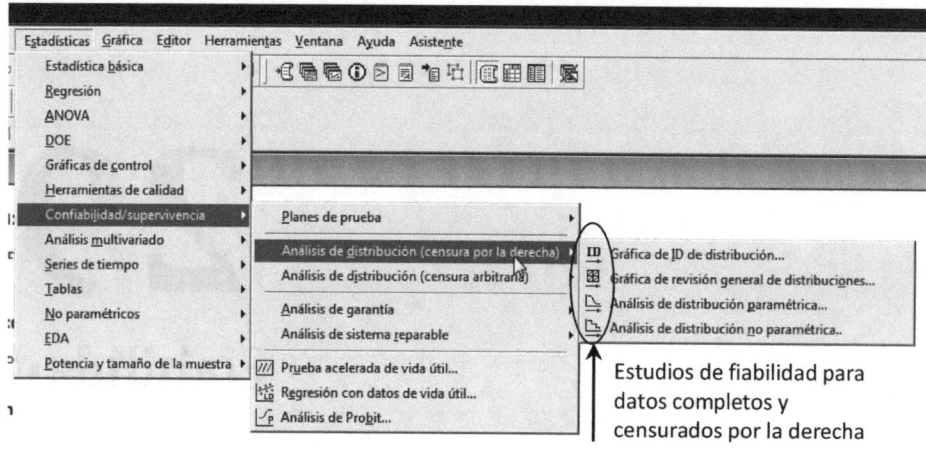

Estudios de fiabilidad para
datos completos y
censurados por la derecha

Análisis no paramétrico

En el análisis no paramétrico las funciones de fiabilidad y de riesgo son empíricas, se calculan a partir de los datos, sin suponer que los datos se ajustan a una distribución de probabilidad.

Estadísticas > Confiabilidad/Supervivencia > Análisis de distribución (censura por la derecha) > Análisis de distribución no paramétrica

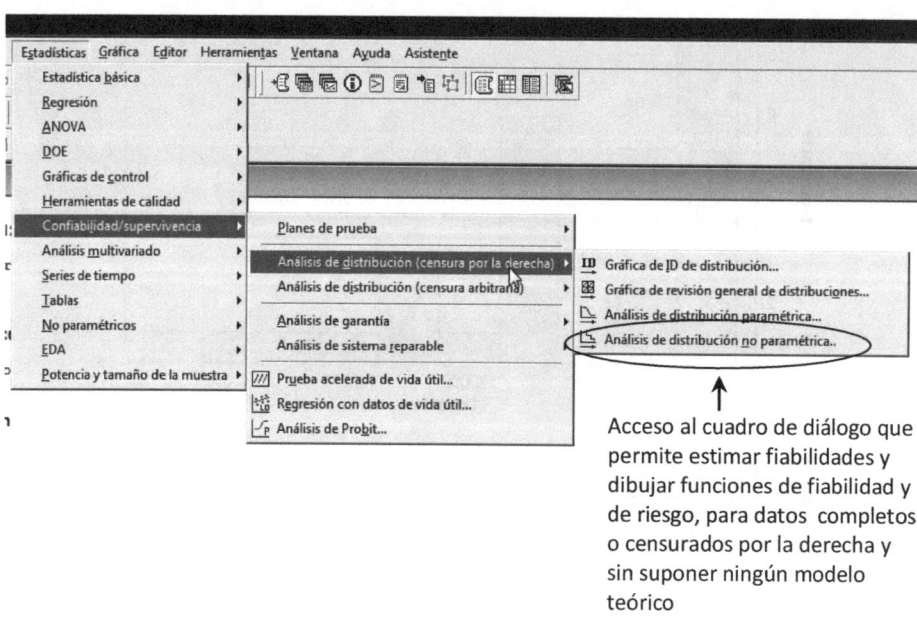

Acceso al cuadro de diálogo que
permite estimar fiabilidades y
dibujar funciones de fiabilidad y
de riesgo, para datos completos
o censurados por la derecha y
sin suponer ningún modelo
teórico

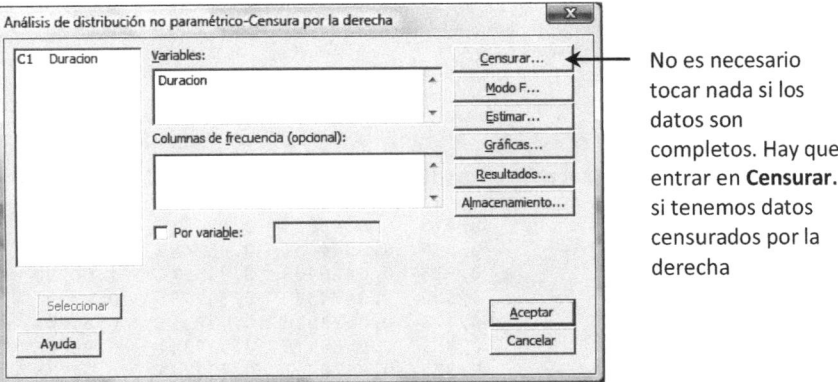

No es necesario tocar nada si los datos son completos. Hay que entrar en **Censurar…** si tenemos datos censurados por la derecha

Gráficas

Representa la función de fiabilidad empírica

Representa la función de riesgo empírica

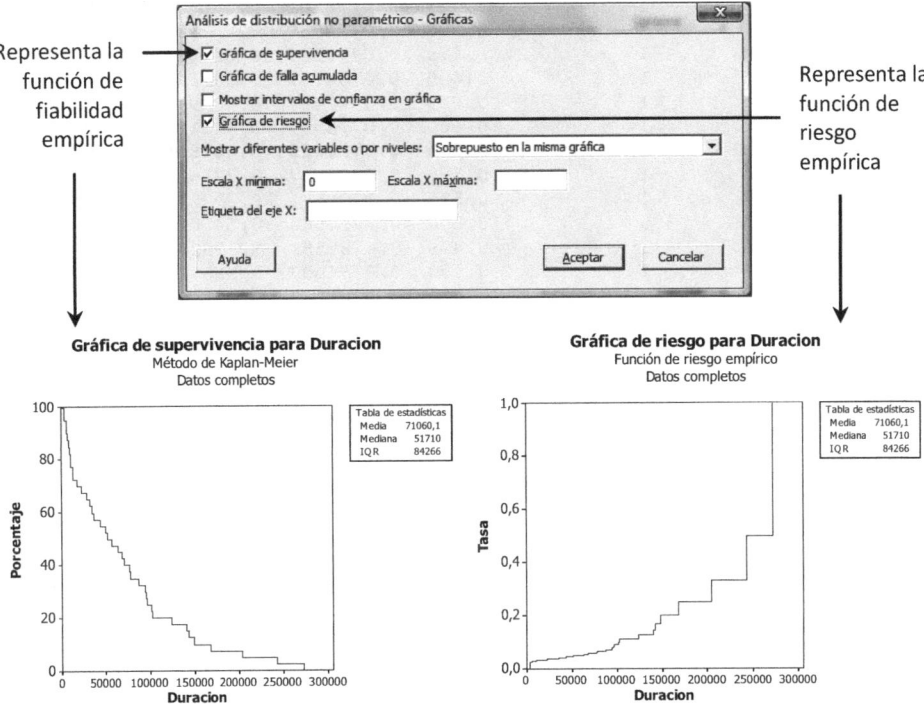

La salida en la ventana de sesión de MINITAB es la siguiente:

```
...

Características de la variable

               Error   IC normal de 95,0%
Media(MTTF)  estándar  Inferior  Superior
    71060,1   10634,4   50216,9   91903,2
```

```
Mediana = 51710
IQR = 84266   Q1 = 12504   Q3 = 96770

Cálculos de Kaplan-Meier
```

Tiempo	Número en riesgo	Número de fallas	Probabilidad de supervivencia	Error estándar	IC normal de 95,0% Inferior	Superior
3607	40	1	0,975	0,0246855	0,926617	1,00000
4100	39	1	0,950	0,0344601	0,882459	1,00000
5734	38	1	0,925	0,0416458	0,843376	1,00000
5768	37	1	0,900	0,0474342	0,807031	0,99297
7025	36	1	0,875	0,0522913	0,772511	0,97749
8089	35	1	0,850	0,0564579	0,739344	0,96066
9411	34	1	0,825	0,0600781	0,707249	0,94275
10640	33	1	0,800	0,0632456	0,676041	0,92396
10681	32	1	0,775	0,0660256	0,645592	0,90441
12504	31	1	0,750	0,0684653	0,615810	0,88419
13030	30	1	0,725	0,0706001	0,586626	0,86337
17656	29	1	0,700	0,0724569	0,557987	0,84201
22339	28	1	0,675	0,0740566	0,529852	0,82015
28698	27	1	0,650	0,0754155	0,502188	0,79781
31749	26	1	0,625	0,0765466	0,474972	0,77503
34585	25	1	0,600	0,0774597	0,448182	0,75182
36863	**24**	**1**	**0,575**	**0,0781625**	**0,421804**	**0,72820**
43403	23	1	0,550	0,0786607	0,395828	0,70417
49389	22	1	0,525	0,0789581	0,370245	0,67975
51710	21	1	0,500	0,0790569	0,345051	0,65495
56084	20	1	0,475	0,0789581	0,320245	0,62975
63311	19	1	0,450	0,0786607	0,295828	0,60417
68135	18	1	0,425	0,0781625	0,271804	0,57820
71329	17	1	0,400	0,0774597	0,248182	0,55182
77223	16	1	0,375	0,0765466	0,224972	0,52503
77629	15	1	0,350	0,0754155	0,202188	0,49781
87564	14	1	0,325	0,0740566	0,179852	0,47015
94596	13	1	0,300	0,0724569	0,157987	0,44201
96104	12	1	0,275	0,0706001	0,136626	0,41337
96770	11	1	0,250	0,0684653	0,115810	0,38419
101214	10	1	0,225	0,0660256	0,095592	0,35441
102993	9	1	0,200	0,0632456	0,076041	0,32396
123815	8	1	0,175	0,0600781	0,057249	0,29275
140341	7	1	0,150	0,0564579	0,039344	0,26066
142312	6	1	0,125	0,0522913	0,022511	0,22749
148521	5	1	0,100	0,0474342	0,007031	0,19297
168021	4	1	0,075	0,0416458	0,000000	0,15662
204471	3	1	0,050	0,0344601	0,000000	0,11754
242796	2	1	0,025	0,0246855	0,000000	0,07338
272193	1	1	0,000	0,0000000	0,000000	0,00000

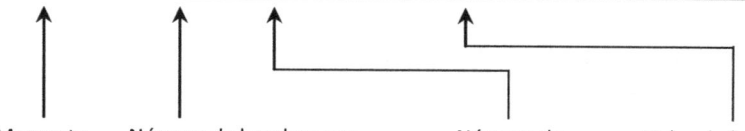

Momento en que se produce el fallo	Número de bombas que siguen en funcionamiento hasta el momento en que se estropea una nueva unidad	Número de unidades que fallan en cada momento	Valor de la fiabilidad empírica (número de unidades todavía en funcionamiento entre el total que teníamos)

Sin especificar ningún modelo, es decir, a partir del análisis no paramétrico, ¿cuál es la fiabilidad después de 40000 horas de funcionamiento?

En la tabla anterior, debemos mirar la fila que corresponde a 36863 horas (que aparece en negrita). El siguiente fallo se ha producido a 43403 horas; por tanto, a las 40000 horas están funcionando las mismas unidades que a las 36863 horas.

Por tanto, fiabilidad a las 40000 horas = 0,575.

Identificación del mejor modelo para los datos

Estadísticas > Confiabilidad/Supervivencia > Análisis de distribución (censura por la derecha) > Gráfica de ID de distribución

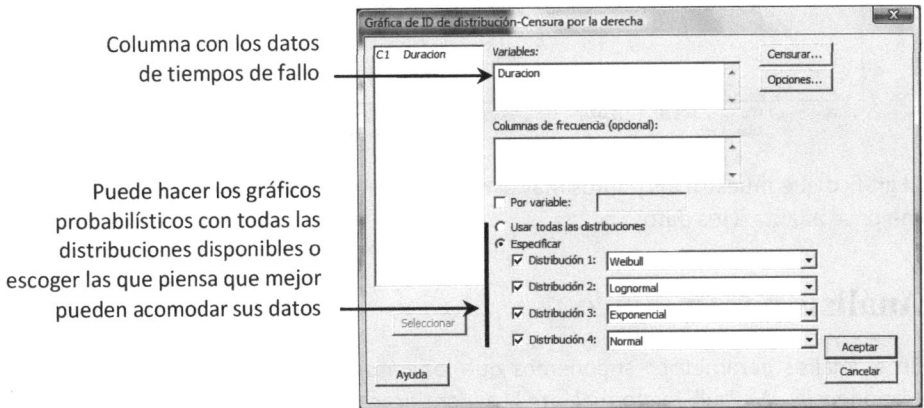

Columna con los datos de tiempos de fallo

Puede hacer los gráficos probabilísticos con todas las distribuciones disponibles o escoger las que piensa que mejor pueden acomodar sus datos

El primer bloque de la salida en la ventana de sesión de MINITAB nos muestra los estadísticos de bondad del ajuste que permiten decidir cual es el modelo que mejor se ajusta a los datos:

```
Gráfica de ID de distribución:  Duracion

Bondad de ajuste
                                      Coeficiente
                    Anderson-Darling          de
Distribución              (ajust.)   correlación
Weibull                      0,776         0,977
Lognormal                    1,072         0,977
Exponencial                  0,654             *
Normal                       1,860         0,931
```

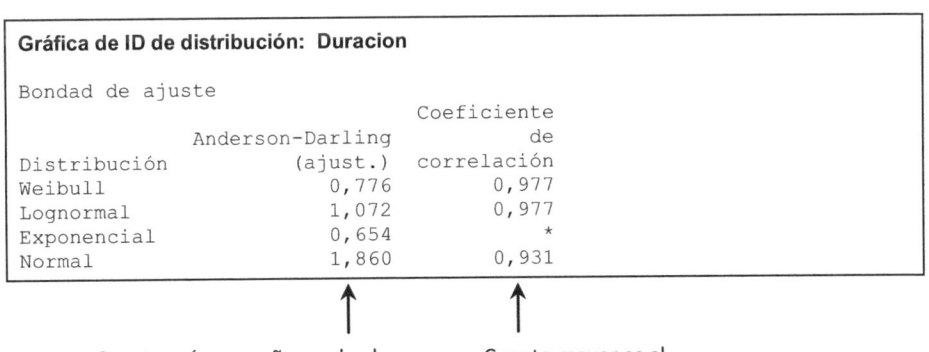

Cuanto más pequeño es el valor del estadístico de Anderson-Darling, mejor es el ajuste

Cuanto mayor es el coeficiente de correlación, mejor es el ajuste

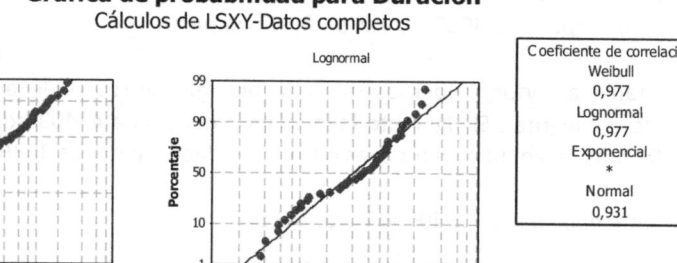

Gráfica de probabilidad para Duracion
Cálculos de LSXY-Datos completos

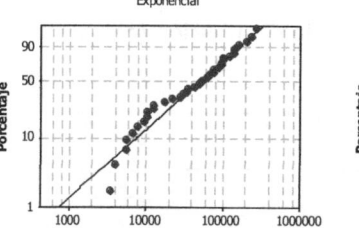

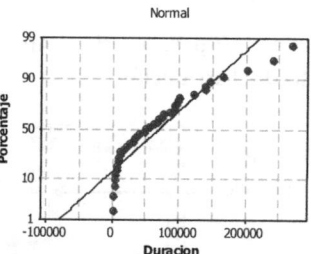

El gráfico que muestra los puntos más alineados corresponde a la distribución que mejor se adapta a los datos

Análisis paramétrico

En el análisis paramétrico suponemos que los datos se ajustan a un modelo teórico (exponencial, Weibull, lognormal, etc.) La identificación de la distribución que mejor se ajusta a los datos se realiza a partir de **Gráfica de ID distribución**, como hemos visto.

Estadísticas > Confiabilidad/Supervivencia > Análisis de distribución (censura por la derecha) > Análisis de distribución paramétrica

Permite estimar fiabilidades y dibujar funciones de fiabilidad y de riesgo para datos completos o censurados por la derecha y suponiendo que los datos se ajustan a un modelo teórico

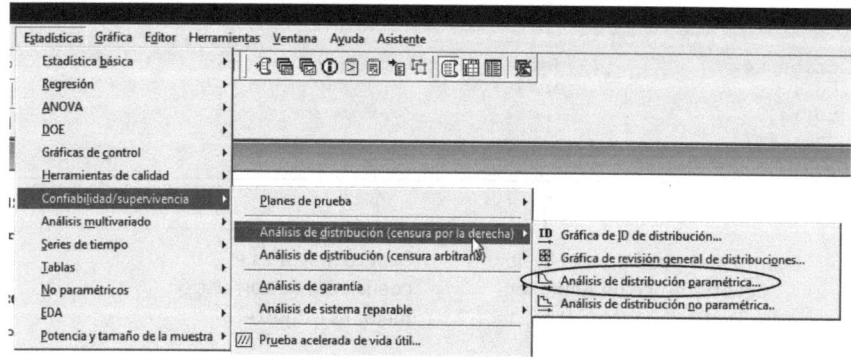

Análisis de distribución paramétrico-Censura por la derecha
C1 Duracion
Variables:
Duracion
Columnas de frecuencia (opcional):
Por variable:
Distribución asumida:
Exponencial
Censurar...
Modo F...
Estimar...
Probar...
Gráficas...
Resultados...
Opciones...
Almacenamiento...
Seleccionar
Ayuda
Aceptar
Cancelar

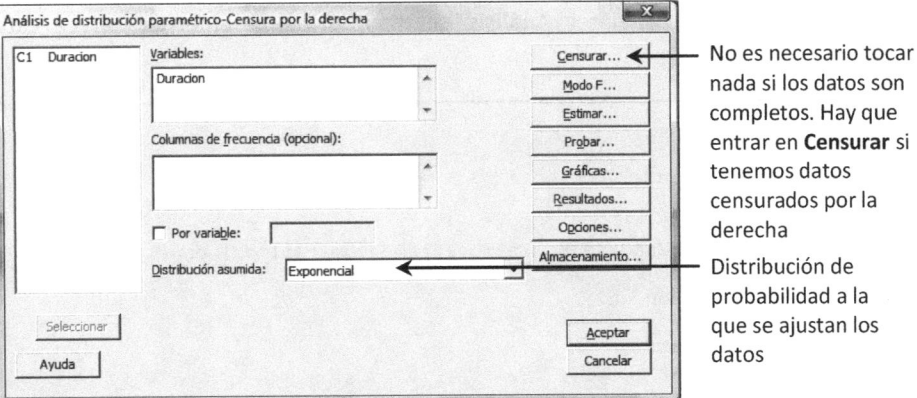

No es necesario tocar nada si los datos son completos. Hay que entrar en **Censurar** si tenemos datos censurados por la derecha

Distribución de probabilidad a la que se ajustan los datos

Gráficas

Gráfico probabilístico (con un intervalo de confianza del 95%)

Otras gráficas

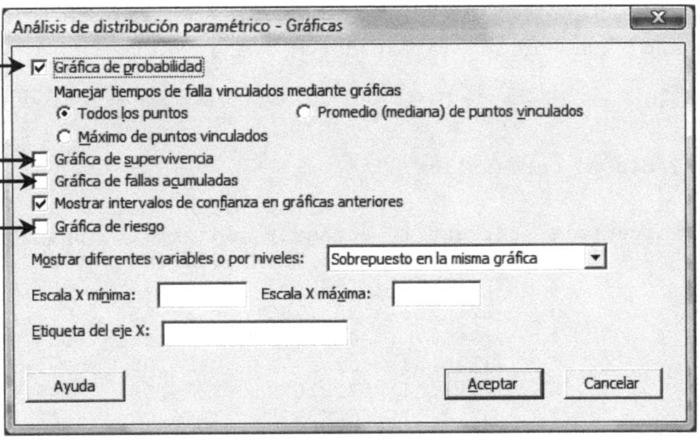

Análisis de distribución paramétrico - Gráficas
Gráfica de probabilidad
Manejar tiempos de falla vinculados mediante gráficas
Todos los puntos
Promedio (mediana) de puntos vinculados
Máximo de puntos vinculados
Gráfica de supervivencia
Gráfica de fallas acumuladas
Mostrar intervalos de confianza en gráficas anteriores
Gráfica de riesgo
Mostrar diferentes variables o por niveles:
Sobrepuesto en la misma gráfica
Escala X mínima:
Escala X máxima:
Etiqueta del eje X:
Ayuda
Aceptar
Cancelar

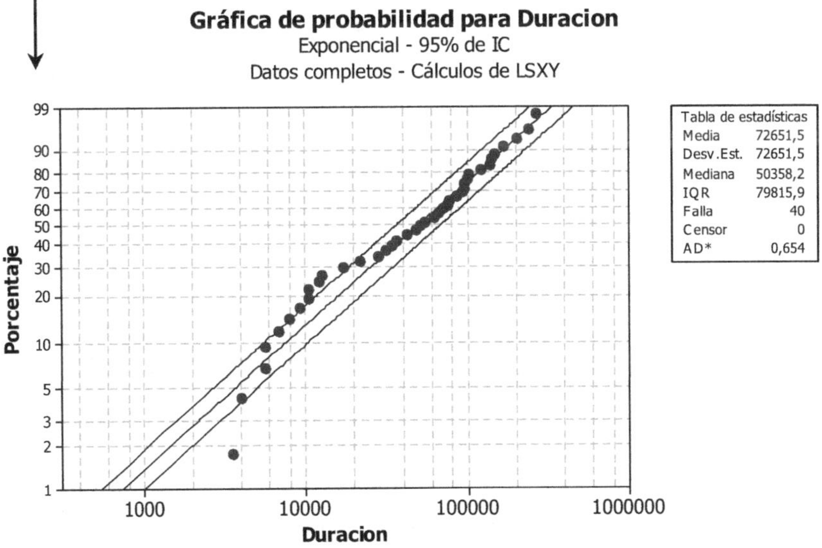

Gráfica de probabilidad para Duracion
Exponencial - 95% de IC
Datos completos - Cálculos de LSXY
Porcentaje
99
90
80
70
60
50
40
30
20
10
5
3
2
1
1000
10000
100000
1000000
Duracion
Tabla de estadísticas
Media 72651,5
Desv.Est. 72651,5
Mediana 50358,2
IQR 79815,9
Falla 40
Censor 0
AD* 0,654

La ventana de sesión al hacer **Análisis de distribución paramétrico** ofrece este aspecto:

```
Variable: Duracion

Información de censura   Conteo
Valor no censurado          40

Método de cálculo: Cuadrados mínimos(tiempo de falla(X) en el rango(Y))

Distribución:   Exponencial

Cálculos del parámetro

                          Error   IC normal de 95,0%
Parámetro  Estimado     estándar  Inferior   Superior
Media       72651,5      11615,1   53107,9    99387,2


Log-verosimilitud = -486,861

Bondad de ajuste
Anderson-Darling (ajustado) = 0,654


...


Tabla de percentiles

                          Error   IC normal de 95,0%
Porcentaje  Percentil   estándar  Inferior   Superior
         1    730,172    116,736   533,752    998,875
         2    1467,76    234,657   1072,92    2007,89
         3    2212,91    353,788   1617,63    3027,26
         4    2965,78    474,153   2167,97    4057,18
         5    3726,54    595,779   2724,08    5097,90
         6    4495,34    718,692   3286,07    6149,62
         7    5272,37    842,919   3854,08    7212,60
         8    6057,80    968,489   4428,22    8287,06
         9    6851,82    1095,43   5008,64    9373,27
        10    7654,60    1223,78   5595,48    10471,5
        20    16211,7    2591,84   11850,7    22177,6
        30    25913,0    4142,83   18942,3    35448,9
        40    37112,3    5933,31   27128,9    50769,5
        50    50358,2    8051,00   36811,6    68890,0
        60    66569,9    10642,8   48662,3    91067,6
        70    87470,5    13984,3   63940,5    119659
        80    116928     18693,8   85473,9    159958
        90    167286     26744,9   122286     228847
        91    174941     27968,6   127881     239319
        92    183498     29336,7   134136     251025
        93    193199     30887,7   141228     264296
        94    204399     32678,2   149414     279617
        95    217645     34795,9   159097     297737
        96    233856     37387,7   170948     319915
        97    254757     40729,2   186226     348507
        98    284215     45438,7   207759     388805
        99    334573     53489,7   244571     457695
```

Calculado a partir del modelo teórico, a los 7655 minutos un 10% de las bombas ya no funcionan. Por tanto, la fiabilidad a los 7655 minutos es del 90%.

¿Cuál es la fiabilidad después de 40000 horas de funcionamiento?

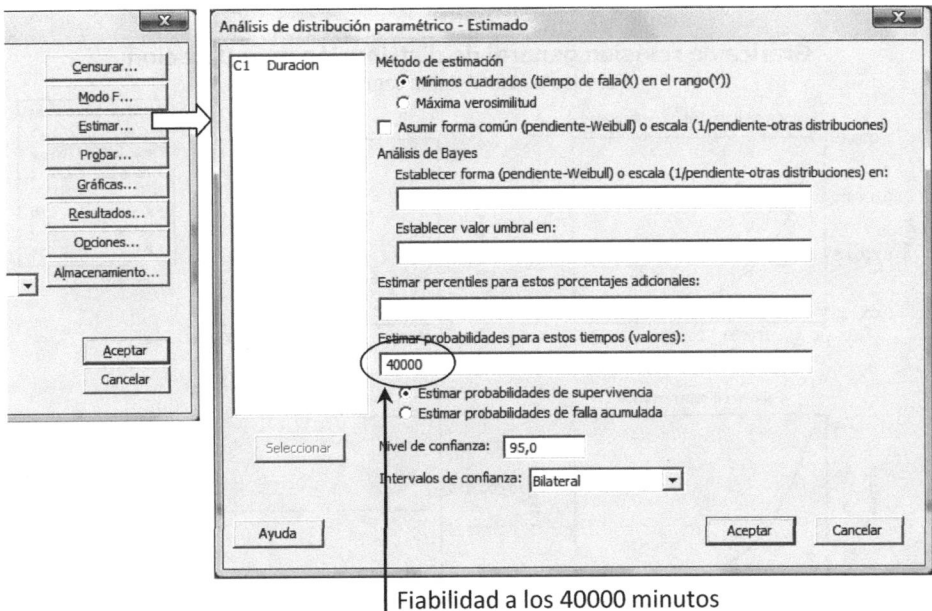

Fiabilidad a los 40000 minutos
de funcionamiento

La salida de MINITAB es:

```
Tabla de probabilidades de supervivencia

                      IC normal de 95,0%
Tiempo   Probabilidad  Inferior  Superior
40000      0,576619   0,470865  0,668669
```

Por tanto, la fiabilidad a las 40000 horas es 0,5766. Podemos comparar este valor de fiabilidad a las 40000 horas al hacer una estimación no paramétrica (sin suponer ningún modelo) o paramétrica (suponiendo modelo exponencial):

- No paramétrica: Fiabilidad a las 40000 horas = 0,5750
- Paramétrica: Fiabilidad a las 40000 horas = 0,5766

Visión gráfica general de datos de fiabilidad

Una manera rápida de obtener el gráfico de las funciones de fiabilidad y de riesgo, tanto procedentes de un análisis no paramétrico como paramétrico, es a través de **Estadísticas > Confiabilidad/Supervivencia > Análisis de distribución (censura por la derecha) > Gráfica de revisión general de distribuciones**

En **Variables** ponemos la columna C1 (donde tenemos los datos de duración). Activando la opción de **Análisis paramétrico**, con distribución Exponencial, se tiene:

Gráfica de revisión general de distribución para Duracion
Cálculos de LSXY-Datos completos

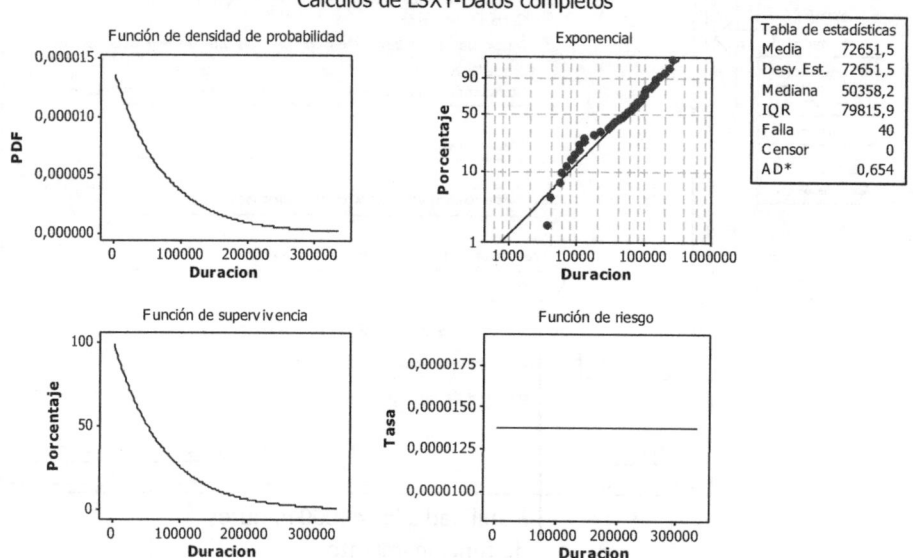

Y con el análisis no paramétrico las gráficas son:

Gráfica de revisión general de distribución para Duracion
Cálculos de Kaplan-Meier-Datos completos

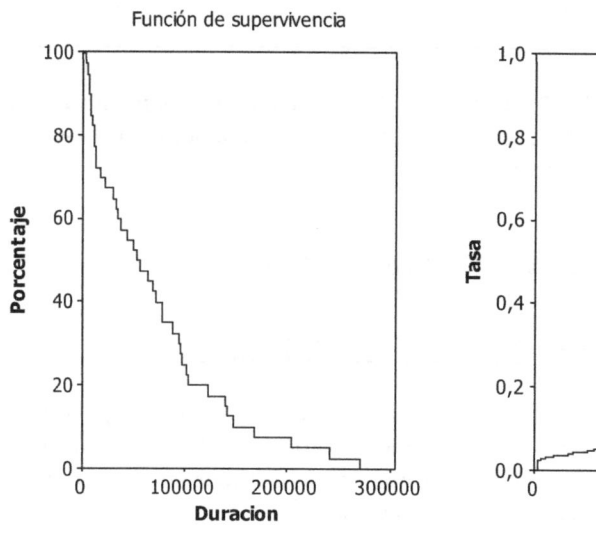

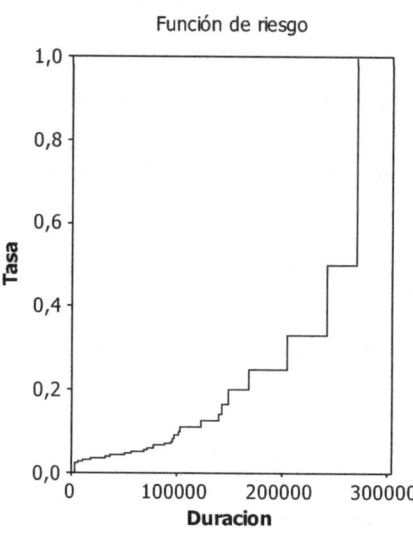

30

Casos prácticos del bloque VI
Diseño de experimentos. Fiabilidad

Jerseys

La parte delantera de un jersey abrochado está formada por 2 mitades, y cada una de ellas está formada a su vez por lo que denominaremos cuerpo y tira. La tira es la zona donde van alojados los botones o los ojales (según el lado) y está tejida de forma que es más recia y consistente que el cuerpo.

Tradicionalmente el cuerpo y la tira se tejían por separado y después se cosían, pero en la actualidad existen máquinas que tejen simultáneamente, en una misma pieza, el cuerpo y la tira, con la ventaja de que se eliminan operaciones en la confección de la prenda. El inconveniente es que al tener la tira distinto tipo de punto, y estar tejida bajo otros parámetros, a veces resulta ser más larga o más corta que el cuerpo, por lo que la pieza es defectuosa.

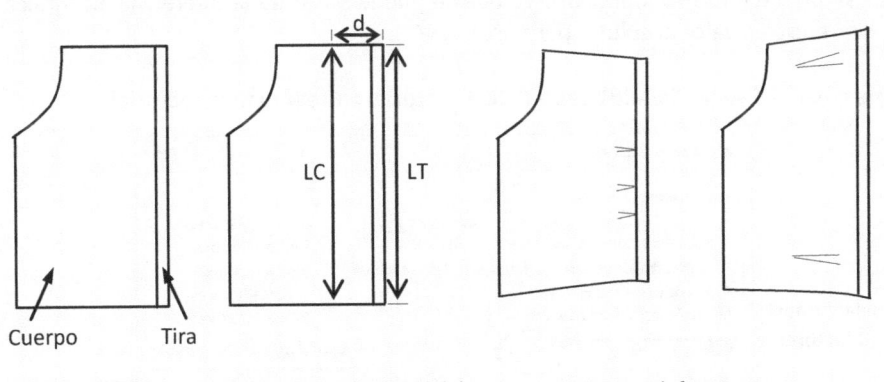

Localización de
Cuerpo y Tira

Medición de la longitud del
cuerpo (LC) y de la tira (LT).
La distancia d está fijada

Piezas defectuosas por
tener distinto valor de LC y LT

Para determinar las condiciones de tejido de la tira que consiguen que la longitud de cuerpo y tira sean iguales, se realiza un diseño 2^3 con los siguientes factores.

A: Tipo de tira: Interlock (−) y tubular (+)
B: Número de agujas: 4 y 10
C: Graduación del punto (longitud de la malla en la parte interior): 9,0 y 10,8

Obteniéndose los siguientes resultados, en el orden estándar de la matriz de diseño:

Tiempo en tejerse la pieza (min):	12:40	12:39	12:39	12:39	9:18	9:18	9:17	9:18
Longitud del cuerpo (LC, cm):	67,8	71,7	67,6	77,0	62,2	71,6	71,7	75,6
Longitud de la tira (LT, cm):	70,4	70,2	70,0	75,9	64,9	73,8	74,4	78,0

Se desea saber cuáles son las condiciones en que conviene tejer para minimizar el tiempo y la diferencia entre la longitud del cuerpo y de la tira. Interesa especialmente si se puede tejer en menos de 10 minutos con diferencia cero entre cuerpo y tira.

Respecto al tiempo que tarda en tejerse la pieza, puede observarse que las 4 primeras respuestas son prácticamente iguales, y las 4 últimas también, por lo que sin hacer ningún cálculo podemos afirmar que solo el factor C influye en el tiempo: Al pasar del nivel − al nivel +, es decir, 9,0 a 10,8 medidas de graduación del punto, el tiempo de tejido disminuye en aproximadamente 1:21 min. A efectos de minimizar el tiempo interesa, por tanto, la graduación del punto alta.

Para estudiar cómo influyen los factores en la diferencia de longitudes, utilizamos como respuesta la diferencia LT−LC. Debe tenerse en cuenta que el objetivo es que la respuesta sea cero, no el minimizar su valor. El objetivo sería minimizar la respuesta si hiciéramos la diferencia en valor absoluto, pero esto no es lo más recomendable ya que se pierde información. (Observe que se puede pasar de la diferencia algebraica a la diferencia en valor absoluto, pero no al revés).

Para crear el diseño: **Estadísticas > DOE > Factorial > Crear diseño factorial**

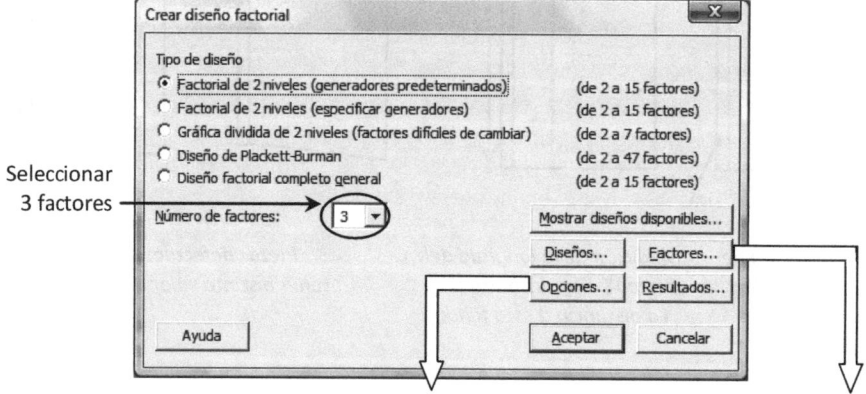

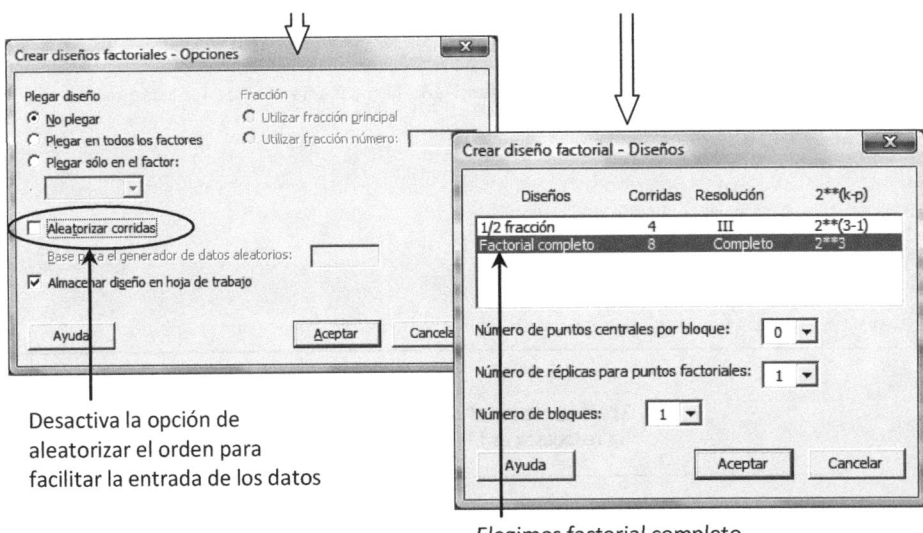

Desactiva la opción de aleatorizar el orden para facilitar la entrada de los datos

Elegimos factorial completo

Añadiendo a la hoja de datos las longitudes del cuerpo (LC) y la tira (LT), y haciendo su diferencia, se obtiene:

↓	C1	C2	C3	C4	C5	C6	C7	C8	C9	C10
	OrdenEst	OrdenCorrida	PtCentral	Bloques	A	B	C	LC	LT	LT-LC
1	1	1	1	1	-1	-1	-1	67,8	70,4	2,6
2	2	2	1	1	1	-1	-1	71,7	70,2	-1,5
3	3	3	1	1	-1	1	-1	67,6	70,0	2,4
4	4	4	1	1	1	1	-1	77,0	75,9	-1,1
5	5	5	1	1	-1	-1	1	62,2	64,9	2,7
6	6	6	1	1	1	-1	1	71,6	73,8	2,2
7	7	7	1	1	-1	1	1	71,7	74,4	2,7
8	8	8	1	1	1	1	1	75,6	78,0	2,4

Analizamos los resultados: **Estadísticas > DOE > Factorial > Analizar diseño factorial**

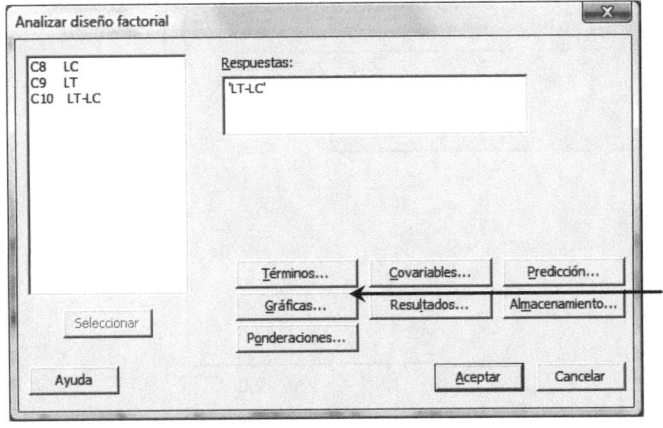

A través de la opción **Gráficas** seleccionamos la representación de los efectos en papel probabilístico normal y su diagrama de Pareto

La lista de efectos y gráficos obtenidos son:

```
Efectos y coeficientes estimados para LT-LC (unidades codificadas)

Término      Efecto      Coef
Constante                1,550
A           -2,100     -1,050
B            0,100      0,050
C            1,900      0,950
A*B          0,200      0,100
A*C          1,700      0,850
B*C         -0,000     -0,000
A*B*C       -0,100     -0,050
```

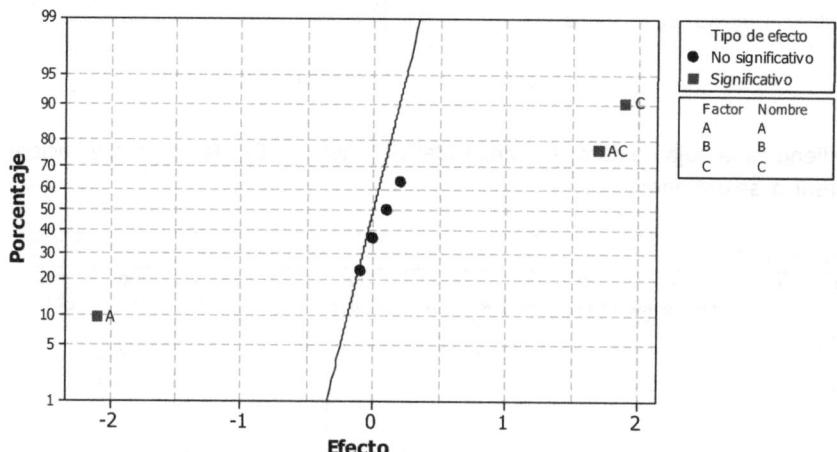

Gráfica normal de los efectos
(la respuesta es LT-LC, Alfa = 0,05)

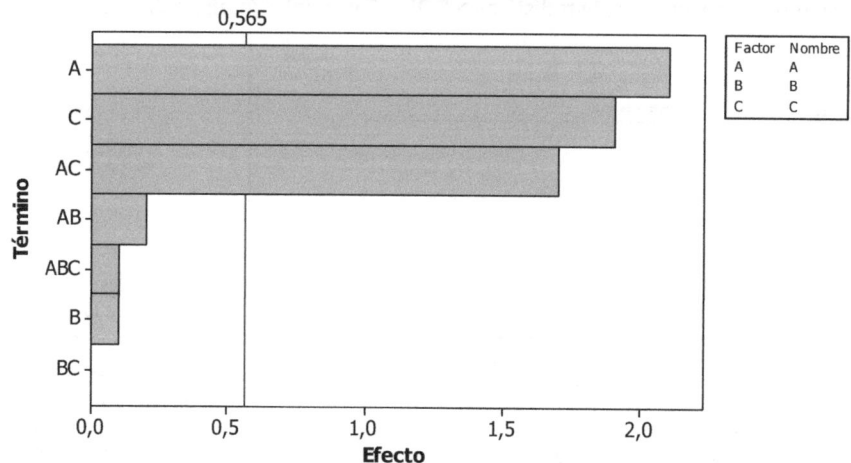

Diagrama de Pareto de los efectos
(la respuesta es LT-LC, Alfa = 0,05)

Tanto en un gráfico como en otro, queda claro que lo significativo son los efectos principales de A (tipo de tira) y C (graduación del punto) así como su interacción AC.

Para interpretar el resultado vamos directamente al gráfico de la interacción AC:

Estadísticas > DOE > Factorial > Gráficas factoriales

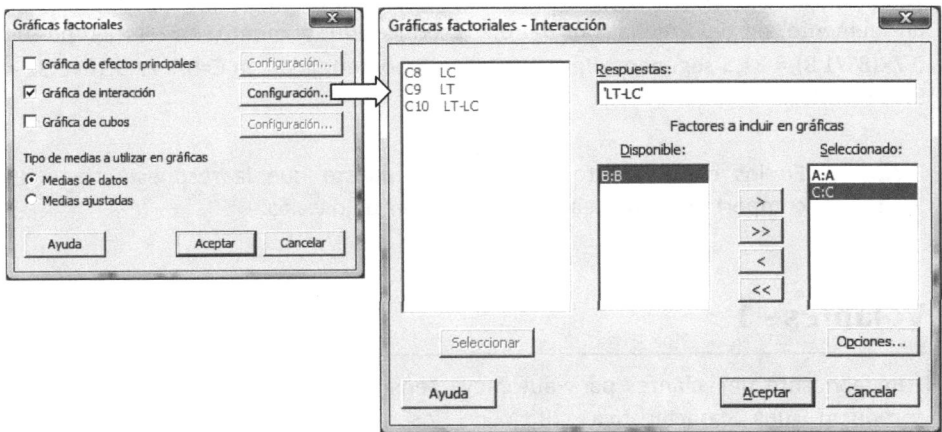

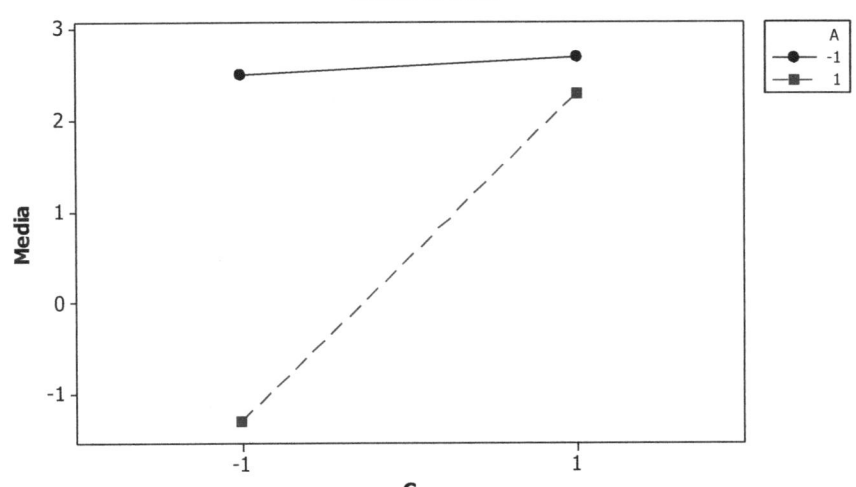

Gráfica de interacción para LT-LC
Medias de datos

El número de agujas (B) es inerte para las 2 respuestas de interés (tiempo de tejido y diferencia entre cuerpo y tira). Respecto a los otros 2 factores, el gráfico de su interacción pone de manifiesto que con la tira tipo Interlock (A, nivel −) la diferencia se mantiene casi constante y por encima de los 2 mm, independientemente del valor de C. Sin embargo, con la tira tubular (nivel +) variando la graduación del punto varía la diferencia entre cuerpo y tira.

Con valores codificados, aproximadamente con C = −0,25 (con A nivel +) se obtiene una respuesta igual a cero. Para decodificar, tenemos en cuenta que 2 unidades codificadas (de −1 a 1) equivalen a 1,8 graduaciones de punto, por tanto el valor de C, sin codificar, que da diferencia cero es: 9,0+0,75×(1,8/2) = 9,7.

Respecto al tiempo de tejido, con C=9 tenemos 9:18 min, y con C=10,8 el tiempo es 12:39. Es decir, aumentar la graduación 1,8 aumenta el tiempo en 81 segundos. Luego un aumento en la graduación de 0,7 produce un aumento en el tiempo de 0,7×(81/1,8) = 31,5 segundos. Por tanto, el tiempo de tejido con C=9,7 es 9:18+0:32 = 9:50 minutos.

En los cálculos anteriores se ha supuesto que la respuesta tiene un comportamiento lineal entre los niveles bajo y alto.

Volantes - 1

Un fabricante de volantes para automóvil tenía problemas con la dureza de su producto (una característica crítica de los volantes es que deben ser lo suficientemente duros para no romperse, pero lo suficientemente blandos como para que en caso de accidente el volante se rompa antes que las costillas del conductor). El proceso de fabricación consiste en inyectar poliuretano en un molde.

Para averiguar de qué depende el índice de rotura se decide llevar a cabo un experimento 2^3 con las variables P (presión de inyección), R (ratio de los dos componentes del poliuretano) y T (temperatura de inyección). Tras escoger adecuadamente los niveles y dada la gran variabilidad detectada en la dureza se decidió replicar el experimento. Los resultados obtenidos fueron:

P	R	T	Dureza1	Dureza2
-1	-1	-1	35	18
1	-1	-1	62	47
-1	1	-1	28	31
1	1	-1	55	56
-1	-1	1	49	26
1	-1	1	48	31
-1	1	1	34	39
1	1	1	45	44

Se trata de analizar de qué manera afecta a la dureza cada uno de los factores.

Creamos el diseño:

Estadísticas > DOE > Factorial > Crear diseño factorial

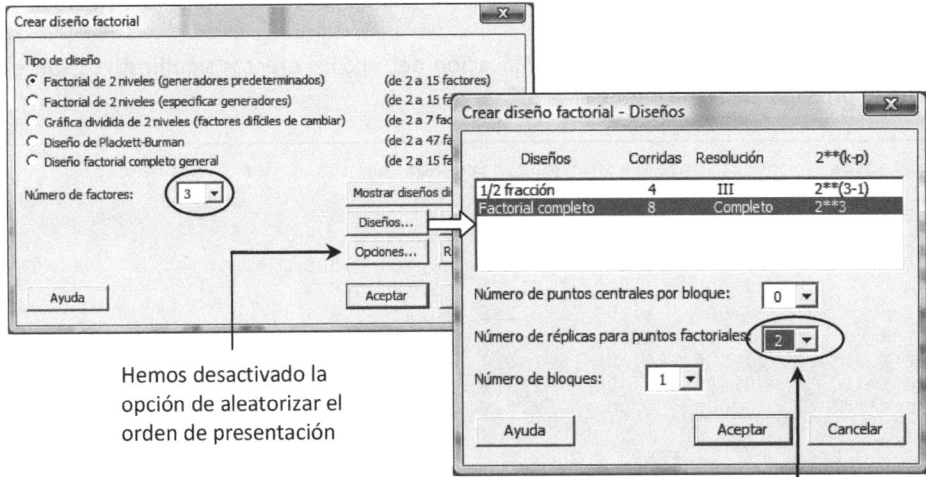

Hemos desactivado la opción de aleatorizar el orden de presentación

Dos réplicas

En los diseños replicados, la matriz del diseño se repite tantas veces como réplicas hay. Primero se entran las primeras réplicas, después las segundas, etc. Todas las respuestas en la misma columna.

	C1	C2	C3	C4	C5	C6	C7	C8	
	OrdenEst	OrdenCorrida	PtCentral	Bloques	P	R	T	Dureza	
1	1	1	1	1	-1	-1	-1	35	Primeras réplicas
2	2	2	1	1	1	-1	-1	62	
3	3	3	1	1	-1	1	-1	28	
4	4	4	1	1	1	1	-1	55	
5	5	5	1	1	-1	-1	1	49	
6	6	6	1	1	1	-1	1	48	
7	7	7	1	1	-1	1	1	34	
8	8	8	1	1	1	1	1	45	
9	9	9	1	1	-1	-1	-1	18	
10	10	10	1	1	1	-1	-1	47	Segundas réplicas
11	11	11	1	1	-1	1	-1	31	
12	12	12	1	1	1	1	-1	56	
13	13	13	1	1	-1	-1	1	26	
14	14	14	1	1	1	-1	1	31	
15	15	15	1	1	-1	1	1	39	
16	16	16	1	1	1	1	1	44	

Análisis de los resultados: **Estadísticas > DOE > Factorial > Analizar diseño factorial**

No es necesario analizar la significación de los efectos a través de gráficos, ya que al tener réplicas MINITAB realiza pruebas de significación para cada uno de los efectos

Fijando como criterio un nivel de significación del 5%, los efectos significativos son el efecto principal de P y la interacción PT.

```
Efectos y coeficientes estimados para Dureza (unidades codificadas)

Término      Efecto     Coef   SE Coef      T      P
Constante             40,500    2,312  17,52  0,000
P            16,000    8,000    2,312   3,46  0,009
R             2,000    1,000    2,312   0,43  0,677
T            -2,000   -1,000    2,312  -0,43  0,677
P*R           1,000    0,500    2,312   0,22  0,834
P*T         -11,000   -5,500    2,312  -2,38  0,045
R*T          -0,000   -0,000    2,312  -0,00  1,000
P*R*T         2,000    1,000    2,312   0,43  0,677

S = 9,24662          PRESS = 2736
R-cuad. = 69,52%     R-cuad.(pred.) = 0,00%   R-cuad.(ajustado) = 42,85%
```

El ratio entre los 2 componentes del poliuretano (factor R) es inerte en el rango de valores en que se ha experimentado. Estudiamos la interacción entre la presión y la temperatura de inyección (PT):

Estadísticas > DOE > Factorial > Gráficas factoriales

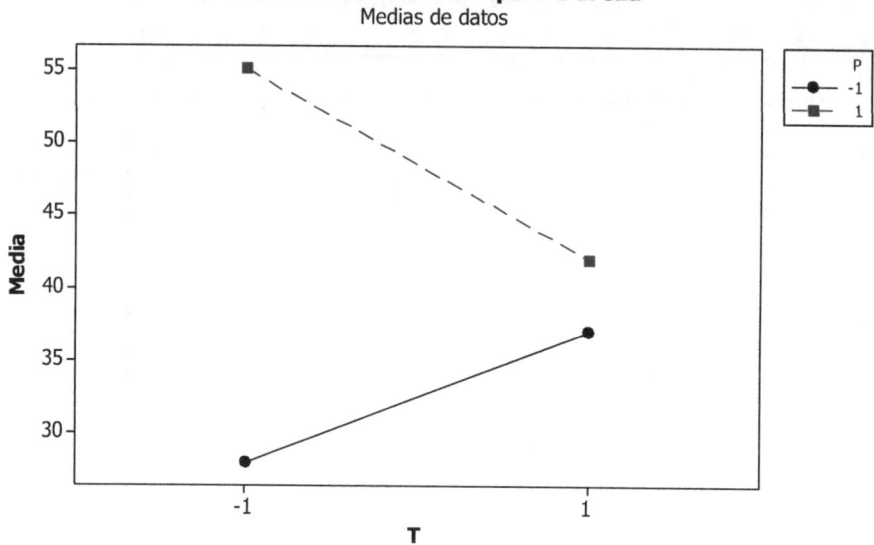

La máxima resistencia se obtiene con la presión a nivel + y la temperatura a nivel −. Si en algún momento se tuviera que trabajar con la presión a nivel −, se debería situar la temperatura a nivel +.

Volantes - 2

En un trabajo posterior sobre la dureza de los volantes, se descubrió que el experimento anterior no se aleatorizó adecuadamente. Primero se hicieron las 8 primeras réplicas y después las otras 8, con el agravante de que entre ambos conjuntos de experimentos pasaron 2 semanas y se sabe que las condiciones ambientales (temperatura ambiente, humedad, ...) afectan a las características de los componentes de poliuretano.

Vistas las circunstancias en que se habían obtenido los datos, se decidió volverlos a analizar considerando las 16 respuestas como los resultados de un diseño 2^4, donde un nuevo factor W (nivel −1 para los ocho experimentos de la primera réplica y nivel +1 para los ocho experimentos de la segunda réplica) representa las diferencias ocurridas en el proceso (ambientales o de otro tipo) durante las dos semanas transcurridas entre la primera y la segunda réplica.

Se trata de sacar conclusiones desde este nuevo punto de vista.

Estadísticas > DOE > Factorial > Crear diseño factorial

Tenemos 4 factores, elegimos el diseño completo sin réplicas, y desactivamos la opción de aleatorizar el orden de presentación de la matriz de diseño. Como ahora no tenemos réplicas, para analizar la significación de los efectos activamos las opciones de representación en papel probabilístico normal y diagrama de Pareto.

Estadísticas > DOE > Factorial > Analizar diseño factorial > Gráficas > Gráficas de efectos: Normal

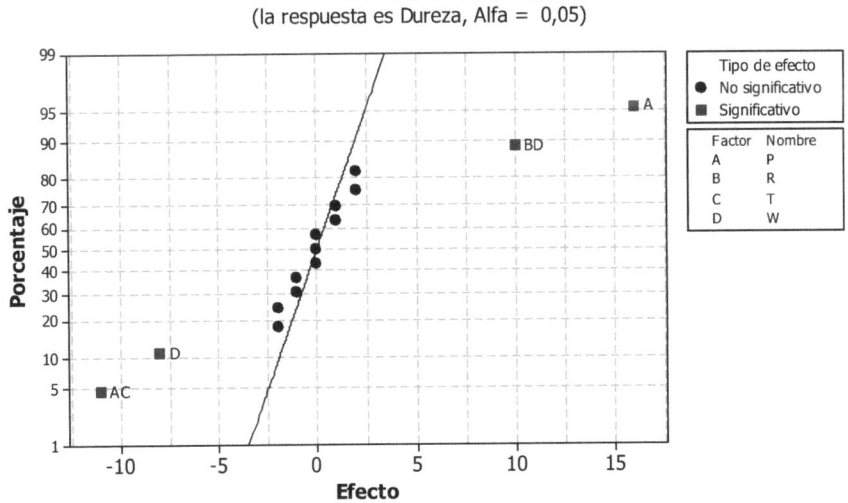

Gráfica normal de los efectos
(la respuesta es Dureza, Alfa = 0,05)

Está muy claro en ambos gráficos que los efectos significativos son A (P), AC (PT) (hasta aquí igual que en el análisis anterior), D (W) y BD (RW). Analizando la interacción PT se llega a las mismas conclusiones que antes. Analizando RW se obtiene:

Estadísticas > DOE > Factorial > Gráficas factoriales

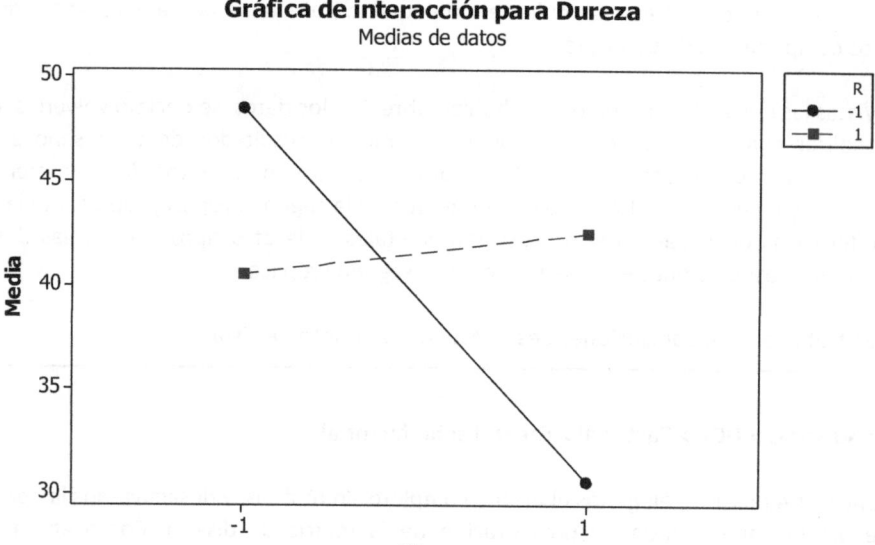

Si R está a nivel –, la variable ambiental afecta de forma muy clara a la dureza de los volantes, pero si está a nivel +, esa influencia es mucho menor. R había aparecido antes como inerte al no considerar la influencia de las condiciones ambientales y, por tanto, resultaba indiferente el valor que tomara. Ahora, a la vista de su interacción con las condiciones ambientales, puede utilizarse para neutralizar la influencia de éstas y conseguir un producto con características independientes de las condiciones en que se ha fabricado.

Helicópteros (de papel)

Se puede construir un helicóptero de papel de acuerdo con el esquema de la figura. Al dejarlo caer desde cierta altura, primero cae de forma irregular, pero cuando se abren las alas empieza a girar sobre sí mismo bajando de forma lenta

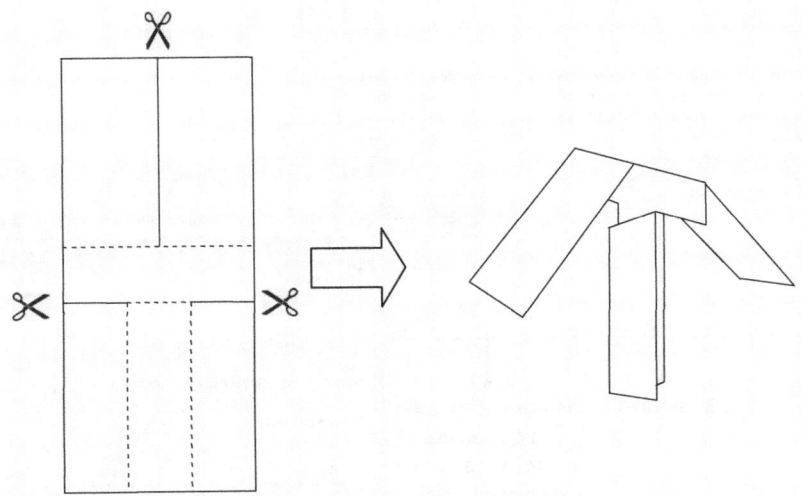

Para mejorar un diseño de partida, y con el objetivo de maximizar el tiempo de caída, se lleva a cabo un diseño 2^{8-4} con los siguientes factores y niveles:

	Factor	−	+
A	Tipo de papel	Normal	Grueso
B	Longitud del cuerpo	5 cm	6,5 cm
C	Anchura del cuerpo	3 cm	4 cm
D	Longitud del ala	5 cm	6,25 cm
E	Sobrepeso (clip)	no	si
F	Cuerpo pegado	no	si
G	Extremo del ala doblado hacia arriba	no	si
H	Cinta adhesiva en el ala	no	si

Para plantear el diseño se utilizaron los generadores que proporciona MINITAB, y los tiempos de caída en segundos, en orden estándar, fueron:

2,3; 2,2; 2,6; 2,3; 3,1; 2,9; 2,5; 2,6; 1,9; 2,1; 1,7; 1,8; 2,1; 1,9; 2,3; 2,4

Se trata de extraer conclusiones a partir de los experimentos realizados, y de indicar cuáles serían los próximos experimentos que habría que realizar.

Planteamos el diseño: **Estadísticas > DOE > Factorial > Crear diseño factorial**

Tenemos 8 factores y elegimos un diseño 2^{8-4}. Desactivamos la opción de aleatorización y al analizar pedimos el gráfico de los efectos en papel probabilístico normal.

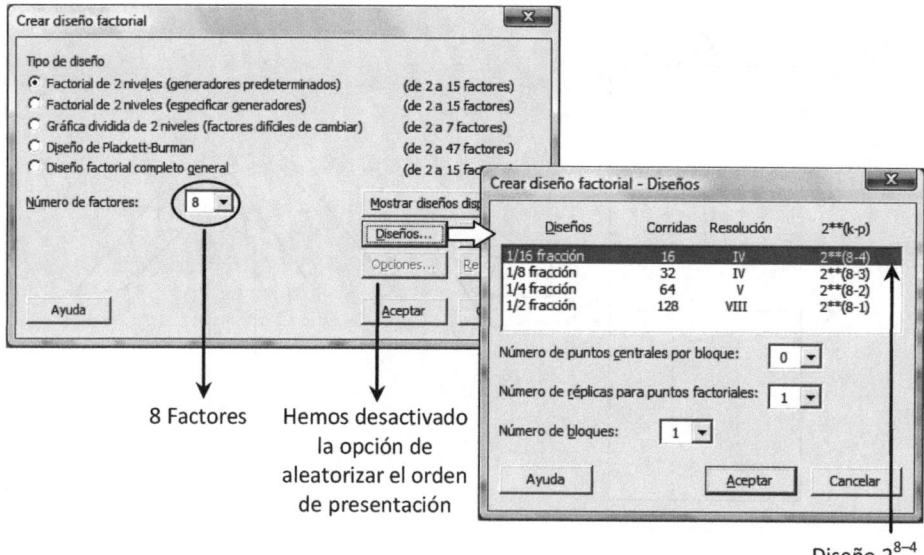

8 Factores   Hemos desactivado la opción de aleatorizar el orden de presentación

Diseño 2^{8-4}

Entramos los resultados y analizamos los datos: **Estadísticas > DOE > Factorial > Analizar diseño factorial**

```
Ajuste factorial: Y vs. A; B; C; D; E; F; G; H
Efectos y coeficientes estimados para Y (unidades codificadas)

Término     Efecto      Coef
Constante              2,2938
A          -0,0375   -0,0187
B          -0,0375   -0,0187
C           0,3625    0,1812
D          -0,5375   -0,2687
E           0,3125    0,1563
F          -0,0875   -0,0437
G           0,1125    0,0563
H           0,0125    0,0063
A*B         0,0375    0,0187
A*C        -0,0125   -0,0063
A*D         0,0875    0,0437
A*E        -0,0125   -0,0063
A*F        -0,0625   -0,0313
A*G        -0,0125   -0,0063
A*H         0,0875    0,0437
```

```
...
Estructura de alias (hasta el orden 3)
I
A + B*C*G + B*D*H + B*E*F + C*D*F + C*E*H + D*E*G + F*G*H
B + A*C*G + A*D*H + A*E*F + C*D*E + C*F*H + D*F*G + E*G*H
C + A*B*G + A*D*F + A*E*H + B*D*E + B*F*H + D*G*H + E*F*G
D + A*B*H + A*C*F + A*E*G + B*C*E + B*F*G + C*G*H + E*F*H
E + A*B*F + A*C*H + A*D*G + B*C*D + B*G*H + C*F*G + D*F*H
F + A*B*E + A*C*D + A*G*H + B*C*H + B*D*G + C*E*G + D*E*H
G + A*B*C + A*D*E + A*F*H + B*D*F + B*E*H + C*D*H + C*E*F
H + A*B*D + A*C*E + A*F*G + B*C*F + B*E*G + C*D*G + D*E*F
A*B + C*G + D*H + E*F
A*C + B*G + D*F + E*H
A*D + B*H + C*F + E*G
A*E + B*F + C*H + D*G
A*F + B*E + C*D + G*H
A*G + B*C + D*E + F*H
A*H + B*D + C*E + F*G
```

Representando los efectos en papel probabilístico normal, se obtiene:

Gráfica normal de los efectos
(la respuesta es Y, Alfa = 0,05)

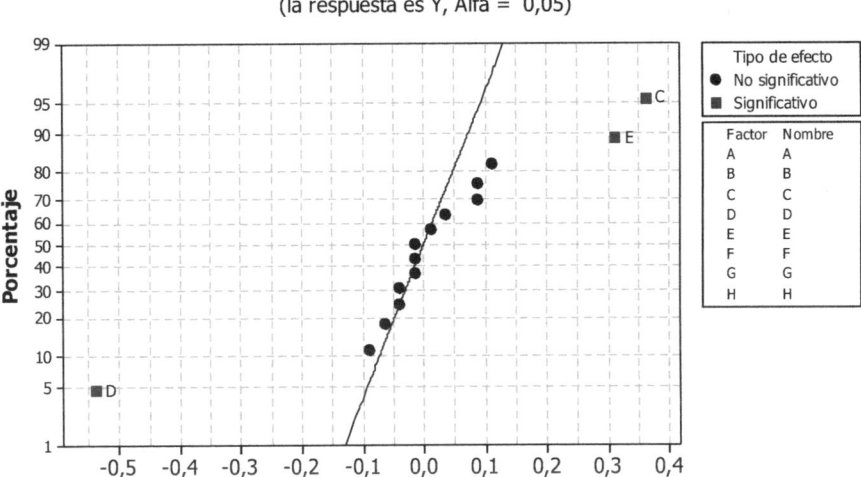

Lo único que aparece como significativo son los efectos principales de C (anchura del cuerpo), D (longitud del ala) y E (sobrepeso). Al seleccionar el diseño ya vimos que nuestro 2^{8-4} es de resolución IV, y esto significa que los efectos principales sólo están confundidos con interacciones de 3 factores. Las confusiones pueden verse con detalle en la estructura de alias que se obtiene al analizar los resultados.

Despreciando las interacciones de 3 o más factores, las conclusiones son que aumentar la anchura del cuerpo y añadir sobrepeso mejoran el tiempo de caída, mientras que aumentar la longitud del ala lo empeora. Los demás factores son inertes en los niveles a que se ha experimentado.

Para seguir experimentado, una buena opción podría ser realizar un 2^3 con los 3 factores que se han mostrado activos, desplazando los niveles hacia la zona que resulta más prometedora. Es decir:

	Factor	−	+
C	Anchura del cuerpo	4 cm	5 cm
D	Longitud del ala	4 cm	5 cm
E	Sobrepeso (clip)	1 clip	2 clips

Microorganismos

En el laboratorio de una empresa que se dedica a la depuración de aguas residuales se lleva a cabo un experimento con el objeto de descubrir cómo afecta el pH del agua y su temperatura a la tasa de crecimiento de microorganismos. En particular, se quiere encontrar qué condiciones de pH y temperatura son las que provocan mayor tasa de crecimiento.

Se van a realizar los experimentos de acuerdo con la metodología de superficie de respuesta, siguiendo estos pasos:

1. Se realiza un diseño 2^2 con puntos centrales para intentar ajustar un modelo lineal. Si el modelo lineal ajusta bien, eso significa que estamos lejos del máximo.

2. Se mueven los dos factores en la dirección de máximo crecimiento, hasta detectar por dónde está el máximo.

3. Se hace un nuevo 2^2 con puntos centrales y se ajusta un modelo lineal. Si ajusta bien es que seguimos lejos del máximo, por lo que se corrige la dirección de crecimiento y se sigue buscando el máximo.

4. Si no ajusta bien el modelo lineal anterior, seguramente estamos ya en el máximo. Tendremos que añadir experimentos para poder estimar los términos cuadráticos.

→ Etapa 1

Empezamos con un diseño 2^2 con 3 puntos centrales, con los niveles bajo y alto para pH y temperatura que muestra la tabla adjunta

	Nivel −	Nivel +
pH	3,0	4,0
Temperatura	20	25

Matriz de diseño con los resultados obtenidos:

pH	Temp [$^{\circ}$C]	Tasa [$\cdot 10^{-2}$ min^{-1}]
3,0	20,0	1,56
4,0	20,0	2,55
3,0	25,0	2,30
4,0	25,0	3,20
3,5	22,5	2,45
3,5	22,5	2,31
3,5	22,5	2,31

Como tenemos la matriz del diseño y la respuesta ya introducida en la hoja de datos, no usamos **Crear diseño de superficie de respuesta**, sino **Definir diseño de superficie de respuesta.**

Estadísticas > DOE > Superficie de respuesta > Definir diseño de superficie de respuesta

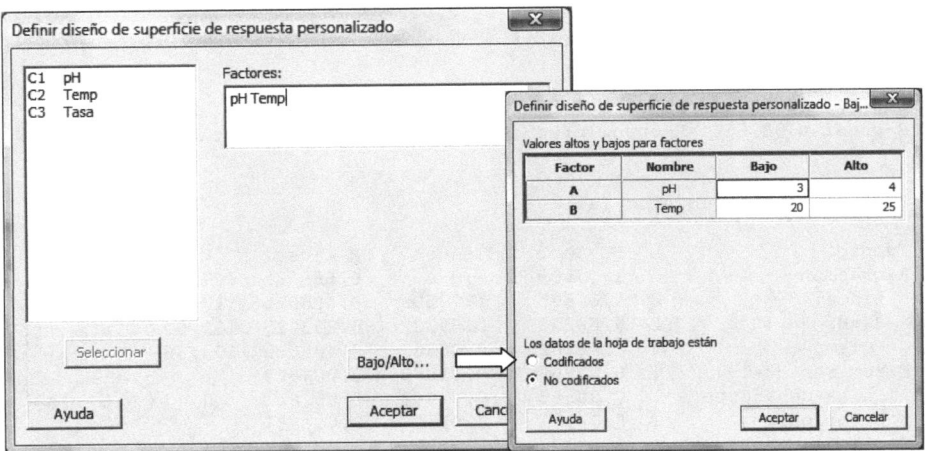

Estadísticas > DOE > Superficie de respuesta > Analizar diseño de superficie de respuesta

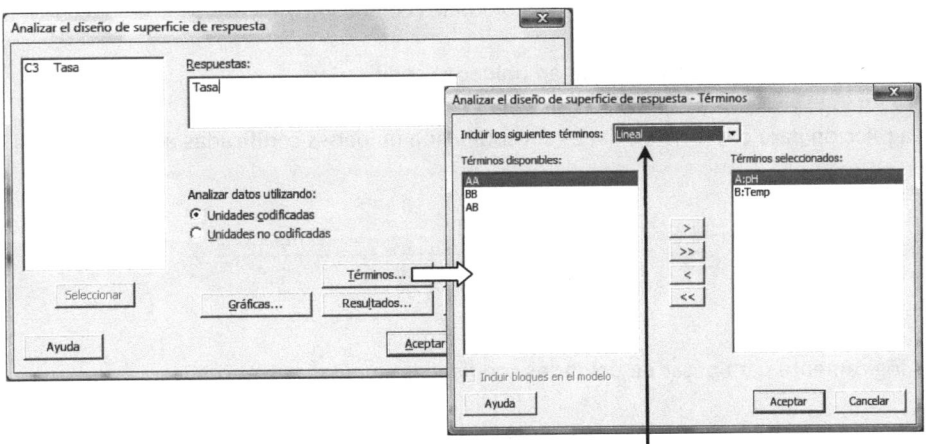

Escogemos incluir solo
términos lineales en el modelo

Regresión de superficie de respuesta: Tasa vs. pH; Temp

```
El análisis se realizó utilizando unidades codificadas.

Coeficientes de regresión estimados de Tasa

                  EE del
Término     Coef    coef.      T       P
Constante  2,3829  0,02584  92,223  0,000
pH         0,4725  0,03418  13,824  0,000
Temp       0,3475  0,03418  10,167  0,001


S = 0,0683609     PRESS = 0,0485621
R-cuad. = 98,66%  R-cuad.(pred.) = 96,52%  R-cuad.(ajustado) = 97,99%


Análisis de varianza de Tasa

Fuente            GL  SC Sec.  SC Ajust.  CM Ajust.      F      P
Regresión          2  1,37605   1,37605   0,688025  147,23  0,000
  Lineal           2  1,37605   1,37605   0,688025  147,23  0,000
    pH             1  0,89302   0,89302   0,893025  191,09  0,000
    Temp           1  0,48302   0,48302   0,483025  103,36  0,001
Error residual     4  0,01869   0,01869   0,004673
  Falta de ajuste  2  0,00563   0,00563   0,002813    0,43  0,699
  Error puro       2  0,01307   0,01307   0,006533
Total              6  1,39474
```

El modelo lineal ajusta bien. Seguramente estamos lejos del máximo

El modelo que mejor ajusta localmente la superficie es:

$Y = 2,38 + 0,47 X_1 + 0,35 X_2$ (en unidades codificadas)

X_1 es el pH y X_2 es la temperatura, en unidades codificadas.

La relación para pasar de unidades sin codificar a unidades codificadas es:

$$X_1 = \frac{pH - \frac{3+4}{2}}{\frac{4-3}{2}} = \frac{pH - 3,5}{0,5} \qquad X_2 = \frac{Temp - \frac{20+25}{2}}{\frac{25-20}{2}} = \frac{Temp - 22,5}{2,5}$$

Y lógicamente para pasar de unidades codificadas a unidades sin codificar:

$$pH = 0,5 X_1 + 3,5 \qquad Temp = 2,5 X_2 + 22,5$$

Estas son las curvas de nivel que corresponden al modelo que hemos encontrado:

Estadísticas > DOE > Superficie de respuesta > Gráficas de contorno/superficie

Gráfica de contorno de Tasa vs. Temp; pH

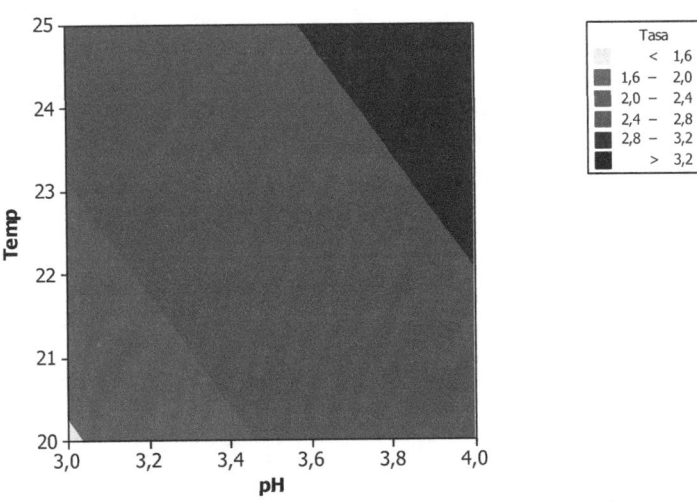

La dirección de máximo crecimiento viene determinada por el vector $\left(\dfrac{\partial Y}{\partial X_1};\dfrac{\partial Y}{\partial X_2}\right)$.

Recordemos que nuestro modelo es $Y = 2,38 + 0,47\, X_1 + 0,35\, X_2$. Por tanto, en nuestro caso la dirección de máximo crecimiento la marca el vector $(0,47 ; 0,35)$. El vector normalizado es $u = (0,8 ; 0,6)$.

→ Etapa 2

En la segunda etapa vamos a hacer experimentos en la dirección de máximo crecimiento.

	Unidades codificadas	Unidades sin codificar		
	(X1 ; X2)	pH	Temp	Tasa
3u	(2,4 ; 1,8)	4,7	27,0	$4,26 \cdot 10^{-2}$
5u	(4,0 ; 3,0)	5,5	30,0	$5,59 \cdot 10^{-2}$
7u	(5,6 ; 4,2)	6,3	33,0	$6,32 \cdot 10^{-2}$
9u	(7,2 ; 5,4)	7,1	36,0	$5,21 \cdot 10^{-2}$

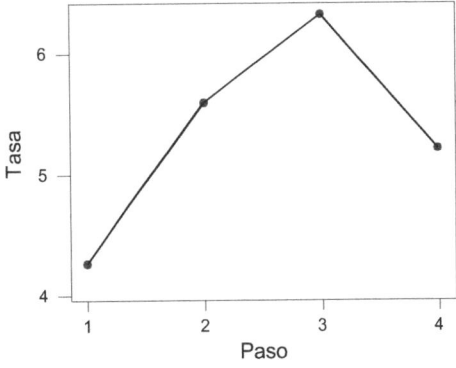

Parece que el máximo está en torno a un pH de 6,3 y una temperatura de 33,0°C. En la tercera etapa haremos un nuevo diseño 2^2 con puntos centrales para comprobar si necesitamos términos cuadráticos para modelar esta zona de la superficie.

→ Etapa 3

Tomaremos los niveles bajo y alto según la tabla adjunta. Básicamente el punto central será para las condiciones de pH y temperatura que hemos visto en la etapa anterior y que nos daban máxima tasa de crecimiento (cambia un poco la temperatura).

	Nivel −	Nivel +
pH	5,8	6,8
Temperatura	30	35

Las condiciones de experimentación y los resultados obtenidos son:

pH	Temp [°C]	Tasa [$\cdot 10^{-2}$ min^{-1}]
5,8	30,0	5,02
6,8	30,0	5,51
5,8	35,0	4,54
6,8	35,0	4,89
6,3	32,5	6,16
6,3	32,5	6,23
6,3	32,5	6,10

Igual que hemos hecho en la etapa 1, ajustamos a los datos un modelo sólo con términos lineales para ver si ajusta bien. Este es el resultado:

Regresión de superficie de respuesta: Tasa vs. pH; Temp

El análisis se realizó utilizando unidades codificadas.

Coeficientes de regresión estimados de Tasa

Término	Coef	EE del coef.	T	P
Constante	5,4929	0,2911	18,866	0,000
pH	0,2100	0,3851	0,545	0,615
Temp	-0,2750	0,3851	-0,714	0,515

El modelo lineal no ajusta bien

S = 0,770299   PRESS = 9,81541
R-cuad. = 16,79%   R-cuad.(pred.) = 0,00%   R-cuad.(ajustado) = 0,00%

Análisis de varianza de Tasa

Fuente	GL	SC Sec.	SC Ajust.	CM Ajust.	F	P
Regresión	2	0,47890	0,47890	0,23945	0,40	0,692
Lineal	2	0,47890	0,47890	0,23945	0,40	0,692
pH	1	0,17640	0,17640	0,17640	0,30	0,615
Temp	1	0,30250	0,30250	0,30250	0,51	0,515
Error residual	4	2,37344	2,37344	0,59336		
Falta de ajuste	2	2,36498	2,36498	1,18249	279,33	(0,004) ←
Error puro	2	0,00847	0,00847	0,00423		
Total	6	2,85234				

El modelo lineal no ajusta bien: seguramente necesitamos incorporar términos cuadráticos en el modelo. Para poder estimar los términos cuadráticos tenemos que realizar más experimentos.

→ Etapa 4

Añadimos a los experimentos de la etapa 3 (que correspondían a los puntos del cubo, incluidos los centrales) los puntos de la estrella. Esta es la matriz completa del diseño central compuesto:

Bloque	pH	Temp [°C]	Tasa [$\cdot 10^{-2}$ min^{-1}]
1	5,8	30,0	5,02
1	6,8	30,0	5,51
1	5,8	35,0	4,54
1	6,8	35,0	4,89
1	6,3	32,5	6,16
1	6,3	32,5	6,23
1	6,3	32,5	6,10
2	5,6	32,5	4,82
2	7,0	32,5	5,67
2	6,3	29,0	5,44
2	6,3	36,0	4,54
2	6,3	32,5	6,28
2	6,3	32,5	6,30
2	6,3	32,5	6,01

El bloque 1 corresponde a los experimentos de la etapa 3 (cubo), el bloque 2 a los experimentos de la etapa 4 (estrella). Como ha pasado tiempo entre los experimentos de la etapa 3 y los de la etapa 4, vale la pena incorporar el bloque en el modelo para poder estimar los efectos libres de la influencia del cambio de día.

... > DOE > Superficie de respuesta > Definir diseño de superficie de respuesta

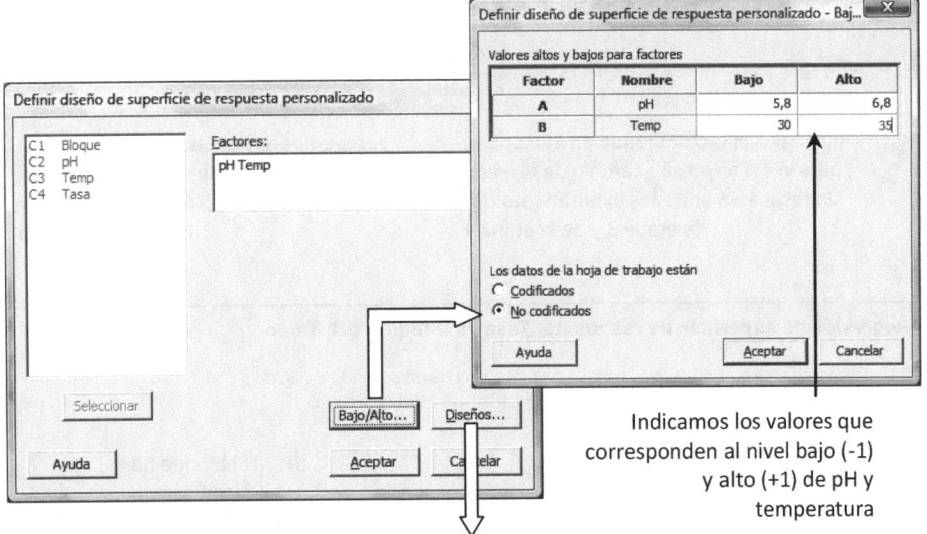

Indicamos los valores que corresponden al nivel bajo (-1) y alto (+1) de pH y temperatura

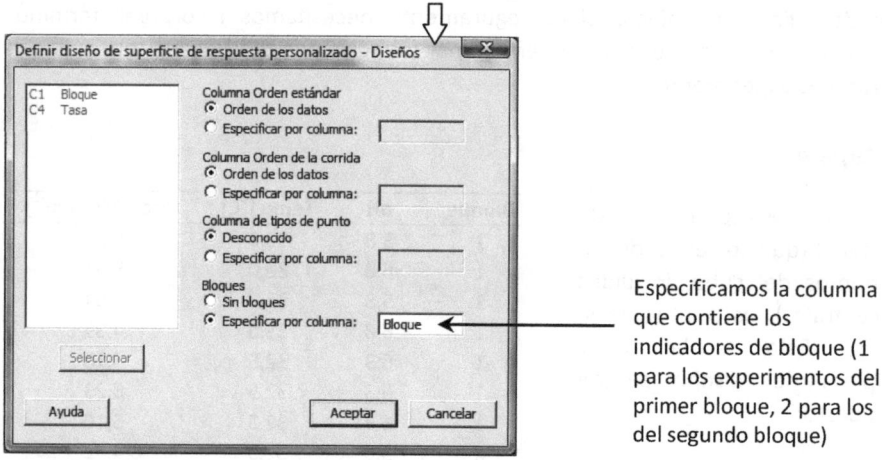

Especificamos la columna que contiene los indicadores de bloque (1 para los experimentos del primer bloque, 2 para los del segundo bloque)

Estadísticas > DOE > Superficie de respuesta > Analizar diseño de superficie de respuesta

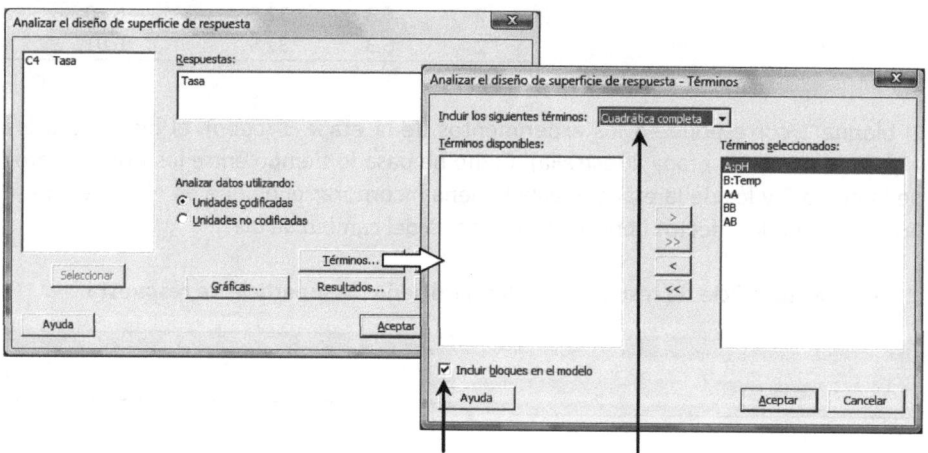

Incluimos el factor bloque en el modelo, para ver si hay algún cambio de nivel en la respuesta entre los experimentos de la etapa 3 y de la etapa 4

Escogemos ahora **Cuadrática completa** (es decir, términos lineales, interacciones de 2 y términos cuadráticos puros)

Regresión de superficie de respuesta: Tasa vs. Bloque; pH; Temp

El análisis se realizó utilizando unidades codificadas.
Coeficientes de regresión estimados de Tasa

Término	Coef	EE del coef.	T	P
Constante	6,18021	0,04549	135,867	0,000
Bloque	-0,03707	0,02978	-1,245	0,253

El bloque no es significativo, lo quitaremos del modelo

```
pH          0,25631   0,03959    6,474   0,000
Temp       -0,29798   0,03959   -7,526   0,000        La interacción no es
pH*pH      -0,50394   0,04161  -12,111   0,000        significativa. La
Temp*Temp  -0,63405   0,04161  -15,237   0,000        quitaremos del modelo
pH*Temp    -0,03500   0,05571   -0,628   0,550 ◄───


S = 0,111423      PRESS = 0,363666
R-cuad. = 98,49%  R-cuad.(pred.) = 93,69%  R-cuad.(ajustado) = 97,20%


Análisis de varianza de Tasa

Fuente           GL   SC Sec.   SC Ajust.  CM Ajust.       F       P
Bloques           1   0,02658    0,01923    0,01923     1,55   0,253
Regresión         5   5,64564    5,64564    1,12913    90,95   0,000
  Lineal          2   1,22355    1,22355    0,61177    49,28   0,000
    pH            1   0,52032    0,52032    0,52032    41,91   0,000
    Temp          1   0,70323    0,70323    0,70323    56,64   0,000
  Cuadrado        2   4,41719    4,41719    2,20859   177,89   0,000
    pH*pH         1   1,53467    1,82094    1,82094   146,67   0,000
    Temp*Temp     1   2,88252    2,88252    2,88252   232,18   0,000
  interacción     1   0,00490    0,00490    0,00490     0,39   0,550
    pH*Temp       1   0,00490    0,00490    0,00490     0,39   0,550
Error residual    7   0,08691    0,08691    0,01242
  Falta de ajuste 3   0,02597    0,02597    0,00866     0,57   0,665 ◄─┐
  Error puro      4   0,06093    0,06093    0,01523                   │
Total            13   5,75912                               El modelo
                                                           ajusta bien
Observaciones inusuales de Tasa
                                  EE de             Residuo
Obs   OrdenEst.  Tasa   Ajuste   ajuste  Residuo   estándar
 14         14   6,010   6,217    0,054   -0,207     -2,13  R

R denota una observación con un residuo estandarizado grande.

...
```

Quitamos el factor de bloque y la interacción para tener ya el modelo definitivo:

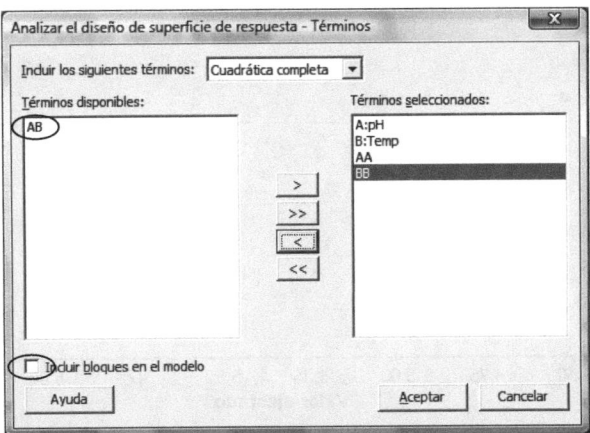

```
Regresión de superficie de respuesta: Tasa vs. pH; Temp

El análisis se realizó utilizando unidades codificadas.
Coeficientes de regresión estimados de Tasa

                         EE del
Término        Coef      coef.        T       P
Constante     6,1807    0,04534   136,309   0,000
pH            0,2563    0,03947     6,494   0,000
Temp         -0,2980    0,03947    -7,550   0,000
pH*pH        -0,5044    0,04148   -12,160   0,000
Temp*Temp    -0,6345    0,04148   -15,296   0,000


S = 0,111076      PRESS = 0,311694
R-cuad. = 98,07%  R-cuad.(pred.) = 94,59%  R-cuad.(ajustado) = 97,21%


Análisis de varianza de Tasa

Fuente            GL   SC Sec.   SC Ajust.   CM Ajust.        F       P
Regresión          4   5,64808    5,64808     1,41202    114,45   0,000
  Lineal           2   1,22355    1,22355     0,61177     49,59   0,000
    pH             1   0,52032    0,52032     0,52032     42,17   0,000
    Temp           1   0,70323    0,70323     0,70323     57,00   0,000
  Cuadrado         2   4,42453    4,42453     2,21227    179,31   0,000
    pH*pH          1   1,53780    1,82426     1,82426    147,86   0,000
    Temp*Temp      1   2,88674    2,88674     2,88674    233,97   0,000
Error residual     9   0,11104    0,11104     0,01234
  Falta de ajuste  4   0,04844    0,04844     0,01211      0,97   0,499
  Error puro       5   0,06260    0,06260     0,01252
Total             13   5,75912
```

Podemos ver el gráfico de residuos respecto a valores previstos, que no muestra nada especial, haciendo: **Estadísticas > DOE > Superficie de respuesta > Analizar diseño de superficie de respuesta > Gráficas** (marcar **Residuos vs Ajustes**)

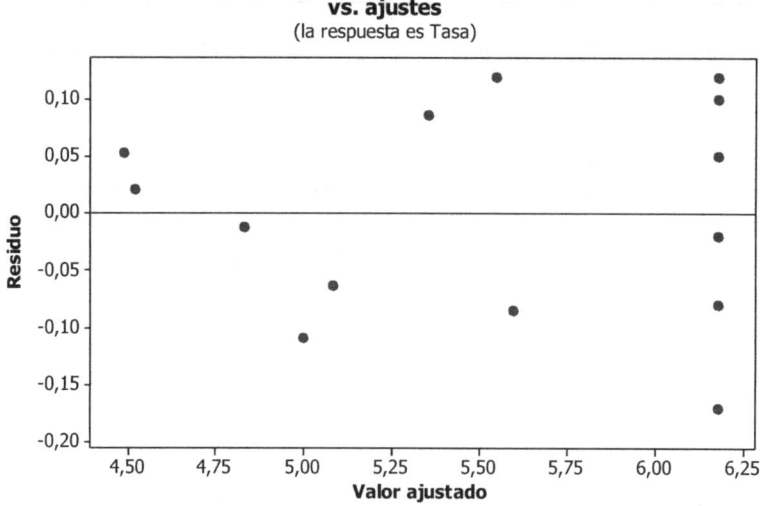

vs. ajustes
(la respuesta es Tasa)

El modelo definitivo en la zona del máximo es:

$$Y = 6,18 + 0,26 \, X1 - 0,30 \, X2 - 0,50 \, X_1^2 - 0,63 \, X_2^2 \quad \text{(en unidades codificadas)}$$

X_1 es el pH y X_2 es la temperatura, en unidades codificadas.

Las curvas de nivel y la superficie de respuesta se pueden dibujar usando **Estadísticas > DOE > Superficie de respuesta > Gráficas de contorno/superficie**

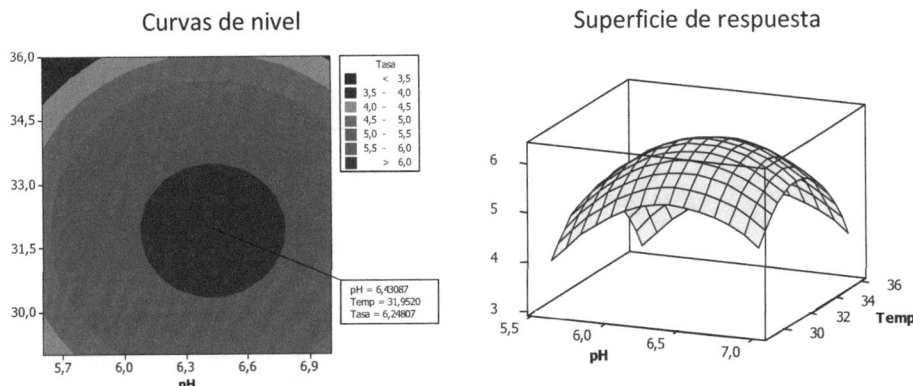

Curvas de nivel   Superficie de respuesta

Como puede verse en la gráfica de las curvas de nivel, el máximo se encuentra para un pH de 6,4 y una temperatura de 32 °C.

Mermelada

Una empresa alimenticia decide mejorar el sabor de una de las mermeladas que produce. Para ello se elaboran distintos prototipos de mermelada, variando el contenido en gramos de tres ingredientes de la fórmula, y se da a probar cada prototipo a distintos consumidores que puntúan el sabor a partir de un cuestionario. La puntuación global de cada prototipo es una media de las respuestas de las preguntas del cuestionario.

Los 3 factores que intervienen en el experimento, junto con su nivel bajo y alto, son los que aparecen en la tabla adjunta.

	Nivel −	Nivel +
Azúcar (A)	2,0	4,0
Jengibre (J)	0,5	1,0
Mango (M)	4,0	8,0

Se trata de decidir qué prototipos se van a usar y analizar los resultados una vez se ha hecho el experimento. Existe una restricción que hay que tener en cuenta en el diseño del experimento: no es posible experimentar con todos los factores a nivel alto o todos los factores a nivel bajo.

En esta fase del estudio, se desea realizar un experimento que permita llegar a un modelo con términos cuadráticos puros. Puede usarse un diseño Box-Behnken, que tiene la ventaja de que no tendremos prototipos de mermelada con todos los factores a nivel alto o bajo.

Estadísticas > DOE > Superficie de respuesta > Crear diseño de superficie de respuesta

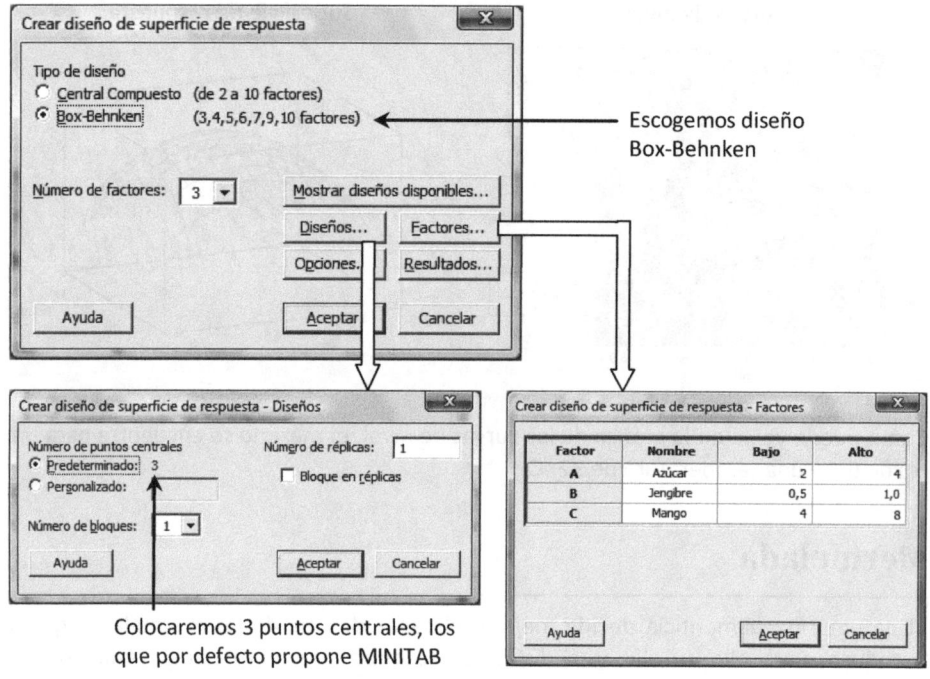

Escogemos diseño Box-Behnken

Colocaremos 3 puntos centrales, los que por defecto propone MINITAB

Hacemos los experimentos en el orden aleatorio propuesto por MINITAB. La tabla siguiente muestra las respuestas para cada una de las condiciones experimentales:

	C1	C2	C3	C4	C5	C6	C7	C8
	OrdenEst	OrdenCorrida	TipoPt	Bloques	Azúcar	Jengibre	Mango	Sabor
1	13	1	0	1	3	0,75	6	6,4
2	4	2	2	1	4	1,00	6	6,1
3	2	3	2	1	4	0,50	6	6,4
4	15	4	0	1	3	0,75	6	6,5
5	14	5	0	1	3	0,75	6	6,5
6	5	6	2	1	2	0,75	4	5,6
7	7	7	2	1	2	0,75	8	4,9
8	3	8	2	1	2	1,00	6	6,4
9	8	9	2	1	4	0,75	8	5,6
10	9	10	2	1	3	0,50	4	6,0
11	10	11	2	1	3	1,00	4	6,4
12	11	12	2	1	3	0,50	8	5,5
13	6	13	2	1	4	0,75	4	5,6
14	1	14	2	1	2	0,50	6	5,4
15	12	15	2	1	3	1,00	8	5,7

Factores

Respuesta

Si desea reproducir este ejemplo, tenga en cuenta que las condiciones experimentales no están en orden estándar.

Analizamos el experimento: **Estadísticas > DOE > Superficie de respuesta > Analizar diseño de superficie de respuesta**

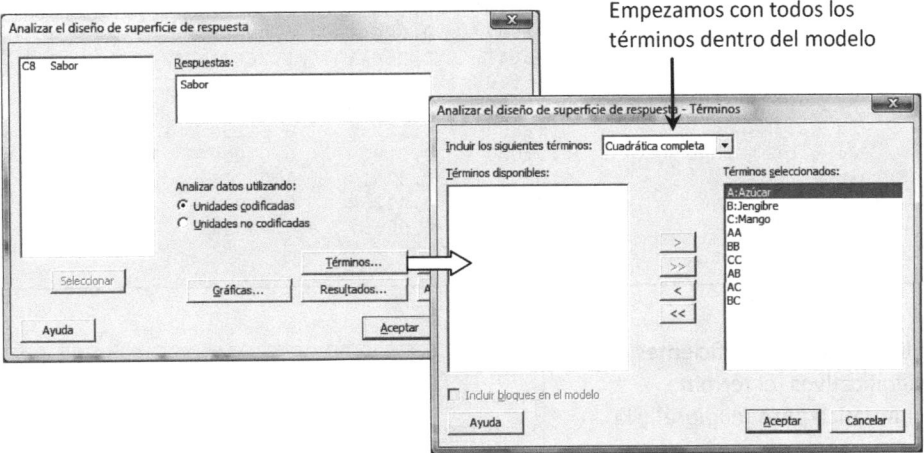

Empezamos con todos los términos dentro del modelo

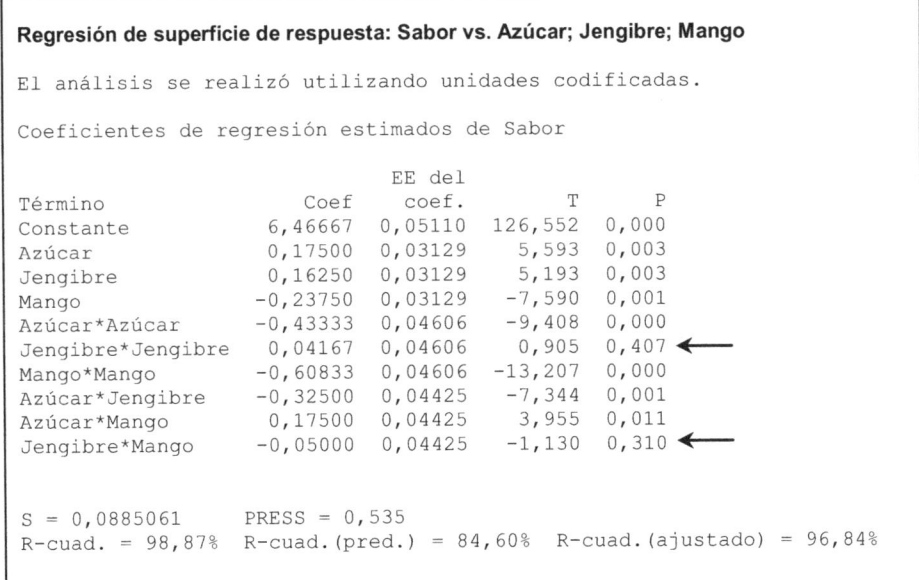

Regresión de superficie de respuesta: Sabor vs. Azúcar; Jengibre; Mango

El análisis se realizó utilizando unidades codificadas.

Coeficientes de regresión estimados de Sabor

Término	Coef	EE del coef.	T	P
Constante	6,46667	0,05110	126,552	0,000
Azúcar	0,17500	0,03129	5,593	0,003
Jengibre	0,16250	0,03129	5,193	0,003
Mango	-0,23750	0,03129	-7,590	0,001
Azúcar*Azúcar	-0,43333	0,04606	-9,408	0,000
Jengibre*Jengibre	0,04167	0,04606	0,905	0,407 ←
Mango*Mango	-0,60833	0,04606	-13,207	0,000
Azúcar*Jengibre	-0,32500	0,04425	-7,344	0,001
Azúcar*Mango	0,17500	0,04425	3,955	0,011
Jengibre*Mango	-0,05000	0,04425	-1,130	0,310 ←

S = 0,0885061   PRESS = 0,535
R-cuad. = 98,87%   R-cuad.(pred.) = 84,60%   R-cuad.(ajustado) = 96,84%

```
Análisis de varianza de Sabor

Fuente                  GL   SC Sec.   SC Ajust.   CM Ajust.         F       P
Regresión                9   3,43417     3,43417     0,38157     48,71   0,000
  Lineal                 3   0,90750     0,90750     0,30250     38,62   0,001
    Azúcar               1   0,24500     0,24500     0,24500     31,28   0,003
    Jengibre             1   0,21125     0,21125     0,21125     26,97   0,003
    Mango                1   0,45125     0,45125     0,45125     57,61   0,001
  Cuadrado               3   1,97167     1,97167     0,65722     83,90   0,000
    Azúcar*Azúcar        1   0,57619     0,69333     0,69333     88,51   0,000
    Jengibre*Jengibre    1   0,02907     0,00641     0,00641      0,82   0,407
    Mango*Mango          1   1,36641     1,36641     1,36641    174,44   0,000
  interacción            3   0,55500     0,55500     0,18500     23,62   0,002
    Azúcar*Jengibre      1   0,42250     0,42250     0,42250     53,94   0,001
    Azúcar*Mango         1   0,12250     0,12250     0,12250     15,64   0,011
    Jengibre*Mango       1   0,01000     0,01000     0,01000      1,28   0,310
Error residual           5   0,03917     0,03917     0,00783
  Falta de ajuste        3   0,03250     0,03250     0,01083      3,25   0,244
  Error puro             2   0,00667     0,00667     0,00333
Total                   14   3,47333
```

Eliminamos los coeficientes no significativos (el término cuadrático puro $Jengibre^2$ y la interacción $Jengibre \times Mango$).

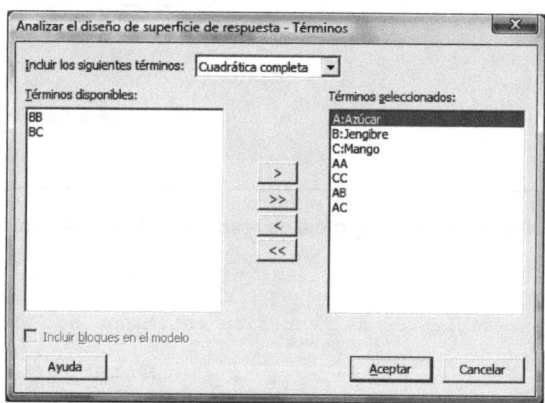

Regresión de superficie de respuesta: Sabor vs. Azúcar; Jengibre; Mango

```
El análisis se realizó utilizando unidades codificadas.
Coeficientes de regresión estimados de Sabor

                           EE del
Término          Coef      coef.          T        P
Constante      6,4923    0,04280    151,674    0,000
Azúcar         0,1750    0,03150      5,555    0,001
Jengibre       0,1625    0,03150      5,158    0,001
Mango         -0,2375    0,03150     -7,539    0,000
Azúcar*Azúcar -0,4365    0,04623     -9,442    0,000
Mango*Mango   -0,6115    0,04623    -13,227    0,000
Azúcar*Jengibre -0,3250  0,04455     -7,295    0,000
Azúcar*Mango   0,1750    0,04455      3,928    0,006

S = 0,0891042      PRESS = 0,306646
R-cuad. = 98,40%   R-cuad.(pred.) = 91,17%   R-cuad.(ajustado) = 96,80%
```

```
Análisis de varianza de Sabor

Fuente               GL   SC Sec.   SC Ajust.   CM Ajust.        F        P
Regresión             7   3,41776   3,41776     0,48825      61,50    0,000
  Lineal              3   0,90750   0,90750     0,30250      38,10    0,000
    Azúcar            1   0,24500   0,24500     0,24500      30,86    0,001
    Jengibre          1   0,21125   0,21125     0,21125      26,61    0,001
    Mango             1   0,45125   0,45125     0,45125      56,84    0,000
  Cuadrado            2   1,96526   1,96526     0,98263     123,76    0,000
    Azúcar*Azúcar     1   0,57619   0,70782     0,70782      89,15    0,000
    Mango*Mango       1   1,38907   1,38907     1,38907     174,96    0,000
  interacción         2   0,54500   0,54500     0,27250      34,32    0,000
    Azúcar*Jengibre   1   0,42250   0,42250     0,42250      53,21    0,000
    Azúcar*Mango      1   0,12250   0,12250     0,12250      15,43    0,006
Error residual        7   0,05558   0,05558     0,00794
  Falta de ajuste     5   0,04891   0,04891     0,00978       2,93    0,273
  Error puro          2   0,00667   0,00667     0,00333
Total                14   3,47333
```

El modelo ajusta bien

Por tanto, el modelo definitivo con unidades codificadas es:

$$Y = 6,49 + 0,18\,X_1 + 0,16\,X_2 - 0,24\,X_3 - 0,44\,X_1^2 - 0,61\,X_3^2 - 0,33\,X_1X_2 + 0,18\,X_1X_3$$

Donde X_1 es el azúcar, X_2 es el jengibre y X_3 es el mango.

Para interpretar el modelo vamos a dibujar las curvas de nivel fijando X_2 (jengibre) a su nivel alto, bajo y medio (fijamos X_2 porque es el único factor que no interviene en el modelo con su término cuadrático puro. Los términos cuadráticos X_1^2 y X_3^2 sí aparecen en el modelo y queremos tener X_1 y X_3 en los ejes para ver su curvatura).

Estadísticas > DOE > Superficie de respuesta > Gráficas de contorno/superficie y escogemos **Gráfica de contorno**

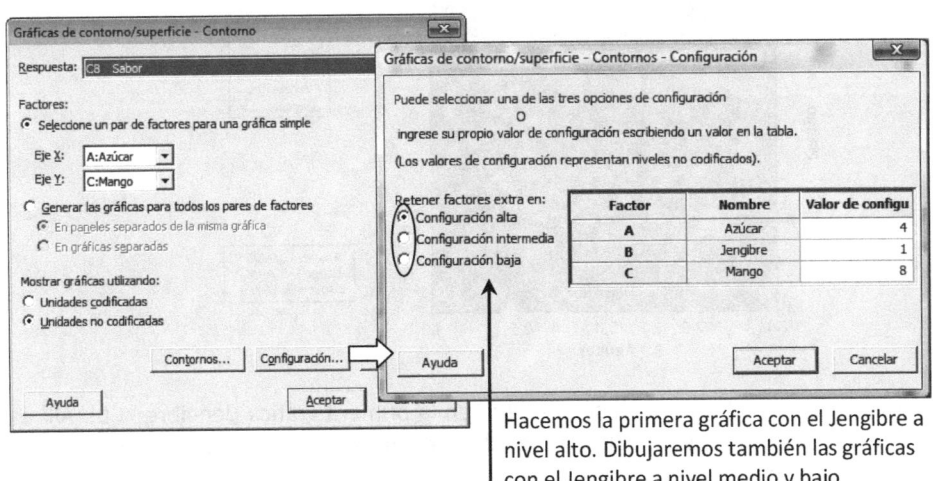

Hacemos la primera gráfica con el Jengibre a nivel alto. Dibujaremos también las gráficas con el Jengibre a nivel medio y bajo

Gráfica de contorno de Sabor vs. Mango; Azúcar

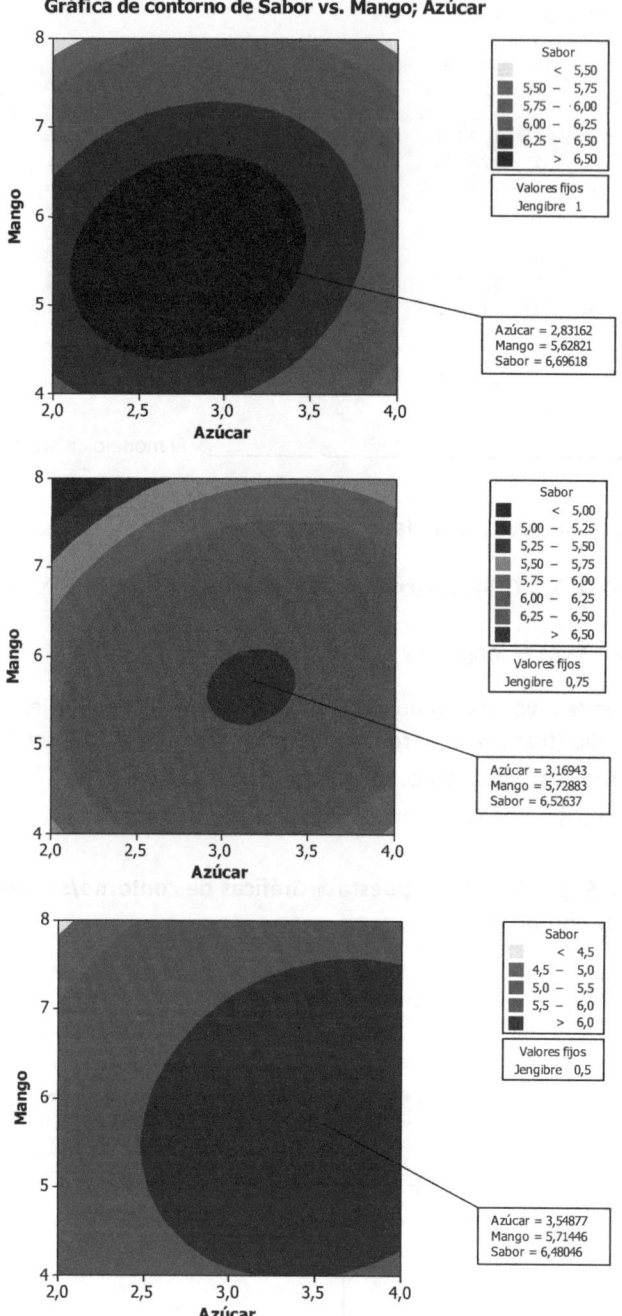

Vemos como el valor máximo se consigue en la primera gráfica (Jengibre: 1,0). Allí es donde la "montaña" es más alta. A medida que baja el valor de Jengibre el máximo se va desplazando hacia la derecha.

Fotocopias

Los siguientes 35 datos, que se encuentran en el archivo FOTOCOPIAS.MTW, corresponden a la duración (en número de copias) de cartuchos de tóner de 35 fotocopiadoras del mismo tipo utilizadas en 35 oficinas:

13471	19053	17626	10748	7849	7271	648
22566	4211	63001	4078	8336	5199	1965
20812	2177	141	1527	65529	18247	50060
21935	27118	7889	12462	21554	4815	4944
9364	2169	47364	4580	794	6275	23710

Se desea saber cuál es la probabilidad de que el cartucho de tóner siga operativo después de 17500 copias.

Se pide, por tanto, la fiabilidad después de 17500 copias.

Inicialmente podemos responder a la pregunta a partir de un análisis no paramétrico de los datos, sin suponer ningún modelo teórico.

Estadísticas > Confiabilidad/Supervivencia > Análisis de distribución (censura por la derecha) > Análisis de distribución no paramétrica

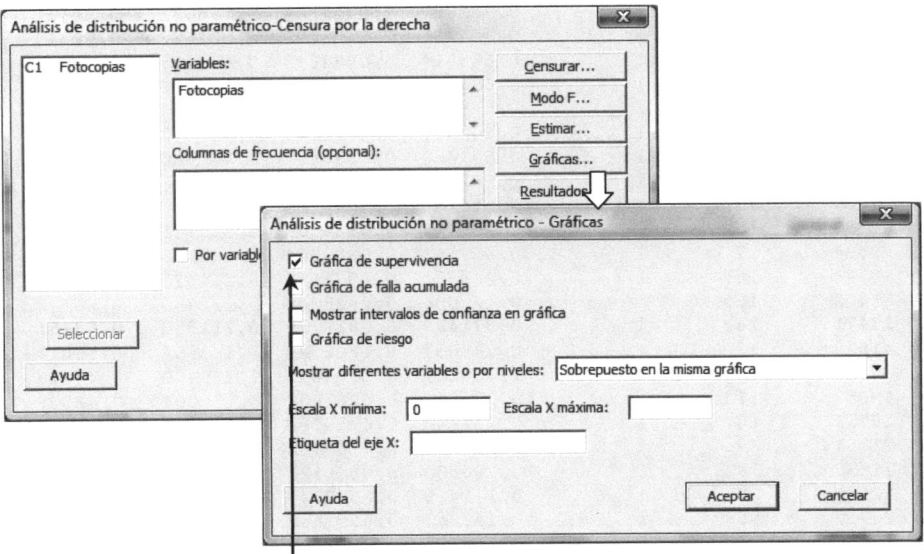

Pedimos la gráfica de la función de
fiabilidad empírica

Análisis de distribución: Fotocopias

Variable: Fotocopias

Información de censura   Conteo
Valor no censurado   35

Cálculos no paramétricos

Características de la variable

	Error	IC normal de 95,0%	
Media(MTTF)	estándar	Inferior	Superior
15413,9	2878,70	9771,80	21056,1

Mediana = 8336
IQR = 17343   Q1 = 4211   Q3 = 21554

Cálculos de Kaplan-Meier

Tiempo	Número en riesgo	Número de fallas	Probabilidad de supervivencia	Error estándar	IC normal de 95,0% Inferior	Superior
141	35	1	0,971429	0,0281603	0,916235	1,00000
648	34	1	0,942857	0,0392347	0,865959	1,00000
794	33	1	0,914286	0,0473188	0,821543	1,00000
1527	32	1	0,885714	0,0537785	0,780310	0,99112
1965	31	1	0,857143	0,0591485	0,741214	0,97307
2169	30	1	0,828571	0,0637049	0,703712	0,95343
2177	29	1	0,800000	0,0676123	0,667482	0,93252
4078	28	1	0,771429	0,0709782	0,632314	0,91054
4211	27	1	0,742857	0,0738764	0,598062	0,88765
4580	26	1	0,714286	0,0763604	0,564622	0,86395
4815	25	1	0,685714	0,0784693	0,531917	0,83951
4944	24	1	0,657143	0,0802329	0,499889	0,81440
5199	23	1	0,628571	0,0816735	0,468494	0,78865
6275	22	1	0,600000	0,0828079	0,437700	0,76230
7271	21	1	0,571429	0,0836486	0,407480	0,73538
7849	20	1	0,542857	0,0842044	0,377820	0,70789
7889	19	1	0,514286	0,0844809	0,348706	0,67987
8336	18	1	0,485714	0,0844809	0,320135	0,65129
9364	17	1	0,457143	0,0842044	0,292105	0,62218
10748	16	1	0,428571	0,0836486	0,264623	0,59252
12462	15	1	0,400000	0,0828079	0,237700	0,56230
13471	**14**	**1**	**0,371429**	**0,0816735**	**0,211352**	**0,53151**
17626	13	1	0,342857	0,0802329	0,185604	0,50011
18247	12	1	0,314286	0,0784693	0,160489	0,46808
19053	11	1	0,285714	0,0763604	0,136051	0,43538
20812	10	1	0,257143	0,0738764	0,112348	0,40194
21554	9	1	0,228571	0,0709782	0,089457	0,36769
21935	8	1	0,200000	0,0676123	0,067482	0,33252
22566	7	1	0,171429	0,0637049	0,046569	0,29629
23710	6	1	0,142857	0,0591485	0,026928	0,25879
27118	5	1	0,114286	0,0537785	0,008882	0,21969
47364	4	1	0,085714	0,0473188	0,000000	0,17846
50060	3	1	0,057143	0,0392347	0,000000	0,13404
63001	2	1	0,028571	0,0281603	0,000000	0,08376
65529	1	1	0,000000	0,0000000	0,000000	0,00000

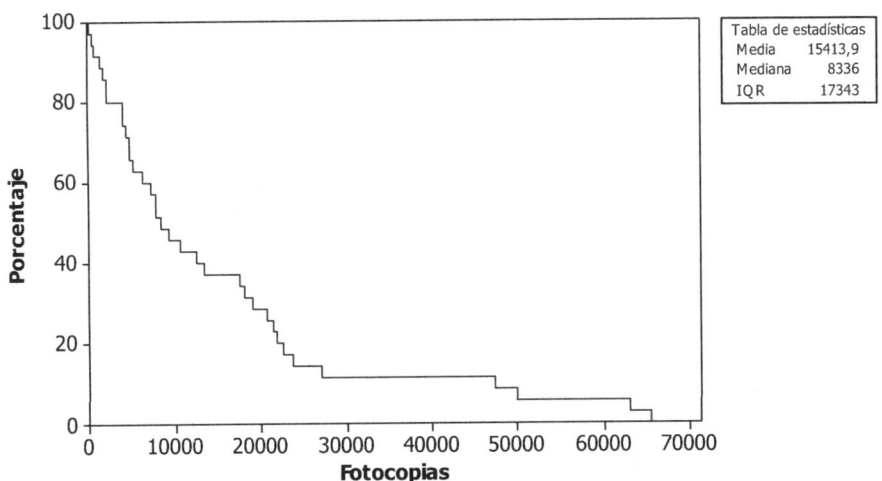

Gráfica de supervivencia para Fotocopias
Método de Kaplan-Meier
Datos completos

Tabla de estadísticas	
Media	15413,9
Mediana	8336
IQR	17343

Podemos determinar la fiabilidad después de 17500 copias mirando la fila en negrita de la tabla anterior. Cuando llevamos 13471 copias la fiabilidad es 0,3714. No falla ningún tóner más hasta después de 17500 copias, por lo que la fiabilidad empírica a las 17500 copias es 0,3714.

Vamos a ver ahora cuál es el modelo teórico que mejor se adapta a nuestros datos:

Estadísticas > Confiabilidad/Supervivencia > Análisis de distribución (censura por la derecha) > Gráfica de ID de distribución

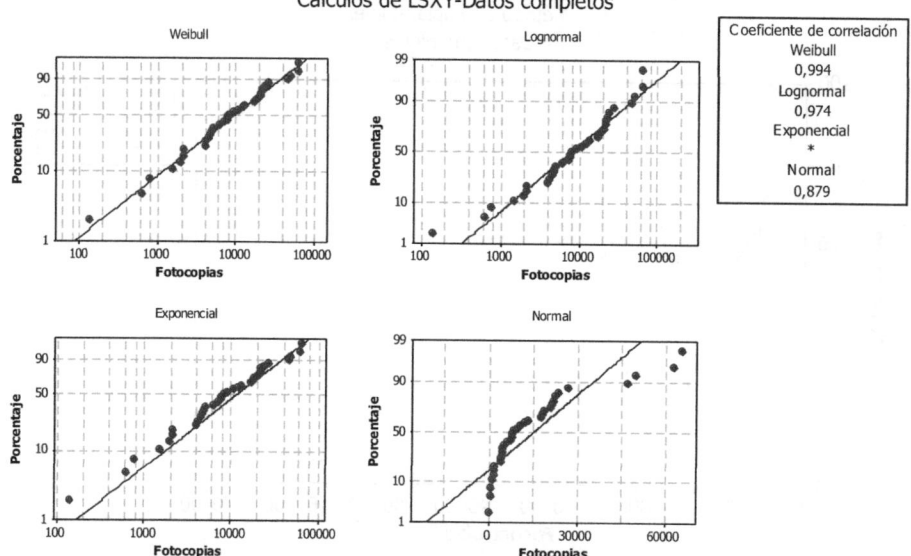

Gráfica de probabilidad para Fotocopias
Cálculos de LSXY-Datos completos

En este caso, nuestros datos quedan muy alineados en el papel probabilístico de Weibull. La salida de la ventana de sesión también nos muestra el estadístico de Anderson-Darling y el coeficiente de correlación para cada modelo.

Gráfica de ID de distribución: Fotocopias

Bondad de ajuste

Distribución	Anderson-Darling (ajust.)	Coeficiente de correlación
Weibull	0,596	0,994
Lognormal	0,764	0,974
Exponencial	0,811	*
Normal	3,153	0,879

Se confirma que el modelo de Weibull es el que mejor ajusta los datos.

Podemos ahora encontrar la probabilidad de que un cartucho supere las 17500 copias a partir del análisis paramétrico, usando el modelo de Weibull.

Estadísticas > Confiabilidad/Supervivencia > Análisis de distribución (censura por la derecha) > Análisis de distribución paramétrica

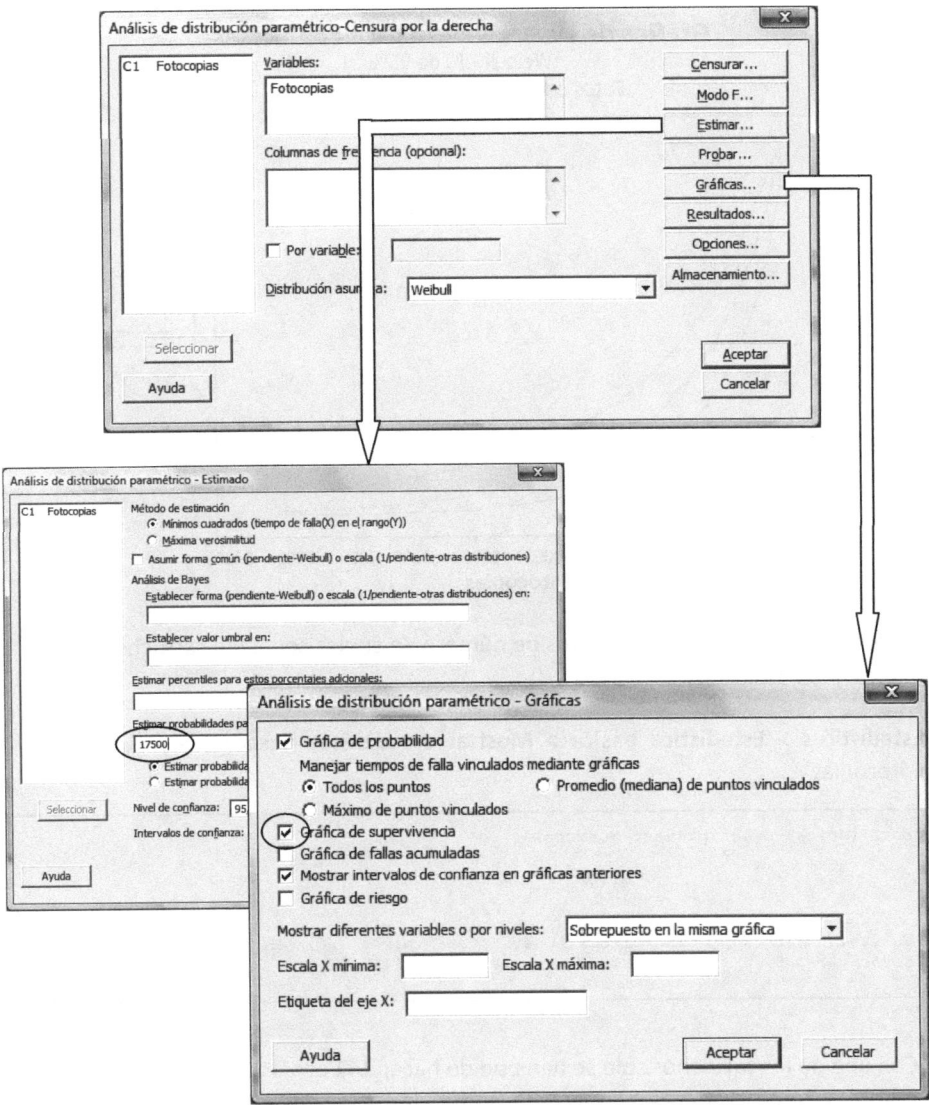

```
Tabla de probabilidades de supervivencia

                          IC normal de 95,0%
    Tiempo   Probabilidad   Inferior   Superior
    17500      0,313499     0,196119   0,437818
```

La fiabilidad a las 17500 copias (que corresponde con la probabilidad de que el cartucho dure más de 17500 copias) es de 0,3135. Recordemos que con el análisis no paramétrico habíamos llegado a una fiabilidad de 0,3714.

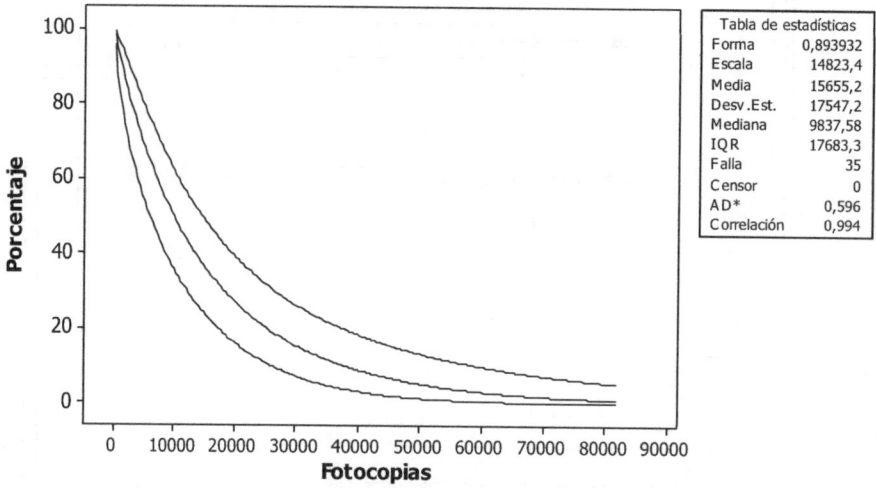

Gráfica de supervivencia para Fotocopias
Weibull - IC de 95%
Datos completos - Cálculos de LSXY

Tabla de estadísticas	
Forma	0,893932
Escala	14823,4
Media	15655,2
Desv.Est.	17547,2
Mediana	9837,58
IQR	17683,3
Falla	35
Censor	0
AD*	0,596
Correlación	0,994

Fijémonos finalmente que los datos de número de copias con cada cartucho tienen mucha dispersión.

Estadísticas > Estadística básica > Mostrar estadísticas descriptivas, Variables: Fotocopias

```
Estadísticas descriptivas: Fotocopias

                         Error
                       estándar
                          de la
Variable    N  N* Media   media Desv.Est.  Mínimo    Q1  Mediana      Q3   Máximo
Fotocopias 35  0  15414    2879     17031     141  4211     8336   21554    65529
```

¡Con uno de los cartuchos solo se han podido hacer 141 copias! Es evidente que no todas las fotocopiadoras han estado sometidas a las mismas condiciones de funcionamiento. Quizás algunas no funcionaban demasiado bien y hacían fotocopias muy oscuras, gastando así más tinta. O simplemente, puede ser que en algunas oficinas hayan hecho copias que requerían, por hoja, mucha más tinta que otras.

La prueba no está mal diseñada si lo que se quiere es captar toda la variabilidad provocada por el uso de las fotocopiadoras en distintas oficinas. Pero si lo que se quería era estudiar la duración de los tóner en condiciones "de laboratorio", se tendría que haber definido un ensayo donde se concretara, entre otros aspectos, la cantidad de "negro" que deben tener las hojas a fotocopiar.

Anexos

A1

Anexo 1: Respuestas a preguntas que surgen al principio

1. ¿Por qué no sale el indicador MTB> en la ventana de sesión?

Con la ventana de Sesión como ventana activa, debe hacer:

Editor > Habilitar comandos

 Para que la ventana de Sesión sea la ventana activa haga clic sobre cualquier punto de esta ventana (el color del marco se verá más oscuro)

Pero cuando vuelva a entrar a MINITAB deberá repetir la operación. Puede configurarlo para que siempre aparezca el indicador MTB>, haciendo: **Herramientas > Opciones: Ventana de sesión** (clic en la cruz de la izquierda) > **Enviar comandos:** Marcar la opción **Habilitar** bajo **Lenguaje del comando.**

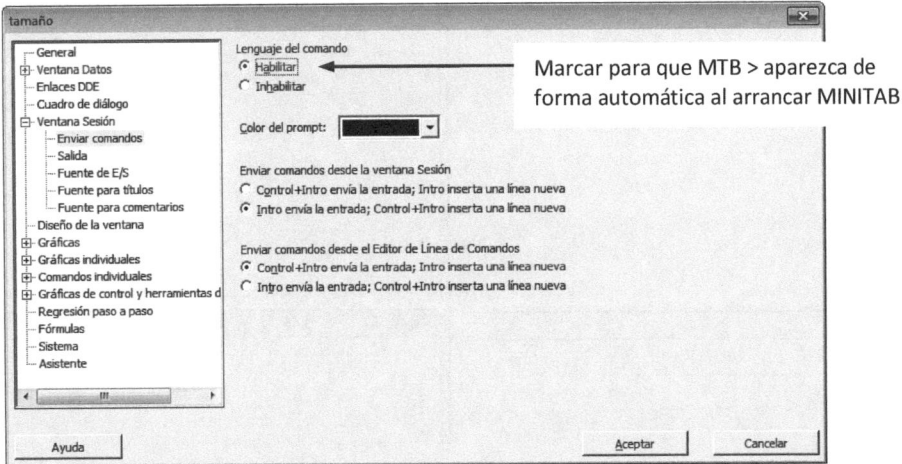

Si MINITAB está instalado en un servidor, sólo lo podrá configurar para que aparezca siempre el indicador MTB> si tiene permisos de escritura en el directorio donde está MINITAB.

2. ¿Por qué están vacías algunas columnas en las que debería haber datos?

Puede ser que tenga los datos y usted no los vea porque no se ven las primeras filas.

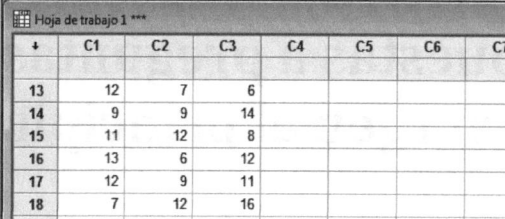

Los columnas C4, C5 y C6 contienen 10 valores cada una. No se ven porque la hoja de datos está mostrando a partir de la fila 13.

3. Había visto en los menús algunas instrucciones y ahora no hay manera de encontrarlas ¿qué está pasando?

El contenido de los menús depende de cuál es la ventana que está activa (Sesión, hoja de datos, gráfico...). Haga clic sobre otra ventana de MINITAB si no aparece en un menú la instrucción que busca.

Menú **Editor** con ventana de Sesión activa

Menú **Editor** con la hoja de datos activa

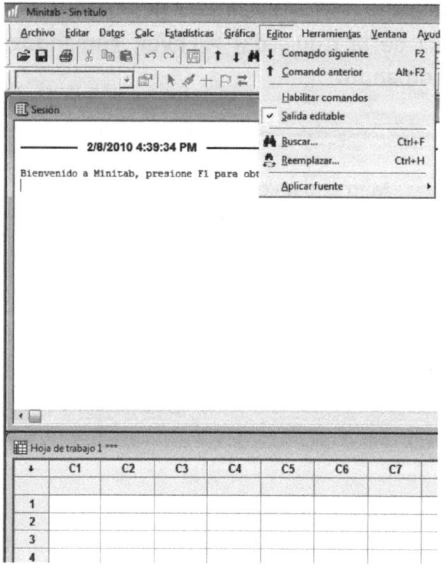

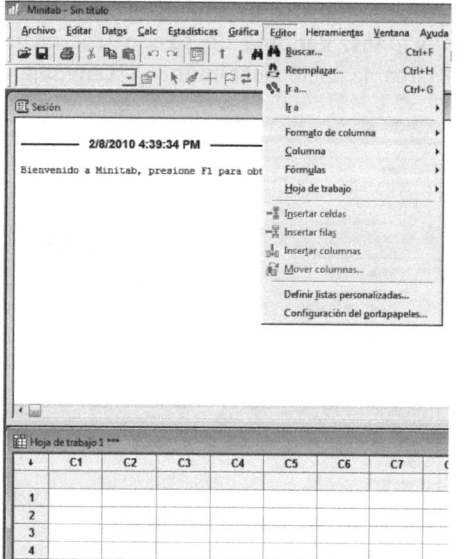

4. Todas las opciones de los menús están inactivas y no puedo hacer nada ¿cómo volver a la situación normal?

Seguramente es porque tiene una línea a medio escribir en la ventana de sesión. Para acabar la línea de una instrucción pulse [Enter]. Para salir de una línea en que pide una subinstrucción, escriba un punto y pulse [Enter].

Algunas acciones, como la regresión paso a paso, acaban realizando una pregunta. Hay que contestar esa pregunta para que se activen los menús y poder seguir.

5. No puedo hacer ningún tipo de operación con los datos de una columna ¿Qué está pasando?

Seguramente está en formato texto. Una columna se coloca automáticamente en formato texto cuando en alguna celda contiene texto o algún símbolo distinto de * (símbolo de valor faltante).

Cuando una columna está en formato texto no cambia automáticamente a formato numérico aunque se elimine o sustituya el texto o los símbolos que contenga la columna.

6. Tengo una columna con números y sin embargo aparece con formato texto ¿qué debo hacer?

Seguramente hay algún signo o alguna letra en alguna celda, o los ha habido durante la actual ejecución del programa. Puede pasarse a formato numérico haciendo:

Datos > Cambiar tipo de datos > Texto a numérico

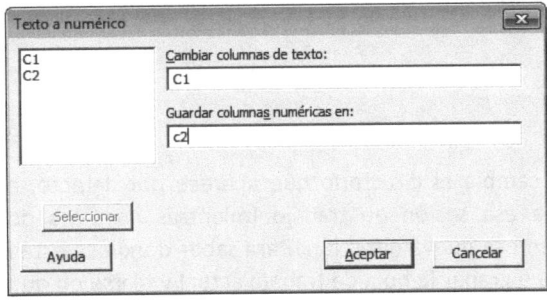

Las celdas que contienen valores no numéricos se transforman en valores *faltantes*

Observe que en las columnas de texto aparece una T junto al número de columna y sus valores aparecen alineados a la izquierda, mientras que en las columnas numéricas están alineados a la derecha.

7. Estoy haciendo un gráfico y me aparece con opciones que no he elegido ¿por qué?

MINITAB deja los cuadros de diálogo con lo último que se ha introducido, de forma que las opciones o los valores especificados se mantienen hasta que se cambien o se cierre el programa. Además, si guarda su trabajo como proyecto de MINITAB (*.MPJ), cuando lo vuelva a abrir los cuadros de diálogo mantendrán las opciones que tenían cuando lo grabó.

Si un gráfico no aparece con el aspecto esperado, vuelva a entrar en el cuadro de diálogo (recuerde que puede usar [Ctrl]+[E]) e investigue los cuadros de diálogo con opciones a los que puede acceder desde el principal. Seguramente alguna opción está modificada de un análisis anterior, y ahora tiene que colocarla de nuevo en su valor por defecto.

8. He grabado una hoja de datos pero no sé donde está y no la encuentro

Los archivos se graban en el directorio que se haya definido mediante **Herramientas > Opciones**

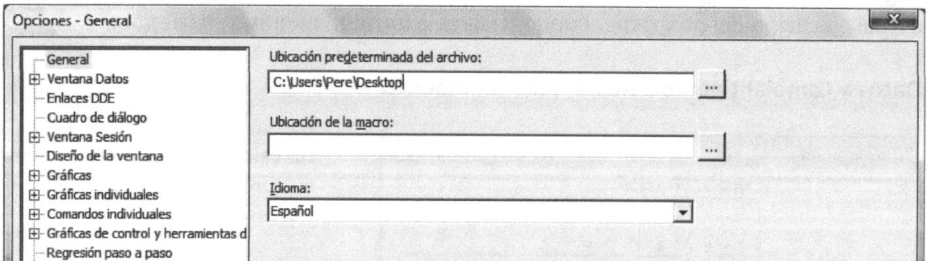

Pero si al grabar un archivo usted cambia el directorio que aparece por defecto, a partir de ese momento, y durante esa sesión de trabajo (mientras no salga de MINITAB) los archivos se grabarán en esa nueva dirección. Para saber dónde se están grabando puede hacer como si fuera a grabar la hoja de trabajo actual y fijarse en qué directorio la va a colocar.

Otro problema es que quizá usted grabó el archivo como Proyecto (con extensión MPJ), que es lo que graba si hace clic en el icono de guardar, y lo está buscando como Hoja de trabajo (extensión MTW), o viceversa. Busque con la opción *.* para que aparezcan todos los archivos del directorio.

A2

Anexo 2: Manejo de datos

En muchas ocasiones es más laborioso manejar los datos para colocarlos de forma adecuada para ser analizados, que realizar e interpretar los propios análisis estadísticos. Así pues, es importante tener habilidad en el manejo de datos y esto se consigue con la práctica, enfrentándose a situaciones que una vez resueltas van ampliando el bagaje de recursos, e incluso de trucos, que uno puede utilizar.

En este anexo se da una idea general, a través de ejemplos, de tres de las actividades más habituales:

- Copia de columnas con condiciones (lo que sería el "si condicional" de las hojas de cálculo)

- Apilado y separación de columnas

- Codificación y ordenación de datos

Copia de columnas con condiciones (archivo Pulso)

 Utilizaremos el archivo PULSO, que ya vimos en el capítulo 2. Recordemos que su contenido se recogió en una clase con 92 alumnos, en la que cada estudiante anotó su pulso en reposo junto con otras características personales. Después todos tiraron una moneda al aire y aquellos a los que les salió cara corrieron durante 1 minuto. A continuación todos se volvieron a tomar el pulso. Las columnas de la hoja de datos que vamos a utilizar son:

Columna	Nombre	Contenido
C1	Pulso1	Pulso inicial de los 92 estudiantes
C2	Pulso2	Pulso final
C3	Corrió	1=corrió; 2=no corrió
C5	Sexo	1=hombre; 2=mujer

Queremos comparar el incremento de pulso que se produce al correr para hombres y mujeres haciendo uso de algunas opciones muy útiles para el manejo de datos.

Primero calculamos la diferencia entre Pulso1 y Pulso2 con **Calculadora:**

Calc > Calculadora

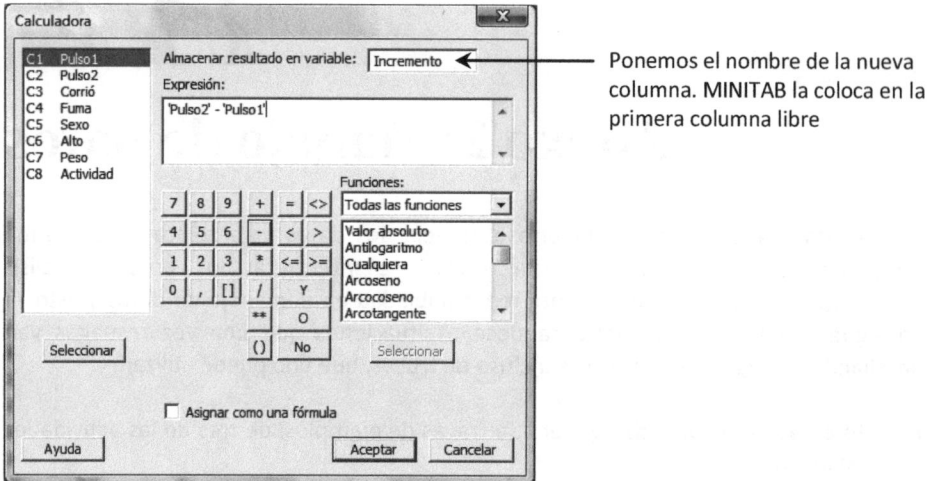

Ponemos el nombre de la nueva columna. MINITAB la coloca en la primera columna libre

Se podría pensar que ya podemos comparar los incrementos estratificando por sexo, pero esto no es así, ya que en los incrementos están mezcladas las personas que han corrido con las que no lo han hecho. Para tener en una columna los incrementos solo de los que han corrido, realizamos una copia de valores seleccionados de la columna donde están todos los incrementos.

Datos > Copiar > Columnas a Columnas

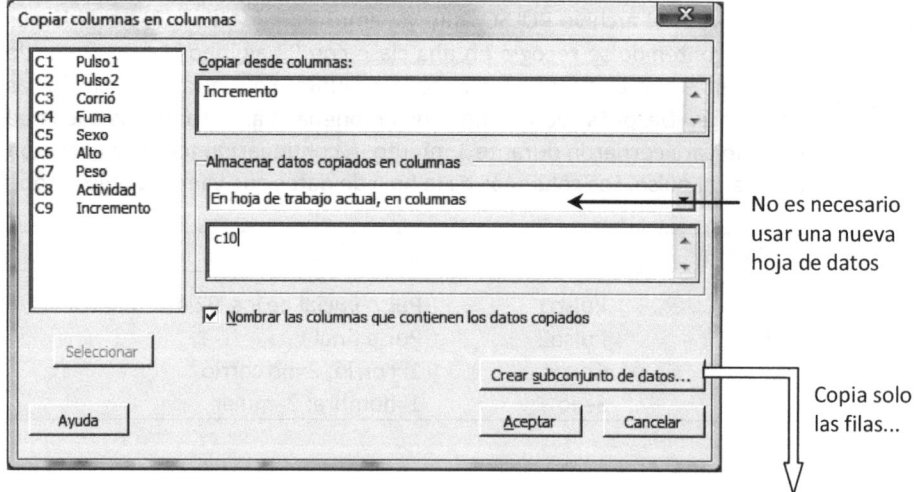

No es necesario usar una nueva hoja de datos

Copia solo las filas...

Se indican las filas que se desea **incluir** →

Filas que cumplan la condición ... →

Otras opciones: Filas que corresponden a puntos marcados con la opción **Destacar** (**Filas destacadas**) o filas cuyos números se indican (**Números de fila**)

Condición impuesta
Puede ser cualquier expresión lógica →

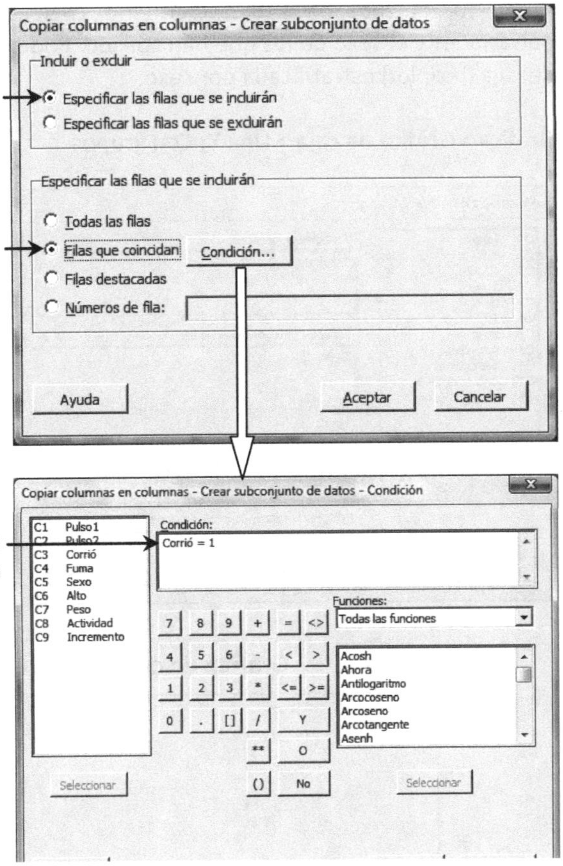

Ahora en la columna C10 tenemos los incrementos de pulso de los que han corrido, pero todavía no podemos estratificar porque en la columna C5 está el sexo de todos, hayan corrido o no. Copiamos en una nueva columna el sexo de los que han corrido. Lo podríamos haber hecho junto con los incrementos, de la forma:

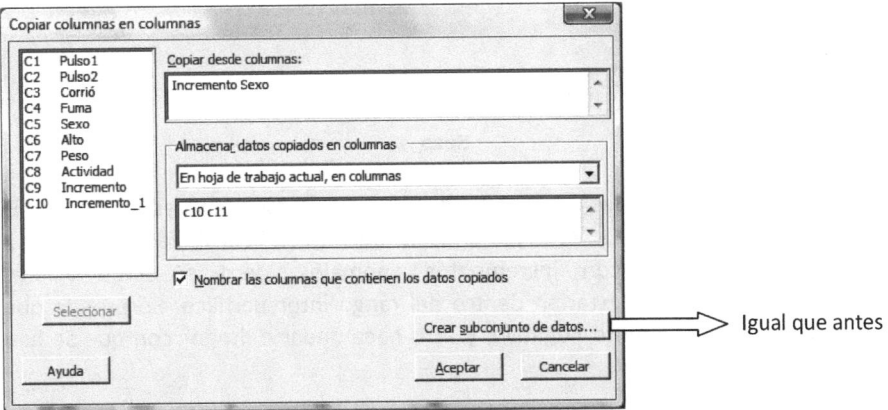

Igual que antes

Ahora ya tenemos en C10 (Incremento_1) y en C11 (Sexo_1) el incremento de pulsaciones y el sexo de los que han corrido. Podemos hacer, por ejemplo, una gráfica de caja (boxplot) estratificada por sexo.

Gráfica > Gráfica de caja > Una Y: Con grupos

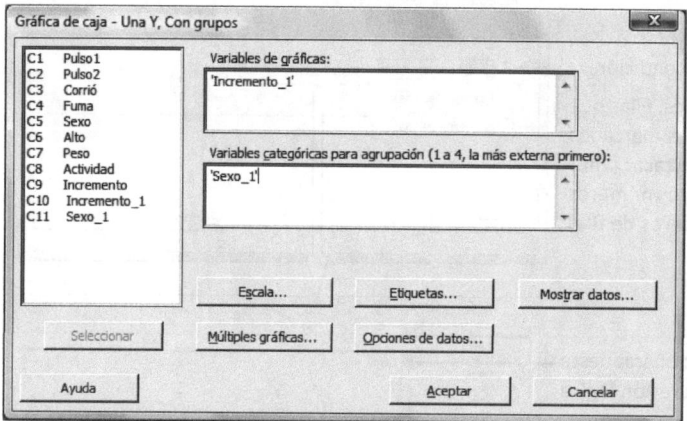

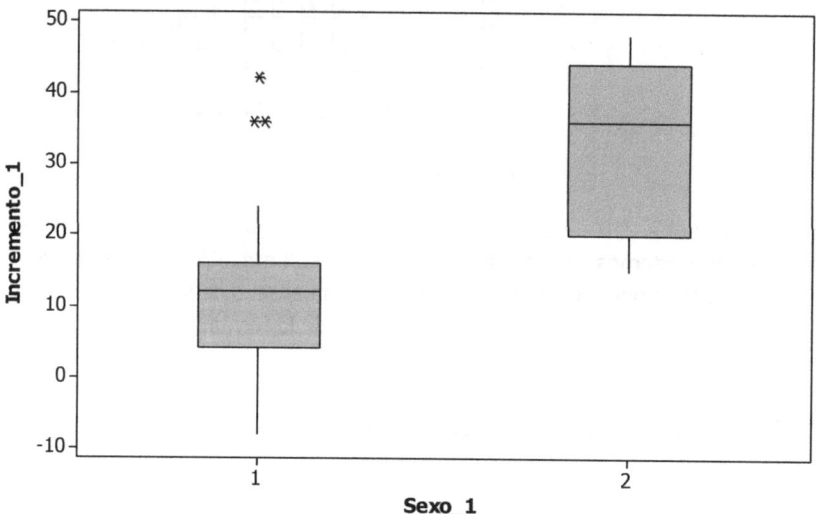

El incremento es mayor en las mujeres (código 2) que en los hombres (código 1): El primer cuartil de las mujeres está por encima del tercer cuartil de los hombres. Aparecen dos hombres con incrementos anómalos, pero si estos valores correspondieran a mujeres estarían dentro del rango intercuartílico. Sorprende que haya hombres con incremento negativo, y esto hace dudar del rigor con que se han tomado los datos.

Otra opción, que no precisa tanto manejo de datos, es calcular el incremento al correr para todos los individuos (columna C10) e ir directamente a la opción de construir boxplots, haciendo:

Gráfica > Gráfica de caja > Una Y: Con grupos

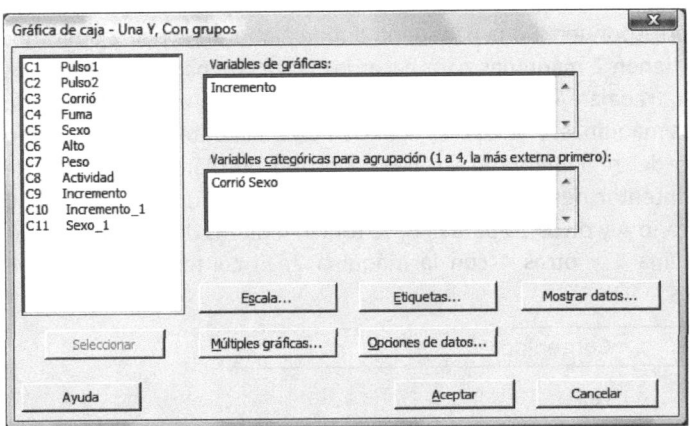

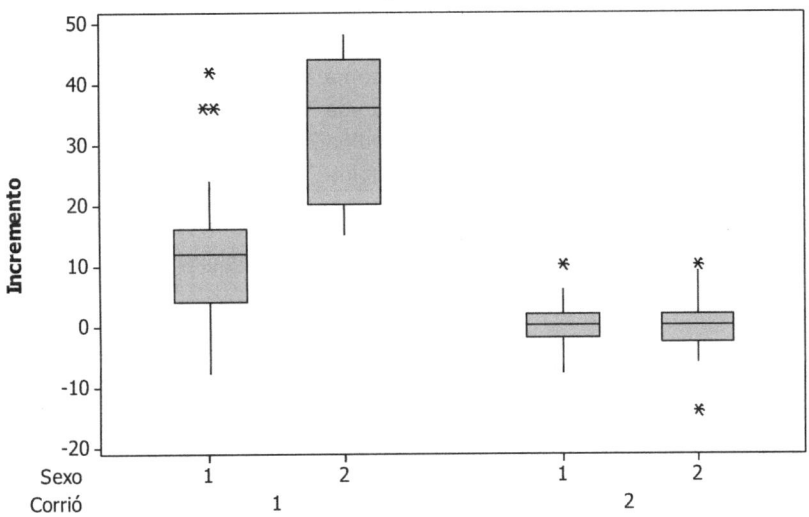

O bien poner solo la variable Sexo en **Variables categóricas para agrupación** y a través de **Opciones de datos** seleccionar solo las filas que tienen Corrió = 1.

Apilado y separación de columnas (archivo Pan)

 Utilizamos el archivo PAN.MTW que ya analizamos en el capítulo 6, comentando con detalle todos los pasos que se dan para colocar los datos de la forma que interesa.

Los datos corresponden a una panadería donde elaboran el pan 2 operarios (A y B) y se tienen 2 máquinas para hacer las piezas de pan (M1 y M2). Los operarios no trabajan juntos, sino que unos días elabora el pan el operario A con las dos máquinas, y otros días el B. Como se han detectado piezas con menos peso del reglamentario, se lleva a acabo un plan de recogida de datos para intentar descubrir el origen del problema. Durante 20 días, 10 para el operario A y otros 10 para el B, se toman 4 piezas de pan elaboradas por la máquina 1 y otras 4 con la máquina 2. El contenido del archivo PAN.MTW es:

Columna	Contenido
C1	Día
C2	Operario
C3	Pieza 1 de la máquina 1
C4	Pieza 2 de la máquina 1
C5	Pieza 3 de la máquina 1
C6	Pieza 4 de la máquina 1
C7	Pieza 1 de la máquina 2
C8	Pieza 2 de la máquina 2
C9	Pieza 3 de la máquina 2
C10	Pieza 4 de la máquina 2

El valor nominal para el peso de las piezas de pan es de 210 g, siendo tolerable una variación de ±10 g. Se trata de analizar los datos recogidos para identificar el origen del problema.

En primer lugar creamos una columna con todos los pesos de la máquina 1, y otra con los de la máquina 2. Lo hacemos con la opción **Apilar.**

Datos > Apilar > Columnas

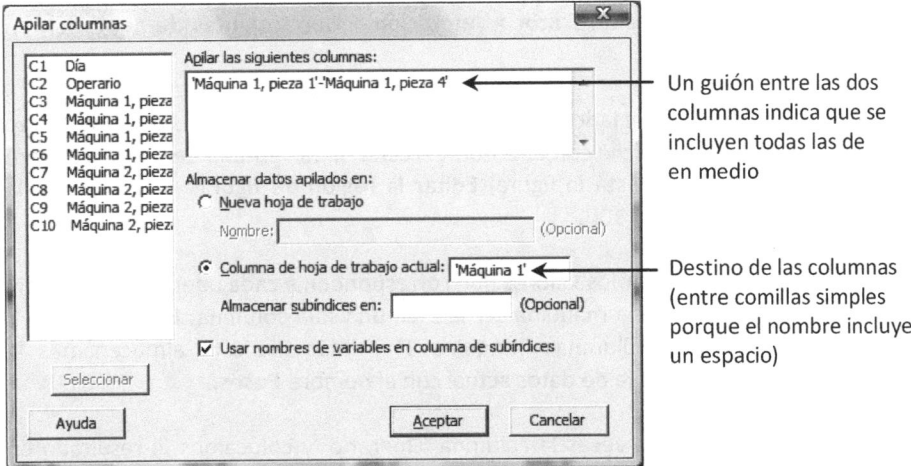

Un guión entre las dos columnas indica que se incluyen todas las de en medio

Destino de las columnas (entre comillas simples porque el nombre incluye un espacio)

Ahora tenemos en una columna los pesos de la máquina 1. Análogamente podemos colocar en otra columna los pesos de la máquina 2.

 Si el nombre de la columna destino (o de cualquier otra) incluye espacios en blanco, hay que ponerlo entre comillas simples. Ej.: 'Maquina 1'

Haciendo los histogramas para los datos de cada máquina se observa claramente que la máquina 1 está descentrada.

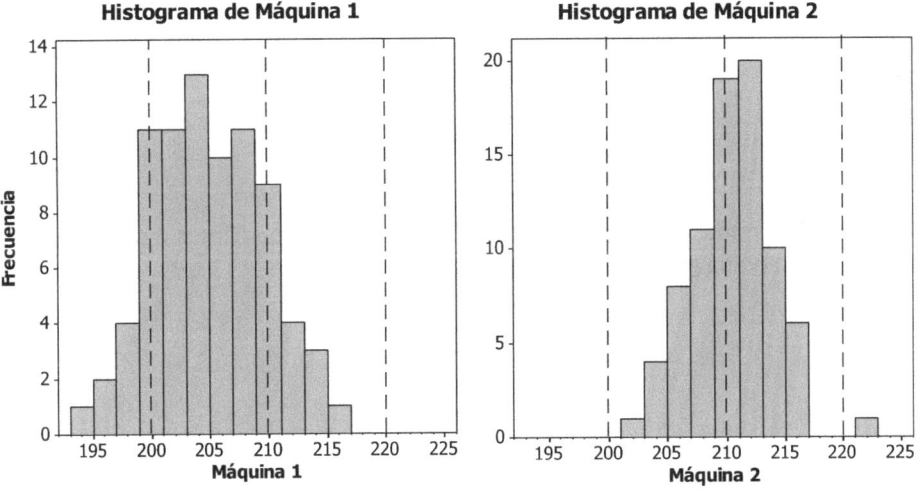

Se ha cambiado el aspecto de los histogramas que aparecen por defecto actuando sobre las escalas (se ha forzado que sean iguales para que la comparación sea más fácil) y también se han añadido las líneas que marcan el valor nominal y las

especificaciones (con la opción **Editor > Anotación > Herramientas de anotación en gráficas**).

Para que se vean bien uno al lado del otro, se han cambiado los valores de ancho y alto que aparecen por defecto (clic con el botón derecho en la ventana de la gráfica, pero fuera del recuadro donde está la figura) **Editar la región de figuras > Tamaño de la gráfica**: Personalizado 100 y 100.

También podemos comparar los valores que corresponden a cada operario. Una forma de hacerlo es juntar los de la máquina 1 y la 2 en una sola columna: **Datos > Apilar > Columnas.** Apilamos las columnas 'Máquina 1' y 'Máquina 2' y almacenamos la columna resultante en la hoja de datos actual con el nombre **Pesos.**

 A continuación apilamos 8 veces la columna 'Operario' y colocamos el resultado en "Operarios" De esta forma tenemos el operario al que corresponde cada uno de los valores de la columna "Pesos".

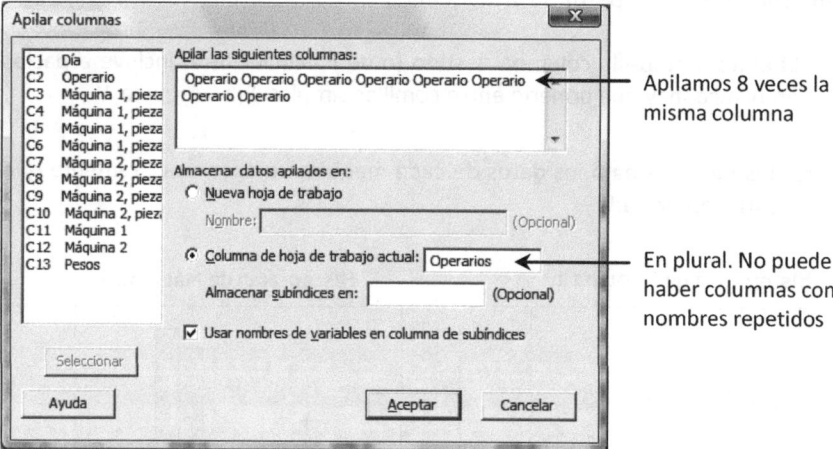

Apilamos 8 veces la misma columna

En plural. No puede haber columnas con nombres repetidos

Ahora construiremos los histogramas de los pesos correspondientes a cada operario en una sola ventana gráfica: **Gráfica > Histograma > Simple**

Histograma - Simple
C1 Día
C3 Máquina 1, pieza 1
C4 Máquina 1, pieza 2
C5 Máquina 1, pieza 3
C6 Máquina 1, pieza 4
C7 Máquina 2, pieza 1
C8 Máquina 2, pieza 2
C9 Máquina 2, pieza 3
C10 Máquina 2, pieza 4
C11 Máquina 1
C12 Máquina 2
C13 Pesos
Variables de gráficas:
Pesos
Escala...
Etiquetas...
Mostrar datos...
Múltiples gráficas...
Opciones de datos...
Seleccionar
Ayuda
Aceptar
Cancelar
Histograma - Múltiples gráficas
Múltiples variables
Por variables
Mostrar variables de gráficas
Sobrepuesto en la misma gráfica
En paneles separados de la misma gráfica
En gráficas separadas
Las mismas escalas para las gráficas
Misma Y
Misma X, incluyendo las mismas secci
Ayuda
Aceptar
Cancelar
Histograma - Múltiples gráficas
Múltiples variables
Por variables
C1 Día
C2 Operario
C3 Máquina 1, pieza 1
C4 Máquina 1, pieza 2
C5 Máquina 1, pieza 3
C6 Máquina 1, pieza 4
C7 Máquina 2, pieza 1
C8 Máquina 2, pieza 2
C9 Máquina 2, pieza 3
C10 Máquina 2, pieza 4
C11 Máquina 1
C12 Máquina 2
C13 Pesos
C14 Operarios
Por variables con grupos en paneles separados:
Operarios
Por variables con grupos en gráficas separadas:
Seleccionar
Ayuda
Aceptar
Cancelar

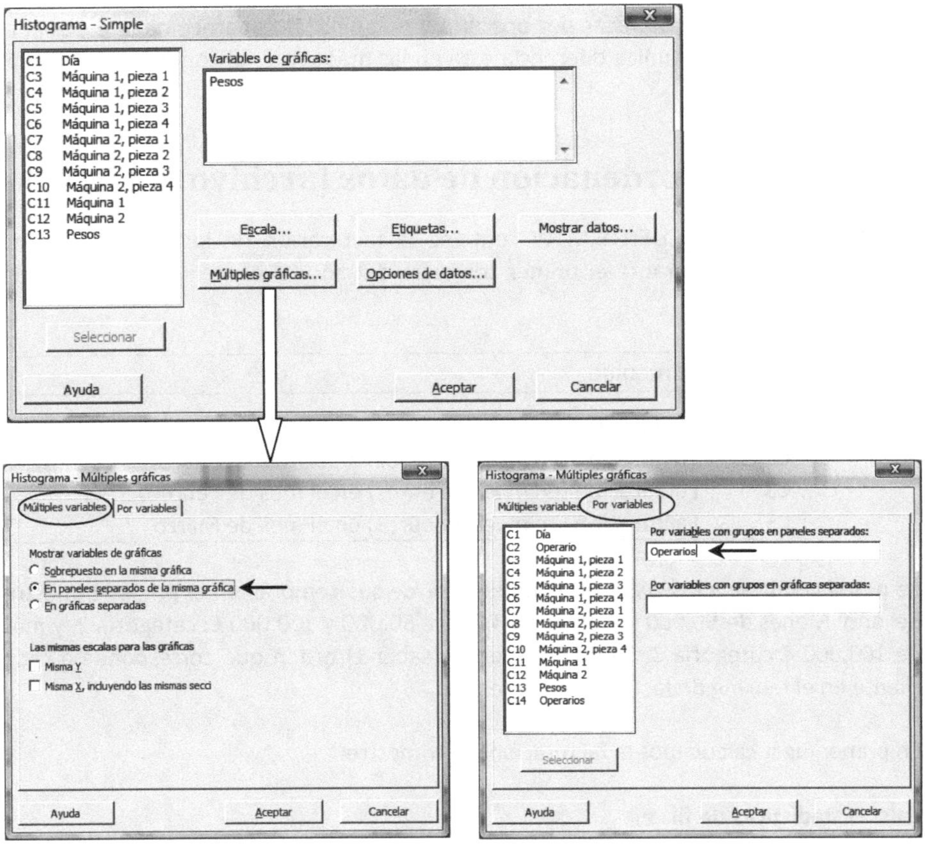

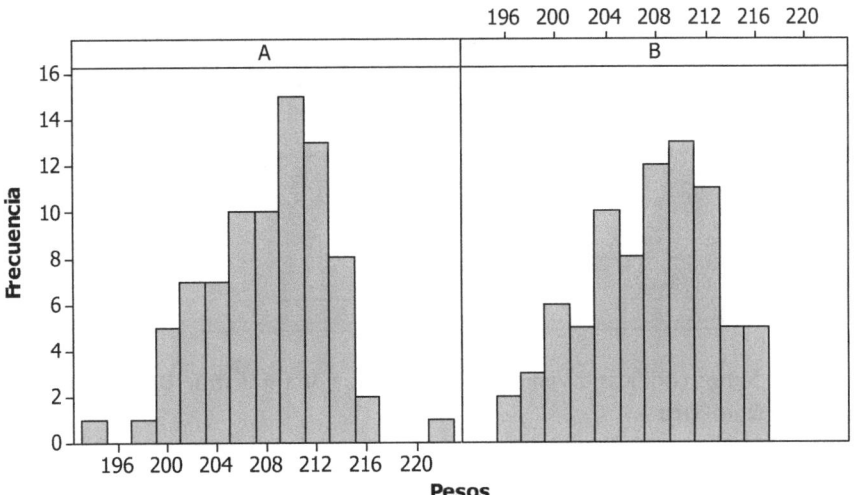

Histograma de Pesos
A
B
196 200 204 208 212 216 220
Frecuencia
0 2 4 6 8 10 12 14 16
Pesos
Variable de panel: Operarios

También podríamos estratificar por operario y máquina. No aparece nada especial al realizar ese análisis. La única diferencia está en las máquinas, tal como hemos visto al principio.

Codificación y ordenación de datos (archivo CLIENTE)

El archivo CLIENTE.MTW contiene la facturación de los clientes de una empresa durante el primer trimestre del año. El contenido de la hoja de datos es:

Col.	Contenido
C1	Número del cliente
C2	Facturación (en miles de euros) en el mes de Enero
C3	Facturación (en miles de euros) en el mes de Febrero
C5	Facturación (en miles de euros) en el mes de Marzo

Se desea codificar a los clientes según el valor de sus compras en el primer trimestre del año: Menos de 50.000 €: categoría 3; entre 50.000 y 100.000 €: categoría 2, y más de 100.000 € categoría 3. También se desea saber el orden que corresponde a cada cliente en el ranking de facturación trimestral.

En primer lugar calculamos la facturación del trimestre.

Calc > Estadísticas de filas

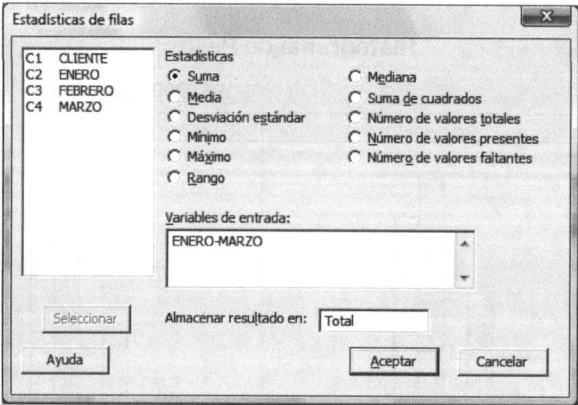

Ahora ya podemos codificar los valores de la facturación trimestral: **Datos > Codificar > Numérico a Numérico**

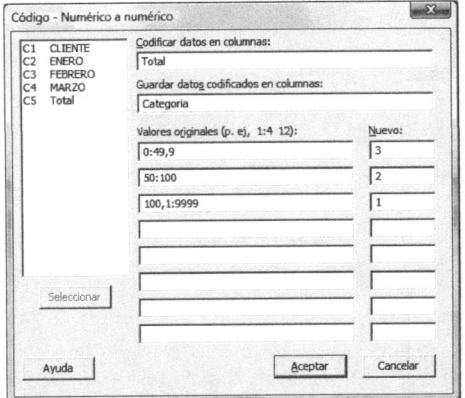

En este cuadro de diálogo no se pueden usar los símbolos "mayor que (>)" ni "menor que (<)". Es necesario escribir intervalos como los que se indican

Podemos poner los números de cliente de cada categoría en columnas separadas, haciendo: **Datos > Desapilar columnas**

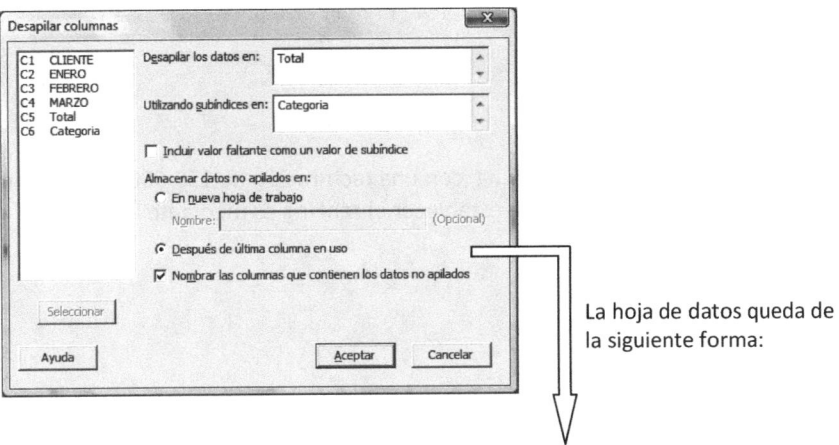

La hoja de datos queda de la siguiente forma:

↓	C1	C2	C3	C4	C5	C6	C7	C8	C9	C10
	CLIENTE	ENERO	FEBRERO	MARZO	Total	Categoria	Total_1	Total_2	Total_3	
1	1	18	60	46	124	1	124	88	44	
2	2	46	45	12	103	1	103	74	26	
3	3	53	24	11	88	2	105	78	49	
4	4	5	49	51	105	1	136	63	37	
5	5	50	15	9	74	2	120	82	24	
6	6	13	33	32	78	2	109	91	45	
7	7	30	31	2	63	2	130	82	49	
8	8	48	52	36	136	1	104	65	44	
9	9	55	3	24	82	2	133	70	45	
10	10	23	39	58	120	1	136	81		
11	11	49	32	28	109	1	140	70		
12	12	15	41	35	91	2	159	97		

Para saber el orden que corresponde a cada cliente en el ranking de facturación trimestral, podemos ordenar la columna que contiene la facturación del trimestre, arrastrando en esta ordenación los números de cliente.

Datos > Ordenar

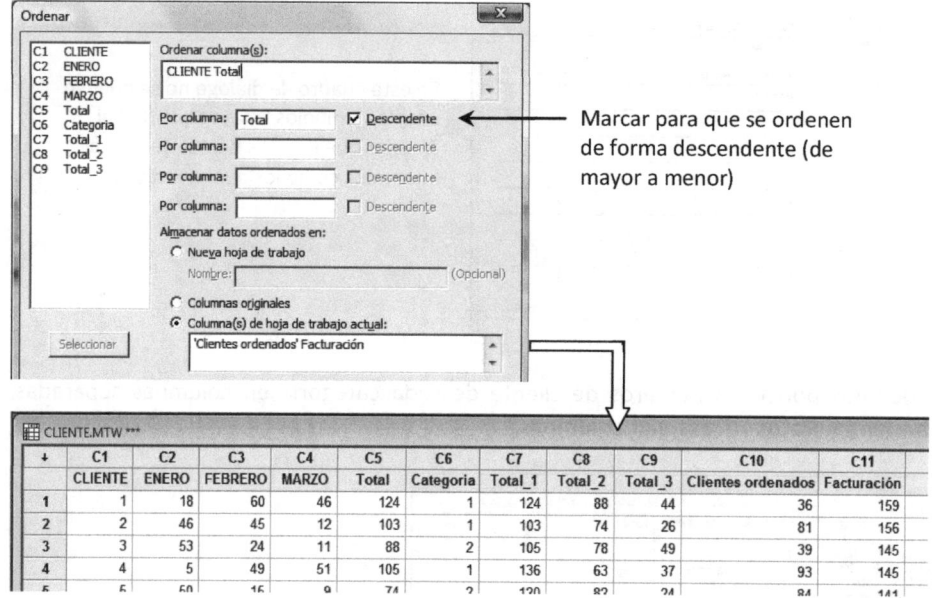

Marcar para que se ordenen de forma descendente (de mayor a menor)

El cliente nº 36 es el número 1 del ranking, con una facturación de 159.000 €. El cliente nº 81 es el segundo, etc. Otra forma de establecer el ranking es mediante la opción:

Datos > Jerarquizar

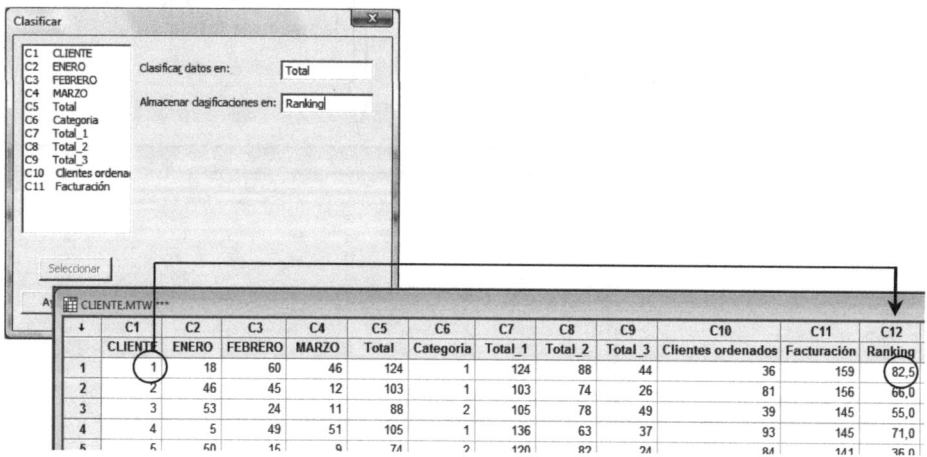

El número de ranking se genera de menor a mayor facturación. Al cliente nº 1 le corresponde la posición 82,5. No es un número entero porque hay 2 clientes que han facturado 124.000 €. A uno le tocaría la posición 82 y al otro la 83. MINITAB pone 82,5 para los dos.

A3

Anexo 3: Personalización de MINITAB

Opciones de configuración

Herramientas > Opciones

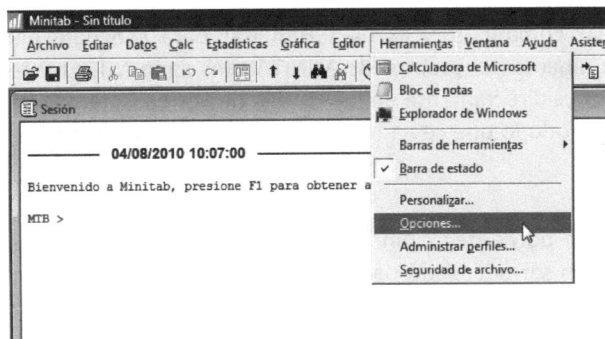

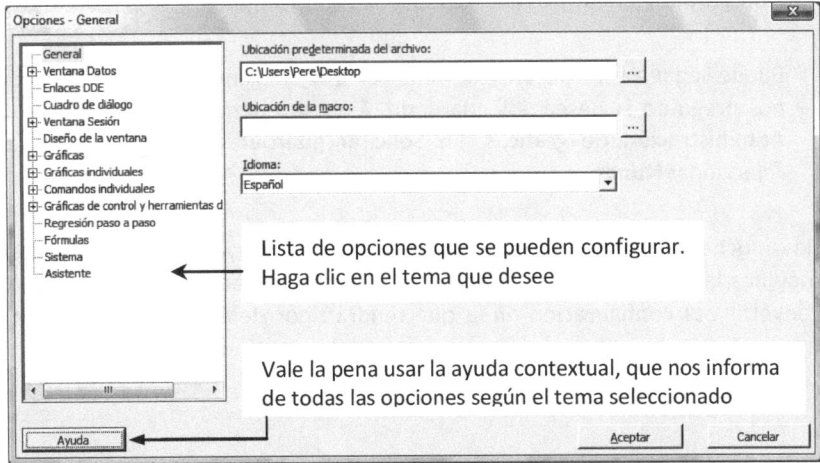

Lista de opciones que se pueden configurar. Haga clic en el tema que desee

Vale la pena usar la ayuda contextual, que nos informa de todas las opciones según el tema seleccionado

Si clicamos sobre un tema con un signo + a la izquierda, en la parte derecha aparece información general sobre ese tema. Si se clica sobre el signo +, se despliegan los subtemas.

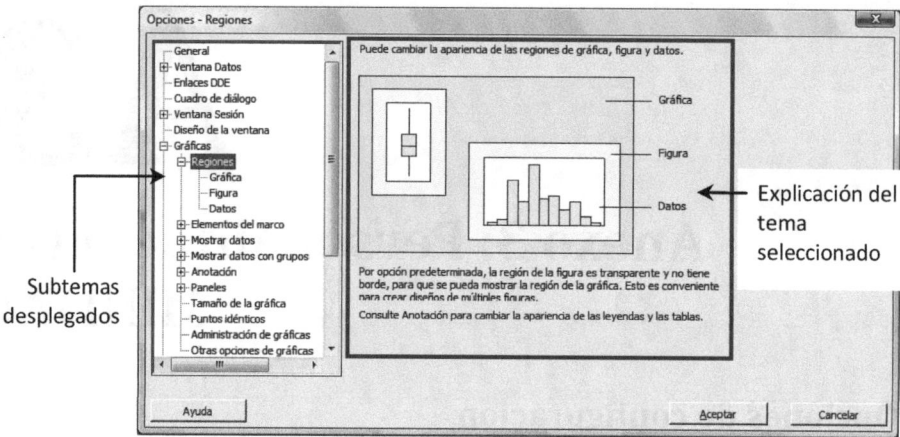

Algunas opciones de configuración que creemos puede ser interesante cambiar son:

- **Ventana de sesión > Enviar comandos**, y escoger **Habilitar** para **Lenguaje del comando**. De esta manera, aparece el prompt de MINITAB (el signo MTB>) y se pueden introducir instrucciones directamente en la ventana de Sesión. Además, se escriben las instrucciones de todo lo que se va haciendo con los menús, lo cual es muy útil para escribir macros.

- El fondo marrón claro con un borde negro fino que por defecto aparece en los gráficos de MINITAB puede no ser adecuado para las figuras de un documento o presentación. Se puede quitar el fondo y el borde desde **Gráficas > Regiones > Gráfica**. En **Patrón de llenado: Tipo**, escoger la N dentro de un cuadrado (**Ninguno**). Y en **Bordes y líneas de relleno: Tipo**, escoger **Ninguno**.

- Puede llegar a ser molesto que cada vez que queremos cerrar un gráfico, MINITAB nos pregunte si deseamos guardarlo. Esto se puede desactivar desde **Gráficas > Administración de gráficas**. En **Solicitar guardar una gráfica antes de cerrar**, seleccionar **Nunca**.

Hay muchas opciones para gráficos concretos. La mayoría de estas opciones puede modificarlas haciendo doble clic sobre el gráfico que desee. Cámbielo aquí para convertir esa configuración en la que tendrán por defecto todos los gráficos de ese tipo.

Los cambios que haga con **Herramientas > Opciones** se guardan en el registro de Windows, de manera que aunque desinstale y vuelva a instalar MINITAB, las opciones que haya modificado se conservarán. Si desea llevar MINITAB a sus valores por defecto, ejecute el archivo rmd.exe (Restore Minitab Defaults), que encontrará en la carpeta donde MINITAB está instalado.

Uso de las barras de herramientas

Las barras de herramientas dan acceso rápido a utilidades a las que se puede acceder también por los menús. Por defecto, aparecen activadas las barras de herramientas **Estándar**, **Project Manager, Hoja de trabajo, Edición de gráficas** y **Herramientas de anotación en gráficas**.

Para hacer aparecer o desaparecer barras de herramientas, haga clic con el botón derecho sobre cualquier barra de herramienta para desplegar la lista de barras disponibles.

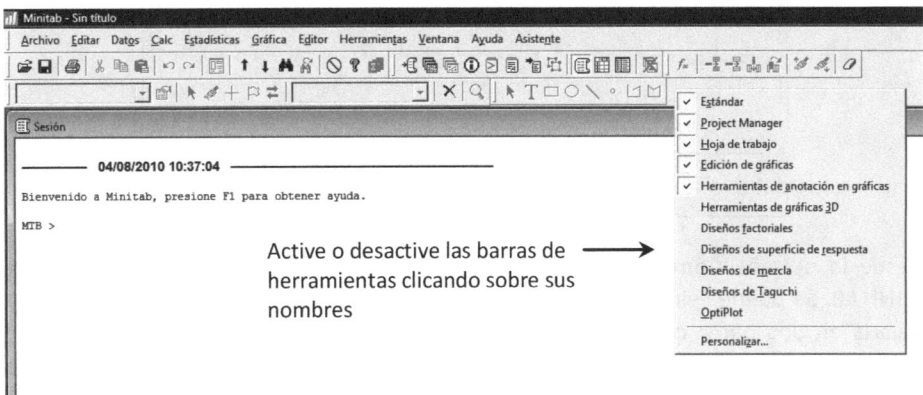

También puede desplegar la lista de barras disponibles desde **Herramientas > Barras de herramientas**.

Las barras de herramientas pueden cambiarse de sitio, desencajarse del menú superior y hacerlas flotantes, cambiarles el tamaño... Todo lo habitual en las interficies de usuario de los programas de Windows.

Las opciones de las barras de herramientas se desactivan cuando no tiene sentido aplicarlas. Algunas barras de herramientas, como las relacionadas con edición de gráficos, llegan a desaparecer al cerrar el gráfico si no están ancladas a la barra de menú superior.

Añadir elementos a una barra de herramientas existente

Si utiliza con frecuencia algunas opciones de los menús de MINITAB, puede crear una barra de herramientas con ellas.

Herramientas > Personalizar, o bien clic con el botón derecho sobre cualquier barra de herramientas, y escoger **Personalizar** en el menú desplegable que aparece.

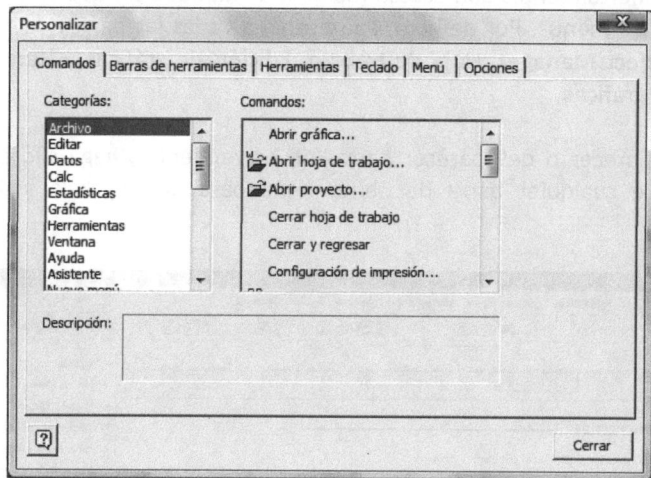

Desde la pestaña **Comandos** tenemos acceso a una lista con todos los menús de MINITAB. Se puede seleccionar y arrastrar cualquier opción del menú de la derecha y dejarla en una barra de herramientas ya existente. El procedimiento a seguir es el habitual en muchos programas de Windows que permiten personalizar las barras de herramientas, como en los de Word o Excel.

Para quitar una opción de una barra de herramientas, simplemente sáquela fuera arrastrándola mientras tenga la ventana de **Personalizar** abierta.

 Igual que añade opciones a una barra de herramientas, puede añadirlas a un menú. Con la ventana **Personalizar** abierta, arrastre la opción que desee hacia el menú, y suelte donde quiera que se quede. Incluso puede arrastrar instrucciones dentro de los menús para cambiarlas de orden.

Crear barras de herramientas personales

Imaginemos que usamos con frecuencia las herramientas de comparación de dos tratamientos. Vamos a crear una barra de herramientas con estas opciones.

Herramientas > Personalizar, y clicamos sobre la segunda pestaña, **Barras de herramientas**, y después **Nuevo...**

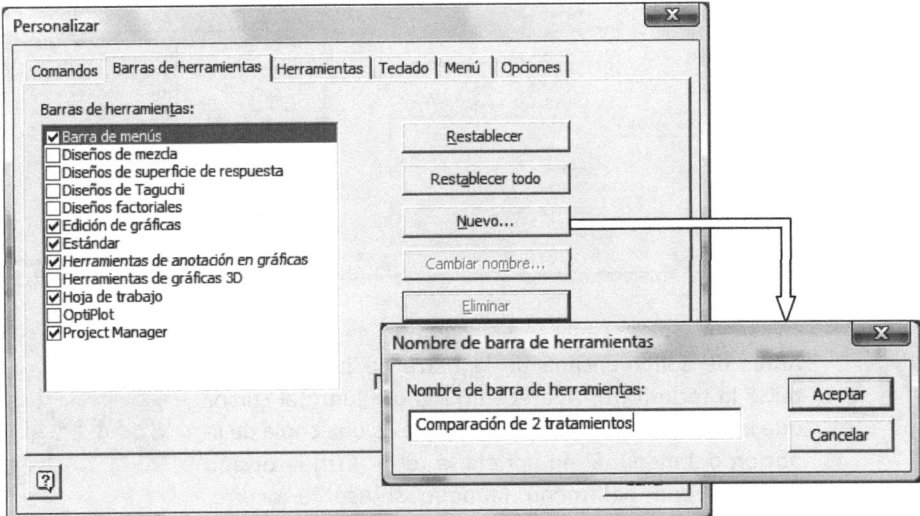

Aparece una barra de herramientas vacía, que vamos a poder ir llenando con opciones de menú como hemos visto anteriormente.

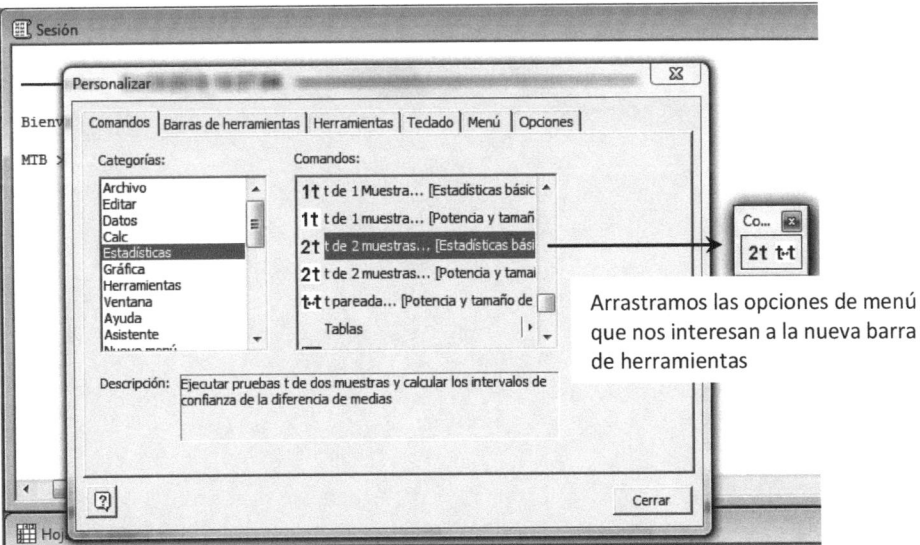

Arrastramos las opciones de menú que nos interesan a la nueva barra de herramientas

También podemos seleccionar las opciones directamente de los menús de MINITAB y arrastrarlas hacia la barra de herramientas. En este caso, es importante clicar la tecla [Ctrl] antes de soltar, puesto que si no moveremos la instrucción en lugar de copiarla.

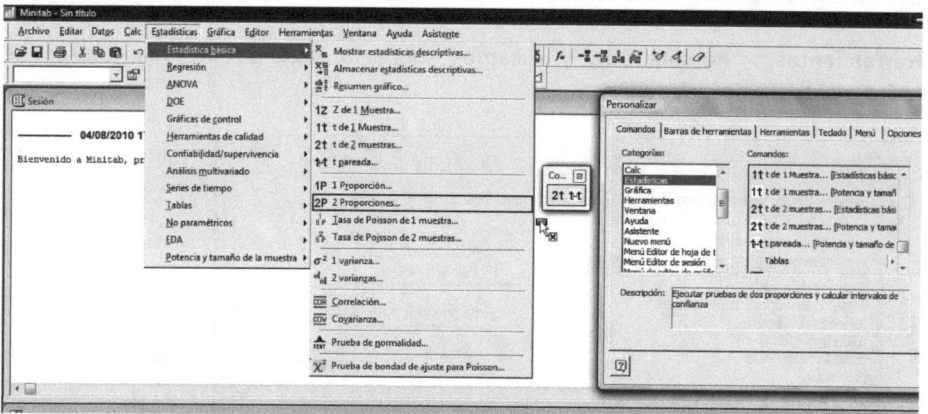

 Antes de soltar encima de la barra de herramientas, pulse la tecla [Ctrl]. Aparece un signo + junto al cursor que indica que el botón que se creará es una copia de la opción del menú. Si no aprieta la tecla [Ctrl] la opción desaparecería del menú (aunque si eso le ocurre, tampoco es tan grave, puesto que desde **Personalizar > Comandos** puede arrastrar instrucciones no solo a las barras de herramientas, sino también a los menús).

Anexo 4: Automatización de tareas y macros

Escribir instrucciones en la ventana de Sesión

Si queremos generar 100 valores de una N(0; 1) y después construir un histograma, lo podemos hacer a través de los menús, de la forma: **Calc > Datos aleatorios > Normal.**

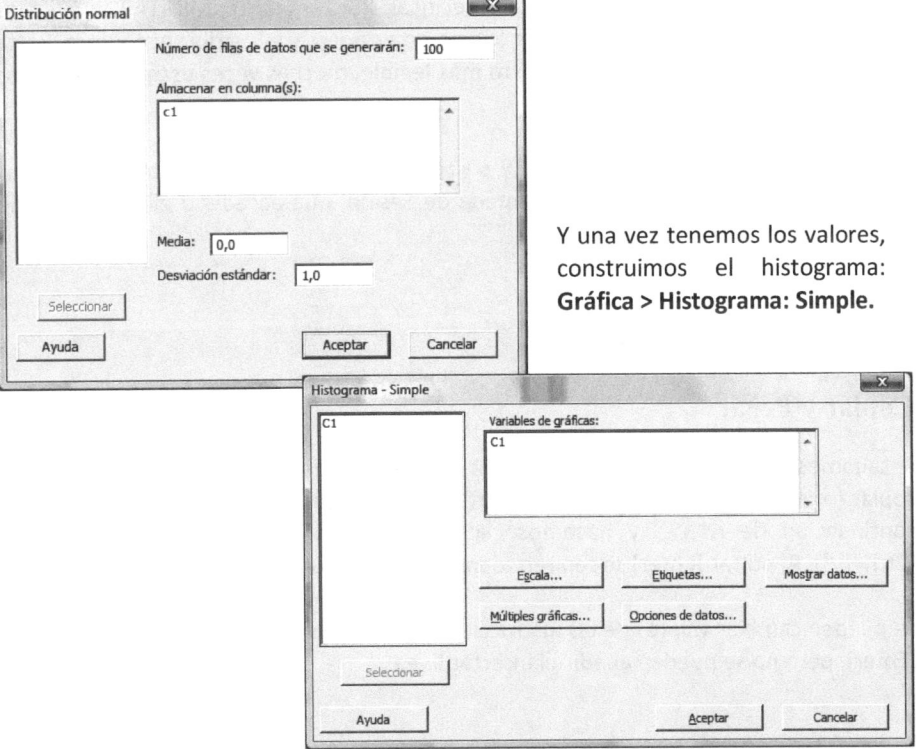

Y una vez tenemos los valores, construimos el histograma: **Gráfica > Histograma: Simple.**

Después de realizar estas operaciones, podemos observar que en la pantalla de sesión se han escrito las siguientes instrucciones (es necesario tener habilitados los comandos, recuerde, con la ventana de sesión activa: **Editor > Habilitar comandos**)

```
MTB > Random 100 c1;          Genera 100 números aleatorios ...
SUBC>    Normal 0,0 1,0.       ... de una distribución N(0; 1)
MTB > Histogram C1;
SUBC>    Bar.                  Histograma de los valores de C1
```

 Cuando una línea acaba en punto y coma, en la siguiente se tiene una subinstrucción. La última subinstrucción acaba en un punto.

Si escribimos estas mismas instrucciones en la pantalla de Sesión, se produce exactamente el mismo resultado que si lo hacemos a través de los menús. Es más, si escribimos simplemente:

```
MTB > random 100 c1
MTB > histo c1
```

se produce también el mismo resultado ya que cuando se generan números aleatorios, por defecto los genera de una N(0; 1). Asimismo, la subinstruccion del histograma es un valor por defecto que no hace falta especificar. Por otra parte, MINITAB solo lee las 4 primeras letras de cada palabra, por lo que no es necesario escribir *histogram*. Basta con *hist* o *rand*, pero para hacer el texto más legible, muchas veces usamos más de las 4 letras necesarias.

 Cuando se tiene práctica y se conocen las instrucciones, puede ser más rápido escribirlas en la ventana de Sesión, que acceder a ellas a través de los menús.

Repetir instrucciones

Copiar y Pegar

Resaltamos con el ratón las instrucciones que queramos repetir. Hacemos clic en copiar (o pulsamos simultáneamente [Ctrl]+[C]), llevamos el cursor a la última línea, a continuación de MTB>, y hacemos clic en pegar (o pulsamos simultáneamente [Ctrl]+[V]). Al pulsar [Enter] se repiten todas las instrucciones.

Se pueden cambiar valores de las instrucciones una vez se han pegado, antes de pulsar [Enter], pero no se pueden añadir ni insertar líneas.

Editor de línea de comandos

Para hacer totalmente editables las instrucciones a copiar, se resaltan con el cursor y se va a **Editor de línea de comandos.**

Editar > Editor de línea de comandos

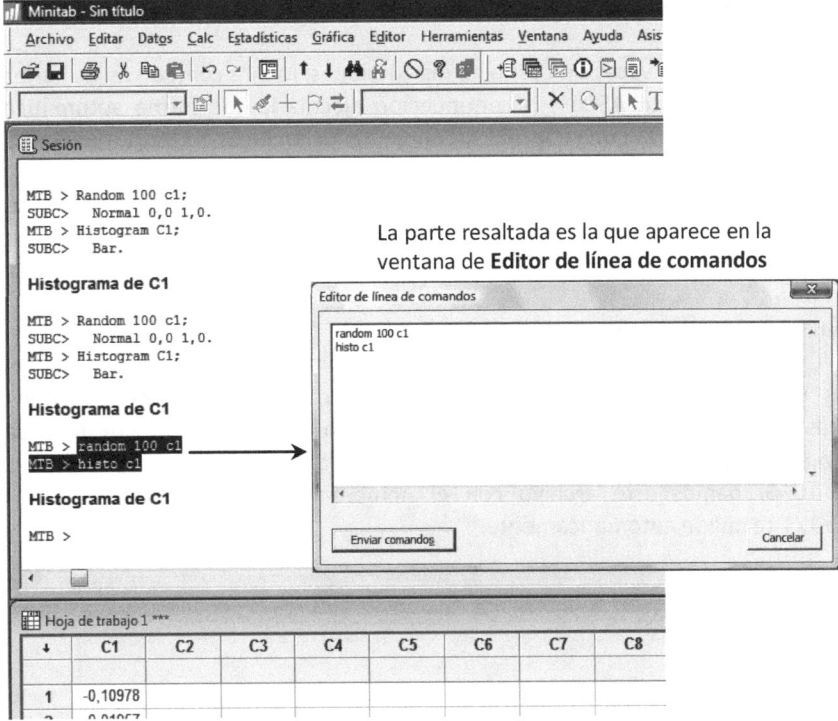

La parte resaltada es la que aparece en la ventana de **Editor de línea de comandos**

Ahora, en la ventana de **Editor de línea de comandos** insertamos una línea para indicar que los números aleatorios los queremos de una distribución N(10; 2). Hay que acabar la primera línea con punto y coma ya que a continuación viene una subinstrucción, y esta hay que acabarla con un punto porque es la última (en realidad es la única).

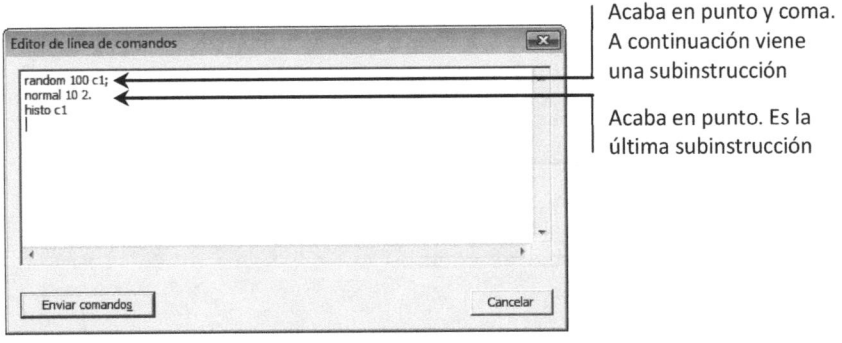

Acaba en punto y coma. A continuación viene una subinstrucción

Acaba en punto. Es la última subinstrucción

Pulsando **Enviar Comandos** se ejecutan todas las instrucciones.

 Si se resaltan instrucciones junto con salida de MINITAB (resultados de los análisis realizados), en **Editor de línea de comandos** solo aparecen las instrucciones.

Archivos Ejecutables

Si se quiere repetir varias veces una serie de instrucciones, lo más cómodo es grabarlas en un archivo en formato ASCII y a continuación ejecutarlas de forma automática tantas veces como se desee con la opción **Archivo > Otros archivos > Ejecutar un Exec.**

Es muy cómodo utilizar como editor de este tipo de archivos el Bloc de Notas que se encuentra entre los accesorios de Windows. También se puede acceder directamente a través de:

Herramientas > Bloc de notas

Copiamos y pegamos las instrucciones anteriores en el bloc de notas, sin los indicadores MTB> o SUBC> del principio de las líneas (en la ventana de **Editor de línea de comandos** ya aparecen sin estos indicadores y puede ser más cómodo copiarlos desde ahí)). Grabamos este archivo con el nombre "Histogramas N(10; 2)". La extensión TXT se añade automáticamente.

 La extensión .TXT se añade automáticamente a los archivos creados con el "Bloc de Notas".

Para ejecutarlo, por ejemplo 10 veces, hacemos: **Archivo > Otros archivos > Ejecutar un Exec.**

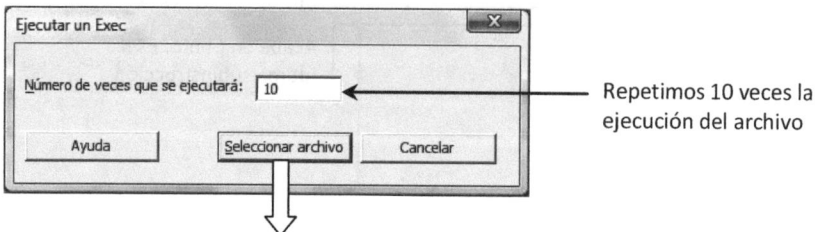

Repetimos 10 veces la ejecución del archivo

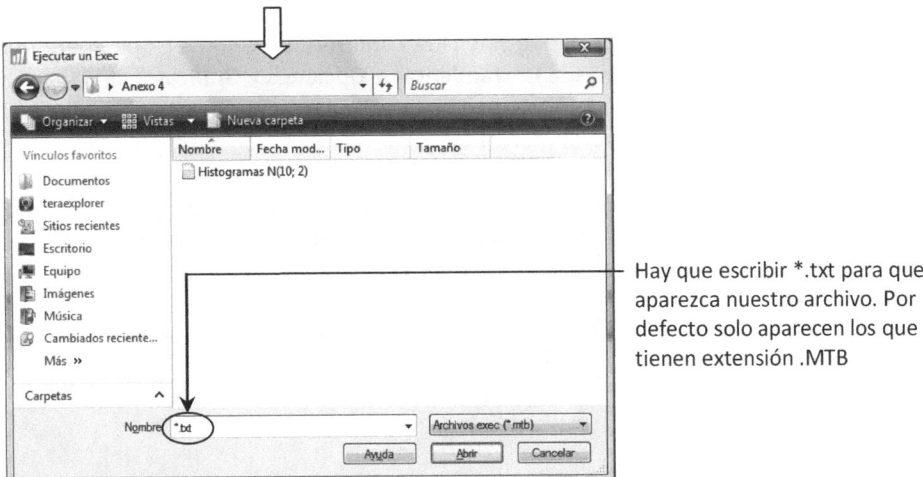

Hay que escribir *.txt para que aparezca nuestro archivo. Por defecto solo aparecen los que tienen extensión .MTB

Haciendo doble clic sobre el nombre del archivo, se ejecuta las veces que se haya indicado. En la siguiente imagen se ha minimizado la ventana de "Sesión" para que se vean todos los gráficos en cascada.

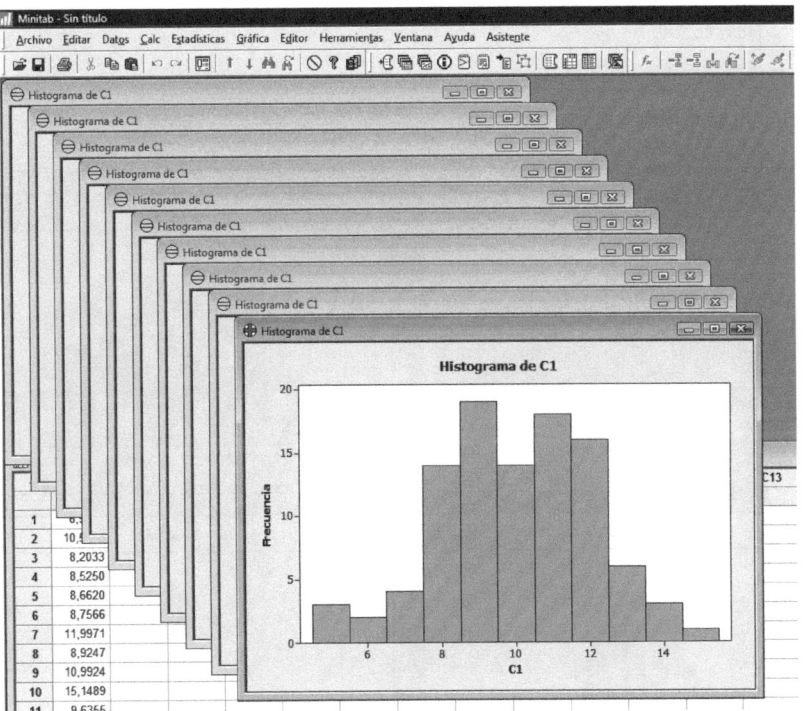

 Para cerrar todos los gráficos de una vez vaya a **Ventana > Cerrar todas las gráficas** o pulse el botón ▨ de la barra de herramientas **Project Manager**.

Recuerde: Para evitar que nos pida confirmación cada vez que queremos cerrar un gráfico, desde **Herramientas > Opciones > Gráficas** (clic en la cruz de la izquierda) > **Administración de gráficas**, y en **Solicitar guardar una gráfica antes de cerrar** marcar la opción **Nunca**.

En el archivo ejecutable podemos repetir grupos de instrucciones para, por ejemplo, construir 4 histogramas con distinto número de datos. Hemos creado el archivo Varios.txt.

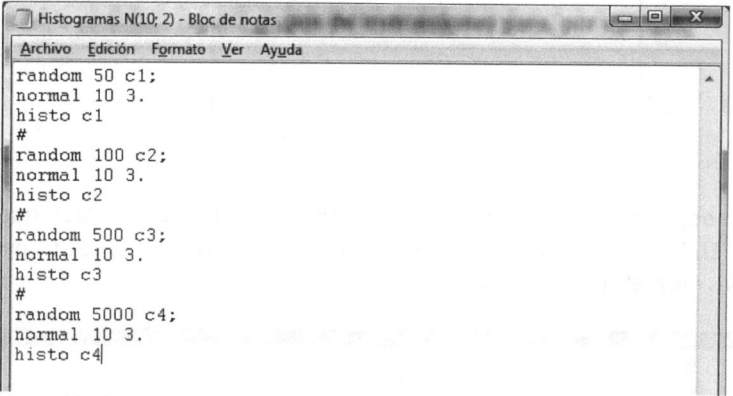

El resultado obtenido es:

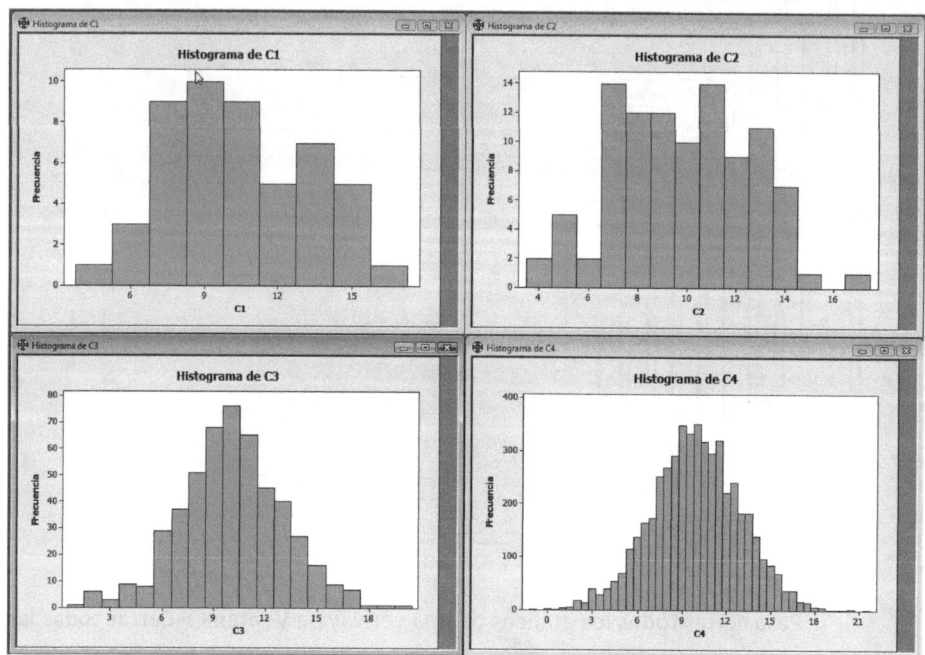

Para que la pantalla anterior quede de la forma que aparece, se han minimizado la ventana de Sesión y la Hoja de datos, y se ha hecho **Ventana > Mosaico**.

Gráficos personalizados

Se pueden obtener gráficos personalizados introduciendo en el archivo ejecutable las instrucciones adecuadas. Para ver cuáles son esas instrucciones lo más cómodo es hacer las modificaciones sobre un gráfico hasta dejarlo con las características deseadas (título, escalas,...) y a continuación, con la ventana del gráfico como ventana activada ir a **Editor > Copia lenguaje de comandos**. De esta forma todas las instrucciones necesarias para crear ese gráfico quedan almacenadas y se pueden pegar en el bloc de notas ([Ctrl]+[V]) para formar parte de un archivo ejecutable o de una macro. También se pueden pegar en el **Editor de línea de comandos.**

Por ejemplo, si se cambia el título y se fuerza la escala horizontal para el histograma que contiene los datos de C1, las instrucciones que se obtienen son:

```
Histogram C1;
  Scale 1;
    MODEL 1;
      Tick -5 0 5 10 15 20 25;
      Min -5;
      Max 25;
    EndMODEL;
  Bar;
  SubTitle;
    StDist;
  Footnote;
    FPanel;
  Title "N=50";
  NoDTitle.
```

Vistas las instrucciones a utilizar, escribimos el archivo que se muestra a continuación. Lo más cómodo es escribir solo el primer bloque (lo que corresponde al primer histograma), copiar y pegar para los otros tres, y rectificar lo que convenga.

 Pueden verse todas las subinstrucciones que permiten personalizar un gráfico en **Ayuda > Ayuda >** Pestaña 'Contenido'**: Comandos de sesión** (clic en la cruz de la izquierda) > Clic sobre **Ayuda sobre los comandos de sesión** (hipertexto en el recuadro de la derecha) doble clic sobre **Graphing Data** (recuadro de la izquierda) > doble clic sobre **Histogram** (por ejemplo).

```
Histo varios N mejorado - Bloc de notas
Archivo  Edición  Formato  Ver  Ayuda
random 50 c1;
normal 10 3.
Histogram C1;
    Scale 1;
       MODEL 1;
          Tick -5 0 5 10 15 20 25;
          Min -5;
          Max 25;
       EndMODEL;
    Bar;
    SubTitle;
       StDist;
    Footnote;
       FPanel;
    Title "N=50";
    NoDTitle.
#
random 100 c2;
normal 10 3.
Histogram C2;
    Scale 1;
       MODEL 1;
          Tick -5 0 5 10 15 20 25;
          Min -5;
          Max 25;
       EndMODEL;
    Bar;
    SubTitle;
       StDist;
    Footnote;
       FPanel;
    Title "N=100";
    NoDTitle.
#
random 500 c3;
normal 10 3.
Histogram C3;
    Scale 1;
```

MINITAB no lee las líneas que empiezan por este símbolo. En este caso se ha utilizado para marcar los distintos bloques

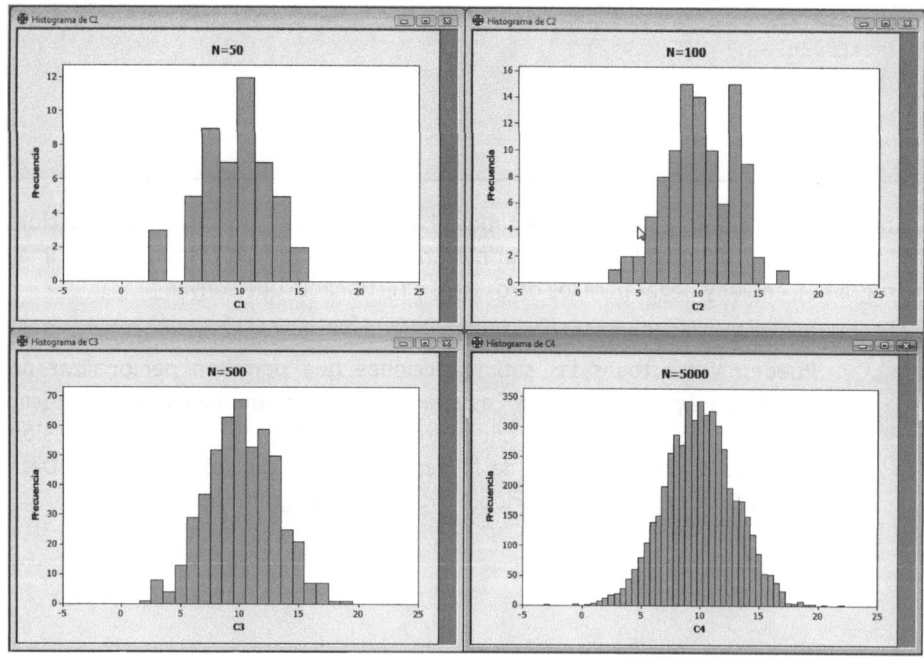

Ejemplo: Archivo ejecutable para estudiar la distribución de la media muestral

Puede estudiarse la distribución de la media muestral generando muestras aleatorias de una determinada población y calculando y almacenando la media de cada una de ellas. Por ejemplo, obtendremos muestras de tamaño n=100 de una población equiprobable con valores comprendidos entre 1 y 6 (población que representa los resultados de tirar un dado).

```
SimulaMedia - Bloc de notas
Archivo  Edición  Formato  Ver  Ayuda
brief 0            # Para que no salga información en la ventana de sesión
#
random 100 c1;     # Genera 100 números aleatorios y los coloca en la columna c1 ...
   integer 1 6.    # ... de una distribución equiprobable definida entre 1 y 6
#
mean c1 k1         # Calcula la media de c1 y la coloca en k1
let c2(k2)=k1      # En la posición k2 de c2 coloca la última media calculada
let k2=k2+1        # Suma 1 a k2, que actúa como contador
let c3(1)=k2       # Coloca el valor de k2 en la primera fila de c3, para saber
                   # por que iteración vamos
```

Antes de ejecutar este archivo es necesario inicializar el contador escribiendo en la ventana de sesión:

```
MTB > let k2=1
```

Después de ejecutarlo 5000 veces (**Archivo > Otros archivos > Ejecutar un Exec > Seleccionar archivo),** el histograma de los valores de C2 tiene el aspecto (**Gráfica > Histograma > Con Ajuste**, colocar C2 en **Variables de gráficas**):

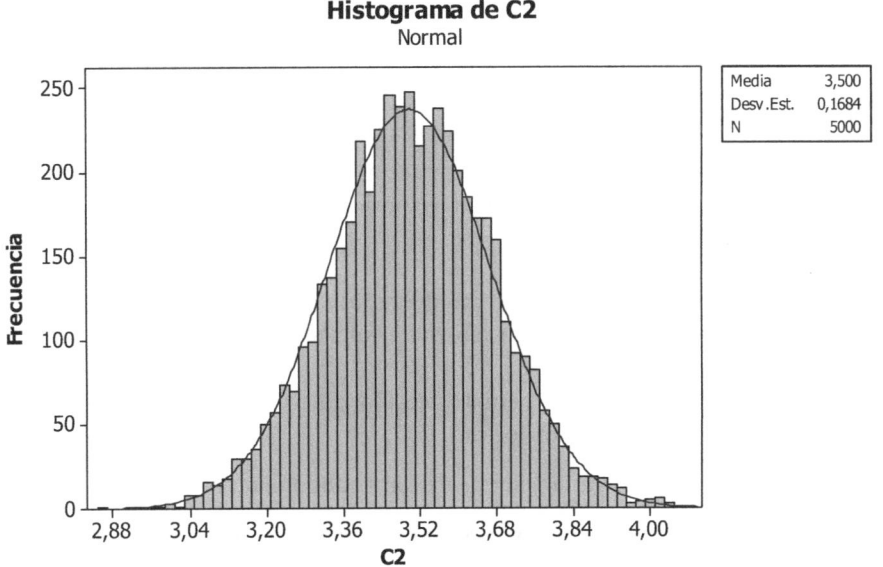

Cada vez que ejecute un archivo de este tipo debe inicializar los contadores (si los tiene). En el ejemplo que hemos visto siempre hay que escribir `let k2=1` en la ventana de sesión antes de ejecutar el archivo.

La distribución aproximadamente Normal de la media muestral, aunque la población no sea Normal, es una de las consecuencias del llamado "Teorema Central del Límite", uno de los más importantes de la estadística matemática.

Si se realizan muchas iteraciones y en la ventana de Sesión van apareciendo los resultados de las instrucciones, llega a saturarse su capacidad y el proceso se detiene para preguntar si se desea guardar su contenido. Esto es un problema si se deja el ordenador funcionando y se espera que al cabo de un tiempo haya terminado la simulación, porque seguramente se habrá parado para preguntar si queremos almacenar el contenido de la ventana de Sesión.

Incluir la instrucción **brief** 0 evita que aparezcan en la ventana de Sesión los resultados de las instrucciones que se van ejecutando.

Si en un archivo ejecutable (o en una macro) coloca MINITAB en modo **brief** 0, se mantiene al acabar la ejecución así (sin salir resultados en la ventana de Sesión) hasta que se coloca en otro modo. La opción por defecto es **brief** 2.

Este tipo de archivos ejecutables solo puede contener las instrucciones (y subinstrucciones) que se pueden utilizar desde la ventana de Sesión, pero no pueden incluir bucles ni controladores de flujo tal como se utilizan en programación. Si deseamos usar este tipo de instrucciones (*Do*, *While*, *If*,...) hay que utilizar macros.

Macros. Visión general

MINITAB contiene un lenguaje de programación sencillo pero potente, que permite elaborar una gran variedad de programas hechos a la medida del usuario. Estos programas se llaman macros.

Las instrucciones de las macros pueden contener los típicos controladores de flujo que se usan en los lenguajes de programación, por ejemplo:

- `IF/ELSEIF/ELSE/ENDIF` permite ejecutar diferentes bloques de comandos dependiendo de una condición lógica.

- `DO/ENDO` permite repetir un bloque de comandos una serie de veces.

- `WHILE/ENDWHILE` repite un bloque de comandos mientras la expresión lógica es cierta.

- NEXT transfiere el control del flujo a la condición lógica en las sentencias DO y WHILE.

- BREAK sale forzosamente de los bucles DO y WHILE.

- GOTO/MLABEL permite saltar desde la línea "GOTO número" hasta la línea "MLABEL número" saliendo de cualquier bucle, condición, etc. El número no puede ser una variable, ha de ser un dígito.

- EXIT, para la macro y devuelve el control a la ventana de MINITAB.

A modo de introducción, comentamos las características más relevantes de los dos tipos de macros que se pueden utilizar: Macros globales y macros locales.

Macros Globales

Su estructura general es:

```
GMACRO                  # Obligatorio
[nombre]                    # Nombre de la macro. Obligatorio.
#
[cuerpo de la macro]
#
ENDMACRO                # Obligatorio
```

Una macro global para simular la distribución de la media muestral, puede tener el siguiente aspecto:

```
MacroG_SimulaMedia - Bloc de notas
Archivo  Edición  Formato  Ver  Ayuda
GMACRO                  # Obligado
MacroG_SimulaMedia.txt  # Nombre del fichero
LET k2=1                # Inicializamos
#
WHILE k2<= 5000         # Realizamos la simulación 5000 veces
   RANDOM 100 c1;
   INTEGER 1 6.
   MEAN c1 k1
   LET c2(k2)=k1
   LET k2=k2+1
   LET C3(1)=K2
ENDWHILE
#
ENDMACRO                # Obligado
```

Para ejecutar la macro primero tenemos que indicar en qué directorio están situadas. Esto puede hacerse a través de:

Herramientas > Opciones

Lugar donde se encuentra el directorio — Botón para acceder al explorador

La ejecución se hace escribiendo en la ventana de Sesión el signo % seguido (sin espacio) del nombre de la marco, incluida la extensión.

```
MTB > %MacroG_SimulaMedia.txt
```

 El bloc de notas pone automáticamente la extensión txt. Tenga cuidado de no ponerla dos veces.

Macros Locales

Las macros locales tienen más posibilidades que las globales (los nombres son engañosos). Estas nuevas posibilidades son:

- Permiten tener variables de entrada/salida.
- Las variables pueden tener cualquier nombre, y no son valores de la hoja de datos.

Las características específicas en la escritura de macros locales son:

- En la primera línea se escribe la palabra MACRO (GMACRO en las globales).
- En la segunda línea se escribe el nombre de la macro y a continuación las variables de entrada/salida, cuyos valores se darán al llamar la macro.
- En la tercera y cuarta líneas se realiza la declaración de variables. Las constantes van precedidas por la palabra MCONSTANT, los vectores por MCOLUMN y las matrices por MMATRX. No es necesario que existan variables de los 3 tipos.

Esquemáticamente, la estructura de una macro local es la siguiente:

```
MACRO                          # Obligado
[Identificador]                # Nombre + variables de entrada/salida
#
[Declaración de variables]     # Líneas para las ctes, vectores y matrices
#
[Cuerpo de la macro]
#
ENDMACRO                       # Obligado
```

La anterior macro global, escrita como macro local podría tener la forma:

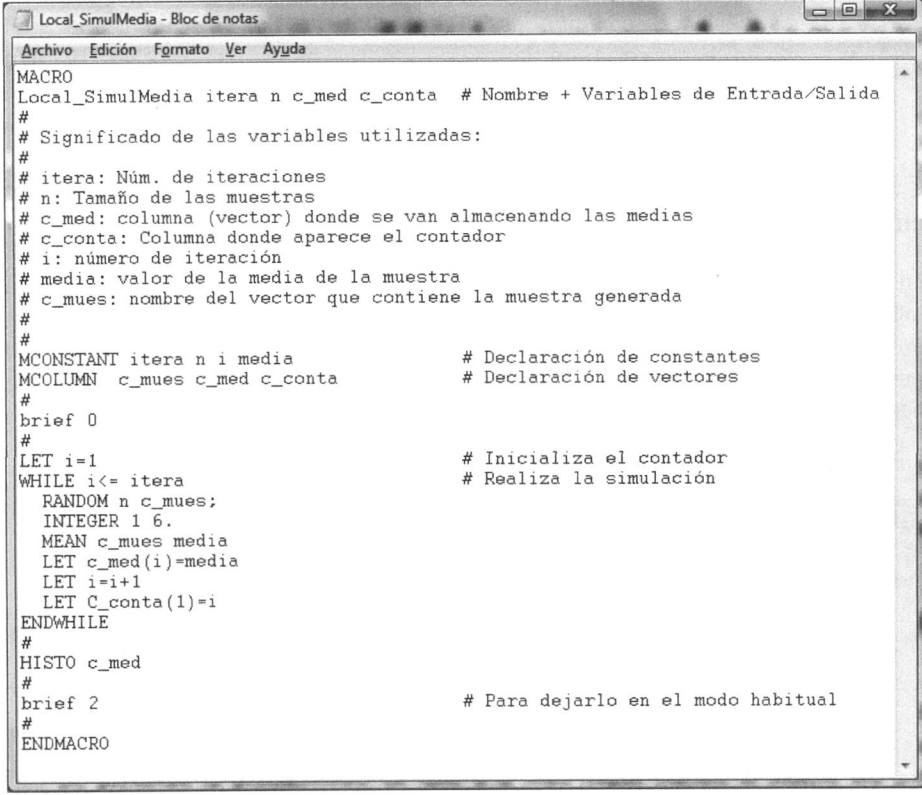

```
MACRO
Local_SimulMedia itera n c_med c_conta   # Nombre + Variables de Entrada/Salida
#
# Significado de las variables utilizadas:
#
# itera: Núm. de iteraciones
# n: Tamaño de las muestras
# c_med: columna (vector) donde se van almacenando las medias
# c_conta: Columna donde aparece el contador
# i: número de iteración
# media: valor de la media de la muestra
# c_mues: nombre del vector que contiene la muestra generada
#
#
MCONSTANT itera n i media              # Declaración de constantes
MCOLUMN   c_mues c_med c_conta         # Declaración de vectores
#
brief 0
#
LET i=1                                # Inicializa el contador
WHILE i<= itera                        # Realiza la simulación
   RANDOM n c_mues;
   INTEGER 1 6.
   MEAN c_mues media
   LET c_med(i)=media
   LET i=i+1
   LET C_conta(1)=i
ENDWHILE
#
HISTO c_med
#
brief 2                                # Para dejarlo en el modo habitual
#
ENDMACRO
```

La ejecución de esta macro se hace de la forma:

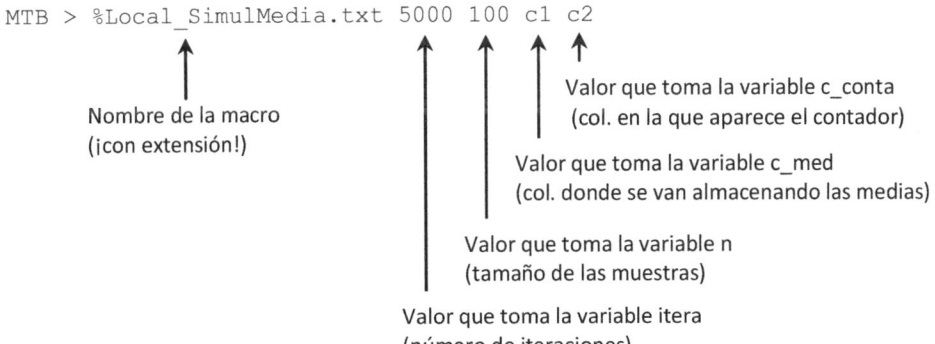

```
MTB > %Local_SimulMedia.txt 5000 100 c1 c2
```

Nombre de la macro
(¡con extensión!)

Valor que toma la variable c_conta
(col. en la que aparece el contador)

Valor que toma la variable c_med
(col. donde se van almacenando las medias)

Valor que toma la variable n
(tamaño de las muestras)

Valor que toma la variable itera
(número de iteraciones)

 Para parar una macro mientras se está ejecutando, pulse [Control]+[Pausa].

Ejemplos de macros

Los siguientes ejemplos están especialmente dirigidos a personas con alguna experiencia en la realización de programas sencillos, y solo pretenden dar ideas sobre las posibilidades de aplicar técnicas de simulación con MINITAB.

Cálculo de probabilidades por simulación (1): El problema del cumpleaños

En un grupo de personas la probabilidad de que dos o más celebren su cumpleaños el mismo día es mayor de lo que intuitivamente parece. En un grupo de 25 personas la probabilidad de que dos o más hayan nacido el mismo día (no necesariamente del mismo año) es mayor de 0,5. En un grupo de 40 personas esta probabilidad es de 0,891[1]. Una macro global para calcularla por simulación puede ser:

```
cumple - Bloc de notas
Archivo  Edición  Formato  Ver  Ayuda
GMACRO
cumple.txt
#
brief 0
#                # Para que no aparezcan resultados parciales en la ventana de sesión
let k1=1
while k1<=5000
   random 40 c1;
   integer 1 365.
   sort c1 c1          # Ordena los valores de C1 y los vuelve a colocar en C1
   lag c1 c2           # Decala los valores de C1 en C2. Si hay números repetidos en c1
                       #    tendremos el mismo valor en alguna fila de c1 y c2.
   let c3=c1=c2        # Expresión lógica. Si en una fila C1=C2, coloca un 1 en C3;
                       #    si son distintos coloca un 0
   max c3 k2           # Si el valor máximo de C3 es 1 hay valores repetidos en C1
   let c4(k1)=k2       # En cada iteración añade un 1 o un 0 en C4 según haya o no
                       # valores repetidos en C1

   let k1=k1+1
   let c5(1)=k1        # En la primera fila de C5 indica el número de iteración
endwhile
#
sum c4 k3              # La suma de valores en C4 es el número de 1's, igual al número
                       #    de veces que había valores repetidos en las 5000 iteraciones
let k4=k3/5000         # Calcula la proporción de veces que han habido valores repetidos

brief 2               # Para que aparezcan los resultados que se indican
note                  # En la ventana de sesión aparece el texto que figura
                      #    a continuación de note
note
note LA PROBABILIDAD ESTIMADA ES:
print k4
#
ENDMACRO
```

La instrucción LAG actúa de la siguiente forma:

---

[1] Si hay k personas, el número de casos posibles (espacio muestral) es: 365 cumpleaños posibles para cada una de las k personas: 365^k. Los casos no favorables (no hay 2 personas que hayan nacido el mismo día) serán: $365!/(365-k)!$, ya que la primera persona puede nacer cualquiera de los 365 días, la segunda 364, ... y la última $365-k+1$. Por tanto, la probabilidad de que al menos 2 tengan el mismo cumpleaños es $p=1-365!/[(365-k)!\cdot365^k]$. (1-casos no favorables/casos posibles).

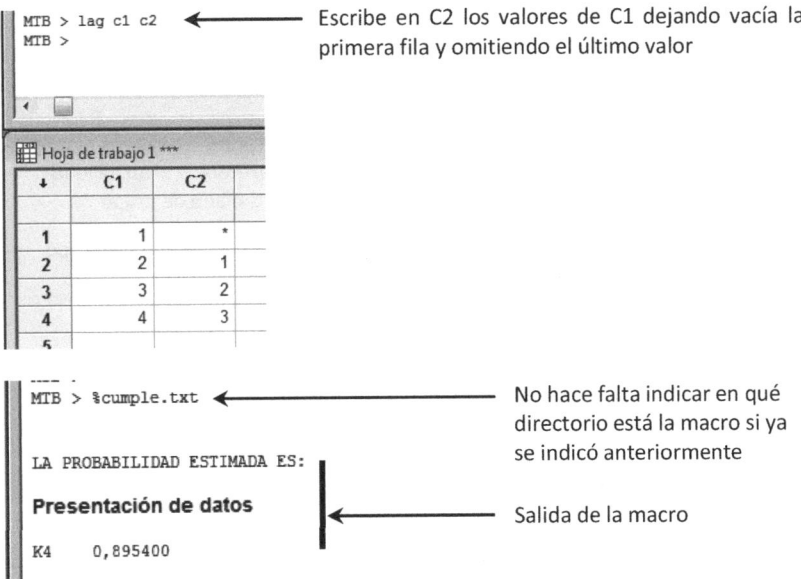

```
MTB > lag c1 c2          ←——————————  Escribe en C2 los valores de C1 dejando vacía la
MTB >                                 primera fila y omitiendo el último valor
```

Hoja de trabajo 1 ***

↓	C1	C2
1	1	*
2	2	1
3	3	2
4	4	3
5		

```
MTB > %cumple.txt        ←——————————  No hace falta indicar en qué
                                       directorio está la macro si ya
                                       se indicó anteriormente
LA PROBABILIDAD ESTIMADA ES:

Presentación de datos    ←——————————  Salida de la macro

K4     0,895400
```

La siguiente macro local estima por simulación estas probabilidades para distintos tamaños del grupo. Las variables de entrada son los tamaños mínimo y máximo y el número de iteraciones que se realizan. Como variables de salida se indican las columnas en las que aparece el tamaño del grupo y la probabilidad estimada.

lcumple - Bloc de notas

Archivo   Edición   Formato   Ver   Ayuda

```
MACRO
Lcumple.txt mini maxi itera col5 col6    # NOmbre y variables de entrada/salida
#
mconstant n i mini maxi itera cerouno    # Declaración de constantes
mcolumn col1 col2 col3 col4 col5 col6    # Declaración de columnas
#
brief 0
#
let n=mini
while n<=maxI                            # Bucle para los distintos tamaños de grupo
  let i=1
  #
  while i<=itera                         # Bucle para estimar la probabilidad para cada
    random n col1;                       #   tamaño de grupo. Es similar a la marco global
    integer 1 365.                       #   anterior, pero ahora las variables pueden tener
    sort col1 col1                       #   cualquier nombre
    lag col1 col2
    let col3=col1=col2
    max col3 cerouno
    let col4(i)=cerouno
    let i=i+1
  endwhile
  #
  let col5(n-mini+1)=n
  let col6(n-mini+1)=sum(col4)/itera
  let n=n+1
endwhile
#
ENDMACRO
```

Se ejecuta haciendo, por ejemplo:

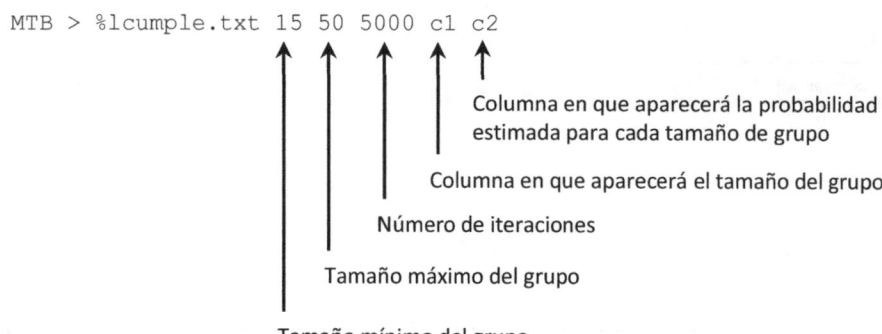

```
MTB > %lcumple.txt 15 50 5000 c1 c2
```

Columna en que aparecerá la probabilidad estimada para cada tamaño de grupo

Columna en que aparecerá el tamaño del grupo

Número de iteraciones

Tamaño máximo del grupo

Tamaño mínimo del grupo

 Esta macro puede tardar un cierto tiempo en ejecutarse.

Con los valores obtenidos se puede construir un diagrama bivariante que muestra la relación entre el tamaño del grupo y la probabilidad de que al menos 2 personas celebren su cumpleaños en el mismo día.

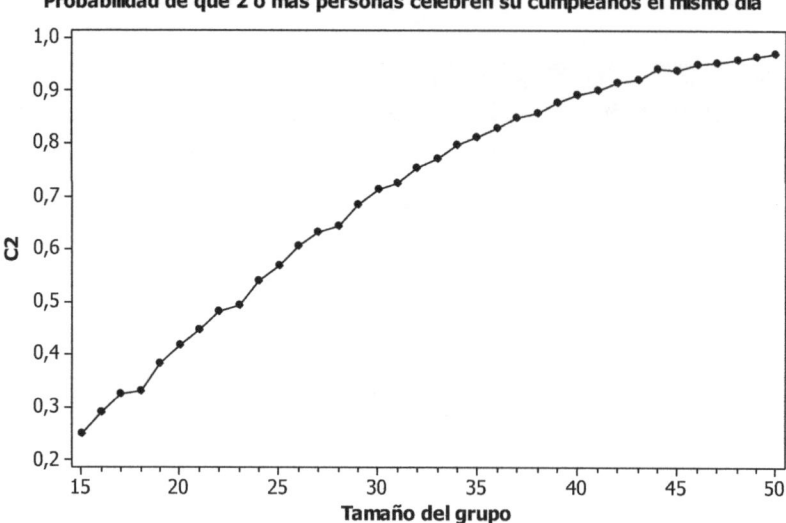

La opción **Suavizador** permite alisar la curva obtenida: **Gráfica > Gráfica de dispersión: Con línea de conexión** (colocar las variables) y desde el cuadro de diálogo **Mostrar datos >** pestaña **Suavizador**: activar **Lowess.**

Cálculo de probabilidades por simulación (2): Probabilidad de que aparezcan dos o más números seguidos en la combinación ganadora de la lotería primitiva

La probabilidad de que la combinación ganadora de la lotería primitiva tenga dos o más números seguidos es[2] aproximadamente 0,5 lo cual es un resultado bastante mayor del que uno diría de forma intuitiva. Una macro para estimar esta probabilidad puede ser la siguiente:

```
loto - Bloc de notas
Archivo  Edición  Formato  Ver  Ayuda
GMACRO
loto.txt
#
brief 0
set c1              # En la columna c1...
1:49                # ...coloca los valores del 1 al 49
end
let k1=1
#
while k1<=1000
    sample 6 c1 c2              # Toma una muestra (sin reposición) de 6 valores de C1
                               #  y los coloca en C2
    sort c2 c2
    lag c2 c3
    let c4(k1)=min(c2-c3)=1     # Expresión lógica. Si se verifica la última igualdad
                               #  en c4(k1) aparece un 1. Si no se verifica aparece un 0
    sum c4 k2
    let c5(k1)=k2/k1            # En c5 se van acumulando las probabilidades estimadas
                               #  a medida que aumenta el número de iteraciones
    let k1=k1+1
endwhile
#
let k3=c5(1000)
brief 2
note
note
note LA PROBABILIDAD ESTIMADA ES:
print k3
#
ENDMACRO
```

Ejecutando la macro, se obtiene un valor estimado muy próximo a 0,5.

Como la evolución de la probabilidad estimada se va almacenando en la columna C5, podemos observar su evolución a medida que aumenta el número de iteraciones realizando un gráfico en serie temporal (**Gráfica > Gráfica de serie de tiempo: Simple**, se han quitado los puntos dejando sólo la línea de conexión).

---

[2] El número de formas de tomar k números diferentes entre los n primeros naturales sin que haya 2 consecutivos es $\binom{n+1-k}{k}$. Por tanto, la probabilidad buscada es $1-\binom{44}{6}\Big/\binom{49}{6}=0,4952$.

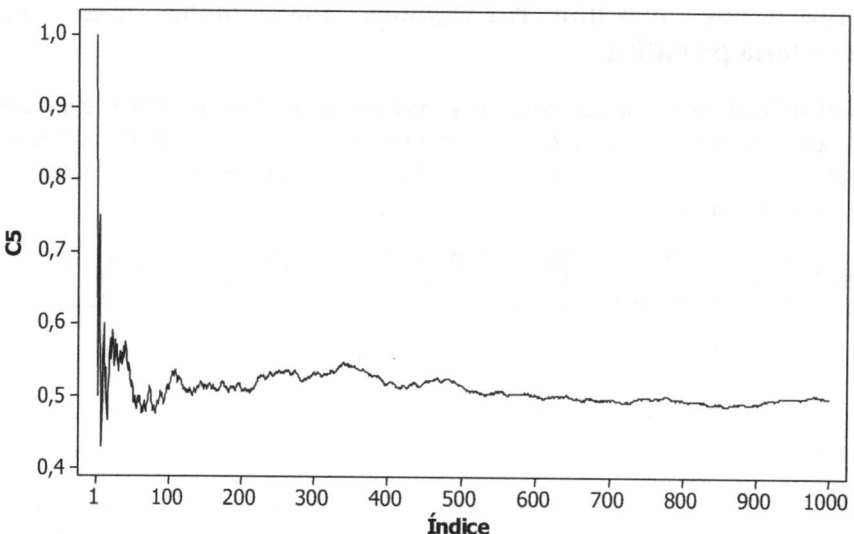

Gráfica de series de tiempo de C5

Repitiendo 10 veces la ejecución de la macro, guardando cada vez en una nueva columna los valores obtenidos en C5 y superponiendo los 10 gráficos (**Gráfica > Gráfica de serie de tiempo: Múltiple**, y colocar en **Serie:** C5-C14. Se han eliminado los puntos (**Símbolos**) de los gráficos y se ha fijado que todas las líneas sean de color negro y con trazo continuo. También se ha eliminado el cajetín con la leyenda.

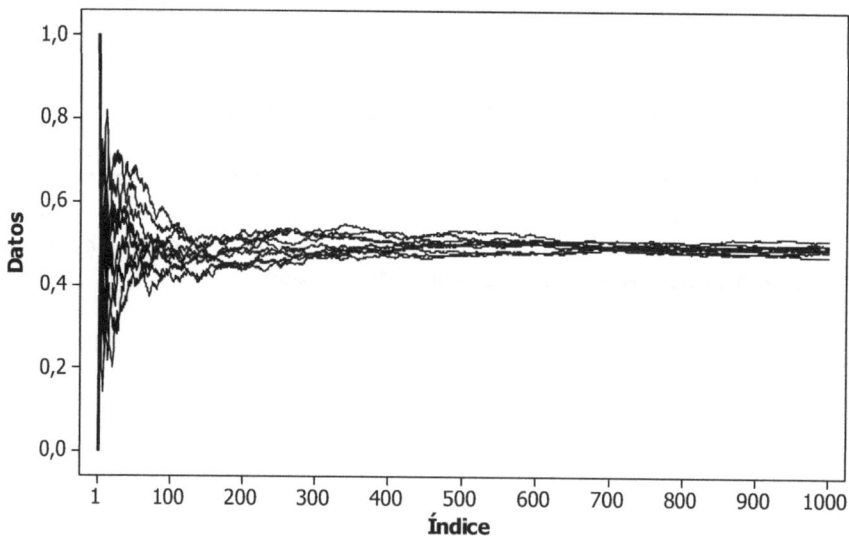

Gráfica de series de tiempo de C5; C6; C7; C8; C9; C10; C11; C12; ...

Simulación de sistemas de pesaje

Se desea envasar un producto granular en bolsas con 2 kg de contenido neto, y para ello se dispone de máquinas dosificadoras capaces de dispensar una cantidad de entre 1 y 5 kg con una variabilidad que, independientemente del valor en que se centre, puede caracterizarse con $\sigma = 0,1$ kg. Se desea que la variabilidad del peso neto sea como máximo de $\sigma = 0,05$ kg, y para ello se diseña un sistema de llenado con varios dosificadores que están regulados para suministrar 1 kg de producto. Cada dosificador descarga el producto en una tolva intermedia que lleva incorporada una báscula de precisión de forma que se sabe con exactitud el contenido de cada una de ellas.

Para llenar las bolsas se abren las tolvas auxiliares cuyo contenido, sumado, se acerca más a los 2 kg. A continuación se vuelven a llenar las tolvas que se han descargado y se repite el proceso. Se desea saber si con 10 dosificadores (y 10 tolvas intermedias) se consigue el objetivo de tener una $\sigma = 0,05$ kg en el proceso de llenado.

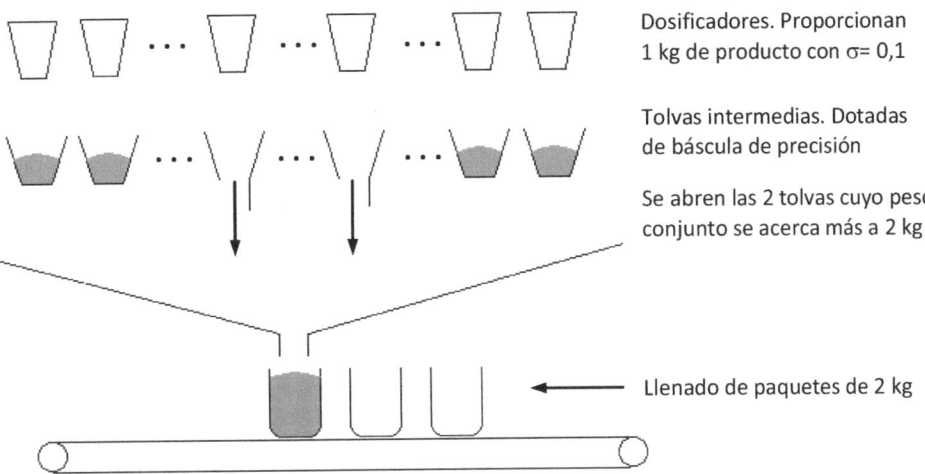

Dosificadores. Proporcionan 1 kg de producto con $\sigma = 0,1$

Tolvas intermedias. Dotadas de báscula de precisión

Se abren las 2 tolvas cuyo peso conjunto se acerca más a 2 kg

Llenado de paquetes de 2 kg

Este problema puede ser resuelto por simulación construyendo una macro que realice las siguientes operaciones:

1. Generar una muestra de 10 valores de una N(1; 0,1). Estos serán los primeros valores de los pesos que se situarán en cada una de las 10 tolvas intermedias.

2. Formar todas las parejas posibles de tolvas y calcular su peso.

3. Identificar la pareja que forma un peso más cercano al valor deseado (2 kg). Utilizar esas 2 tolvas para formar el paquete. Guardar el peso de ese paquete.

4. Sustituir los valores de las tolvas utilizadas por valores de una N(0; 0.1).

5. Volver al paso 2.

La siguiente macro global realiza todas estas acciones.

```
GMACRO
pesaje.txt
base 1234                       # Semilla del generador de números aleatorios
#
let k10=10              # Número de dosificadores intermedios
#
random k10 c1;
normal 1 0.1.
#
let k5=1                # k5: Contador del número de simulaciones
#
while k5<=1000
#
#
  let k1=1                   #
  let K2=1                   # Esta parte forma todas las parejas
  let k3=1                   # posibles de valores de los pesos
  while k3<=k10-1            #
    while k2<=k10-k3         # En las columnas c3 y c5 están los pesos
      let c2(k1)=k3          # y en las c2 y c4 se colocan las posiciones
      let c3(k1)=c1(k3)      # que estos pesos tienen en la columna c1
      let c4(k1)=k2+k3       #
      let c5(k1)=c1(k2+k3)   # Conocer las posiciones es importante para
      let k1=k1+1            # después sustituir los valores de las
      let k2=k2+1            # tolvas intermedias que se han usado
    endwhile                #
    let k3=k3+1              # K1, k2 y k3 con contadores
    let k2=1
  endwhile
#
#
let c6=c3+c5          # Pesos con todas las parejas posibles
let c7=c6-2           # Diferencias respecto al nominal
let c8=abs(c6-2)      # Diferencias en valor absoluto (para ordenar)
#
sort c2-c8 c2-c8;  # Se ordenan las columnas c2-c8 y se colocan en c2-c8
by c8.             # ... según c8
let k6=c2(1)       # En k6 se sitúa el número de tolva intermedia utilizada
let k7=c4(1)       # En k7 se sitúa el número de la otra tolva intermedia
#
let c9(k5)=c7(1)   # En c9 se van almacenando difer. respecto al nominal
#
random 2 c10;      # Se generan 2 valores para sustituir a los utilizados
normal 1 0.1.
let c1(k6)=c10(1)  # Se sustituyen los nuevos valores en las tolvas
let c2(k7)=c10(2)
let k5=k5+1
endwhile
#
ENDMACRO
```

Ejecutando esta macro se simulan los pesos de 1000 paquetes llenados con el procedimiento descrito. La desviación tipo de estos 1000 paquetes es $\sigma=0{,}064$, por lo que parece no cumplirse el objetivo de $\sigma=0{,}05$.

Un análisis gráfico de los resultados obtenidos indica que la variabilidad producida con este sistema no sigue la distribución Normal. Cuando en las tolvas aparece un valor extremo es difícil que se combine bien con otro, por lo que estos valores extremos tienden a quedarse fijos de modo que cada vez se tienen menos tolvas útiles. A continuación se muestra el histograma y el diagrama en serie temporal de los valores obtenidos (diferencias respecto al nominal).

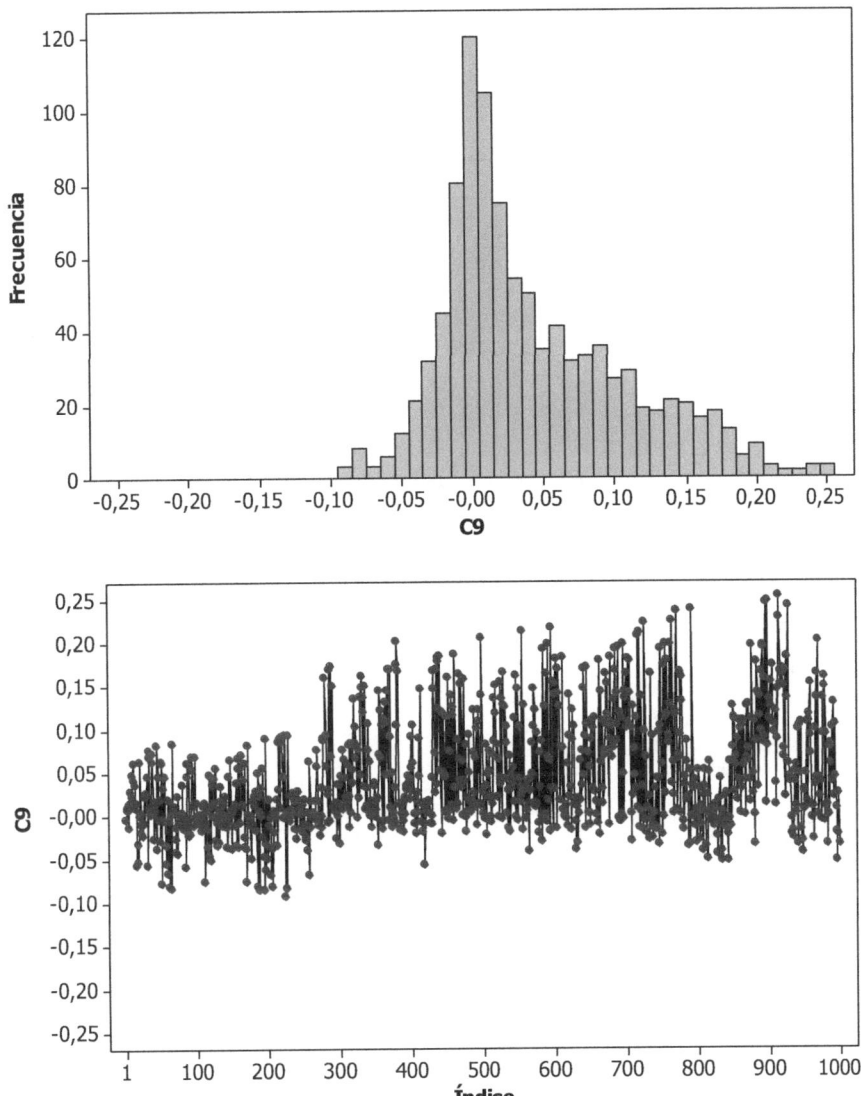

Para evitar este problema, una posibilidad es que cuando se llene un paquete que dista más de una cierta cantidad del objetivo, se descarte ese paquete y el contenido de todas las tolvas. Los pesos con diferencias importantes con respecto al objetivo surgen cuando en las tolvas se han ido quedando valores difíciles de combinar, por lo que vaciarlas y volverlas a llenar puede dar buenos resultados.

La siguiente macro es una modificación de la anterior para realizar los descartes comentados. Como se ha fijado la semilla del generador de números aleatorios, al principio, hasta que se produce el primer descarte, los pesos que van apareciendo coinciden con el caso anterior.

 Si se fija una semilla para la generación de números aleatorios, al repetir la semilla se repite la secuencia de números.

```
GMACRO
pesajeConDescarte.txt
#
# Sólo se comentan las líneas nuevas respecto a la macro anterior
#
base 1234
let k10=10
#
random k10 c1;
normal 1 0.1.
#
let k5=1
let k8=0                    # k8: Contador de descartes
let c12(1)=k8               # Visualización del número de descartes en c12(1)
#
while k5<=1000
  #
  #
  let k1=1
  let K2=1
  let k3=1
  while k3<=k10-1
    while k2<=k10-k3
      let c2(k1)=k3
      let c3(k1)=c1(k3)
      let c4(k1)=k2+k3
      let c5(k1)=c1(k2+k3)
      let k1=k1+1
      let k2=k2+1
    endwhile
    let k3=k3+1
    let k2=1
  endwhile
  #
  #
  let c6=c3+c5
  let c7=c6-2
  let c8=abs(c6-2)
  #
  sort c2-c8 c2-c8;
  by c8.
  #
  let k6=c2(1)
  let k7=c4(1)
  #
  #
```

```
  if c8(1)<0.1      # Si la dif. respecto al nominal es menor de 0.1 ...
    let c9(k5)=c7(1)
    #
    random 2 c10;
    let c1(k6)=c10(1)
    let c2(k7)=c10(2)
    let k5=k5+1
    let c11(1)=k5
  else               # en caso contrario (diferencia >0.1)
    random k10 c1;    # Se sustituyen todos los valores de c1
    normal 1 0.1.
    let k8=k8+1        # Aumenta el contador de los descartes
    let c12(1)=k8
  #      No aumenta k5 ni se almacena el valor cuya diferencia es >0.1
  endif
endwhile
#
ENDMACRO
```

Con el nuevo sistema la desviación tipo obtenida es 0,036 y solo se han producido 4 descartes. Aunque habría que realizar más simulaciones para estar seguros, parece que esta sí es una buena estrategia para conseguir el objetivo planteado. A continuación se presenta histograma y diagrama en serie temporal de los nuevos valores obtenidos.

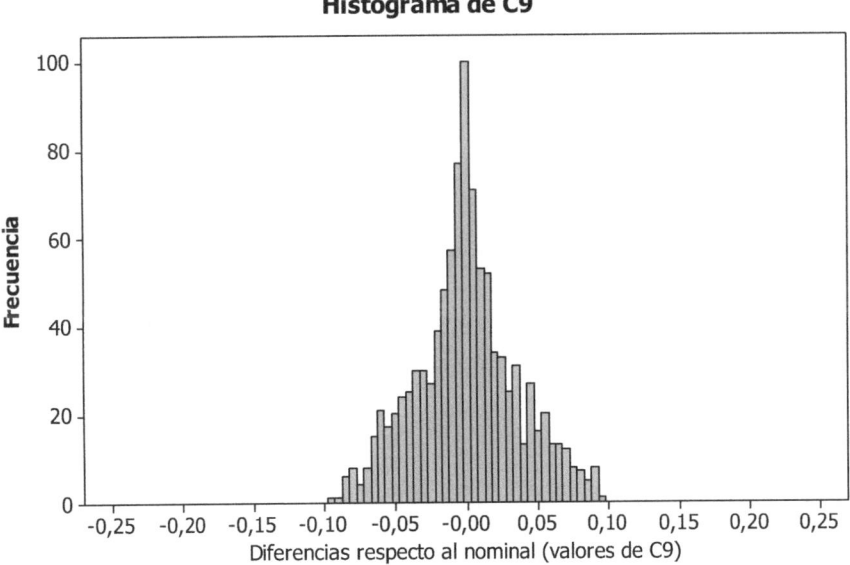

Histograma de C9

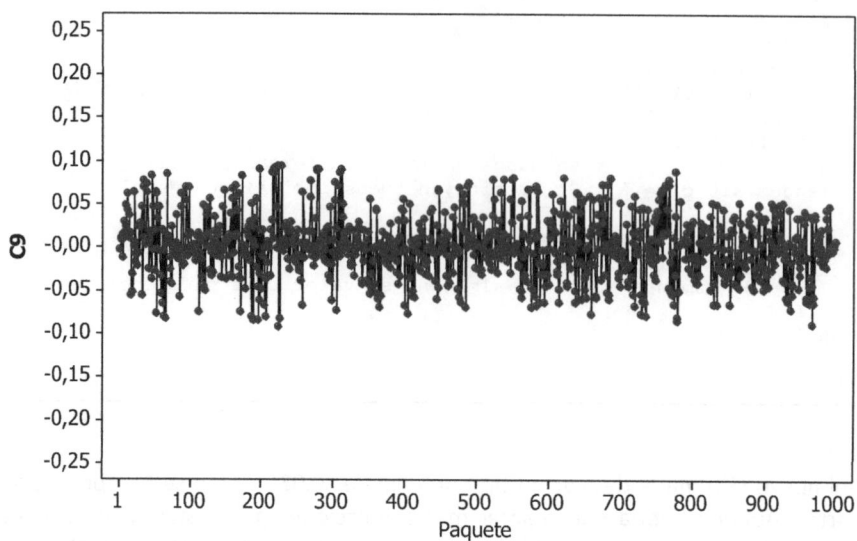

 Si la macro es compleja, con bucles anidados e instrucciones condicionales su ejecución puede ser lenta. Para simular procesos complejos es mejor usar programas realizados en lenguajes compilables (C, Fortran,...) o paquetes especializados.

Resumen de los procedimientos de automatización de tareas

Procedimiento	Ventajas	Limitaciones
Copiar y pegar	• Muy sencillo • En las instrucciones pegadas se pueden cambiar valores	• No se pueden insertar ni añadir líneas
Editor de línea de comandos	• Solo se copian las instrucciones aunque haya otros textos (salidas de MINITAB, mensajes de error,...) intercalados • El texto es totalmente editable (se puede insertar, añadir, eliminar, sustituir...)	• Sólo se ejecuta una vez • No se puede archivar para otra ocasión
Archivos ejecutables	• Se pueden construir "recortando y pegando" las instrucciones que escribe MINITAB en la ventana de Sesión (con **Habilitar comandos** activado) • Se pueden repetir automáticamente (iterar) todas las veces que se desee • Pueden crearse varios anidados (uno llama a otro)	• No se pueden usar las instrucciones típicas de programación (tipo IF, WHILE, ...) • Hay que inicializar las variables desde fuera, en la ventana de Sesión, no en el archivo • El número de iteraciones está fijado al ejecutar el programa, y no puede ser una variable
Macros globales	• Se pueden utilizar controladores de flujo y las instrucciones típicas de programación • A pesar de su sencillez tienen muchísimas posibilidades	• Trabaja sobre la hoja de datos y no se pueden elegir los nombres de las variables. Los vectores (columnas) deben llamarse C1, C2... las constantes K1, K2,...
Macros locales	• Las variables pueden tener cualquier nombre (con limitaciones, ejemplo: máximo 8 caracteres) y no son valores de la hoja de datos • Puede tener variables de entrada y salida, de forma que se puede repetir con distintos valores de las variables de entrada	• Son más complejas y de escritura más laboriosa que las macros locales • Son de ejecución lenta comparadas con programas realizados en lenguajes compilables (C, Fortran, ...)

Anexo 5: Lista de archivos que se citan

Archivo	Capítulo	Origen de los datos
Árbol	25	Tomados del libro de S. Weisberg: "Applied Linear Regression" Wiley, 1985.
Banco	15	Datos ficticios
Bombas	29	Datos ficticios
Botella	21	Tomados de un caso real
Calentar	4	Incluido dentro de los archivos de ejemplo de MINITAB
Carcasa	3	Obtenidos a partir de una plantilla de datos que aparece en el texto de K. Ishibawa: "Guía de Control de Calidad". UNIPUB, 1985, pág. 33.
Cateter	20	Basados en una situación real
Cerebro	22	Tomados del libro de S. Weisberg: "Applied Liner Regresión" Wiley, 1985.
Cliente	A2	Datos ficticios
Cloro	18	Datos ficticios
Cobre	6	Basados en un caso real
Coches	4, 5	Tomados de la revista "Coche Actual" (Nov. 1994).
Coches2	23	Tomados de la revista "Coche Actual" (Nov. 1994). Subconjunto del archivo Coches. Se han seleccionado para que el gráfico de residuos frente a valores previstos presente una forma de parábola.
Colchones	21	Datos ficticios
Corxet	6	Basados en un caso real
Desgaste	30	Datos ficticios
Detergente	1	Datos ficticios
Diametro_capacidad_1	16	Datos ficticios
Diametro_capacidad_2	16	Datos ficticios

Archivo	Capítulo	Origen de los datos
Diametro_medida	16	Valores obtenidos por los participantes en un curso al realizar un ejercicio práctico sobre R&R
FalloTV	30	Datos ficticios
Flecha	12	Datos ficticios
Fotocopias	30	Datos ficticios
Fotocopias	30	Datos ficticios
Humedad	6	Basados en una situación real
Iberoamerica	24	Tomados de la página web del Instituto Nacional de Estadística (www.ine.es)
Inyeccion	29	Datos ficticios
Linmedidor	13	Incluido dentro de los archivos de ejemplo de MINITAB
Mermelada	30	Basado en un caso real
Motores	30	Datos ficticios
Pan	6, A2	Datos ficticios
Ph+Cl	18	Datos ficticios
Pieza_U	12	Datos ficticios
Pintado_horno	15	Datos ficticios
Plastico_1	21	Datos ficticios
Plastico_2	21	Datos ficticios
Poros	12	Basado en un caso real
Pulso	2, 4, 22, A2	Incluido en de los archivos de de MINITAB
Puntos_RX	22	Datos ficticios
Residuos	22	Datos ficticios
Rotor	17	Tomados de un ejemplo que aparece en el libro de Keki R. Bhote, Adi K. Bhote "World Class Quality: Using Design of Experiments to Make It Happen. AMACOM, 1999
RR_Anid	13	Datos ficticios
RR_Cruz	13	Datos ficticios
Soldadura	12	Basados en una situación real
Tejido	20	Datos ficticios
Termica	25	Tomados de una situación real
Visitas_web	16, 20	Basado en un caso real
Vita_C	14, 19	Basado en un caso real

Referencias

Libros que se citan:

Bhote, K.R.; Bhote, A.K.: "World Class Quality: Using Design of Experiments to Make it Happen. Ed. AMACOM, 1999.

Box, G.; Hunter, W.; Hunter, S.: "Estadística para investigadores". Ed. Reverté, 2005.

Ishikawa, K.: "Guía de Control de Calidad". Ed. UNIPUB, 1985.

Prat, A.; Tort-Martorell; X. Grima, P.; Pozueta, L.: "Métodos estadísticos. Control y mejora de la calidad". Ed. UPC, 2004.

Ryan, B.F.; Joiner, B.L. y. Ryan, T.A.: "MINITAB Handbook. Second Edition", PWS-KENT Publishing Company, 1992.

Vanderman, S.B.: "Statistics for Engineering Problem Solving". Ed. PWS, 1994.

Weisberg, S. "Applied Liner Regression" Ed. Wiley, 1985.

Convenciones tipográficas

Estadísticas > Estadística básica > Mostrar estadísticas descriptivas ←

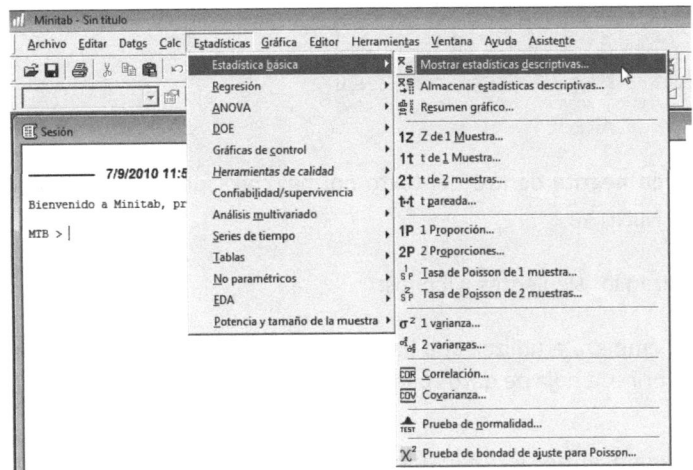

Indica el camino que debe seguirse usando los menús para ejecutar la instrucción deseada

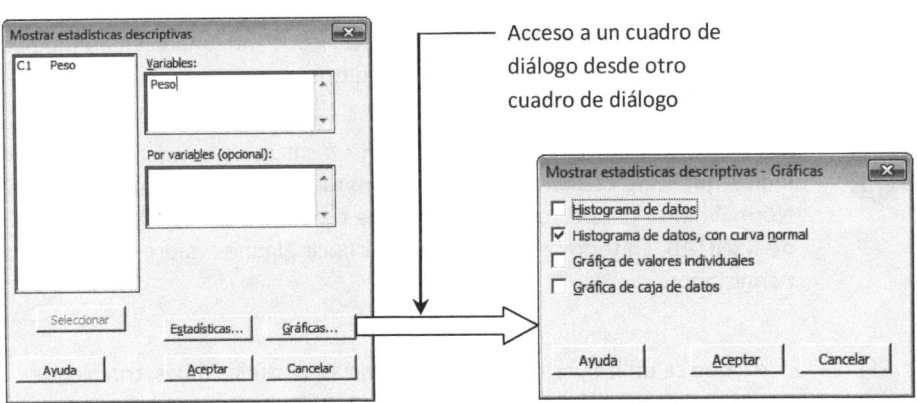

Acceso a un cuadro de diálogo desde otro cuadro de diálogo

Salida de MINITAB con los resultados del análisis en la ventana de Sesión

Estadísticas descriptivas: Peso

Variable	N	N*	Media	Error estándar media	Desv.Est.	Mínimo	Q1	Mediana
Peso	500	0	3998,9	0,929	20,8	3928,4	3985,7	3998,2

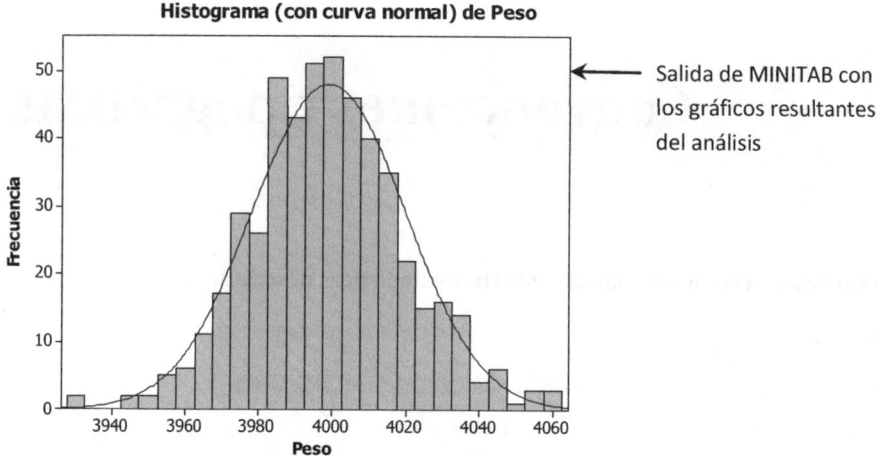

Histograma (con curva normal) de Peso

← Salida de MINITAB con los gráficos resultantes del análisis

En general, las palabras en **negrita** dentro del texto normal corresponden a palabras que son instrucciones de MINITAB.

A lo largo del libro se utilizan los siguientes 4 iconos:

Indica que se empieza a utilizar una base de datos, en formato *.MTW. Se recomienda abrir esa hoja de datos para reproducir el análisis que se realiza en el libro.

Este icono aparece en los capítulos de explicación de las técnicas estadísticas cuando la técnica se explica a partir del análisis de esos datos. En los capítulos de casos prácticos este icono no aparece, aunque la mayoría de casos hacen uso de bases de datos.

Dentro de los capítulos de explicación de técnicas estadísticas, este icono indica que empieza un ejemplo. En general se trata de ejemplos cortos. Normalmente para estos ejemplos no se requiere abrir una hoja de datos de MINITAB, en todo caso se deben introducir algunos valores, pero nunca demasiados.

Este icono se utiliza para mostrar sugerencias, consejos útiles, trucos que pueden hacer más fácil y rápido el uso de MINITAB, etc.

Este icono advierte de errores que se pueden cometer al usar en MINITAB la técnica estadística que se está explicando.